开关电源维修从入门到精通

张振文 / 主编
樊炳涛　邸庆辉　王美西 / 副主编
国　勇 / 主审

化学工业出版社
·北京·

内容简介

本书以彩色实物图解与视频讲解相结合的方式，在介绍开关电源基本工作原理与特性的基础上，以实际开关电源芯片为例，为读者全面介绍各类型开关电源的常见故障以及维修技巧，包括多种分立元件开关电源的维修方法、多种集成电路自励开关电源的维修方法、多种集成电路他励开关电源的维修方法、多种 PFC 功率因数补偿型开关电源典型电路分析与检修方法等。书中许多维修实例来源于作者的维修经验总结，可以帮助读者举一反三，解决开关电源应用与维修中的难题。

本书可供电子技术人员、电子爱好者以及电气维修人员阅读，也可供相关专业的院校师生参考。

图书在版编目（CIP）数据

开关电源维修从入门到精通 / 张振文主编 .—北京：化学工业出版社，2022.10（2025.1重印）

ISBN 978-7-122-41930-9

Ⅰ.①开… Ⅱ.①张… Ⅲ.①开关电源-维修 Ⅳ.①TN86

中国版本图书馆CIP数据核字（2022）第137851号

责任编辑：刘丽宏　　文字编辑：袁玉玉　袁　宁
责任校对：李　爽　　装帧设计：刘丽华

出版发行：化学工业出版社（北京市东城区青年湖南街13号　邮政编码100011）
印　　装：北京瑞禾彩色印刷有限公司
787mm×1092mm　1/16　印张$21\frac{1}{2}$　字数537千字　2025年1月北京第1版第2次印刷

购书咨询：010-64518888　　售后服务：010-64518899
网　　址：http://www.cip.com.cn
凡购买本书，如有缺损质量问题，本社销售中心负责调换。

定　　价：99.00元

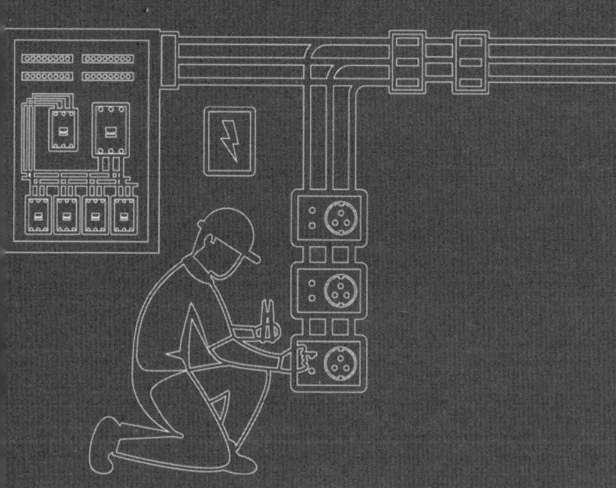

前言

开关电源是利用现代电力电子技术，控制开关管开通和关断的时间比率，维持稳定输出电压的一种电源，是当今电子信息产业飞速发展不可缺少的一种电源方式。电子设备电气故障的检修，基本上都是先从电源入手，在确定其电源正常后，再进行其他部位的检修。

开关电源功率有大有小，输出电压多种多样，电路有易有难。如何快速诊断故障并维修，是摆在维修人员面前的难题。因此，了解开关电源基本工作原理，熟悉其常见故障，掌握其维修技能，有利于缩短电子设备故障维修时间，是电子设备维修人员必备的技能。为了帮助广大维修人员及电子爱好者尽快理解掌握开关电源维修技能，特编写了本书。

本书在介绍开关电源基本工作原理与特性的基础上，从入门和初学者角度，以实际开关电源芯片为例，为读者全面介绍各类型开关电源的常见故障以及维修技巧。书中结合作者多年的现场维修经验，详细说明了多种分立元件开关电源的维修方法、多种集成电路自励开关电源的维修方法、多种集成电路他励开关电源的维修方法、多种 PFC 功率因数补偿型开关电源典型电路分析与检修方法等。

全书内容具有如下特点：

❶ 彩色实物图解与视频讲解结合，直观易懂：对主要类型的开关电源芯片通过图解与视频结合的形式，详细说明各部分的工作细节与维修技巧；

❷ 注重实用，内容全面：结合大量典型实例，涵盖当前主流的 AC/DC、DC/DC 各类型开关电源的工作原理与故障诊断、维修技巧。

本书使用说明：由于书中讲解的均为典型电源电路，因此，读者在遇到实际机型（无论是工业、民用、商用）时，不要在书中找机型牌号和型号，只要在书中找到对应的集成电路型号即可对应分析和检修。在阅读本书时，尽可能先多看几遍视频，这样应能达到事半功倍的效果。如有疑问，请发邮件到 bh268@163.com 或关注下方二维码咨询，会尽快回复。

本书由张振文主编，由樊炳涛、邸庆辉、王美西副主编，参加本书编写的人员还有张亮、曹祥、张书敏、张伯龙、焦凤敏、孔凡桂、赵书芬、赵亮、曹振华、王雪亮、张校珩、王桂英等，全书由国勇主审，张伯虎也参予了全书的统稿与审定工作。在此成书之际，对本书编写和出版提供帮助的所有人员一并表示衷心感谢！

限于时间仓促，书中不足之处难免，恳请读者批评指正。

编者

欢迎关注公众号

开关电源简易理解

认识多种开关电源实际电路板

线性电源原理与维修技术

三端稳压器误差放大器的测量

开关电源检修注意事项

开关电源电路原理图理解与设计过程

移植法设计理解开关电源

变压器制作

数字表测量变压器

学软件之原理图设计两例

学软件应用之电路原理图转换电路板图

学软件应用之PCB电路板设计

串联开关电源原理

串联开关电源检修

并联开关电源原理

并联开关电源的检修

自激振荡分立元件开关电源原理

典型分立件开关电源输出电压低的检修

典型分立件开关电源无输出检修

开关电源烧保险的故障检修

厚膜集成电路电源原理维修

高集成度开关电源原理维修

典型集成电路3842开关电源原理

桥式开关电源494的原理与检修

PFC电源原理维修

TL3842为核心的电动车充电器原理

充电器控制电路检修

充电器无输出检修

计算机ATX开关电源保护电路检修1

计算机ATX开关电源保护电路检修2

PLC和变频器电源的原理与检修

大功率工业开关电源3875电路分析与检修

用NE555构成单稳态电路的电源保护控制电路

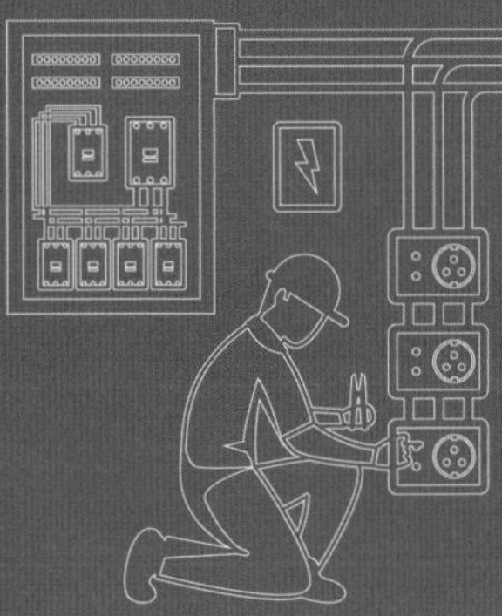

目录

第一章　学会开关电源必须掌握的各个环节　/ 001

第二章　开关电源常用电子元器件、维修工具及仪器仪表　/ 046

第三章　开关电源维修注意事项与维修方法　/ 047

第一章
学会开关电源必须掌握的各个环节

一、认识开关电源的构成

开关电源是利用开关的接通断开实现稳压的一种电源。其输入端直接将交流电整流变成直流电，再在高频振荡电路的作用下，用开关管控制电流的通断，形成高频脉冲电流。在电感（高频变压器）的帮助下，输出稳定的低压直流电。由于变压器的磁芯大小与工作频率的平方成反比，频率越高铁芯越小。这样就可以大大减小变压器，使电源减轻重量和体积。而且由于它直接控制直流，电源的效率比线性电源高很多。这样就节省了能源。因此它受到人们的青睐。开关电源可用等效图 1-1 的开关接通断开方法理解。

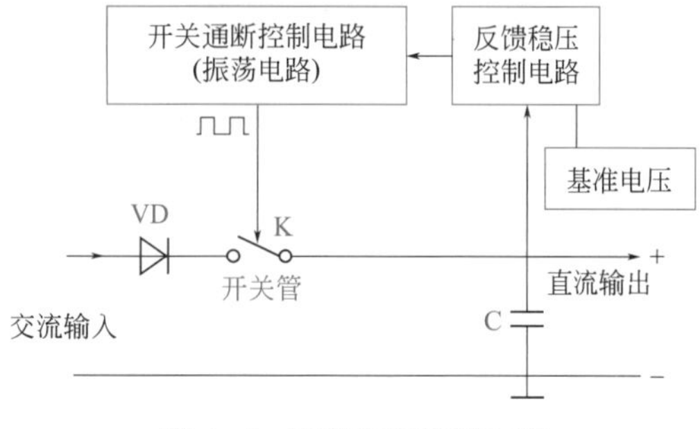

图 1-1　开关电源等效电路

由图可知，当有交流电输入时，开关通断控制电路控制开关接通和断开，交流电可经过开关加入二极管整流电路给电容充电，电容可以看作是储能电容，容量较大。假设高电平时开关接通，开关接通时间越长，则电容上的电压越高；低电平时开关断开，而开关断开时间越长，电容两端电压越低。由反馈稳压电路控制开关接通和断开时间即可控制电容上的电压在一个固定值，达到稳压目的。这就是利用开关简单理解开关电源的方法，实际电路中开关为三极管或场效应管之类的电子开关管。

多种开关电源的构成：由输入电磁干扰（EMI）滤波器、整流滤波电路、功率变换电路、PWM 控制器电路、输出整流滤波电路组成。辅助电路有输入过欠压保护电路、输出过欠压保护电路、输出过流保护电路、输出短路保护电路等。开关电源的电路组成方框图如图 1-2 所示。

开关电源原理图在后面章节会详细讲解，下面首先了解下 7 种不同开关电源的电路板实物构成。

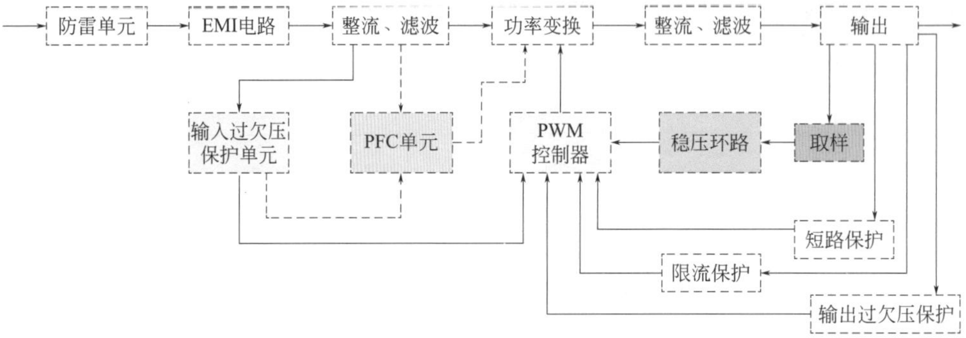

图 1-2　开关电源构成框图

1. 恒流型开关电源实物电路板

恒流型开关电源是控制输出电流的，无论外在因素如何变化，其输出电流不变，常用于 LED 驱动电路及其他需要稳定电流的电气设备中。图 1-3 为一种常用的小功率恒流开关电源。

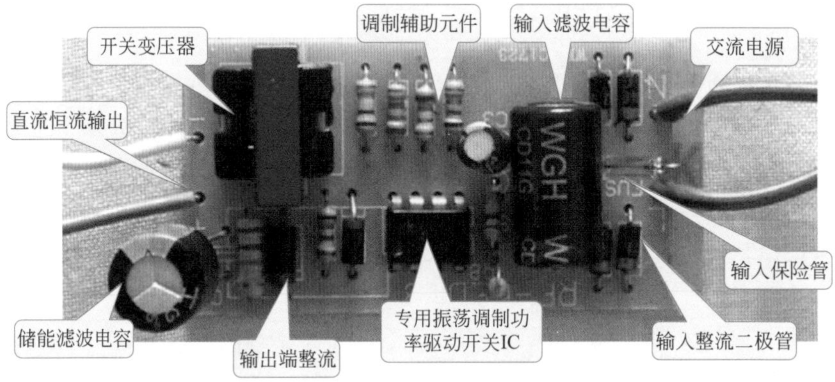

图 1-3　常用恒流开关电源电路板实物图

2. 电源适配器实物电路板

很多电器需要外设电源适配器（外接电源），如笔记本电脑、液晶显示器、扫描仪等电器，通常需要外接电源适配器，常见电源适配器内部电路板如图 1-4 所示。

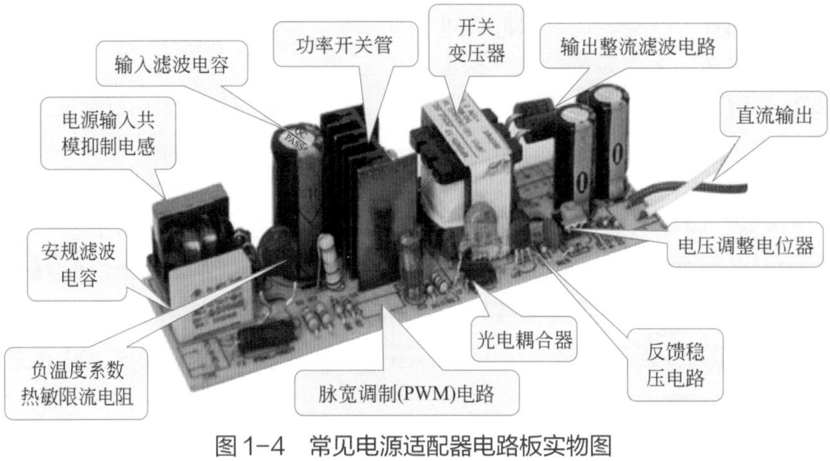

图 1-4　常见电源适配器电路板实物图

3. 分立元件自激振荡开关稳压电源实物电路板

很多电器中使用分立元件开关电源作稳压电路，如彩色电视机、多种型号充电器等设备，电路实物图如图 1-5 所示。

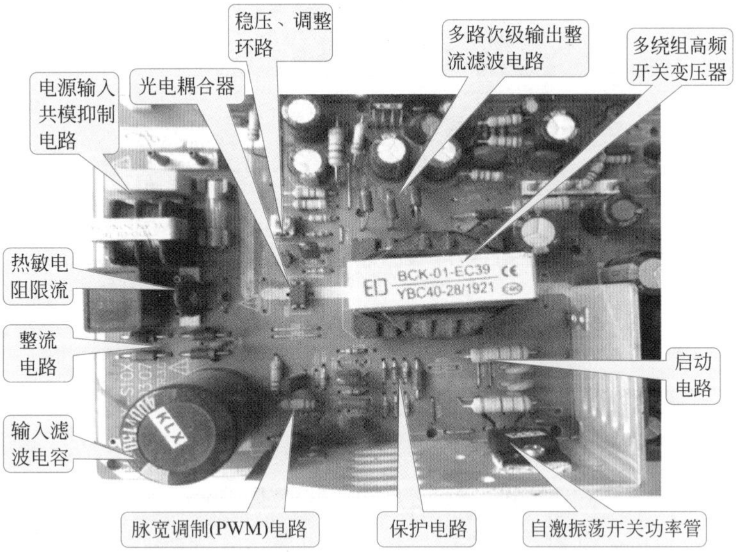

图 1-5　分立元件自激振荡开关电源电路板实物图

4. 他激桥式开关电源实物电路板

他激桥式开关稳压电源具有功率大、输出电压稳定、可多极性多路输出、效率高等优点，被广泛应用于各种电器，如计算机电源、电动车充电器、各种工业电器等设备。常见的计算机开关电源如图 1-6 所示。

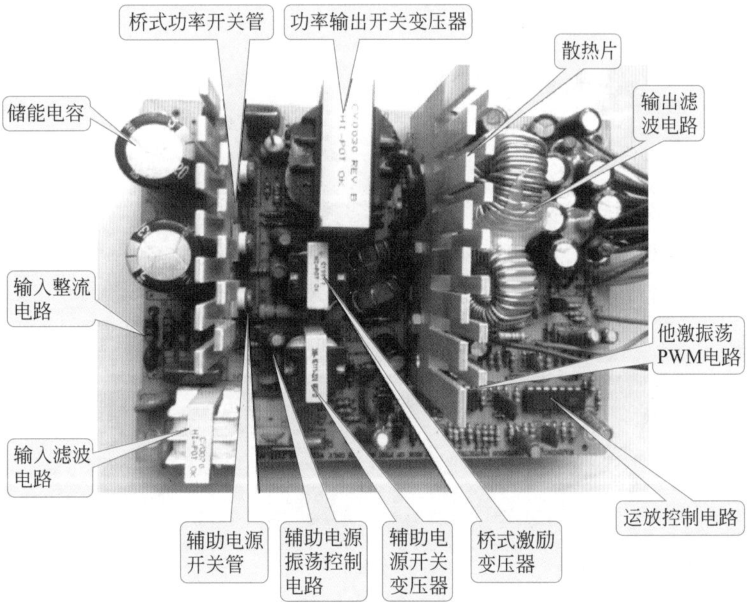

(a)

图 1-6

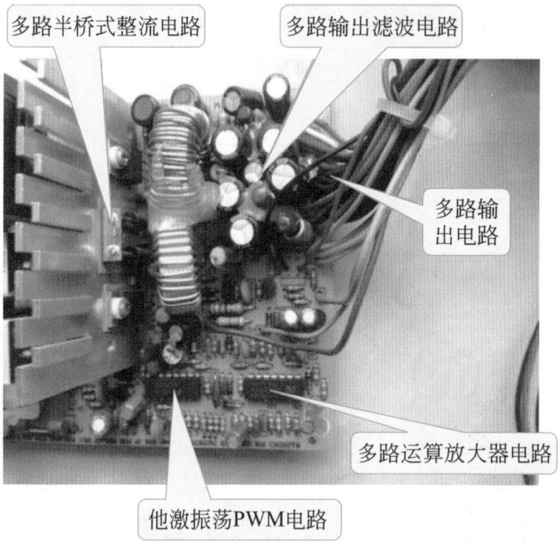

(b)

图 1-6　他激桥式开关电源电路板实物图

5. 带有功率因数补偿电路的 PFC 开关电源实物电路板

为提高线路功率因数，抑制电流波形失真，必须使用 PFC 措施。PFC 分无源和有源两种类型，目前流行的是有源 PFC 技术。有源 PFC 电路一般由一片功率控制 IC 为核心构成，它被置于桥式整流器和一只高压输出电容之间，也称作有源 PFC 变换器。有源 PFC 变换器一般使用升压形式，在输出功率一定时，有较小的输出电流，从而可减小输出电容器的容量和体积，同时可减小升压电感元件的绕组线径。

实际的 PFC 开关电源可以假设为两个开关电源，其中一个在前面将交流电整流滤波后变换为直流高电压（约 400 ～ 500V）输出，再给后面的普通开关电源供电，电路原理与前面电路基本相同，理解时可参看后面的章节原理。电路板实物如图 1-7 所示。

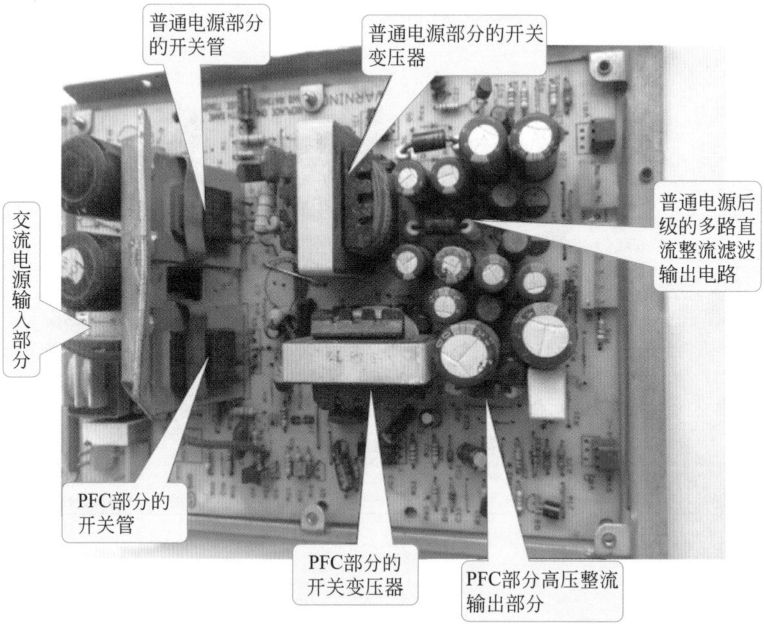

图 1-7　带有功率因数补偿电路的 PFC 开关电源电路板实物图

6. 常见的 PLC 开关电源板

PLC 常用开关电源为单管电源，外形如图 1-8 所示。

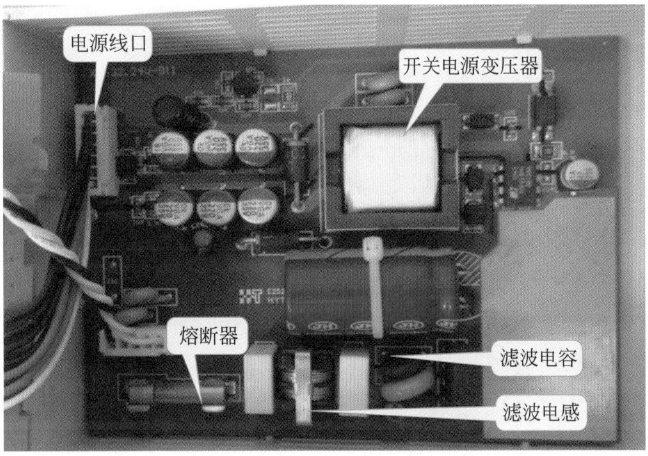

图 1-8　PLC 常用开关电源板

7. 工业大功率开关电源板

工业大功率开关电源效率很高，广泛应用于各种电器中，图 1-9 为工控设备中的大功率开关电源电路板。

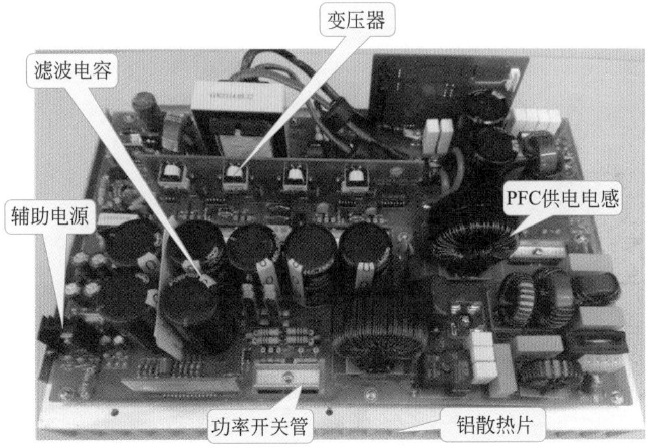

图 1-9　工业大功率开关电源板

二、输入与整流滤波电路

1. 各种输入电路

输入电路主要包含五个元件：共模、差模电感，X、Y 电容，放电电阻。输入滤波电路的设计，事实上就是如何将这些元件进行组合的问题，在进行组合时必须遵循一定的原则。

任何电磁干扰的发生都必然存在干扰能量的传输和传输途径（或传输通道）。通常认为电磁干扰传输有两种方式：一种是传导传输方式，另一种是辐射传输方式。电子设备工作频率越来越高，不加抑制时，可能会通过上述路径干扰到其他电子设备的正常运行，这是我们不希望的。

（1）对输入滤波电路的要求

❶ 双向滤波功能。对电网⟶开关整流器⟶电网的干扰信号均有很好的滤波效果。

❷ 抑制共模和差模干扰。能抑制相线与相线、相线与中线之间的差模干扰及相线、中线与大地之间的共模干扰。工程设计中重点考虑共模干扰的抑制。为了抑制差模和共模干扰，通常在滤波电路中同时包含有差模和共模电感，但基于以下原因差模电感可去掉。

共模干扰的影响更大，而差模干扰的影响要小得多。一方面同样程度的共模和差模干扰，共模干扰所产生的电磁场辐射高出差模3～4个量级；另一方面，共模干扰信号通过机壳或地阻抗的传导和耦合对其他的电源和系统也会产生干扰。

共模电感中含有差模的成分。共模电感存在漏感且其两个线圈不可能完全对称，所以其本身就可起到差模电感的作用，能抑制电路中的差模干扰。

电容的选择有利于抑制差模干扰。差模（X）电容通常比共模（Y）电容大得多。

❸ 满足最大阻抗失配原则。这里的阻抗是指相对工频而言频率较高的干扰信号来说的。对输入滤波电路而言，电网相当于电源，而开关整流器则相当于负载。所谓阻抗最大失配就是：当电源或负载对高频干扰信号的等效内阻为低阻时，输入滤波器应呈高阻；反之则应呈低阻。

通常电网是一个电压源，而开关整流器本身从输入端看进去，就共模干扰信号而言等效于一个电容和电流源的并联，因此，对高频信号来说，二者均属于低阻。

❹ 工频等效阻抗尽可能低，高频（高于某一截止频率的信号）等效阻抗尽可能高（插入损耗尽可能大）。频段范围为几十千赫兹到几百兆赫兹。这一点主要取决于元器件、原材料的选择及其参数。

在电路设计时都会加入抑制EMI的元件来抑制对外和外面对自身设备的干扰，如图1-10所示，共模电感实物及工作原理图如图1-11所示。

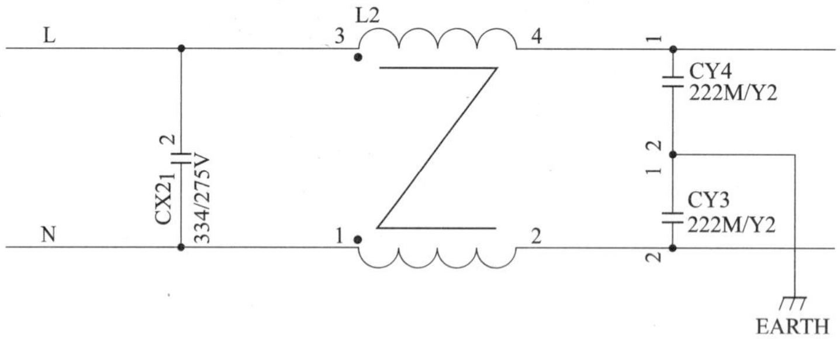

图1-10　输入滤波电路

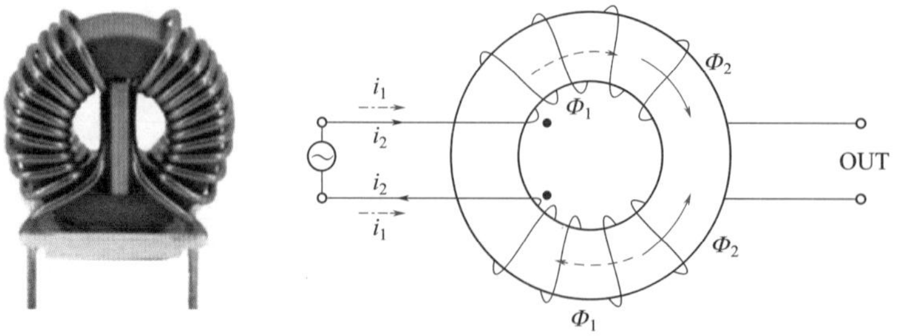

(a) 共模电感实物图　　(b) 共模电感工作原理图

图1-11　共模电感实物及工作原理图

图 1-10 中 L2 为共模电感，共模电感的作用可根据右手定则来诠释。

当开关电源的频率为 100kHz 时，假设它们在 50 ～ 150kHz 时有较高的 EMI 发射值（这个是需要根据设备实际来调整的），假设截止频率 f_0 为 150kHz，配套的电容 CY=CY3=CY4=2200pF，共模电感值根据公式可以得出：

$$L2=\frac{1}{(2\pi f_0)^2\times CY}=\frac{1}{(2\times 3.14159\times 150\times 10^3)^2\times 2200\times 10^{-12}}=0.5\text{mH}$$

共模电感与电容构成的 EMI 抑制电路，在开关电源中基本上大同小异，应根据实际的开关频率与 EMI 抑制效果作适当的调整。

（2）优化的输入滤波电路 根据上面的要求，可得到优化的输入滤波电路如图 1-12 所示，从图中可看出：与传统的输入滤波电路相比，该滤波电路去掉了差模电感，滤波器的输入输出也不需再加共模电容。

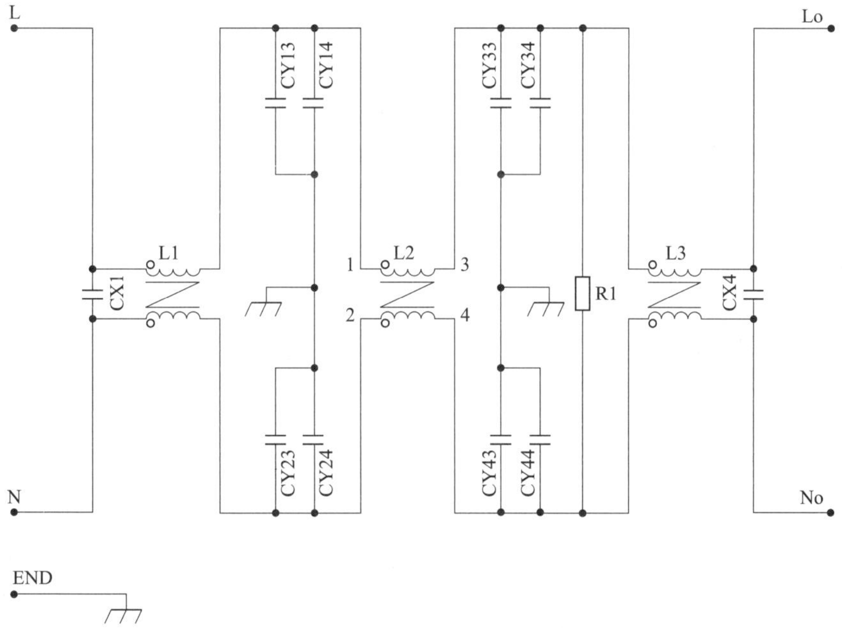

图 1-12 优化的输入滤波电路

图 1-12 中：R1 为放电电阻，L1、L3 为低频共模电感，L2 为高频共模电感，CX1、CX4 为 X 电容，CY13、CY14、CY23、CY24、CY33、CY34、CY43、CY44 为 Y 电容。

2. 输入电路的原理及常见电路

（1）AC 输入整流滤波电路原理 如图 1-13 所示。

❶ 防雷电路。当有雷击，产生高压经电网导入电源时，由MOV1、MOV2、MOV3、F1、F2、F3、FDG组成的电路进行保护。当加在压敏电阻两端的电压超过其工作电压时，其阻值降低，使高压能量消耗在压敏电阻上，若电流过大，F1、F2、F3会烧毁以保护后级电路。

❷ 输入滤波电路。C1、L1、C2、C3组成的双 π 型滤波网络主要是对输入电源的电磁噪声及杂波信号进行抑制，防止其对电源干扰，同时也防止电源本身产生的高频杂波对电网干

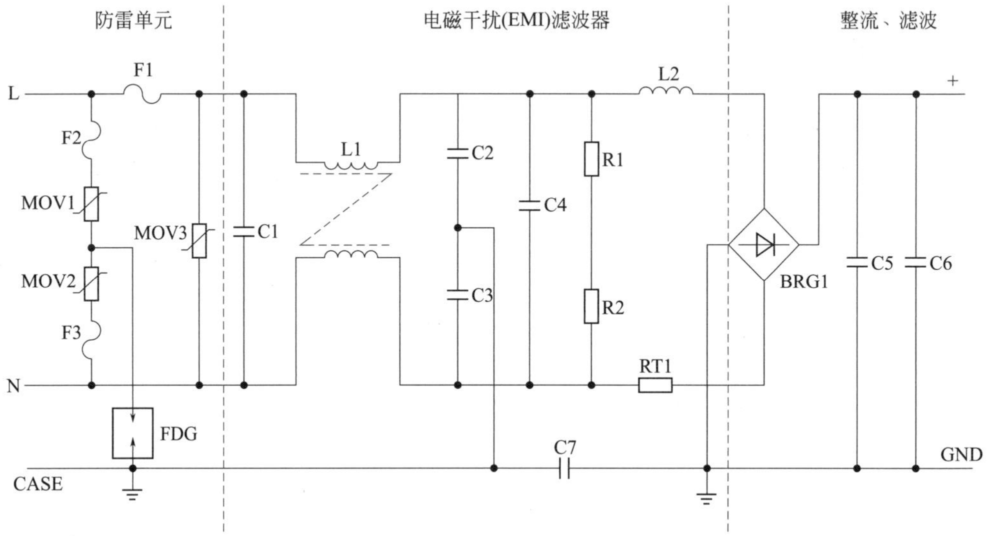

图 1-13　输入滤波、整流回路原理图

扰。在电源开启瞬间，要对C5充电，由于瞬间电流大，加RT1（热敏电阻）就能有效地防止浪涌电流。因瞬时能量全消耗在RT1电阻上，经一定时间温度升高后，RT1阻值减小（RT1是负温度系数元件），这时它消耗的能量非常小，后级电路可正常工作。

❸ 整流滤波电路。交流电压经BRG1整流后，经C5滤波后得到较为纯净的直流电压。若C5容量变小，输出的交流纹波将增大。

（2）DC 输入滤波电路原理　如图 1-14 所示。

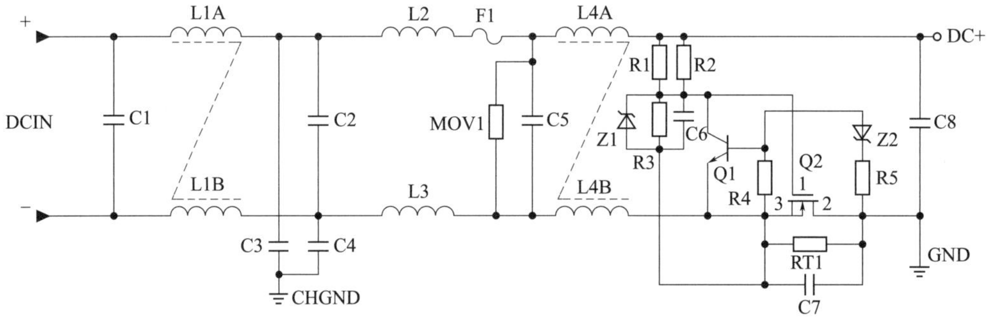

图 1-14　DC 输入滤波电路原理图

❶ 输入滤波电路。C1、L1、C2组成的双 π 型滤波网络主要是对输入电源的电磁噪声及杂波信号进行抑制，防止其对电源干扰，同时也防止电源本身产生的高频杂波对电网干扰。C3、C4为安规电容，L2、L3为差模电感。

❷ R1、R2、R3、Z1、C6、Q1、Z2、R4、R5、Q2、RT1、C7组成抗浪涌电路。在启机的瞬间，由于C6的存在，Q2不导通，电流经RT1构成回路。当C6上的电压充至Z1的稳压值时Q2导通。如果C8漏电或后级电路短路，在启机的瞬间，电流在RT1上产生的压降增大，Q1导通使Q2没有栅极电压不导通，RT1将会在很短的时间烧毁，以保护后级电路。

3. 整流电路

（1）半波整流电路　半波整流是一种利用二极管的单向导通特性来进行整流的常见电

路，除去半周、剩下半周的整流方法，叫半波整流。作用是将交流电转换为直流电，也就是整流。

图 1-15 所示是经典的正极性半波整流电路。T1 是电源变压器，VD1 是用于整流的整流二极管，整流二极管导通后的电流流过负载 R1。为了方便分析电路，整流电路的负载电路用电阻 R1 表示，实用电路中负载是某一个具体电子电路。输入整流电路的交流电压来自电源变压器 T1 二次绕组输出端。分析整流电路工作原理需要将交流电压分成正、负半周两种情况。

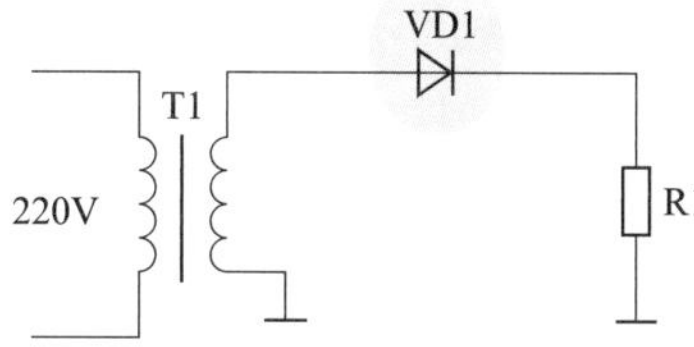

图 1-15 正极性半波整流电路

❶ 正半周交流电压使整流二极管导通分析。交流电压正半周期间，交流输入电压使VD1正极上电压高于地线的电压，如图1-16所示，二极管负极通过R1与地端相连而为0V，VD1正极电压高于负极电压。由于交流输入电压幅值足够大，VD1处于正向偏置状态，导通。

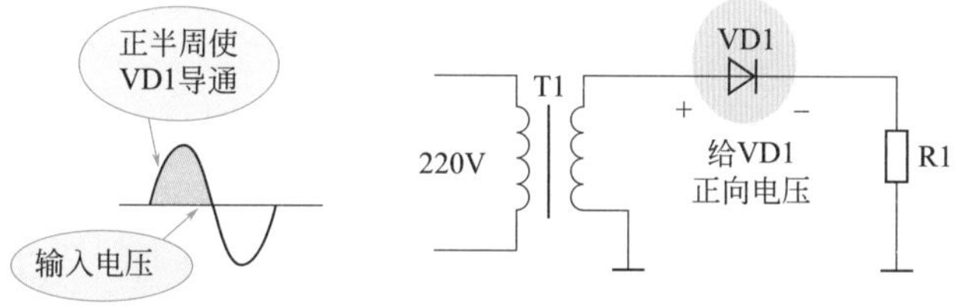

图 1-16 VD1 正向偏置电压示意图

❷ VD1导通时的电流回路分析。图1-17是VD1导通后电流回路示意图，其回路为：T1二次绕组上端 ⟶ VD1正极 ⟶ VD1负极 ⟶ 电阻R1 ⟶ 地线 ⟶ T1二次绕组下端。

通过对整流二极管导通时电流回路的分析，可以进一步理解整流电路的工作原理，同时有利于整流电路的故障分析和检修。在整流电流回路中任意一个点出现开路故障，都将造成整流电流不能构成回路。

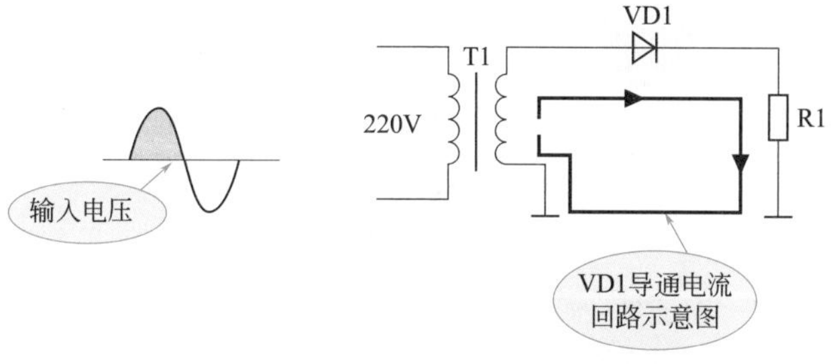

图 1-17 VD1 导通后电流回路示意图

❸ 输出电压极性分析。正极性整流电路中，整流电路输出电流从上而下地流过电阻R1，在R1上的压降为输出电压，因为输出电压为单向脉动直流电压，所以它有正、负极

性，在R1上的输出电压为上正下负，如图1-18所示，这是输出的正极性单向脉动直流电压。

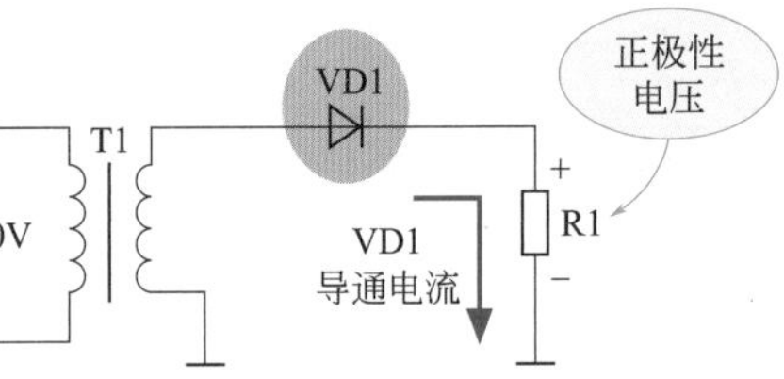

图1-18　输出电压极性示意图

④ 负半周交流电压使整流二极管截止分析。交流输入电压变化到负半周之后，其使VD1正极电压低于它的负极电压，因为VD1正极电压为负，VD1负极接地，电压为0V，所以VD1在负半周电压的作用下处于反向偏置状态，如图1-19所示，整流二极管截止，相当于开路，电路中无电流流动，R1上也无压降，整流电路的输出电压为零。

输入电压第二个周期分析：交流输入电压下一个周期期间，第二个正半周电压到来时，整流二极管再次导通；负半周电压到来时二极管再度截止；如此不断导通、截止地变化。

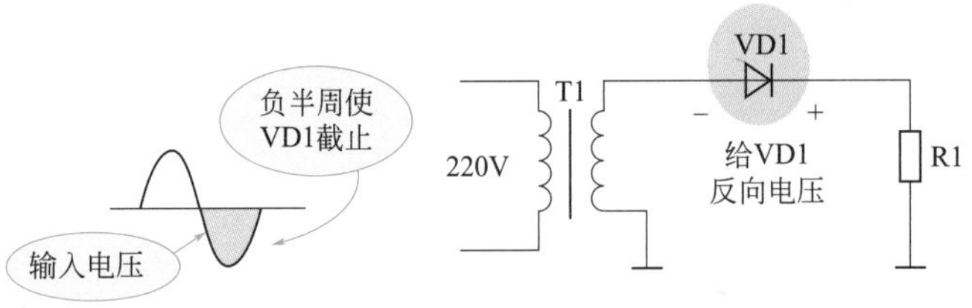

图1-19　VD1反向偏置示意图

⑤ 输出电压特性分析。整流二极管在交流输入电压正半周期间一直为正向偏置而处于导通状态，由于正半周交流输入电压大小在变化，所以流过R1的电流大小也在变化，整流电路输出电压大小也在相应变化，并与输入电压的半周波形相同。图1-20为输出电压波形示意图。

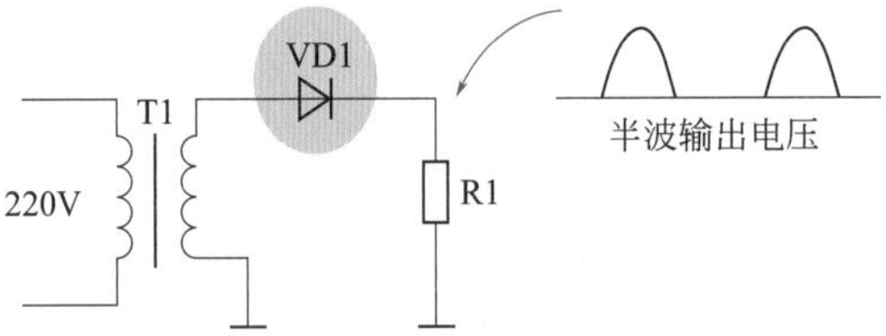

图1-20　输出电压波形示意图

从图中输入和输出电压波形可以看出，通过这样的整流电路，将输入电压的负半周切除，得到只有正极性（正半周）的单向脉动直流输出电压。

所谓单向脉动直流电压就是只有一连串半周的正弦波电压，如果整流电路保留的是正半周，输出的则是正极性单向脉动直流电压。

（2）全波整流电路（半桥式整流电路）　图1-21是半桥式整流电路，电路变压器次级线圈两组匝数相等。在交流电正半周时，A点的电位高于B点，而B点的电位又高于C点，所以二极管VD1反偏截止，而VD2导通。电流由B点出发，自下而上地通过负载RL，再经VD2，由C点流回次级线圈。在交流电负半周时，C点的电位高于B点，而B点电位又高于

A 点，故二极管 VD1 导通，而 VD2 截止。电流仍由 B 点自下而上地通过 RL，但经过 VD1 回到次级的另一组线圈。这个电路中，交流电的正、负半周，都有电流自下而上地通过，所以叫作全波整流电路。此种电路优点是市电利用率高，缺点是变压器利用率低。

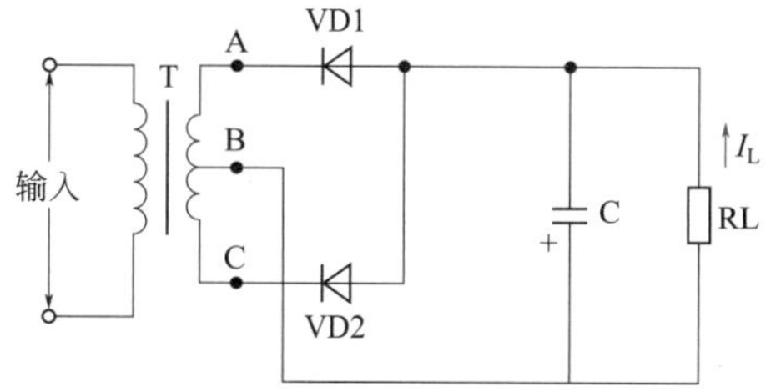

图 1-21　半桥式（全波）整流电路

（3）桥式整流电路　如图 1-22 所示，以最常用的桥式整流电路说明整流电路的工作原理。

由一个变压器、四只二极管、一个负载组成，其中四只二极管组成电桥电路。

由图 1-22（b）可以看出，在电源正半周时，T 次级上端为正，下端为负，整流二极管 VD1 和 VD3 导通，电流由变压器 T 次级上端经过 VD1、RL、VD3，回到变压器 T 次级下端。

由图 1-22（c）可以看出，在电源负半周时，T 次级下端为正，上端为负，整流二极管 VD2 和 VD4 导通，电流由变压器 T 次级下端经过 VD2、RL、VD4，回到变压器 T 次级上端。

RL 两端的电压始终是上正下负，其波形与全波整流时一致。

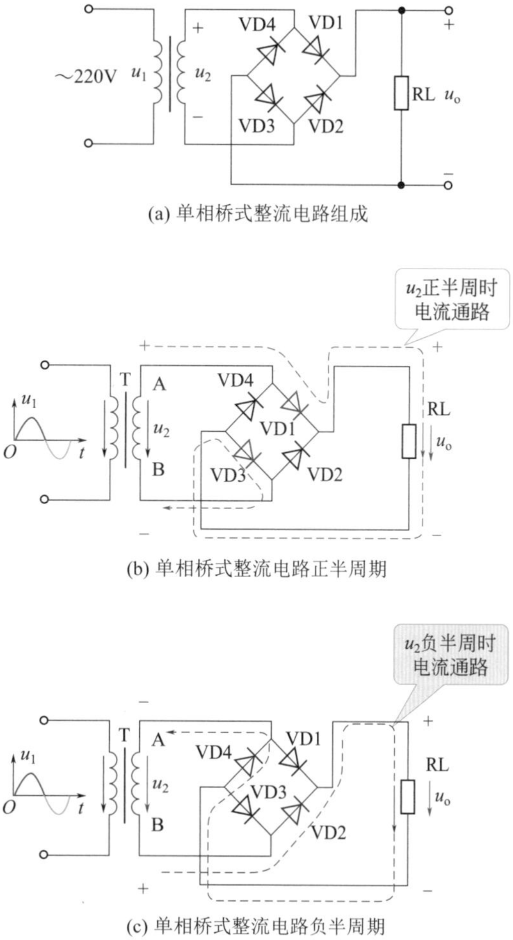

图 1-22　单相桥式整流电路

（4）倍压整流电路　在实际应用中，有时需要高电压、小电流的直流电源。若采用前面介绍的整流电路，则所用的变压器次级电压很高、线圈匝数多，变压器大，所用整流二极管的耐压必须很高，会给选用器件带来困难。所以可以采用倍压整流方式来解决。

图 1-23（a）为典型二倍压整流电路，图 1-23（b）为多倍压整流电路。当变压器次级电压 U_2 为正半周时，二极管 VD1 导通，C1 被充上左负右正的电压，电压值接近峰值。此时，VD2 截止，C2 上无充电电流，负载 RL 两端电压不变；当 U_2 为负半周时，VD1 截止，VD2 导通，此时，U_2 与 C1 所充上的电压串联相加，经二极管 VD2 向 C2 充电，使 C2 上的电压接近 2 倍的 U_2。并联于 C2 上的负载 RL 的阻值一般较大，对 C2 的充电影响不大，故负载 RL 两端电压也接近 2 倍的 U_2。

倍压整流电路仅适用于负载电流较小的场合。若负载电流较大时，C2 上所充的电荷将会通过 RL 很快地泄放，C2 两端电压将会下降。负载电流越大，输出电压就会越低，这就限制了该电路的应用范围。实际运用中，还可以用多个二极管和多个电容做成多倍压整流电路。

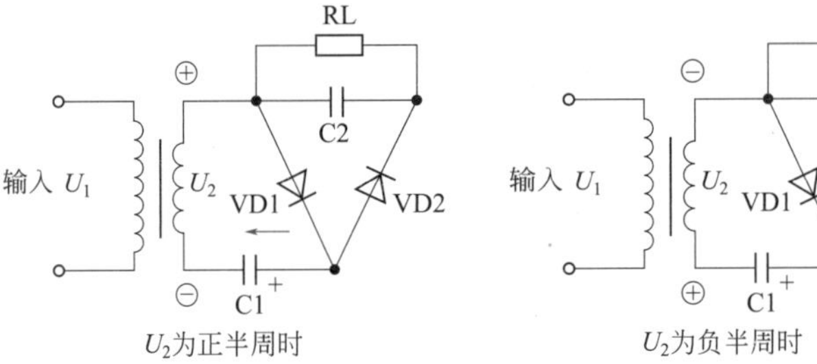

(a) 二倍压整流电路

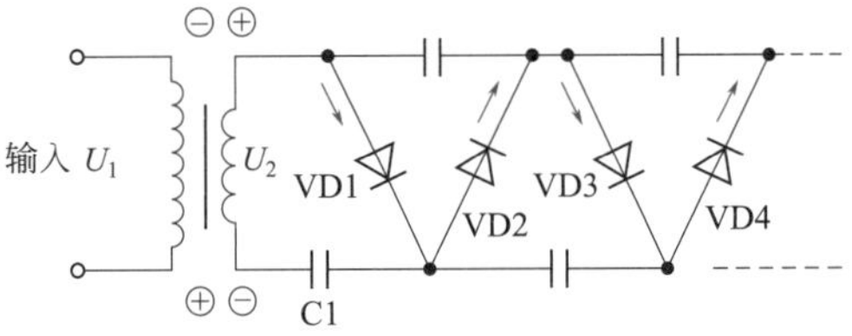

(b) 多倍压整流电路

图 1-23　倍压整流电路

4. 滤波电路

交流电经过整流后得到的是脉动直流，这样的直流电源由于所含交流纹波很大，不能直接用作电子电路的电源。滤波电路可以大大降低这种交流纹波成分，让整流后的电压波形变得比较平滑。

（1）电容滤波电路　电容滤波电路图见图 1-24，电容滤波电路是利用电容的充放电原理达到滤波的作用。在脉动直流波形的上升段，电容 C1 充电，由于充电时间常数很小，所以充电速度很快；在脉动直流波形的下降段，电容 C1 放电，由于放电时间常数很大，所以放电速度很慢。在 C1 还没有完全放电时再次进行充电。通过电容 C1 的反复充放电实现滤波作用。滤波电容 C1 两端的电压波形见图 1-25。

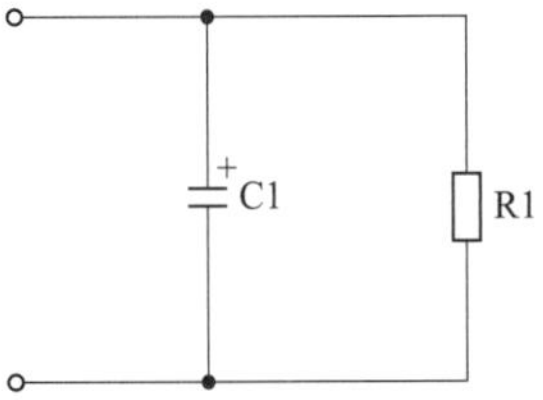

图 1-24　电容滤波电路图

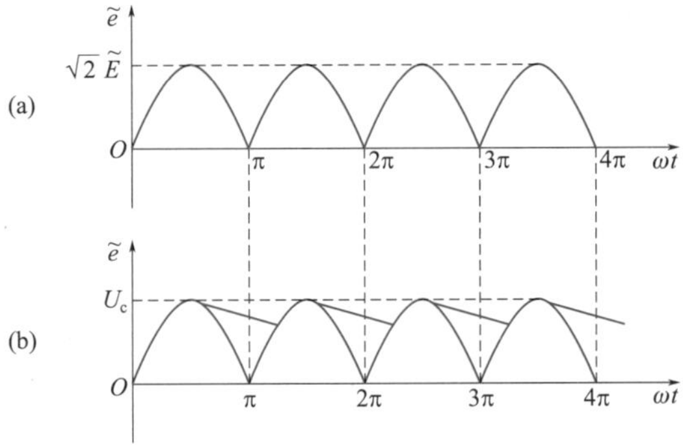

图 1-25　滤波电容 C1 两端的电压波形

选择滤波电容时需要满足下述的条件：

$$RC \geqslant (3\sim5)T/2$$

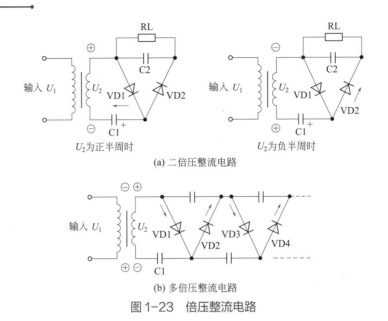

（2）电感滤波电路　电感滤波电路图见图 1-26，电感滤波电路是利用电感对脉动直流的反向电动势来达到滤波的作用，电感量越大，滤波效果越好。电感滤波电路带负载能力比较

好，多用于负载电流很大的场合。

（3）RC 滤波电路　使用两个电容和一个电阻组成 RC 滤波电路，又称 π 型 RC 滤波电路，如图 1-27 所示。这种滤波电路由于增加了一个电阻 R1，使交流纹波都分担在 R1 上。R1 和 C2 越大，滤波效果越好，但 R1 过大又会造成压降过大，减小输出电压。一般情况下，R1 应远小于 R2。

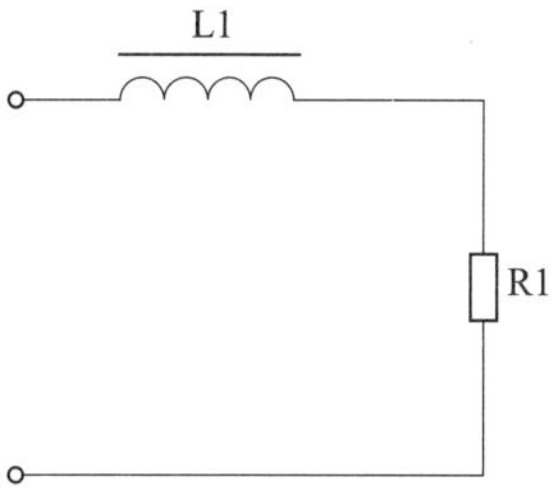

图 1-26　电感滤波电路

（4）LC 滤波电路　与 RC 滤波电路相对的还有一种 LC 滤波电路，这种滤波电路综合了电容滤波电路纹波小和电感滤波电路带负载能力强的优点。其电路图见图 1-28。

整流滤波电路是整个稳压电路的前级基础，元器件的选型涉及电流、电压、纹波等很多方面，实际设计中要十分注意元件的选型应用。

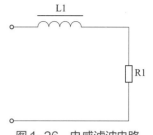

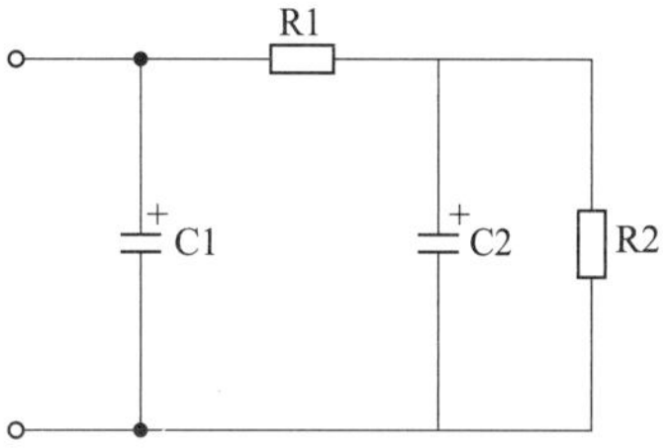

图 1-27　RC 滤波电路

三、自激振荡电路

1. 基本自激振荡电路

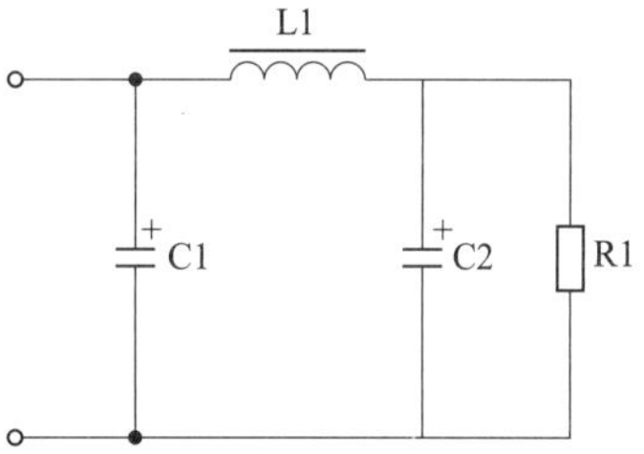

图 1-28　LC 滤波电路

图 1-29 为基本的自激振荡开关电源线路图。其中 U_i 为交流电经过整流滤波所得到的直流电压，C1 为输入滤波电容，通常我们使用两个 400V/10μF 左右的电解电容；R1 是 Q1 的启动电阻，R2、C2 和变压器组成辅助振荡线路；TR1 是变压器；整流二极管 VD1 和电解电容 C3 构成了输出端的整流滤波线路，使输出电压平滑稳定。刚上电时，电阻 R1 给 Q1 提供启动电流，使 Q1 导通。Q1 导通后，变压器一次侧因为有电流流过发生自感，自感电压的方向为“上正下负”，阻止电流增大；另一方面，一次绕组与二次绕组、辅助绕组发生互感。

根据变压器同名端符号可知，二次绕组感应电压方向与一次绕组相反，为“上负下正”，二极管 VD1 反向截止，辅助绕组感应电压方向为“上正下负”，加速 Q1 导通。

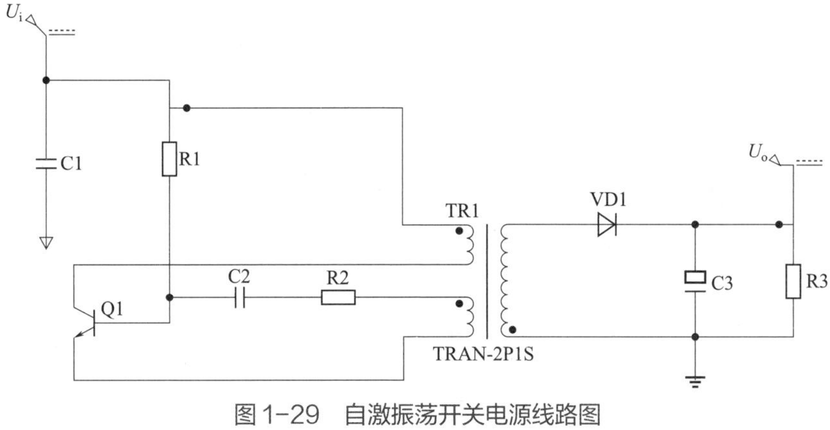

图 1-29　自激振荡开关电源线路图

当 Q1 趋于截止状态时，一次绕组因电流减小而发生自感，同时一次绕组和二次绕组辅助绕组发生互感，所有绕组极性反转，一次绕组自感电压的方向阻止电流的减小，二次绕组感应电压的方向让二极管正向导通，辅助绕组感应电压加速 Q1 截止。

在 Q1 导通期间，变压器一次侧从电源 U_i 处积蓄能量，存储在绕组中；在 Q1 截止期间，变压器将存储的能量释放给负载。

在接近截止状态时，变压器一次绕组感应电压自由振荡返回到零，Q1 基极连接的辅助绕组也称为正反馈绕组，因变压器互感所产生的正反馈信号，控制 Q1 的导通和截止，就是所谓的自激振荡。

2. 一种简易自激振荡开关电源电路

自激式开关稳压电路是利用电路中的开关管、脉冲变压器构成一个自激振荡器，来完成电源启动工作，使电源有直流电压输出。如图 1-30 所示为一种简单实用的自激式电源电路。

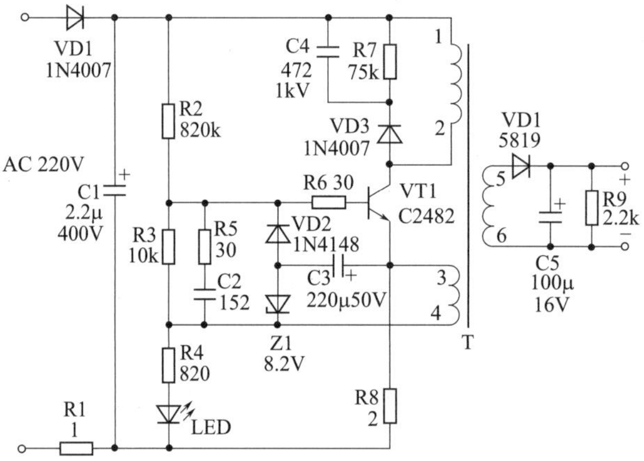

图 1-30　自激式并联电源电路

220V 交流电经 VD1 整流、C1 滤波后输出约 280V 的直流电压，一路经 T 的初级绕组加到开关管 VT1 的集电极；另一路经启动电阻 R2 给 VT1 的基极提供偏流，使 VT1 很快导通，在 T 的初级绕组产生感应电压，经 T 耦合到正反馈绕组，并把感应的电压反馈到 VT1 的基极，使 VT1 进入饱和导通状态。

当 VT1 饱和时，因集电极电流保持不变，初级绕组上的电压消失，VT1 退出饱和，集电极电流减小，反馈绕组产生反向电压，使 VT1 反偏截止。

接在 T 初级绕组上的 VD3、R7、C4 为浪涌电压吸收回路，可避免 VT1 被高压击穿。T 的次级绕组产生高频脉冲电压，经 VD4 整流、C5 滤波后（R9 为负载电阻）输出直流电压。

四、他激振荡电路

这种电路必须附加一个振荡器，利用振荡器产生的开关脉冲去触发开关管完成电源启动，使电源的直流电压输出。在电器正常工作后，可由行扫描输出电路提供行的脉冲作为开关信号。这时振荡器可以停止振荡。可见附加的振荡器只需在开机时工作，完成电源启动工作后可停止振荡。因此这种电路线路复杂。

图 1-31 为实际应用中的他激式电源电路，采用推挽式输出（也可以使用单管输出）。图

中 VT1、VT2、C1、C2、R1 ～ R4、VD1、VD2 构成多谐振荡电路，其振荡频率为 20kHz 左右，电路工作后可以从 VT1 和 VT2 的集电极输出两路相位相差 180° 的连续脉冲电压，调节 R2、R3 可以调整输出脉冲的宽度（占空比）。这两路信号分别经 C3、R5 和 C4、R6 耦合到 VT3 和 VT4 基极。

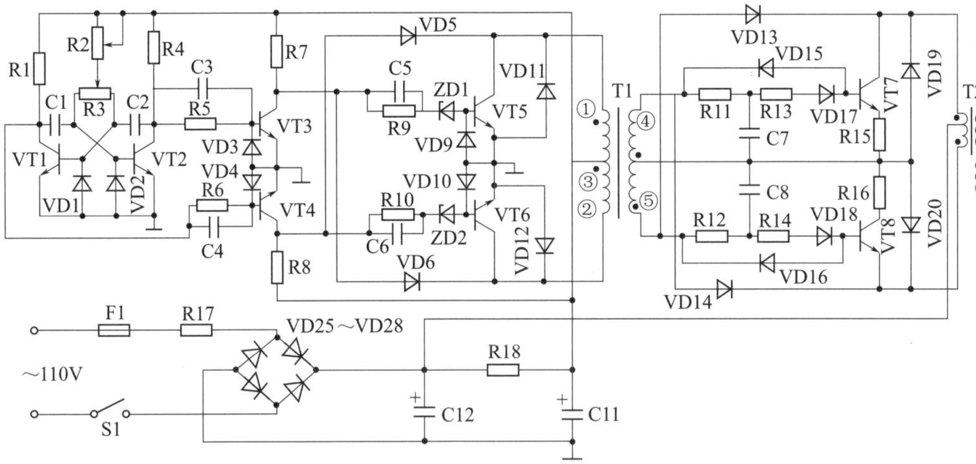

图 1-31　推挽式开关电源的实际电路

VT3 和 VT4 及 R7、VD3、VD4、R8 构成两个独立的电压放大器，从 VT3 和 VT4 集电极输出的已放大的脉冲电压信号分别经 C5、R9、ZD1 和 C6、R10、ZD2 耦合到 VT5 和 VT6 的基极。

VT5、VT6、VD5、VD6、VD9、VD10 和 VD11、VD12 构成脉冲推挽式功率放大电路，将 VT5、VT6 送来的脉冲电压进行放大，并经 T1 耦合后驱动开关电源主回路。VD5、VD6 是防共态导通二极管，VD11、VD12 为阻尼管，VD9、VD10 为发射结保护二极管。电路的工作过程如下。

当 VT3 集电极有正脉冲出现并且幅值超过 10V 时，ZD1 被击穿，VT5 因正偏而导通（VT6 处于截止状态）。因同名端相关联，VT5 集电极电流流经 T1 初级绕组 ❸—❶ 绕组时，将在次级绕组 ❹ 端感应出正的脉冲电压，❺ 端感应出负的脉冲电压。此电压分别加到 VT7 和 VT8 基极回路，将使 VT7 导通、VT8 截止。

当 VT4 集电极有正脉冲出现并且幅值超过 10V 时，ZD2 被击穿，VT6 因正偏而导通（VT5 处于截止状态）。因同名端相关联，VT6 集电极电流流经 T1 初级绕组 ❸—❷ 绕组时，将在次级绕组 ❹ 端感应出负的脉冲电压，❺ 端感应出正的脉冲电压。此电压分别加到 VT7 和 VT8 的基极回路，使 VT7 截止、VT8 导通。

VT7、VT8、VD13 ～ VD20、C7、C8、R11 ～ R16、T2 构成他激式、推挽式开关电源的主变换电路（末级功率驱动电路）。VD13、VD14 是防共态导通二极管，VD19、VD20 为阻尼管，C7、R11 和 C8、R12 分别构成输入积分电路，其作用也是防止 VT7、VT8 共态导通，其原理是使 VT7 或 VT8 延迟导通。VD15、VD16 的作用是加速 VT7、VT8 截止响应。电路的工作过程同原理电路。T2 次级输出正负方波电压。

VD21 ～ VD24、C11、C12 等构成整流滤波电路，其作用是对 T2 次级输出的方波进行整流滤波，输出负载所需的直流电压。

VD25 ～ VD28、C11、C12、R17、R18 构成输入整流滤波电路，此电路直接将输入的 220V 交流电压进行整流，得到所需直流电压供上述各电路工作。电路中的 R17 的作用是冲击电流限幅，限制开机瞬间 C11、C12 的充电电流的最大幅值。

五、调频电源电路

（1）调频的方法　一定情况下，改变开关重复周期，可以控制输出电压的大小。这种方法就是调频的方法，使用这种方法的开关稳压电路称为调频式开关稳压电路。脉冲电压波形宽度调整示意图如图 1-32 所示。

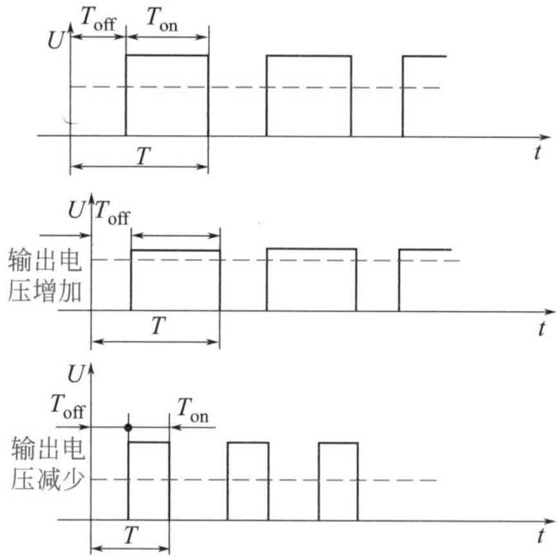

图 1-32　脉冲电压波形宽度调整示意图

（2）实际电路分析　一款调频式开关电源局部电路如图 1-33 所示。当接通电源开关后，300V 直流电压经开关变压器 T501 初级绕组 L1 加至开关管 Q504c 极，同时还经 R504 加至 Q504b 极，于是开关管 Q504 导通，有增大的电流通过 L1 绕组，由于电磁感应，反馈绕组 L2 下端感应出正的反馈电压，送给 Q504b 极，使 Q504 迅速饱和，c 极电流达到最大值。与此同时，L2 绕组的上负下正感应电压还经 Q504b-e 结给电容 C509 充电，其极性是上负下正，随着 C509 充电电压的不断升高，Q504b 极电位不断下降，致使 Q504 很快退出饱和区而进入放大区，于是流过 Q504e 极的电流（即流过 L1 绕组的电流）由最大值减小，致使 L1 绕组、L2 绕组感应出与 Q504 进入饱和导通过程中相反的感应电压，对 L2 绕组而言是上正下负，从而使 Q504b 极电压进一步降低，很快进入截止状态。Q504 截止后，

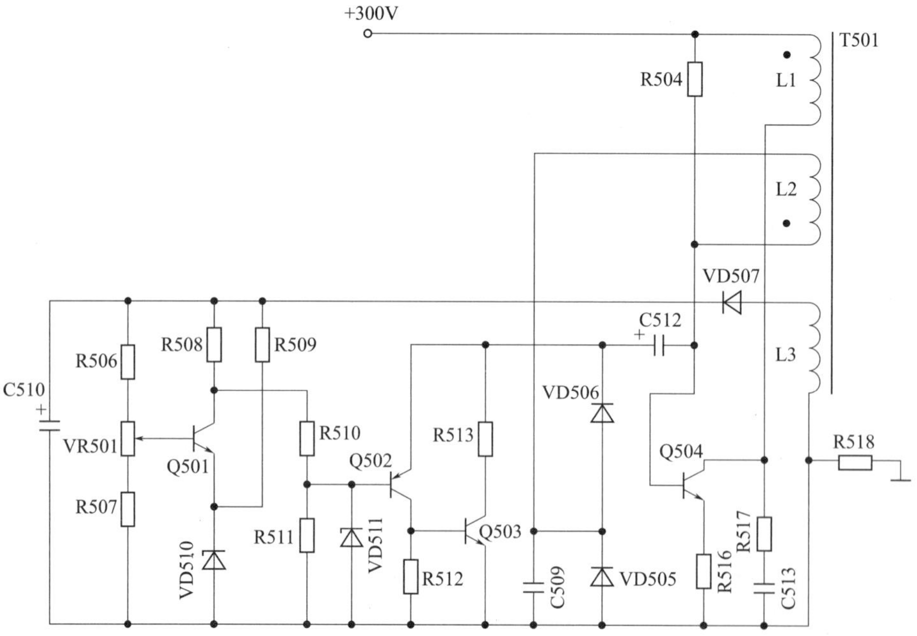

图 1-33　调频式开关电源局部原理图

C509 充得的下正上负电压开始通过 VD505 放电，这一过程又使得 Q504b 极电位升高，当 C509 放电完毕后，Q504 又重复上述过程，进入下一个周期的工作循环。

其稳压原理是：当某种原因使电源输出电压升高时，取样绕组 L3 两端感应电压必升高，故经 D507 整流、C510 滤波后的电压必升高 ⟶ 比较管 Q501b 极电压↑ ⟶ 导通增加，e 极电位已被钳位不变 ⟶c 极电位↓ ⟶ 误差电压放大管 Q502b 极电位↓ ⟶Q502、Q503 复合成一个 PNP 管，b 极电压↓ ⟶Q503c 极电位↓ ⟶C512 负极电位↓ ⟶Q504b 极电位↓ ⟶ Q504 截止时间延长 ⟶ 频率下降，输出电压下降。

从以上分析可知：无论是调宽还是调频式开关电源，其本质都是调整加在开关管 b 极的脉冲电压占空比来实现稳压的，当占空比增加时，输出电压升高，反之占空比减小时，输出电压降低（如图 1-34 所示）。在调频式开关电源中，加在开关管基极上的脉冲电压的周期（频率 $f=1/T$）是变化的，但脉冲持续的时间 t_{on} 是不变的，脉冲的占空比同样是可以变化的。当开关管的截止时间延长时，相当于开关管开关一次的时间延长，即周期增大、频率降低，也就是脉冲占空比减小，稳压电源输出电压降低，反之亦然。

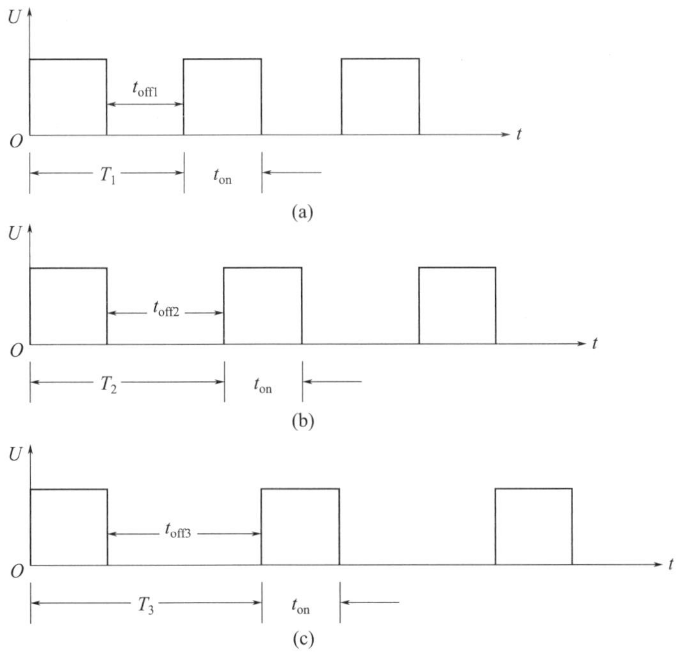

图 1-34　脉冲电压波形宽度调整示意图

（a）~（c）频率依次降低、占空比依次减小

六、调宽电源电路

（1）调宽的方法　在开关周期一定的条件下，增减开关合上的时间，就可以控制输出电压的大小，这种方法就是调宽的方法，使用这种方法的开关稳压电路叫调宽式开关稳压电路。

如图 1-35 所示，在一个周期内，当脉冲存在时间 t_{on} 较长时，电源开关管导通时间也就比较长，对储能电感（即开关变压器）的充电时间延长，在一个周期内给储能电感注入的能量较多，所以稳压电源（开关变压器次级）输出的电压升高，反之输出电压下降。由此可见，改变脉冲电压存在的时间 t_{on}，就可以改变输出电压高低，下面以实际电路加以说明。

（2）实际电路分析　一款调宽式开关电源局部电路如图 1-36 所示。图中所示电源的工作频率与行频同步，因此它的稳压是靠改变加在开关管 b 极的脉冲宽度来进行的。当某种原因使开关电源输出 +B 电压升高时，由 R1、R2 分压后加至取样管 Q3b 极的电压升高，由于 Q3e 极电压被稳压管 DW 钳位（DW 两端电压也称基准电压），于是跟 DW 两端基准电压比较后得到的误差电压升高，该电压经 Q3 放大后使由 c 极输出的控制电压降低，也就是经 R4 加至脉宽控制管 Q2b 极的电压降低 ⟶ Q2（PNP 管）导通程度增大 ⟶ Q1（电源开关管）b 极电位降低 ⟶ Q1 导通时间缩短（相当于加在 Q1b 极的脉宽变窄）⟶ 输出 +B 电压下降；反之 +B 电压上升。

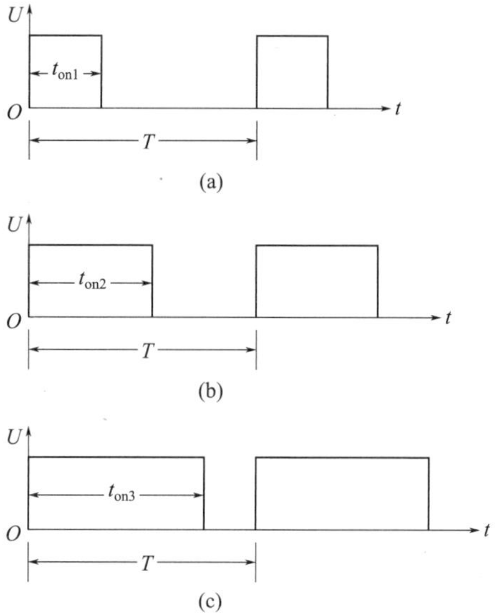

图 1-35　调宽波形图

（a）～（c）脉宽增加、占空比依次增加

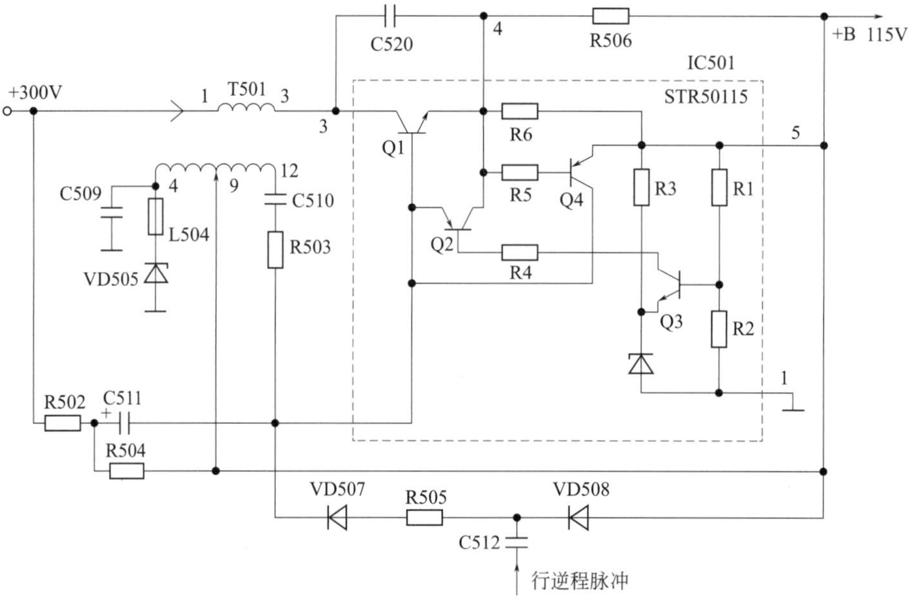

图 1-36　调宽式开关电源局部电路图

七、调宽电源与脉冲调宽的区别

（1）脉冲调宽电路　如图 1-37 所示，根据波形图可以知道，只要改变 RK 阻值，就可以改变 Q901 基极的脉冲宽度，改变 RK 阻值的过程称为基极脉冲调宽过程。

（2）调宽电源　指的是开关电源频率不变，为此需要引入标准控制电路。

脉冲调宽指的是调整开关管基极的脉冲宽度，而调宽电源指的是开关电源的工作频率不变。

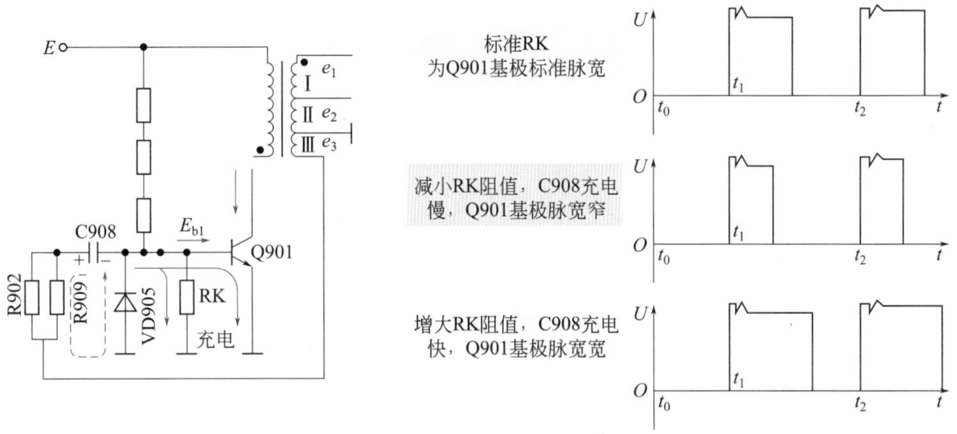

图 1-37　脉冲调宽电路与波形图

八、反馈稳压控制电路

由脉冲调宽可以知道，基极脉宽受 RK 阻值大小控制，只要改变 RK 阻值，即可以改变 Q901 基极的脉冲宽度，从而改变 Q901 导通截止时间。导通时间长，变压器储存磁电能多，输出电压上升；导通时间短，开关变压器储存磁电能少，输出电压低。所以只要利用一个控制电路改变阻值，即可达到稳压和调压的目的。稳压电路由基准电压、取样、误差放大、控制电路构成。稳压过程见图 1-38、图 1-39 中箭头指示。

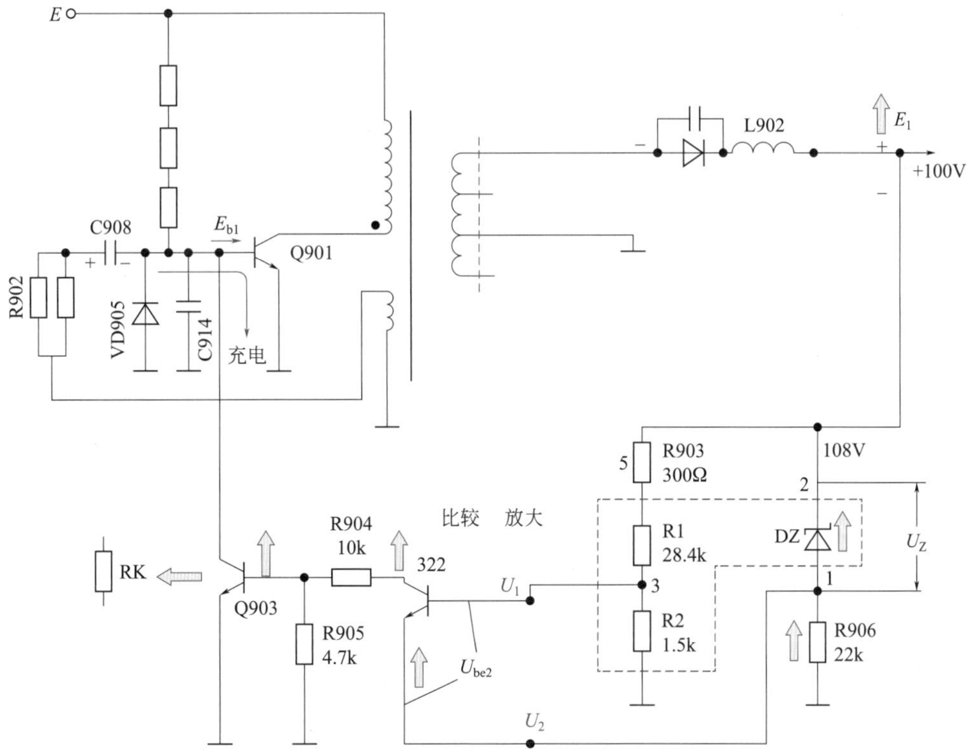

图 1-38　无隔离式稳压电路

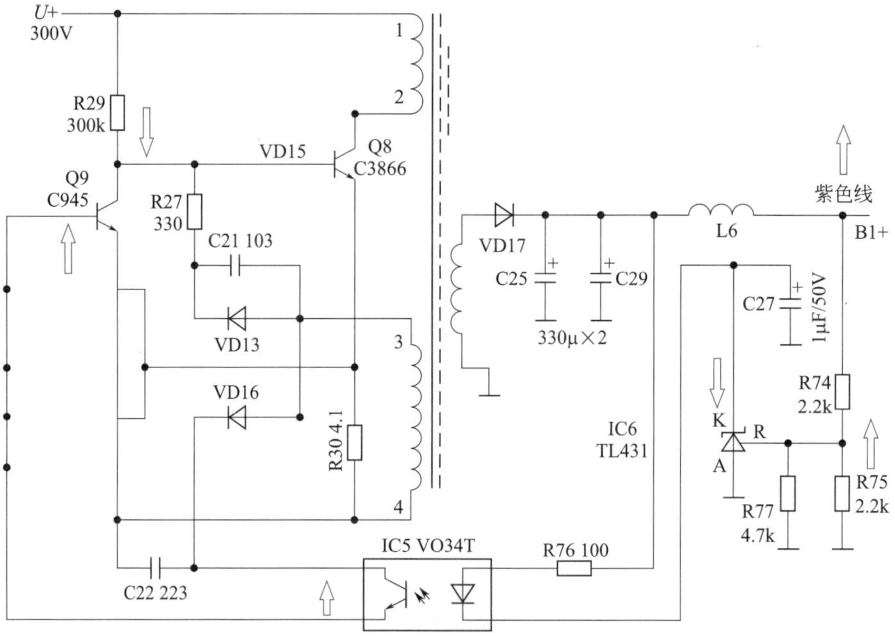

(a) 用高增益误差放大器作比较器

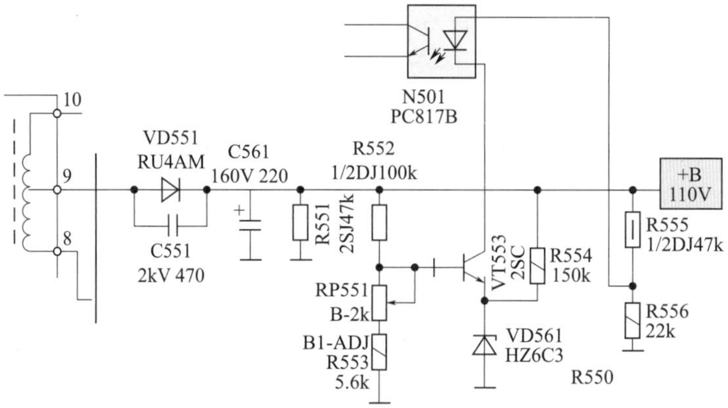

(b) 分立元件比较器

图 1-39 光电耦合器隔离式稳压电路

（1）反馈电路原理图 如图 1-40 所示。

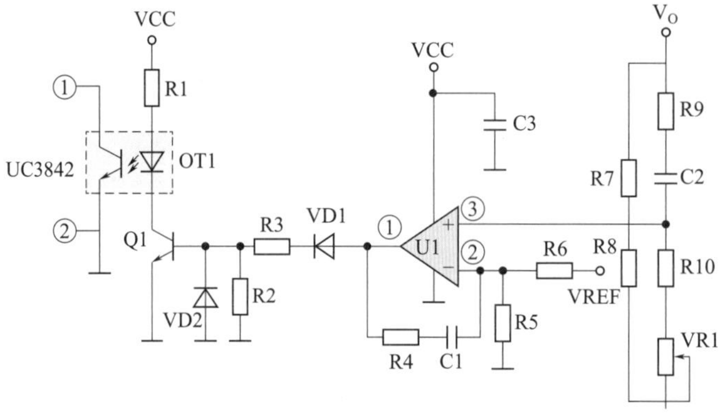

图 1-40 电压反馈电路原理图

（2）工作原理　当输出 U_O 升高，经取样电阻 R7、R8、R10、VR1 分压后，U1❸ 脚电压升高，当其超过 U1❷ 脚基准电压后，U1❶ 脚输出高电平，使 Q1 导通，光电耦合器 OT1 发光二极管发光，光电三极管导通，UC3842❶ 脚电位相应变低，从而使 U1❻ 脚输出占空比减小，U_O 降低。当输出 U_O 降低时，U1❸ 脚电压降低，当其低过 U1❷ 脚基准电压后，U1❶ 脚输出低电平，Q1 不导通，光电耦合器 OT1 发光二极管不发光，光电三极管不导通，UC3842❶ 脚电位升高，从而使 U1❻ 脚输出占空比增大，U_O 降低。周而复始，从而使输出电压保持稳定。调节 VR1 可改变输出电压值。

反馈环路是影响开关电源稳定性的重要电路。如反馈电阻电容错、漏、虚焊等，会产生自激振荡，故障现象为：波形异常，空、满载振荡，输出电压不稳定等。

九、直接稳压控制电路

直接稳压控制电路指的是稳压反馈环节的取样直接取自电源输出端（带载电源端），这样负载电压变化直接引起稳压取样电压变化。

如图 1-41 所示，此种取样方式稳压速度快，电压纹波变化小，应用比较广泛，但是在隔离式开关电源中需要前后加隔离元件，如使用光电耦合元件。如图 1-42 所示。

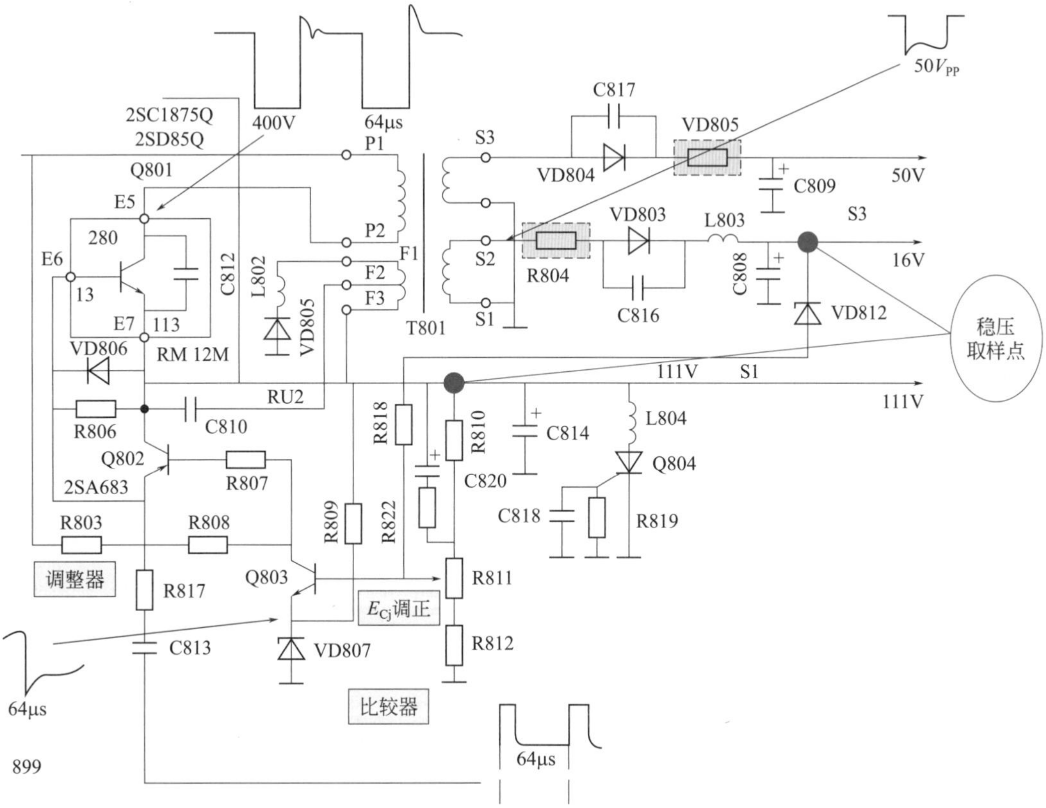

图 1-41　直接稳压控制电路局部原理图

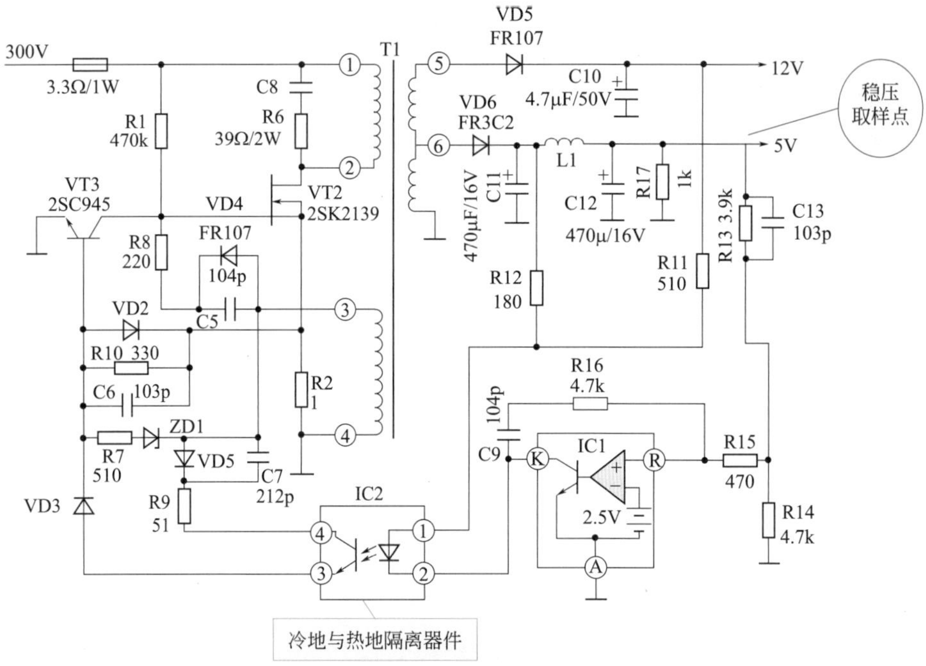

图1-42　隔离型直接取样电路原理图

十、间接稳压控制电路

间接稳压控制电路指的是稳压反馈环节的取样不是直接取自电源输出端（带载电源端），而是通过某介质（开关变压器磁场变化），使负载电压变化直接引起稳压取样电压变化。

如图 1-43 所示，电路优点是不需要专用隔离元件，变压器初次级直接隔离。

十一、恒流控制电路

恒流亦可叫稳流，意思相近，一般可以不加区别。与恒压的概念相比，恒流的概念就难理解一些，因为日常生活中恒压源是多见的，蓄电池、干电池是直流恒压电源，而 220V 交流电，则可认为是一种交流恒压电源，因为它们的输出电压是基本不变的，是不随输出电流的大小而大幅度变化的。恒压电源是在负载上端取样的。恒流电源可以认为取样点在负载下端。如图 1-44 所示。

一个直流电源有两种工作状态：一种是恒压状态，按照恒压电源的特征工作；一种是恒流状态，按照恒流电源的特征工作。恒压恒流电源指既有恒压控制部件，又具有恒流控制部件的电源。

恒流恒压电源内部有两个控制单元。一个是稳压控制单元，在负载发生变化的情况下，努力使输出电压保持稳定，前提是输出电流必须小于预先设定的恒流值。实际上在恒压状态时，恒流控制单元处于休止状态，它不干扰输出电压和输出电流。

当由于负载电阻逐步减小，负载电流增加到预先设定的恒流值时，恒流控制单元开始工作，它的任务是在负载电阻继续减小的情况下，努力使输出电流按预定的恒流值保持不变，为此需要使输出电压随着负载电阻的减小而降低，在极端情况下，负载电阻阻值降为零（短

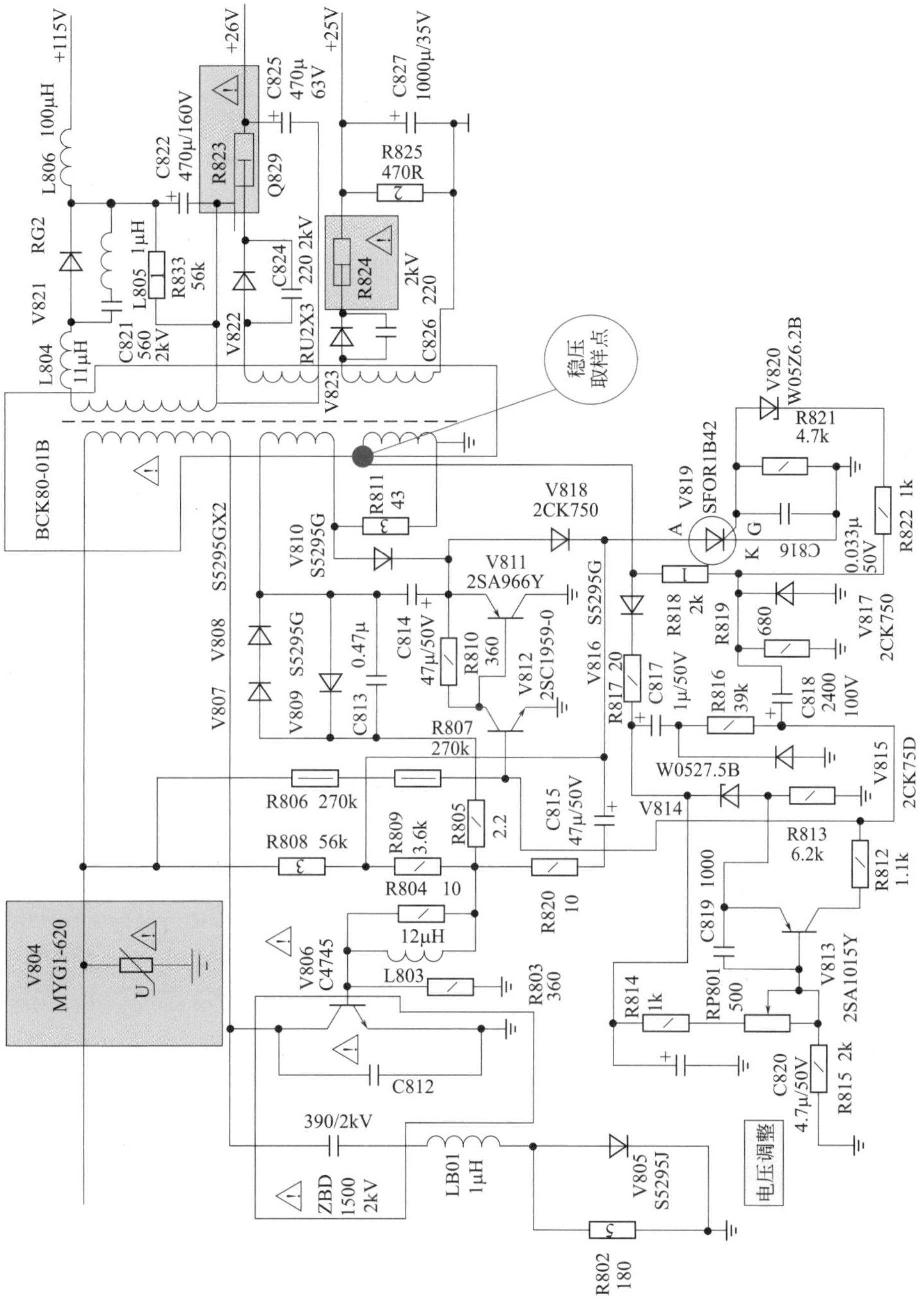

图 1-43　间接稳压电源取样电路原理图

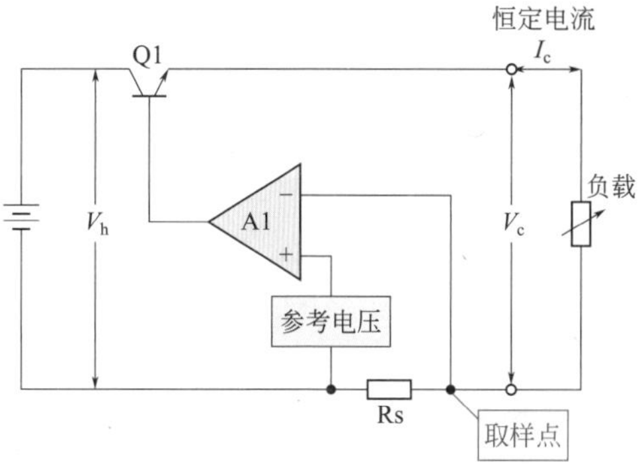

图 1-44　恒流电源控制电路

路状态），输出电压也随之降到零，以保持输出电流的恒定。这些都是恒流部件的功能，在恒流部件工作时，恒压部件亦处于休止状态，它不再干预输出电压的高低。

十二、串联开关电源电路

串联型开关稳压电源的开关管 c-e 结和开关变压器初级线圈都串联在电源中，这种开关电源因开关变压器无隔离作用，故使用时不安全，如图 1-45 所示。

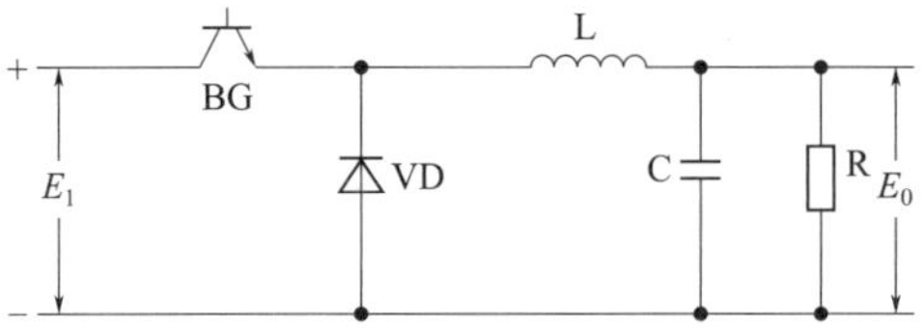

图 1-45　串联开关电源电路等效图

图 1-45 是一个串联开关电源的简易原理图，电路中的 BG 为开关晶体管，正常时工作在开关状态，VD 为续流二极管，L 为电感线圈，是储能元件（电磁变换元件），C 为滤波电容，R 为负载。

晶体管 BG 串在输入电源与负载 R 之间，在晶体管的基极输入开关脉冲信号，BG 被周期性地开关而处于饱和导通和截止状态。

二极管 VD 类似于行输出电路中的阻尼二极管，与开关晶体管处在相反的工作状态。在开关晶体管 BG 导通时，VD 则截止，而开关管 BG 截止时，VD 导通，从而使负载电路中有连续的电流流通，故称为续流二极管。当 BG 的基极输入正脉冲时，BG 饱和导通，电压 E 加至续流二极管的负极，所以二极管 VD 截止，输入电压 E 经 BG⟶L⟶C⟶R 形成回路，回路电流经 L 向电容 C 充电，并向 R 供电。当 BG 基极输入为负脉冲时，BG 截止，根据电磁感应原理，此时 L 上的磁能转变为电能，L 上所产生的电压为左负右正，此时 VD 导通，L 上的感应电压通过 VD 继续向电容充电，同时也供给负载 R 电流，这样由于 VD 的存在维持了负载电流的连续性。这里 L 和 C 组成了良好的滤波电路，滤去输出直流电压中的开关脉冲频率的波纹及其谐波。

如图 1-46 所示是输出 5V/10A 的串联式开关稳压电源电路，工作频率为 200kHz。电路

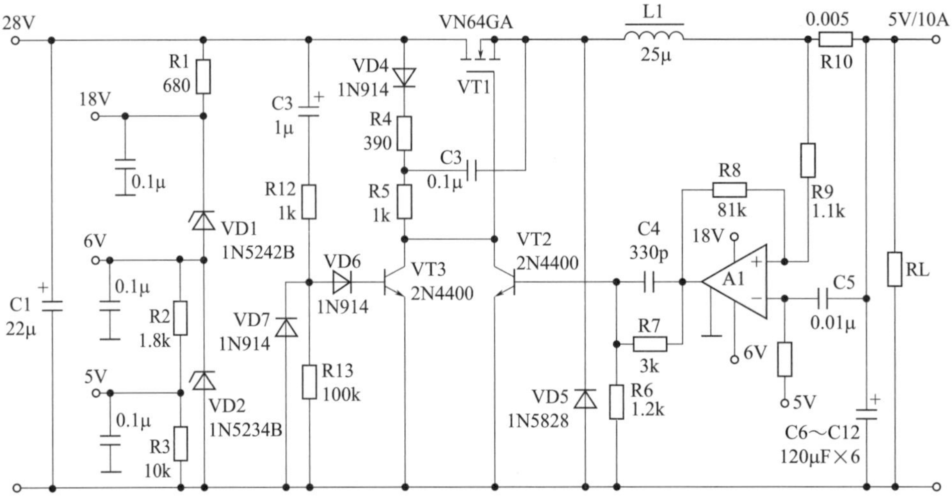

图 1-46　输出 5V/10A 的串联式开关稳压电源电路

中，R1、R2、R3、VD1、VD2 构成提供比较放大器 A1 的 18V、6V 电源和反相输入端 5V 基准电压的稳压偏置电路，C3、R12、R13、VD6、VD7 和 VT3 组成软启动电路，当接通输入电压时，软启动电路使开关管 VT1 的驱动脉冲电压按指数规律增大，因而，避免流过电感 L1 中的电流增加过快，输出电压产生较大的过冲。稳压电路正常工作后，启动电路失去作用。

十三、并联开关电源电路

并联型开关稳压电源的开关管 c-e 结和开关变压器初级线圈串联，然后再并联在电源中，它的开关变压器有隔离作用，所以使用安全，现广泛使用的开关电源都是并联型开关稳压电源。

1. 电感耦合型并联型开关电源

如图 1-47 所示，220V 交流电经整流和 C1 滤波后，在 C1 上得到 300V 的直流电压，该电压送到开关管 VT 的集电极。开关管 VT 的基极加有脉冲信号，当脉冲信号高电平送到 VT 的基极时，VT 饱和导通，300V 的电压产生电流经 VT、L1 到地，电流在经过 L1 时，L1 会产生上正下负的电动势阻碍电流，同时 L1 中储存能量；当脉冲信号低电平送到 VT 的基极时，VT 截止，无电流流过 L1，L1 马上产生上负下正的电动势，该电动势使续流二极管 VD1 导通，并对电容 C2 充电，充电途径是 L1 的下正→C2→VD1→L1 的上负，在 C2 上充得上负下正的电压 U_o，该电压供给负载 RL。

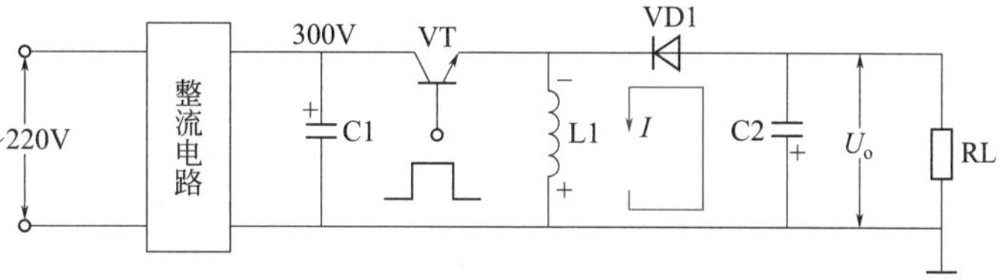

图 1-47 电感耦合型并联型开关电源

稳压过程如下。若市电电压上升，C1 上的 300V 电压也会上升，流过 L1 的电流大，L1 存储的能量多，在 VT 截止时 L1 产生的上负下正电动势高，该电动势对 C2 充电，使电压 U_o 升高。为了保证在市电电压上升时，C2 两端的电压不会上升，可使送到 VT 基极的脉冲信号变窄，VT 导通时间短，流过线圈 L1 电流时间短，L1 储能减小，在 VT 截止时产生的电动势下降，C2 充电电流减小，C2 两端的电压又回落到正常值。

2. 变压器耦合型开关电源

变压器耦合型开关电源如图 1-48 所示。220V 的交流电压经整流电路整流和 C1 滤波后，在 C1 上得到 +300V 的直流电压，该电压经开关变压器 T 的一次绕组 L1 送到开关管 VT 的集电极。

开关管 VT 的基极加有控制脉冲信号，当脉冲信号高电平送到 VT 的基极时，VT 饱和导通，有电流流过 VT，其途径是 +300V→L1→VT 的 c、e 极→地，电流在流经线圈 L1 时，L1 会产生上正下负的电动势阻碍电流，L1 上的电动势感应到二次绕组 L2 上，由于同名端，L2 上感应的电动势极性为上负下正，二极管 VD 不能导通；当脉冲信号低电平送

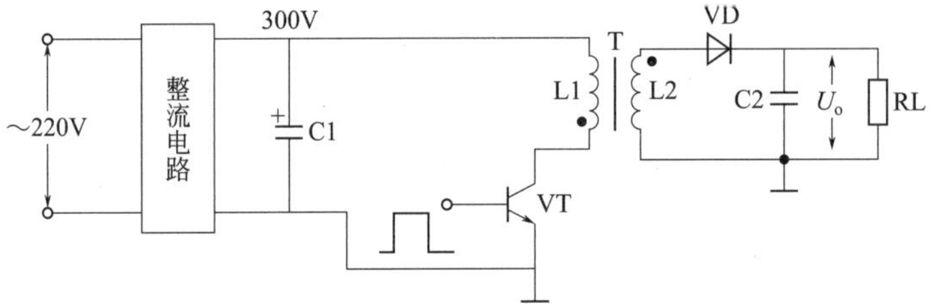

图1-48 变压器耦合型开关电源

到 VT 的基极时，VT 截止，无电流流过线圈 L1，L1 马上产生相反的电动势，其极性是上负下正，该电动势感应到二次绕组 L2 上，L2 上得到上正下负的电动势，此电动势经二极管 VD 对 C2 充电，在 C2 上得到上正下负的电压 U_o，该电压供给负载 RL。

稳压过程如下。若 220V 的电压上升，经电路整流滤波后在 C1 上得到的 300V 电压也上升，在 VT 饱和导通时，流经 L1 的电流大，L1 中储存的能量多，当 VT 截止时，L1 产生的上负下正电动势高，L2 上感应得到的上正下负的电动势高，L2 上的电动势经 VD 对 C2 充电，在 C2 上充得的电压 U_o 升高。为了保证在市电电压上升时，C2 两端的电压不会上升，可让送到 VT 基极的脉冲信号变窄，VT 导通时间短，电流流过 L1 的时间短，L1 储能减小，在 VT 截止时，L1 产生的电动势低，L2 上感应得到的电动势低，L2 上的电动势经 VD 对 C2 充电减少，C2 上的电压下降，回到正常值。

如图 1-49 所示是自激式并联型开关电源电路。由开关振荡电路、稳压电路等组成。

图中，R1、R2 是启动电阻，输入电压 U_1 经 R1 和 R2 分压后，从 R2 上取出启动电压送到开关管 VT1 基极，使其导通，产生的集电极电流经变压器 T［变压器是利用电磁感应的原理来改变交流电压的装置，主要构件是初级线圈、次级线圈和铁芯（磁芯）］的绕组 N1，从而在 N2 绕组中感应出同名端（根据两个线圈的绕向、施感电流的参考方向和两线圈的相对位置，按右手螺旋法则确定施感电流产生的磁通方向和彼此交链的情况）为正的感应电压，此电压通过 C1 和 R3 加到 VT1 的基极，使基极电流增加，集电极电流增加，N1 和 N2 上的感应电压升高，VT1 的基极电流进一步增加，VT1 由于正反馈（系统的输出促进系统的输入，使系统偏离强度愈来愈大，不能维持稳态的过程）而迅速饱和导通。在 VT1 饱和导通期间，N4 同名端感应为正的电压，VD3 截止，负载电路中无电流流通。

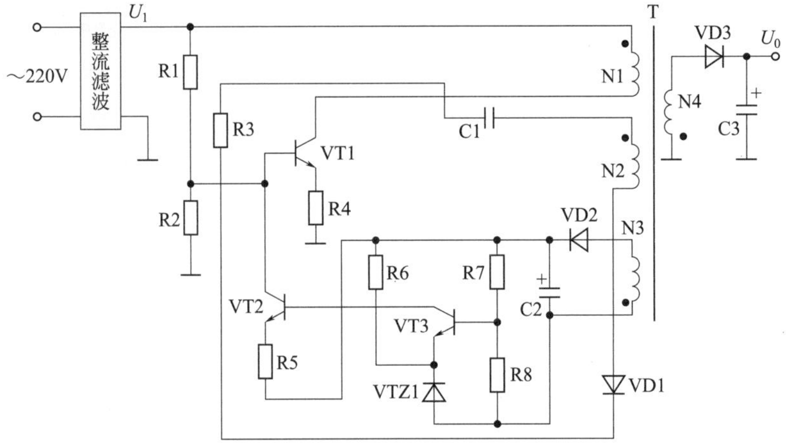

图1-49 自激式并联型开关电源电路

随着 VT1 基极电流的增加，C1 慢慢地被充电，极性为左负右正。当充电电压上升到一定值时，C1 左端的负电压使 VT1 基极电位下降，基极电流减小，集电极电流减小，VT1 退出饱和状态进入放大状态，由于正反馈使 VT1 迅速截止，VT1 截止时 N1 中的电流方向仍维持原方向，因此 N1 同名端的电压极性为负，N1 上的感应电压为上正下负，储存在变压器 T 中的磁能转换为电能，以脉冲电压的形式经 VD3 整流、C3 滤波向负载供电。

十四、输出变换电路

1. 正激式整流电路

如图 1-50 所示，T1 为开关变压器，其初级和次级的相位相同。VD1 为整流二极管，VD2 为续流二极管，R1、C1、R2、C2 为削尖峰电路。L1 为续流电感，C4、L2、C5 组成 π 型滤波器。

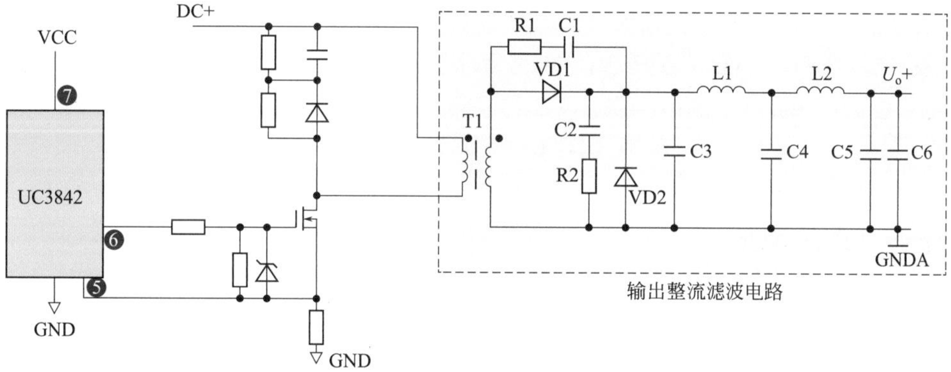

图 1-50　正激式整流电路

2. 反激式整流电路

如图 1-51 所示，T1 为开关变压器，其初级和次级的相位相反。VD1 为整流二极管，R1、C1 为削尖峰电路。L1 为续流电感，R2 为假负载，C3、C4、L2、C5 组成 π 型滤波器。

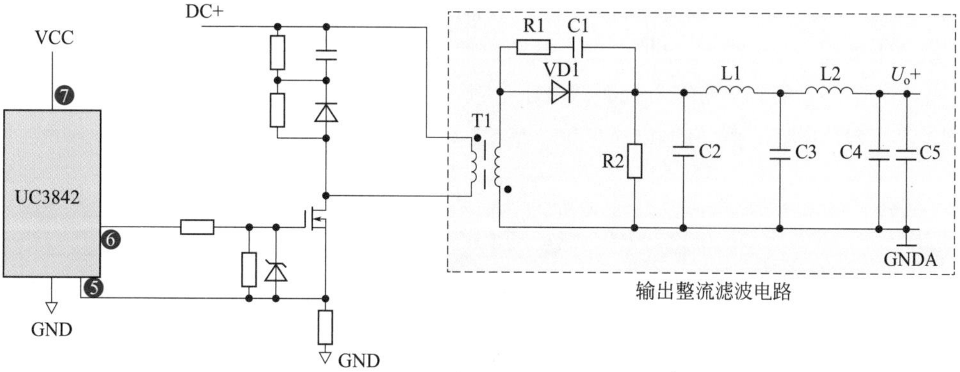

图 1-51　反激式整流电路

3. 同步整流电路

如图 1-52 所示。工作原理：当变压器次级上端为正时，电流经 C2、R5、R6、R7 使 Q2

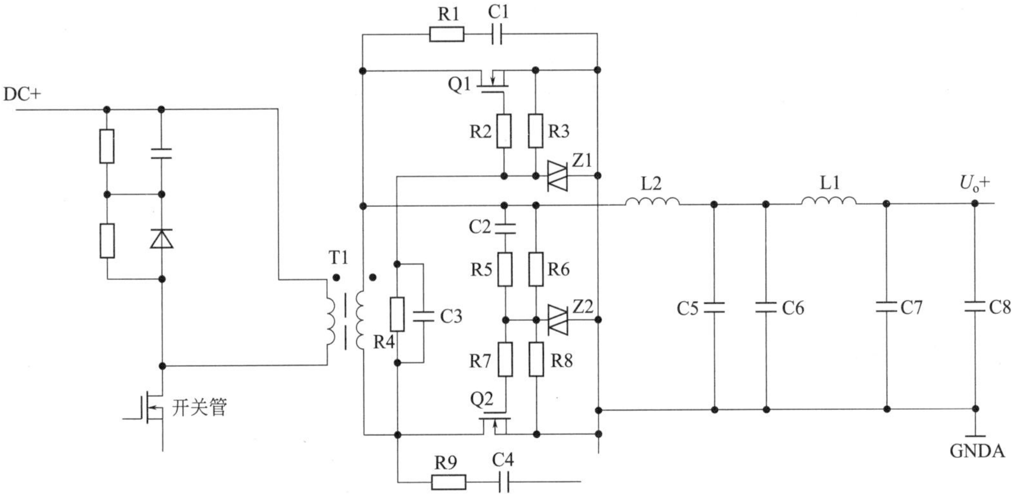

图1-52　同步整流电路

导通，电路构成回路，Q2为整流管，Q1栅极由于处于反偏而截止；当变压器次级下端为正时，电流经C3、R4、R2使Q1导通，Q1为续流管，Q2栅极由于处于反偏而截止；L2为续流电感，C6、L1、C7组成π型滤波器；R1、C1、R9、C4为削尖峰电路。

十五、保护电路

1. 短路保护电路

❶ 在输出端短路的情况下，PWM控制电路能够把输出电流限制在一个安全范围内，它可以用多种方法来实现限流电路，当功率限流在短路不起作用时，只能另增设一部分电路。

❷ 短路保护电路通常有两种，图1-53是小功率短路保护电路，其原理简述如下。

当输出电路短路时，输出电压消失，光电耦合器OT1不导通，UC3842❶脚电压上升至5V左右，R1与R2的分压电压超过TL431基准电压，使之导通，UC3842❼脚VCC电位被拉低，IC停止工作。UC3842停止工作后，❶脚电位消失，TL431不导通，UC3842❼脚电位上升，UC3842重新启动，周而复始。当短路现象消失后，电路可以自动恢复成正常工作状态。

❸ 图1-54是中功率短路保护电路，其原理简述如下。

当输出电路短路时，UC3842❶脚电压上升，U1（LM2904，下简称U1）❸脚电位高于❷脚时，比较器翻转，❶脚输出高电位，给C1充电；当C1两端电压超过❺脚基准电压时，

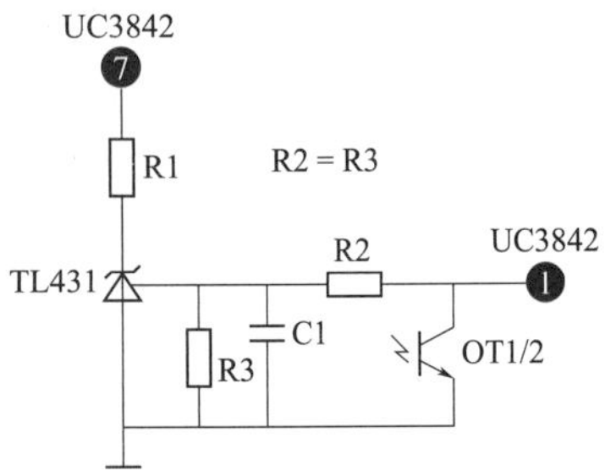

图1-53　小功率短路保护电路

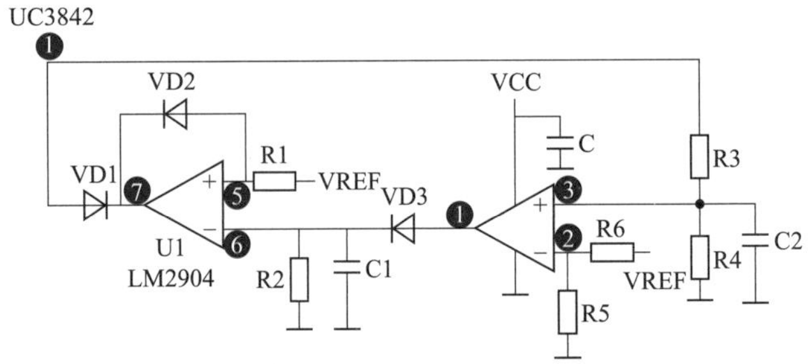

图1-54　中功率短路保护电路

U1❼ 脚输出低电位，UC3842❶ 脚低于 1V，UC3842 停止工作，输出电压为 0V；周而复始，当短路现象消失后电路正常工作。R2×C1 是充放电时间常数，阻值不对时短路保护不起作用。

❹ 图1-55是常见的限流、短路保护电路。其工作原理简述如下。

当输出电路短路或过流时，变压器原边电流增大，R3 两端电压降增大，❸ 脚电压升高，UC3842❻ 脚输出占空比逐渐增大，❸ 脚电压超过 1V 时，UC3842 关闭，无输出。

❺ 图1-56是用于电流互感器取样电流的保护电路，功耗小，但成本高，电路较为复杂，其工作原理简述如下。

输出电路短路或电流过大，TR1 次级线圈感应的电压就高，当 UC3842❸ 脚电压超过 1V 时，UC3842 停止工作，周而复始，当短路或过载消失后，电路正常工作。

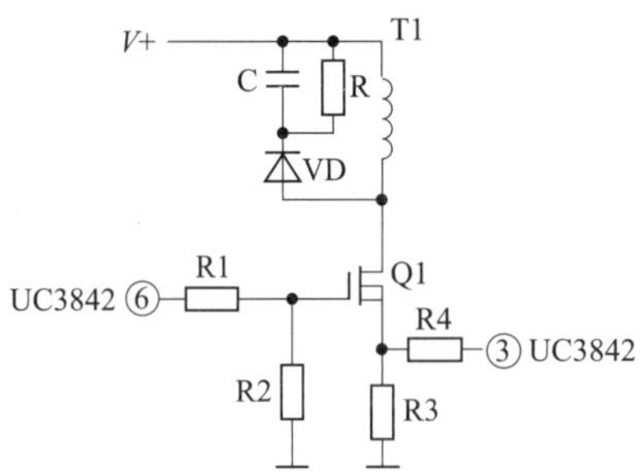

图 1-55　限流、短路保护电路

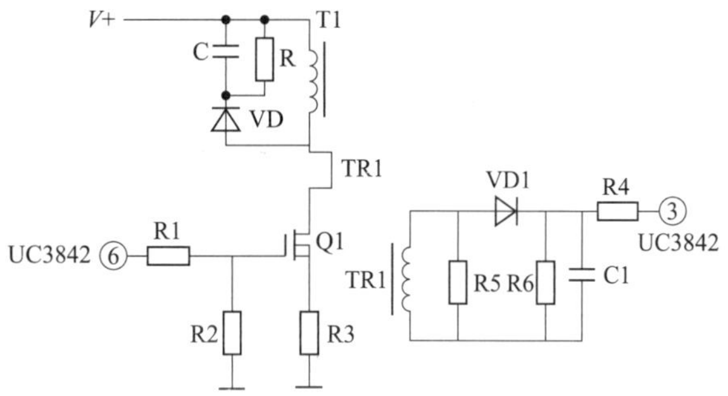

图 1-56　电流互感器取样电流的保护电路

2. 输出端限流保护电路

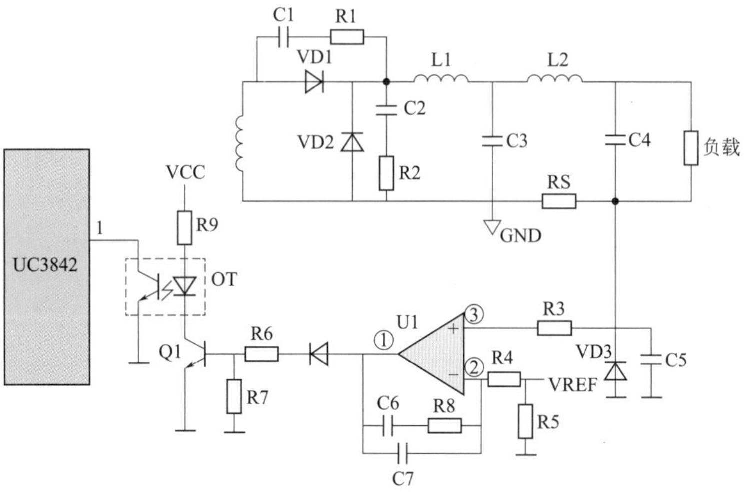

图 1-57　常见的输出端限流保护电路

图 1-57 是常见的输出端限流保护电路，其工作原理简述如下：当输出电流过大时，RS（锰铜丝）两端电压上升，U1❸ 脚电压高于 ❷ 脚基准电压，U1❶ 脚输出高电压，Q1 导通，光电耦合器发生光电效应，UC3842❶ 脚电压降低，输出电压降低，从而达到输出端限流的目的。

3. 输出过压保护电路

输出过压保护电路的作用是：当输出电压超过设计值时，把输出电压限定在一个安全值的范围内；当开关电源内部稳压环路出现故障或者因用户操作不当而出现输出过压现象时，过压保护电路进行保护以防止损坏后级用电设备。应用最为普遍的过压保护电路有以下 4 种。

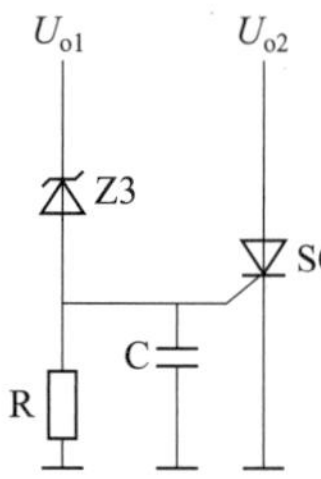

图 1-58　晶闸管触发保护电路

（1）晶闸管触发保护电路　如图 1-58 所示，当 U_{o1} 升高时，稳压管（Z3）击穿导通，晶闸管（SCR）的控制端得到触发电压，因此晶闸管导通。U_{o2} 对地短路，过流保护电路或短路保护电路就会工作，停止整个电源电路的工作。当输出过压现象排除后，晶闸管的控制端触发电压通过 R 对地泄放，晶闸管恢复断开状态。

（2）光电耦合保护电路　如图 1-59 所示，当 U_o 有过压现象时，稳压管击穿导通，经光电耦合器（OT2）、R6 到地，光电耦合器的发光二极管发光，从而使光电耦合器的光敏三极管导通。Q1 基极得电导通，UC3842 的❸脚电压降低，使 IC 关闭，停止整个电源的工作，U_o 为零，周而复始。

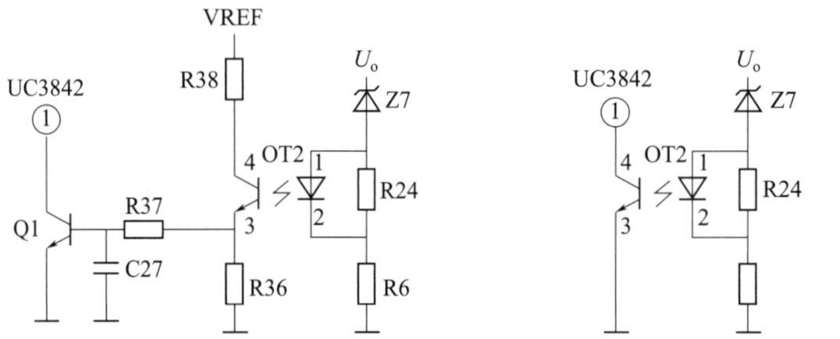

图 1-59　光电耦合保护电路

（3）输出限压保护电路　输出限压保护电路如图 1-60 所示，当输出电压升高时，稳压管导通，光电耦合器导通，Q1 基极有驱动电压而导通，UC3842❸脚电压升高，输出降低，稳压管不导通，UC3842❸脚电压降低，输出电压升高。周而复始，输出电压将稳定在一定范围内（取决于稳压管的稳压值）。

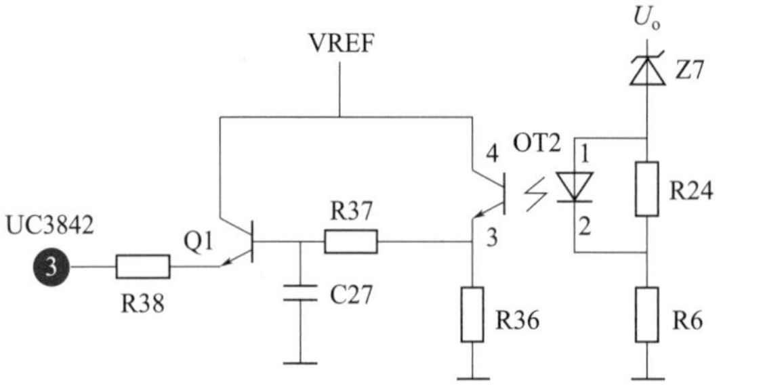

图 1-60　输出限压保护电路

（4）输出过压锁死电路　如图 1-61（a）所示，其工作原理是，当输出电压 U_o 升高时，稳压管导通，光电耦合器导通，Q2 基极得电导通，由于 Q2 的导通，Q1 基极电压降低也导通，VCC 电压经 R1、Q1、R2 使 Q2 始终导通，UC3842❸脚始终是高电平而停止工作。在图 1-61（b）中，U_o 升高，U1❸脚电压升高，❶脚输出高电平，由于 VD1、R1 的存在，U1❶脚始终输出高电平，Q1 始终导通，UC3842❶脚始终是低电平而停止工作。

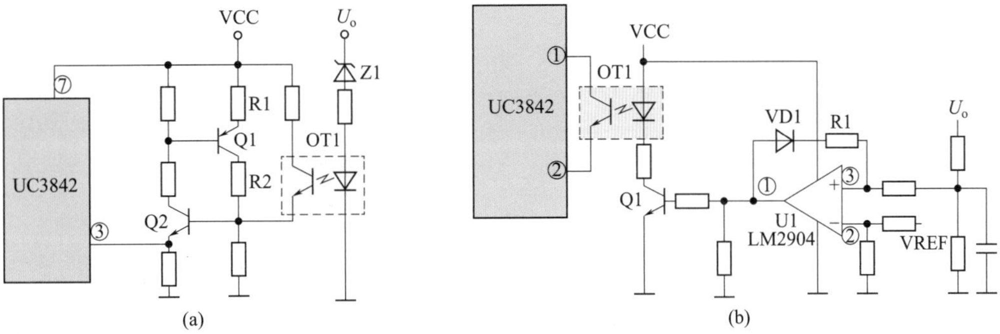

图 1-61　输出过压锁死电路

4. 输入过欠压保护电路

如图 1-62 所示，AC 输入和 DC 输入的开关电源的输入过欠压保护电路原理大致相同。保护电路的取样电压均来自输入滤波后的电压。取样电压分为两路，一路经 R1、R2、R3、R4 分压后输入比较器 ❸ 脚，若取样电压高于 ❷ 脚基准电压，比较器 ❶ 脚输出高电平去控制主控制器使其关断，电源无输出。另一路经 R7、R8、R9、R10 分压后输入比较器 ❻ 脚，若取样电压低于 ❺ 脚基准电压，比较器 ❼ 脚输出高电平去控制主控制器使其关断，电源无输出。

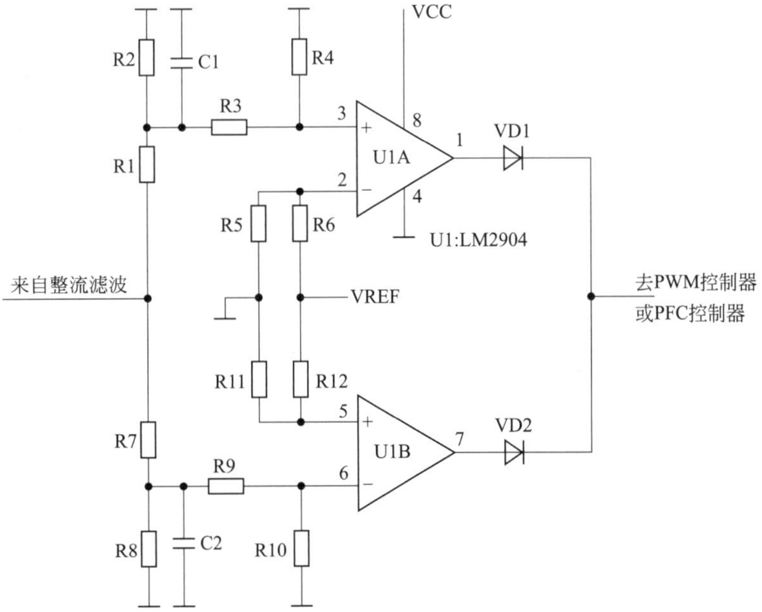

图 1-62　输入过欠压保护电路

十六、单管功率变换电路

（1）MOS 管的工作原理　目前应用最广泛的绝缘栅场效应管是 MOSFET（MOS 管），是利用半导体表面的电声效应进行工作的，也称为表面场效应器件。由于它的栅极处于不导电状态，所以输入电阻可以大大提高，最高可达 105Ω。MOS 管是利用栅源电压的大小来改变半导体表面感生电荷的多少，从而控制漏极电流的大小。

（2）常见的原理图　如图 1-63 所示。

（3）工作原理 R4、C3、R5、R6、C4、VD1、VD2组成缓冲器，和MOS管并联，使MOS管电压应力减少，EMI减少，不发生二次击穿。在开关管Q1关断时，变压器的原边线圈易产生尖峰电压和尖峰电流，这些元件组合在一起，能很好地吸收尖峰电压和尖峰电流。从R3测得的电流峰值信号参与当前工作周波的占空比控制，因此是当前工作周波的电流限制。当R5上的电压达到1V时，UC3842停止工作，开关管Q1立即关断。R1和Q1中的结电容CGS、CGD一起组成RC网络，电容的充放电直接影响开关管的开关速度。R1过小，易引起振荡，电磁干扰也会很大；R1过大，会降低开关管的开关速度。Z1通常将MOS管的GS电压限制在18V以下，从而保护MOS管。Q1的栅极受控电压为锯形波，当其占空比越大时，Q1导通时间越长，变压器所储存的能量也就越多；当Q1截止时，变压器通过VD1、VD2、R5、R4、C3释放能量，同时也达到磁场复位的目的，为变压器的下一次存储、传递能量作好准备。IC根据输出电压和电流时刻调整❻脚锯形波占空比的大小，从而稳定整机的输出电流和电压。C4和R6为尖峰电压吸收回路。

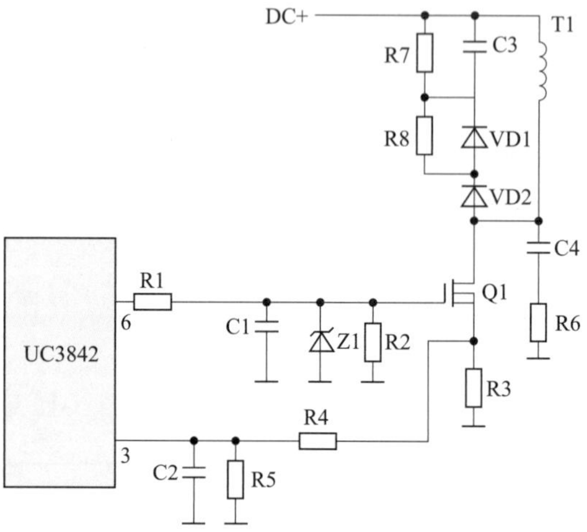

图1-63 单管功率变换电路

十七、半桥电路

如图1-64所示，半桥式变换电路（简称半桥电路）是双端电路，在一个周期内，BG1和BG2交替导通，其集电极电位一个上升，另一个则下降。随着BG1和BG2的导通和截止，在电容C1和C2上极性相反的电压分别施加于开关变压器初级绕组（也称初级线圈）上。变压器初级绕组在整个周期内都有电流流过，磁芯得到了充分利用，晶体管BG1和BG2的集电极与发射极峰值电压要求较低，$2E_{ce}=E_c$。该电路主要缺点是晶体管流过的电流较大，与推挽式电路相比，要输出相同功率，晶体管必须流过2倍的电流。该电路的优点是为了避免磁饱和，通过耦合电容C3的作用可以自动修正，也就是说具有抗不平衡的作用。但是耦合电容C3要选得合适，不然效果不佳。半桥式变换器工作波形如图1-65所示。

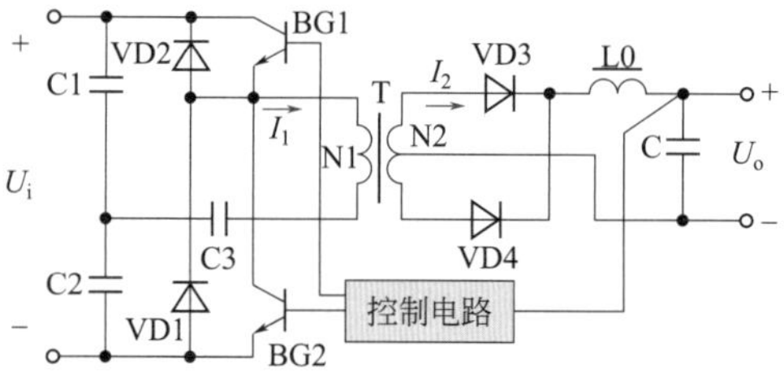

图1-64 典型半桥式变换电路

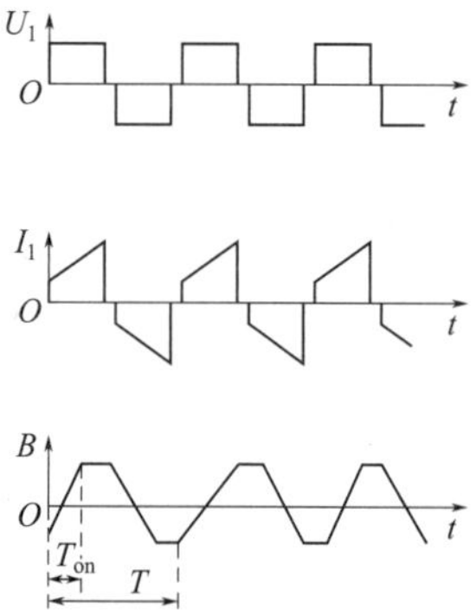

图1-65 半桥式变换器工作波形

十八、全桥电路

全桥式开关电源变压器作为一种非常常见的变压器类型，在工业控制、光伏变电等领域都有很广泛的应用。

其实全桥式开关电源变压器在实际应用过程中，其工作原理与推挽式开关电源变压器以及半桥式开关电源变压器的工作原理是很相似的。图 1-66 所示的是全桥式开关电源变压器的工作原理图。图中，K1、K2、K3、K4 是 4 个控制开关，它们被分成两组，K1 和 K4 为一组，K2 和 K3 为另一组。开关电源工作的时候，总是一组接通，另一组关断，两组控制开关交替工作。T 为开关变压器，N1 为变压器的初级线圈，N2 为变压器的次级线圈。U_i 为直流输入电压，R 为负载电阻，u_o 为输出电压，i_o 为流过负载的电流。

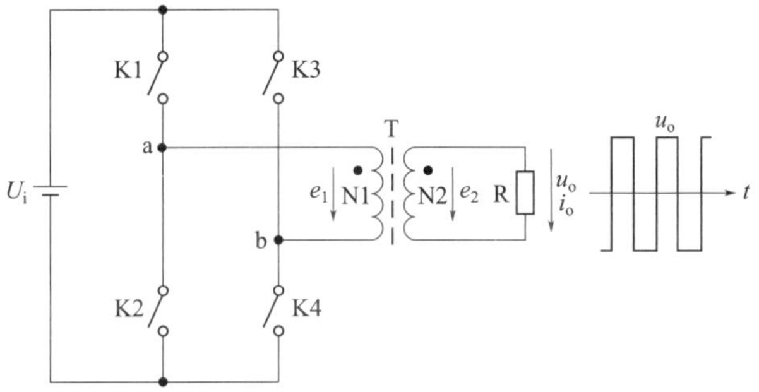

图 1-66　全桥式开关电源变压器的工作原理图

由图 1-66 可知，在全桥式的电源变压器中，其控制开关 K1 和 K4 与控制开关 K2 和 K3 正好组成一个电桥的两臂，变压器作为负载被跨接于电桥两臂的中间。因此，我们把图中的电路称为全桥式开关电源电路。当控制开关 K1 和 K4 接通时，电源电压 U_i 被加到变压器初级线圈 N1 的 a、b 两端，同时，由于电磁感应的作用，在变压器次级线圈 N2 的两端也会输出一个与 N1 输入电压 U_i 成正比的电压，并加到负载 R 的两端，使开关电源输出一个正半周电压。在全桥式开关电源变压器正常运行过程中，当控制开关 K1 和 K4 由接通转为关断时，控制开关 K2 和 K3 则由关断转为接通，电源电压 U_i 被加到变压器初级线圈 N1 绕组的 b、a 两端。同理，由于电磁感应的作用，在变压器次级线圈 N2 绕组的两端也会输出一个与 N1 绕组输入电压成正比的电压，并加到负载 R 的两端，使开关电源输出一个负半周电压。当控制开关 K1 和 K4 接通时，全桥式开关电源变压器中的电源电压 U_i 将会被加到变压器初级线圈 N1 绕组的 a、b 两端，在变压器初级线圈 N1 绕组中将有电流经过，通过电磁感应会在变压器的铁芯中产生磁场，并产生磁力线。同时，在初级线圈 N1 绕组的两端要产生自感电动势 e_1。在次级线圈 N2 绕组的两端也会产生感应电动势 e_2，感应电动势 e_2 作用于负载 R 的两端，从而产生负载电流。

典型的全桥式电路（简称全桥电路）及其工作波形如图 1-67、图 1-68 所示。这种电路每半个周期两个晶体管同时导通，如 BG1、BG4 或 BG2、BG3，使开关变压器初级绕组在一个周期内交替受到极性相反的输入电压激励。开关变压器的次级绕组经过整流和滤波，输出所需要的直流电压。

其主要优点是晶体管集电极与发射极峰值电压要求较低，$E_{ce}=1/2E_c$，并且每个晶体管流过的电流比半桥电路小 50%。但它的主要缺点是需要四只晶体管及四组相互隔离的晶体管驱动电路，电路成本增大，而且不像半桥电路那样具有抗不平衡的能力。

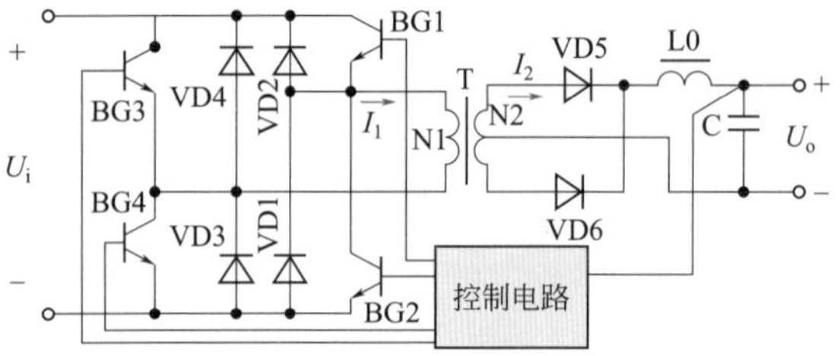

图 1-67　全桥式变换器原理电路

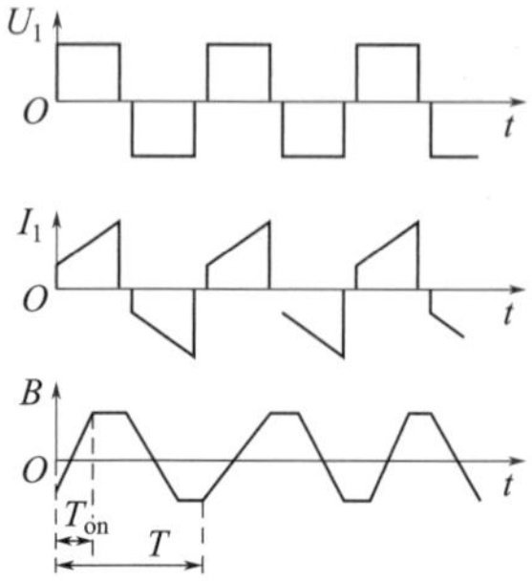

图 1-68　全桥式变换器工作波形

十九、推挽电路

推挽式变换电路（简称推挽电路）实际上是由两个正激励变换电路组成的，只是它们工作时相位相反。基本的推挽式电路结构及其工作波形如图 1-69、图 1-70 所示。

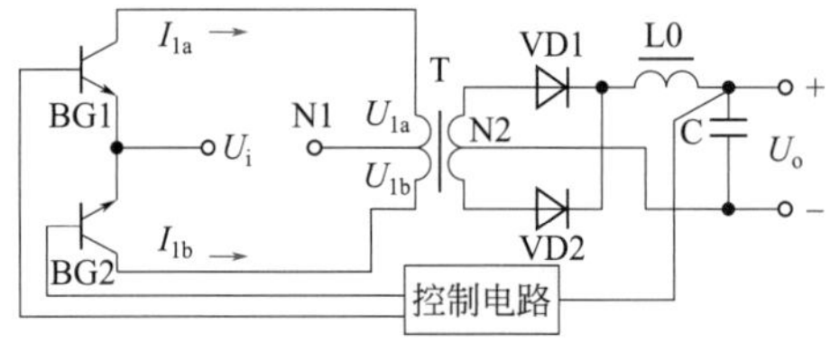

图 1-69　推挽式变换器原理电路

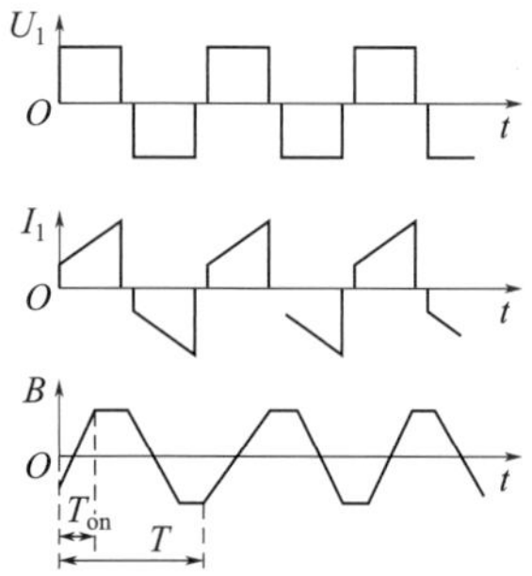

图 1-70　推挽式变换器工作波形

在每个周期里，BG1 和 BG2 交替导通，其集电极电位一个上升，另一个下降，形成推挽式动作，使开关变压器 T 具有中心抽头的初级绕组的两个异名端分别被激励，在各自的半个周期内，分别把能量传递给负载。

这种电路每个晶体管流过的平均电流比同等的单端正激励电路减少 50%。但是这种电路还是很少被采用，主要原因有两个。一是受开关晶体管电压额定值的限制，理论上晶体管集电极与发射极的峰值电压应为 E_{ce}=2.64E_c，但实际上在正式产品中，假如不能保证 E_{ce}=2.64E_c，产品损坏率将会增加，这样有可能选不出合适的晶体管。二是变压器的磁芯饱和问题，由于推挽式电路的特殊结构，变压器极易发生磁饱和，为了避免饱和现象，要增加相应的辅助电路，并要求两只晶体管的特性参数高度一致，这很难办到。

双极性变换器电源（推挽、半桥、全桥）的稳压原理如下。若某种原因（例如输入电网电压的变化或输出端的变化）使输出电压变化 ΔU，则 ΔU 经脉宽控制电路处理后就产生宽度可变的控制脉冲，驱动开关晶体管实行功率变换，其输出也改变了脉冲宽度的方波电压，从而使输出电压回到额定值电压 U_p。这类开关电源是通过改变脉冲宽度或占空比来实现稳压的。假定输出电压平均值为 U_o，方波电压的幅值为 U，并且忽略电路的内阻，那么从图 1-71 可以看出 U_p 和 U 的关系。

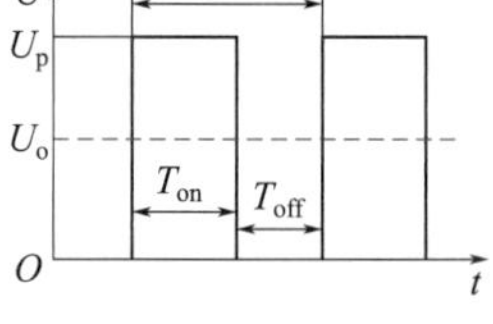

图 1-71　输出电压与幅值关系

二十、反激式电路

反激式电路原理如图 1-72 所示。控制电路包括开关频率振荡器、脉宽调制器、驱动器、比较放大器、保护器等。当开关晶体管 BG 被驱动脉冲激励而导通时，U_i 加在开关变压器 T 的初级绕组 N1 上，此时次级绕组 N2 的极性使 VD 处于反偏而截止，因此 N2 上没有电流流过，此时电感能量储存在 N2 中；当 BG 截止时，N2 上电压极性颠倒使 VD 处于正偏，N2 上有电流流过，在 BG 导通期间储存在 N2 中的能量此时通过 VD 向负载释放。反激式变换器工作波形见图 1-73。

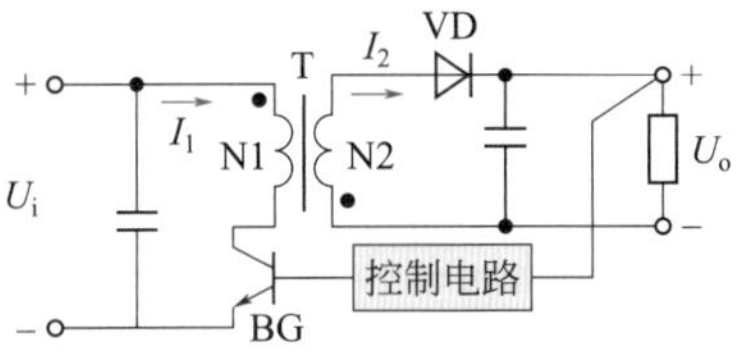

图 1-72　反激式电路原理图

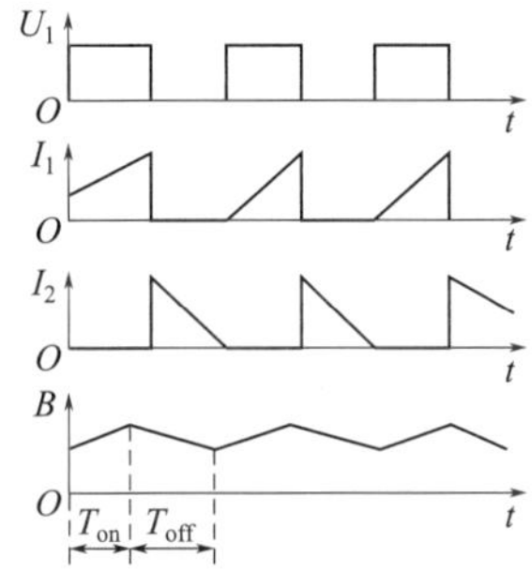

图 1-73　反激式变换器工作波形

反激式变换器电源的稳压原理是：当输出电压 U_o 降低时，其差值经过比较放大器放大，使脉宽调制器输出脉冲的宽度变宽，因而 BG 导通时间加长，N1 中储能增加，于是输出电压升高，以补偿其下降部分；反之，当输出电压升高时，脉宽调制器输出脉冲的宽度变窄，因而导通时间缩短，N1 中储能减少，于是输出电压降低，以补偿其上升部分。

二十一、正激式电路

正激式电路原理图如图 1-74 所示，正激式电路和反激式电路相比，变压器 T 的次级绕组 N2 的极性连接正好相反，它是在 BG 导通时通过 VD1 向负载传递能量并在电感 L 中储能。在 BG 截止时 VD1 截止，N2 相当于开路，此时 L 中储能通过续流二极管 VD2 向负载释放。正激式变换器工作波形如图 1-75 所示。

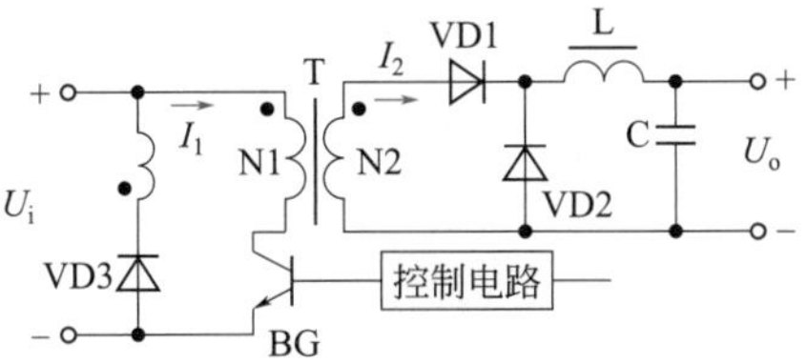

图 1-74　正激式电路原理图

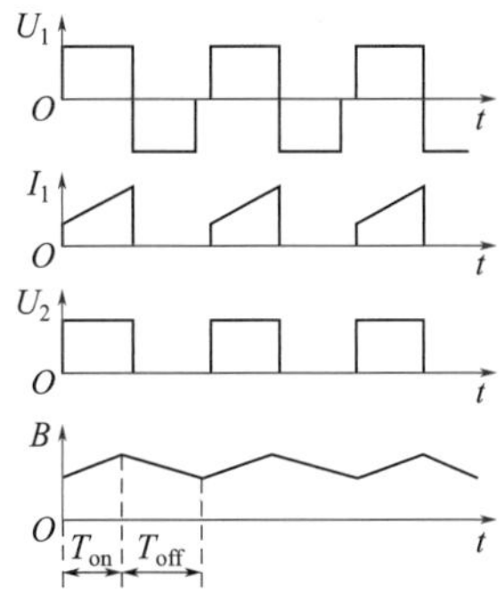

图 1-75　正激式变换器工作波形

正激式电路的稳压原理是：当输出电压 U_o 降低时，控制电路的输出脉冲变宽，BG 导通时间加长，输出电压升高，以补偿其下降部分；当输出电压 U_o 上升时，控制电路的输出脉冲变窄，BG 导通时间缩短，输出电压降低，以补偿其上升部分。

二十二、有驱动变压器的功率变换电路

如图 1-76 所示，T2 为驱动变压器，T1 为开关变压器，TR1 为电流环。

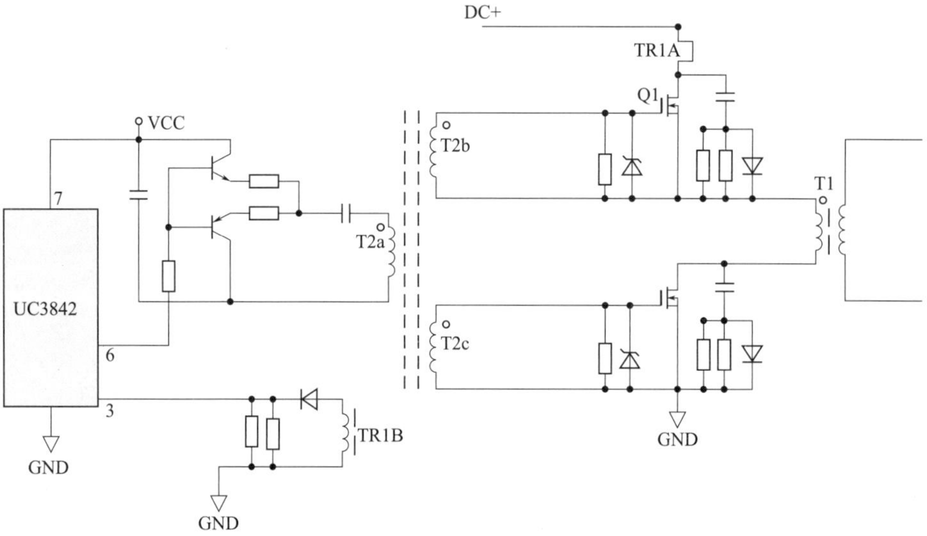

图 1-76 有驱动变压器的功率变换电路

二十三、大功率电源输入电容充电控制电路

1. 串联电阻法

对于小功率开关电源，可以用如图 1-77 所示的串联电阻法。如果电阻选得大，冲击电流就小，但在电阻上的功耗就大，所以必须选择合适的电阻值，使冲击电流和电阻上的功耗都在允许的范围之内。

串联在电路上的电阻必须能承受在开机时的高电压和大电流，大额定电流的电阻在这种应用中比较适合，常用的为线绕电阻，但在高湿度的环境下，不要用线绕电阻。因为线绕电阻在高湿度环境下，瞬态热应力和绕线的膨胀会降低保护层的作用，会因湿气入侵而引起电阻损坏。

如图 1-77 所示为冲击电流限制电阻的通常位置，110V、220V 双电压输入电路应该在 R1

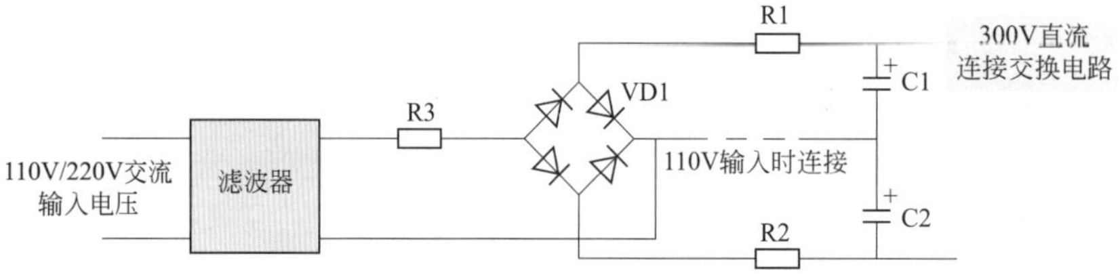

图 1-77 串联电阻法冲击电流控制电路

适用于桥式整流和倍压电路，其冲击电流相同

和 R2 位置放两个电阻，这样在 110V 输入连接线连接时和 220V 输入连接线断开时的冲击电流一样大。单输入电压电路应该在 R3 位置放电阻。

2. 热敏电阻法

在小功率开关电源中，负温度系数热敏电阻（NTC）常用在图 1-77 中 R1、R2、R3 位置。在开关电源第一次启动时，NTC 的电阻值很大，可限制冲击电流，随着 NTC 的自身发热，其电阻值变小，使其在工作状态时的功耗减小。

热敏电阻法也有缺点，当第一次启动后，热敏电阻要过一段时间才到达其工作状态的电阻值，如果这时的输入电压在电源可以工作的值附近，刚启动时由于热敏电阻阻值还较大，它的压降较大，电源就可能工作在“打嗝”状态。另外，当开关电源关掉后，热敏电阻需要一段冷却时间来将阻值升高到常温状态以备下次启动，冷却时间根据器件、安装方式、环境温度的不同而不同，一般为 1min。如果开关电源关掉后马上开启，热敏电阻还没有变冷，就会对冲击电流失去限制作用，这就是在使用这种方法控制冲击电流的电源时不允许在关掉后马上开启的原因。

3. 有源冲击电流限制法

对于大功率开关电源，冲击电流限制器件在正常工作时应该短路，这样可以减小冲击电流限制器件的功耗。

如图 1-78 所示，选择 R1 作为启动电阻，在启动后用晶闸管将 R1 旁路，因在这种冲击电流限制电路中的电阻 R1 可以选得很大，通常不需要改变 110V 输入倍压和 220V 输入时的电阻值。图中所画为双向晶闸管，也可以用晶闸管或继电器将其替代。

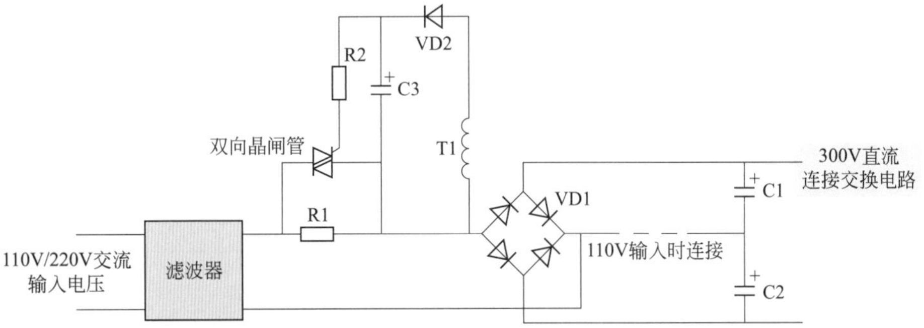

图 1-78　有源冲击电流限制电路（桥式整流时的冲击电流大）

如图 1-78 所示，电路在刚启动时，冲击电流被电阻 R1 限制，当输入电容充满电后，有源旁路电路开始工作，将电阻 R1 旁路，这样在稳态工作时的损耗会变得很小。

在这种晶闸管启动电路中，很容易通过开关电源主变压器上的一个线圈来给晶闸管供电。由开关电源的缓启动来提供晶闸管的延迟启动，在电源启动前就可以通过电阻 R1 将输入电容充满电。

4. 利用 MOS 管限制冲击电流

利用 MOS 管控制冲击电流可以克服无源限制法的缺陷。MOS 管有导通阻抗 Rds（on）低和驱动简单的特点，在周围加上少量元器件就可以作冲击电流限制电路。

MOS 管是电压控制器件，其极间电容等效电路如图 1-79 所示。

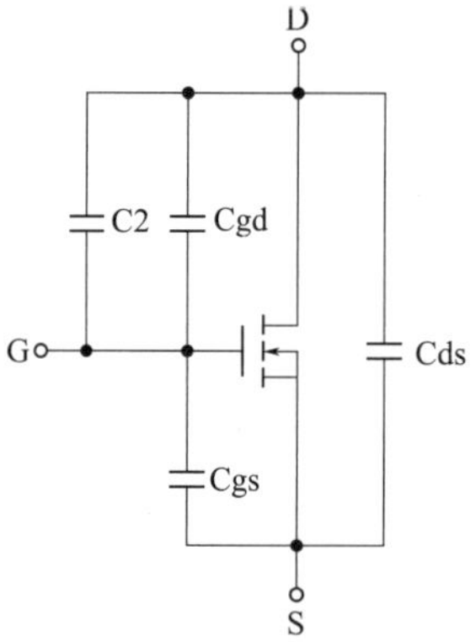

图 1-79　带外接电容 C2 的 N 型 MOS 管极间电容等效电路

电容充放电快慢决定 MOS 管开通和关断的快慢，为确保 MOS 管状态间转换是线性的和可预知的，外接电容 C2 并联在 Cgd 上，如果外接电容 C2 比 MOS 管内部栅漏电容 Cgd 大很多，就会减小 MOS 管内部非线性栅漏电容 Cgd 在状态间转换时的作用。外接电容 C2 被用来作为积分器对 MOS 管的开关特性进行控制。控制了漏极电压线性度就能控制冲击电流。

如图 1-80 所示为基于 MOS 管的自启动有源冲击电流限制法电路。MOS 管 Q1 放在 DC/DC 电源模块的负电压输入端，在上电瞬间，DC/DC 电源模块的 ❶ 脚电平和 ❹ 脚一样，然后控制电路按一定的速率将它降到负电压，电压下降的速度由时间常数 C2×R2 决定，这个速率决定了冲击电流。

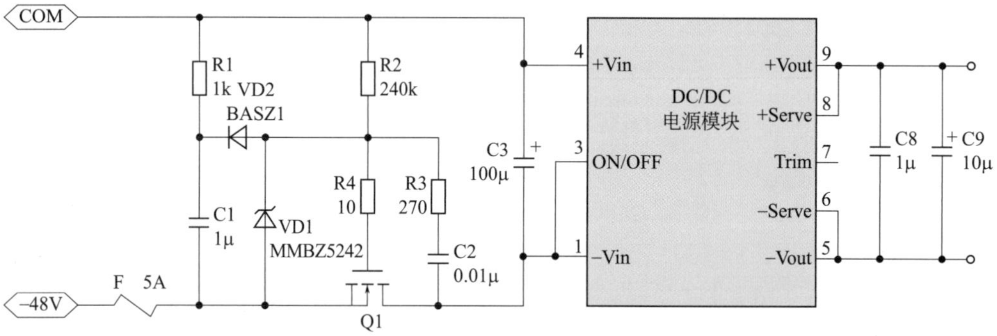

图 1-80　基于 MOS 管的自启动有源冲击电流限制法电路

VD1 用来限制 MOS 管 Q1 的栅源电压。元器件 R1、C1 和 VD2 用来保证 MOS 管 Q1 在刚上电时保持关断状态。上电后，MOS 管的栅极电压要慢慢上升，当栅源电压高到一定程度后，二极管 VD2 导通，这样所有的电荷都给电容 C1 以时间常数 R1×C1 充电，栅源电压以相同的速度上升，直到 MOS 管 Q1 导通产生冲击电流。

5. 三相输入控制电路

图 1-81 为大功率电源输入冲击电流抑制电路，其特征在于，抑制电路包括交流电源、辅助电源、三相桥式整流电路 BR1、滤波电路、光电耦合器隔离电路 U2、功率电阻限流电路、大功率管控制电路及栅极保护电路。

❶ 三相桥式整流电路、滤波电路、光电耦合器隔离电路、功率电阻限流电路、大功率管控制电路及栅极保护电路设置在交流电源和辅助电源之间，组成完整的工作回路。

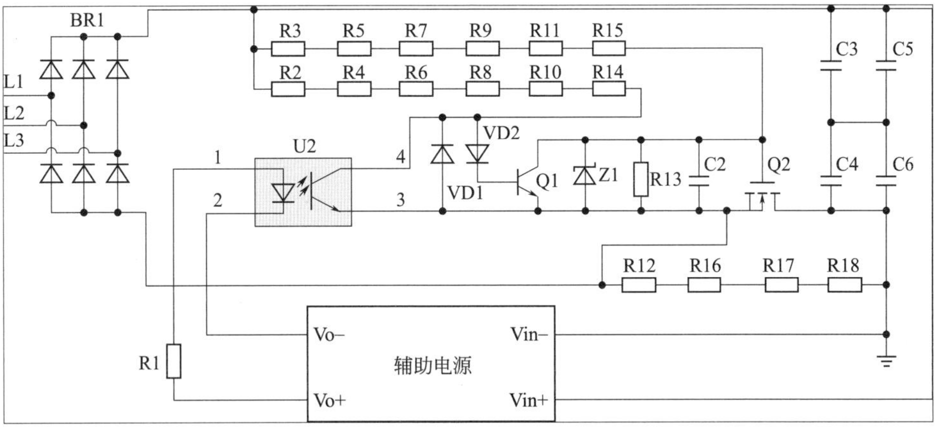

图 1-81　大功率电源输入冲击电流抑制电路

② 栅极保护电路由稳压管Z1、电阻R13以及电容C2组成，其中稳压管Z1、电阻R13及电容C2并联后连接到大功率管Q2的栅极和源极之间。

③ 功率电阻限流电路包括R12、R16、R17、R18，并联在大功率管Q2的漏源极之间，并连接到三相桥式整流电路BR1上，从而形成完整的工作回路。

④ 滤波电路由电容C3、C4、C5、C6串并联组成。

⑤ 大功率管控制电路由二极管VD2、三极管Q1组成，所述二极管VD2与三极管Q1串联。

二十四、功率因数补偿电路

1. 什么是功率因数补偿和功率因数校正

在 20 世纪 50 年代，已经针对具有感性负载的交流用电器的电压和电流不同相（图 1-82）而引起的供电效率低下的问题提出了改进方法（由于感性负载的电流滞后于所加，电压和电流的相位不同，供电线路的负担加重，导致供电线路效率下降，这就要求在感性用电器上并联一个电容器以调整该用电器的电压、电流相位特性。例如，当时要求所使用的 40W 日光灯必须并联一个 4.75μF 的电容器）。用电容器并联在感性负载上，利用其电容上电流超前电压的特性补偿电感上电流滞后电压的特性，来使总的特性接近于阻性，从而改善效率低下的方法叫功率因数补偿（交流电的功率因数可以用电源电压与负载电流两者相位角的余弦函数值 $\cos\phi$ 表示）。

20 世纪 80 年代起，用电器大量地采用效率高的开关电源，开关电源都是在整流后用一个大容量的滤波电容，使该用电器的负载特性呈现容性，这就造成了 220V 交流电在对该用电器供电时，由于滤波电容的充、放电作用，其两端的直流电压出现略呈锯齿波的纹波。滤

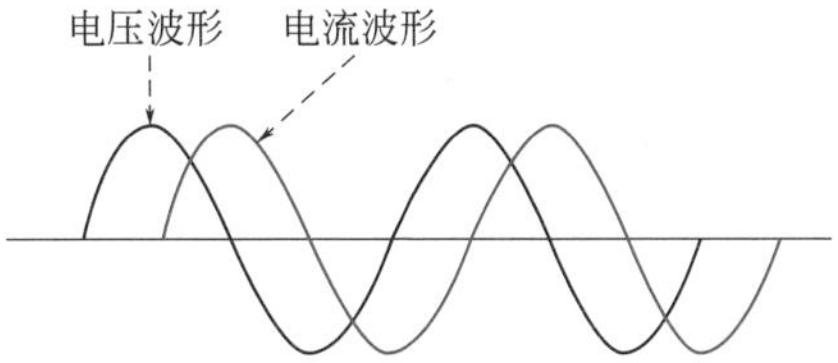

图 1-82　在具有感性负载的供电线路中电压和电流的波形

波电容上电压的最小值远非为零，与其最大值（纹波峰值）相差并不多。根据整流二极管的单向导电性，只有在 AC 线路电压瞬时值高于滤波电容上的电压时，整流二极管才会因正向偏置而导通，而当 AC 输入电压瞬时值低于滤波电容上的电压时，整流二极管因反向偏置而截止。也就是说，在 AC 线路电压的每个半周期内，只有在其峰值附近，二极管才会导通。虽然 AC 输入电压仍大致保持正弦波形，但 AC 输入电流却呈高幅值的尖峰脉冲，如图 1-83 所示。这种严重失真的电流波形含有大量的谐波成分，引起线路功率因数严重下降。在正半个周期内（180°），整流二极管的导通角大大地小于 180°，甚至只有 30°～70°，由于要满足负载功率的要求，在极窄的导通角期间会产生极大的导通电流，使供电电路中的供电电流呈脉冲状态，它不仅降低了供电的效率，更为严重的是它在供电线路容量不足或电路负载较大时，会产生严重的交流电流的波形畸变（见图 1-84），并产生多次谐波，从而干扰其他用电器的正常工作［这就是电磁干扰（EMI）和电磁兼容（EMC）问题］。

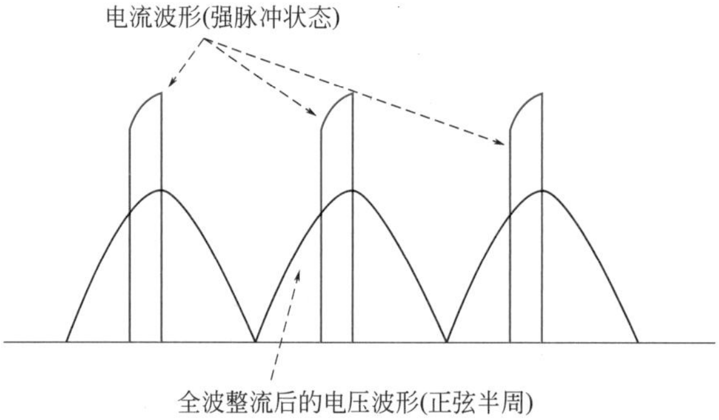

图 1-83　交流电的波形畸变

自从用电器从之前的感性负载（早期的电视机、收音机等的电源均采用电源变压器的感性器件）变成带整流及滤波电容器的容性负载后，其功率因数补偿的含义不仅是解决供电的电压和电流不同相位的问题，更为重要的是要解决因供电电流呈强脉冲状态而引起的电磁干扰（EMI）和电磁兼容（EMC）问题。

这就是在 20 世纪末发展起来的一项新技术（其背景源于开关电源的迅速发展和广泛应用）。其主要目的是解决因容性负载导致电流波形严重畸变而产生的电磁干扰（EMI）和电磁兼容（EMC）问题。所以现代的 PFC 技术完全不同于过去的功率因数补偿技术，它是针对非正弦电流波形畸变而采用的技术，迫使交流线路电流追踪电压波形瞬时变化轨迹，并使电流和电压保持同相位，使系统呈纯电阻性的技术（线路电流波形校正技术），这就是 PFC（功率因数校正）。所以现代的 PFC 技术完成了电流波形的校正，也解决了电压、电流的不同相问题。

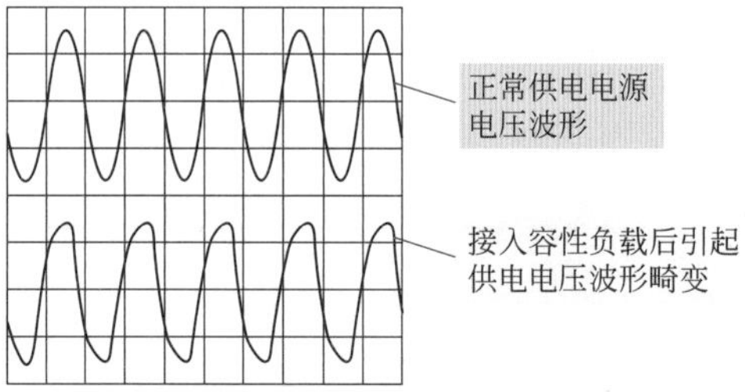

图 1-84　正常和接入容性负载后供电电压的波形

由于以上原因，要求用电功率大于 85W（有的资料显示大于 75W）的容性负载用电器，必须增加校正其负载特性的校正电路，使其负载特性接近于阻性（电压和电流波形同相且波形相近）。这就是现代的功率因数校正（PFC）电路。

2. 容性负载的危害

图 1-85 是不用滤波电容的半波整流电路，图 1-86 是用了大容量滤波电容的半波整流电路。我们来分析两电路中电流的波形。

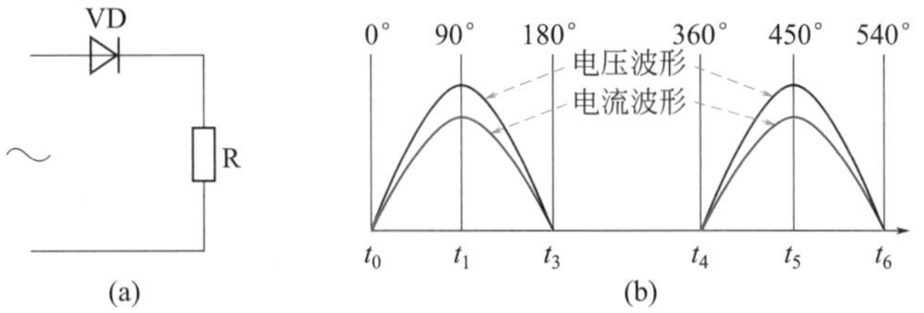

图 1-85　不用滤波电容的半波整流电路

图 1-85（a）中 VD 是整流二极管，R 是负载。图 1-85（b）是该电路接入交流电时，电路中电压、电流波形图。

在 t_0 ～ t_3（0° ～ 180° ）时：t_0 时电压为零、电流为零；在 t_1 时电压达到最大值，电流也达到最大值；在 t_3 时电压为零、电流为零（二极管导通角为 180° ）。

在 t_3 ～ t_4（180° ～ 360° ）时：二极管反偏，无电压及电流（二极管截止）。

在 t_4 ～ t_6（360° ～ 540° ）时：t_4 时电压为零、电流为零；在 t_5 时电压达到最大值，电流也达到最大值；在 t_6 时电压为零、电流为零（二极管导通角为 180° ）。

总结：在无滤波电容的整流电路中，供电电路的电压和电流同相，二极管导通角为 180° ，对于供电线路来说，该电路呈现纯阻性的负载特性。

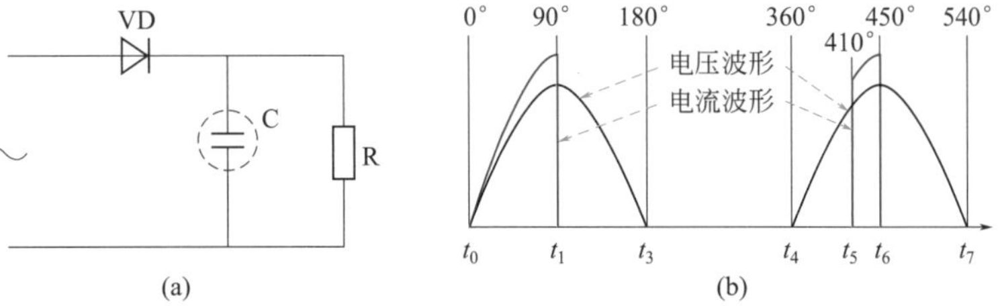

图 1-86　使用大容量滤波电容的半波整流电路

图 1-86（a）中 VD 是整流二极管，R 是负载，C 是滤波电容。图 1-86（b）是该电路接入交流电时电路中电压、电流波形图。

在 t_0 ～ t_3（0° ～ 180° ）时：t_0 时电压为零、电流为零；在 t_1 时电压达到最大值，电流也达到最大值，因为此时对负载 R 供电的同时还要对电容 C 进行充电，所以电流的幅值比较大。在 t_1 时由于对电容 C 进行充电，电容上电压 U_c 达到输入交流电的峰值。由于电容上电压不能突变，使在 t_1 ～ t_3 期间，二极管右边电压为 U_c，而左边电压在 t_1 时由峰值逐渐下降为零，t_1 ～ t_3 期间二极管反偏截止，此期间电流为零（增加滤波电容 C 后第一个交流电的正半周，二极管的导通角为 90°）。

在 $t_3 \sim t_4$（180° ～ 360°）时：二极管反偏，无电压及电流（二极管截止）。

在 $t_4 \sim t_5$（360° ～ 410°）时：由于在 $t_3 \sim t_4$ 期间二极管反偏，不对 C 充电，C 上电压通过负载放电，电压逐渐下降（下降的幅度由 C 的容量及 R 的阻值大小决定，如果 C 的容量足够大，而且 R 的阻值也足够大，其 U_c 下降很缓慢）。在 $t_4 \sim t_5$ 期间尽管二极管左边电压在逐步上升，但是由于二极管右边的 U_c 放电缓慢，右边的电压 U_c 仍大于左边，二极管仍反偏截止。

在 $t_5 \sim t_7$（410° ～ 540°）时：t_5 时二极管左边电压上升到超过右边电压，二极管导通，对负载供电并对 C 充电，其流过二极管的电流较大，到 t_6 时二极管左边电压又逐步下降，由于 U_c 又充电到最大值，二极管在 $t_6 \sim t_7$ 时又进入反偏截止。

总结：在有滤波电容的整流电路中，供电电路的电压和电流波形完全不同，电流波形在短时间内呈强脉冲状态，二极管导通角小于 180°（根据负载 R 和滤波电容 C 的时间常数决定）。该电路对于供电线路来说，由于在强电流脉冲的极短时间内线路上会产生较大的压降（对于内阻较大的供电线路尤为显著），供电线路的电压波形产生畸变，强脉冲的高次谐波对其他的用电器产生较强的干扰。

3. 怎样进行功率因数校正

目前用的电视机采用了高效的开关电源，而开关电源内部电源输入部分，极大部分采用了二极管全波整流及滤波电路，如图 1-87（a）所示，其电压和电流波形如图 1-87（b）所示。

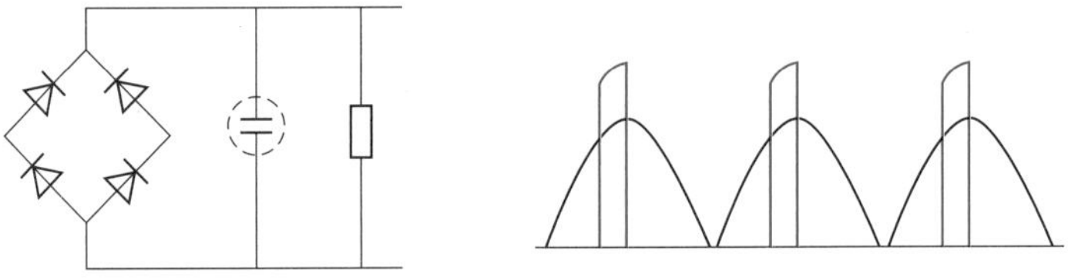

(a) (b)

图 1-87 二极管全波整流及滤波电路

为了抑制电流波形的畸变及提高功率因数，现代的功率较大（大于 85W）、具有开关电源（容性负载）的用电器，必须采用 PFC 措施。PFC 有有源 PFC 和无源 PFC 两种方式。

（1）无源 PFC 电路 指不使用晶体管等有源器件组成的校正电路，校正电路一般由二极管、电阻、电容和电感等无源器件组成。像目前国内的电视机生产厂对过去设计的功率较大的电视机，在整流桥堆和滤波电容之间加一只电感（适当选取电感量），利用电感上电流不能突变的特性来平滑电容充电强脉冲的波动，改善供电线路电流波形的畸变，并且在电感上电压超前电流的特性也补偿滤波电容电流超前电压的特性，使功率因数、电磁兼容和电磁干扰问题得以改善，如图 1-88 所示。

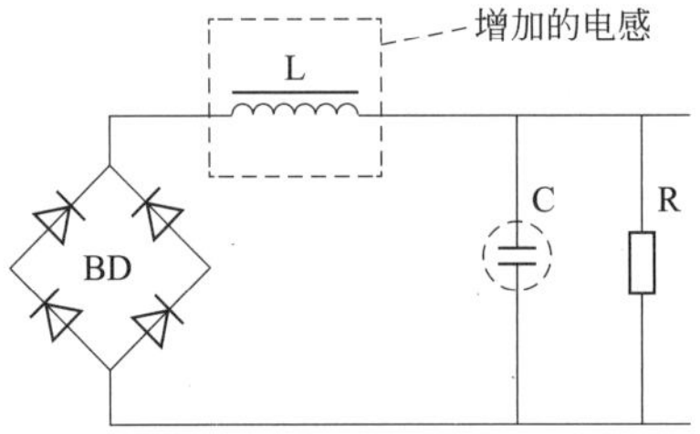

图 1-88 增加电感的校正电路

此电路虽然简单，可以在前期设计的无 PFC 功能的设备上，简单地增加一个合适的电感（适当地选取 L 和 C 的值），从而达到具有 PFC 的作用，但是这种简单的、低成本的无源 PFC 输出纹波较大，滤波电容两端的直流电压也较低，电流畸变的校正及功率因数补偿的能力都很差，而且 L 的绕制及铁芯的质量控制不好，会对图像及伴音产生严重的干扰，只是对于前期无 PFC 设备并使之能进入市场的临时措施。

（2）有源 PFC 电路的原理　有源 PFC 有很好的效果，基本上可以完全消除电流波形的畸变，而且电压和电流的相位可以控制保持一致，它基本上可以解决功率因数补偿、电磁兼容、电磁干扰的问题，但是电路非常复杂，其基本思路是在 220V 整流桥堆后去掉滤波电容（以消除因电容的充电造成的电流波形畸变及相位的变化），由一个“斩波”电路把脉动的直流变成高频（约 100kHz）交流，经过整流滤波后，其直流电压向常规的 PWM 开关稳压电源供电，其过程是：AC ⟶ DC ⟶ AC ⟶ DC。

有源 PFC 的基本原理是在开关电源的整流电路和滤波电容之间增加一个 DC-DC 的斩波电路，如图 1-89 所示（附加开关电源）。对供电线路来说，该整流电路输出没有直接接滤波电容，所以其对于供电线路来说呈现的是纯阻性的负载，其电压和电流波形同相。斩波电路的工作也类似于一个开关电源。所以说有源 PFC 开关电源就是一个双开关电源的开关电源电路，它是由斩波器（我们以后称它为“PFC 开关电源”）和稳压开关电源（我们以后称它为“PWM 开关电源”）组成的。

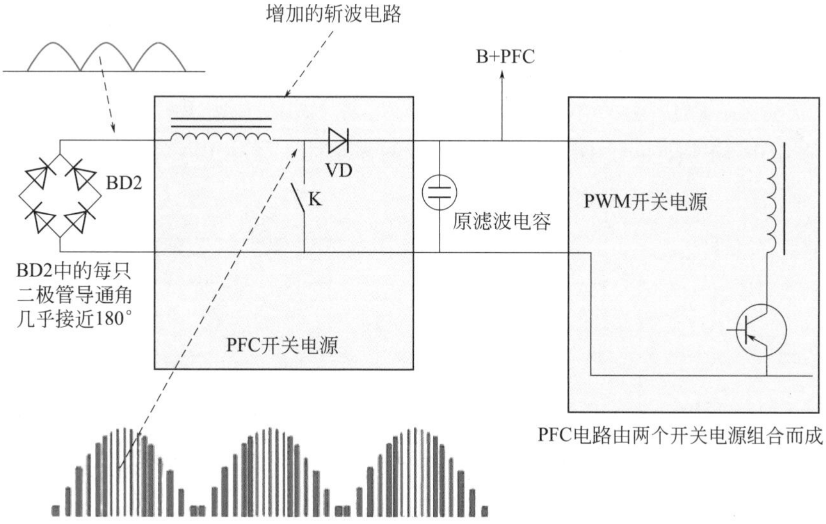

图 1-89　增加斩波电路的有源 PFC 电路

4. 斩波器部分（PFC 开关电源）

整流二极管整流以后不加滤波电容器，把未经滤波的脉动正半周电压作为斩波器的供电源，由于斩波器的一连串作“开关”工作脉动的正电压，被“斩”成如图 1-90 所示的电流波形，其波形的特点是：

❶ 电流波形是断续的，其包络线和电压波形相同，并且包络线和电压波形同相。

❷ 由于斩波的作用，半波脉动的直流电变成高频（由斩波频率决定，约100kHz）“交流”电，该高频“交流”电要再次经过整流才能被后级PWM开关稳压电源使用。

❸ 从外供电总体来看，该用电系统做到了交流电压和交流电流同相，并且电压波形和

电流波形均符合正弦波形，既解决了功率因数补偿问题，也解决了电磁兼容（EMC）和电磁干扰（EMI）问题。

该高频“交流”电在经过整流二极管整流并经过滤波后变成直流电压（电源），向后级的PWM开关电源供电。该直流电压在某些资料上称为B+PFC（TPW-4211即如此），在斩波器输出的B+PFC电压一般高于原220V交流整流滤波后的+300V，其原因是选用高电压，具有其电感的线径小、线路压降小、滤波电容容量小，且滤波效果好，对后级PWM开关管要求低等诸多好处。

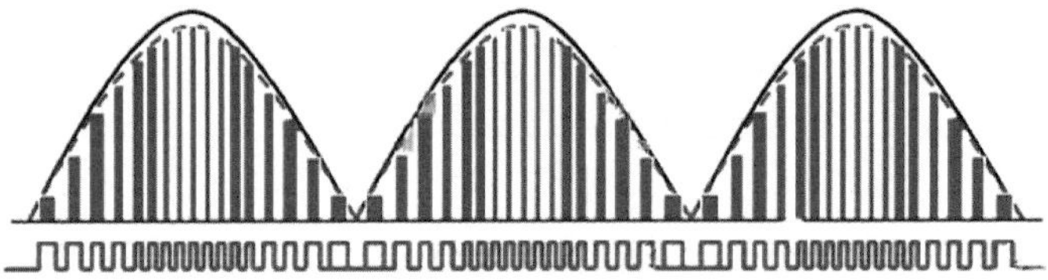

图1-90　被“斩”后的电流波形

实线为电压波形，虚线为电流包络波形

5. 功率因数校正电路（PFC）分析

如图1-91所示，输入电压经L1、L2、L3等组成的EMI滤波器，BRG1整流，一路送入PFC电感，另一路经R1、R2分压后送入PFC控制器作为输入电压的取样，用以调整控制信号的占空比，即改变Q1的导通和关断时间，稳定PFC输出电压。L4是PFC电感，它在Q1导通时储存能量，在Q1关断时释放能量。VD1是启动二极管，VD2是PFC整流二极管，C6、C7滤波。PFC电压一路送入后级电路，另一路经R3、R4分压后送入PFC控制器作为PFC输出电压的取样，用以调整控制信号的占空比，稳定PFC输出电压。

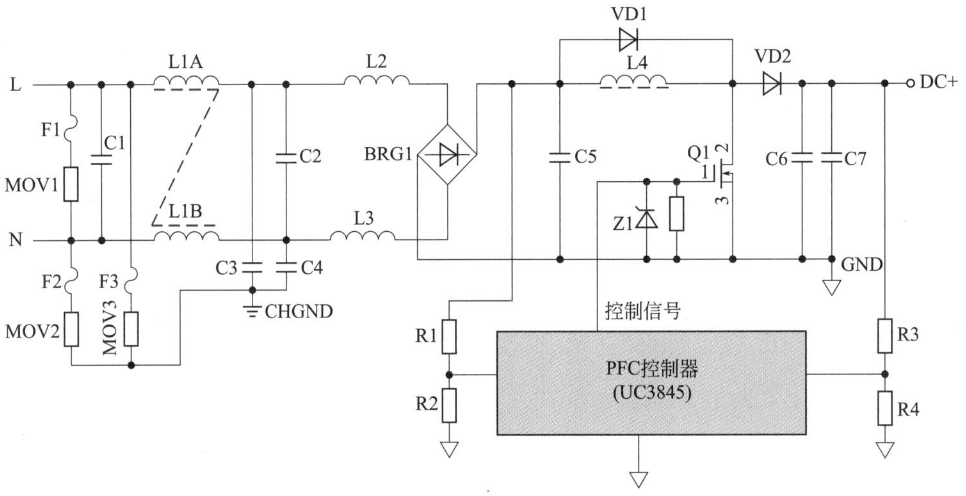

图1-91　功率因数校正电路

6. 开关稳压电源部分（PWM开关电源）分析

如图1-92所示，开关稳压电源（PWM）是整个具有PFC功能开关电源的一部分，其工作原理及稳压性能和普通的电器开关稳压电源一样，所不同的是普通开关稳压电源是由交流220V整流供电，而此开关电源是由B+PFC供电（B+PFC选取+380V）。

目前应用的具有功率因数校正开关电源中的PFC开关电源部分和PWM开关电源部分的激励部分均由一块集成电路完成，即PFC/PWM组合IC［如TPW-4211等离子电视的ML4824（基本框图见图1-92）及TLM-3277液晶电视的SMA-E1017（基本框图见图1-93）等］。

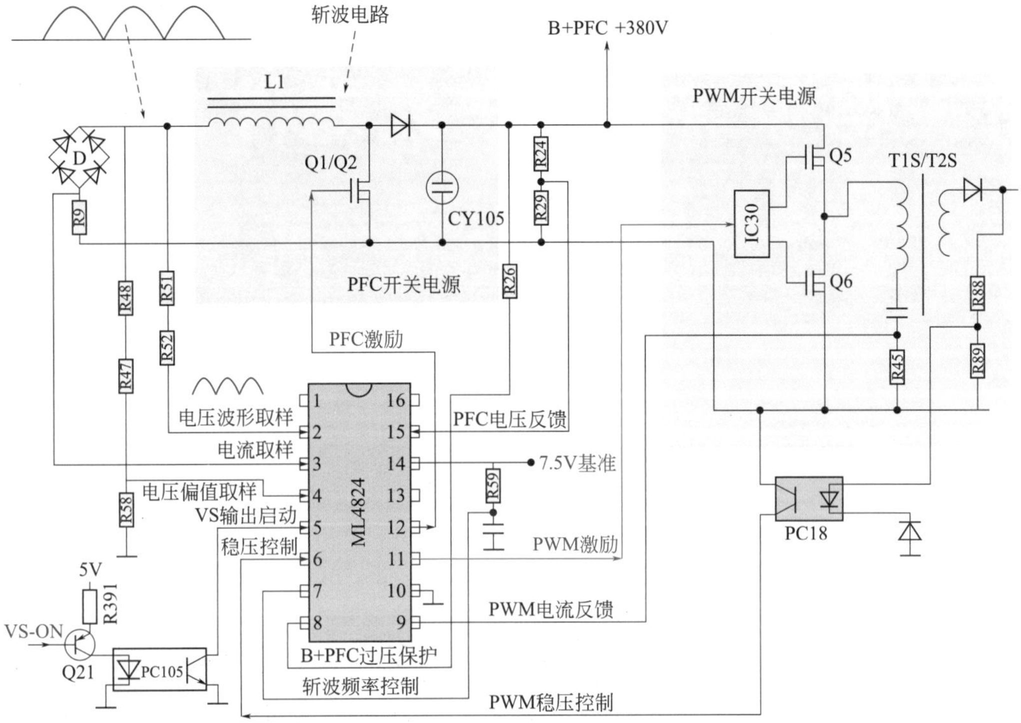

图1-92　海信TPW-4211（V2屏）等离子电视开关电源PFC部分基本框图

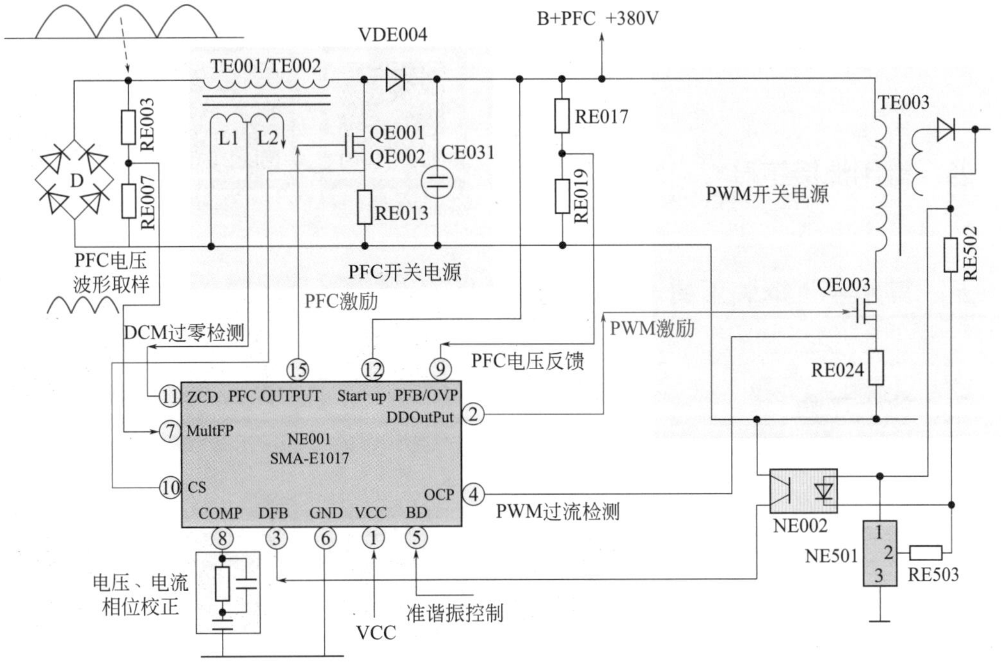

图1-93　海信TLM-3277液晶电视开关电源PFC/PWM基本框图

第二章 开关电源常用电子元器件、维修工具及仪器仪表

维修开关电源经常用到万用表、示波器以及焊接工具等，为方便读者直观学习各种维修工具的操作与使用方法以及各类型电子元器件的检测方法，这部分内容采用视频教学与电子文件相结合的方式体现，读者可以扫描二维码详细学习。

一、万用表

二、示波器

三、维修用电源

四、常用焊接工具

五、常用手工拆装工具

六、放大工具

七、真空吸拿工具

八、焊料与焊剂

IGBT绝缘栅晶体管的检测

场效应管的检测

电感器的检测

电容的检测

光电耦合器件的检测

晶闸管的检测

开关继电器的检测

三端稳压器误差放大器的检测

石英晶体的检测

数字万用表的正确使用

用万用表检测变压器

用万用表检测电阻

用万用表检测二极管

用万用表检测三极管

指针万用表的正确使用

维修开关电源常用工具及仪器仪表

第三章
开关电源维修注意事项与维修方法

一、开关电源的检修注意事项

❶ 检修思路如下。电源电路是显示器各电路的能源，此电路是否正常工作，直接影响各负载电路是否正常工作，因显示器均使用开关电源，电源的各电路之间联系又很紧密，当某个元件出现故障后，直接影响其他电路的正常工作。此外，在电源电路中设有超压、过电流保护电路，一旦负载电路或电源本身出现故障，常常会引起保护电路启动，造成电源电路没有输出。检修时，需要全面认识电源电路的结构、电路特点，然后，根据故障现象，确定故障位置，并使用正确检查故障的方法。

❷ 在检查电源电路的故障时，在还没有确定故障部位的情况下，为防止通电后进一步扩大故障范围，除了对用户进行访问之外，还应先用在路电阻检查方法（见图3-1），直接对可怀疑的电路进行检查，查看是否有严重的损坏元件和对地短路的现象，这样，除了能提高检查故障的速度之外，还可防止因故障部位的扩大而增大故障检修的难度。

❸ 在检修电源电路时，使用正确的检查方法是必要的。例如，当出现电源不启动使主电源输出为零或电源电路工作不正常使输出电压很低时，可使用断掉负载的方法。但需要注意的是，当断掉负载后，必须在主电源输出端与地之间接好假负载，然后才能通电试机，以确定故障是在电源还是在负载电路。假负载可选用40W/60W的灯泡，其优点是直观方便，根据灯泡是否发光和发光的亮度可知电源是否有电压输出及输出电压的高低。但是用灯泡也有它的缺点，即灯泡存在着冷

图 3-1　在路电阻测量法

态、热态电阻问题，往往刚开机时因灯泡的冷态电阻太小（一只60W灯泡在输出电压100V时，其冷态电阻为50Ω，热态电阻为500Ω）而造成电源不启动，从而造成维修人员对故障部位判断的误解。

为了减小启动电流，在检修时除了使用灯泡作假负载之外，还可以使用 50W 电烙铁作假负载，使用也很方便（其冷、热电阻均为 900Ω），如图 3-2 所示。

④ 维修无输出的电源，应通电后再断电，因开关电源不振荡，300V滤波电容两端的电压放电会极其缓慢，电容两端的高压会保持很长时间，此时，若用万用表的电阻挡测量电源，应先对300V滤波电容进行放电（可用一个大功率的小阻值电阻进行放电），然后才能测量，否则不但会损坏万用表，还会危及维修人员的安全。如图3-3所示。

带假负载测量输出电压
DT9208
-112.1

图 3-2　加接假负载

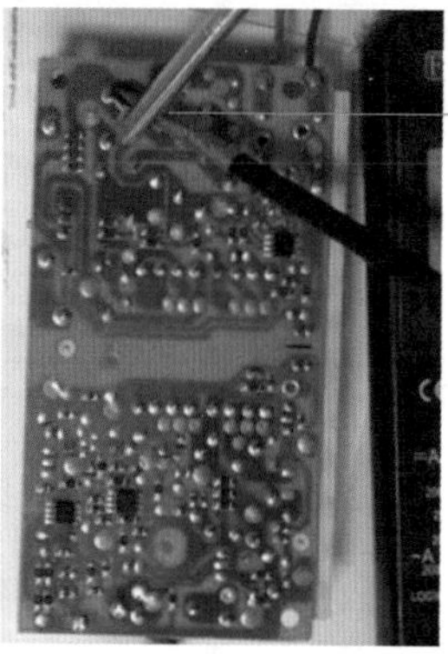
用短路法对电容放电，当电容量大时应先用一个大功率电阻或灯泡放电

图 3-3　电解电容放电

⑤ 在测量电压时，一定要注意地线的正确选取，否则测试值是错误的，甚至还可能造成仪器的损坏。在测量开关电源一次电路（开关变压器初级前电路）时，应以“热地”为参考点，地线（“热地”）可选取市电整流滤波电路300V滤波电容的负极，若300V滤波电容是开关电源一次电路的“标志物”，则最好找。测量开关电源二次电压时，应以“冷地”为参考点。另外，在进行波形测试时，也应进行相应地线的选取，且最好在被测电路附近选取地线，若离波形测试点过远，在测试波形时容易出现干扰。

⑥ 在维修开关电源时，使用隔离变压器并不能保证100%的安全，导致触电的充要条件是：与身体接触的两处或两处以上的导体间存在超过安全的电位差，并有一定强度的电流流经人体。隔离变压器可以消除“热地”与电网之间的电位差，一定程度上可以防止触电，但它无法消除电路中各点间固有的电位差。也就是说，若两只手同时接触了开关电源电路中具有电位差的部位，同样会导致触电。因此，维修人员在修理时，若必须带电操作，首先应使身体与大地可靠绝缘，例如坐在木质座位上，脚下踩一块干燥木板或包装用泡沫塑料等绝缘物；其次，要养成单手操作的习惯，当必须接触带电部位时，应防止经另一只手或身体的其他部位形成回路等，这些都是避免电击的有效措施。

二、开关电源的检修方法

1. 万用表直接在路测量法

万用表直接在路测量法主要有电阻测量法、电压测量法及电流测量法等。测量步骤见图 3-4、图 3-5。

图 3-4　测量复位电路对地电阻及电压

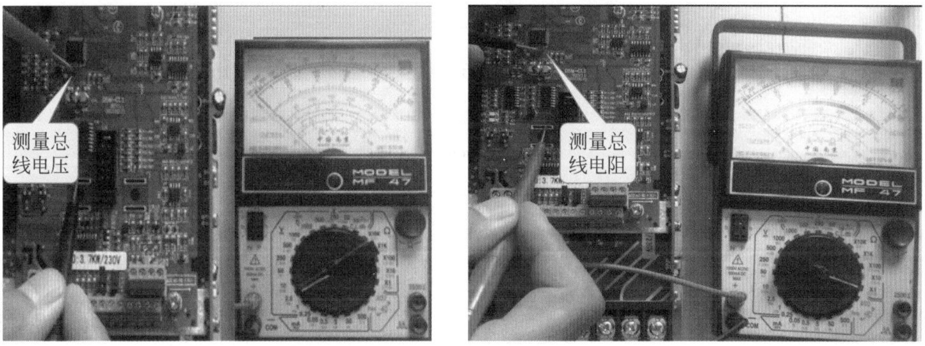

图 3-5　测量总线上的电压及电阻

接口芯片是坏得最多的一类元件，可通过测量及代换电阻或专用仪器检测来判断是否损坏，如图 3-6 所示。

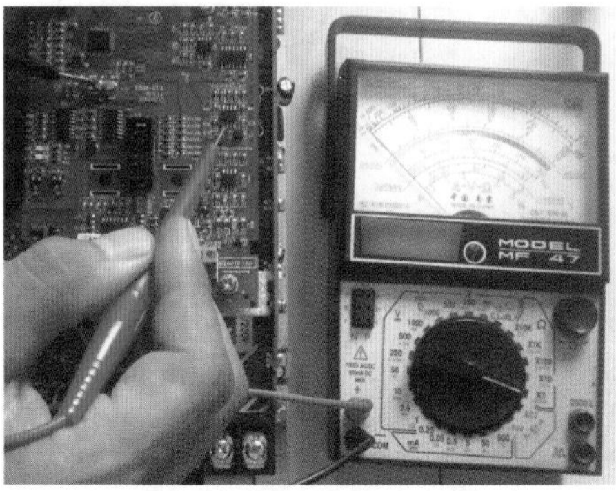

图 3-6　检测接口芯片

2. 对比分析法检修无图纸电路板

有时用多种检测手段及试验方法都不能判定故障所在，并不复杂的比较法却能出奇制胜。常用的比较法有整机比较、调整比较、旁路比较及排除比较等。

（1）整机比较法　整机比较法是将故障机与同一类型正常工作的机器进行比较，查找故障的方法。这种方法对缺乏资料而本身较复杂的设备，例如以微处理器为基础的产品尤为适用。

整机比较法是以检测法为基础的。对可能存在故障的电路部分进行工作点测定和波形观察，或者信号监测，比较好坏设备的差别，往往会发现问题。当然由于每台设备不可能完全一致，检测结果还要分析判断，这些常识性问题需要基本理论基础和日常工作的积累。

（2）调整比较法　调整比较法是通过整机设备可调元件或改变某些现状，比较调整前后电路的变化来确定故障的一种检测方法。这种方法特别适用于放置时间较长，或经过搬运、跌落等外部条件变化而引起故障的设备。

正常情况下，检测设备时不应随便变动可调部件。但因为设备受外界力作用有可能改变出厂的整定而引起故障，所以检测时在事先做好复位标记的前提下可改变某些可调电容、电阻、电感等元件，并注意比较调整前后设备的工作状况。有时还需要触动元器件引脚、导线、接插件或者将插件拔出重新插接，或者将怀疑印制板部位重新焊接等，注意观察和记录状态变化前后设备的工作状况，发现故障和排除故障。

运用调整比较法时最忌讳乱调乱动而又不做标记。调整和改变现状应一步一步改变，随时比较变化前后的状态，发现调整无效或向坏的方向变化时应及时恢复。

（3）旁路比较法　旁路比较法是用适当容量和耐压的电容对被检测设备电路的某些部位进行旁路的比较检查方法，适用于电源干扰、寄生振荡等故障。

因为旁路比较实际上是一种交流短路试验，所以一般情况下先选用一种容量较小的电容，临时跨接在有疑问的电路部位和“地”之间，观察比较故障现象的变化。如果电路向好的方向变化，可适当加大电容容量再试，直到消除故障，根据旁路的部位可以判定故障的部位。

（4）排除比较法　有些组合整机或组合系统中往往有若干相同功能和结构的组件，调试中发现系统功能不正常时，不能确定引起故障的组件，这种情况下采用排除比较法容易确认故障所在。方法是逐一插入组件，同时监视整机或系统，如果系统正常工作，就可排除该组件的嫌疑；再插入另一块组件试验，直到找出故障。

例如，某控制系统用 8 个插卡分别控制 8 个对象，调试中发现系统存在干扰，采用排除比较法，当插入第 5 块卡时干扰现象出现，确认问题出在第 5 块卡上，用其他卡代之，干扰排除。

注意：① 上述方法是递加排除，显然也可采用逆向方向，即递减排除。

② 这种多单元系统故障有时不是一个单元组件引起的，这种情况下应多次比较才可排除。

③ 采用排除比较法时注意每次插入或拔出单元组件都要关断电源，防止带电插拔造成系统损坏。

3. 替换法修无图纸电路板

替换法是用规格性能相同的正常元器件、电路或部件，代替电路中被怀疑的相应部分，从而判断故障所在的一种检测方法，也是电路调试、检修中最常用、最有效的方法之一。

实际应用中，按替换的对象不同，可有三种方法。

（1）元器件替换　元器件替换除某些电路结构较为方便外（例如带插接件的 IC、开关、继电器等)，一般都需拆焊，操作比较麻烦且容易损坏周边电路或印制板，因此元器件替换一般只作为其他检测方法均难判别时才采用的方法，并且尽量避免对电路板做“大手术”。例如，怀疑某两个引线元器件开路，可直接焊上一个新元件试验；怀疑某个电容容量减小可再并上一只电容试验。

(2)单元电路替换　当怀疑某一单元电路有故障时，另用一台同样型号或类型的正常电路，替换待查机器的相应单元电路，可判定此单元电路是否正常。有些电路有相同的电路若干路，例如立体声电路左右声道完全相同，可用于交叉替换试验。

当电子设备采用单元电路多板结构时，替换试验是比较方便的。因此对现场维修要求较高的设备，尽可能采用方便替换的结构，使设备维修性良好。

(3)部件替换　随着集成电路和安装技术的发展，电路的检测、维修逐渐向板卡级甚至整体方向发展，特别是较为复杂的由若干独立功能件组成的系统，检测时主要采用的是部件替换方法。

4. 假负载检修法

在维修开关电源时，为区分故障是出在负载电路还是电源本身，经常需要断开负载，并在电源输出端(一般为12V)加上假负载进行试机。之所以要接假负载，是因为开关管在截止时，存储在开关变压器一次绕组的能量要向二次侧释放，若不接假负载，则开关变压器存储的能量无处释放，极易导致开关管击穿损坏。一般选取30～60W/12V的灯泡(汽车或摩托车上使用)作为假负载，优点是直观方便，根据灯泡是否发光和发光的亮度可知电源是否有电压输出及输出电压的高低。为了减小启动电流，也可使用30W的电烙铁或大功率600Ω～1kΩ电阻作为假负载。

对于大部分液晶显示器，其开关电源的直流电压输出端都通过一个电阻接地，相当于接了一个假负载，因此，对此种结构的开关电源，维修时不需要再接假负载。

5. 短路检修法

液晶显示器的开关电源，较多地使用了带光电耦合器的直接取样稳压控制电路，当输出电压高时，可使用短路检修法来判断故障范围。

短路法的过程是：先短路光电耦合器的光敏接收管的两个引脚，相当于减小了光敏接收管的内阻，测量主电压仍没有变化，则说明故障在光电耦合器之后(开关变压器的一次侧)；反之，故障在光电耦合器之前的电路。

提示： 短路法应在熟悉电路的基础上有针对性地进行，不能盲目短路，以免将故障扩大。另外，从安全角度考虑，短路之前，应断开负载电路。

6. 串联灯泡法(降压法)

所谓串联灯泡法，就是取掉输入回路的熔丝，用一个60W/220V或与负载相同功率的灯泡或电阻的灯泡串联在原熔丝两端。当通入交流电后，若灯泡很亮，则说明电路有短路现象，因灯泡有一定的阻值，如60W/220V的灯泡，其阻值约为500Ω(指热阻)，能起到一定的限流作用。这样，一方面能直观地通过灯泡的亮度大致判断电路的故障；另一方面，因灯泡的限流作用，不至于立即使已有短路的电路烧坏元器件，排除短路故障后，灯泡的亮度自然会变暗，最后再取出灯泡，换上熔丝。如图 3-7 所示。

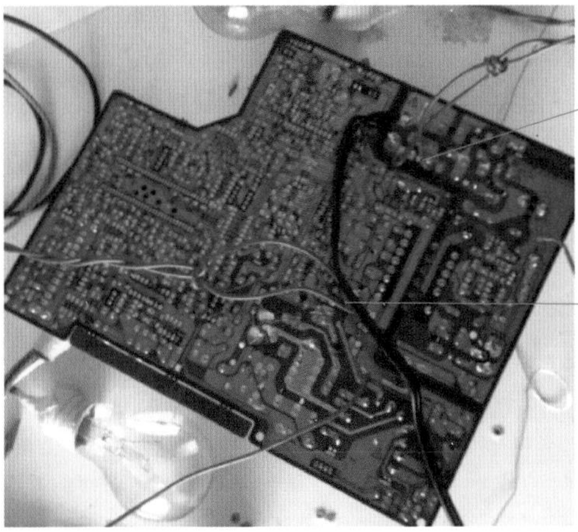

图 3-7 串联灯泡法

7. 串变压器降压法

对于待修的电源，因电路已存在故障，若直接输入正常的较高的电压，通电后会在短时间内烧毁电路中的元件，甚至将故障部位扩大，此时，可用一个可调变压器，给电路提供较低的交流电压，然后对故障进行检查，逐渐将电源电压提高到正常值，以免在检修故障时将故障面扩大，给检修带来不便。

三、开关电源故障判断方法

（1）主电源无输出　在检修时首先要检查熔丝是否熔断。若已断，说明电路中有严重的短路现象，应检查向开关管漏极（D 极）供电的 300V 是否正常，若无 300V 电压，应检查开关管是否击穿、滤波电容是否漏电或击穿、整流二极管是否有一只以上击穿及与二极管并联的电容是否有击穿现象、消磁电阻是否损坏、电网滤波线圈是否短路、电源线是否短路等。如熔丝没有断且无 300V 电压，说明整流滤波前级有开路现象，如整流二极管有两只以上开路、滤波线圈短路、电源线短路、开关变压器初级短路等。

若整流电路有 300V，说明整流滤波电路无问题，如无主直流电压输出，则故障应在开关振荡电路。例如，开关管开路、启动电路有开路现象、UC3842⑦脚的供电电路有故障等。

（2）开机瞬间主电压有输出但随后下降很多或下降到零　此故障一般是因保护电路启动或负载电路有短路现象造成的（在 UC3842 电源电路中也可能是因向集成电路⑦脚供电的电路有问题造成的）。

❶ 检查开关电源输出部分及负载电路有无短路现象，方法是关机测各输出端电压的对地电阻，若很小或为零，则应顺藤摸瓜，检查各负载电路的短路性故障，如滤波电容漏电或击穿、负载集成电路有短路现象等。

❷ 检查过流保护电路。检修时除了检查过流被控电路的问题之外，还应检查过流电路本身的问题。

❸ 检查过压保护电路。在确认负载电路不存在过流现象时，就应检查过压保护电路是否正常，若属于此电路的问题，一般为晶闸管损坏。

（3）主电压过高 在电源电路中，均设有过压保护电路，若输出电压过高，首先会使过压保护电路动作。此时，可将保护电路断开，测开机瞬间的主电压输出。若测出的电压值比正常的电压值高 10V 以上，说明输出电压过高，故障存在于电源稳压电路及正反馈振荡电路；应重点检查如取样电位器、取样电阻、光电耦合器及稳压集成电路等的故障。

（4）输出电压过低 根据维修经验，除稳压控制电路会引起输出电压过低外，还有一些原因会引起输出电压过低，主要有以下几点：

❶ 开关电源负载有短路故障（特别是DC/DC变换器短路或性能不良等）。此时，应断开开关电源电路的所有负载，以区分是开关电源电路还是负载电路有故障。若断开负载电路，电压输出正常，说明是负载过重；若仍不正常，说明开关电源电路有故障。

❷ 输出电压端整流半导体二极管、滤波电容失效等，可以通过代换法进行判断。

❸ 开关管的性能下降，必然导致开关管不能正常导通，使电源的内阻增加，带负载能力下降。

❹ 开关变压器不良，不但会造成输出电压下降，还会造成开关管激励不足而损坏开关管。

❺ 300V滤波电容不良，造成电源带负载能力差，一接负载输出电压便下降。

（5）屡损开关管故障 屡损开关管是开关电源电路维修的重点和难点，下面进行系统分析。

开关管是开关电源的核心部件，工作在大电流、高电压的环境下，其损坏的比例是比较高的，一旦损坏，往往并不是换上新管子就可以排除故障，甚至还会损坏新管子，这种屡损开关管的故障排除起来是较为麻烦的，往往令初学者无从下手，下面简要分析一下常见原因。

❶ 开关管过电压损坏。

a. 市电电压过高，对开关管提供的漏极工作电压高，开关管漏极产生的开关脉冲幅值自然升高许多，会突破开关管 D-S 极的耐压面而造成开关管击穿。

b. 稳压电路有问题，使开关电源输出电压升高的同时，开关变压器各绕组产生的感应电压幅值增大。其一次绕组产生的感应电压与开关管漏极得到的直流工作电压叠加，若这个叠加值超过开关管 D-S 极的耐压值，则会损坏开关管。

c. 开关管漏极保护电路（尖峰脉冲吸收电路）有问题，不能将开关管漏极幅值颇高的尖峰脉冲吸收掉而造成开关管漏极电压过高而击穿。

d. 300V 滤波电容失效，使其两端含有大量的高频脉冲，在开关管截止时与反峰电压叠加后，导致开关管过电压而损坏。

❷ 开关管过电流损坏。

a. 开关电源负载过重，造成开关管导通时间延长而损坏开关管，常见原因是输出电压的整流、滤波电路不良或负载电路有故障。

b. 开关变压器匝间短路。

❸ 开关管功耗大而损坏。常见的有开启损耗大和关断损耗大两种。开启损耗大主要是因为开关管在规定的时间内不能由放大状态进入饱和状态，主要是由开关管激励不足造成的。关断损耗大主要是开关管在规定动作时间内不能由放大状态进入截止状态，主要是开关管栅极的波形因某种原因发生畸变造成的。

❹ 开关管本身有质量问题。市售电源开关管质量良莠不齐，若开关管存在质量问题，

屡损开关管也就在所难免。

⑤ 开关管代换不当。开关电源的场效应开关管功率一般较大，不能用功率小、耐压低的场效应管进行代换，否则极易损坏，也不能用BC508A、2SD1403等半导体管进行代换。实验证明，代换后电源虽可工作，但通电几分钟后半导体管就过热，会引起屡损开关管的故障。

四、开关电源中几个主要部件的检测方法

1. 开关管

双极型器件晶体管和场效应晶体管，开关管都有采用，如图 3-8 所示，以场效应晶体管为多。表 3-1 列出了晶体管 QM5HG-24 和场效应晶体管 BFC40 的部分参数。

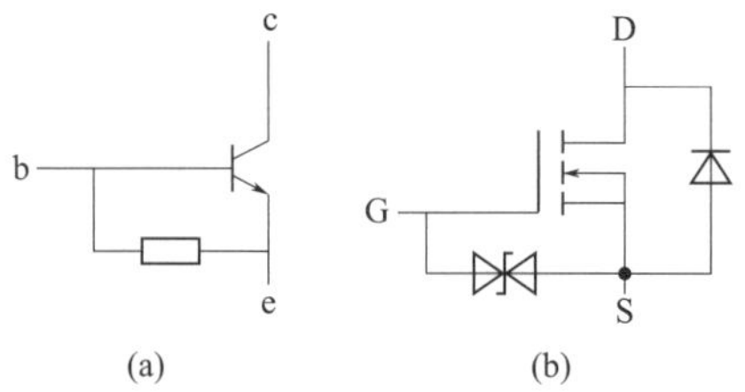

图 3-8 开关管的电路结构符号图

表 3-1 晶体管 QM5HG-24 和场效应晶体管 BFC40 的部分参数

类别	型号	V_{cex}	V_{cbo}	V_{ebo}	I_c	P_c	t_{on}	t_s	t_f
晶体管	QM5HG-24	1200V	1200V	7V	5A	100W	1.0μs	4.0μs	0.8μs
类别	型号	V_{DSS}	V_{GS}	I_D	I_{DM}	P_D	t_{on}	t_{off}	R_{ds}(on)
场效应晶体管	BFC40	1500V	± 20V	2A	4A	50W	30ns	200ns	8.00Ω

型号为 K1317 和 K2225 的场效应晶体管应用最多，两者可互换。

器件互换首先考虑的是耐压和工作电流值，尤其是耐压值，应不低于 1200V 为宜。另外，应注意封装形式，c 极或 D 极接金属散热壳体，应加装绝缘片和涂覆导热硅脂后进行安装。

大功率晶体管，如图 3-8（a）所示，b、e 极间并联有几十欧姆的电阻。但集电结的正、反向电阻特性同一般晶体管。应与好的管子对比，测量晶体管的放大倍数，这在故障检修中尤为重要。

大功率场效应晶体管，如图 3-8（b）所示，G、S 极间并接有双向击穿二极管，在 D、S 极间反向并联有二极管（有资料说，此二极管为工艺中自然生成），两者都对场效应晶体管起保护作用。测量 D、S 极间二极管的正、反向电阻特性。对场效应晶体管的测量，应利用 G、S 极间电容的电荷存储特性，观测 D、S 极间电阻变化，检测其好坏。

故障检修中，仅靠测量管子的电阻判断其性能是不够的，一般条件下管子的低效、老化现象是检测不出的，须根据故障现象综合分析，不放过看似“隐蔽”的故障环节和表现，“揪”出故障元件。

2. 光电耦合器

由于光电耦电路简单，对不能共地、电压差异较大的输入、输出信号有较好的隔离度，又具有较高的抗干扰性能，故在开关电源电路、数字隔离和模拟信号传输通道中被广泛采用，更换损坏的光电耦合器件时，要充分考虑其在电路中的位置和作用，用同类型光电耦合器件进行代换。

在变频器电路中，常用到3种类型的光电耦合器（不只是开关电源电路中的应用），结构如图3-9所示。第1种为晶体管型光电耦合器，如PC816、PC817、4N35等，常用于开关电源电路的输出电压采样和电压误差放大电路，也应用于变频器控制端子的数字信号输入回路，输入侧为一只发光二极管，输出侧为一只光敏晶体管。第2种为集成电路型光电耦合器，如6N137、HCPL2601等，其频率响应速度比晶体管型光电耦合器大为提高，输入侧发光管采用了延迟效应低微的新型发光材料，输出侧由门电路和肖特基晶体管构成，使工作性能大大提高，在变频器的故障检测电路和开关电源电路中也有应用。第3种为线性光电耦合器，如A7840，便于对模拟信号进行线性传输，A7840往往与后续运算电路相配合，实现对输入信号的线性放大和传输。

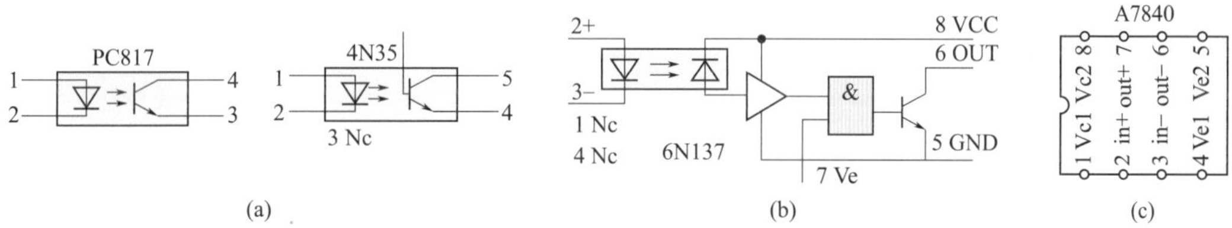

图3-9　3种光电耦合器电路图

（1）第1种类型的光电耦合器　输入端工作压降约为1.2V，输入电流为10mA左右；输出最大电流为1A左右，因而可直接驱动小型断电器，输出饱和压降小于0.4V。可用于几十千赫兹或低频率信号的传输。

测量方法：

❶ 用数字式万用表二极管挡，测量输入侧正向压降为1.2V，反向无穷大，输出侧正、反压降或电阻值均接近无穷大。

❷ 用指针式万用表R×10k电阻挡，测其❶、❷脚，有明显的正、反电阻差异，同电阻约为几十千欧，反向电阻无穷大；❸、❹脚正、反向电阻无穷大。

❸ 两表笔测量法。用指针式万用表的R×10k电阻挡（能提供15V或9V、几十微安的电流输出），正向接通❶、❷脚（黑表笔搭❶脚），用另一个表的R×1电阻挡测量❸、❹脚的电阻值。当表笔接入❶、❷脚时，❸、❹脚之间呈现20kΩ左右的电阻值；脱开❶、❷脚的表笔，❸、❹脚间电阻为无穷大。

❹ 可用一个直流电源串入电阻，将输入电流限制在10mA以内。输入电路接通时，❸、❹脚电阻为通路状态；输入电路开路时，❸、❹脚电阻值无穷大。

第❸、❹种测量方法比较准确，如用同型号光电耦合器件相比较，甚至可检测出失效器件（如输出侧电阻过大）。

上述测量是新器件装机前的必要过程。在线不便测量的情况下，必要时也可将器件从电路中拆下，脱机测量，进一步判断器件的好坏。

在实际检修中，脱机测量电阻不是很便利，上电检测则较为方便和准确。要采取措施，将输入侧电路变动一下，根据输出侧产生的相应变化（或无变化），测量判断该器件的好坏。即打破故障中的“平衡状态”，使之出现“暂态失衡”，从而将故障原因暴露出来。光电耦合器件的输入、输出侧在电路中串有限流电阻，在上电检测中，可用减小（并联）电阻和加大电阻（将其开路）等方法，配合输出侧的电压检测，判断光电耦合器件的好坏。部分电路中，甚至可用直接短接或开路输入侧、输出侧，来检测和观察电路的动态变化，利于判断故障区域和检修工作的开展。

如图 3-10（a）所示电路为变频器控制端子电路的数字信号输入电路，当正转端子 FWD 与公共端子 COM 短接时，PC817 的❶、❷脚电压为 1.2V，❹脚的电压由 5V 变为 0V。同理，当控制端子呈开路状态时，PC817 的❶、❷脚之间电压为 0V，而❸、❹脚之间电压为 5V。从图 3-10（a）电路可以看光电耦合器件的各引脚电压值，其故障或正常状态通过测量输入、输出脚电压即可判断。

如图 3-10（b）所示电路，测量❶、❷脚之间为 0.7V（交流信号平均值），❸、❹脚之间为 3V，说明光电耦合器有了输入信号，但光电耦合器件本身是否正常？用金属镊子短接 PC817 的❶、❷脚，测量❹脚的电压由原 3V 上升为 5V（或有明显上升），说明光电耦合器件是好的，若电压不变，说明光电耦合器损坏。

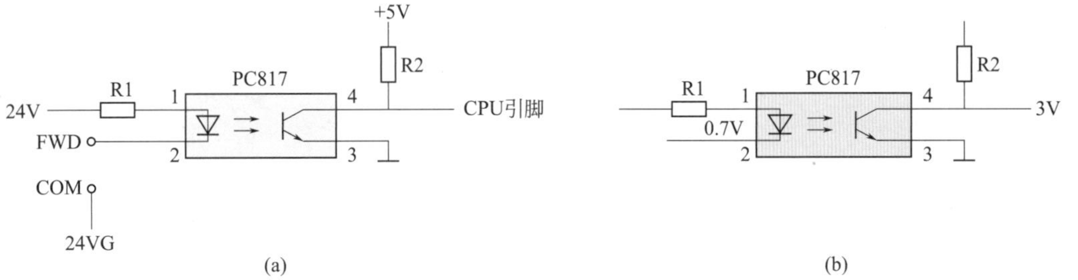

图 3-10　光电耦合器在线检测示意图

（2）第 2 种类型的光电耦合器（6N137） 输入端工作压降约为 1.5V，但输入、输出最大电流仅为 mA 级，只起到对较高频率信号的传输作用，电路本身不具备电流驱动能力，可用于对 mHz 级信号进行有效的传输。

3 种在线测量方法：短接或开路❷、❸输入脚，同时测量输出❻、❺脚的电压变化；减小或加大输入引脚外接电阻，测量输出引脚电压有无相应变化；从 +5V 供电或其他供电串限流电阻引入到输入引脚，检测输出引脚电压有无相应变化，从而判断器件是否正常。

（3）第 3 种类型的光电耦合器 输入侧不是发光二极管，输入、输出阻抗较高，用于对小信号的传输。检测方法同上。

注意： 开关电源电路中应用的光电耦合器，是作为电压误差放大器的一个环节来使用的，测量中输入、输出引脚的电压扰动，会引起负载供电的突变。尤其是 +5V 的 CPU 主板负载电路在连接状态下，不可带电在线检测光电耦合器的引脚电压，若测试不慎将造成烧掉 CPU 的危险。对其烧坏的判断，应通过停电后，对引脚电阻值的检测来进行。

运用于其他电路的光电耦合器，如控制端子的光电耦合器，则完全可以带电在线测量，比电阻测量更为方便。

3. 专用电流模式 PWM 振荡芯片（以 UC3844、UC3842 为例）

UC3844 与 UC3842 在变频器的开关电源中都有应用，前者应用为多，其电路图如图 3-11 所示。电路无论是塑封还是贴片元器件，都有 8 引脚和 14 引脚两种双列封装形式。两种电路的主要区别为 UC3844 输出频率等于振荡器的振荡频率，输出频率的最大占空比可达 100%；而 UC3842 内部集成了一个二分频触发器，输出频率只有振荡频率的一半，输出最大占空比为 50%。另外，两者内部欠电压锁定电路的开启阈值有所差异。UC3844、UC3842 可互换，UC3842、UC3843 可互换。一般电路的实际振荡频率在 100kHz 以下，为 40 ～ 60kHz。电路内部集成了基准电源、高频振荡器、电压误差放大器、电流检测比较器、PWM 锁存器及输出电路，利用误差放大器和外围电压采样电路能构成电压闭环（稳压）控制；利用电流检测比较器和外围电流检测电路，能构成电流闭环控制。

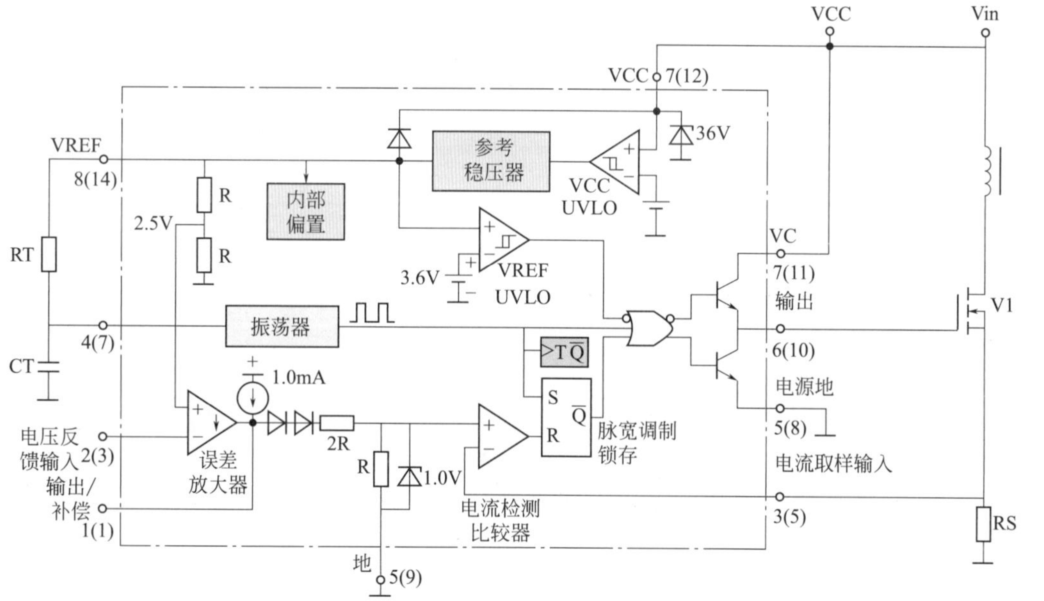

图 3-11　振荡芯片 UC3844 电路原理图

括号内是D后缀SO-14封装的引脚号

引脚功能说明（以下均以 8 引脚封装为例）：❶ 脚为误差放大器输出端，与引脚 ❷ 之间接入 R、C 反馈网络，以决定误差放大器中的带宽频率特性和放大倍数；❷ 脚为误差放大器反馈输入端，该端接输入电压反馈信号，以实现电压闭环（稳压）控制；❸ 脚为电流检测比较器输入端，该端接电流（电压）检测信号，以实现过电流（过电压）保护；❹ 脚为振荡器定时元件接入端，所接 R、C 元件决定了电路振荡频率的高低；❽ 脚为基准电源输出端，可提供 +5V 温度稳定性良好的基准电压，实际应用中，R、C 振荡电路及稳压电路常取用该电源，以增加振荡和稳压的稳定性；❼、❺ 脚是供电 VCC、GND 端子，额定供电电压为 30V，实际电路中自供电绕组提供的直流电压约为 20V；❻ 脚为 PWM 波形输出引脚，最大输出电流（拉、灌电流）达 1A。

UC3842/3844 的 ❸ 脚内部误差放大器的同相端已在内部供入 2.5V，意味着：当 ❷ 脚反馈输入电压也稳定于 2.5V，即必然会保持在 2.5V 时，电路的动态反馈及输出的稳定过程已经完成，在此稳定状态下，输出电压的高低，取决于外围电压采样、反馈电压处理电路，而与芯片本身和振荡环节无关。❷脚反馈电压的输入范围为 −0.55 ～ 5.5V，当❷脚反馈电压维持低于 2.5V 时，负载电压将维持超压输出的状态；当❷脚反馈电压维持高于 2.5V 时，输出电压将维持低于正常值的状态。由此可判断反馈电压处理电路相关元件的故障。

UC3842/3844 欠电压锁定开启阈值为 16V，UC3843/3845 则为 8.5V；UC3842/3844 欠电压锁定关断阈值为 10V，UC3843/3845 则为 7.6V。其意义是：当芯片供电电压高于 16V 时，❽脚输出 +5V 电压，提供给❹脚 R、C 振荡定时元件，电路启振工作；当供电低于 10V 时，欠电压保护电路启控，❽脚输出电压为 0V，电路停振，避免了开关管因欠激励（功耗过大）而烧坏。应用此特点，当电路出现停振故障，而又查不出故障点时，可单独为振荡芯片提供 10 ～ 20V 的可调直流电源（将其他供电全部停掉），在调压过程中，检测❽脚的电压变化（应有 0 ～ 5V 的跳变输出），❻脚也相继有 0V 和 6V 以上的输出，从而大致确定振荡芯片及外围部分电路的好坏。

要使 UC3844 内部的保护电路动作，通常有两种方法：使引脚❶（内部误差电压放大器输出端）上的电压降至 1V 以下，使引脚❸（电流检测比较器输入端）电压升至 1V 以上。前者为输出过电压保护，后者为输出过电流保护，两种方法都会导致电流检测比较器输出高电平，PWM 锁存器复位，输出端关闭，其意义在于：当电路出现停振故障时，可能为保护电路故障或其他电路故障引发保护电路动作，而使芯片的❶、❸脚电压值分别降至 1V 以下和升至 1V 以上。

UC3844 芯片各引脚电阻值见表 3-2。

表 3-2　UC3844 芯片各引脚电阻值（用 MF47 型指针式万用表 R×1k 挡测量）

⑤脚搭红表笔							
引脚号	❶	❷	❸	❹	❻	❼	❽
电阻 /kΩ	24	14	14	14	140	100	4
⑤脚搭黑表笔							
引脚号	❶	❷	❸	❹	❻	❼	❽
电阻 /kΩ	9	10	10	9	14	8.5	4

以上所测贴片元件 UC3844 各引脚电阻值，与双列塑封直插元件的引脚电阻值稍有差异。

4. 基准电压源（可调试精密并联稳压器）TL431

（1）TL431 的结构　TL431 是一个有良好的热稳定性能的三端可调分流基准电压源。它的输出电压用两个电阻就可以任意地设置从 U_{REF}(2.5V) 到 36V 范围内的任何值。该器件的典型动态阻抗为 0.2Ω，在很多应用中可以用它代替齐纳二极管，例如数字电压表、运放电路、可调压电源、开关电源等。

图 3-12 中电路图形符号中 A 为阳极，使用时需要接地；K 为阴极，需要限流电阻接电源。U_{REF} 是输出电压 U_o 的设定端，外接电阻分压器。等效电路见图 3-13，主要包括 4 部分：

❶ 误差电压放大器，其同相输入端接从电阻分压器上取得的取样电压，反向输入端则接内部的2.50V 基准电压U_{ref}，并设计U_{REF}=U_{ref}，U_{REF}常态下应为2.50V，因此，亦称基准端；

❷ 内部2.50V（准确值为2.495V)基准电压源U_{ref}；

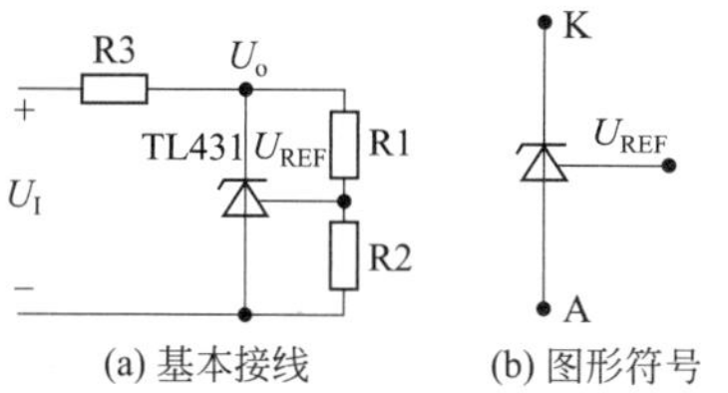

图 3-12　电路基本接线与图形符号

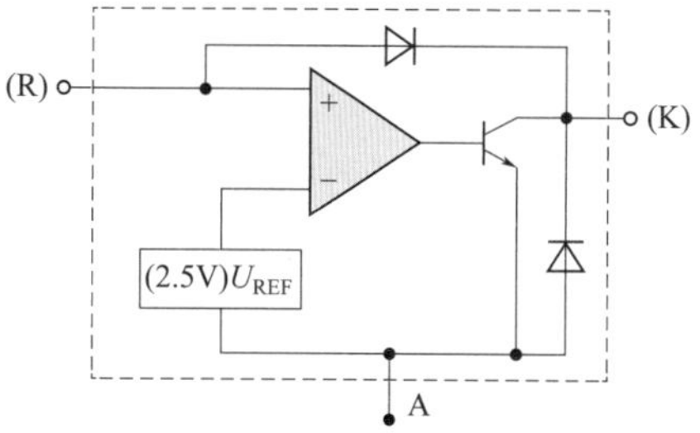

图 3-13　等效电路

③ NPN型晶体管，它在电路中起调节负载电流的作用；

④ 保护二极管，可防止因K-A间电源极性接反而损坏芯片。

前面提到 TL431 的内部含有一个 2.5V 的基准电压，所以当在 REF 端引入输出反馈时，器件可以通过从阴极到阳极很宽范围的分流，控制输出电压。如图 3-12 所示的基本接线电路，当 R1 和 R2 的阻值确定时，两者对 U_o 的分压引入反馈，若 U_o 增大，反馈量增大，TL431 的分流也就增加，从而导致 U_o 下降。显然，这个深度的负反馈电路必然在 U_I 等于基准电压处稳定，此时

$$U_o=(1+R1/R2)U_{ref}$$

选择不同的 R1 和 R2 的值可以得到从 2.5V 到 36V 范围内的任意电压输出，特别地，当 R1=R2 时，U_o=5V。需要注意的是，在选择电阻时必须保证 TL431 工作的必要条件，通过阴极的电流要大于 1mA。

（2）TL431 与光电耦合器分析　在开关电源中电源反馈隔离电路由光电耦合器（如 PC817）以及并联稳压器 TL431 所组成，其典型应用电路如图 3-14 所示。当输出电压发生波动时，经过电阻分压后得到的取样电压与 TL431 中的 2.5V 带隙基准电压进行比较，在阴极上形成误差电压，使光电耦合器中的 LED 工作电流产生相应的变化，再通过光电耦合器去

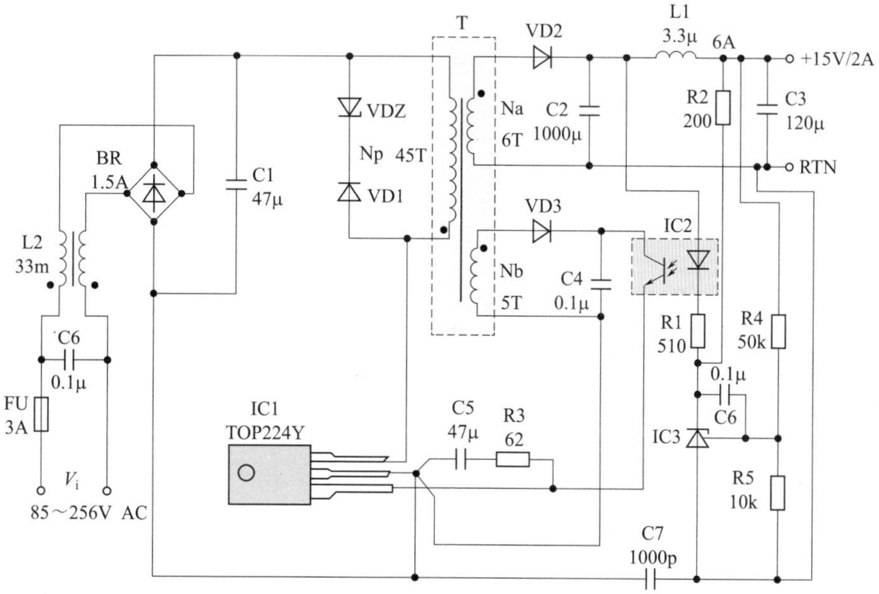

图 3-14　典型应用电路

改变 TOPSwitch 控制端的电流大小，进而调节输出占空比，使 U_o 保持不变，达到稳压目的。

反馈回路中主要元件的作用及选择：R1、R4、R5 的主要作用是配合 TL431 和光电耦合器工作，其中 R1 为光电耦合器的限流电阻，R4 及 R5 为 TL431 的分压电阻，提供必需的工作电流以实现对 TL431 的保护。

（3）三线端 TL431 检测　表 3-3 为三线端 TL431 引脚电阻值，8 引脚贴片封装形式的 TL431 引脚电阻稍有差异。

表 3-3　TL431（3 引脚封装形式）各引脚电阻（用 MF47 型指针式万用表测量）值

表笔接入方式	K、A 电阻值 /kΩ	表笔接入方式	K、VREF 端电阻值 /kΩ
A 极接红表笔	∞	K 极接红表笔	11
A 极接黑表笔	7	K 极接黑表笔	∞

五、自激式开关电源的维修

开关电源有自激式和他激式两种类型，他激式开关电源采用独立的振荡器来驱动开关管工作，而自激式开关电源没有独立的振荡器，它采用开关管和正反馈电路一起组成振荡器，依靠自己参与的振荡来产生脉冲信号驱动自身工作。自激式开关电源种类很多，但工作原理和电路结构大同小异，只要掌握了一种自激式开关电源的检修，就能很快学会检修其他类型的自激式开关电源。

自激式开关电源常见故障有无输出电压、输出电压偏高和输出电压偏低。以图 3-15 所示为例详述如下。

1. 无输出电压

【故障现象】变频器面板无显示，且操作无效，开关电源各路输出电压均为 0V，而主电路电压正常（500 多伏）。

【故障分析】因为除主电路外，变频器其他电路供电均来自开关电源，当开关电源无输出电压时，其他各电路无法工作，就会出现面板无显示、任何操作都无效的故障现象。

开关电源不工作的主要原因如下：

❶ 主电路的电压未送到开关电源，开关电源无输入电压。

❷ 开关管损坏。

❸ 开关管基极的上偏元件（R26～R30、R33）开路，或下偏元件（Q1、VD9）短路，均会使开关管基极电压为0V，开关管始终处于截止状态，开关变压器的L1绕组无电流通过而不会产生电动势，二次侧也就不会有感应电动势。

【故障检修】检修过程如下。

❶ 测量开关管Q2的c极有无500多伏的电压，如果电压为0V，可检查Q2的c极至主电路之间的元件和线路是否开路，如开关变压器L1绕组、接插件19CN。虽然C1、C2、Q2短路也会使Q2的c极电压为0V，但它们短接也会使主电路电压不正常。

❷ 若开关管Q2的c极有500多伏电压，可测量Q2的U_{bc}电压。如果U_{bc}>0.8V，一般为Q2的发射结开路；如果U_{bc}=0V，可能是Q2的发射结短路，L0开路，Q2基极的上偏元件R26～R30、R33开路，或者Q2的下偏元件Q1、VD9短路。

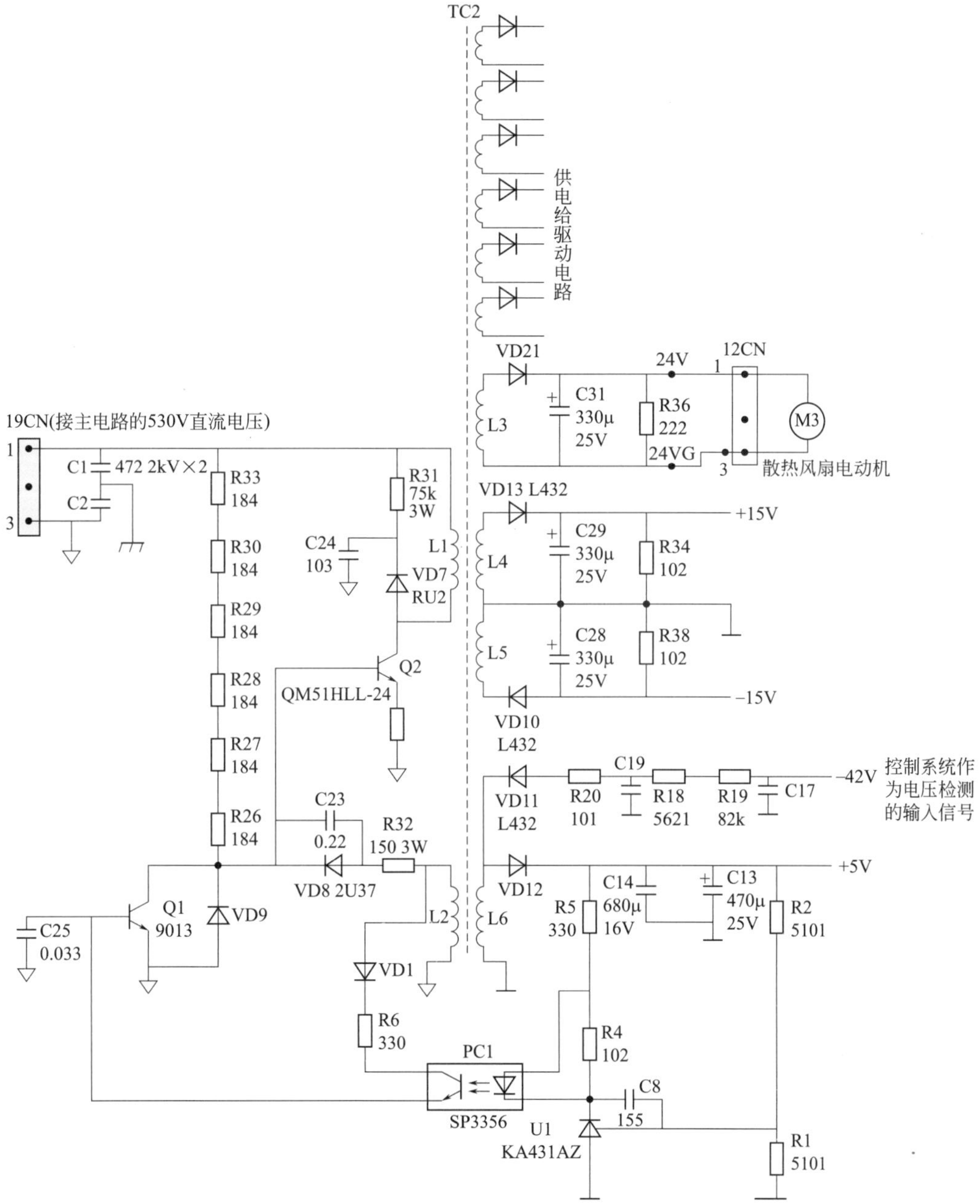

图 3-15　典型变频器的自激式开关电源电路

③ 在检修时，如果发现开关管Q2损坏，更换后不久又损坏，可能是阻尼吸收电路R31、C24、VD7损坏，不能吸收L1产生的很高的反峰电压；也可能是反馈电路L2、R32、C23、VD8存在开路，反馈信号无法送到Q2的基极，Q2一直处于导通状态，Q2长时间通过很大的I_c电流被烧坏；还有可能是Q1开路，或稳压电路存在开路使Q1始终截止，无法对开关管Q2的b极进行分流，Q2因U_{b2}电压偏高、饱和时间长而被烧坏。

2. 输出电压偏低

【故障现象】开关电源各路输出电压均偏低，开关电源输入电压正常。

【故障分析】如果开关电源仅某路输出电压不正常，则为该路整流滤波和负载电路出现故障所致，现各路输出电压均偏低，故障原因应是开关电源主电路不正常。开关电源输出电压偏低的原因如下。

❶ 开关管基极的上偏元件（R26～R30、R33）阻值变大，或下偏元件（Q1、VD9）漏电，均会使开关管基极电压偏低，开关管Q2因基极电压偏低而饱和时间缩短，L1绕组通过电流的时间短、储能少，产生的电动势也低，感应到二次绕组的电动势随之下降，故各路输出电压偏低。

❷ 稳压电路存在故障使Q1导通程度深，而使开关管Q2基极电压低。如光电耦合器PC1的光敏晶体管短路，KA431AZ的A、K极之间短路和R1阻值变大等。

❸ 开关变压器的L1、L2绕组存在局部短路，其产生的电动势下降。

【故障检修】检修过程如下。

❶ 测量开关管Q2的U_{bc}电压，同时用导线短接稳压电路中的R1，相当于给稳压电路输入一个低取样电压，如果稳压电路正常，KA431AZ的A、K极之间导通变浅，光电耦合器PC1导通也变浅，调整管Q1基极电压下降、导通变浅，对开关管Q2基极的分压减小，Q2基极电压应该有变化，如果Q2的U_{bc}电压不变化或变化不明显，应检查稳压电路。

❷ 检查开关管Q2基极的上偏元件R26～R30、R33是否阻值变大，检查Q1、VD9、VD8、C23等元器件是否存在漏电。

❸ 检查开关变压器温度是否偏高，若是，可更换变压器。

3. 输出电压偏高

【故障现象】开关电源各路输出电压均偏高，开关电源输入电压正常。

【故障分析】开关电源电压偏高的故障与输出电压偏低是相反的，其原因也相反。开关电源输出电压偏高的原因主要如下：

❶ 开关管基极的上偏元件（R26～R30、R33）阻值变小，或下偏元件（Q1、VD9）开路，均会使开关管基极电压偏高，开关管Q2因基极电压偏高而饱和时间延长，L1绕组因通过电流的时间长而储能多，产生的电动势升高，感应到二次绕组的电动势必随之上升，故输出电压偏高。

❷ 稳压电路存在故障使Q1导通程度浅或截止，而使开关管Q2基极电压升高。如VD1、R6、PC1开路，KA431AZ的A、K极之间开路和R2阻值变大等。

❸ 稳压电路取样电压下降，如C13、C14漏电，L6绕组局部短路均会使+5V电压下降，稳压电路认为输出电压偏低，马上将Q1的导通程度调浅，让开关管Q2导通时间变长，开关电源输出电压上升。

【故障检修】检修过程如下：

❶ 测量开关管Q2的U_{bc}电压，同时用导线短路R2，如果稳压电路正常，KA431AZ的A、K极之间导通变深，光电耦合器PC1导通也变深，调整管Q1基极电压上升、导通变深，对开关管Q2基极的分流增大，Q2基极电压应该有变化，如果Q2的U_{bc}电压不变化或变化不明显，应检查稳压电路。

❷ 检查开关管Q2基极上偏元件R26～R30、R33是否阻值变小，检查Q1等元器件是否开路。

❸ 检查C13、C14是否漏电或短路，L6是否开路或短路，VD12是否开路。

六、他激式开关电源的维修

他激式开关电源有独立的振荡器来产生激励脉冲，开关管不参与构成振荡器，他激式开关电源的振荡器通常由一块振荡芯片配以少量的外围元器件构成。由于振荡器与开关管相互独立，相对于自激式开关电源来说，检修他激式开关电源更容易一些。

他激式开关电源常见故障有无输出电压、输出电压偏高和输出电压偏低。以图3-16为例详述如下。

1. 无输出电压

【故障现象】变频器面板无显示，且操作无效，测开关电源各路输出电压均为0V，而主电路正常（500多伏）。

【故障分析】因为除主电路外，变频器其他电路供电均来自开关电源，当开关电源无输出电压时，其他各电路无法工作，就会出现面板无显示、任何操作都无效的故障现象。

开关电源不工作的主要原因如下：

❶ 主电路的电压未送到开关电源，开关电源无输入电压。

❷ 开关管损坏。

❸ 开关管的G极无激励脉冲，始终处于截止状态。无激励脉冲原因可能是振荡器芯片或其外围元器件损坏，不能产生激励脉冲；也可能是保护电路损坏使振荡器停止工作。

【故障检修】检修过程如下：

❶ 测量开关管TR1的D极有无500多伏的电压，如果电压为0V，可检查TR1的D极至主电路之间的元器件和电路是否开路，如开关变压器L1绕组、接插件。

❷ 将万用表拨至交流2.5V挡，给红表笔串联一只100μF的电容（隔直）后，接开关管TR1的G极，黑表笔接电源地（N端或UC3844的❺脚），如果指针有一定的指示值，表明开关管TR1的G极有激励脉冲，无输出电压可能是开关管损坏，可拆下TR1，检测其好坏。

❸ 如果开关管TR1的G极无脉冲输入，而R240、R241、ZD204又正常，那么UC3844的❻脚肯定无脉冲输出，应检查UC3844外围元器件和保护电路，具体检查过程如下：

• 测量UC3844的❼脚电压是否在10V以上，若在10V以下，UC3844内部的欠电压保护电路动作，停止从❻脚输出激励脉冲，应检查R248～R250、R266是否开路或变值，C233、C236是否短路或漏电，VD215是否短路或漏电。

• 检查电流取样电阻R242～R244是否开路，因为一个或两个取样电阻开路均会使UC3844的❸脚输入取样电压上升，内部的电流保护电路动作，UC3844停止从❻脚输出激励脉冲。

• 检查UC3844❹脚外围的C232、R239，这两个元件是内部振荡器的定时元件，如果损坏会使内部振荡器不工作。

• 检查UC3844其他引脚的外围元器件，如果外围元器件均正常，可更换UC3844。

在检修时，如果发现开关管TR1损坏，更换后不久又损坏，可能是阻尼吸收电路C234、R245、VD214损坏，也可能是R240阻值变大，ZD204反向漏电严重，送到开关管TR1 G极的激励脉冲幅值小，开关管导通截止不彻底，使功耗增大而烧坏。

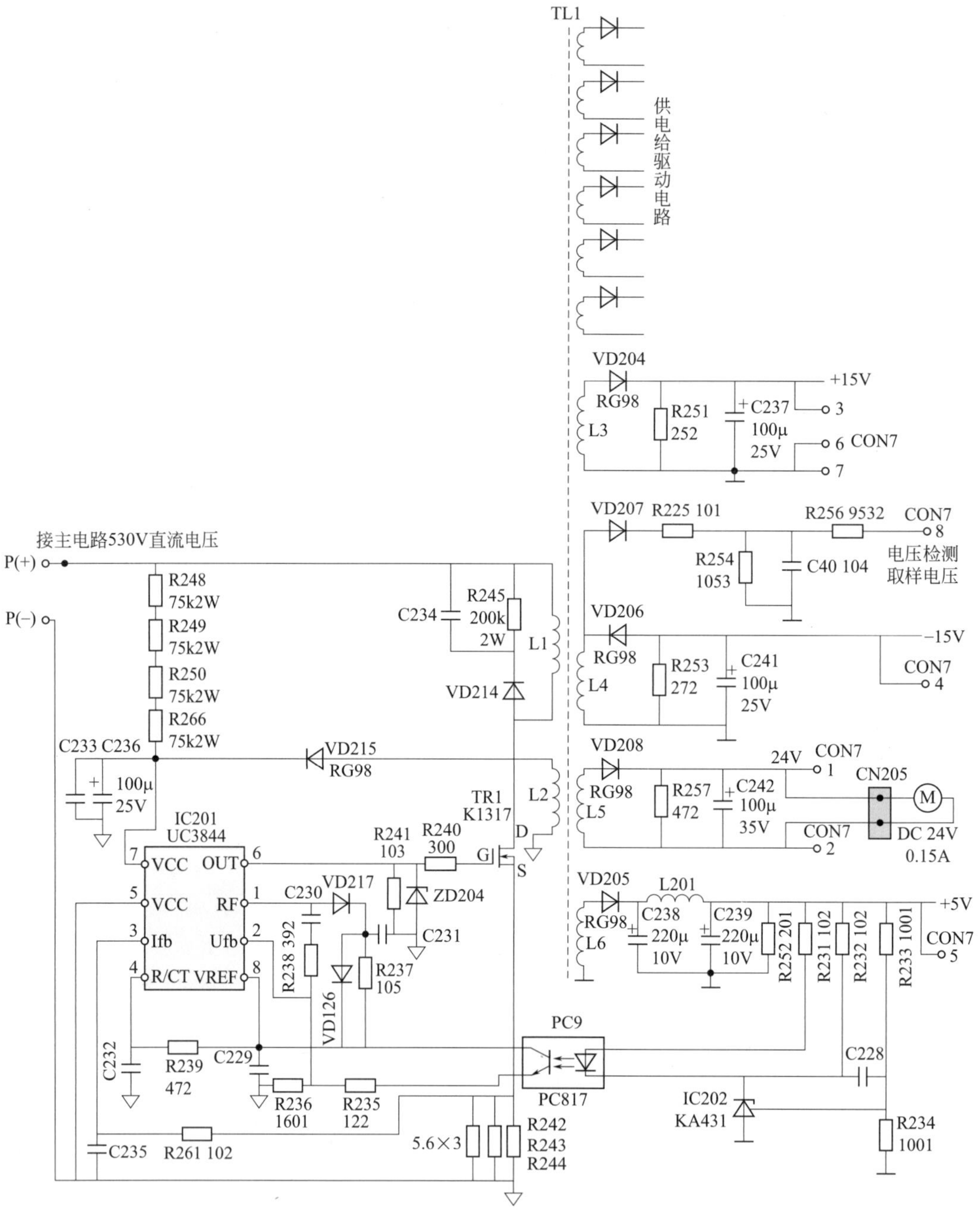

图 3-16　典型变频器他激式开关电源电路

2. 输出电压偏低

【故障现象】开关电源各路输出电压均偏低，开关电源输入电压正常。

【故障分析】开关电源输出电压偏低的原因主要如下：

❶ 稳压电路中的某些元器件损坏，如R234开路，会使KA431的A、K极之间导通变深，光电耦合器PC9导通也变深，UC3844的❷脚电压上升，内部电路根据该电路判断开关电源输出电压偏高，马上让❻脚输出高电平持续时间短的脉冲，开关管导通时间缩短，开关变压器L1绕组储能减少，产生的电动势低，二次绕组的感应电动势低，输出电压下降。

② 开关管G极所接的元器件存在故障。

③ UC3844性能不良或外围某些元器件变值。

④ 开关变压器的L1绕组存在局部短路，其产生的电动势下降。

【故障检修】检修过程如下：

① 检查稳压电路中的有关元器件，如R234是否开路，KA431、PC9是否短路，R236是否开路等。

② 检查R240、R241和ZD204。

③ 检查UC3844外围元器件，外围元器件正常时可更换UC3844。

④ 检查开关变压器温度是否偏高，若是，可更换变压器。

3. 输出电压偏高

【故障现象】开关电源各路输出电压均偏高，开关电源输入电压正常。

【故障分析】开关电源输出电压偏高的原因主要如下：

① 稳压电路中的某些元器件损坏，如R233阻值变大，会使KA431的A、K极之间导通变浅，光电耦合器PC9导通也变浅，UC3844的②脚电压下降，内部电路根据该电路判断开关电源输出电压偏低，马上让⑥脚输出高电平持续时间长的脉冲，开关管导通时间长，开关变压器L1绕组储能增加，产生的电动势高，二次绕组的感应电动势高，输出电压升高。

② 稳压取样电压偏低，如C238、C239漏电，L6局部短路等均会使+5V电压下降，稳压电路认为输出电压偏低，会让UC3844输出高电平更宽的激励脉冲，让开关管导通时间更长，开关电源输出电压升高。

③ UC3844性能不良或外围某些元器件变值。

【故障检修】检修过程如下：

① 检查稳压电路中的有关元器件，如R233是否变值或开路，KA431、PC9是否开路，R235是否开路等。

② 检查C238、C239是否漏电或短路，VD205、L201是否开路，L6是否开路或局部短路。

③ 检查UC3844外围元器件，外围元器件正常时可更换UC3844。

第四章 多种分立元件开关电源典型电路分析与检修

第一节 串联型调宽开关电源典型电路原理与检修

一、电路原理

以日本松下公司设计的串联自激式开关电源为例。图4-1为松下典型热地串联开关电源电路原理图，此电路主要由电网输入滤波电路、消磁电路、整流滤波电路、开关振荡电路、脉冲整流滤波电路、取样稳压电路、过电流超压保护电路等构成。

（1）整流滤波和自激振荡电路　图中VD801、VD802是整流桥堆，Q801为开关管，T801是开关变压器，Q803为取样比较管，Q802为脉宽调制管。当接入220V交流电压后先经VD801、VD802全波整流，并经C807滤波后，形成约280V的直流电压。此电压通过开关变压器T801的初级绕组P1—P2给开关管Q801集电极供电，以通过R803给Q801的基极提供一个偏置。因此Q801导通，集电极电流流过T801的初级绕组，使T801的次级绕组产生感应电动势。此电动势经C810和R806正反馈到Q801基极，促使Q801集电极电流更大，使Q801很快趋于饱和状态。先前在T801次级绕组中的感应电流不能突变，它仍按原来的方向导通，并对C810充电，使Q801基极电压逐渐下降。一旦Q801基极电位降到不能满足其饱和条件时，Q801将从饱和状态转入放大状态，使Q801集电极电流减少，通过T801正反馈到Q801基极，使Q801基极电压进一步下降，集电极电流进一步减少。这样将使Q801很快达到截止状态。随后C801便通过VD806、R806以及T801的次级绕组放电，当它放到一定程度后，电源又通过R803使Q801导通，周而复始地重复上述过程，完成大功率振荡，产生方波脉冲经T801变换输出，一旦开关电源开始工作，它就有直流电源输出，行扫描电路开始工作，由行输出变压器提供的行脉冲将通过C813、R817直接加到Q801基极，使Q801的自由振荡被行频同步。这样既可使开关电源稳定工作，又能减少电源对信号的干扰。

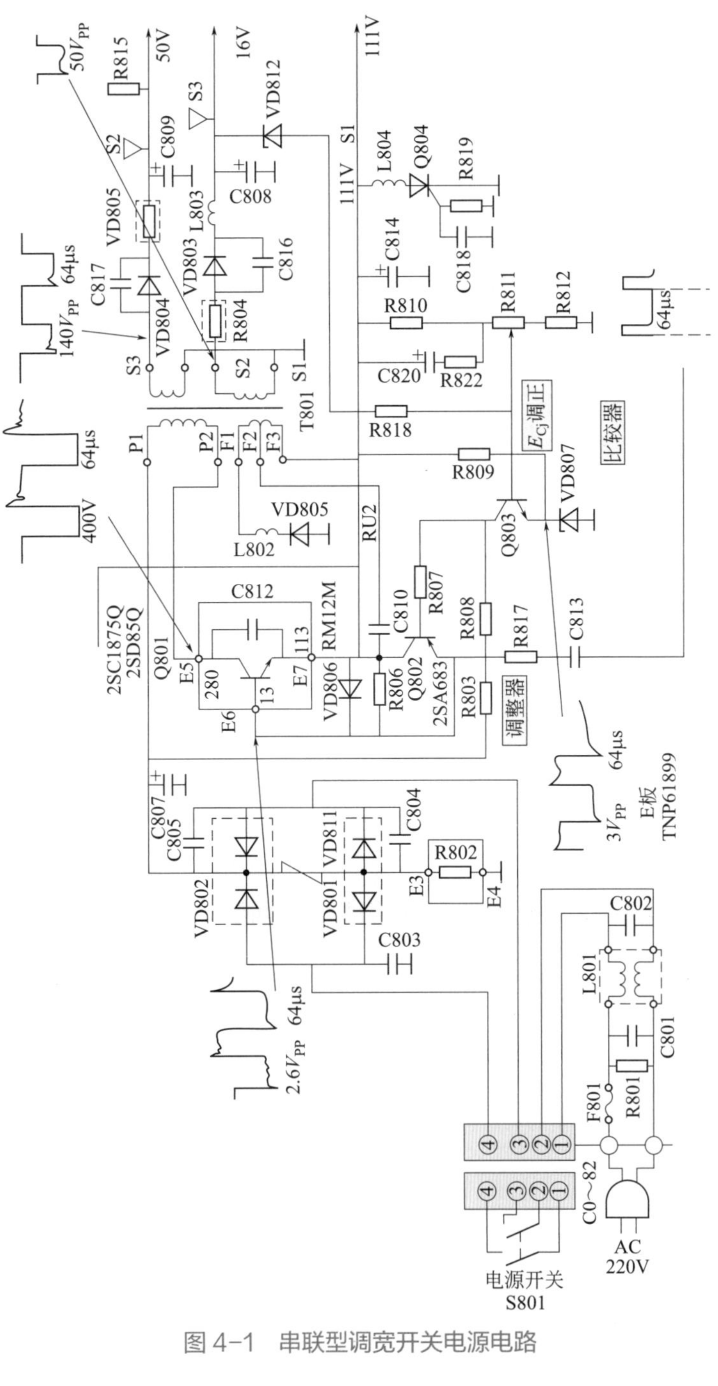

图 4-1　串联型调宽开关电源电路

（2）**低压供电电路**　该电源是串联式开关电源，当 Q801 导通时，电源通过 T801、Q801 和 C814 充电，截止时 C814 对负载放电，即 Q801 是与负载串联的，这样大大降低了 Q801 集电极与发射极之间的工作电压，可以选用耐压较低的开关管。在 Q801 截止时，T801 次级绕组产生的感应电动势使 VD803 和 VD804 正向偏置而导通，经 C808、C809 滤波后得到 57V 和 16V 直流电压，场输出和伴音电路电压由它们供给。

（3）**稳压过程**　若电网电压上升或负载减轻，使输出直流电压上升，则此增量经 R811 取样后加到 Q803 基极，使 Q803 集电极电流增加，Q803 集电极电压下降，则 Q802 的基极电压也下降。Q802是PNP型晶体管，则集电极电流增加。因Q802是并联在Q801的发射结上的，则原来流到Q801基极的电流被Q802分流，因而Q801导通的时间缩短，使输出端C814的电压下降。同时，VD803和VD804的导通时间也随之缩短，输出电压下降，使输出电压保持在原来的标称值上。

(4)保护电路 此电源设有以下的保护装置：

❶ 尖峰脉冲抑制电路 在开关管Q801截止瞬间，开关变压器P1、P2两端会感应出较高的尖峰脉冲，为了防止Q801的基极与发射极之间击穿，这里加了一个C812来短路这个尖峰电压。

❷ 过压保护电路 此电路主要由L804、Q804、C818、R819等构成。其中Q804为单向晶闸管，且此机中使用组合管HDF814，内部实际是由晶闸管和一只稳压二极管构成。当输出电压超过140V时，晶闸管Q804内部的稳压二极管击穿，给晶闸管控制级提供触发电压，晶闸管就导通，即将开关变压器的正反馈绕组短路，强制开关振荡停振，使开关电源停止工作，从而使后面的电路得到保护。

❸ 其他部分 VD805为续流二极管，它与T801次级绕组串联。当Q801导通时，VD805因处于反向偏置而截止。

当Q801由导通转为截止时，T801各绕组的感应电动势的方向也随之改变，VD803也由截止变为导通。此时，将Q801导通时储存在T801中的磁能释放出来，继续对负载提供功率。VD805应选用高频大电流二极管。

为了降低各整流二极管两端的高频电压变化率，减小开关干扰，相应地使用了一些阻尼用的无感电容器C802～C805、C807、C816、C817等。另外，为了减小开关干扰，该电路使用了降低高频电流变化率的电感元件，如L802、L803等。

二、串联型调宽开关电源典型电路故障检修

(1)开机后机器不工作 开机后机器不工作，一般故障都在电源电路。检修方法如下。

❶ 测量开关电源的+113V电压输出点(S1)。若S1电压不正常，再检查开关管Q801的集电极电压，正常为300V左右。若此电压不正常，则进一步检查整流前的电压是否正常。造成整流前电压不正常的原因有以下几种：消磁电路中的热敏电阻VD809击穿，消磁线圈L810短路，使熔丝F801熔断；插头插座C0～82接触不良，L801开路。若整流前电压正常而整流后电压不正常，则可能是整流管VD801、VD802或高频旁路电容C801～C805、滤波电容C807损坏，短路的可能性最大。若整流电压正常，而开关管Q801的集电极电压不正常，则为开关变压器T801的P1、P2接点没接好或P1、P2内部损坏。

❷ 若Q801集电极电压正常，而测试点S1电压异常，则故障在开关电源部分，最常见的是晶闸管Q804导通。此时，S1电压只有2V左右，并伴有"吱吱"叫声，说明开关电源输出电压过高可使得保护管Q804导通。此时用万用表R×100挡测量S1点对地电阻偏小(Q804没有导通时，正向电阻为410Ω，反向电阻为50kΩ)，电阻偏小表示负载可能短路。此时，应切断负载电路，接上一个400Ω/40W的假负载[可用60W(100W)/220V灯泡]。若S1点电压恢复正常，则出现这种故障的原因可以在113V输出电路查找。点S1的输出分别通向行激励和行输出的各部分电路。最常见的是，行输出管击穿，逆程电容短路等。

❸ 若保护管Q804没有导通，负载也没有短路，S1点的电压仍不正常，则故障在开关电源部分。常见的有C818或C814短路，R802～R812、L802、L803等或VD805开路，

Q801 ～ Q803 损坏，C808、C809、C812 ～ C818 或 VD803 ～ VD812 不良等。

④ 若测得点 S1 电压在 60V 左右，而且通向行扫描部分的电阻两端电压大于正常值 2V，则说明行扫描部分有故障。

⑤ 开关电源 S1 点电压正常，后边电路不工作，说明后级电路有故障。

（2）烧熔丝 F801 第一步是检查整流滤波电路 VD801、VD802、C807 等是否短路或 VD809 是否击穿，如有击穿，代换。若未损坏，用万用表 R×1 挡测开关管 Q801 极间正反向电阻。若测得 Q801 基极对发射极正反向电阻分别为 12Ω 和 170Ω，而集电极对发射极正反向电阻分别为零时，可将电容器 C812 焊下，再重新测量，若仍为零，可判断是 Q801 管的集电极和发射极间击穿。代换 Q801，此时开机若不再烧熔丝，但仍无光栅、无伴音，而且开关变压器 T801 发出连续的叫声，则说明开关电源已工作，但行扫描电路没有工作，频率没有同步到 15625Hz。再往下查行扫描电路。测电源 113V 输出点 S1 对地只有 1V，说明负载电路有短路故障。这时需要关机，用万用表 R×1 挡测量 S1 点对地电阻只有几欧姆，正反向都如此，常见的故障原因是保护管 Q804 击穿。其原因是开关管 Q801 的集电极 - 发射极击穿时，300V 电压串过来将 Q804 击穿。

（3）工作一段时间后电源不正常或无输出 此故障一般是元器件工作一段时间后，随着温度的升高其特性发生变化所致。

检修步骤如下：首先测量 S1 点电压，刚开机时为 113V 左右，但不久便逐渐升高，无光栅和无伴音时，S1 点的电压会升到 130V 以上，这显然是开关稳压电源的故障。检修的方法见故障“开机后机器不工作”的排除方法。然后再测量 +12V 调压管 Q 的集电极电压只有 0.5V，基极电压 0.5V，发射极电压 0.1V。此时，可怀疑是 X 射线保护电路启动所致。这时，先测量 IC501 的 ⑥ 脚电压，若小于 2V，可将 VD501 断开。此时，若出现光栅和伴音，则说明是稳压管 VD501 因输入电压过高而击穿导通，致使 X 射线保护电路动作，切断了行振荡输出，使行扫描电路停止工作。

还有一种故障原因是开关稳压电源中调整比较器 Q803 的热稳定性不好。此时测量 Q803 的各极电压，若发射极电压为 6V，基极电压为 6.6V，均正常，而集电极电压为 90V（正常时为 108V）不正常，则一般是 Q803 损坏，需要代换。

第二节 并联型调宽开关电源典型电路原理与检修

一、电路原理

以日本日立公司早期设计的典型并联调宽型开关电源电路为例。此电源电路的特点为：

① 电路简单可靠、维修方便。整个开关电源只使用三只晶体管，元器件少，成本低。而且因使用自激式电路，开关稳压电源可以独立工作，不受行扫描电路的牵制，因而方便了维修与调整。

② 属于自激式并联型调宽开关稳压电源。

③ 简单可靠的保护电路。它使用了晶闸管电路作过压、过流的保护电路。电路元器件少，工作可靠。

④ 两路直流电压输出。开关稳压电源利用脉冲变压器输出两组直流电压，一路为 54V，另一路为 108V。

⑤ 功耗小，效率高。因使用了这种开关稳压电源，所以降低了整机功耗（约 65W）。当电网电压在 130 ～ 260V 范围内变化时，开关电源都能输出稳定的直流电压。

如图 4-2 所示，此电路由整流滤波电路、自激振荡开关电路（含开关管和脉冲变压器等）、取样和比较放大电路、脉冲调宽电路、保护电路和脉冲整流滤波电路等部分构成。

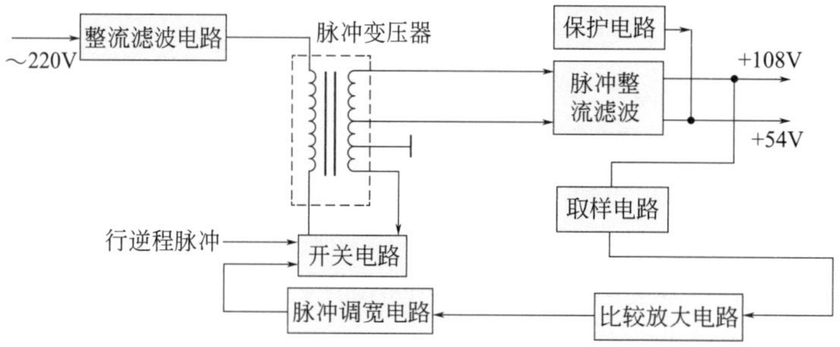

图 4-2　并联型调宽开关电源构成方框图

此电源交流电网电压直接被整流、滤波后，得到 260 ～ 310V 不稳定的直流电压。这个电压加至开关稳压电路，经稳压后由脉冲变压器次级的脉冲整流滤波电路输出稳定电压。稳压的过程是：从输出的 108V 电压上取样（厚膜组件 CP901），经比较放大器（Q902）产生误差电压，再将误差电压送至脉冲调宽电路（Q903），去控制开关管（Q901）的导通时间，以改变输出电压，达到稳压的目的。

图 4-3 是日立典型开关电源的电路图。下面分析此电路的特点和工作原理。

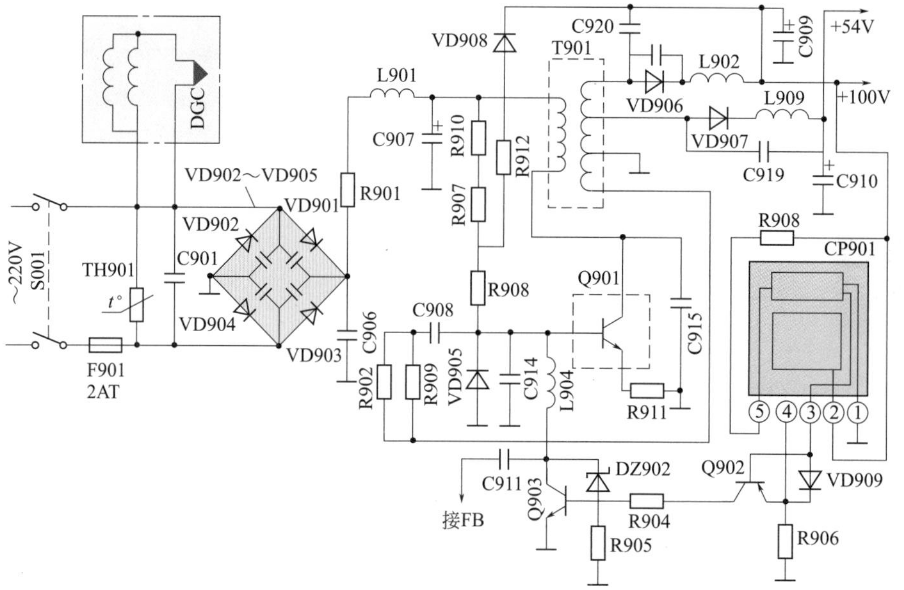

图 4-3　并联型调宽开关电源电路原理图（以日本 NP8C 机芯为例）

1. 整流滤波和自动消磁电路

220V 交流电压直接由二极管 VD901 ～ VD904 构成的桥式整流电路来整流，再经电容 C907 滤波，得到约 300V 不稳定的直流电压作为开关稳压电路的输入电压。电容 C902 ～ C905 有保护整流二极管的作用，而且还用来防止高频载波信号在整流器里与 50Hz 交流电产生调制，但这种调制信号很容易窜入高频通道形成 50Hz 干扰。交流电源线路引入的高频干扰信号可用电容 C901、C906 和电感线圈 L901 来抑制。

消磁电阻（热敏电阻）TH 和自动消磁线圈 L 构成自动消磁电路。DGC 是温度熔丝（139℃）。

2. 取样和比较放大电路

取样电路与基准电压电路由厚膜组件 CP901 构成。比较放大管 Q902 使用 PNP 管。R903 与厚膜组件中的电阻 R1、R2 构成分压电路（见图 4-4）。

$$U_{be2}=E_1\left(\frac{R2}{R903+R1+R2}-1\right)+U_{DZ} \tag{4-1}$$

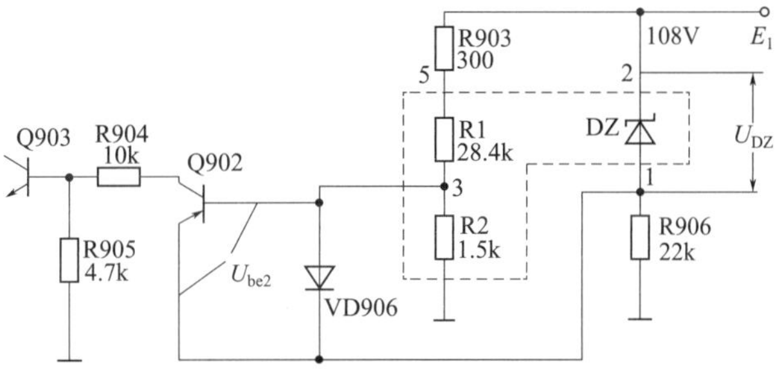

图 4-4　取样和比较放大电路原理图

3. 自激振荡过程

此开关稳压电源电路是自激型的。由开关管 Q901、脉冲变压器 T901 及其他元件构成自激振荡电路，如图 4-5 所示。这种电路类似于间歇式振荡器，其工作过程叙述如下：

（1）脉冲前沿阶段　电阻 R910、R907、R908 构成启动电路，开机时给开关管 Q901 提供基极偏置，使没有稳定的直流电压 E 通过偏置电阻给 Q901 注入基极偏置电流，晶体管 Q901 开始导通，产生集电极电流 I_{c1}，这个集电极电流的产生使脉冲变压器初级产生上正下负的感应电压 e_0，经变压器耦合，在次级第Ⅲ绕组上感应出上负下正的电压 e_3。e_3 通过电阻 R902、R909 和电容 C908 正反馈至 Q901 的基极，使 Q901 基极电流 I_{b1} 增加，I_{b1} 增加又使 Q901 集电极电流 I_{c1} 增加，因此产生一个正反馈的雪崩过程：

$$I_{c1}\uparrow \rightarrow e_0\uparrow \rightarrow e_3\uparrow \rightarrow I_{b1}$$

结果使 Q901 很快进入饱和状态，完成自激振荡的脉冲前沿阶段。Q901 集电极与基极电位变化的情况可参照图 4-5。

（2）脉冲平顶阶段　因正反馈雪崩过程很快，电容 C908 上的电压变化很小。当 Q901 饱和后，第Ⅲ绕组的感应电压 e_3 通过 R902、R909 对 C908 充电，充电回路如图 4-5 所示。随着对 C908 的充电，使 C908 上建立左正右负的电压，从而使 Q901 基极电位不断下降，基极电流 I_{b1} 不断减小。当 I_{b1} 减小至小于 I_{c1}/β 时，开关管 Q901 由饱和状态转为放大状态，完成脉冲平顶阶段。这段时间，即Q901饱和导通的时间，由C908的充电常数来决定：

$$\tau_{充}=C908\times(R902//R909+Rbe1//Rk) \quad (4\text{-}2)$$

其中Rbe1是Q901发射结正向导通电阻，Rk是脉冲调宽电路中晶体管Q903的等效电阻。显然，在R902、R909、Rbe1、C908一定的情况下，Rk越大，$\tau_{充}$越大，脉冲宽度越宽；Rk越小，$\tau_{充}$越小，脉冲宽度就越窄。

（3）脉冲后沿阶段 当Q901进入放大状态后，其基极电流I_{b1}减小，导致集电极电流I_{c1}减小，脉冲变压器初级产生上负下正的感应电压。经过脉冲变压器耦合，在次级第Ⅲ绕组感应出上正下负的电压，再通过正反馈，使基极电位进一步下降，因此产生下述正反馈雪崩过程：

$$I_{b1}\downarrow \rightarrow I_{c1}\downarrow \rightarrow e_0反向\uparrow \rightarrow e_3反向\uparrow$$

最后使Q901截止，相当于等效开关断开，完成脉冲后沿阶段。

（4）脉冲间歇阶段 截止后，C908上所充的左正右负的电压通过电阻和二极管正向导通电阻进行放电。因放电回路电阻很小，放电时间常数较小，其值为：

$$\tau_{充}=C908\times(R902//R909+RD)$$

电容C908上电压很快放完，随后由不稳定的直流电压经R910、R907、R908向C908电容反向充电，至基极电位高于发射极电位0.6V时，产生基极电流，形成正反馈过程，使Q901饱和，则开始下一个周期振荡。电路的自由振荡频率为10kHz，其振荡周期比行振荡周期大。

当行扫描电路工作正常后，由行输出变压器馈送来的脉冲经C911和L904加至Q901的基极，使Q901提前导通，开关管集电极与基极的波形如图4-6所示。这样，自激振荡与行频同步，从而减小了开关脉冲对图像的干扰。

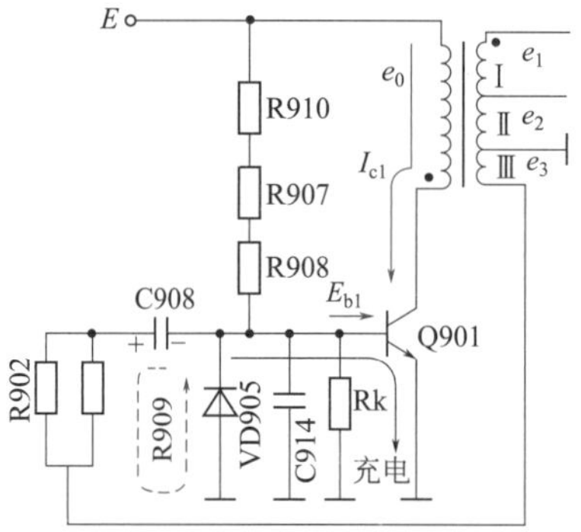

图4-5 自激振荡原理图

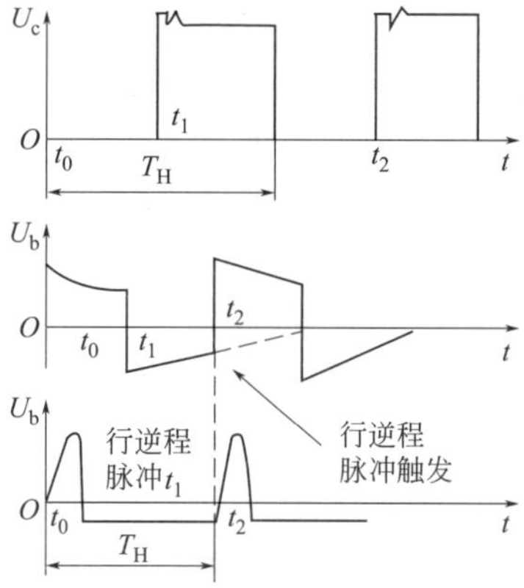

图4-6 开关管集电极与基极的波形

4. 脉冲调宽电路

开关稳压电源的稳压调整是调宽式的，其脉冲信号频率不变，即周期不变，而脉冲宽度改变。在稳压过程中，调整输出电压是通过改变开关管的导通时间 T_{ON} 来进行的。

脉冲调宽电路中晶体管 Q903 等效为受误差电压控制的可变电阻，它并联在 Q902 的发射结两端，影响 Q901 的导通时间，即脉冲的平顶时间。

5. 稳压过程

当输出电压 E_1 升高时，根据式（4-1）可知，U_{be2} 负得更多，使 Q902 的集电极电流 I_{c2} 增加，通过电阻 R904 使 Q903 基极电位 U_{b3} 上升，因而使 Q903 的基极电流 I_{b3} 增加，Q903 的集电极电流 I_{c3} 增加，也就是使 Q903 的集电极与发射极间的电阻 Rk 变小。根据公式（4-2）可知，Rk 变小将使开关管导通时间即脉冲宽度 T_{ON} 变小，从而使输出电压下降，达到稳压目的。这一稳压过程可表示如下：

$$e_1\uparrow\rightarrow U_{be2}\downarrow\rightarrow I_{c2}\uparrow\rightarrow U_{b3}\uparrow\rightarrow I_{b3}\uparrow\rightarrow I_{c3}\uparrow\rightarrow \mathrm{Rk}\downarrow\rightarrow T_{ON}\downarrow(T\text{不变})\rightarrow e_1\downarrow$$

同理，当输出电压下降时，有下述稳压过程：

$$e_1\downarrow\rightarrow U_{be2}\uparrow\rightarrow I_{c2}\downarrow\rightarrow U_{b3}\downarrow\rightarrow I_{b3}\downarrow\rightarrow I_{c3}\downarrow\rightarrow \mathrm{Rk}\uparrow\rightarrow T_{ON}\uparrow(T\text{不变})\rightarrow e_1\uparrow$$

6. 供电转换

从电路图 4-3 可以看出，当开机时，开关管 Q901 的基极偏置及脉冲调宽晶体管 Q903 的集电极电压是由整流后的不稳定电压供给的。因这个电压随着电网电压的变化而变化，会影响 Q901 的正常工作，因而需要稳压电源有稳定电压输出时，由稳定电压来供电，即进行供电转换。

当稳压电源输出稳定电压后，脉冲变压器初级直流输入电压高于次级直流输出电压，使二极管 VD908 导通，将 P 点电位钳在 100V 左右，供给 Q901 偏置和 Q903 集电极的电压稳定，完成供电转换任务。

7. 脉冲整流与滤波电路

在自激振荡的脉冲后沿阶段，脉冲变压器次级Ⅰ、Ⅱ绕组产生感应电压 e_1、e_2，其极性为上正下负。脉冲电压 e_1、e_2 经整流二极管 VD906、VD907 整流和滤波电容 C909、C910 滤波后，供给负载电路直流电压，同时将滤波电容充电。这样变压器电感里的能量转给负载并给滤波电容充电。在感应电压消失后，整流二极管 VD906、VD907 截止，电容 C909、C910 向负载放电，保证继续有电流流过负载。因脉冲频率高，电容 C909、C910 容量较大，使输出电压纹波电压小，电压值平稳。

8. 保护措施

此电源电路使用了多种保护措施，以提高安全可靠性，其中保护电路由晶闸管 Q704、厚膜组件 CP701 及二极管 VD908、R912 等构成，如图 4-7 所示。

（1）过压保护 当稳压电源输出电压升高、行振荡频率变低、逆程电容容量变小时，都会引起显像管阳极电压升高，严重时会超出安全数值，造成危害。为了防止高压电压过高，设有限制高压的过压保护电路。

当高压升高时，行输出变压器 T703 的❸脚输出行逆程脉冲的幅值也按一定比例有所增加。

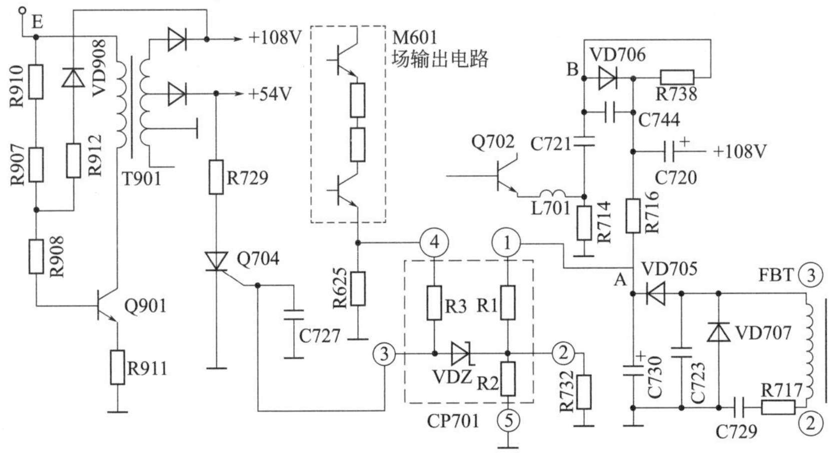

图 4-7 过压、过流保护电路

二极管 VD705、VD707 与电容 C729 等元件构成倍压整流电路，它将行逆程脉冲整流，使 A 点电位上升。厚膜组件 CP701 是保护电路的取样比较电路，C730 两端的电压加至 CP701 的 ❶ 脚，即加在分压电阻 R1 与 R732 两端。当 A 点电位上升到一定值时，CP701❷ 脚的分压值升高，使稳压二极管 VDZ 击穿，给晶闸管 Q704 控制栅极一个正触发信号，使 Q704 导通。因 Q704 导通电阻 R729（1Ω/2W）并联在 +54V 直流电压输出的两端，则 Q704 的导通使 +54V 直流输出电压被短路，同时 +108V 直流输出电压因负载短路下降到 +27V 以下。+108V 直流输出电压的下降经二极管 VD908 使 P 点电位下降到 +27.5V 以下，从而使 Q901 基极电位下降，造成 Q901 无偏流而停止振荡，开关电源停止工作，达到限制高压的目的。

（2）过流保护　当行输出电流太大时，电阻 R714 两端电压增加，B 点电位相应上升。当 B 点电位达到一定值后，二极管 VD706 导通，A 点电位上升到使 CP 中的稳压二极管 DZ 导通并使晶闸管 Q704 导通的值，这时稳压电源停止工作，起到保护作用。

在保护电路起作用后，会听到脉冲变压器发出“吱吱”声。这是因为 Q701 导通后，把脉冲变压器 T901 的次级短路，使 Q901 停振，稳压电源无输出。但因本机开关电源是自激型的，一旦电源停止工作，晶闸管 Q704 便恢复开路状态，稳压电流的自激振荡电路又会开始工作，输出端又产生直流输出电压。当输出的直流电压尚没有完全建立时，过压或过流会使 Q704 重新导通，使 Q901 停止振荡。自激振荡—停振—自激振荡……，如此反复循环，就会使脉冲变压器发出“吱吱”声。这时应将电器关闭。30s 后再打开，若还出现同样的现象，说明电路发生了故障。

二、并联型调宽开关电源典型电路故障检修

1. 电源输出电压偏低或偏高

【故障现象】开机后，显示器屏幕光栅幅度比正常时缩小或扩大，伴音也相应地变小或变大。

【故障原因】这可能是没有调好稳压电源调整输出电压的电位器，或者是脉冲调宽电路的元件性能变差，致使开关管导通时间偏离正常值，使输出电压偏低或偏高；也可能是因取

样、比较电路有故障造成的。

当发现光栅亮度过亮时，可能是过压保护电路损坏，也可能是上述脉冲调宽电路或取样、比较电路的元件严重损坏。这时为防止损坏其他元件以及防止X射线辐射过量，应马上关闭电器。

2. 稳压电源无输出

【故障现象】接通显示器电源后，稳压输出电压为零，造成显示器没有光栅、伴音，调节亮度和音量旋钮均无效。

【故障原因】开关稳压电源输出的直流电压（108V）供扫描电路使用；行逆程变压器输出的逆程脉冲经整流滤波后的+12V直流电压供显像管灯丝，高频调谐器，中放电路，伴音电路，解码电路，亮度通道电路，行、场扫描电路使用。因此，一般无光栅、无伴音的故障，既可能是稳压电源有故障，也可能是行扫描电路有故障，还可能是+12V直流电压的整流滤波电路或它的负载电路有故障。

我们可以利用假负载来代替原负载，方法如下。把+108V与原负载断开，在电源与地之间接一只100W、180Ω左右的大电阻或一只100W白炽灯泡即可。这样就可以区别是稳压电源故障，还是负载故障。若用假负载代替原负载电路，测量假负载两端的电压正常，则不是稳压电源的故障，否则是负载电路或稳压电源保护电路的故障，这时还可以观察显示器灯丝。若显像管灯丝亮，说明故障在+12V直流电压的整流滤波电路或它的负载电路上。

开关直流稳压电源的故障可能是与交流供电电路有关的元件开路（例如电源开关损坏不能接通电源，交流熔丝熔断等）或短路（例如整流二极管短路、滤波电容短路等，开关管损坏，脉冲变压器开路，脉冲调宽晶体管、比较放大管损坏，保护电路中元件损坏造成电器总处于保护状态等）。

第三节 调频-调宽直接稳压型开关电源典型电路原理与检修

一、电路原理

本节以三洋典型机芯电源为例介绍直接稳压开关电源电路及故障检修，开关电源电路的工作原理如图4-8所示。

1. 熔断器、干扰抑制、开关电路

FU801是熔断器，也称为熔丝。电视机使用的熔断器是专用的，熔断电流为3.14A，它具有延迟熔断功能，在较短的时间内能承受大的电流通过，因此不能用普通熔丝代替。

R501、C501、L501、C502构成高频干扰抑制电路。可防止交流电源中的高频干扰进入电视机干扰图像和伴音，也可防止电视机的开关电源产生的干扰进入交流电源干扰其他家用电器。

SW501是双刀电源开关，关闭后可将电源与用电器完全断开。

2. 自动消磁电路

开关电源用于彩色电视机时设有此电路。彩色显像管的荫罩板、防爆卡、支架等都是铁

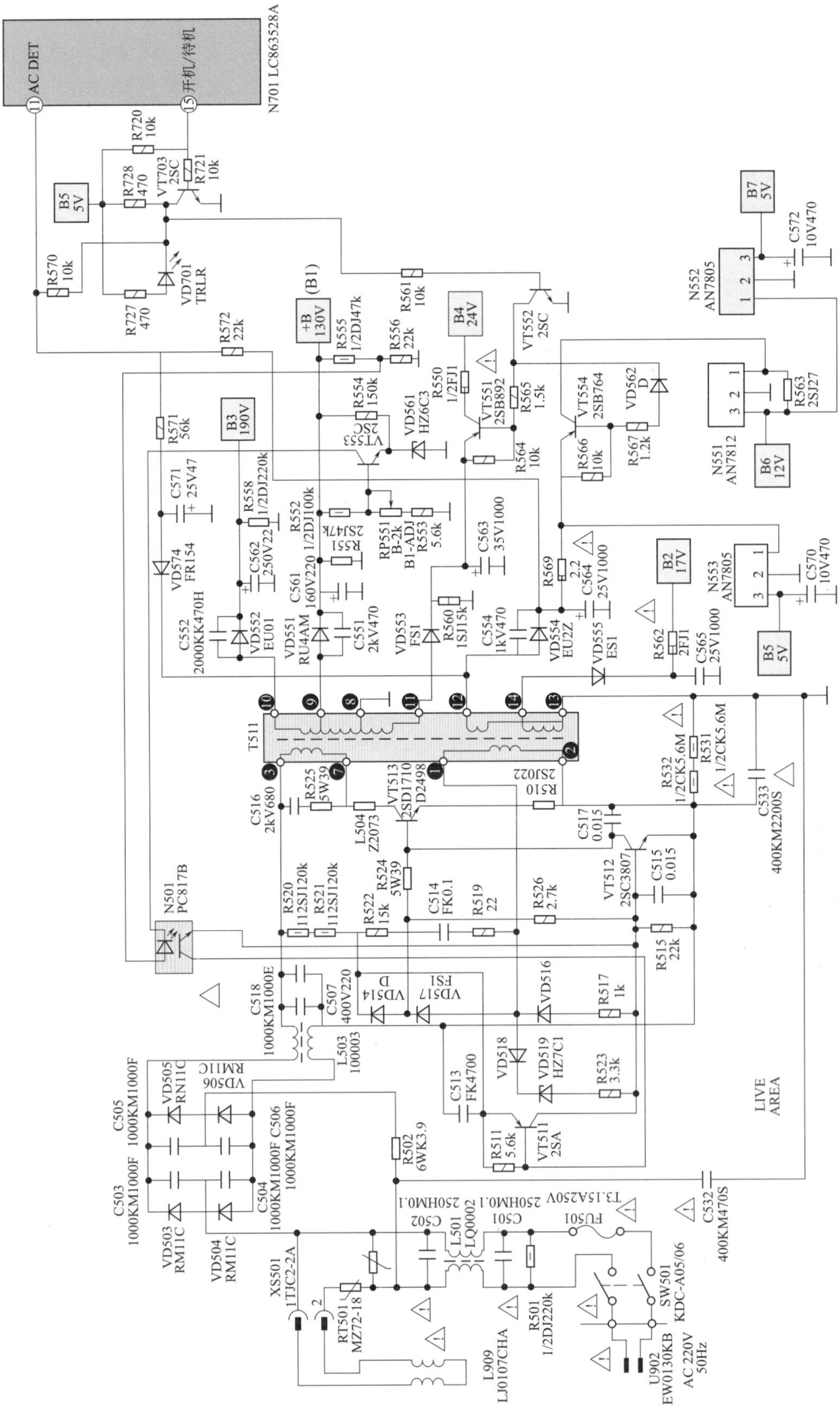

图 4-8　开关电源电路的检测原理图

制部件，在使用中会因周围磁场的作用而被磁化，这种磁化会影响色纯度与会聚，使荧光屏出现阶段局部偏色或色斑，因此，需要经常对显像管内外的铁制部件进行消磁。

常用的消磁方法是用逐渐减小的交变磁场来消除铁制部件的剩磁。这种磁场可以通过逐渐变小的交流电流来取得，当电流 i 逐渐由大变小时，铁制部件的磁感应强度沿磁滞回线逐渐变为零。

自动消磁电路也称 ADC 电路，由消磁线圈、正温度系数热敏电阻等构成，消磁线圈 L909 为 400 匝左右，装在显像管锥体外。

RT501 是正温度系数热敏电阻，也称为消磁电阻。刚接通电源时，若 RT501 阻值很小，则有很大的电流流过消磁线圈 L909，此电流在流过 RT501 的同时使 RT501 的温度上升，RT501 的阻值很快增加，从而使流过消磁线圈的电流 i 不断减小，在三四秒之内电流可减小到接近于零。

3. 整流、滤波电路

VD503 ～ VD506 四只二极管构成桥式整流电路，从插头 U902 输入的 220V 交流电，经桥式整流电路整流，再经滤波电容 C507 滤波后得到 300V 左右的直流电，加至稳压电源输入端。C503 ～ C506 可防止浪涌电流，保护整流管，同时还可以消除高频干扰。R502 是限流电阻，防止滤波电容 C507 开机充电瞬间产生过大的充电电流。

4. 开关稳压电源电路

在开关稳压电源中，VT513 为开关兼振荡管，$U_{ceo} \geqslant 1500V$，$P_{cm} \geqslant 50W$。T511 为开关振荡变压器，R520、R521、R522 为启动电阻，C514、R519 为反馈元件。VT512 是脉冲宽度调制管，集电极电流的大小受基极所加的调宽电压控制。在电路中也可以把它看成一个阻值可变的电阻，电阻大时，VT513 输出的脉冲宽度加宽，次级的电压上升；电阻小时，VT513 输出的脉冲宽度变窄，次级电压下降。自激式开关稳压电源由开关兼振荡管、脉冲变压器等元件构成间歇式振荡电路，振荡过程分为四个阶段。

（1）脉冲前沿阶段　+300V 电压经开关变压器的初级绕组 ❸ 端和 ❼ 端加至 VT513 的集电极，启动电阻 R520、R521、R522 给 VT513 加入正偏置，产生集电极电流 I_c，I_c 流过初级绕组 ❸ 端和 ❼ 端时因互感作用使 ❶ 端和 ❷ 端的绕组产生感应电动势 e_1。因 ❶ 端为正，❷ 端为负，通过反馈元件 C514、R519 使 VT513 基极电流上升，集电极电流上升，感应电动势 e_1 上升，这样强烈的正反馈使 VT513 很快饱和导通。VD517 的作用是加大电流启动时的正反馈，使 VT513 更快地进入饱和状态，以缩短 VT513 饱和导通的时间。

（2）脉冲平顶阶段　在 VT513 饱和导通时，+300V 电压全部加在 T511❸、❼ 端绕组上，电流线性增大，产生磁场能量。❶ 端和 ❷ 端绕组产生的感应电动势 e_1，通过对 C514 的充电维持 VT513 的饱和导通，称为平顶阶段。随着充电的进行，电容器 C514 逐渐充满，两端电压上升，充电电流减小，VT513 的基极电流 I_b 下降，使 VT513 不能维持饱和导通，由饱和导通状态进入放大状态，集电极电流 I_c 开始下降，此时平顶阶段结束。

（3）脉冲后沿阶段　VT513 集电极电流 I_c 的下降使 ❸ 端和 ❼ 端绕组的电流下降，❶ 端和 ❷ 端绕组的感应电动势 e_1 极性改变，变为 ❶ 端为负、❷ 端为正，经 C514、R519 反馈到 VT513 的基极，使集电极电流 I_c 下降，又使 ❶ 端和 ❷ 端的感应电动势 e_1 增大，这样强烈的正反馈使 VT513 很快截止。

（4）间歇截止阶段　在VT513截止时，T511次级绕组的感应电动势使各整流管导通，经滤波电容滤波后产生+190V、+130V、+24V、+17V等直流电压供给各负载电路。VT513截止后，随着T511磁场能量的不断释放，使维持截止的❶端和❷端绕组的正反馈电动势e_1不断减弱，VD516、R517、R515的消耗电流及R520、R521、R522的启动电流给C514充电，使VT513基极电位不断回升，当VT513基极电位上升到导通状态时，间歇截止期结束，下一个振荡周期开始。

5. 稳压电路

稳压电路由VT553、N501、VT511、VT512等元件构成。R552、RP551、R553为取样电路，R554、VD561为基准电压电路，VT553为误差电压比较管。因使用了N501的光电耦合器，使开关电源的初级和次级实现了隔离，除开关电源部分带电外，其余底板不带电。

当+B（B1）130V电压上升时，经取样电路使VT553基极电压上升，但发射极电压不变，因此基极电流上升，集电极电流上升，光电耦合器N501中的发光二极管发光变强，N501中的光敏三极管导通电流增加，VT511、VT512集电极电流也增大，VT513在饱和导通时的激励电流被VT512分流，缩短了VT512的饱和时间，平顶时间缩短，T511在VT513饱和导通时所建立的磁场能量减小，次级感应电压下降，+B 130V电压又回到标准值。同样若+B 130V电压下降，经过与上述相反的稳压过程，+B 130V又上升到标准值。

6. 脉冲整流滤波电路

开关变压器T511次级设有五个绕组，经整流滤波或稳压后可以提供+B 130V、B2 17V、B3 190V、B4 24V、B5 5V、B6 12V、B7 5V七组电源。

行输出电路只为显像管各电极提供电源，而其他电路电源都由开关稳压电源提供，这种设计可以减轻行电路负担、降低故障率，也可降低整机的电源消耗功率。

7. 待机控制电路

待机控制电路由微处理器N701、VT703、VT522、VT551、VT554等元件构成。正常开机收看时，微处理器N701⑮脚输出低电平0V，使VT703截止，待机指示灯VD701停止发光，VT552饱和导通，VT551、VT554也饱和导通，电源B4提供24V电压，电源B6提供12V电压，电源B7提供5V电压。电源B6控制行振荡电路，使行振荡电路工作，行扫描电路正常工作。同时行激励、N101、场输出电路都得到电源供应正常工作，电视机处于收看状态。

待机时，微处理器N701⑮脚输出高电平5V，使VT703饱和导通，待机指示灯VD701发光，VT522截止，VT551、VT554失去偏置而截止，电源B4为0V，B6为0V，B7为0V，行振荡电路无电源供应而停止工作，行扫描电路也停止工作，同时行激励、N101、场输出电路都停止工作，电视机处于待机状态。

8. 保护电路

（1）输入电压过压保护　VD519、R523、VD518构成输入电压过压保护电路，当电路输入交流220V电压大幅提高时，整流后的+300V电压提高，VT513在导通时❶端和❷端绕组产生的感应电动势电压升高，VD519击穿使VT512饱和导通，VT513基极被VT512短路而停振，保护电源和其他元件不受到损坏。

（2）尖峰电压吸收电路　在开关管 VT513 的基极与发射极之间并联电容 C517，开关变压器 T511 的❸端和❼端绕组上并联 C516 和 R525，吸收基极、集电极上的尖峰电压，防止 VT513 击穿损坏。

二、调频-调宽直接稳压型开关电源电路故障检修

如图 4-8 所示的开关电源属于并联自激型开关稳压电源，使用光电耦合器件直接取样，因此除开关电源电路外底盘不带电，也称为“冷”机芯。

检修电源电路时为了防止输出电压过高损坏后级电路、电源空载而击穿电源开关管，首先要将 130V 电压输出端与负载电路（行输出电路）断开，在 130V 输出端接入一个 220V、25 ～ 40W 的灯泡作为假负载。若无灯泡，也可以用 220V、20W 电烙铁代替。

1. 关键在路电阻检测点

（1）电源开关管 VT513 集电极与发射极之间的电阻　测量方法：用万用表电阻 R×1 挡，当红表笔接发射极、黑表笔接集电极时，表针应不动；红表笔接集电极、黑表笔接发射极时，阻值在 100Ω 左右为正常。若两次测量电阻值都是 0Ω，则电源开关和 VT513 已被击穿。

（2）熔丝 FU501　电源电路中因元器件击穿造成短路时，熔丝 FU501 将熔断保护。

测量方法：用万用表电阻 R×1 挡，正常阻值为 0Ω；若表针不动，说明熔丝已熔断，需要对电源电路中各主要元器件进行检查。

（3）限流电阻 R502　限流电阻 R502 也称为水泥电阻，当电源开关管击穿短路或整流二极管击穿短路时，会造成电流增大，限流电阻 R502 将因过热而开路损坏。

测量方法：用万用表 R×1 挡，阻值应为 3.9Ω。

2. 关键电压测量点

（1）整流滤波输出电压　此电压为整流滤波电路输出的直流电压，正常电压值为 +300V 左右，检修时可测量滤波电容 C507 正极和负极之间的电压，若无电压或电压低，说明整流滤波电路有故障。

（2）开关电源 +B（B1）130V 输出电压　开关电源正常工作时输出 +B 130V 直流电压，供主电路工作。检修时可测量滤波电容 C561 正、负极之间的电压，若电压为 +130V，说明开关电源工作正常；若电压为 0V 或电压低，或电压高于 +130V，则电源电路有故障。

（3）开关电源 B2 17V、B3 190V、B4 24V、B5 5V、B6 12V、B7 5V 直流输出电压　可以通过测量 B2 ～ B7 各电源直流输出端电压来确定电路是否正常。

3. 常见故障分析

三洋典型开关电源系统的常见故障有以下 4 种。

（1）开关电源不工作、无输出　开关稳压电源工作状态受微处理器 CPU 控制。因此，出现无输出故障时，其原因可能是：微处理器 CPU 电路中的电源开关控制电路部分有故障，使开关稳压电源不工作，或稳压电源本身有故障。

开关稳压电源无输出引起的无输出故障原因有 3 点。

❶ 开关稳压电源本身元器件损坏，造成开关稳压电源不工作、无输出电压。

❷ 因开关稳压电源各路输出电压负载个别有短路或过载现象，使电源不能正常启动，

造成无电压输出。

③ 微处理器 CPU 控制错误或微处理器出故障，导致开关稳压电源错误地工作在待机工作状态，而造成无电压输出。

由上述分析可知，当出现“三无”故障时，多数情况下都会有开关稳压电源无输出电压故障现象。因此，判断“三无”故障是因开关稳压电源本身发生故障，还是其他原因使开关的稳压电源不能正常工作是维修“三无”故障的关键。具体检查方法如下。

打开电器电源开关，测 B1 电压有无 +130V。无 +130V 时，拆掉 V792 再测有无 +130V，有则问题在 V792 或微处理器 CPU；无则依次断掉各路电压负载，再测 +130V 电压。

判定故障位置后，再分别进行修理，就能很快修复电器。

（2）+B 输出电压偏低 B1 端的电压应为稳定的 130V，若偏低，则去掉 B1 负载，接上假负载，若 B1 仍偏低，说明 B1 没有问题。

B1 虽低但毕竟有电压，说明开关电源已启振，稳压控制环路也工作，只是不完全工作。这时应重点分析检修稳压控制环路元器件是否良好。通常的原因多为 VD516 断路。换上新元器件后，故障消除。因 VD516、R517 是 VT512 的直流负偏置电路，若没有 VD516 和 R517 产生的负偏压加到 VT512 的基极，则 VT512 的基极电压增高，VT512 导通程度增加，内阻减小，对 VT513 基极的分流作用增加，使 VT513 提前截止、振荡频率增高、脉冲宽度变小，使输出 B1 电压降低。

另外，若 VD514 坏了，则电压可升高到 200V 左右，将行输出管击穿，然后电源进入过流保护状态而停机，出现无输出故障。在维修此类 B1 电压过高故障时，一定要将 B1 负载断开，以免行输出管因过压而损坏。VD514 为 VT511 的发射极提供反馈正偏置电压，若 VD514 断路，则 VT511 的发射极电压减小，VT511 导通电流减小，使 VT512 导通电流减小、内阻增加，对 VT513 基极分流作用减小，VT513 导通时间增长、频率降低、脉冲空度比（又称占空系数）增加，从而使 B1 电压增加。

在维修电源前弄清电路中的逻辑关系，会给维修带来很多方便。例如，因使用光电隔离耦合电压调整电路，并且误差取样直接取自 B1 电压，若无 B1 电压就无其他电压，因此 A3 维修时应首先检测 B1 电压。因此机型使用微处理器进行过载保护，即若电器能进入正常工作状态，至少有 3 个电压，即 B1、B4 和 B5 是正常的。

（3）电源开关管 VT513 击穿 因 C2951 及 C2951K 型开关稳压电源设计在正常交流市电变化范围内工作，因此当交流市电电压过低时，VT513 电流增大，管子易发热，导致击穿电压下降，加上低压时激励不足，故易损坏开关管 VT513。解决办法：可把 R517 由 1kΩ 改为 1.8kΩ；把 R523 由 3.3kΩ 改为 10kΩ。

（4）+B（B1）输出电压偏高 这类故障在整机中的表现为：实测 +B（B1）电压远远大于 130V。

在检修时，先断开 130V 负载电路，开机检测 130V 电压端，结果约为 170V，调 RP551，+B（B1）输出电压不变，这说明开关稳压电路已启振，但振荡不受控，说明开关稳压电源频率调制稳压环路出现故障。

检查误差电压取样电路 R551、R552A、RP551 时，较常出现的问题有 R552A 开路。代换 R552A 后，+B（B1）电压降低到正常值，接上 +B（B1）电压负载后，故障即可消除。

这是因 R552A 为误差电压取样电阻之一，当 R552A 开路后，VT553 基极电压为 0V，发射极电压为 6.2V 左右，故 VT553 截止，无电流流过光电耦合器 N501 的二极管部分，使二极管截止，从而使 VT511、VT512 截止，VT513 失去控制、导通时间增长，使输出电压增高。因 +B（B1）电压远远高于 130V，行输出级工作时产生很高的逆程脉冲电压，导致行输出管击穿损坏，产生“三无”故障。

4. 常见故障及排除方法

【故障现象 1】待机指示灯不亮，电源无输出。

当出现电源无输出故障时，首先要检测行负载是否击穿。经检测没有击穿，但检测输出级供电端电压不正常，因此应检查电源电路。检修电源电路时，首先接入假负载，断开 R233 与 T471 的连接，接入一个 220V、15 ～ 40W 的灯泡，开关稳压电源经过维修后，测量假负载与地线之间的电压为 +130V，可拆下假负载，焊上 R233 与 T471 的连接。

【检修程序 1】

❶ 测量 +B（B1）130V 供电端电压为 0V，测量 B2 ～ B7 各电源电压也为 0V。

❷ 检查电源开关管 VT513 是否击穿损坏，用万用表电阻 R×1 挡测量电源开关管 VT513 的集电极和发射极之间的在路电阻，两次测量都为 0Ω，说明 VT513 已击穿短路。

❸ 用在路电阻检测法检查熔丝 FU501 和水泥电阻 R502，这两个元件可能会同时损坏。检测脉宽调整管 VT512，这个元件很有可能损坏。

❹ 将损坏的元器件拆下，用相同规格的元器件代换。

【检修程序 2】

❶ 测量 +B（B1）130V 供电端电压为 0V，测量 B2 ～ B7 各电源电压也为 0V。

❷ 检查电源开关管 VT513 是否击穿损坏，用万用表电阻 R×1 挡测量电源开关管 VT513 的集电极和发射极之间的在路电阻，一次测量表针不动，一次测量为 100Ω 左右，说明 VT513 没有击穿损坏。

❸ 测量滤波 C507 正、负两端直流电压为 0V，说明整流滤波电路有故障。

❹ 检测熔丝 FU501 和水泥电阻 R502 同时开路或其中一个开路。故障原因有：整流二极管 VD503 ～ VD506 其中一只或多只击穿短路，滤波电容 C507 击穿，消磁电阻击穿短路，熔丝质量不佳自动熔断。

❺ 测量滤波电容 C507 正、负两端电压为 0V，测量熔丝 FU501、水泥电阻 R502 均无损坏，故障原因有：电源开关 SW501 损坏，插头 U902 至整流电路间连线断路，交流电网电源无 −220V 电压。

【检修程序 3】

❶ 测量 +B（B1）130V 输出端为 0V，测量 B2 ～ B7 各电源电压为 0V，测量 VT513 没有损坏。

❷ 测量滤波电容 C507 正、负两端直流电压为 +300V，正常，这是由开关电源停振引起的无输出电压故障。

因开关电源停振，滤波电容 C507 存储的 +300V 电能关机后无放电通路，检修时能给人造成触电危险，因此关机后要注意将电容 C507 放电。放电后也可以在 C507 的正、负极上焊接两个 100kΩ、2W 的放电电阻，待开关稳压电源维修好以后再焊下来。

造成自激振荡停振的原因有：

❶ 启动电阻 R520、R521、R522 开路，振荡器无启动电压。

❷ 正反馈元件 R519、R524 开路，电容 C514 开路或失效，无正反馈电压。

③ +B（B1）130V、B2～B7各路输出电路出现短路，例如整流二极管击穿、滤波电容击穿短路、负载短路，使开关变压器T511❶—❷端的正反馈绕组电压下降而停振。

④ 调宽、稳压电路出现故障，将正反馈电压短路，故障原因有VT512、VT511击穿短路，光电耦合器损坏，VT553击穿短路及周围相关元件损坏。光电耦合器损坏有时测量不出来，可用相同型号的元件替换。

⑤ 电源开关管VT513性能下降，放大倍数降低，可以用型号相同的电源开关管替换试验。

⑥ 对可能造成停振的其他元器件逐一检查，例如限流电阻R510开路，二极管VD516、VD518、VD519击穿短路，电阻R511开路，开关变压器T511内部绕组短路等。

【检修程序4】

❶ 测量+B（B1）供电端电压为130V，正常。

❷ 测量B5电压为0V，查找故障原因。

❸ 故障原因有：R569开路，VD554开路，C564无容量失效，N553开路损坏，B5负载短路（可用断路法分别断开各负载电路检查）。

【故障现象2】待机指示灯不亮，无输出。经检测，负载有击穿元件，拆下负载接入假负载，测量假负载与地线之间电压为+125～+175V左右。

【检修程序】稳压调宽电路出现故障，故障原因有：R555、R552开路，光电耦合器N501开路或损坏，VT511、VT512、VT553、VD561开路损坏。N501可以用相同规格型号的新元件替换试验。

【故障现象3】开机后待机灯亮，按系统控制键，测系统控制有输出，但电流不工作。

【检修程序】

❶ 测量+B（B1）电源电压为0V。

❷ 故障原因有：滤波电容C561无容量失效，整流二极管VD551开路。

【故障现象4】有干扰，用示波器测，干扰大。

【检修程序】故障原因：+300V滤波电容C507无容量失效，整流滤波电路输出脉动电压。可用相同规格的电容器替换。

【故障现象5】输出电压低且不稳。

【检修程序】

❶ 测量+B（B1）电源供电端电压为70～90V。

❷ 检查稳压调宽电路元件如R553、R556是否开路，VT555、VD561是否击穿短路，VT511、VT512、光电耦合器N501是否性能不良，可以用相同规格型号的新元件替换试验。

【故障现象6】开关稳压电源输出略高或略低于+130V。

【检修程序】调整RP551使输出电压回到+130V。

提示：因开关电源受遥控系统控制不启动，在检修相关电路或电源时，如需要电源有输出电压，可先短接控制管VT552集电极与发射极，强行开机检修。

第四节 调频 - 调宽间接稳压型开关电源典型电路原理与检修

一、计算机典型调频 - 调宽间接稳压型开关电源电路原理与维修

1. 分立元件微型计算机开关电源电路原理与故障检修（一）

图 4-9 为长城公司开发生产的开关稳压电源，主变换电路使用自激励单管调频、调宽式稳压控制电路，电路分析如下。

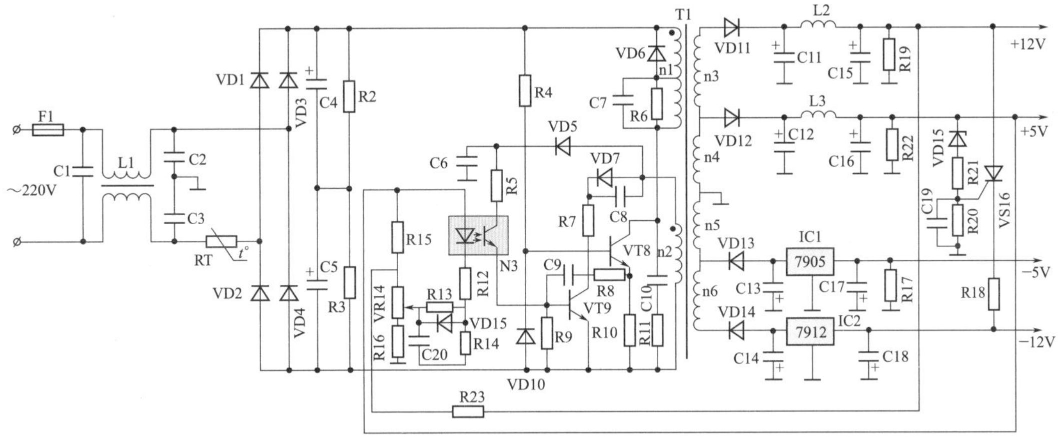

图 4-9　长城 GW-PS60 型微机电源电路

（1）交流输入及整流滤波电路原理　交流输入电路由 C1 ～ C3 及 L1 构成，用于滤除来自电网和电源两方面的干扰。其中 C2、C3 接成共模方式，L1 是共模电感，它们构成的滤波器有一个显著的优点：电源输入电流在电感 L1 上所产生的干扰磁场可互相抵消，相当于没有电感效应，L1 对共模干扰源来说，相当于一个很大的电感，故能有效地衰减共模磁场的传导干扰。

RT 为浪涌电流限制电阻，用于对开机瞬间的充电电流限幅。它具有负温度特性，冷态电阻较大，一旦通电，其基体发热阻值就会很快下降，以减小对交流电压所产生的压降。

VD1 ～ VD4 为整流二极管，它们构成典型的桥式整流电路。C4、C5 为滤波电容，对桥式整流后所得 100Hz 单向脉冲进行平滑滤波。

当接通主机电源开关，220V 交流市电经 C1 ～ C3 和 L1 构成的低通滤波器后，进入整流滤波电路，经 VD1 ～ VD4 整流及 C4、C5 滤波后，输出 300V 左右脉动直流电压为后级开关振荡电路提供电源。

（2）自激式开关振荡电路原理　自激式开关振荡电路主要由 VT8、R6 ～ R11、VD6、VD7、VD10、C7、C8、C10 及 T1 初级 n1、n2 构成。其中，VT8 为振荡开关管，n1 为主绕组，n2 为正反馈绕组，R4、VD10 为启动元件，C8、R7、VD7 为间歇充放电元件。具体工作过程如下。

微机电源接通以后，整流所得 300V 左右的直流高压，便通过 R4 为 VT8 提供一个很小

的基极电流输入，晶体管 VT8 开始导通，因 VT8 的放大作用，其集电极将有一个相对较大的电流 I_c，此电流流过变压器主绕组 n1 时，会在正反馈绕组 n2 上感应出一定的电压，此电压经 VD7、C8、R7 加到 VT8 的基极使基极电流增加，I_c 也以更大的幅度增大，如此强烈的正反馈使 VT8 很快由导通状态进入饱和导通状态，并在变压器各绕组中产生一个陡峭的脉冲前沿。

VT8 进入饱和导通状态以后，正反馈过程就结束，间歇振荡器便进入电压和电流变化都比较缓慢的脉冲平顶工作过程。在平顶时，电容 C8 通过 R7、VT8 发射结、R10 进行充电，在充电过程中，电容 C8 两端电压逐渐升高，加于 VT8 基极上的电压逐渐减小，注入基极的电流也逐渐减小。与此同时，高频变压器初级绕组电流，即 VT8 集电极电流逐渐增加，高频变压器存储磁能。当 $I_b=I_c/\beta$ 时，VT8 就开始脱离饱和区，脉冲平顶期结束。

VT8 脱离饱和区进入放大区，整个电路又进入强烈的正反馈过程，即在正反馈的作用下，使晶体管很快进入截止状态，在变压器各绕组中形成陡峭的脉冲后沿。

在脉冲休止期，VT8 截止。电容 C8 在脉冲平顶期所充的电压，此时通过 VT7 进行快速泄放。变压器的储能一方面继续向负载供电，另一方面又通过 n1 绕组和 R6、VD6 进行泄放，能量泄放结束后，下一周期又重新开始。

（3）稳压调整电路原理　电源的稳压调整电路由 VT9、VD10、VD15、N3、R9、R12 ～ R16、R23、VR14、C20 等构成。其中 R15、VR14、R16 构成采样电路，其采样对象为 +5V 和 +12V 端电压。N3 为光电隔离耦合器件，其作用是将输出电压的误差信号反馈到控制电路，同时又将强电与弱电隔离。

❶ 当 +5V 和 +12V 端电压上升时，采样反馈电压上升，但反馈电压上升的幅度小于 +5V 端电压上升的幅度，则 N3 耦合加强，其上的压降减小，VT9 基极电流增加，VT9 集电极电流也增大。此电流对 VT8 基极电流分流增大，使 VT8 提前截止，变压器的储能减少，各路平均输出电压也减小，经反复调整，各路电压逐渐稳定于额定值。

❷ 当 +5V 和 +12V 端电压因某种原因而下降时，采样反馈电压也下降，但反馈电压下降的幅度小于 +5V 端电压下降的幅度，则 N3 耦合减弱，其上的压降增大，VT9 基极电流减小，集电极电流也减小。此电流对 VT8 基极电流分流减小，结果使 VT8 延迟截止，变压器的储能增加。各路平均输出电压相应增加，经反复调整，各路电压逐渐稳定于额定值。

电路中 VD5 在 VT8 导通时导通，并为 N3 和 VT9 基极提供偏压，使 VT9 工作在放大状态。C6 为滤波电容。

（4）自动保护电路原理　电源的自动保护单元主要设有 +5V 输出过压保护电路，此电路由 VS16、VD15、R18、R20、R21、C19 等构成。当 +5V 端电压在 5.5V 以下时，VD15 处于截止状态，VS16 因无触发信号处于关断状态，此时保护电路不起作用。

当 +5V 端电压过高时，VD15 被击穿，VS16 因控制端被触发而导通，并将 +12V 端与 −12V 端短接。此过程一方面引起采样反馈电压下降、N3 耦合加强、VT9 导通，从而使 VT8 提前截止；另一方面，因 +12V 端与 −12V 端短接而破坏了自激振荡的正反馈条件，使振荡停止，各路电压停止输出，保护电路动作。

（5）高频脉冲整流与直流输出电路原理　电源的高频脉冲整流与直流输出电路主要由开关变压器 T 次级绕组及相应的整流与滤波电路构成。

由 T1 次级的 n3 绕组输出的脉冲通过 VD11 整流、C11 和 L2、C15 构成的 π 形滤波器滤波后为主机提供 +12V 直流电源；由 T1 次级的 n4 绕组输出的高频脉冲经 VD12 整流、C12

与 L3、C16 等构成的 π 形滤波器滤波后，为主机提供 +5V 电源；由 T1 次级的 n5 绕组输出的脉冲电压经 VD13 整流及 C13 滤波，再经 IC1（7905）三端稳压器的稳压调整后，为主机提供 −5V 电源；由 T1 次级的 n6 绕组输出的高频脉冲电压经 VD14 整流、C14 滤波，再经 IC2（7912）三端稳压器的稳压调整后，为主机提供 −12V 电源。

（6）故障检修实例

❶ 一开机就烧熔丝。

这种现象多为电源内部相关电路及元器件短路所致。其中大部分是由桥式整流堆一个桥臂的整流二极管击穿引起的。经检查发现 VD1 短路。代换 VD1，加电后仍烧熔丝，进一步检查，发现一个高压滤波电容 C5 顶部变形，经测量发现也已击穿短路，而另一个电容 C6 内阻也变小，代换 C5、C6 电容后，恢复正常。

❷ 电源无输出，但熔丝完好。

上述现象一般是由电源故障所致。检查发现熔丝完好，说明电源无短路性故障。通电测得 VT8 集电极电压为 300V，属正常值，说明整流滤波以前电路、开关变压器 T1 的初级绕组正常，而测得负载电压无输出。怀疑负载有短路，用电阻法检查各负载输出端和整流二极管负端对地电阻，没有发现短路，说明故障在自激开关电路。检查启动电路和正反馈电路元件 R7、VD7、C8 等，均正常，继续检查开关管周围元件 VT9、C9、VD10，发现 VD10 已击穿。因 VD10 被击穿，使 VT8 基极对地短路，电源不能工作，出现上述故障。代换 VD10 后，试机，一切正常。

❸ 某台兼容微机系统开机后主机无任何动作，打开主机箱加电，发现电源风扇启转后停止。

用户反映此机型之前工作正常，使用过程中主机突然自行掉电，重新开机时就出现上述故障，初步断定此故障属主机元器件老化毁坏所致。这类故障应首先从电源检查。

先不外加任何负载给主机电源加电，测量 ±5V、±12V 直流电压，均无输出。然后打开电源盒，没有发现明显的烧毁痕迹，电源熔丝完好。

在电源给主机板供电的 +5V 输出端加上 6Ω 负载，加电后各端直流输出电压均正常；给电源 +12V 端加上 6Ω 负载，结果同样正常。

由上述分析可知，开关电源无故障，之所以没有输出，可能是由没有负载或负载过大产生自保护引起的。

接着检查主机板，用万用表测量电源输出各端的负载，发现 +12V 端负载有短路现象，其他各端负载正常。为了确诊故障，在 ±12V 端不加负载，其他各端按正常连接的情况下给主机加电，发现能启动 ROMBASIC。而 ±12V 端接到主机板后，加电出现上述故障，电源无输出，从而证实了前面的判断。

经反复检查主机板电路发现，在 +12V 输出端有两个滤波电容 C11、C15，焊下后用万用表测量，测得 C15 滤波电容已被击穿，换上型号相同的电容后，机器正常启动，工作正常。

2. 分立元件型计算机开关电源电路原理与故障检修（二）

联想型微机分立元件开关电源主要由自激振荡电路、稳压控制电路及自动保护电路构成，电路原理如图 4-10 所示。

（1）开关电源的自激振荡电路原理　在图 4-10 中，220V 市电电压经整流滤波电路产生的 300V 直流电压分两路输出：一路通过开关变压器 T1 初级 ❶—❷ 绕组加到开关管 VT2

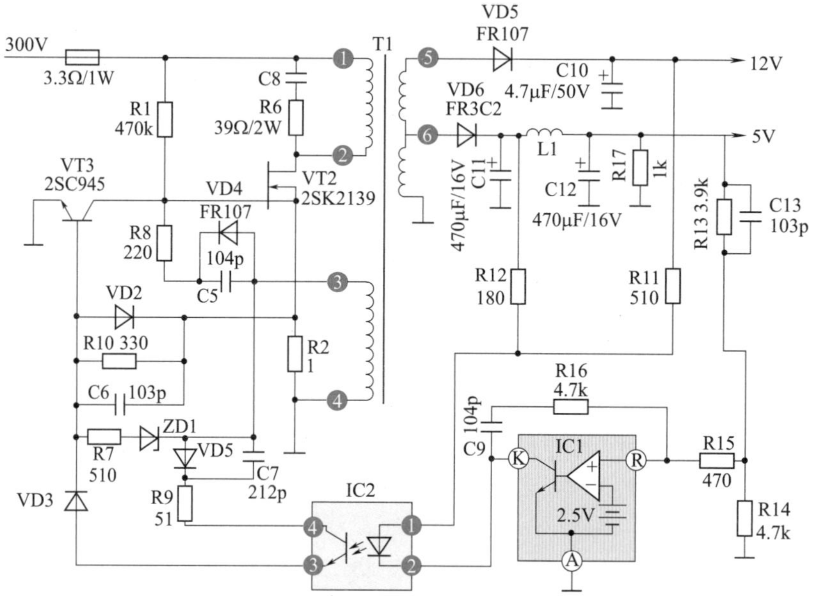

图 4-10　分立元件型微机电源电路原理

的漏极（D 极）；另一路通过启动电阻 R1 加到开关管 VT2 栅极（G 极），使 VT2 导通。

开关管 VT2 导通后，其集电极电流在开关变压器 T1 初级绕组上产生 ❶ 端为正、❷ 端为负的感应电动势。因互感效应，T1 正反馈绕组相应产生 ❸ 端为正、❹ 端为负的感应电动势，则 T1 的 ❸ 端上的正脉冲电压通过 C5、R8 加到 VT2 的 G 极与源极（S 极）之间，使 VT2 漏极电流进一步增大，开关管 VT2 在正反馈过程的作用下，很快进入饱和状态。

开关管 VT2 在饱和时，开关变压器 T1 次级绕组所接的整流滤波电路因感应电动势反相而截止，则电能便以磁能的方式存储在 T1 初级绕组内部。因正反馈雪崩过程时间极短，定时电容 C5 来不及充电。在 VT2 进入饱和状态后，正反馈绕组上的感应电压对 C5 充电，随着 C5 充电的不断进行，其两端电位差升高，则 VT2 的导通回路被切断，使 VT2 退出饱和状态。

开关管 VT2 退出饱和状态后，其内阻增大，导致漏极电流进一步下降。因电感中的电流不能突变，则开关变压器 T1 各个绕组的感应电动势反相，正反馈绕组 ❸ 端为负的脉冲电压与定时电容 C5 所充的电压叠加后，使 VT2 很快截止。

开关管 VT2 在截止时，定时电容 C5 两端电压通过 VD4 构成放电回路，以便为下一个正反馈电压（驱动电压）提供通路，保证开关管 VT2 能够再次进入饱和状态。同时，开关变压器 T1 初级绕组存储的能量耦合到次级绕组，并通过整流管整流后，向滤波电容提供能量。

当初级绕组的能量下降到一定值时，根据电感中的电流不能突变的原理，初级绕组便产生一个反向电动势，以抵抗电流的下降，此电流在 T1 初级绕组产生 ❶ 端为正、❷ 端为负的感应电动势。T1❸ 端感生的正脉冲电压通过正反馈回路，使开关管 VT2 又重新导通。因此，开关电源电路便工作在自激振荡状态。

通过以上介绍可知：在自激振荡状态，开关管的导通时间，由定时电容 C5 的充电时间决定；开关管的截止时间，由 C5 放电时间决定。

在开关管 VT2 截止时，开关变压器 T1 初级绕组存储的能量经次级绕组的耦合，次级绕组 ❺ 端的脉冲电压经整流管 VD5 整流，在滤波电容 C10 两端产生 12V 直流电压。T1 次

级绕组 ❻ 端的脉冲电压经 VD6 整流，电容 C11、C12 及电感 L1 构成的 π 形滤波器滤波后，在限压电阻 R17 两端产生 5V 电压，此电压经连接器输入到计算机的主板，为微处理器供电。

（2）稳压控制电路原理 为了稳定电源电路输出端电压，必须使电源电路由自由振荡状态变为受控状态。通过误差采样电路对 5V 电源进行采样，经三端误差放大器 IC1 放大及光电耦合器 IC2 耦合后，控制脉宽调节管 VT3 的导通与截止，从而控制开关管 VT2 的导通时间，以实现受控振荡。因 VT3 的供电电压是由正反馈绕组产生的脉冲电压经限幅后没有经过电容平滑滤波直接提供，则 VT3 的导通与否不仅取决于 IC2 内的光电管的导通程度，还取决于正反馈绕组感应脉冲电压的大小。稳压调节电路的工作过程如下。

当开关变压器 T1 的初级绕组因市电电压升高而在开关管 VT2 导通时储能增加，在 VT2 截止时，T1 初级绕组存储的较多能量通过次级绕组的耦合，并经整流管的整流向滤波电容释放；当 5V 电源的滤波电容 C11 两端电压超过 5V 时，则经过采样电路 R13、R14 采样后的电压超过 2.5V。此电压加到三端误差放大器 IC1 内电压比较器的同相输入端 R 脚，与反向输入端所接的 2.5V 基准电压比较后，比较器输出高电平，使误差放大管导通加强，使光电耦合器 IC2 的 ❷ 脚电位下降，IC2 的 ❶ 脚通过限流电阻 R11 接 12V 电源，同时通过限流电阻 R12 接 5V 电源，则 IC2 内的发光管因导通电压升高而发光加强，导致光电管因光照加强而导通加强，此时即使开关变压器 T1 初级绕组因能量释放而产生 ❶ 端为正、❷ 端为负的感应电动势，也不能使开关管 VT2 导通，T1❸ 端感生的正脉冲电压经 VD5、限流电阻 R9、光电三极管 VT2 的发射极、VD3，使脉宽调节管 VT3 导通，使开关管 VT2 栅极电压被短路而不能导通。当滤波电容 C11 两端电压随着向负载电路的释放而下降时，IC1 内放大管的导通程度下降，使 IC2 内发光二极管的光亮度下降，光电管内阻增大，使 VT3 截止，开关管 VT2 在正反馈绕组产生的脉冲电压激励下而导通，开关变压器 T1 初级绕组再次存储能量。这样，当市电电压升高时，开关电源电路因开关管导通时间缩短可使输出端电压保持稳定的电压值。

反之，当市电电压降低时，则控制过程相反，也能使输出端电压保持稳定。

（3）自动保护电路原理

❶ 开关管过流保护电路。当负载电路不良引起开关管 VT2 过流达到 0.7A 时，电流在 R2（电路板上标注的是 R7，这与过压保护电路的 R7 重复，笔者将其改为 R2）两端的压降达到 0.7V，则通过 R10 使 VT3 导通。VT3 导通后，开关管 VT2 栅极被短路，使之截止，避免了故障范围的扩大。

❷ 过压保护电路。当稳压调节电路中误差采样电路不良而不能为开关管 VT2 提供负反馈时，VT2 导通时间被延长，引起开关变压器 T1 各个绕组的脉冲电压升高，则正反馈绕组升高的脉冲电压使 5.6V 稳压管 ZD1 击穿导通，导通电压经 R7 限流后，使脉宽调节管 VT3 导通，则 VT2 栅极被短路，使 VT2 截止。但是，随着正反馈绕组产生的脉冲电压的消失，稳压管 ZD1 截止，VT2 再次导通，此时开关电源产生的现象不是停振，而是输出端电压升高。此电源的过压保护电路只起到限制电压升高到一定范围的目的。因此，升高的供电电压极易导致微处理器过压损坏。为了避免这种危害，此微机电源的尖峰吸收回路没有安装元件，则在稳压调节电路不良时，输出端电压升高，导致开关管 VT2 尖峰电压升高，使 VT2 过压损坏，从而达到避免微处理器过压损坏的目的。

（4）故障检修实例 某台联想 L-250 型微机电源，开机无直流电压输出。

这类故障应重点检查其电源电路。此开关电源电路不良时，主要的故障是输出端没有电压。通过外观观察有两种情况出现：一种是开关管炸裂；另一种是开关管没有炸裂。

❶ 开关管炸裂。此电源电路300V输入端没有设熔丝或熔丝电阻，则开关管VT2击穿短路后，大多产生VT2、VT3、R2被炸裂及ZD1、R7、VD2等损坏的现象，但主电源电路板上的熔丝一般不熔断。

对于此故障，首先应焊下副电源电路与主电源电路之间的连线，取下副电源电路后，检查开关变压器T1的初级绕组是否开路。若T1初级绕组开路，因不能购到此型号的开关变压器，则需要代换副电源电路板，才能完成检修工作。若T1初级绕组正常，可对副电源电路进行检修。开关管炸裂的第1种原因是稳压调节电路不良，使开关管过压损坏；第2种原因是市电电压升高的瞬间，稳压调节电路没有及时控制开关管的导通时间，使其被过高的尖峰电压损坏；第3种原因是开关管没有安装散热片，则开关管在工作时间过长或负载电流过大时，开关管温度升高，使其击穿电压下降而被击穿。可按以下步骤进行检查。

检查稳压调节电路。因稳压调节电路的误差放大电路使用了IC1（TIA31），并且稳压调节电路的误差采样放大电路与脉宽调节电路使用光电耦合器IC2（L9827-817C）隔离，则应防止在检修时出现误判的现象，可使用下面的方法检测稳压调节电路是否正常。

❷ 开关管没有炸裂。若检查发现开关管没有炸裂，但输出端仍没有电压，大多说明开关电源电路没有启动或启动后因某种原因而不能进入正常振荡状态。

首先测开关管VT2栅极对地电压，若电压为0V，大多说明启动电阻R1开路。

测VT2栅极对地电压，若为0.7V，大多说明自激振荡电路不良。应检查是否为输出端整流管VD5、VD6击穿，使开关变压器T1呈现低阻，破坏了自激振荡的工作条件；检查是否为正反馈回路的电容C5失容、电阻R7开路，使VT2没有得到正反馈激励电压而不能进入自激振荡状态；检查是否为保护电路的5.6V稳压管ZD1不良导致脉宽调节管VT3与开关管VT2同步导通，使之不能进入振荡状态；检查是否为限流电阻R2阻值增大使初级绕组流过的电流过小，感应电动势电压幅值不够，VT2得不到足够幅值的激励电压而不能进入自激振荡状态。

二、带倍压整流开关电源电路故障检修

如图4-11所示为带倍压整流开关电源电路，它主要应用的机型为熊猫C64P1/C64P5/C64P88等。

（1）桥式整流倍压整流/桥式整流切换电路 其原理与其他机型基本相同。如图4-11（a）所示。

（2）副电源电路 副电源电路的作用是当整机处于“待机”状态时，遥控电路仍能正常工作。因遥控电路功耗很小，副电源电路使用一种简单的自激振荡电路。如图4-11（b）所示。

（3）主电源电路 此机型主开关电源电路为自激式电源电路，由自激振荡电路、次级输出电路、自动电压调节电路及保护电路等部分构成。如图4-11（c）所示。

（4）检修方法（针对无光栅、无伴音、无图像的故障检修） 检修时首先测+140V输出端滤波电容C819两端电压是否正常。如正常，再测三端稳压器N803❶端+10V电压是否正常。如正常，则应检查N803是否失效，XS01是否接触不良。

若N803❶端电压不正常，再测V881 c+300V电压是否正常。如正常，应检查副电源自激振荡回路是否正常，V881、R882是否失效。

若 V881 c+300V 电压不正常，应检查 VD889、R880 是否失效。

若 C819 正极 +140V 电压不正常，则应测 C808 正极 +300V 电压是否正常。如不正常，应检查电源整流电路中桥堆 N804、熔丝阻尼电阻 R809 是否失效。

无输出故障检修流程如图 4-12 所示。

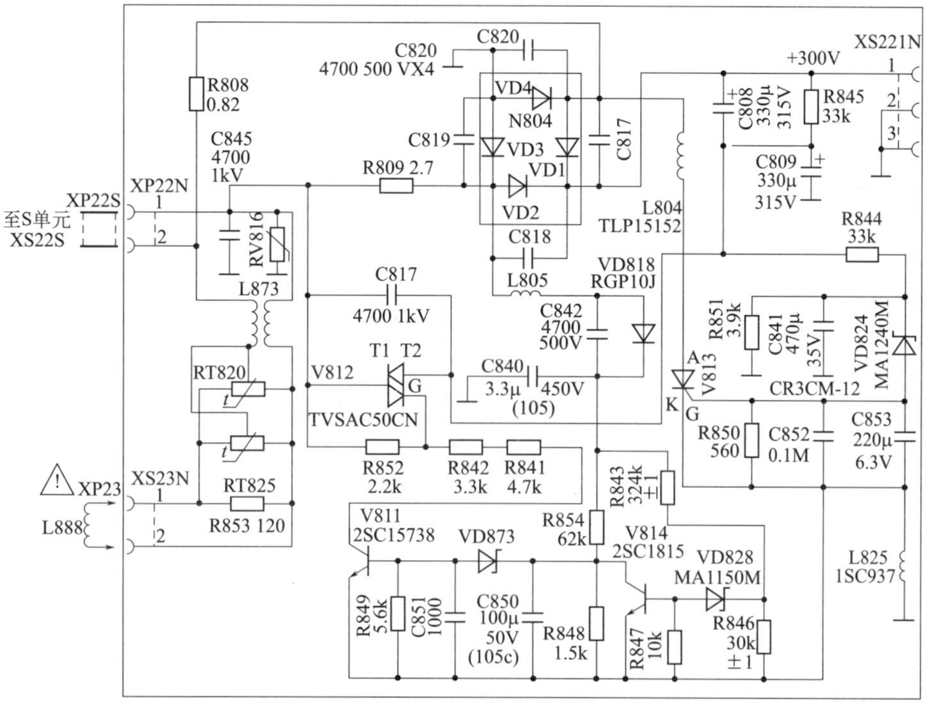

(a) 桥式整流倍压整流/桥式整流切换电路

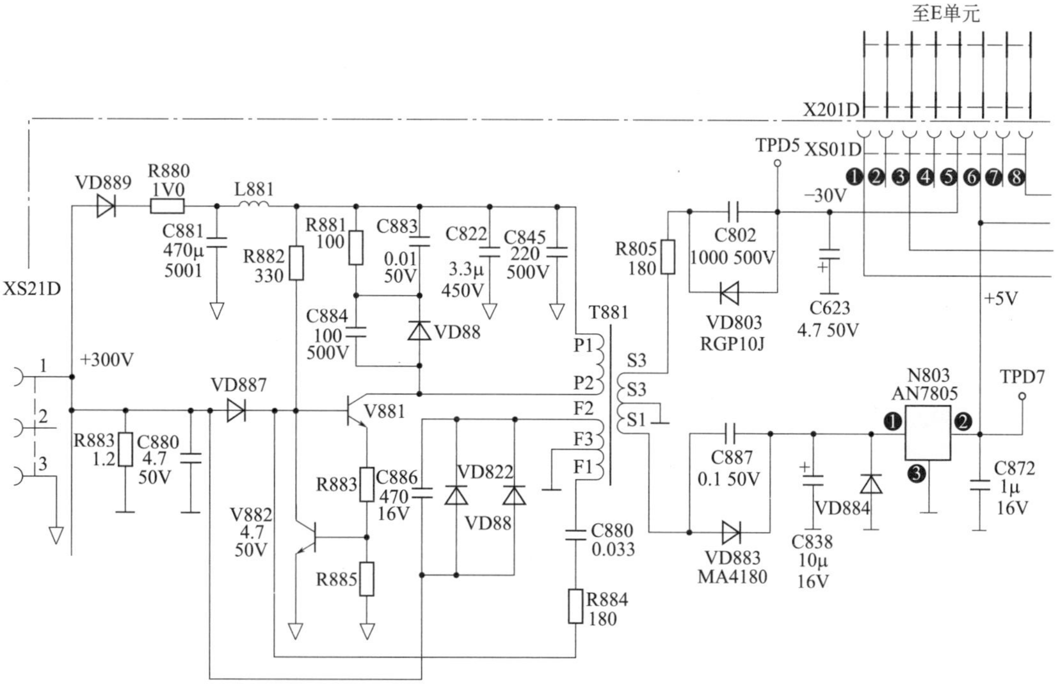

(b) 副电源电路

图 4-11

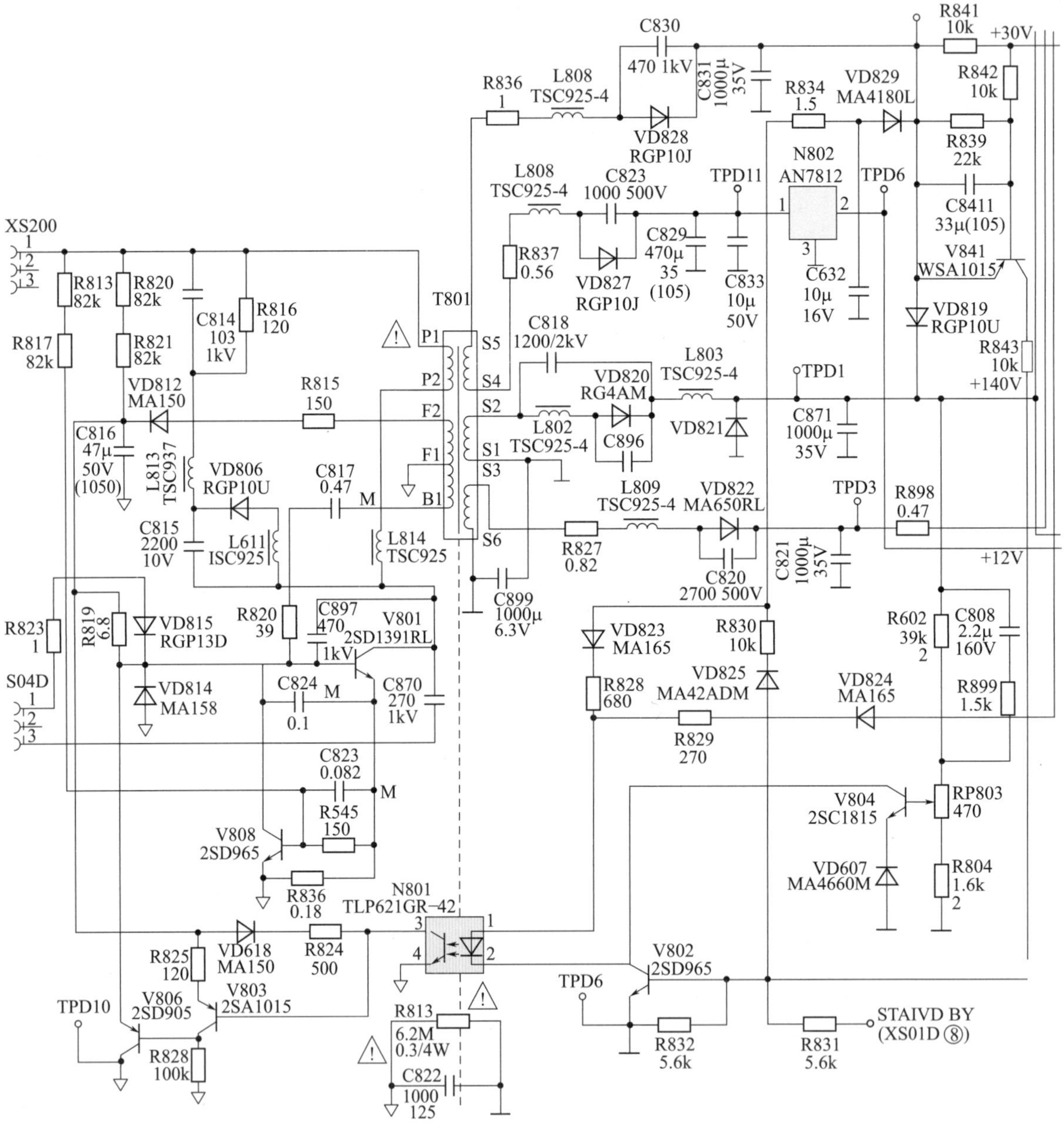

(c) 主电源电路

图 4-11　带倍压整流开关电源电路原理图

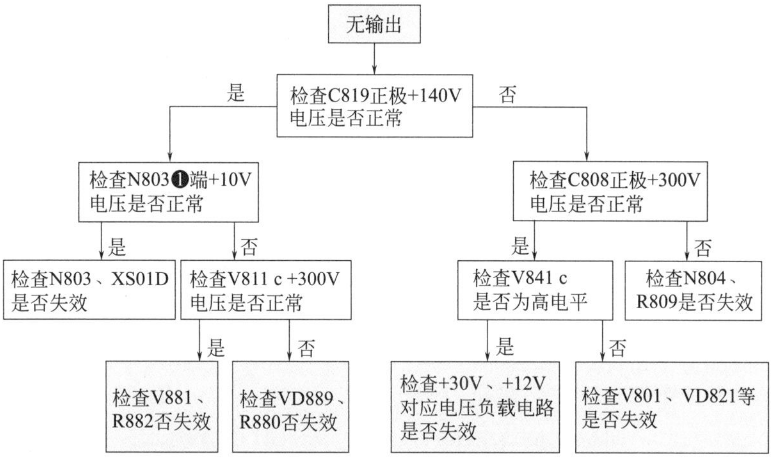

图 4-12　主电源电路无输出故障的检修流程

若电源滤波电容 C808 正极 +300V 电压正常，再测 V841 c 电压是否为高电平。如为高电平，说明电源保护电路动作，这时应检查 +30V 场电源供电电压及 +12V 小信号电路电源电压负载是否短路。

若 V841 c 不为高电平，说明电源初级电路没有启振，应检查电源自激振荡回路是否失效，V801 是否击穿，+140V 过压保护管 VD821 是否击穿，启动电阻及保护取样电阻是否失效。下面分别介绍 3 种不同现象的故障的检修方法。

（5）故障检修实例

❶ 无输出，红色指示灯不亮。

【检修方法 1】当出现这种故障现象时，说明 +5V 电源及 −30V 电源没有正常工作，而且主电源也不工作。由于两种开关稳压电源电路同时出现故障的可能性极小，则推断故障应出在其公共部分，即电源整流滤波、倍压电路出现故障，通过测量 +300V 直流电压点，便可以确定故障出现部位。

【检修方法 2】当出现这种故障现象时，说明整流滤波、倍压整流及辅助开关稳压电源电路已工作。在检修时，应首先检测 +5V 电源电压是否正常，如极低，则检查辅助开关电源电路；如正常，由检测 E 板上 XS01D❽ 端，观察 STANDBY 控制指令是否始终处于低电平不变。若是，则说明遥控系统有故障。若 STANDBY 控制信号可转换为低电平，但依然不开机，说明主电源不工作，通过测量 +140V 电压和 +30V 电压及对地电阻变化，便比较容易判断出故障发生部位。

❷ 接通电源开机后面板上的待机指示灯发亮。

【检修方法 1】根据现象说明副开关稳压电源电路工作正常，确定故障是在负载电路或电源电路本身。首先用电阻法测量负载对地电阻值有 51kΩ，正常，检查 +B（B1）输出端的主电源电压为 0V，说明是开关稳压电源电路本身的故障。测量整流滤波和 300V 直流电压正常，但测量 V801 c 却无电压，说明这中间电路有开路性的故障存在。检查此线路上元件 R817 和 R813、输入电路等正常，用导线直接连接整流滤波后的电路，开机，电路恢复正常工作。这时，再次对此电路进行检查，开机并拔动线路上的元件、插件，当拔动 XS21D 时，机器突然工作，把它重新插接后开机，工作正常。

【检修方法 2】根据故障现象分析，电源红色指示灯亮，说明辅助电源工作。先测 +5V

电源电压是否正常，经测量，此电压正常，说明辅助电源电路工作正常；再检查电路E板上XS01D，观察STANDBY控制信号，控制信号始终不变，且为高电平，说明遥控系统有故障。按遥控器上的关机键，此控制信号始终不能转换成低电平，检查提供工作电压的副电源电路，发现其负电压为零；经检查，V881的c、e之间已击穿，代换后，工作正常。

【检修方法3】根据故障现象分析，因红色指示灯亮，说明+5V电源正常，即副电源电路工作正常；故障可能出在主电源电路、遥控电路或行扫描电路。

拆开机壳，测主电源无+140V电压输出，经过检查，VD821被击穿，说明+B（B1）电压过高，故障在自动电压调节电路中。重点检查N801周围元件，发现VD618失效，使自动电压调节电路失效，V801导通时间过长，致使+B（B1）电压超过+160V而将VD821击穿。代换VD821及VD818后，试机，工作正常。

③ 故障为开机后，面板上的绿色指示灯亮，关机时可看到光栅闪烁，但故障现象为“三无”。

根据故障现象分析，绿色指示灯亮，说明+12V电压正常，即主电源电路工作基本正常；关机时可看见光栅，说明行扫描电路工作，故障出在副电源电路或遥控电路。拆开机壳，测副电源电路无电压输出，但其+300V供电电压正常，说明副电源电路没有启振。当用万用表表笔碰触V881 b时，电路启振，确定故障出在启动电路。将R882拆下检查，发现R882已开路。代换R882，工作正常。

第五章 典型单片集成电路开关电源分析与检修

第一节 KA系列开关电源典型电路分析与检修

一、KA-5L0380R构成的开关电源典型电路分析与检修

KA-5L0380R构成的开关电源电路以电路简洁、性能稳定等优点，广泛应用于各种家用电器及商用电器中。

1. KA-5L0380R构成的开关电源电路分析

KA-5L0380R构成的开关电源电路如图5-1所示。此开关电源电路主要由集成电路U501（5L0380R）、开关变压器T501、光电耦合器U502、三端取样放大器U503（HA174）、三端稳压器U504（7805）等构成。

（1）220V输入电路分析　市电经电源开关，通过电源熔丝F后，经两级抗干扰滤波电路滤除电网中的各种噪波干扰（同时也防止本机电源工作时产生的谐波干扰窜入电网形成污染）后，得到较纯净的正弦波电压加到桥式整流滤波电路，经过VD501～VD504整流、C502滤波后获得平滑的直流电压。

（2）启动电路分析　通电后，在C502两端形成约300V电压通过开关变压器T501的初级❶—❸绕组和电感L503加到U501的❷脚；同时，交流220V电源还经R501降压及C505、C509滤波后，向U501的❸脚提供一个启动电压，使U501内部电路开始工作。电路启动后，开关变压器T501的❻—❼绕组上感应电动势经过二极管VD503整流、电阻R503限流、电容C506滤波后，加到U501的❸脚，保证电源电路稳定地正常工作。

（3）开关变压器输出电路分析　由开关变压器T501次级绕组L1中的感应电压经VD510整流、C525滤波后获得显示屏灯丝电压FL+、FL−，再经接插件CN501加至显示屏灯丝；由L2绕组感应电压经VD509负向整流、C524滤波后得到约−21V直流电压。通过接插件CN501加至显示屏阴极。

由T501开关变压器L8绕组的感应电压经VD508负向整流及C521、L507、C522构成的π形滤波电路滤波后产生−12V直流电压。

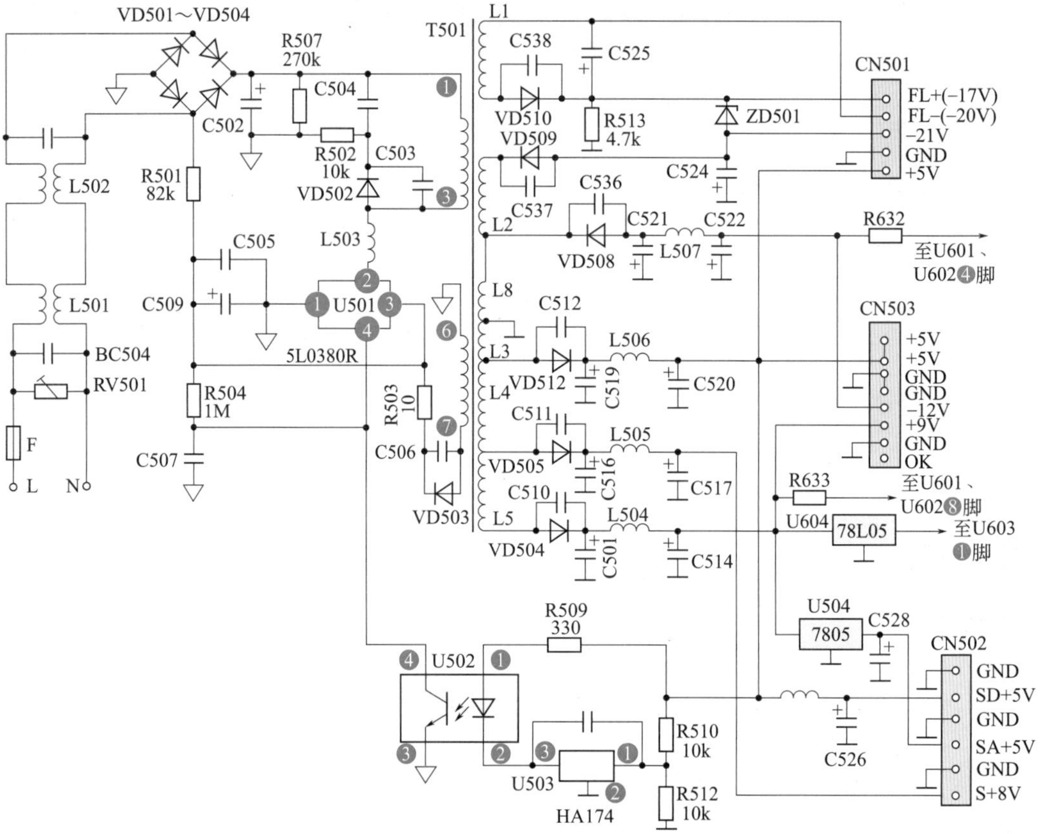

图 5-1　KA-5L0380R 构成的开关电源电路

由 T501 开关变压器 L3 绕组的感应电压经二极管 VD512 整流及 C519、L506、C520 构成的 π 形滤波电路滤波后得到 +5V 电压，分别通过接插件 CN501、CN503、CN502 加至显示屏电路、激光头组件板及主板上。同时此电压也是稳压调整控制的取样电压。

由 T501 开关变压器 L4 绕组的感应电压经二极管 VD505 整流及 C516、L505、C517 构成的 π 形滤波器后得到 +8V 电压，通过接插件 CN502 加至后级电路。

由 T501 开关变压器 L5 绕组的感应电压经二极管 VD504 整流及 C501、L504、C514 构成的 π 形滤波器后得到 +9V 电压。此电压分成多路：第 1 路从 CN503 接插件输出；第 2 路经 R633 电阻至 U601、U602 的 ⑧ 脚；第 3 路加至 U604，经其稳压为 5V 后加至 U603 的 ① 脚；第 4 路加至 U504，稳压为 5V 后从 CN502 接插件输出至后级电路。

（4）稳压调整控制电路分析　稳压调整控制电路由精密稳压器件 U503、光电耦合器 U502 和取样电阻 R510、R512 等构成。取样电压取自 VD512 整流及 C519、L506、C520 滤波后的电压，此电压经 R510、R512 分压后加至 U503 的 ① 脚。

当 +5V 电压因某种原因升高时，经过取样后加到 U503① 脚上的电压也将上升，③ 脚电压下降，U502 内发光二极管发光增强，光电三极管的导通程度加大，使 U501 的 ④ 脚电位下降，输出电压随之下降，达到稳压的目的。

当 +5V 电压因某种原因下降时，上述控制过程正好相反，最终使输出电压上升，达到稳定输出电压的目的。

（5）保护电路分析　U501 集成块内具有过压、欠压、过流等保护功能。尖峰电压抑制电路主要由 C503、VD502、C504、R502 等构成，用于消除在 U501 集成电路内开关管从导通到截止时，开关变压器 T501 初级 ❶—❸ 绕组产生的尖峰高压，以保护 U501 内开关管不至于击穿损坏。

2. 检修方法

（1）无输出烧熔丝　其检修方法如图 5-2 所示。

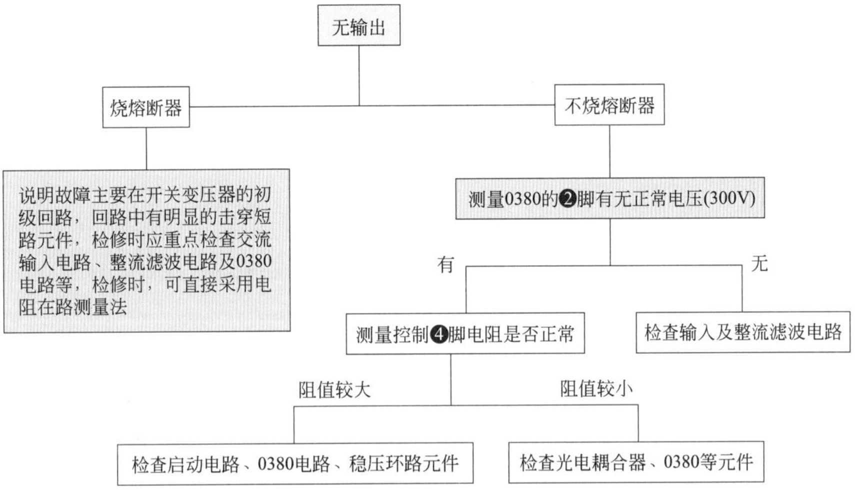

图 5-2　无输出烧熔丝检修流程图

0380指KA-5L0380R，下同

（2）输出电压不正常　输出电压不正常主要使用电压跟踪法进行检修，检修时，若 0380 的 ❷ 脚电压不正常，则可从 ❷ 脚利用电压跟踪法查到输入端，哪点电压不正常查换哪部分电路元件。若次级输出端电压不正常，则先查各路输出电路，若输出电路没问题，利用电压跟踪法由后级向前级一直查到 0380，哪级不正常查换哪级元件。

3. 检修实例

【故障现象 1】开机后不能插放，并且显示屏无显示。

根据故障现象判断此故障应在电源电路，打开机盖，测量各路输出端的电压，均无输出，测量其桥式整流电路，没有见异常，进一步检查其电源变压器，发现其初级绕组开路，代换电源变压器后，工作正常。

【故障现象 2】开机后，显示屏不亮，全部按键失效。

此故障也应在电源系统，即开盖检查熔丝 F，没有烧毁，但测得 CN501、CN502、CN503 接插件各电源输出端电压均为 0V，说明电源电路没有启振工作。

通电再测 U501 的 ❷ 脚，有正常的 +300V 左右直流电压，❸ 脚有正常的 19.8V 启动电压。关机后，用在路测量法检查电源各负载电路阻值均正常；经进一步检查，发现 U501 各脚对地电阻均与正常值相差较大，将其拆下测 U501 的开路电阻值并与表 5-1 所列的正常值进行比较，两者相差较大，说明其已损坏，重换一块新的 U501 后，工作正常。

【故障现象 3】遭雷击后，再开机无任何反应。

检修时开盖检测发现：熔丝 F 已熔断，U501 短路性损坏，U502 的 ❸ 脚、❹ 脚击穿短路，U503 损坏。U503 的实测维修数据见表 5-1。

表 5-1 厚膜电路 KA-5L0380R 的实测维修数据

引脚号		电阻值 /kΩ	工作电压 /V	引脚号		电阻值 /kΩ	工作电压 /V
红笔	黑笔			红笔	黑笔		
❷	❶	40	2.45	❶	❷	10.8	—
❷	❶	12	—	❸	❷	8.5	3.6

将损坏的元器件逐一换新。如光电耦合器（光电耦合器 U502 的型号为 HS817，如无原型号管代换，可用同为 4 个引脚的 PC817、PC123、TLP621 等光电耦合器代换）、集成块 HA174 等（可用 TIA31、SE140N、LM431 等直接进行代换）。对各元器件逐一检查无误后，拔掉 CN501、CN502、CN503 接插件后开机，测得各输出电压正常，再插上 CN501、CN502、CN503 后通电开机，整机工作正常。

二、KA7552 构成的开关电源典型电路分析与检修

如图 5-3、图 5-4 所示为应用厚膜电路 KA7552 组成的开关电源电路，此电源电路主要由集成电路 PIC1（KA7552）、开关管 PQ1、脉冲变压器 PT1、三端取样集成电路 PIC3、光电耦合器 PIC2 等组成。

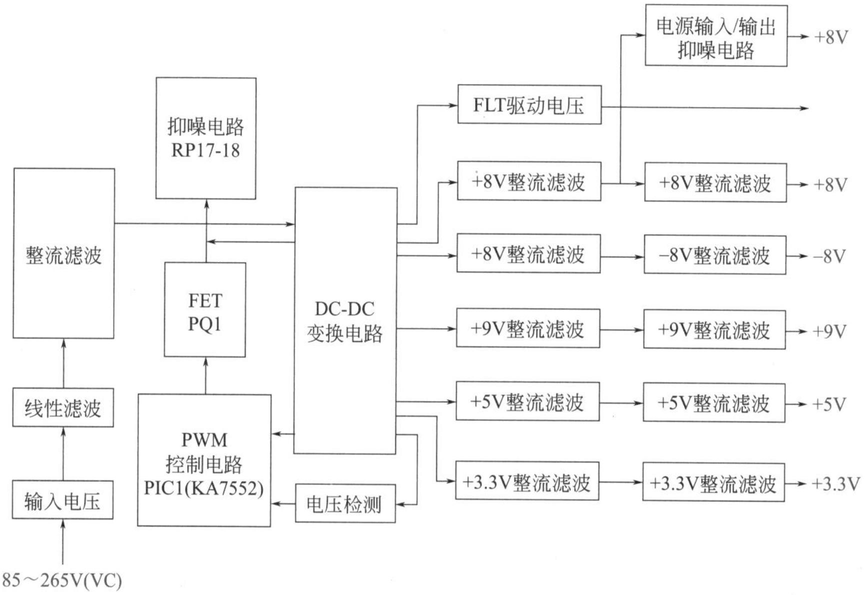

图 5-3 应用厚膜电路 KA7552 组成的开关电源电路组成框图

1. 电路原理

（1）KA7552 的工作原理

❶ 电路特点。KA7552 是 FAIRCHILD 公司生产的开关电源控制集成电路，采用 8 脚 DIP 或 SOP 两种封装方式。内部结构如图 5-5 所示。具有多种保护功能，且外接电路简单，多用于打印机和显示器等电子设备的开关电源上。KA7552 工作电压范围为 10 ～ 30V，可以直接驱动功率 MOSFET，驱动电流最大可达 ±1.5A，驱动脉冲最大占空比为 70%；工

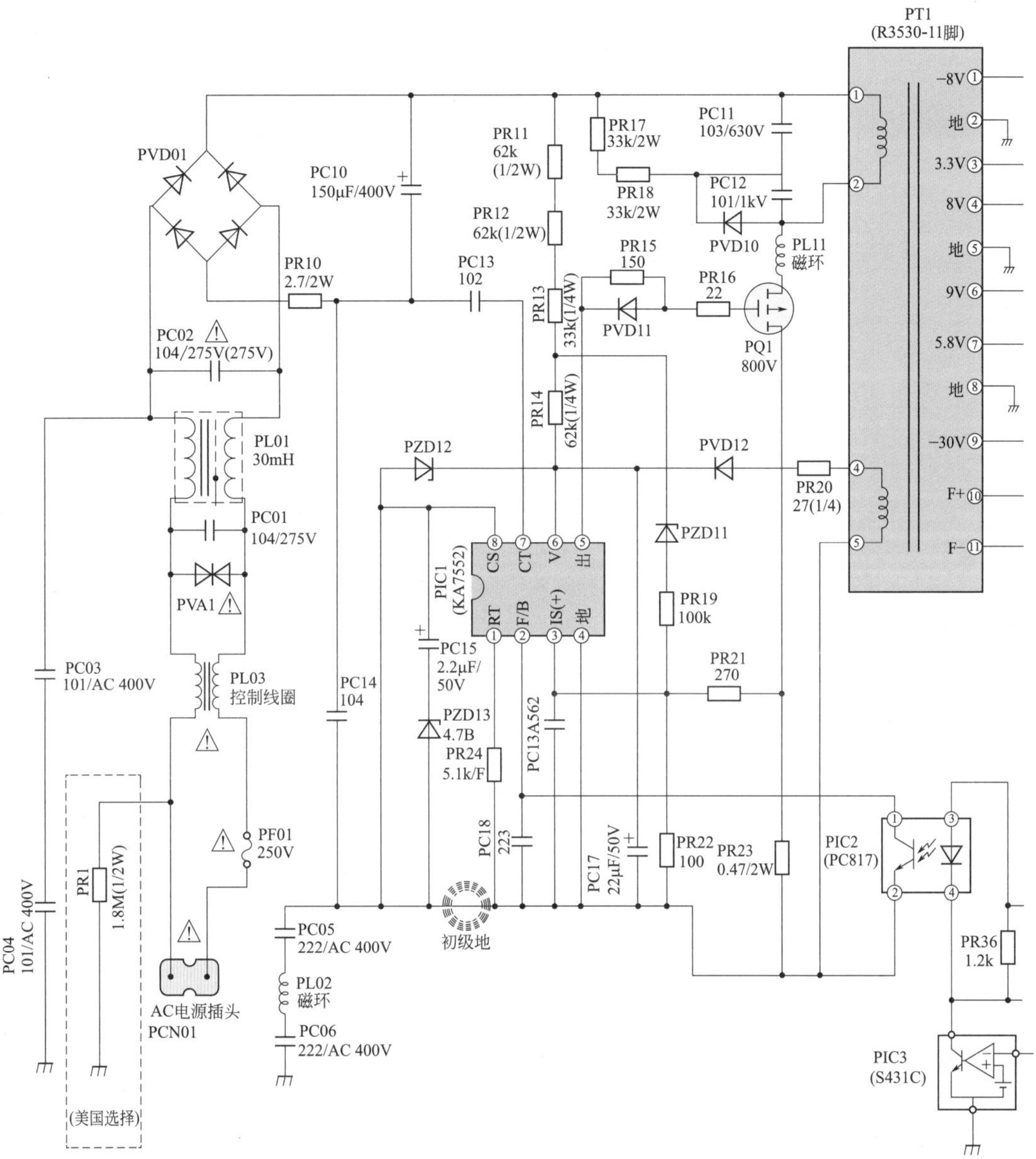

图 5-4　应用厚膜电路 KA7552 构成的电源电路

作频率范围为 5 ～ 600kHz，容易得到较高的变换效率，减小电源的发热量；在锁定模式中有过压切断功能；具有完善的过流、过载、欠压保护电路和软启动电路，待机时电流仅为 90kA。

❷ KA7552 各引脚功能。

a.❶ 脚用于外接，决定 ❺ 脚的通 / 断控制频率的电阻，与 ❼ 脚的外接电容 PC13 一起实现检测。

b.❷ 脚断开（OFF）电压为 0.75V。若 F/B（反馈）端电压降至小于 0.75V，则输出负载电压为 0V，开关电源次级输出电压为 0V。

关断（Shut-off）电压为 2.8V。若反馈电压大于 2.8V，则 ❽ 脚电位升高；若 ❽ 脚电位超过 7V，则整个开关电源进入关断状态。

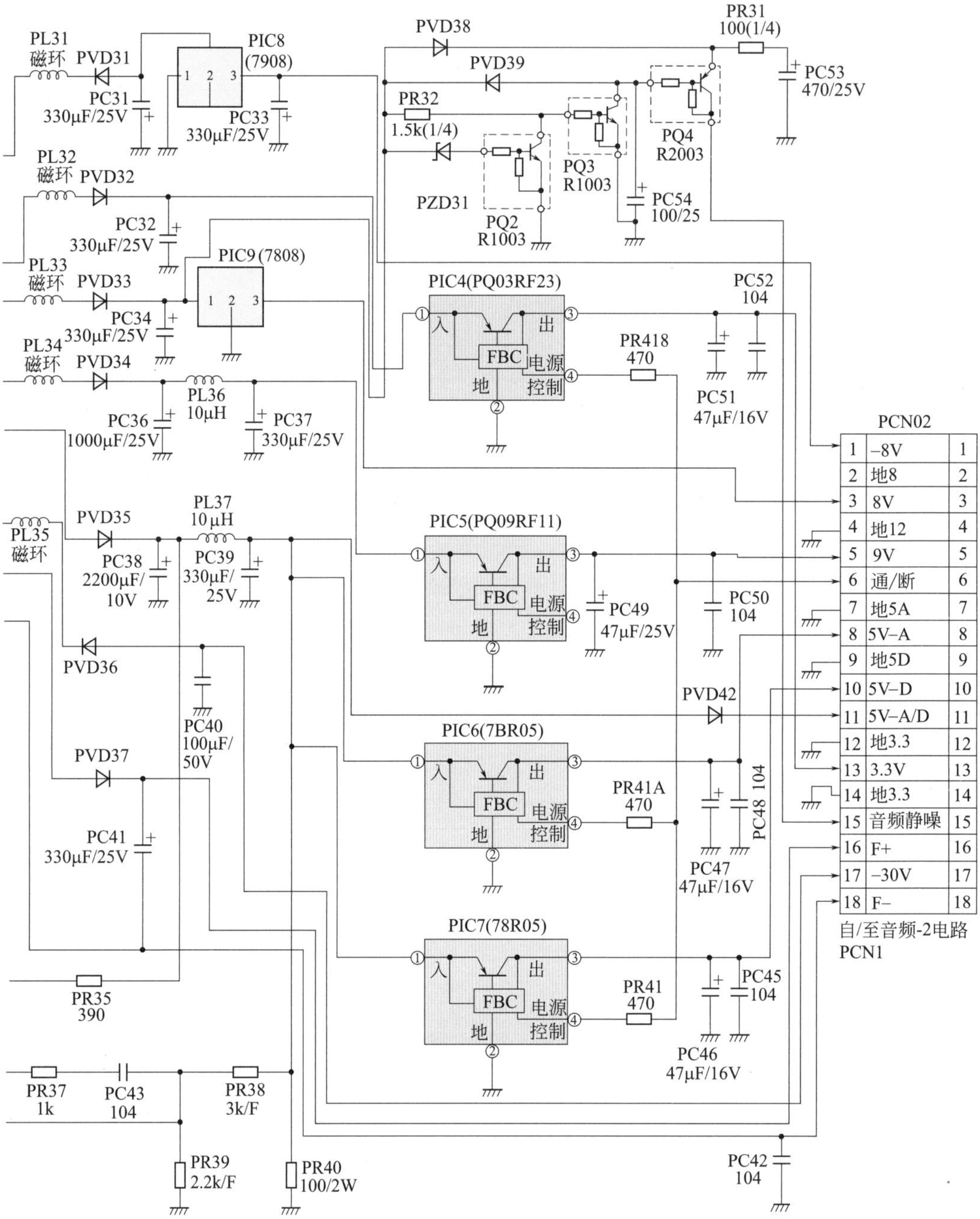

图 5-5 应用厚膜电路 KA7552 构成的开关电源控制集成电路

该脚最大负荷电压为 2.3V。

c.❸ 脚电位若高于 0.24V，则立即保持 ❺ 脚输出 PWM 信号的占空比（但当此脚电位为 0.24V 时，则不能保持），即占空比限制场效应管 PQ1 的电流经过 PR22、PR21 分压后输入到该引脚，目的是限制 PQ1 的过流。

d.❹ 脚为接地端。

e.❻ 脚为通 / 断控制脉冲输出端。

f.❻ 脚为供电引脚。当此引脚电压超过 16V 时，IC 功能启动；若此引脚电压低于 8.7V

时，则 IC 从工作状态进入停止工作状态；当此引脚电压为 10 ～ 12V 时，IC 进入正常工作状态。

g.⑦ 脚为通 / 断频率决定端。

h.⑧ 脚断开（OFF）电压为0.42V；接通（ON）电压为0.56V；正常工作电压为3.6V；关断（Shut-off）电压为7V；最大负荷电压为2.3V。OS电位调定：将电容器接至OS端（PC14）。ON/OFF控制：若CS电位大于0.56V，则IC开始工作；若电位小于0.42V，则IC停止工作；在正常工作状态时，保持电压为3.6V。关断方式：若CS电位高于7V，则关断，起到过载保护的作用。Shut-off功能：当IS、F/B和CS端都正常工作时起作用。软启动：在最初启动时开关保护；在最初启动时，反馈电位为内部3.6V（最大负荷）；在最大负荷时，由于开关上的过流，PQ1被击穿损坏；CS端和F/B端一起设定负荷；将PC14接至CS端上，并于最初启动时设定充压时间；在正常工作周期的最初启动时，通过PC14，用逐步增大电压的方法来增大负荷。

（2）市电输入电路的工作原理 220V 交流电压经电源插头 PCN01，通过保险管 PF01，进入由 PL03、PC01、PL01、PC03、PC04 组成的共模滤波器，共模滤波器具有双重滤波作用，既可滤除由交流电网进入机内的各种对称性或非对称性干扰，又可防止机内开关电源本身产生的高次谐波进入市电电网而对其他电气设备造成的干扰。共模滤波后的交流电压经 PVD01 组成的桥式整流电路整流，经 PC10（150μF/400V）滤波得到约 300V 直流电压。PVA1 对来自电源输入端的浪涌进行隔阻，以保护开关电源；PR10 对电源插头插上的瞬间产生的电流进行限制，以避免过流对 PVD01 的损坏。

（3）启动与振荡电路的工作原理 由 PVD01 整流、PC10 滤波后得到 300V 左右的直流电压。该电压分为两路：一路经开关变压器 PT1 的 ❶—❷ 绕组加到 PQ1 的漏极；另一路经启动电阻 PR11、PR12、PR13、PR14 加至 PIC1 的 ⑥ 脚，为 PIC1 提供启动电压。另外，PIC1 的 ⑥ 脚内部电路具有欠压保护作用，当供电电压低于 8.7V 时，内部启动电路处于停止工作状态，振荡电路停止振荡。此时 ⑥ 脚的工作电压约为 12V。从电源接通到集成电路工作的启动时间由 PR11、PR12、PR13、PR14 和 PC17 确定。当 PIC1 的 ⑥ 脚电压大于 16V 时，PIC1 开始工作。

（4）反馈控制电路的工作原理 电源反馈控制电路如图 5-6 所示，其作用是通过对输出

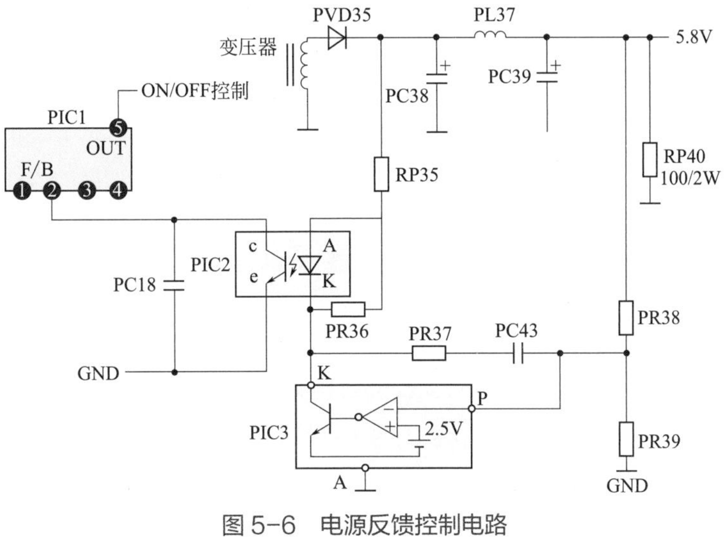

图 5-6 电源反馈控制电路

稳压的取样比较，检测到输出稳压偏离目标值的误差，然后以此误差反馈到开关占空比控制电路以决定开关控制PWM信号的占空比，从而使输出稳压向消除误差的方向改变。反馈控制电路各功能电路的特点如下。

❶ PIC1的❷脚的电位决定PIC1的❺脚输出的开关控制PWM信号的占空比：占空比升高⟶输出稳压升高；占空比降低⟶输出稳压降低。

❷ PIC3是比较器，其将5.8V稳压输出经过PR38、PR39取样输出PIC3内部的运算放大器的"−"输入端，而其"+"输入端则接2.5V。运算放大器输出端就是两者进行相减的值，即[−(稳压样值−2.5V)]。若按"5.8V=[(R_{PR38}×R_{PR39})/R_{PR39}]×2.5V"关系对PR38和PR39进行取值，则(2.5V−稳压样值)就是反映实际稳压输出值偏离目标值(5.8V)的误差信号，该误差信号经反相，即[−(2.5V−稳压样值)]后输出至PIC3的K脚。于是可得到如下关系。

若稳压输出的实际值为5.8V时，该电压经取样后送到PIC3的P脚的样值电压为2.5V，运算放大器输出电压将等于0V，因此PIC3的K脚的电压U_K也为0V。

若实际值低于5.8V，则PIC3的P脚输入的样值电压将小于2.5V，运算放大器输出电压将大于0V，因此PIC3的K脚的电压U_K将小于0V。

若实际值高于5.8V，则PIC3的P脚输入的样值电压将大于2.5V，运算放大器的输出电压将小于0V，因此PIC3的K脚的电压U_K将大于0V，作为控制信号从PIC3的K脚输出。

❸ 占空比控制信号形成电路PIC2。PIC2的K脚与PIC3的K脚相连，而从PIC2的内部电路及其外接电路得到如下关系，即流过PIC2内部二极管的电流

$$I_{AK}=(U_A-U_K)/[(R_{PR36}\times R_{VD})/(R_{PR36}+R_{VD})]=(U_A-U_K)\times(R_{PR36}+R_{VD})/(R_{PR36}\times R_{VD})$$

式中，R_{VD}是二极管的正向电阻。

PIC2的c极、e极间的电压U_{ce}正比于I_{AK}。

从上面得到的实际电压与U_K的关系可知：实际值低于5.8V时，I_{AK}将大于正常值(对应实际电压为5.8V时的I_{AK}值)，U_{ce}将增大，即PIC1❷脚电压增大，PIC1的❺脚输出PWM信号的占空比增大，开关变压器输出将增大，即稳压输出提高；若实际值高于5.8V时，I_{AK}将小于正常值，U_{ce}将减小，即PIC1的❷脚电压将减小，PIC1的❺脚输出PWM信号的占空比减小，开关变压器输出将减小，即稳压输出降低。

PR35、PR36的作用是防止5.8V稳压输出过度减小；PR37、PC43作用是防止PIC3振荡(用于相位校正)；PC18用于调节反馈响应率。

综合稳压反馈控制电路各功能电路的以上特点，可得到其具体功能的过程如下。

当稳压输出端因负荷增加或交流输入端的电压降低时，稳压输出端的实际输出值将降低(低于5.8V)，则有：PIC3的P脚输入电压低于2.5V⟶PIC3的K脚电压$U_K<0$⟶I_{AK}↑⟶U_{ce}↑(即PIC1的❷脚的电压↑)⟶PIC1的❺脚输出PWM信号的占空比↑⟶开关变压器输出↑(即稳压输出↑)⟶稳压输出值将由低向高趋向5.8V的目标值。

当稳压输出端因负荷减小或交流输入端的电压升高时，稳压输出端的实际输出值将升高(高于5.8V)，则有：PIC3的P脚输入高于2.5V⟶PIC3的K脚电压$U_K>0$⟶I_{AK}↓⟶U_{ce}↓(即PIC1的❷脚电压↓)⟶PIC1的❺脚输出PWM信号的占空比↓⟶开关变压器输出↓(即稳压输出↓)⟶稳压输出值将由高向低趋向5.8V的目标值。

2. 故障检修

（1）检修思路及对故障的判断方法　当电源无输出时，应先测 PIC1 的 ⑥ 脚上的约 11.66V 电压及 VTPFET1（图 5-4 中 PQ1）漏极上的 300V 左右电压是否正常。前者电压不正常应查 PR12、PR11 是否有开路，后者应查整流滤波电路，如 PVD01、PL01 等元器件。

电源电路 PIC1 的实测维修数据见表 5-2。

表 5-2　PIC1 的实测维修数据

引脚序号	引脚功能	工作电压 / V	在路电阻 /kΩ	
			红测	黑测
❶	振荡器外接时基电阻	1.07	6.2	6.2
❷	稳压反馈输入	0.87	6.3	8.6
❸	过流（+）取样检测	0.03	0.2	0.2
❹	接地端	0	0	0
❺	驱动脉冲输出	0.40	5.1	26
❻	电源	11.66	3.6	10
❼	振荡器外接时基电容	1.99	5.7	8.1
❽	软启动和 ON/OFF 控制	3.83	6.0	19

（2）故障检修方法

❶ 通电后无待机电源指示，整机无任何动作。

根据故障现象分析，此故障应在电源电路，检修时可开机检查，发现保险管未熔断，但发现 +5V 电源整流管 PVD35 击穿，更换后故障依旧。检查开关管，正常，驱动集成块 PIC1 的 ⑤ 脚，无驱动电压到开关管 VTPFET1。在检查 PIC1 外围电路无故障情况下更换 PIC1，故障排除。

a. 电源无输出故障的检修。电源无输出的检修思路如图 5-7 所示。

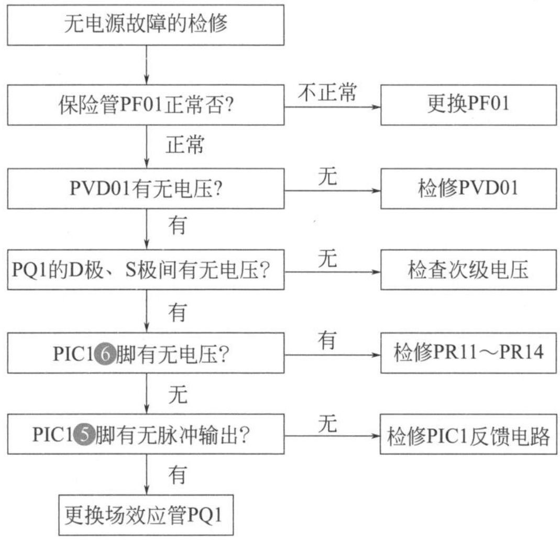

图 5-7　电源无输出故障的检修

b. 间歇性工作故障的检修。间歇性工作的检修思路如图 5-8 所示。

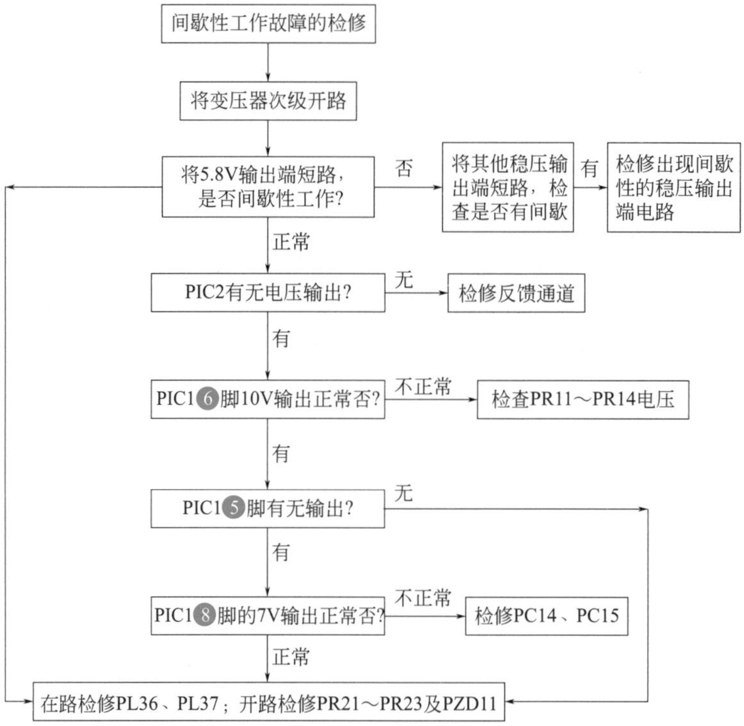

图 5-8　间歇性工作故障的检修

❷ 通电开机，按面板上各按键，机器无任何反应。

由于该机采用独立的开关电源，估计是开关电源出现故障，因无电压输出，整机不能工作。打开机壳，检查电源部分，发现开关管 PQ1 被击穿，保险管 PF01 烧断。更换 PQ1、PF01，加电检查，发现电源输出电压不稳定，几分钟后，PQ1、PF01 再次损坏。由于电源输出电压不稳定，因此判定反馈回路有元件损坏。仔细检查反馈回路中的元件，发现电容 PC14 漏电。更换同规格电容后，通电试机，机器工作恢复正常。

三、KA3842（UC3842）构成的开关电源典型电路分析与检修

KA3842（UC3842）是 UC384X 系列中的一种，它是一种电流模式类开关电源控制电路。此类开关电源控制电路使用了电压和电流两种负反馈控制信号进行稳压控制。电压控制信号即我们通常所说的误差（电压）取样信号；电流控制信号是在开关管源极（或发射极）接入取样电阻，对开关管源极（或发射极）的电流进行取样而得到的，开关管电流取样信号送入 UC3842，既参与稳压控制又具有过流保护功能。若电流取样是在开关管的每个开关周期内都进行的，这种控制又称为逐周（期）控制。

UC384X 主要包括 UC3842、UC3843、UC3844、UC3845 等电路，它们的功能基本一致，不同点有三：第一是集成电路的启动电压（❼ 脚）和启动后的最低工作电压（即欠压保护动作电压）不同；第二是输出驱动脉冲占空比不同；第三是允许工作环境温度不同。另外，集成电路型号末尾字母不同，表示封装形式不同。主要不同点如表 5-3 所示。

表 5-3　UC384X 系列主要不同点

型号	启动电压 /V	欠压保护动作电压 /V	⑥脚驱动脉冲占空比最大值
UC3842	16	10	—
UC3843	8.5	7.6	—
UC3844	16	10	50% ~ 70% 可调
UC3845	8.5	7.6	50% ~ 70% 可调

从表 5-3 可以看出，对于使用 UC3843 的电源，当其损坏后，可考虑用易购的 UC3842 进行替换，但因 UC3842 的启动电压不得低于 16V，因此，替换后应使 UC3842 的启动电压达到 16V 以上，否则，电源将不能启动。

与 UC384X 系列类似的还有 UC388X 系列，其中，UC3882 与 UC3842、UC3883 与 UC3843、UC3884 与 UC3844、UC3885 与 UC3845 相对应，主要区别是⑥脚驱动脉冲占空比最大值略有不同。

另外，还有一些使用了 KA384X/KA388X，此类芯片与 UC384X/UC388X 相对应的类型完全一致。

UC3842 引脚结构及功能图如图 5-9（a）（b）所示。

UC3842 各引脚功能简介如下。

❶脚 COMP 是内部误差放大器的输出端，通常此引脚与❷脚之间接有反馈网络，以确定误差放大器的增益和频响。

❷脚 Vfb 是反馈电压输入端，此引脚与内部误差放大器同向输入端的基准电压（一般为 +2.5V）进行比较，产生控制电压，控制脉冲的宽度。

❸脚 Isen 是电流传感端。在外围电路中，在功率开关管（如 VMos 管）的源极串接一个小阻值的取样电阻，将脉冲变压器的电流转换成电压，此电压送入❸脚，控制脉宽。此外，当电源电压异常时，功率开关管的电流增大，当取样电阻上的电压超过 1V 时，UC3842 就停止输出，有效地保护功率开关管。

❹脚 RT/CT 是定时端。锯齿波振荡器外接定时电容 C 和定时电阻 R 的公共端。

❺脚 GND 是接地。

❻脚 OUT 是输出端，此引脚为图腾柱式输出，驱动能力是 ±1A。这种图腾柱结构对被驱动的功率管的关断有利，因为当三极管 VT1 截止时，VT2 导通，为功率管关断提供低阻抗的反向抽取电流回路，加速功率管的关断。

❼脚 VCC 是电源。当供电电压低于 +16V 时，UC3842 不工作，此时耗电在 1mA 以下。输入电压可以通过一个大阻值电阻从高压降压获得。芯片工作后，输入电压可在 +10 ～ +30V 之间波动，低于 +10V 停止工作。工作时耗电约为 15mA，此电流可由反馈电阻提供。

❽脚 VREF 是基准电压输出。可输出精确的 +5V 基准电压，电流可达 50mA。

UC3842 的电压调整率可达 0.01%，工作频率为 500kHz，启动电流小于 1mA，输入电压为 10 ～ 30V，基准电压为 4.9 ～ 5.1V，工作温度为 0 ～ 70℃，输出电流为 1A。

如图 5-9（c）所示为 KA3842/UC3842 构成的开关电源电路。

1. 电路原理分析

（1）交流电压输入及整流滤波电路的工作原理　此部分电路与其他机型电路类似，即由电网交流 220V 电压经熔丝 FU1、抗干扰线圈 L1 及开机限流电阻 RNT1 后送入桥堆 VD/BD1，经 VD/BD1 整流、C5 滤波后产生约 300V 的直流电压，分别送到主开关电源和副开关电源（A、B 端）。

（2）副开关电源电路的工作原理　副开关电源电路主要由 T2、VT2 等构成。+300V 左右电压经开关变压器 T2 的 ❶—❸ 绕组加到场效应管 VT2 漏极，同时也经启动电阻 R19 加到 VT2 栅极，使 VT2 微导通，随着 ❶—❸ 绕组电流的增加，反馈 ❷—❹ 绕组的感应电压经 C14、R21 反馈到 VT2 栅极，使 VT2 很快饱和导通，同时对 C14 充电。VT2 饱和后电流不再变化，❷—❹ 绕组上的感应电压消失，C14 上被充电电压经 ❷—❹ 绕组、VD8、R21 放电，使 VT2 栅极电位降低退出饱和区，导通电流减小；❷—❹ 绕组产生的感应电压，又使 VT2 栅极电位很快降低，VT2 很快截止。然后又重复导通、截止过程，进入自动开关工作状态。

VD9、R22、C15 构成控制电路，控制 VT2 的导通时间，稳定次级输出的电压。开关变压器 T2 的次级 ❺—❻ 绕组的脉冲电压经 VD17 整流、C31 滤波后，再经 IC3（7805）稳压后形成 +5V 电压，通过 XSCN4 ～ XSCN103 的 ❸ 脚送到 U701 微处理器。

（3）主开关电源的通 / 断控制电路的工作原理　接通电源后，副开关电源即产生了不受控的 +5V 电压给系统微处理器 U701 供电。

当没有按下电源“开 / 关”键时，U701 的 ❹ 脚输出低电平，经 XSCN4 ～ XSCN103 的 ❺ 脚送到 VT4 基极，使 VT4 截止、VT3 导通，光电耦合器 PC2 中的发光二极管、光电三极管导通，主开关电源中的 VT5、VD3 导通，使 IC1 的 ❶ 脚电压降低（低于 1V）而停止振荡，IC1 的 ❻ 脚输出低电平，主开关电源停止工作。

当按下电源“开 / 关”键时，U701 的 ㉕ 脚输出高电平指令经 XSCN4 ～ XSCN103 的 ❺ 脚送到 VT4 基极，使 VT4 导通、VT3 截止，PC2 中的发光二极管、光电二极管均截止，VT5、VD3 也截止。IC1 的 ❼ 脚有工作电压，IC1 的 ❶ 脚电压也大于 1V（大于 1V 是 IC1 振荡的工作条件），IC1 中振荡电路启振，使 IC1 的 ❻ 脚输出 PWM 脉冲，主开关电源开始正常工作。

（4）主开关电源电路的工作原理

❶ 启动电路的工作原理　当按下电源开关后，VT5、VD3 截止，+300V 左右电压经 R3、R8、VD4 加到 IC1 的电源输入端 ❼ 脚，其启动电压为 16 ～ 34V。当 ❼ 脚输入电压小

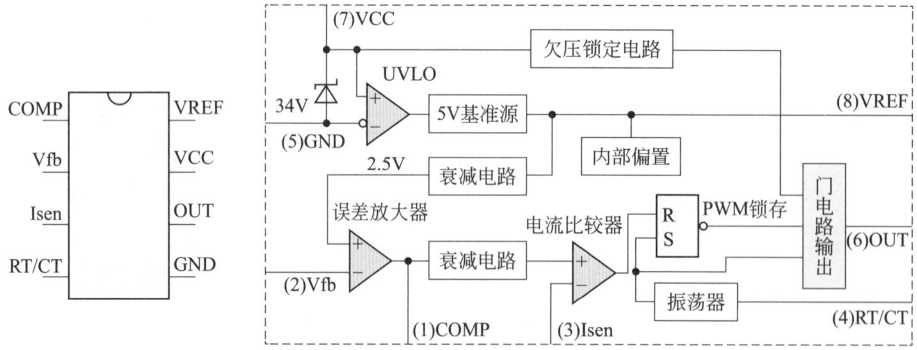

(a) 引脚结构　　(b) 功能图

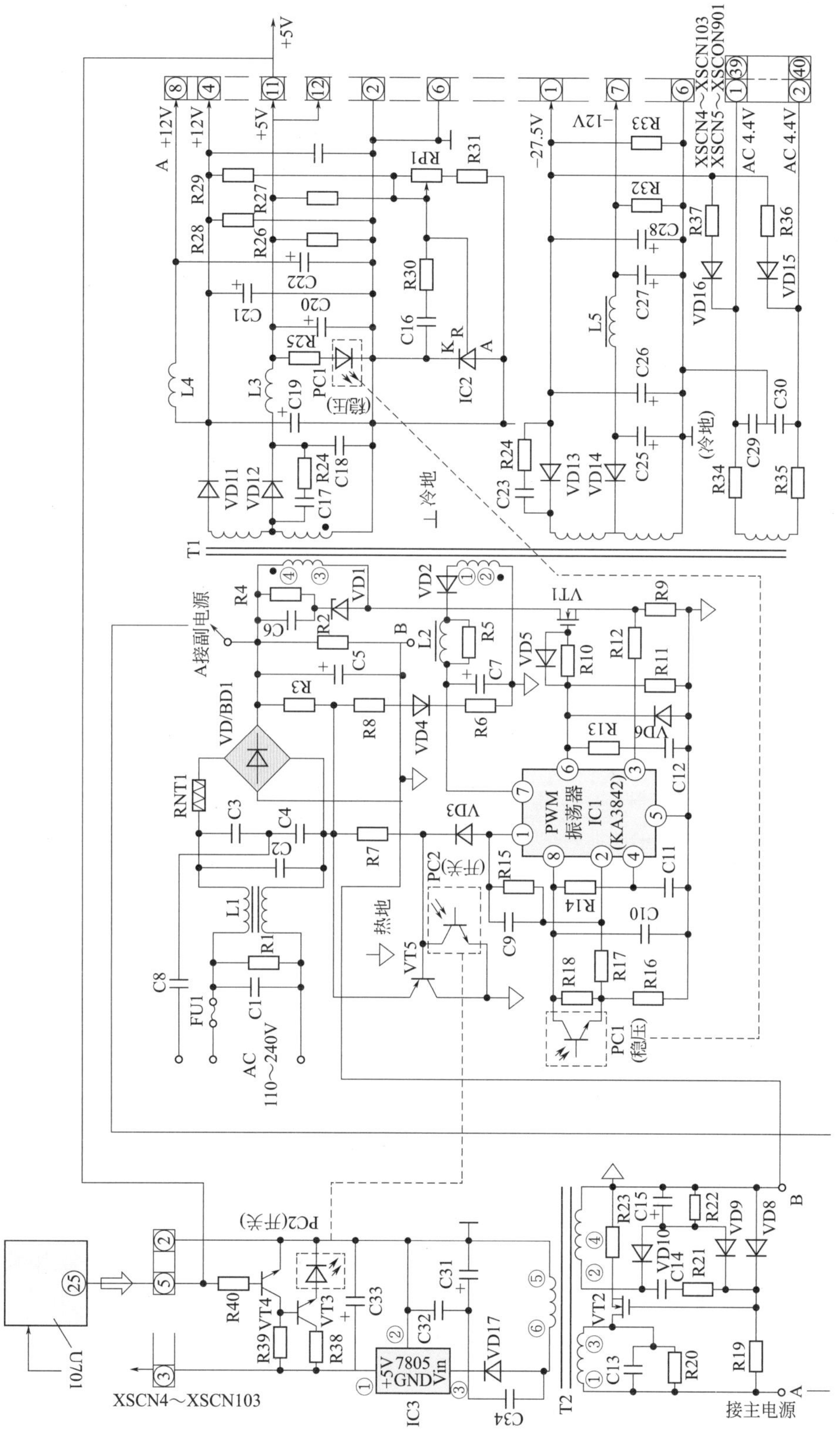

(c) KA3842/UC3842构成的开关电源电路

图 5-9 UC3842 引脚结构、功能图及 KA3842/UC3842 构成的开关电源电路

于 16V 时，则其内的施密特比较器输出低电平，⑧ 脚无 5V 基准电压输出，其内部电路不工作。当 ⑦ 脚输入电压大于 16V 时，则施密特比较器翻转输出高电平，基准电路输出 5V 电压，一路送内部电路作为工作电压，另一路从 ⑧ 脚输出送外部电路作为参考电压。IC1 启动后，开关变压器 T1 的 ❶—❷ 绕组感应脉冲电压经 VD2 整流、C7 滤波，产生的 14V 直流电压送到 IC1 的 ⑦ 脚作为工作电压，若此时 ⑦ 脚电压低于 +10V 时，施密特比较器再一次翻转为低电平，IC1 停止工作。

② 振荡电路的工作过程　IC1 启动工作后，IC1 的 ⑧ 脚输出的 5V 参考电压，经 R14 对 C11 充电并加到 IC1 的 ④ 脚，内部振荡器工作，振荡频率由 R14、C11 的值决定。振荡器形成的锯齿波电压在集成电路内部调宽处理后，从 ⑥ 脚输出驱动脉冲，经 R13、R10、VD5 加到开关管 VT1 的栅极 G，开关管 VT1 的漏极电压是 +300V 电压经开关变压器 T2 的 ❹—❸ 绕组送来的，故开关管 VT1 导通。正脉冲过后，IC1 的 ⑥ 脚电压为 0V，开关管 VT1 截止，直到下一个脉冲到来，开关管再次导通，并重复此过程。

③ 稳压调节电路的工作原理　稳压控制电路主要由接在 +12V、+5V 输出回路中的光电耦合器 PC1 中的发光二极管、IC2（KA431ZTA）、RP1 等构成的电压检测电路构成，通过控制 PC1 中的光电三极管的导通程度来控制 IC1 的输出脉宽进行稳压。PC1 中的光电三极管与 R18 并联接在 IC1 的 ⑧ 脚，IC1 的 ⑧ 脚基准电压便经光电三极管和 R18、R16 分压，经 R17 送入 IC1 的 ② 脚。PC1 的导通程度决定了 IC1② 脚的电压。IC1② 脚是误差放大器的反向输入端，其正向输入端电压是 ⑧ 脚 5V 基准电压在 IC1 内经两个相同阻值的电阻分压而获得 +2.5V 电压。IC1 的 ❶ 脚是误差放大器的输出端，通过并联的 C9、R15 连接到误差放大器的反向输入端 ② 脚。这是一个完全补偿式放大器，其特点是开环直流电压增益较高，闭环后稳定性较强。

当 IC1 的 ② 脚电压升高时，经电压放大后，❶ 脚电压下降，RS 触发端的 R 端电压随之下降，IC1 的 ⑥ 脚输出的脉冲宽度变窄；反之，⑥ 脚输出的脉冲宽度加宽。当某种原因使 +5V、+12V 电压升高时，通过取样电阻 R29、RP1、R31 分压后，加到 IC2 的 R 端的电压升高，流过其 K 极、A 极的电流增大，光电耦合器 PC1 内发光二极管亮度加强，其光电三极管电流增大，使 IC1 的 ② 脚电压升高，IC1 的 ⑥ 脚输出的脉冲宽度变窄，开关管 VT1 导通时间缩短。T1 的传输能量降低，次级输出电压降低，使输出电压稳定。反之，当输出电压降低时，控制过程与此相反。

④ 保护电路的工作原理　主开关管电源中设有过流、过压、欠压保护及 +5V 短路保护电路。开关管 VT1 源极 R9（0.42Ω/1W）为过流取样电阻，因某种原因（如负载短路）引起 VT1 源极电流增大，R9 上的电压降增大，使 IC1 的 ③ 脚电流检测电压升高。当此电压大于 1V 时，IC1 的 ⑥ 脚无脉冲输出可使 VT1 截止、电源停止工作，实现过流保护；当电源输出电压过低时，开关变压器 T1 的 ❶—❷ 绕组感应出的电压也降低，经整流滤波后加到 IC1 的 ⑦ 脚电压随之降低，当低于 10V 时自动关闭 IC1 的 ⑥ 脚的输出脉冲，以实现欠压保护，IC1 的 ⑦ 脚内设 34V 稳压电路，以防 ⑦ 脚电压过高而烧毁电路，从而实现过压保护。主开关电源正常工作后，其 +5V 电压经 R40 接到 VT4 基极，维持副开关电源中 VT4 的导通。当主开关电源中 +5V 电路出现过载或短路时，VT4 基极电位降低，使主开关电源停止工作，从而保护主开关电源电路和整机电路。只有在排除了 +5V 负载上的故障后，主开关电源才能正常工作。

⑤ 二次整流滤波电路的工作原理　T1 次级绕组产生的脉冲经整流滤波后产生了

+12V、−12V、+5V、−27.5V 等几种电压。其中 ±12V 送到各音频电路。+12V 还送到电机驱动电路，同时经过后级稳压控制电路稳压成 +8V 电压，给机芯伺服控制供电。+5V 电压送到音频 CD 及各数字电路，5V 电压还经后级电路稳压成 3V 电压，作为 MPEG 解码器的工作电压。−27.5V 电压加到显示 / 操作微处理器 U701，为 VFD 荧光显示驱动电路供电。最后一个绕组的脉冲电压经 R34、R35 输出交流 4.4V 电压，经 XSCN5 ～ XSCON901 的 ❶ 脚、❷ 脚及 ㊴ 脚、㊵ 脚为 VFD 显示屏供电。又因荧光显示管的灯丝是阴极，应该保持负压，故 −27.5V 还经 VD15、VD16 叠加在灯丝电压上，将灯丝钳位在 −27.5V。

2. 故障检修

❶ VFD 屏无显示，整机不工作。

【检修方法 1】打开机盖，首先检查其电源电路，测得接插件 XSCN4 ～ XSCN103 上只有非受控电源 +5V 电压，无受控的 +5V 和 +12V 电压输出，也无 −27.5V、−12V 和 AC 4.4V 电压输出，说明故障在主电源电路、电源通 / 断控制电路或系统控制电路部分。

接着检查电源通 / 断控制电路，测量 XSCN4 ～ XSCN103❺ 脚的控制电压，在按下电源开关时有高电平输入，说明系统控制微处理器工作正常，故障在电源通 / 断控制电路。测量控制管 VT3 的各引脚电压，测得其基极脉冲始终为低电平。在没有接通电源开关时，VT4 因无控制高电平输入而截止，VT3 的基极为高电平而导通，其发射极的输出电流使 PC2 光电耦合器中的发光二极管和光电三极管导通。主电源停振而不工作；接通电源开关时，VT4 导通使 VT3 的基极变为低电平，VT3 截止，PC2 也不工作，主电源电路开始工作。

经上述分析，焊下 VT3，接通电源开关主电源能正常工作，各输出电压正常，判断是 VT3 或 VT4 有问题。经检测发现 VT3 正常而 VT4 的 c-e 结软击穿。代换 VT4 后，整机播放正常。

【检修方法 2】根据故障现象分析，首先检查系统控制电路和电源电路。用万用表测量微处理器 U701 的 ㉕ 脚，有 +5V 工作电压，在操作电源开关的同时测 VT4 的基极，有高电平控制信号输入，电源指示灯点亮，但无受控 5V 输出电压，表明微处理器工作正常，故障在电源控制电路或主开关电源电路。

检查主开关电源电路，测场效应开关管 VT1 的漏极，有 +300V 的电压，说明电源的整流滤波电路正常。测得 IC1 的 ❻ 脚输出电压为零，其 ❶ 脚电压始终低于 +1V，而 ❼ 脚有 +16V 的供电电压，说明开关电源没有振荡，故障在电源控制电路。经检查，VT3 的 c-e 结击穿，使 PC2 始终导通，主开关电源不能工作。代换 VT3 后，机器恢复正常工作。

【检修方法 3】检修时打开机盖，用万用表检测电源的几路输出电压，即 ±12V、±5V、AC 4.4V 等，均输出为零。检查电源线及变压器，均正常。在检修中发现，当按下电源开关键时，U701 的 ㉕ 脚输出高电平，经 XSCN4 ～ XSCN103 的 ❺ 脚送入 VT4 的基极，使 VT4 导通、VT3 截止，PC2 中的发光二极管和光电三极管均截止，VT5、VD3 也截止，IC1 的 ❼ 脚有工作电压，IC1 的 ❶ 脚电压大于 1V，IC1 中的振荡电路进行振荡，IC1 的 ❻ 脚输出 PWM 脉冲，主开关电源便进入工作状态。当 +5V 电路出现过负荷或短路时，VT4 的基极电位降低，主开关电源便停止工作，从而保护主开关电源电路和整机电路。因此，只有在排除 +5V 负载上的故障后，主开关电源才能正常工作。

当检测 +5V 输出电路时，发现 C20（1000μF/10V）电解电容已严重漏电，导致主电源电路停止工作。代换 C20 后试机，恢复正常。

② 因总烧熔丝而不能工作。

打开机壳，检查副开关电源 VT2 场效应开关管，其 3 个极均击穿短路，并将二极管 VD8、VD9、VD10 烧坏。代换新的 TCM80A 型场效应开关管后，工作正常。

因场效应管 TCM80A 在市场上难以买到，用其他场效应管代换也难以启振，因此，可以通过如下的方法解决。方法是用一只双 12V/3W 小变压器和 3 只 1N4001 二极管，构成全波整流电路。将原底板上 VT2 和 R19 拆除，次级边断开 VD17。变压器的原边 220V 端并接在 C2 两端，整流输出的"+""−"端分别对应接在 C31 的"+""−"极上。没有做任何调整，只将变压器和整流板做必要的固定，接通电源开机，整机恢复正常。

③ VFD 显示屏不亮，整机也不能工作。

【检修方法 1】当出现故障时，闻到机内有焦煳味，开盖检查时，观察保险 FU1，也已烧焦，焦煳味就是从此处散发出来的。为防止机内仍有短路元件存在，用万用表测整流桥堆，发现有一个臂的正、反向电阻均较小，显然已经损坏。

经确认机内再无短路元件存在后，换上一只同规格的整流桥堆和新的熔丝，装上后试机，VFD 显示屏显示正常。

【检修方法 2】根据故障现象分析，此故障可分以下几步完成。

a. 首先检查整流滤波电路输出的电压。测 C5 两端约 300V 电压基本正常。

b. 测场效应开关管 VT1 漏极，发现无正常的约 300V 稳定电压。断电后，测 N301 的 ⑥ 脚、④ 脚之间电阻，呈开路状态。

c. 分析开关变压器 T1 初级开路损坏有可能是其他元件短路所致。经对电源板上各相关元件进行检测，结果发现开关管 VT1 的漏极、源极与控制极间短路。

d. 经检查确认其他元件再无损坏后，重换新的开关管与开关变压器焊好，通电开机，显示及其他各功能均恢复正常，正常工作。

【检修方法 3】通过现象分析，这是一种典型的电源没有工作的故障，应重点从开关电源处入手检查。

a. 检测电源整流滤波电容两端直流电压约为 300V，场效应管 VT1 漏极上直流电压约为 300V，但其栅极电压为 0V。

b. 测量集成块 IC1 的 ⑥ 脚输出端对地（⑤ 脚）电压为 0V，正常值约为 1.2V，进一步测量其 ⑦ 脚电源端电压，也为 0V。由此说明，IC1 没有工作，问题可能出在启动电阻上。

c. 检查启动电阻 R8（180kΩ/2W），发现其已开路。更换新件后，显示屏正常显示。

④ 220V 交流电压下降到 170V 以下时，此机会自动进入停机保护状态。

此机工作电源范围较宽，其下限值可低至 90V 左右。当 AC 220V 电压下降到 170V 左右就不能播放。显然是不正常的。此机故障可能是脉宽调制电路失控引起的。

检修时首先将机器电源插头插入 AC 电压调压器电源输出插座上，并将调压器电压调到 220V 左右；然后将电器置于正常状态，调节调压器的电压使其缓慢下降，当此电压下降到 172V 左右时，电器自保。此时测量光电耦合器的 ③ 脚或 ② 脚上的 5V 电压，下降到 4.1V 左右。当将交流电压升高时，此电压又会上升。由此可见，开关电源稳压功能确已失效，问题出在误差放大电路。检查误差放大控制电路的具体方法如下。

首先切断电源，检查误美放大控制电路中的取样电阻 RP1、R31、R30 电阻值，没有发现问题。再测量误差比较放大器的 ❶ 脚与 ❷ 脚、❷ 脚与 ❸ 脚间的在路电阻，没有发现有异常现象。接着检测光电耦合器的 ❶ 脚与 ❷ 脚、❸ 脚与 ❹ 脚间的电阻，结果发现其

❶ 脚与 ❷ 脚内发光二极管正向电阻在 8 ～ 12kΩ 变动，显然不正常。检测结果见表 5-4。重换一只新的同型号的光电耦合器装上后，调节交流供电电压到 95V 左右时，整机仍可正常工作，此时说明故障已被排除。

表 5-4　厚膜电路 KA3842/UC3842 实测数据

检测数据			
引脚号		❶ 脚与 ❷ 脚	❸ 脚与 ❹ 脚
开路电阻	红测	45 ~ 60Ω	300 ~ 500Ω
	黑测	∞	∞

❺ 指示灯和 VFD 屏均不亮，整机不工作。

【检修方法 1】检修时打开机盖，发现熔丝 FU1 熔断；检查整流二极管及滤波电容，元件良好；测量场效应管 VT1 漏 - 源极间已击穿。将 VT1 的 D 极断开，换上熔丝，通电后测量 C5 正端电压有 285V，表明整流滤波电路工作正常；测得 T1 的 ❸—❺ 绕组直流电阻也正常。根据前述原理分析，VT1 损坏的原因主要有：电源脉宽调制电路因某种原因而失效，开关管过流保护电路因故失控，开关管过压保护电路因故失控，IC1 集成电路内的 OSC（振荡器）工作异常。

首先断开 VT1 栅极电阻 RP6，在 IC1 的 ❼ 脚加上 +12V 直流电源，用示波器观察 IC1 的 ❻ 脚 PWM 脉冲波形正常；又在 R17 与 R15 公共端加上 5V 可调直流电压，在 ±1V 范围内慢慢调节 5V 电压，在示波器上看到 IC1 的 ❻ 脚的 PWM 脉冲宽度随电压升高而变窄、随电压降低而增宽；在 R12 上加 0.7V 电压，观察 IC1 的 ❹ 脚 OSC 停振，❻ 脚无 PWM 脉冲调制信号波形出现。由此判断 IC1 本身工作基本正常，问题出在其外围电路。

检查开关管浪涌电压限制保护电路中的 VD1、C2、R2，结果发现开关二极管 VD1 开路。换上同规格的开关二极管和场效应管后开机工作正常。

【检修方法 2】检修时打开机壳，观察熔丝完好，加电测量 VT1 漏极电压为 285V 左右，源极电压为 0V。根据电路工作原理，IC1 启振后，漏极电流会在 RNT1 上产生一个很小的电压降，开机瞬间，电压表指针会出现跳动，若指针静止在零刻度处，则意味着电源本身没有振荡能力。

判断方法为，在电容 CP8 正端与地之间加上 +12V 直流电压，IC1 进入正常振荡状态，关闭 +12V 供电，电源仍能维持工作，显然故障出在电源启动电路。检查启动电阻，发现其电阻值已增大为 1MΩ 以上，用一只 180kΩ 电阻代换后，整机工作恢复正常，工作正常。

四、KA3524（UC3524）构成的开关电源典型电路分析与检修

1. 电路原理

（1）结构特点　此集成电路是专为开关电源研制出来的振荡控制器件（图 5-10）。使用 16 脚双列直插式塑料封装结构，由一个振荡器、一个脉宽调制器、一个脉冲触发器、两只交替输出的开关管及过流保护电路构成，其内部方框图如图 5-11 所示。

❶ 基准源。从 KA3524 的 ❿ 脚输出 5V 基准电压，输出电流达 20mA，芯片内除非门外，其他部分均由其供电。此外，还作为误差放大器的基准电压。

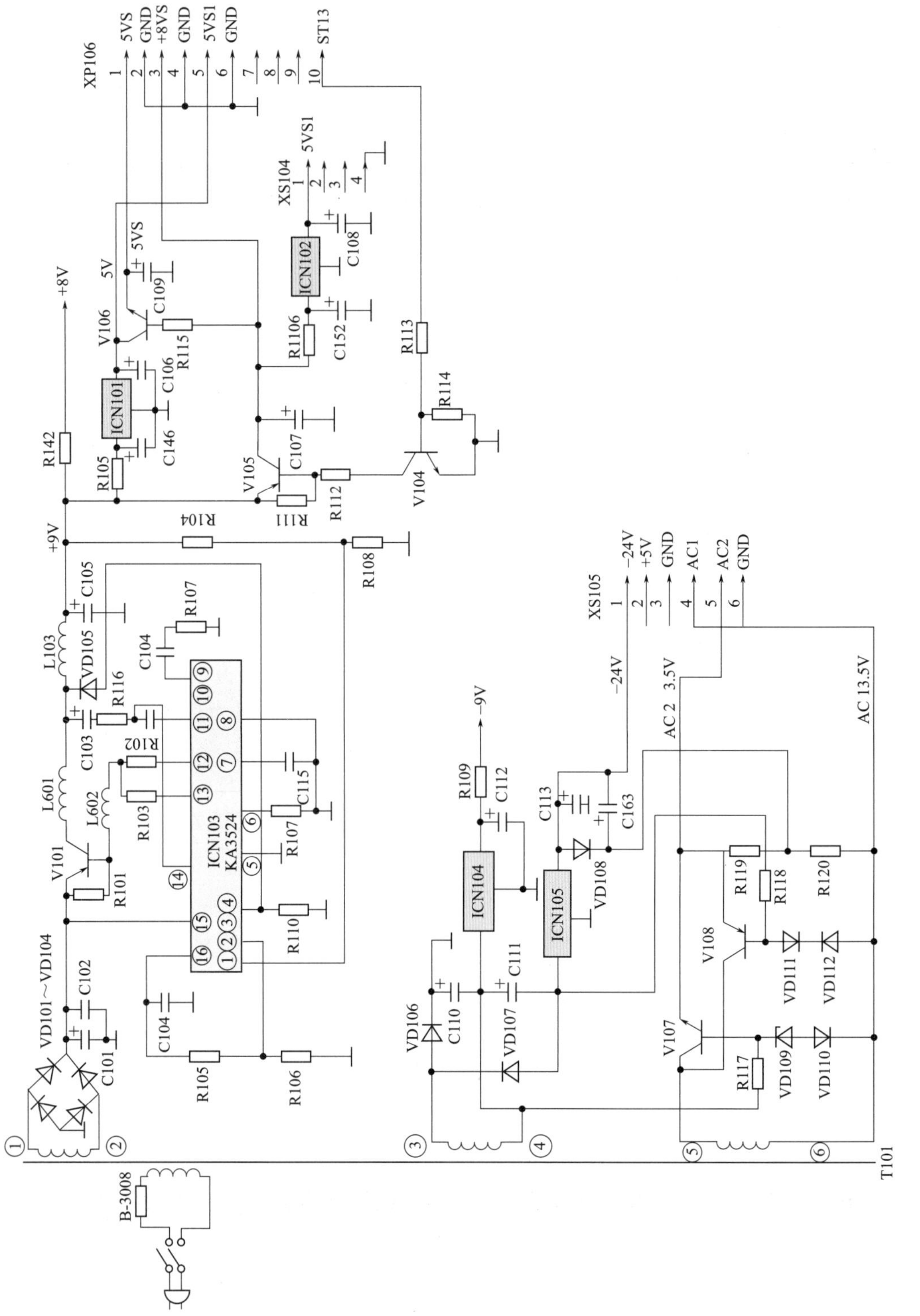

图 5-10　KA3524 构成的开关电源电路

❷ 锯齿波振荡器。振荡频率由接于 ❻ 脚的 RT（图 5-10 中的 R107）和 ❼ 脚的 CT（图 5-10 中的 C115）来决定，其大小近似为 f=1/RT×CT，在 CT 两端可得到一个在 0.6 ～ 3.5V 变化的锯齿波，振荡器在输出锯齿波的同时还输出一组触发脉冲，宽度为

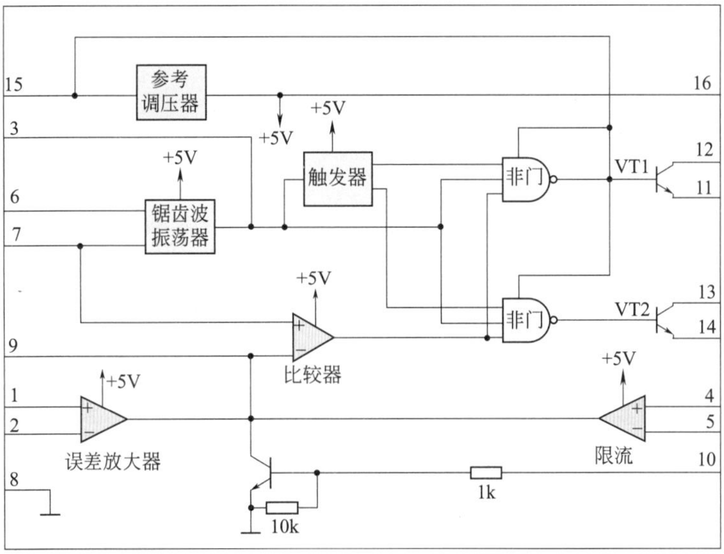

图 5-11　厚膜电路 KA3524 内部结构电路

0.5 ～ 5μs。此触发脉冲在电路中有两个作用。一是控制“死区”时间。振荡器输出的触发脉冲直接送至两个输出级的或非门作为封闭脉冲，以保证两组输出三极管不会同时导通。所谓或非门又称非或门，其逻辑关系为：输入为 1（高电平），输出为 0（低电平）；输入全部为 0，输出为 1。二是作为触发器的触发脉冲。

③ 误差放大器。基准电压加至误差放大器的 ② 脚同相输入端。电源输出电压经反相到 ① 脚反相输入端，当 ① 脚电压大于 ② 脚电压时，误差放大器的输出使或非门输出为零。

④ 电流限制电路。当 ④ 脚与 ⑤ 脚之间的电位差大于 20mV 时，放大器使 ⑨ 脚电位下降，迫使输出脉冲宽度减小，限制电流增加。此电路可作为保护电路使用，应用时通常是将 ⑤ 脚接地，④ 脚作为保护电路输入端。

⑤ 比较器。⑦ 脚的锯齿波电压与误差放大器的输出电压经过比较器比较，当 CT 电压高于误差放大器输出电压时，比较器输出高电平，或非门输出低电平，三极管截止；反之，CT 电压低于误差放大器输出电压时，比较器输出低电平，使三极管导通。

⑥ 触发器。经触发脉冲触发，触发器两输出端分别交替输出高、低电平，以控制输出级或非门输入端。两个或非门各自 3 个输入端分别受触发器、振荡器和脉宽调制器的输出脉冲的控制。

⑦ 输出三极管。由两个中功率 NPN 管构成，每管的集电极和发射极都单独引出。

（2）振荡电路的工作原理　220V 交流市电经电源插头、开关、熔丝加至电源变压器 T101 初级，其次级有 3 组线圈。由 ①—② 绕组感应电压经 VD101 ～ VD104 整流、C101 滤波后，得到 14V 左右的电压：一路加至开关管 V101 的发射极；另一路加至脉宽调制器 ICN103 的 ⑮ 脚，为内部的或非门电路和基准稳压器供电。基准稳压器输出 +5V 电压，为 ICN103 内部供电，振荡器开始振荡（振荡频率由 ⑥ 脚、⑦ 脚元件 R107、C115 决定，振荡频率约 100kHz），并输出时钟脉冲至触发器，触发器分频后的脉冲同时送到两个或非门电路，分别由 ICN103 的 ⑫ 脚、⑬ 脚轮流输出低电平（因 ⑪ 脚、⑭ 脚接地），V101 导通能力增强，电感 L103 左端感应电压为正，故续流二极管 VD105 截止，V101 集电极输出的电压对电容 C105 充电，经 R104、R108 取样后的 ① 脚电压开始上升，当 ① 脚电压超过 2.5V

时，误差放大器输出使或非门输出电流立即降为零，ICN103 内的 VT1、VT2 管同时截止，⑫ 脚、⑬ 脚为高电平，使 V101 管截止，储能电感 L103 放电，L103 左端感应电压为负，续流二极管 VD105 导通，为 L103 提供放电回路，再次给 C105 充电，L103 中磁场能量释放给 C105，使 C105 上的 +9V 直流电压更加平滑。

（3）过流保护电路的工作原理 此机型设有过流保护电路，因某种原因造成负载短路时，流过过流电路 R110、VD105 的电流就要减少，ICN103 的 ④ 脚电压上升，当 ④ 脚电压超过 0V 时，电流限制电路启控输出触发信号到或非门电路，关断其输出，使 V101 管截止，从而防止因负载过流而烧坏开关管 V101。

（4）电源输出电路的工作原理 串联稳压开关电源输出的 +9V 电压，分 3 路输出：一路经 R142 降压得到 +8V 电压，为 AV 电路供电，这一路电压属不受控电源；一路经 R105 限流、C146 滤波、ICN101 三端稳压块稳压为 5V 电压后，为系统控制微处理器、VFD 显示及操作电路供电，此路电压也属不受控电源；一路经 V105 为伺服驱动电路、电机驱动电路供电，同时此电压还经三端固定稳压集成电路 ICN102 稳压为 5V 后，为卡拉 OK 等模拟电路供电，这一路电压为受控电源，受由 V104、V105、V106 等构成的开机 / 待机控制电路控制。当开机时，系统控制微处理器为高电平，V104、V105、V106 导通，才有 3 组电源电压 5VS、+8VS、5VS1 输出；反之，则处于待机状态。

（5）低压整流电源电路的工作原理 由 T101 变压器次级 ③—④ 绕组感应的交流电压，正半周时 VD106 导通，对 C110 充电，负半周时，VD107 导通，对 C111 充电，C110 两端电压经三端稳压集成电路 ICN104 稳压为 −9V 电压，为 AV 输出电路供电。C110 与 C111 串联后两端电压经三端稳压块 ICN105 稳压为 −24V 电压，为 VFD 显示电路供电。

由 T101 变压器 ⑤—⑥ 绕组感应的交流电压，经 V107、V108、VD109 ～ VD112 及 VD108，再叠加上 −24V 的直流电压后，输出两个交流 3.5V 的电压，为 VFD 荧光显示屏灯丝作供电电压。

2. 故障检修

打开电源，刚开始时正常工作，经过约 15min 后，图像开始跳动不停。停机 0.5h 后，再重放，又重复上述故障现象。

根据故障现象分析，这种故障一般是某个电子元件的热稳定性不良所致。打开机盖，首先测量电源电路的 +5V、+8V 电压，发现当出现故障时，+5V 电压不稳，时高时低，怀疑 ICN101 有故障。检测外围元件均没有发现异常，证明 ICN101 性能已变差。代换一个新的 ICN101 后，接通电源试机，恢复正常。

第二节 STR 系列开关电源典型电路分析与检修

一、STR-Z3302 构成的开关电源典型电路分析与检修

如图 5-12 所示为使用厚膜电路 STR-Z3302 构成的开关电源电路，其电源系统使用电源厚膜块构成的半桥式开关电源结构。

1. 电路原理分析

此电源电路设计新颖，输出功率大，开关振荡和稳压控制使用最新开发的大功率电源厚膜块 Q801（STR-Z3302），属半桥式开关稳压电源（也称之为电流谐振式开关稳压电源）。前面所介绍的电源电路是单端变换式开关稳压电源，其最大输出功率一般不超过 200W，而这种半桥式开关稳压电源的最大输出功率可达 700W 左右。半桥式电源电路中的开关管使用两只大功率的 MOS 场效应管，工作于推挽状态，因此开关管的实际耐压不要求很高。直流输出电压的稳压控制使用光电耦合器，同时待机控制也使用光电耦合器，因此，电源系统中冷、热底板相互隔离，比较安全，并且稳压范围宽，可达 90～245V。设计有待机控制电路，因此开关电源在待机状态下处于间歇振荡状态，故其功耗较小。

2. 单元电路的结构及原理分析

（1）整流滤波及消磁电路原理　按下电源开关 SB801 接通电源后，交流市电通过熔丝 F801 后进入由 C801、T801 及 C813 和 C814 构成的低通滤波器，经电源滤波后一路输送至消磁电路，另一路再经限流电阻 R812、R813 输送至整流滤波电路。220V 交流电压经 VD801 桥式整流和 C810 滤波后，在 C810 上形成 300V 左右的脉动直流电压。

从图中可以看出，在限流电阻 R812、R813 两端并联了继电器开关 SR81，刚开机时，SR81 线圈无电流而处于断开状态，R812 和 R813 起到了限流作用。开机后，行输出电路输出的二次电源给 SR81 线圈加上 12V 直流电压，则 SR81 线圈中有电流流过，因此 SR81 的控制开关关闭，这时 R812 和 R813 不起限流作用，以免产生消耗功率。R801 为 C801 提供放电回路，以免关机后 C801 所充电压无法放掉。L803、C806、C805 及 L806 可滤除高频干扰。

（2）开关振荡电路原理　此电源的开关振荡电路以大功率电源厚膜块 Q801 为核心构成。Q801 的内部电路主要由开关管振荡、逻辑、过压保护、过热保护、过流保护及延时保护等部分构成。

Q801 使用单列直插式 19 引脚。其各脚的主要作用为：❶ 脚为半桥式电源电压输入端，❷ 脚为空脚，❸ 脚为 MOS 场效应管触发输入端，❹ 脚为 MOS 场效应管触发激励输出端，❺ 脚为空脚，❻ 脚为控制部分的接地端，❼ 脚为外接振荡定时电容端，❽ 脚为稳压和待机控制信号输入端，❾ 脚为外接定时电阻端，❿ 脚为外接软启动电容端，⓫ 脚为延时关断电容连接端，⓬ 脚为控制部分电源电压的输出端，⓭ 脚为低端触发激励输出端，⓮ 脚为过流检测输入端，⓯ 脚为低端 MOS 场效应管触发输入端，⓰ 脚为半桥接地端，⓱ 脚为空端，⓲ 脚为半桥驱动输出，⓳ 脚为高端触发激励自举升压端。具体工作过程如下。

当接通电源后，交流 220V 电压经 R861 给 C877 充电，充电电流从 VD801 中流过，从图 5-12 可知，这实际上是一个半波整流电路，因此，便在 C877 上形成大约 15.7V 的直流电压，此电压送至 Q801 的 ⓬ 脚，作为其启动电路的工作电压，使开关电源启动工作。

当开关电源正常工作以后，T862 的 ❷—❸ 绕组的电势经 VD864、C868 整流与滤波后，在 C868 上形成约 40V 的直流电压。此电压再经 Q872、VD872 稳压成 16.8V 给 Q801 的 ⓬ 脚供电，以取代开机初始状态时由 VD801 和 R861 及 C877 形成的 15.7V 启动电压。当 Q801 正常工作后，若其 ❿ 脚的启动电压降到 7.6V 时，Q801 才停止工作。

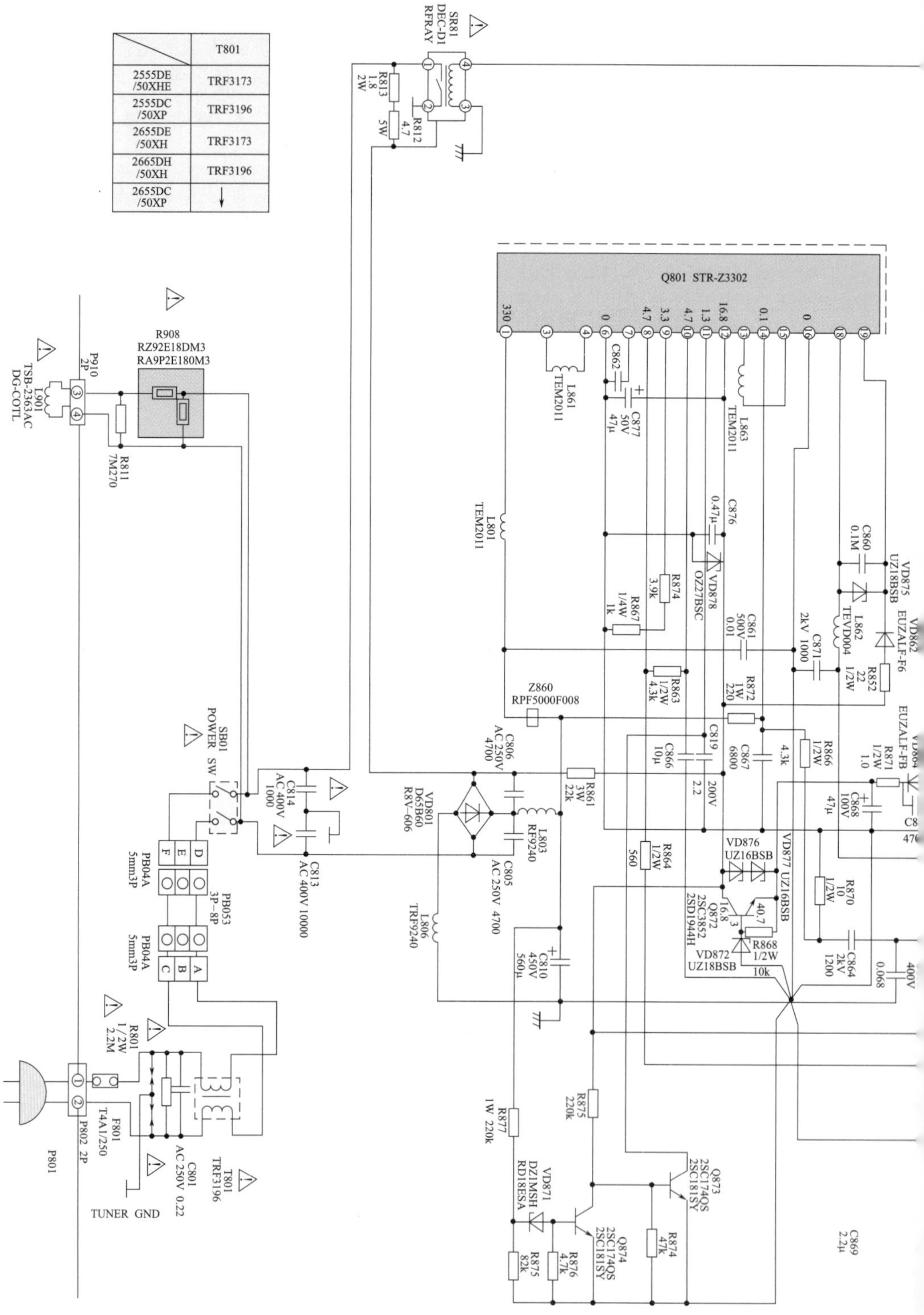

图 5-12 STR-Z3302

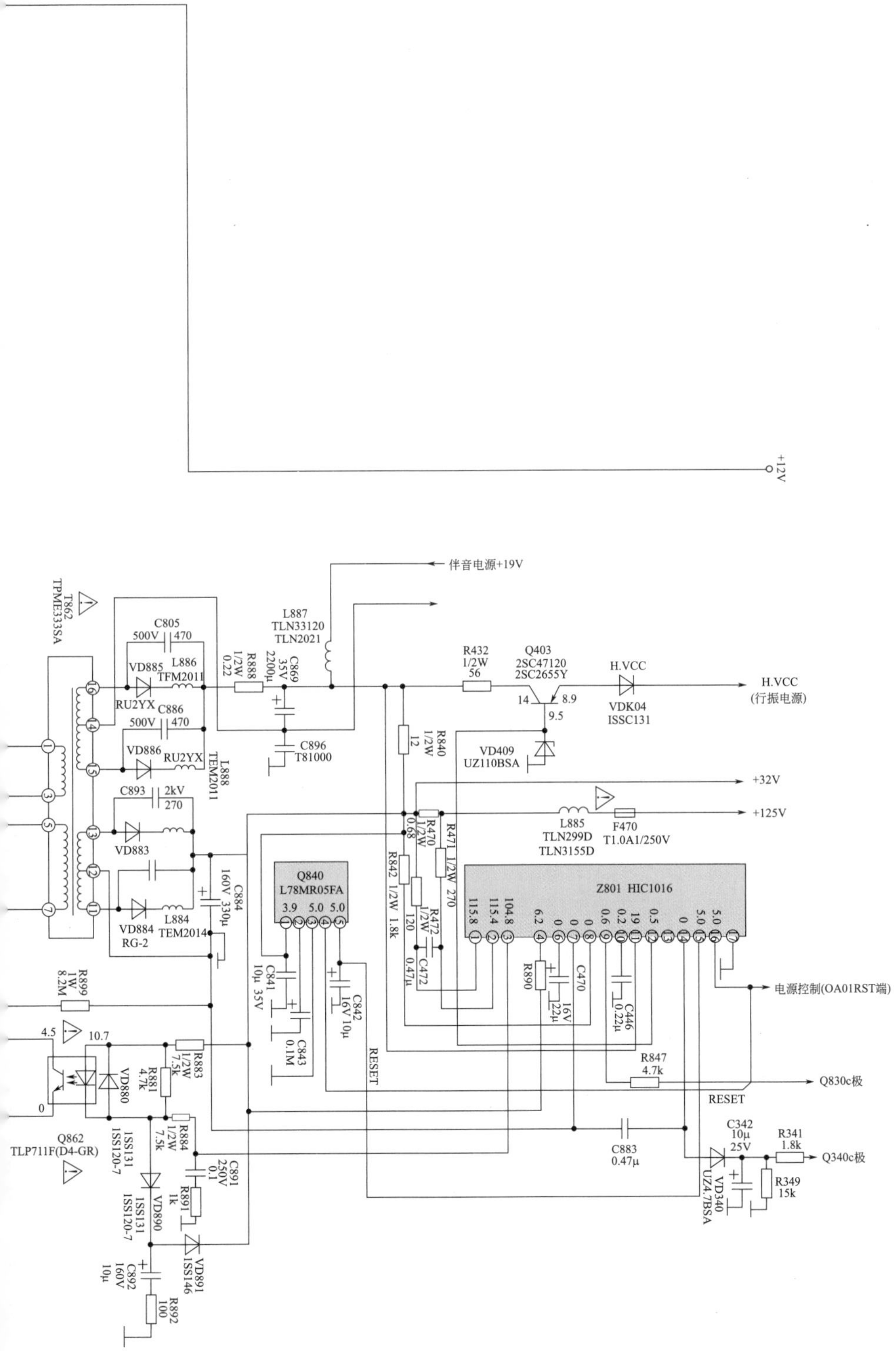
+12V
伴音电源+19V
T862
TPME333SA
C805
500V
470
VD885
L886
TFM2011
RU2YX
C886
500V
470
VD886
RU2YX
L888
TEM2011
C893
2kV
270
VD883
VD884
RG-2
L884
TEM2014
R888
1/2W
0.22
C869
35V
2200μ
L887
TLN33120
TLN2021
C896
T81000
C884
160V
330μ
R899
1W
8.2M
R432
1/2W
56
Q403
2SC47120
2SC2655Y
14
8.9
9.5
VD409
UZ110BSA
H.VCC
VDK04
ISSC131
H.VCC
(行振电源)
R840
1/2W
12
+32V
+125V
L885
TLN299D
TLN3155D
F470
T1.0A1/250V
R470
1/2W
0.68
R471
1/2W
270
R842
1/2W
1.8k
R472
1/2W
120
C472
0.47μ
Q840
L78MR05FA
3.9
5.0
5.0
Z801 HIC1016
115.8
115.4
104.8
6.2
0
0
0.6
0.2
19
0.5
0
5.0
5.0
C841
10μ 35V
C843
0.1M
C842
16V 10μ
R890
C470
16V
22μ
C446
0.22μ
电源控制(OA01RST端)
RESET
R847
4.7k
Q830c极
RESET
4.5
10.7
0
VD880
R881
4.7k
R883
1/2W
7.5k
Q862
TLP711F(D4-GR)
1SS131
1SS120-7
R884
1/2W
7.5k
C891
250V
0.1
R891
1k
VD890
1SS131
1SS120-7
VD891
1SS146
C892
160V
10μ
R892
100
C883
0.47μ
C342
10μ
25V
VD340
UZ4.7BSA
R341
1.8k
Q340c极
R349
15k

构成的开关电源电路

在 Q801 的 ⑦ 脚外接的 C862 为振荡电容，当 C862 充电时，高端 VT1、低端 VT2 交替工作，当 C862 放电时，高、低端两个大功率 MOSFET 均截止。因高、低端两个功率管 VT1、VT2 交替导通，故触发激励的一个周期等于振荡器的两个周期。

在 Q801 的 ⑨ 脚外接的 R874 和 R862 是振荡定时电阻，因其 ⑧ 脚是稳压控制输入端，故从 ⑧ 脚流出来的电流由光电耦合器 Q862 来决定。⑧ 脚和 ⑨ 脚电流共同决定 ⑦ 脚外接电容 C862 充电电流的大小。C862 充电电流增大，则振荡频率提高；C862 充电电流减小，则振荡频率降低。振荡最低频率主要由其 ⑨ 脚外接电阻 R874 的阻值决定，振荡频率由其 ⑧ 脚外接的 R864 电阻决定。提高振荡频率可提高开关电源输出的直流电压。

（3）**稳压控制电路原理**　此稳压控制电路设在厚膜块 Z801 内部，如图 5-13 所示。

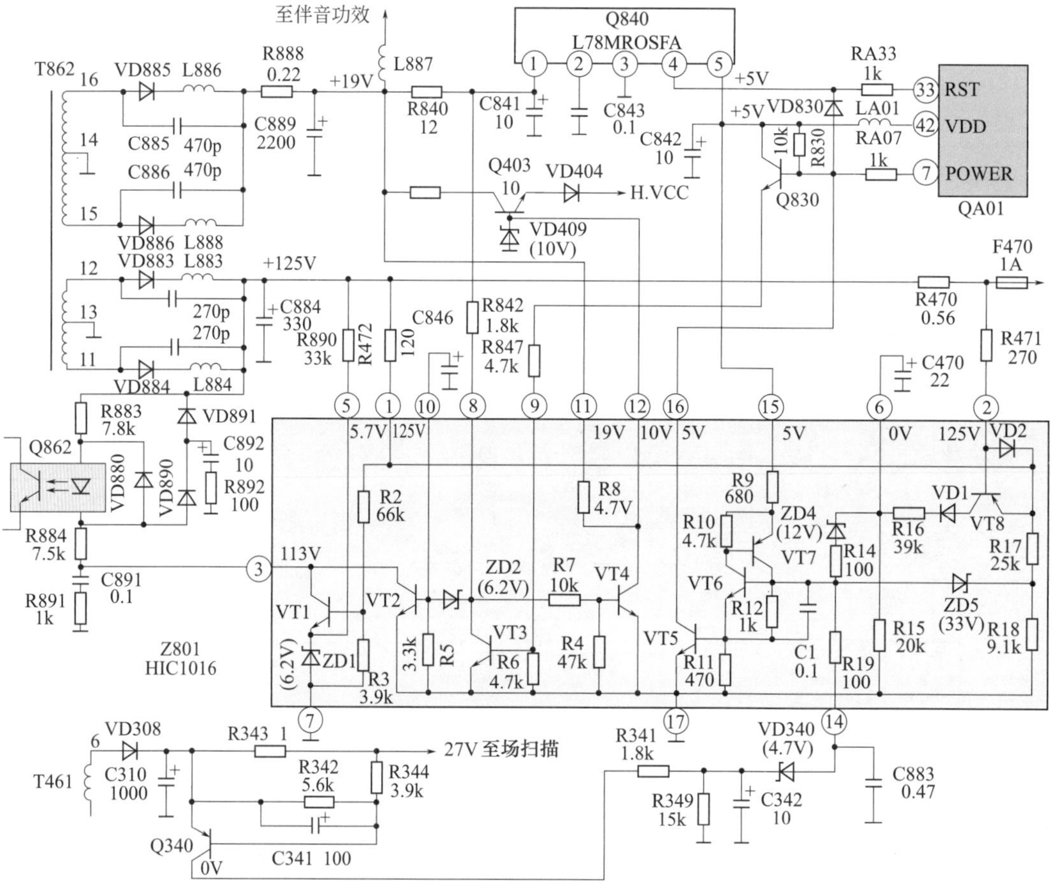

图 5-13　厚膜集成电路 HIC1016 内部结构电路

图中，稳压控制电路主要由 Z801 内部的 VT1、ZD1 及光电耦合器 Q862 构成。由开关电源输出的直流 +B 电压即 +125V，经 R472 加到 Z801 的 ❶ 脚，再经 Z801 内部的 R2、R3 分压为其 VT1 提供取样电压，且 +125V 电压又经 R890 加到 Z801 的 ❺ 脚，以便为 VT1 发射极提供 6.2V 基准电压。假如某种原因使主输出电压高于 +125V，则误差放大管 VT1 的电流将增大，光电耦合器 Q862 的电流也增大，则 Q801 的 ❽ 脚流出来的电流也增大，主输出电压会自动回降到 +125V 标准值。

（4）**自动保护电路原理**　此机型电源的保护电路由 Z801 内部的 VT5 ～ VT8 和 ZD5 等

元器件构成，VT6 与 VT7 构成模拟晶闸管电路。VT6 与 VT7 一旦触发导通后，只有关机才能使其恢复截止。VT6 与 VT7 导通又将引起 VT5 饱和导通，而 VT5 饱和导通又会引起 Q830 截止，则整机处于待机受保护状态。此电源系统的保护单元主要有以下 2 种。

❶ 软启动保护电路原理。软启动电路可防止突发性的冲击电流激励 MOS 功率开关管，软启动设在 Q801 的 ⑩ 脚，⑩ 脚与 ⑧ 脚之间跨接了 R863 电阻，且 ⑩ 脚外接电容 C846。开机时，C846 电容两端电压的建立只有一个过程，从而使开关电源的启动有一个缓慢延时的过程，这就可防止冲击电流损坏 MOS 功率开关管。

此机型电源的软启动、软切换保护电路由光电耦合器外围的 VD890、VD891、C892、R892 元器件构成。每次开机前，因 C892 上的电压为 0V，则开机后，+125V 电压经 R883、Q862、VD890 对 C892 的充电有一个过程，充电初始阶段光电耦合器 Q862 的电流很大，当 C892 充电完毕，则由 Z801 中误差放大管 VT1 来控制 Q862 内部发光二极管电流的大小。开机后开关电源工作状态是逐渐增强的，这就是软启动。另外，从待机状态切换到收看状态，C892、R892 具有状态软切换功能，即 Z801 中的待机控制管 VT2 突然截止后，光电耦合器 Q862 的电流不会突然减小，若 C892 又被充电，只有当 C892 上的电压从几十伏充电到几百伏以上时，电源才能进入正常收看状态。

当从初始状态切换到待机状态时，+125V 主输出电压将减半，因 VD890 反偏截止，C892 只能经 VD891 很快放电，以便在下次开机时，C892 仍具有软切换功能；C892 若不能很快放电，则下次马上开机时，C892 就不能起到切换功能。若将 VD890 短路，则从收看状态切换到待机状态时，因 Z801 内部待机控制管 VT2 饱和导通，C892 将经 VT2 放电，使 VT2 饱和导通时不会立即使光电耦合器 Q862 电流突增，造成从收看状态到待机状态的切换也是一种软切换，这是不允许的。若待机后，行扫描很快停止工作，开关电源也应马上工作在相应的低频间歇振荡状态。

❷ 延迟关断控制电路原理。延迟关断电路的作用是：当电路出现异常现象时，使开关电源停止工作，从而起到保护作用。当下列情况发生时，延迟关断电路将发生动作。

a. 低电压保护。低电压保护由 Q873、Q874、VD871 等构成。当交流电压在 110 ～ 245V 正常范围内时，VD871 反向击穿导通，并引起 Q874 饱和而 Q873 截止，此时 Q801 的 ⑪ 脚电压不受影响。当交流电压远低于正常值时，VD871 截止，则 Q874 也截止，同时使 Q873 导通，此时 Q801 的 ⑪ 脚对地电压小于 0.35V，则 Q801 停止工作。

b. 过流保护。Q801 的 ⑭ 脚为过流保护检测输入端，C870 上的电压经 C864、R870 耦合及 R866、C867 平滑滤波后加到 ⑭ 脚，当过流发生的电压超过门限电压时，延时开关使电路停止工作。⑭ 脚还经 R872 与 300V 电压相连，故当电压异常升高时，它经 R872、R866、R870 分压后使其 ⑭ 脚的电压超过门限电压，同样能起到保护作用。

c. 过压保护。Q801 的 ⑫ 脚有过压保护检测功能，当其 ⑫ 脚的启动电压超过 22V 时，过压保护使 Q801 工作停止。

（5）热断路保护原理 当 Q801 内部温度超过 150℃时，热断路电路使 Q801 停止工作。

（6）+B 输出端过压和过流保护电路的原理

❶ +B 输出过压保护。+B 输出端电压即 +125V 主电压经 R471 加到 Z801 的 ❷ 脚，然后经 Z801 内部 R17、R18 分压加到 ZD5 的负极。若 +125V 输出端的电压上升到 +146V 时，ZD5 被击穿导通，并引起模拟晶闸管 VT6、VT7 导通，VT5 也饱和导通，则 Q830 截止，整机处于待机保护状态。

❷ +B电压输出回路过流保护。R470为过流检测电阻，若+B输出端的负载过流时，则R470两端的压降就过大，此压降使VT8导通，VT8发射极电流经VD1、R16给其❻脚外接的电容C470充电，当C470上电压升高到12V以上时，ZD4击穿导通，并引起模拟晶闸管VT6、VT7导通，VT5也饱和导通，则Q830截止，整机处于待机保护状态。

3. 故障检修

❶ 接通电源开机后，待机指示灯不亮，且机内无继电器吸合声。

根据故障现象判断开关电源的次级输出电压均为0V。按其电路解析可知，此故障不是开关电源有问题就是其负载短路而强制开关电源次级电压降为0V。

通过以上分析，检修时打开机壳，首先测Q801的❶脚电压为0V，说明其整流滤波电路有问题。分别检查F801、R812、R813、VD801、C810及Z860等，发现Z860、VD875均开路，但其他元器件没有异常。代换Z860和VD875后，整机恢复正常，工作正常。

❷ 接通电源后，电源指示灯不亮，继电器不吸合，即主机不能启动，但面板上的待机指示灯亮。

根据故障现象判断，此机型始终处于待机状态。首先测得+B电压为56V左右。说明此机型确实处在待机状态。检查微处理器QA01的❼脚外接的待机控制接口各元器件，没有发现异常。判断问题应出在行输出电路或电源电路。检测Q501（M52707SP）的❾脚电压为0V，正常时应为8V，仔细检查此电路中元件，发现Z801不良。代换Z801后，电器恢复正常。

❸ 接通电源开机后，既无光栅，也无伴音，继电器吸合后又释放，电源指示灯每隔0.5s左右闪烁一次。

根据故障现象分析，此机型电源次级保护电路动作或误保护时，保护信号将送入微处理器QA01的❼脚，作为微处理器进行故障自检的依据。QA01收到此信号后，其❽脚便输出开/关信号驱动电源指示灯以0.5s间隔交替闪烁。因此，由故障表现判断，此机型的电源次级保护电路动作。对此应重点检查其电源次级保护电路或其负载电路。因开机瞬间防开机冲击继电器SR81能吸合，说明行输出电路没有出现严重短路故障，Z801自身无问题。若Z801内的等效晶闸管有问题，则会出现继电器来不及吸合，保护电路就已动作的现象。另外在开机瞬间监测+B电压，亦没有见过压现象。据此判断此故障是机内保护电路误动作所致。

检修时，将Z801的⓰脚从电路板上焊开，试通电，整机能启动，并能正常工作，说明上述判断正常，对此应重点检查保护电路。测得Q340各极电压均接近27V，拆下Q340、R342、C341检查，发现Q340的c-e结击穿。代换2SA1015后，工作正常。

二、STR-S5941构成的开关电源典型电路分析与检修

1. 电路原理

（1）交流输入及倍压整流和桥式整流自动转换电路原理　如图5-14所示是交流输入及倍压和桥式整流转换电路，它使用了厚膜组件IC601（STR-80145）。

图5-14中，市电输入经VD615、VD602半波整流及C608滤波后，此直流电压加在IC601❷脚、❺脚之间，对市电电压进行取样。当输入交流电压低于145V时，C608上的整流电压较低，使IC601内部的双向晶闸管导通，使IC601的❷脚、❸脚连通，将整流电

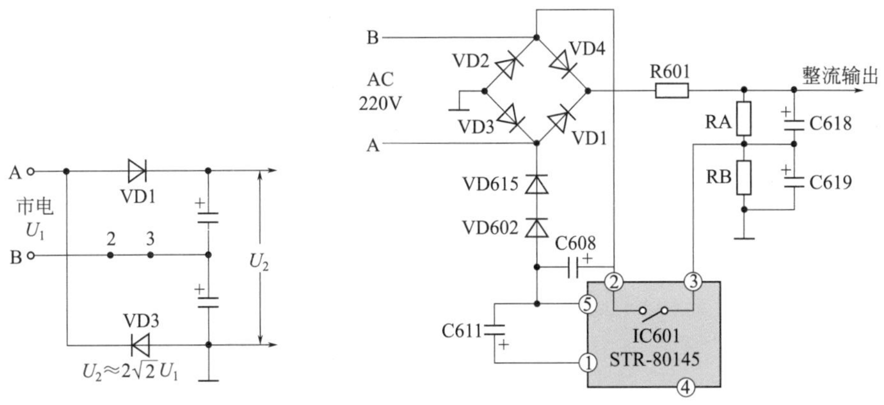

(a) 全波倍压整流等效电路　　(b) 全波桥式整流电路等效图

图 5-14　交流输入及桥式整流和倍压整流转换电路

路变成全波倍压整流，其等效电路如图 5-14（a）所示，此时，桥堆中的另两只二极管 VD2、VD4 无正向导通而截止。交流电的正、负半周分别通过 VD1 和 VD3 向 C618、C619 充电。但因 C618、C619 的容量取值较大（820μF/250V），在二极管截止时来不及放电完毕，则在两只电容串联电路上输出的将是交流电压有效值 22 倍的直流输出。其实际输出值，随负载增大或电容容量减小，会低于此值。

当 IC601❷ 脚、❺ 脚之间的取样电压高于或等于 145V 时，C608 上的整流电压较高，使 IC601 内部的双向晶闸管关断，IC601 的 ❷ 脚、❸ 脚断开电路，恢复成普通全波整流状态。为了使此状态下的 C618、C619 电压平衡，因此在电容器上加入均压电阻 RA 和 RB，其总阻值相当于每只电容上并入 330kΩ 电阻。用多只电阻串、并联的目的，是增加可靠性，同时也相对减小大功率电阻的体积。

（2）主开关稳压电源电路原理

❶ 开关电路的自激振荡过程　此自激振荡电路由厚膜电路 IC602 内的 ❶ 脚、❷ 脚、❸ 脚的大功率开关管 Q1 和开关变压器 T603 构成。这部分电路的简化结构图如图 5-15 所示。

图 5-15 中，开关变压器 T603 的 ❹—❷ 绕组为 Q1 的集电极绕组；❻—❼ 绕组为正反馈绕组。当电源接通时，整流后的高压直流正极通过 T603❹—❷ 绕组进入开关管 Q1 的集电极。同时 300V 直流电压还由 R603 供给 Q1 的基极正向偏置电流，使 Q1 的集电极电流流过 T603 的初级 ❹—❷ 绕组。此电流的增长，在 T603 磁芯内形成变化的磁通，因而在 ❻—❼ 绕组上感应出反馈脉冲电压。此电压通过 R609 和 C610 反馈到 Q1 的基极，使 Q1 的集电极电流进一步增大。因这种正反馈过程使 Q1 很快饱和。Q1 的集电极电流饱和后进入平顶区，磁通无变化。反馈绕组 ❼—❻ 通过 C610、R609 及 Q1 的基极、发射极继续向 C610 充电，使 Q1 的饱和状态下降进入放大区，因 Q1 集电极电流减小，T603 的 ❹—❷ 绕组产生的感应电动势反相，正反馈绕组 ❼—❻ 的电动势也跟着反相，❼—❻ 绕组的负电压，通过 C610 反馈到 Q1 的基极，Q1 很快截止。Q1 截止后，C610 通过 R609、❼—❻ 绕组、VD1 放电，Q1 的基极电位回升，再加上 R603 的启动作用，使开关电路的自激振荡进行下一个周期的振荡。

在上述过程中，脉冲平顶阶段的宽度（脉冲持续期）取决于 C610 的放电时间常数和 T603 的参数。在此设定的脉冲宽度，为电路的最大脉宽。在开关电源中，决不允许 Q1 在额定输入电压时，工作于最大脉宽，否则 Q1 会因功耗过大而损坏。这也是开关电源的脉宽调制器不能开路的原因。在 Q1 截止时，T603 释放磁场能量使次级产生感应电压，向负载提供

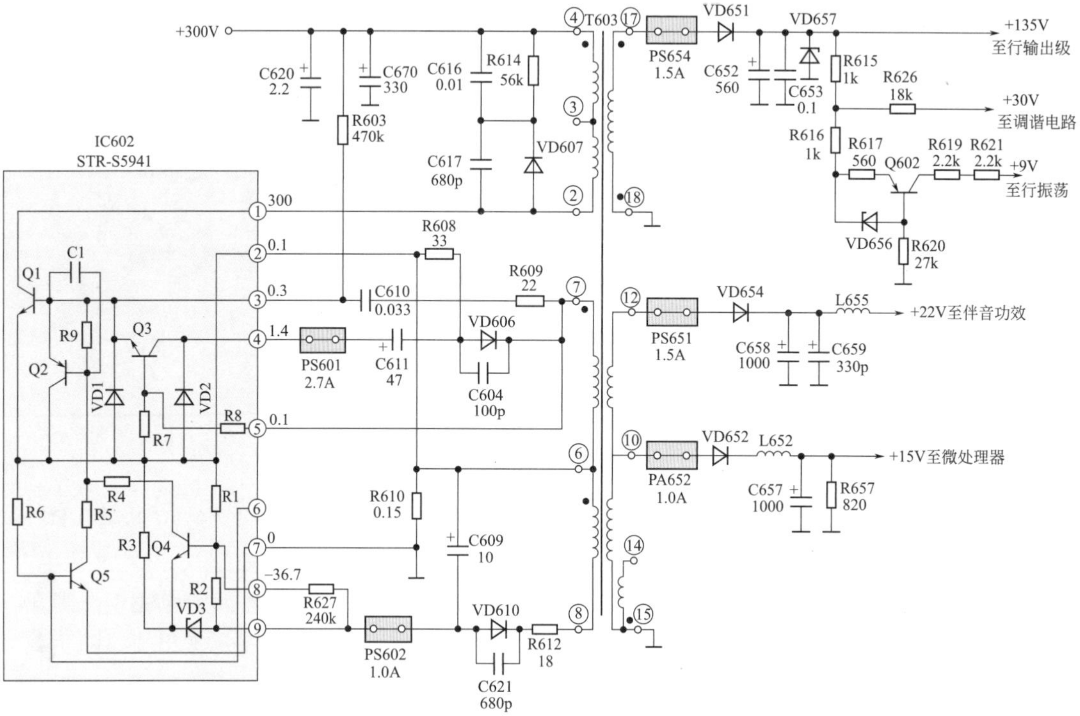

图 5-15　STR-S5941 构成的开关电源电路

能量。在前述过程中，R609 的作用是调整正反馈量，使市电在上限时的反馈电压不致使 Q1 产生过饱和，以免产生存储效应，增大 Q1 的损耗，而导致损坏。

❷ 稳压控制电路原理　此机型的主开关稳压电源的稳压控制电路由 T603 的 ❽—❻ 绕组、VD610、C609 及 IC602 内部的 Q4、Q2 等元器件构成。从图 5-15 中可知：开关变压器 T603 的 ❽—❻ 绕组为专用取样绕组。根据 T603 的 ❽ 端的相位可以看出，此处的二极管 VD610 为负极性整流器。在开关管导通时，VD610 同时导通，其整流电压在 C609 上的压降正比于 Q1 的导通时间。以此电压作为取样电压，可以有效地控制开关管的振荡脉宽。开关管的脉宽不同，T603 的磁场存储能量也就不同，从而达到稳定次级电压的目的。这种取样方式的取样电压与开关电源主负载电压输出端并没有直接联系。输出电压的稳定是靠次级绕组和 ❽—❻ 绕组的互感联系的，一般称之为间接取样方式。具体稳压调控过程如下。

取样绕组 T603 的 ❽—❻ 绕组输出的反馈脉冲经 VD610 整流、C609 滤波后，再经 R1、R2 分压送入误差放大管 Q4 的基极。Q4 的发射极电压由 R3 降压，经 VD3 稳定在 6.2V。

当输出电压升高时（此电路中以 C609 负极作为测试基准点），C609 两端电压也升高。经 R1 和 R2 分压的 Q4 的基极电位升高，使集电极电流增大，Q2 的基极电流也同时增大，脉宽调制管 Q2 的内阻减小。对 Q1 的基极的分流作用增强，使振荡脉冲提前截止，减小了脉冲宽度，使次级输出电压降低。若输出电压降低时，则稳压过程与上述相反。

❸ 限流电阻的自动控制电路原理　此机型的输入电源变动范围限定在市电 110 ～ 240V。当电源电压愈低时，Q1 的振荡脉宽也愈宽，其集电极的平均电流也必然愈大。当市电直接接入整流、滤波电路时，因市电内阻是很低的，则在电源接通的瞬间，滤波电容的充电电流也极大。经实测证明，220V 的桥式整流器用 470μF/400V 的滤波电容，在电源开启的瞬间，其充电电流峰值达 18A（与当地市电内阻、整流管的正向电阻及负载特性相关）。如此大于正常工

作电流达20倍的冲击电流，既会损坏机内电源开关、熔丝、整流桥堆，又易使滤波电容受损。同时，对电网也不利。因此，在这种电路中，都在整流器与市电输入之间或者整流输出与滤波电容间，接入2～10Ω限流电阻，它能有效地限制滤波电容的最大充电电流。

2. 故障检修

【故障现象1】开机后无输出，但熔丝完好。

开机经测试，IC602❶脚有直流300V高压，其他各引脚均为0V，说明是开关电源停振。引起停振有两种可能：一是启动电阻R603断路（R603在此机型属易损件）；二是负载短路，使电源保护性停振。经检测，+135V电压输出端对地阻值为0Ω，过压保护二极管VD657击穿。VD657击穿也有两种可能：一是VD657本身偶然性损坏；二是开关电源失控使输出电压过高而击穿。这种情况下，切勿在不接入VD657时再度开机，以免造成更大的损失。正确的处理方式是：拔出开关电源的输出插头以切断行输出供电，然后在VD657处接入330Ω/15W假负载电阻，将开关电源初级用调压器接入市电，调到160V电压下观察+135V电压输出。若发现输出电压大于135V，且随初级电压调整而升高，证明开关电源已失控。

经检查，发现R612、VD606、C609完好，证明IC602内部的误差检测放大部分已坏。代换IC602后，重新按上述方法检测正常，恢复电路，电器正常工作。

【故障现象2】当接通电源开关时，有消磁冲击声，但随后出现的就是无输出现象。

【检修方法1】根据故障现象判断，可能是电源部分故障，打开机壳，检查得知交流市电输入熔丝F601正常。在关机状态下测量C670、C620两端在路电阻，没有发现短路现象，开机通电测量C670、C620两端有+300V的高压，测IC602的❶脚对地电压也是+300V，说明高压反馈电路正常；测量IC602❸脚、❹脚电压为0.1V，❺脚电压约为0.05V，而❽脚、❾脚的两个负端偏置电压分别只有−3V和−4V、5V，显然大大偏离正常值；测得+B电压为0V，+22V输出端电压为3V，+14V输出端电压为1.2V，再用交流电压挡测量+B输出绕组端约有4V的交流电压。根据这些测试结果可初步判断在+B的供电回路中很可能发生短路故障，若此部位短路会在开关变压器T603中产生电感反射效应，随后启动保护电路，反馈到IC601的控制端❾脚，迫使IC601内部开关调整管停振，使之进入全面截止状态。关机测3路稳压输出端对地电阻，当测到C652、C653两端在路电阻为0Ω时，原因是+B输出端对地短路。接通电源后，负载的检修顺序是：将+B回路中对地短路的开关元器件焊下检查，当焊下VD657保护稳压二极管时，短路现象消失，测量VD657已击穿短路（这是一只稳压值为140V的高压稳压管，用来防止+B电压过高而损坏行扫描电路）。

将新的VD657焊上后，再检测一次在路电阻全部正常，开机。在+B电源电路中，其他元器件出现击穿损坏也能造成开关稳压电源电路进入截止保护状态，如+B端滤波电容C652、C653及相关负载等击穿都会形成+B对地短路，迫使保护电路启动。

【检修方法2】根据故障现象判断，故障应发生在开关稳压电源电路。检修时打开机壳，首先检查电源进线熔丝发现完好，说明消磁、抗干扰、整流、滤波、限流等电路无短路故障。开机测C670或C620两端有约300V电压，再测IC601❶脚开关调整管集电极对地有300V电压，说明直流高压反馈回路正常。接着测IC601其他引脚对地电压均为0V，显然此开关稳压电源电路处于停振状态。根据上述检查说明IC601内部并没有发生短路现象，但不排除发生开路损坏，也可能是由于IC601外围振荡偏置电路发生故障，使IC601正常工作的条件受到损坏。为此再关机测得 IC601 各脚对地的正、反向电阻阻值为 15kΩ 和 17.5Ω，正常时正反向电阻应为 1 ～ 5kΩ 左右，说明此点对地不正常。

从前面的电路解析中可知，IC601③ 脚是 IC601 内部开关调整管基极引出脚，与外围直流通路相关联的 R603 是偏置电阻。测得 R603 的在路电阻值大于标称值 470kΩ，显然不符合规定，说明已开路为无穷大。换上一只 0.5W/470kΩ 电阻后，再测量正反向电阻，基本正常，通电开机，机器恢复正常。

【故障现象 3】经常出现间断无规律无输出故障，有时开机时机器振动，稍后恢复正常。

出现此故障应首先怀疑开关稳压电源电路出故障，但因故障并非一直发生，图像、伴音在某一时间内仍处于正常状态。出现这类故障的原因，一种可能是某部位、某元器件接触不良，如印制板上的焊点与元器件引脚之间产生虚焊等现象；另一种可能是机器微处理器控制指令出错，误送出暂停关机指令，使机器出现无输出。为此先观察此机型在接通电源后出现无输出现象时，荧光屏正面下方的待机指示灯是否亮，观察结果不亮，说明不是电器的微处理控制器出现故障，而可能是开关稳压电源电路中出现间断性接触不良。关机后拆开后盖，将主电路板拉出，使印制板线路面向上。首先用万用表测量 IC601 各引脚焊点对地正反向在路电阻，当测到 ❶ 脚、❸ 脚时，就发现 ❶ 脚、❸ 脚焊点上各有明显的裂纹，用手轻微移动，所测的各点均正常，可以判断产生间断性无输出的原因就是该焊点的裂纹。因这两个焊点正是连接 IC602 内部开关调整管的集电极和发射极，正常工作时有较大脉冲电流通过，而 IC602 作为发热元器件被紧紧固定在散热片上，其引脚受热便只能向电路板焊点端部延伸，关机后冷却又产生收缩移位，长期使用便形成裂纹而产生间断性故障。对其重焊后，开机一段时间，正常工作。

【故障现象 4】接通电源后既无光栅，也无伴音。

打开机壳，直观检查，发现：熔丝熔断，滤波电容 C619 击穿，C618 漏液，IC601❷ 脚、❸ 脚已直通。经进一步检查，发现 IC602❶ 脚、❷ 脚也击穿。代换上述元器件后，接通电源，再一次烧毁上述元器件。

从所烧的元器件范围来看，进线电压自动转换系统的故障造成 IC601、C608、C618、C619、IC602 击穿损坏。因在国内市电低至 130V 以下的情况极少见，进线电压自动转换电路一般不会动作。在不动作时击穿 IC601 内部的晶闸管，有两种可能：一是取样电路故障，二是 IC601 内部自然损坏。经检查，主要原因是 C608 电容无容量。

在 220V 市电下，C608 失容，交流市电经 VD615、VD602 整流后为 50Hz 脉动波。其直流成分仅为交流电有效值的 0.45 倍，即 IC601 取样电压已低于其转换阈值（145V），则其内部晶闸管导通，使电路呈倍压整流状态。此时加在 C618、C619 上的电压最大值都近似为进线电压的 2 倍，即 310V，从而可使耐压 250V 的 C618、C619 超压而击穿。在通电瞬间，整流电压为两电容上的电压之和，达 600V，这又使 IC602❶ 脚、❷ 脚内开关管击穿。C619 的充电电路内无任何限流元器件，击穿后短路电流极大，使 IC601 内部的晶闸管过流损坏。

综上所述，当发现在市电 200V 使用此机型时损坏 IC601 等元器件，应先修好开关电源后不接入 IC601，在全波整流状态使此机型正常工作。若要代换 IC601，应在没有接入前，在此机型工作情况下测试 IC601❷ 脚、❺ 脚之间的整流电压（即 IC601 的取样电压），应为市电有效值的 2 倍，否则 VD615、VD602、C608 三者中有一个有问题。另外，凡是有此电路的机型，切忌使用接触不良的电源插座，也不能在没有关断电源时插、拔电源插头。

此机型代换 C608 和两个厚膜电路后，再查电源外围，发现 R614 已烧毁。代换后，开机一切正常。为了以后不再造成如此重大的损失。C608 用两个 1μF/400V 电容并联使用，以增加其可靠性。

三、STR-D6601 构成的开关电源典型电路分析与检修

1. 电路原理

电路原理分析如图 5-16 所示。

（1）启动及振荡过程　电源开关接通后，AC 220V 电压经 VD901 ～ VD904 桥式整流、C906 滤波，变为不稳定的直流电压 U_A，经开关变压器 T901 的一次绕组 L1 加到 IC901❸。同时，交流电源经 R903、R904、ZD907、VD914 分压整形后加到 IC901❷，Q1 的 I_{b1} 增大，L1 中有 I_{c1} 流过，L1 产生自感电动势 U_1，因互感作用，L2 产生感生电动势 U_2，经 Q901、VD905 和 L902 加到 IC901❷，使 Q1 很快饱和导通，造成强烈的正反馈。为防止电网电压较高时 U_2 随 U_1 升高，造成 I_{b1} 过大，损坏 IC901，由 Q901、R930、ZD904、VD913 等构成稳压电路，使 U_2 保持稳定，确保 Q1 导通。

U_2 通过 R906 和 VD907 向 C905 充电，因 ZD901 的稳压作用，在 C905 两端产生 5V 左右的直流电压加到 IC901❹、❺。

IC903❹、❺ 内部光敏三极管 c、e 间内阻 RX 与 R909 并联，RX 与 C909 决定了 Q1 导通时间的长短。U_2 通过 RX 向 C909 充电，C909 两端电压逐渐上升，IC901❶ 电压逐渐下降，当 ❶ 电压比 ❹ 电压低 0.7V 左右时，Q3 导通，使 Q2 导通，Q1 的 I_{b1} 被 Q2 分流，I_{b1} 减小，使 I_{c1} 减小，L1 产生的感生电动势 U_1 反向，L2 产生的感生电动势 U_2 也反向，使 Q1 很快截止，完成一个振荡周期。

在 Q1 导通时，若电网电压较高，则 U_A 较高，U_1 和 U_2 也随之变高，C909 充电电流变大，IC901❶ 电压比 ❹ 电压低 0.7V 左右的时间变短，开关脉冲变窄，振荡频率变高。反之，开关脉冲变宽，振荡频率变低。

在 Q1 截止时，开关变压器 T901 二次绕组 L3 产生的感应电压为 U_3，经 VD909 整流，在 C911 上产生 +B 电压（+111V）。L903 用于滤除高频干扰。同样，L4 产生的感应电压通过 VD910 整流，在 C912 上产生 +B1 电压（+15V）。Q907 用于保护 IC901，当冲击脉冲或电路异常使 U_2 过高时，接在 L2❸ 的 ZD905 反向导通，使 Q907 导通，IC901❶ 电位降低，Q3 导通，Q1 截止，达到保护 IC901 的目的。

（2）稳压原理　此稳压电路由取样放大电路 IC902、Q902 和光电耦合器 IC903 构成。当电网电压升高或负载减轻造成 +B 电压上升时，IC902❶ 电压上升，IC902❷ 电压下降，Q902 I_c 增大，IC903 中的发光二极管驱动电流加大，IC903 中的光敏三极管 c、e 间的电阻 RX 减小，C909 充电时间常数减小，IC901 的 Q1 提前截止，+B 电压下降。反之，+B 电压上升，从而达到稳定 +B 电压的目的。

（3）保护电路　此机型的保护电路主要由晶闸管 Q904、ZD902、ZD909、R921 等构成。当 +B 电压过高，超过 130V 时，ZD902 击穿导通，Q904 随之导通，+B 电压经 R921、Q904 接地，T901 的 L3 绕组近似短路，L2 的感应电动势也近似短路，Q1 截止，电源停振，起到保护作用。

同理，当 +B1 电压过高时，ZD909 击穿，保护电路动作。此保护电路还受行输出电路的过电流、过电压信号控制，用于保护行输出电路。

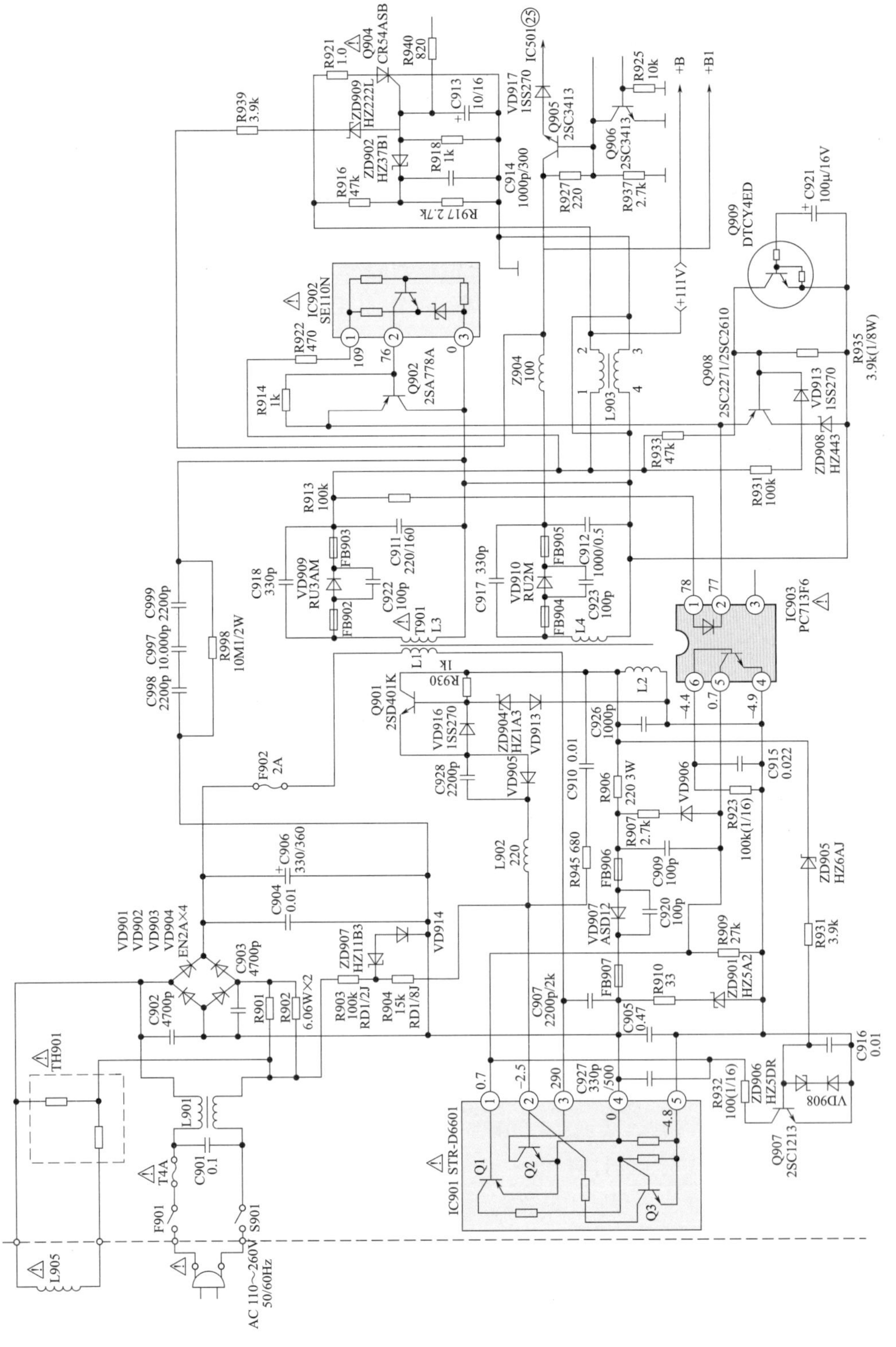

图 5-16 STR-D6601 构成的开关电源电路

2. 故障检修

【故障现象 1】无输出。

【检修方法 1】检修时打开机壳检查熔丝 F902 已熔断，IC901 击穿。产生此故障的原因主要有以下 3 点。

❶ IC901❷ 外围的正反馈元件严重短路，使开关管导通瞬间冲击电流过大，引起 IC901 内的 Q1 短路。

❷ IC901❶、❺ 外接稳压调整电路有开路性故障，使回路电流偏小，引起稳压控制电路误动作，+B 电压急剧上升，击穿 IC901。

❸ +B 电压整流元器件 VD909、C911 等短路或漏电，使稳压控制电路检测到的 +B 电压偏低而引起误动作，负载严重短路。

检修时可用电阻法逐一检查可疑元件，当检查到 R922 时发现 R922 电阻值由正常的 470Ω 增大为 10kΩ，说明 R922 已变质，导致 IC903❶、❷ 的电流下降，+B 电压上升，熔断 F902，击穿 IC901。检修更换 R922、F902、IC901 后，正常工作。

【检修方法 2】打开电器外壳检查发现熔丝 F902 已熔断，IC901 击穿。代换后，开机电路恢复正常工作，检测各处电压均正常，用绝缘锤轻轻敲击电源处后，又重复出现上述故障现象。因此判断此故障是因电路中有虚焊造成的。经仔细检查，发现 VD909 正端虚焊，使稳压控制电路检测到的 +B 电压偏低，引起误动作。检修时代换 F902、IC901，再将 VD909 焊牢后，正常工作。

【检修方法 3】打开机壳观察线路板，发现 F901 熔断，而 F902 完好。代换 F901 后开机，又随即熔断，说明故障在 +300V 整流电路。因 F902 完好，说明开关电源电路基本正常。测量电源滤波电容 C906 两端电阻值为 0Ω。怀疑此电容已击穿，用同容量的 100μF/400V 的电解电容代换 C906 后，开机恢复正常。

【检修方法 4】根据故障现象分析此故障应在电源电路，检修时打开机壳，检查熔丝没有断，且开机瞬间测得 +B 电压过高，分析是因此现象引起的保护电路动作，而造成开关电源的稳压控制电路损坏。此开关电源的 IC901❶ 外接由 IC903、C909、R909、C905 等构成自动稳压调整电路。IC903 将 +B 的波动电压负反馈至此 IC901❶、❺ 两端，通过改变 IC901 内部开关管 Q1 的导通时间进行自动稳压。IC903 外围任何元件开路都会引起 +B 电压失控。开机时用万用表监测 +B 电压，发现 +B 电压瞬间升至 200V 以上后，保护电路动作。逐一检查 IC903❶、❷ 输入端的 R913、R922、Q902、IC902 等均正常，但 IC903❹、❺ 输出端之间正反向电阻均为无穷大，说明 IC903 损坏。代换 IC903（PC713F6）后，开机，电器恢复正常。

【故障现象 2】输出电压低。

根据故障现象分析输出电压低的原因有：

❶ +B 电压偏低或高压太高。先测 +B 电压只有 85V。因此机型在待机状态下 +B 电压只有 65V，故从遥控开 / 关控制电路入手检查。

❷ 检测 +15V 电压正常，说明遥控开机信号已加到 Q903 b，Q906 截止，Q908 导通，使 +B 电压钳位在 +85V。经仔细检查发现 Q909 c-e 开路，代换 Q909 后，开机，电器恢复正常。

【故障现象 3】开机可以听到振荡启动声，输出电压由高⟶低⟶高⟶低，如此反复。

根据故障现象分析，这是开关电源临界振荡的典型现象，用万用表实测+B 电压在+70V 左右摆动。

根据原理分析，IC901❷ 外接正反馈启振电路，当开关管 Q1 导通时，L2 绕组产生正反馈电压，一路经 C910、R945 直接加至 IC902❷，另一路经由 Q1、R903、ZD904、VD916 等构成的串联稳压电路加到 IC902❷。这两路正反馈元件若开路，都会减弱正反馈作用，引起振荡不足。开机测量 IC901❷ 及 Q901 各极电压，与正常值相差太大，而且发现在测量 Q901 c 电压时，出现正常的光栅。用手在元件侧按 Q901，发现 Q901 c 松动，说明此引脚有虚焊现象。重新焊好，开机，电器恢复正常。

【故障现象 4】开机指示灯一闪一闪地点亮。

根据故障现象分析，当指示灯一闪一闪地点亮时，说明+B1 电压一定偏低且不稳定。由开关电源产生的+15V 电压给指示灯供电，在测量指示灯+B1 电压时，在 0 ～ 30V 之间摆动，说明故障在振荡回路或稳压回路。

按先易后难的原则先检查振荡电路的 R945、C910、VD905、Q901、VD916，ZD904、R903 等，均没有发现异常。再检查 IC903❶、❷ 输入端的 R913、R922、Q902 等，也无异常。最后怀疑 IC902 和 IC903 不良。在用万用表 10kΩ 挡正反向测量 IC903❹、❺ 间内阻时，发现指针都有明显的摆动。代换 IC903 后，开机恢复正常。

【故障现象 5】开机约 3s 指示灯亮一次。指示灯亮时可以听到电源的启动声。

检修时用万用表测+B 电压，指示灯不亮时为 0V，指示灯亮时为 70V 左右。检查 R945、C910、Q901、IC903 等，均没有异常。怀疑是开关变压器 L2 的正反馈绕组局部短路，是正反馈电压偏低、振荡异常所致，代换同型号的开关变压器 T901 后，电源各路电压输出正常。

【故障现象 6】当用遥控器开机时，不能遥控关机。

根据故障分析，当遥控关机时，低电平信号加到待机接口 Q909 b 使 Q909 截止，Q908 导通，这时 IC903❷ 被钳位在 6V 左右，Q902 截止，IC902 失去作用，流过 IC903 内的发光二极管的电流增加，+B 电压从 111V 降至 85V。出现此故障时，测+B 电压只有+50V，Q908 c 电压只有 0.2V（应为 6V）。在路检查 Q909、Q908、ZD908，发现 ZD908 正反向电阻均为 0Ω。拆下 ZD908 检查，其正反向电阻均正常。

分析上述检修过程及对检修位置的认识，此机型元件使用了插脚，插脚在铜箔侧被弯曲，ZD908 负端与地线铜箔相碰而短路。当总电源关机时，因 Q908 始终截止，故 ZD908 没有工作，对电路无影响。当遥控关机时，Q909 截止，Q908 饱和导通，Q908 c 被钳位在 0V（应为 6V），流过 IC903 内的发光二极管的电流更大，引起+B 电压进一步下降，+15V 电源电压进一步下降，+5V 电压也下降，使遥控电路不能正常工作。

四、STR-D6802 构成的开关电源典型电路分析与检修

如图 5-17 所示为使用厚膜电路 STR-D6802 构成的开关电源电路，此开关电源电路主要由厚膜块 Q803（STR-D6802）、开关变压器 T802、光电耦合器 Q802（PCI20FY2 或 PCI23FY2）和 Q821（LA5611）等构成。其中 LA5611 是一种多用途稳压控制集成电路。其电源电路原理及故障检修方法如下。

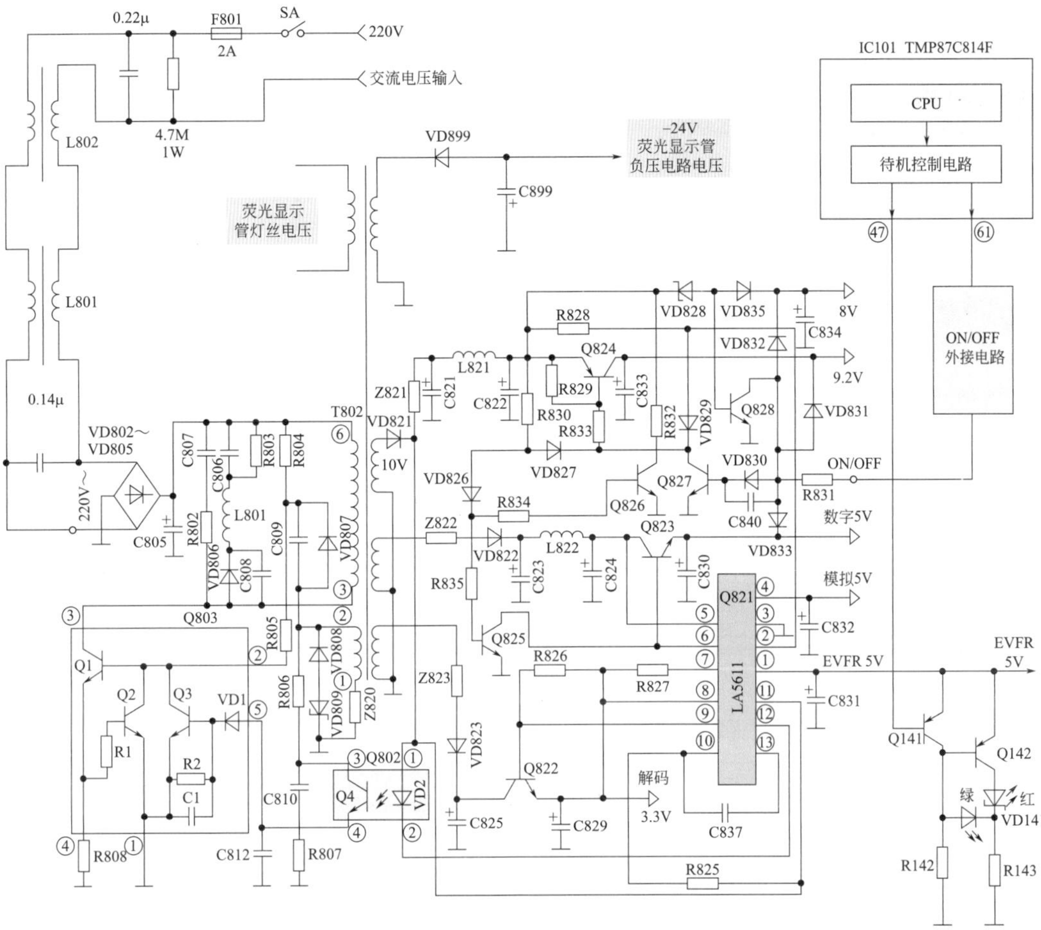

图 5-17　STR-D6802 构成的开关电源电路

1. 电路原理分析

（1）启动及振荡电路的工作原理　此电源的启动电阻为 R804、R805，而正反馈电路则主要由 C809、VD807 及 T802❶—❷绕组的正反馈绕组等构成。

接通电源后，220V 交流电压经 VD802 ～ VD805 整流、C805 滤波得到 300V 左右的直流电压。此电压分成两路：一路经 T802 的初级❻—❸绕组加到 Q803 的❸脚内开关管 Q1 的集电极；另一路经 R804、R805 电阻加到 Q803 的❷脚内 Q1 管的基极，为 Q1 提供启动电压，使其启动工作。

（2）稳压控制电路的工作原理　稳压控制电路主要由 Q821 内取样比较电路、Q802、R825 和 Q803 内的 VD1、Q3 等构成。

当 220V 交流电压升高或负载变轻时，开关电源输出电压上升，其中：VD821 负极供电端输出的电压（约 10V）一方面加到 Q821 的❿脚，为 Q821 供电；另一方面经 R825 加到 Q821 的❿脚内控制放大器反相输入端作为取样电压，使 Q821 的❿脚的输出电压下降，导致加在 Q802 内发光二极管 VD2 两端的电压增大，VD2 发光变强，Q802 内光电二极管 Q4 导通程度随之变大。此时，通过 T802 的❷脚⟶R806、Q802 的❸—❹脚⟶Q803 的❺脚⟶VD1、Q3 的 b-e 结⟶Q803 的❶脚⟶地⟶Z820⟶T802 的❶脚的电流增大，使 Q3 导通程度增大，即 Q3 对 Q1 管基极的分流量加大，导致 Q1 管的饱和导通时间缩短，

T802 次级的输出电压因此回落至正常值。

（3）二次稳压电路的工作原理　此电源二次稳压电路的核心是 Q821。除由 Q824、VD835 输出的 9.2V 和 8V 电压外，其他稳定电压均直接由 Q821 输出或由 Q821 进行稳压控制。直接由 Q821 输出的稳定电压有数字 5V（由 Q821 的 ❶ 脚输出）和模拟 5V（由 Q821 的 ❹ 脚输出）。它们的输入电压均是加到 Q821 的 ❺ 脚的 6V 电压。由 Q821 进行稳压控制的稳定电压有数字 5V（稳压）和解码 3.3V。数字 5V 稳压电路由 Q823 和 Q821 的 ❻ 脚内电路等构成。解码 3.3V 稳压电路由 Q822 和 Q821 的 ❼—❾ 脚内电路等构成，改变 R827 电阻值可调节 3.3V 电压高低。

（4）保护电路的工作原理　此电源的保护电路可分为初级保护电路和次级保护电路两部分。

❶ 过流保护电路　此电路由 Q2、R1（两者均在 Q803 内）、R808 等构成。当 Q1 过流引起其发射极电流变大时，则过流检测电阻 R808 两端的电压增大，这一电压经 R1 加至 Q2 基极，使 Q2 导通，对 Q1 基极的电流进行分流，导致 Q1 提前截止，使 Q1 发射极电流回落至正常范围内，以避免 Q1 长时间工作在大电流状态而造成过流损坏，从而实现限流式过流保护。

❷ 过压保护电路　此电路由 VD808、VD809、Z820 等构成。若 T802❶—❷ 绕组的感应电压因故升高，导致经 VD808 整流后形成的电压大于 VD809 击穿电压 5.6V 时，VD809 击穿，Z820 熔断，切断正反馈电路，从而保护性断电，以避免故障的进一步扩大。开关电源过载也可能引起此电路动作，因此该电路还具有过载保护作用。

❸ 尖峰电压吸收电路　此电路由 VD806、C808、C806、R803 和 L801 构成。其作用是吸收 Q1 集电极的尖峰脉冲电压，以防 Q1 被击穿。

❹ 次级过热保护电路　此电路由 Q821 内的温度限制器（TSD）等电路构成。若因某种原因使 Q821 温度升高至 130℃左右，则 Q821 内温度限制器启控，切断了数字 5V、模拟 5V、4V（即解码 3.3V）电压，以实现过热保护的目的。

❺ 次级过压保护电路　此电路由 VD828 和带阻晶体管 Q828 等构成。其作用是保护负载免受高压冲击。

若开关电源稳压电路失控引起 9.2V 电压增大到 11V 时，则 VD828、Q828 导通，使加到 Q827 基极的开 / 关机控制电压变为 0V 的低电平，Q827 截止，其集电极呈 9.2V 高电平。此高电平分为 3 路：一路使 VD829 截止，导致 9.2V 电压经 R828 降压得到 6.3V 高电平，并加至 Q821 的 ❷ 脚，强制切断由 Q821 输出的模拟 5V 和数字 3.3V 电压；一路使 Q824 截止，切断 9.2V 和 8V 电压；一路使 VD827 截止，导致 9.2V 电压经 R830、VD826、R835 使 Q825、Q826 导通，分别切断数字 5V 电压和接通假负载电路。

❻ 次级短路保护电路　此电路主要由短路检测二极管 VD831 ～ VD833 构成。若 9.2V 和 8V 或数字 5V 电压负载电路发生短路，则对应的短路检测二极管导通，使开 / 关机控制电平变低，强制切断各路受控电路，以实现待机保护。

❼ 次级假负载电路　此电路由 R832、Q826 构成，它受控于开 / 关机控制电平。开机时，VD827 导通，VD826、Q826 均截止，R832 不接入开关电源负载电路。待机时，VD827 截止，VD826、Q826 导通，R832 接入 9.2V 电源电路，作为一个轻负载，以防止电源出现故障。

（5）电源指示灯控制电路的工作原理　此电路主要由微处理器 IC101（TMP87C814F）的 ㊼ 脚内电路及其外接的 Q141、Q142、VD141 等构成。

❶ 待机状态　在此状态时，微处理器 IC101 的 ㊼ 脚输出高电平，此信号加到 Q141 管基极，使其截止而 Q142 导通。EVFR 5V 电压经 Q142 导通的发射极、集电极加到 VD141 内待机红色指示灯正端，使之导通点亮，以示处于待机状态。

② 开机状态　在开机后，IC101 的 ㊼ 脚输出低电平，使 Q141 导通，EVFR 5V 电压经 Q141 的发射极、集电极使 VD141 内开机绿色发光二极管导通发光；同时加到 Q142 管基极，使之截止，导致 VD141 内待机红色指示灯熄灭，以示整机处于正常工作状态。

2. 故障检修

【故障现象 1】通电并开机，VFD 显示屏不亮，无图像，无伴音，此时若操作功能键，均无作用。

【检修方法 1】根据故障现象，怀疑此机型电源电路有故障。通电检测主滤波电容 C805（电解电容），正极电压为 300V 直流电压，正常；然后测量厚膜块 Q803④ 脚电压，在开机瞬间电压无跳变，为 0V，说明此机型开关电源停振。进一步测 Q803② 脚和 ① 脚电压，均远离正常值，再查厚膜块 Q803 外接元件，均正常。由此判断厚膜块 Q803 已损坏。代换上同型号厚膜块 Q803 后通电试机，机器工作恢复正常。

【检修方法 2】当通电后，用万用表测得 Q821 的 ② 脚直流电压为 6.2V，说明电源电路工作在 OFF 方式，应重点检测 IC101 的 ⑥① 脚 ON/OFF 控制电路。把电阻 R831 断开之后，测得 CN801 的 ③ 脚电压为 2.8V，据此说明 IC101 已发出控制指令。依次检测 VD829、VD830、Q827，均正常，断开 +9.2V 过压保护电路的 VD828、VD831、VD832 与数字 +5V 短路保护的 VD833，电源电路工作正常，但数字 +5V 都无输出。此机型 Q823 的发射极输出 +5V 电压受两路控制，它既受 Q821 的 ⑥ 脚控制，又受 Q825 控制。估计此例故障是由 Q821 或 Q825 不良引起的。检查 Q821 与 Q825，发现 Q821 的 c-e 结已短路，代换同规格 Q821 后重新通电试机，机器工作恢复正常。

【检修方法 3】检修时首先用万用表测得主滤波电容 C805 正端电压为 300V，正常。再测得厚膜块 Q803 的 ④ 脚电压为 0.12V，且 R808 两端有正常的 0.12V 压降，说明开关电源启振工作，故障可能在电源二次回路。在此机型电源二次回路当中，尤以保护集成块 Q821 为检修重点。Q821 内部设有过热保护电路，当其表面温度超过 130℃时，便会使 TSD 电路启控，切断 ① 脚 REG1、④ 脚 REG2、⑥ 脚 REG3 以及 ⑨ 脚 ERR 和 AMP2 输出，从 Q821 的 ① 脚稳压器输出的 +5V 电源送到 CPU，当 +5V 电源不正常时便会产生上述故障现象。

分别对厚膜块 Q821① 脚、④ 脚、⑥ 脚、⑨ 脚进行检查，实测 ① 脚电压为 5V，⑤ 脚电压为 5V、8V，正常，怀疑保护厚膜块 Q821 内 +5V 稳压器已损坏。代换同型号保护厚膜块 Q821 后通电试机，机器工作恢复正常。通电测得主滤波电容 C805 正极电压为 300V 直流电压，正常，然后测得厚膜块 Q803 的 ④ 脚电压在开机瞬间无跳变，为 0V，说明此机型开关电源停振。因此应重点检查启动电阻 R804、T802 的 ②—① 正反馈绕组以及所接元件 VD807、C809、R805。

若这些元件均正常，试悬空光电耦合器 Q802 的 ③ 脚，开机电源能启振工作。经测量，发现光电耦合器 Q802 的 ④ 脚和 ③ 脚击穿。代换同型号光电耦合器 Q802 后重新通电试机，机器工作恢复正常。

【检修方法 4】检修时打开机器上盖找到电源电路板，直观观察熔丝 F801，已熔断发黑，据此确定故障部位在电源一次回路上。

检测一次回路上易损元件主滤波电容 C805、整流二极管 VD802 ～ VD805 以及 Q803 的 ③ 脚与 ④ 脚开关管集电极、发射极是否击穿短路，查看过流检测电阻 R808，无烧焦痕迹，说明故障在 C805 与 VD802 ～ VD805。测量发现 C805 已击穿，VD803 也已击穿损坏。代换同型号 C805、VD803 后，通电试机，机器工作恢复正常。

【检修方法 5】检测 F801 与厚膜块 Q803 的❸脚与❹脚开关管集电极、发射极是否击穿。从检修经验来分析，造成开关管被烧的原因错综复杂。如滤波电容 C805 击穿或失效之后，造成 +300V 直流电压带有大量的纹波成分，此成分等效在开关管基极上则会有较大幅度的正反馈脉冲。当电源在启动振荡时，开关管基极所加的正反馈电压会使集电极电流猛增，当过流保护电路与脉宽调制电路还没有反应过来时，瞬间浪涌电流会使开关管击穿损坏。代换厚膜块 Q803 与 F801 之后，在过流检测保护电阻 R808 上串入一个电流表，通电，发现电流表有微抖动现象，对电流表微抖动这一现象进行分析，可能是此机型脉宽调制电路有问题。

电源接头接调压器，缓慢调节交流 220V，同时在电源 +9.2V 端测得其电压能随交流电压变化而变化，然后又测得 Q821 的⓬脚电压不随交流电压变化而变化，至此确定故障出在 Q821 的❾脚至⓭脚内，即 +9.2V 误差放大器已损坏。代换 Q821，恢复电流检测保护电阻 R808 之后，工作正常。

若 Q821❾脚至⓭脚内误差放大器损坏，也可用分立元件代替损坏电路。若当地市电不稳时，也可把 R808（0.68Ω）改为 1.0 ～ 1.2Ω。

【故障现象 2】通电开机，面板上功能键和遥控器均不起作用，屏幕显示“00”。

根据故障现象分析，因开机后显示屏能够点亮，说明 CPU 在复位后进入正常工作。至于所有操作键不起作用，问题应出在 ON/OFF 控制电路、保护功能（排除 TSD 保护）电路或伺服系统 3 路供电（模拟 5V、数字 5V、+9.2V）中的任意一路。

打开机盖，用万用表测得稳压保护厚膜块 Q821 的❷脚电压为 6.2V，处于 OFF 方式。再查 R828、VD829，良好，由此说明故障在 Q827 输入电路。测得 Q827 基极电压为 0.3V，ON 方式对应饱和导通电压为 0.7V，又经测量接插件 CN801❸脚电压（IC101 的㉛脚输出 ON 高电平）为 2.8V，正常。再查 R831 和 VD830，发现 VD830 内部不良。代换同型号 VD830 后通电试机，机器工作恢复正常。

【故障现象 3】通电开机正常，但工作 30min 后自动关机，冷却后再开机，故障重复出现。

由故障现象可知，故障是某些元件过热引起电源保护所致。电源保护主要与 Q803 及其外围元件有关，用手摸各有关元件发热情况，发现 Q822（2SC3852）很烫手，推断可能是 Q822 不良。代换 Q822 后通电试机，机器工作恢复正常。

【故障现象 4】接通电源，显示屏显示正常，按面板上按键与遥控器上按键，机器均无反应。

当显示正常时，说明电源电路工作正常，同时系统控制电路也能复位工作，因此应重点检查 ON/OFF 方式转换电路。

通电后，用万用表测得保护厚膜块 Q821 的❷脚电压为 6.2V，处于 OFF 工作方式，检查 R828 与 VD829，结果发现 R828 已损坏开路。代换同规格电阻 R828 后重新通电试机，机器工作恢复正常。另外，电阻 R831 变质也会引起此例故障。

五、STR-S5741 构成的开关电源典型电路分析与检修

如图 5-18 所示为使用厚膜电路 STR-S5741 构成的开关电源电路。

1. 电路原理分析

（1）主开关电源电路原理　图 5-18 中，整个电路以电源厚膜块 IC601 为核心，因此开关

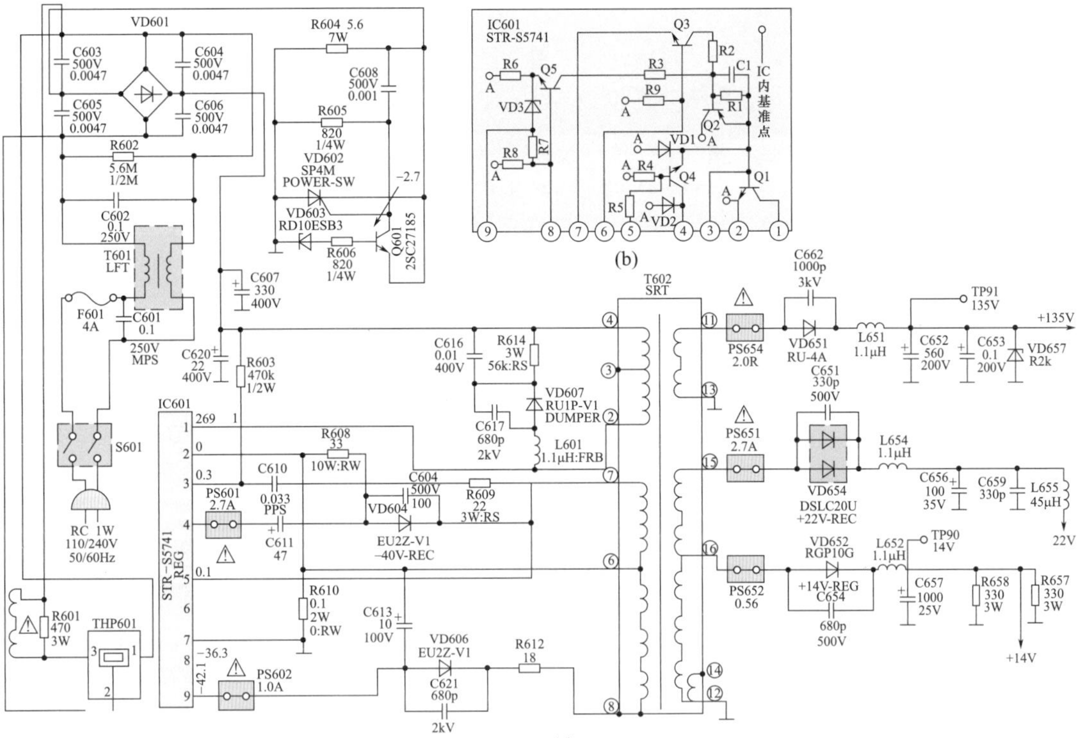

(a)

图 5-18　STR-S5741 构成的开关电源电路

稳压电路中的振荡、缓冲、开关脉冲的频率、基准稳压、脉宽调控和自动保护待机主要环节均由一块厚膜块完成。

图 5-18 中，C601、T601 及 C602 构成双向线路滤波器，对输出的交流市电电压进行净化过滤，抑制各种对称性、非对称性参数干扰侵入开关稳压电源电路，同时也防止开关稳压电源电路本身所产生的高频杂波进入市电电网，对其他用电设备造成不必要的危害。TPC 消磁控制器件 THP601、R601 和消磁线圈构成消磁回路，使机器在每次开机瞬间能对大屏幕显像管有效地消磁。C603 ～ C606、VD601 及 C607、C620 构成抗干扰桥式整流和滤波电路，当输入市电电压为交流 220V 时，经整流、滤波可得到 +300V 直流脉动电压。

R604、R605、R606、VD602 及 Q601 构成稳压限流电子控制电路，使开关稳压电源电路在冷机下开机不致产生过大的冲击电流，以平稳缓和的状态进行电源通断的切换；R603 是偏置电阻，为 IC601 提供正向偏置电压；T602 是开关变压器，它与 IC601、C610 构成互感式 LC 振荡回路，产生开关脉冲振荡，又作为能量转换装置将开关稳压电源电路的能量输出，并将开关稳压电源电路的接地与整机的接地隔离，避免主电路板接入市电电网。VD604、C604 及 C611 构成 −40V 负偏置电压钳位整流电路，以确保开关振荡波形为单向方波，提高稳压效率；C616、C617、R614 及 VD607 构成峰压钳位滤波电路，抑制 T602 初级绕组中存在的等效电感分量，通过开关脉冲电流级产生反峰电压，用以保护 IC601 中开关调整管不被集电极回路接入的感性负载产生的反峰电压损坏；R612 是熔丝电阻，与 VD606、C621 及 C613 构成随机动态偏置电压整流电路，通过 IC601 内部提供的稳定基准电压和直流控制放大器，对开关调整管饱和导通状态进行控制，以获得稳定的电压输出。

T602 的次级输出绕组 ⑪—⑬ 经 VD651 和 C662 高频整流和 L651、C652 及 C653

滤波去耦，得到+135V的+B电压，为行输出电路作工作电源，正常的工作电流为600～800mA，VD657是+135V过压保护装置，防止+135V输出过压。次级输出绕组⑮—⑯的⑮端经VD654、C651高频整流和L654、C656和C659滤波，得到22V辅助电压，供电器的伴音功放电路作工作电源，正常的工作电流为1.2A左右；次级绕组⑮—⑯的⑯端经VD652、C654高频整流和L652、C657滤波及R658、R657平衡输出后得到+14V辅助电压，供整机的遥控接收和微处理器系统使用，正常工作电流约为450～550mA。

❶ 限流电阻自动开关电路原理　在开关电源的整流滤波电路中，因滤波电容的容量一般都比较大，则在开机瞬间有很大的冲击电流，常使熔丝及整流二极管损坏。为了避免这种故障发生，除使用延迟式熔丝F601外，整流电路还接有限流电阻R604。此电阻是一只大功率水泥电阻，可限制开关瞬间产生的大电流冲击，但是当滤波电容C607已经充有+300V电压后，R604发热，将使电路产生较大的功率损耗。为解决以上矛盾，电源电路设有由VD602、Q601等元器件构成的限流电阻自动开关电路。

在每次开机瞬间，滤波电容C607经R604被充电，R604上压降较大使VD603击穿导通，则Q601也导通，使晶闸管VD602控制极的触发电压短路，故VD602处于截止状态，R604即起到限流作用。当C607已充有+300V电压后，开关电源与电器均进入稳定工作状态，此时R604上的电流减小，故其两端的压降也减小，使VD603与Q601均截止，但VD602控制极经R605获得触发电压，使VD602导通，则R604被VD602所短路，不再产生无谓的功率损耗。

在图5-18（a）电路中，VD601为整流二极管，C603～C606为高频旁路电容，C601、T601、C602为共模滤波元器件。T601为双线并绕结构，即流过T601两个绕组中的50Hz交流电流始终方向相反、大小相等，故T601两个绕组产生的50Hz交流电磁场刚好相互抵消为零，也就是使50Hz交流电流顺利通过。但对于共模高频干扰，T601呈现极大感抗，这既可防止交流电网中的高频干扰进入开关电源，又可以阻止开关电源本身产生的高次谐波污染交流电网。

❷ 开关管间歇振荡电路原理　如图5-18（a）所示，开关振荡电路的主要元器件是厚膜电路IC601和开关变压器T602，IC601的内部电路结构如图5-18（b）所示。IC601内部Q1为大功率开关管，Q1的集电极、基极、发射极经❶脚、❷脚、❸脚引出来。开机后，C607上建立不稳定的+300V直流电压，此电压经T602的❹—❷绕组加到IC601的❶脚内部Q1的集电极上，并经过启动电阻R603加到IC601的❸脚内部Q1的基极上，从而使Q1开启导通。Q1集电极电流在T602上产生❹端为正、❷端为负的感应电动势，此电动势耦合到❼—❻绕组，产生❼端为正、❻端为负的感应电动势，反馈电动势再经R609、C610加到Q1的基极，从而使Q1的电流进一步增大，强烈的正反馈使Q1很快进入饱和状态。

在开关管Q1饱和时，T602的❹—❷绕组中的电流线性增大，此时T602负载绕组中的整流管VD651、VD652、VD654均截止，T602建立与❹—❷绕组中的电流平方成正比的磁场能量。要维持开关管Q1继续呈饱和状态，单靠开启电阻R603给Q1的基极提供电流是远远不够的，必须让正反馈电流不断经C610充电后从IC601的❸脚注入Q1基极，C610不断地被充电又使得C610左端电位变负，即IC601❸脚内部Q1的基极电位变负，这将引起正反馈电流减小，最后将难以继续维持开关管的饱和状态。

一旦开关管Q1退出饱和，则T602的❹—❷绕组中的电流将减小，可使T602各绕组中感应电动势极性全相反。T602的❼端相对于❻端为负的电动势再次经R609、C610反馈到 Q1 的基极，可使 Q1 很快进入截止状态。

在开关管 Q1 截止时，T602 负载绕组中的整流管 VD651、VD652、VD654 均导通，并分别在滤波电容 C652、C657、C656 上建立 +135V、+14V、+22V 的直流电压，此时也属于 T602 磁场能量释放的过程。当然，开关管 Q1 截止期会很快结束，若此时 C610 经 R609、T602 的 ⑦—⑥ 绕组及 IC601 的 ❷ 脚、❸ 脚内接的 VD1 管放电，而且 R603 中的开启电流也给 C610 反向充电，这些因素都使得 Q1 的基极电位很快回升，Q1 将再次导通，并进入下一个周期的间歇振荡过程，振荡频率为 70 ～ 140kHz。

IC601 内部的 Q3 管及 IC601 的 ❹ 脚、❺ 脚外围电路的作用是改善对开关管 Q1 的正反馈激励条件。在开关管 Q1 截止时，T602 的 ❼ 端相对于 ❻ 端为负的电动势，经 IC601 的 ❺ 脚、❷ 脚内接的 R7、R8 分压后使 Q3 截止，但此时 VD2 与 VD604 导通，C611 被充上左正右负的电压。在 Q1 由截止向饱和转换的瞬间，T602 的 ❼ 端相对于 ❻ 端为正的电动势，经 R7、R8 分压后使 Q3 导通，此时 C611 放电。通过 C611 的放电，增加对开关管 Q1 的饱和激励，特别是可缩短开关管 Q1 由截止状态向饱和状态转换的过渡时间，从而减小开关管的功率损耗。

❸ 稳压控制电路原理　此机型的稳压电路由 IC601 内部的 Q2、Q4 及其 ❽ 脚、❾ 脚外围元器件构成。T602 的 ❻—❽ 绕组为稳压取样绕组，此绕组上的电动势经 VD606 整流，在滤波电容 C613 两端建立起约 43V 的取样电压。C613 两端电压加到 IC601 的 ❷ 脚、❾ 脚，经 IC601 的 ❷ 脚、❾ 脚内接的 R1、R2 取样及 R3、VD3 基准后，使误差放大管 Q4 正常工作。若主电压高于 +135V，则 C613 两端的取样电压也必须随着偏高，此时误差放大管 Q4 导通程度增大，从而引起稳压控制管 Q2 的电流也增大，Q2 将对开关管 Q1 基极的正反馈电流构成更多的分流，开关管 Q1 饱和期将自动缩短，输出的主电压也将自动下降到 +135V 的标准值。反之，若主电压低于 +135V，经过与上述相反的稳压过程，同样可使主电压回升到 +135V 的标准值。开关电源主电压的高低由 IC601 内部取样电阻 R1、R2 决定。

当输入市电电压升高时，动态负载轻或其他原因使得次级 ⓫—⓭ 绕组输出电压在高于 +135V 时，反馈电压 ❻—❽ 绕组产生的随机感应电动势也升高，经 VD606 整流、C613 滤波后形成的动态偏置电压变大，与 IC601 内部提供的基准电压作比较后，将产生的负载误差电压送往直流放大器，形成一个与 IC601 内部开关调整管发射极正向偏置电压反相的钳位直流电压，使推动开关调整管振荡的反馈激励脉冲频率变高、脉宽变窄、振幅变小，开关调整管饱和导通的时间缩短，流经变压器 T602 初级的脉冲电源宽度减小，次级输出感应电动势相应减小，输出电压相应减小；反之，次级输入市电电压降低，动态负载变重或其他原因使得次级 ⓫—⓭ 绕组输出主电压在低于 135V 时，反馈电压 ❻—❽ 绕组产生的随机感应电动势减小，经 VD606 整流、C613 滤波后产生的动态偏置电压也变小，与 IC601 第 ❾ 脚内部提供的基准电压比较后，将产生的正误差电压经直流放大器放大，形成一个与 IC601 内部开关调整管发射结正向偏置电压同相的叠加电压，使推动开关调整管振荡的反馈激励脉宽增加，振荡频率周期变长，流过变压器 T602 初级绕组的脉冲电流宽度增大，次级输出绕组中感应电动势增强，输出电压上升，得到相对稳定的电压输出。

（2）自动保护电路原理　当输入的交流市电电压超过 110 ～ 240V 的范围或负载出现短路等非正常情况时，T602 的 ❻—❽ 反馈电压绕组内部将呈现很大的感应电压，经 VD606、C613 整流与滤波后，产生一个较大的动态偏置电压送入 IC601❾ 脚，经与 IC601 内部开关调整全面截止的钳位反偏电压来抵消产生脉冲振荡的正反馈信号，IC602 内部调整管截止，

T602次级输出绕组中感应电动势消失，并保持至切断电源为止。若在故障没有排除的情况下开机，只要保护电路正常工作，IC602立即进入保护状态，无任何电压输出，以避免故障范围扩大。大屏幕显示器在开机瞬间会产生较大的冲击电流，这是能对显示器各部件电路元器件带来危害的不安全因素，因此必须采取有效的措施来加以防范。

此机型电源系统还设有限流式延时电子开关控制电路来防止冲击电流。其工作原理如下。

市电电压经整流桥堆VD601直流输出的负端不直接接电源地，而是经限流电阻R604与此并联的限流电子开关电路接地，即开关稳压电源电路所需要的工作电流都经过限流电阻和限流电子开关所构成的回路。开机瞬间因限流电子开关在关闭状态，整机工作电流不能从电源接地，而是通过限流电阻R604限制在额定范围内。随着工作电流的逐渐稳定，R604两端的电压降低，其差亦逐渐拉大，致使直流触发控制稳压管VD603导通，电子触发开关管Q601的发射结因获得正向偏压而导通，集电极输出触发电压至电源无触点开关即直流单向晶闸管VD603的控制板，使VD602被触发导通而成为整机工作电源的电路。电子开关电路是以R604为Q601的集电极电阻，C608为抗干扰电容，R606为Q601基极隔离电阻。电子限流开关被触发导通后，能将导通状态一直保持到关机切断电源为止，重新开机，接通电源时再重复一次限流过程。电源本身的保护过程如下。

此机型的开关电源的保护措施比较完善，首先是设有PS601、PS602、PS651、PS652、PS654熔丝电阻，其次是在T602的④—②绕组上并联VD607、C616、C617、R614，以吸收T602的④—②绕组的尖峰反电动势，从而避免开关管Q1被击穿。IC601内部的Q5为保护控制管，R610为开关管Q1过流检测电阻，若开关管发射极电流过大，则R610两端的压降也会很快增大，R610上电压经IC601第②脚内接的R6电阻加到Q5的基极，则Q5立即导通，Q2也导通，从而起到过流限制保护作用。IC601的⑥脚为保护控制输入脚，若在其⑥脚、⑦脚之间加0.7V保护检测输入电压，则Q5导通并引起Q2导通，从而达到保护目的。

2. 故障检修

【故障现象1】通电开机后，电源无输出。

【检修方法1】根据故障现象分析此故障在电源电路，检修时，因待机指示灯在每次开机瞬间应闪亮一下，待机指示灯的供电电压是由开关电源输出的+14V经控制块稳压成+5V后提供的，故应重点检查待机指示灯供电情况。测得待机指示灯正极电压为0V，再测得控制块供电引脚也没有14V电压输入，而测IC601①脚的300V电压，发现正常，但IC601其余各引脚电压均为0V。怀疑开启电阻R603（470kΩ）开路，即使IC601不工作，但R603将300V电压加到IC601的③脚，③脚也应该有0.7V左右的电压。检查R603，果然开路，代换R603，工作正常。

【检修方法2】按照检修方法1，重点检查VD013供电电压，当测量IC601的①脚时，无300V电压，再测电源板上C607两端，也无300V电压，因而是整流滤波电路有故障。查交流电输入电压，结果正常，整流管VD601也正常，最后发现限流电阻R604开路，代换R604（5.6Ω/7W）后试机，但1min后又出现无输出的现象，重新检查R604，发现再次烧断。分析原因，R604再次烧断可能与晶闸管VD602有关。若当电器进入正常工作状态后，VD602导通使R604被短路，R604不再消耗功率；若VD602仍截止的话，则使通过R604的电流很大而烧断电阻。再查VD602的控制极触发电阻R605（820Ω/0.25W），发现已开路。代换R605、R604后，故障完全排除。

【检修方法3】根据故障现象分析，此故障应在电源电路。打开机壳，用万用表测量开关变压器初级的④端无300V电压，查出电源整流板熔丝F601熔断后发黑，这说明电路有严重短路。测滤波电容C607对地电阻为0Ω，则严重短路被证实。拔去电源整流板F—4接插头，再测得C607对地电阻很大，这说明短路发生在主印制板厚膜电路IC601。测得IC601内部开关管Q1的集电极、发射极、基极所对应的①脚、②脚、③脚之间电阻值均为0Ω，这说明IC601内部开关管已击穿。代换IC601后，接通电源试机，电器恢复正常。

【故障现象2】无光栅、无伴音，机内发出"吱吱"叫声。

打开机壳，测得开关变压器初级的④脚电压为300V正常值，再测得+135V输出端电压变为0V，显然开关电源没工作。测出IC601的①脚电压为正常值300V，但其他各引脚上的电压与图纸所标的电压值相差很大，如⑧脚电压为−3V，⑨脚电压为−4.5V，这说明开关电源并不是完全停止间歇振荡，若完全停止振荡，则⑧脚、⑨脚均应为0V。估计是开关电源负载端有短路故障。关机测量+135V、+22V、+14V电压负载端对地电阻，发现+135V负载端对地电阻为0Ω，再深入检查发现是负载有元件已击穿。代换后工作正常。

【故障现象3】开机后，机器无输出。

根据故障现象分析，此故障应在电源或负载系统，此时打开机壳，检查电源板上的市电进线熔丝F601，发现已烧坏，而且熔丝内壁发黑，说明开关稳压电源电路已发生严重短路故障。用万用表电阻挡测量C601，没有发现短路，说明C601、T601、C602和消磁控制元器件THP601基本正常；再依次检测C603～C606 4个抗干扰电容的在路电阻，没有发现短路且都有反向阻值，表明这4个电容和VD601整流桥堆基本正常；然后测量C607、C620两端的电阻，发现电阻为0Ω，没有丝毫放电现象，说明故障可能是：C607及C620本身击穿短路，整流滤波后的高压反馈回路中有短路。焊下C607、C620，检测正常，说明短路部位是后面高压反馈回路，由电路图可知，整流滤波后+300V直流高压经T602初级绕组②—④至IC601的①脚，即开关调整管的集电极，而T602初级绕组线圈对地短路的可能性极小，用万用表直接测量IC601的①脚、②脚间正反向电阻，测得阻值为0Ω，再测其①脚、③脚与②脚、③脚间电阻均为0Ω，很显然IC601的内部开关调整管3个极之间已全部击穿。代换一块新的IC601，焊回电路板后测其①—⑨脚对地正反向在路电阻，完全正常。将C607、C620焊回电路板后，再将IC601外围元器件在路电阻和3路稳压输出端对地的正反向在路电阻做检测，无异常后，换上一只4A熔丝再通电试机，工作正常。

【故障现象4】一接通交流电源就立即熔断熔丝。

根据故障分析，因刚开机就烧熔丝，说明机内有严重过流元器件。拆开机盖检测，整流器输出端无短路现象，但整流桥堆VD601两只二极管击穿。

因检测整流输出无短路现象，可以认为开关电源部分完好。经检测R604没有坏，证明IC602的开关管并没有击穿，烧熔丝的原因是桥堆击穿形成的交流短路。换上两只二极管后，用调压器将市电降低至180V，开机一切完好。

据此现象分析，二极管击穿是因滤波电容充电电流过大造成的。因此机型有充电限流电阻短路控制，若VD604短路或VD606开路造成Q601、VD602一直导通，电源开启瞬间，R601已被短路，高电压突然加到滤波电容上，其充电电流可达几十安培，整流二极管在大电流冲击下，立即损坏。

经检查，引起此机型中VD606开路，造成Q601截止、晶闸管VD602一直处于导通状态的原因是稳压二极管VD603损坏。用调压器调低电压可以开机，调低电压的同时也加大了电源内阻，减小了充电电流。代换VD603后，开机一切正常。

六、STR-S6308/6309构成的开关电源典型电路分析与检修

如图5-19所示为使用厚膜电路STR-S6308/6309构成的开关电源电路，它是日本三肯公司的产品，其内部电路基本相同。

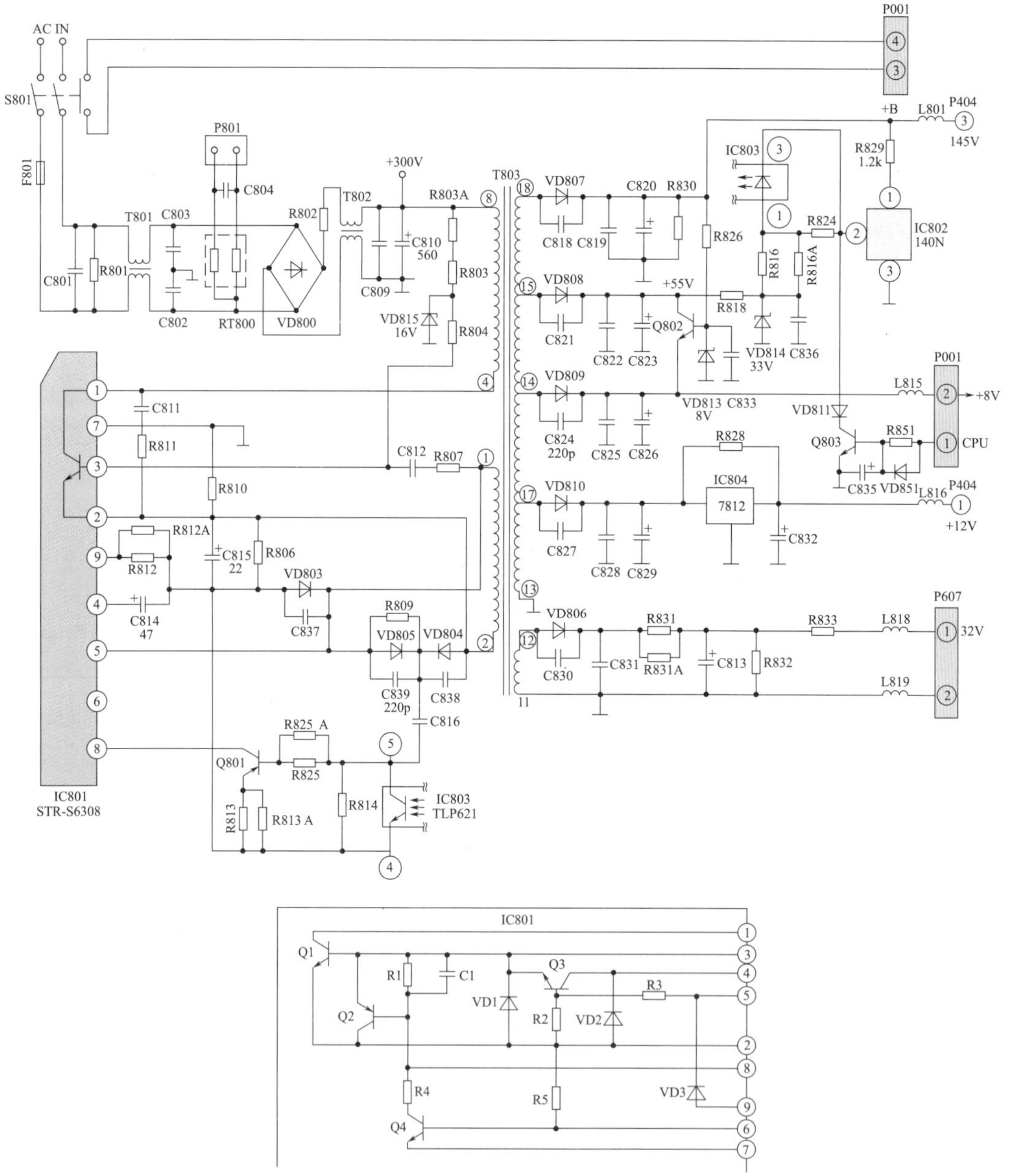

图5-19 STR-S6308/6309构成的开关电源电路

STR-S6308/6309电路故障检修如下。

【故障现象1】开机后三无，电源指示灯不发光。

根据故障现象分析，此故障应在电源系统。检修时开机测电源电路板连接器P404③+B电压为0V，脱焊LB01，断开行输出电路直流供电，并在+B电压输出端外接一只100W灯泡作假负载再开机，发现外接灯泡不发光，说明开关电源没有工作。再检测C810两端电压

为310V，说明电网电压整流滤波电路工作正常。接着测IC801❸直流电压为0V，说明振荡启动电路元件不良，使Q1无启动电压输入。再测VD815两端电压为16V（正常），由此推断启动电阻R804开路损坏。关机断电后拆下R804测试，此电阻确已开路损坏，代换R804后开机，外接的灯泡仍不发光。分别检测IC801各引脚直流电压，发现除❶有310V、❸有0.5V、❽有0.5V外，其余引脚电压均为0V，由此分析，开关电源振荡电路没有启振，但振荡启动电路已提供正常的启动电压，且R810正常。开关电源不振荡的原因只有振荡正反馈电路存在开路故障或IC801内部电路损坏两种可能。断电后首先在路检测正反馈电路元件R807、C812及T803反馈绕组❶—❷，在拆下C812进行定量测试时，发现其电容量只有200pF（正常时为0.033μF）。检修时代换C812后开机，外接灯泡发出稳定的红光，此时测开关电源+B电压为145V（正常）。关机后拆去假负载，恢复原电路试机，整机工作恢复正常。

【故障现象2】开机后三无，电源指示灯不发光。连续按压遥控器上的待机控制键，电源指示灯发光变化受控正常。

根据故障现象分析，因电源指示灯在待机状态时能发光指示，说明开关电源振荡电路已启振。指示灯发光受控变化正常，说明遥控电路工作正常。为了缩小故障范围，开机测+B电压为145V（正常），说明开关电源振荡及稳压控制电路均已正常工作，故障是因行输出电路没有工作或行扫描电路工作异常。测行输出管（c）电压为145V（正常），测行输出管（b）电压为0V，说明行输出电路没有工作。继而测行激励管（b）电压也为0V，说明行振荡电路没有输出激励脉冲信号。而行振荡电路要正常工作，其首要条件是振荡供电有约8V的直流电压输入。测振荡供电电压为16V，此电压是由开关电源输出的12V电压经IC804降压滤波后形成的，说明故障源在开关电源12V电压形成电路。

关机后脱焊L816引脚，断开12V电源负载电路，再开机测12V稳压器IC804输出端外接的滤波电容C832两端电压仍为1.6V，此时测C829两端电压为15.6V（正常），据此确定故障在IC804或C832。断电后拆下可疑元器件，测试C832，没有发现漏电或击穿现象，由此判断IC804内部电路损坏。检修时代换IC804后试机。工作正常。

【故障现象3】开机后三无，电源指示灯不发光，按压遥控器上的待机控制键无反应。

根据故障现象分析，此故障应出在电源电路，检修时打开机器后盖，检查开关电源电路板，发现交流熔断器与300V滤波电容及+B电压输出端C820外壳均已炸裂。交流熔断器外壳炸裂，说明电网电压输入电路存在过电流故障；大电容量滤波电容外壳炸裂，说明电网电压整流滤波电路存在过电压故障；C820外壳炸裂，说明开关电源输出的直流电压过高。

在通电之前，检查电网电压输入电路的R802与IC801❶、❸内接的Q极间电阻，发现R802已开路，IC801❶—❷已击穿短路。接着测IC801❷外接R810也已开路；在路测IC801其他引脚对热地端正反向电阻，与正常电阻值比较，无明显差异；在路分别检测开关电源二次绕组各直流电压形成电路的整流滤波元器件与行输出电路有关元器件，发现行输出管击穿损坏，行输出供电限流电阻开路损坏，其他元器件均正常。

代换上述已查出的损坏元器件，断开行输出直流供电，在连接器P404❸、❷外接一只60W灯泡作假负载，并在灯泡两端接一只万用表监测+B电压，然后瞬时开机，发现外接灯泡发出很亮的白光，同时观察到万用表指示的电压值升到250V以上，说明开关电源稳压控制电路不良，使开关电源输出电压过高，应重点检查由IC802、IC803、Q801及IC801

等构成的稳压控制电路。用一只 100Ω/1W 的电阻并接在 IC803❸、❹ 间，模拟光敏三极管等效电阻变小，再开机，发现外接灯泡发光变暗，外接电压表指示电压值明显变小，说明 IC803❸、❹ 以后的稳压控制电路均正常，故障在 IC803 及其光敏三极管以前的取样误差放大电路。拆除 IC803❸、❹ 间的外接电阻，用一根短路线跨接在 Q803 c-e 间，模拟开关电源处于待机控制状态，再开机，发现外接灯泡发光仍很亮，电压表指示的 +B 电压值仍高于 250V，由此确定故障在 IC803 及其周围电路。断电后分别检测 IC803 及其外接元件，发现 IC803❶ 外接的 R818 开路。检修时代换 R818 后，拆除 Q803 外接的短路线，开机后观察外接电压表指示的电压值为 145V，关机拆除假负载，恢复原电路，试机，整机工作恢复正常。

【故障现象 4】开机瞬间电源指示灯闪亮一下后即熄灭，按压遥控器无效，电源指示灯发光变化受控正常。

根据故障现象分析，因开机瞬间电源指示灯能瞬时发光且受控正常，说明开关电源电路与遥控电路均正常。开机测开关电源 +B 输出端电压为 145V（正常），说明开关电源主要电路工作正常。测开关电源其他几组直流输出端电压，发现 12V 输出端电压只有 4V，其他输出端电压均正常。

此机型开关电源输出的 12V 电压由开关变压器 T803 二次绕组输出电压经 VD810 整流、C829 滤波，形成约 15V 直流电压，再经 IC804 等构成的串联稳压电路稳压后产生。测 C829 两端电压为 14.8V（正常），再测 12V 稳压管 VD812 两端电压为 4.5V（正常时为 12V），检查 R828、C832，发现 R828 电阻值变大至 5kΩ 以上，C832 已严重漏电，其顶部已经轻微鼓起。检修时代换 R828、C832 后，再恢复原电路，整机工作恢复正常。

【故障现象 5】开机后三无，待机指示灯闪亮一下即熄灭，按压遥控器上的待机控制键无效，待机指示灯发光变化受控正常。

根据现象分析，因待机指示灯在开机瞬间能闪亮一下，说明开关电源振荡电路能启振；待机指示灯发光变化受控正常，说明遥控系统及待机控制电路均正常。由此推断故障在开关电源及其主要负载电路。开机测 +B 输出端直流电压为 70V，且不稳定（正常值为 145V）。关机后脱焊 L801，在 +B 输出端外接一只 60W 灯泡作假负载再开机，发现外接灯泡发出较暗的红光，测灯泡两端直流电压为 80V，仍然过低，据此确定故障在开关电源稳压控制电路中。按下遥控器上的待机键，在待机指示灯发光时，测外接灯泡两端电压为 25V，说明待机状态时开关电源输出的直流电压正常，开关电源稳压控制电路中的 IC803、Q801、IC801 等均良好，故障只能在取样误差放大电路 IC802（SE140）。检修时代换 IC802 后，开机测 +B 输出端电压为 145V（正常），关机后拆去假负载并恢复原电路再开机，整机工作恢复正常。

【故障现象 6】开机后无输出，待机指示灯不发光。

根据现象分析，因开机后待机指示灯不发光，说明开关电源没有工作。观察熔断器 F801 已熔断且管壁发黑，说明电网电压整流滤波电路、消磁电路及开关振荡电路中有元件短路，引起 F801 过电流熔断。用万用表 R×1 电阻挡在路检测 IC801❶、❷、❸ 内接开关管 Q1，已击穿损坏。引起 Q1 击穿损坏的原因有：电源负载电路有过电流或短路故障，电网电压过高，稳压控制电路失控，Q1 c 外接尖峰脉冲吸收电路不良。先代换 IC801，并在 IC801❶ 与 T803❹ 之间串接一只 2A 的交流熔断器，以保护 Q1 不会再次过电流损坏，在 +B 电压输出端外接一只万用表进行监测，瞬时开机，电压表指示为 145V（正常），屏幕上同时有正常的图像出现，说明电源负载电路及稳压控制电路正常，推断故障在 Q1 c 外接的保护电路元件 C811、R811，断电后将其分别拆下测试，发现 C811 已开路。检修时代换 C811 并恢复原电路后，连续工作试机，工作正常。

【故障现象 7】开机后不工作，面板上的红色电源指示灯不亮。

根据现象分析，因开机后红色电源指示灯不亮，说明开关电源没有工作。打开后盖，检查交流熔断器 F801 正常。开机测量 +B 输出端电压，发现开机瞬间有约 10V 的跳变，说明开关电源振荡电路能启振。故障原因可能是电源过载使机器进入保护状态。先关机测行输出管（c）的对地电阻近似 0Ω。为了判断行输出管击穿的原因，再断开负载供电电路中的 L801，并在 C820 两端接入假负载，开机测 +B 输出端电压，发现在开机瞬间 +B 电压高达 210V，说明是开关电源稳压控制电路工作异常，使 +B 输出电压过高，击穿行输出管。

试用调压器将电网电压调至 90V 左右，再开机测 +B 电压为 165V，且不稳定，此时分别测 IC801⑨、⑧ 电压，分别为 −8V，4V、+0.2V（正常时分别为 −8.6V、−0.6V），说明 IC801⑧ 与 +B 输出端之间的稳压控制电路有故障。

测 Q801 各极电压，发现其 b、e 均为正电压，c 为负电压（正常时均为负电压），Q901b 电压受光电耦合器 IC803 内光敏三极管的导通电流控制。检修时代换 IC803，+B 输出端电压由 165V 下降为 150V，缓慢调高电网电压，+B 输出端电压均能稳定在 150V 左右。断电后拆去假负载，恢复原电路，开机试验，整机工作恢复正常。

七、STR-S6709 构成的开关电源典型电路分析与检修

如图 5-20 所示为使用厚膜电路 STR-S6709 构成的开关电源电路，IC803 为取样比较误差电压放大集成电路，Q802、Q803 为遥控关机控制管。在稳压、遥控关机及保护电路使用 D803 等光电耦合器，使电路除开关电源电路 IC802 外，均为冷底板电路，安全性能好，还使得视频 / 音频端子不必使用光电耦合器。此电源还有一个与众不同的特点是，IC802 既是主开关电源电路，又是遥控电路的辅助电源电路，在收看状态时主路输出电压为 +142V，在待机状态时主路输出降为 30V。电路简单可靠，稳压范围宽，可适应在 110 ～ 220V 交流输入电压下正常工作。

1. 电路原理分析

（1）主开关稳压电源电路原理　如图 5-20 所示。当交流电源开关接通后，220V 交流电经熔丝送至低通滤波器，再加入 VD806 进行桥式整流，然后在滤波电容 C809 上产生约 300V 的脉动直流电压。此电压一路经开关变压器 T801 的 P1—P2 端和 IC802 的 ❶ 脚加到开关管 Q1（在 IC802 内部）集电极；另一路经偏置电阻 R805、R806 加到 Q1 基极，使开关管 Q1 导通。R807、C811 是振荡启动电路的正反馈电阻、电容，T801 的 B1—B2 绕组是反馈绕组。B1—B2 绕组产生的正反馈电压经 R807、C811 加到开关管 Q1 基极，使 Q1 很快饱和导通。Q1 饱和导通后，放大能力降低，使集电极电流线性增大到最大。B1—B2 绕组同时也为 C811 充电，使 Q1 基极电位逐渐下降，Q1 退出饱和区，进入放大区，Q1 集电极电流减小。P1—P2 绕组感应电动势反相，B1—B2 绕组感应电动势也反相，同样因正反馈的结果，使 Q1 截止。Q1 截止时，T801 的 B2 端输出的正脉冲经 R866、R865 和 VD2、C812、D803，到达 B1 端，对电容 C812 充电。这时 B2 端正脉冲还经 R2 加到 Q3 基极，使 Q3 导通，

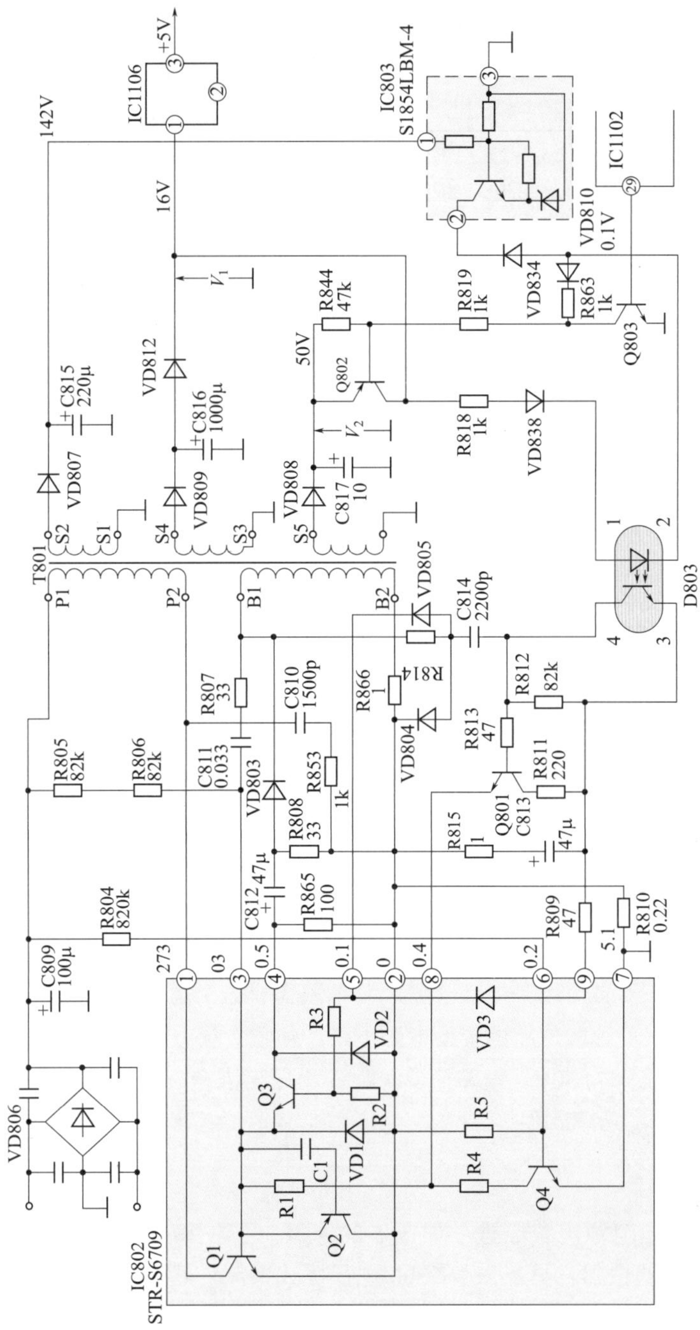

图 5-20 STR-S6709 构成的开关电源电路

对 C811 充电。充电过程使 C812 左端电压和 C811 左端电压逐渐升高。当 B2 端电压下降时，因正反馈，又使 Q1 饱和导通。Q1 导通后，B1 端正脉冲经 R3 加到 Q3 基极，使 Q3 导通。这时，C812 上电压经 Q3、Q1、R808 放电（C812 上电压还会经 R865、R808 放电）。随着 C812 放电，Q1 基极电位逐渐降低，Q1 电流减少，因正反馈，使 Q1 不断地截止或导通。因此，C811、C812 是决定振荡周期的电容，它与充放电回路元器件的电阻值决定振荡周期的大小。

IC802 的❶脚、❷脚间的 C810、R853 使开关管 Q1 集电极的脉冲电压不会太高，对

Q1 起保护作用。

B1—B2 绕组间的 R814、VD804 对 B1 端、B2 端间的脉冲起阻尼作用，使其间的正脉冲不会太高，以保护振荡元器件。B1 端脉冲为负时，负脉冲经 VD805、C814、R813 加到 Q801 基极，加速稳压放大管 Q801 和稳压控制管 Q3 导通，加速稳压过程的建立。

开关管 Q1 集电极输出的脉冲电压经 T801 耦合到次级，由 VD807、VD808 和 VD809 整流分别得到 +142V、+50V 和 +16V 电压。电路设计为：开关管 Q1 导通时，整流管 VD807、VD808、VD809 截止；Q1 截止时，VD807、VD808、VD809 导通。

松下 TC-M20 机型系列大屏幕彩色电视机的稳压控制电路由 IC803（S1854LBM-4）、光电耦合器 D803、三极管 Q801 和 IC802 中的 B2 等构成。VD812 负端的 +16V 电压经 R818、VD838、D803、IC803 内的三移管和移压管形成回路。+142V 电压加至 IC803 的 ❶ 脚进行稳压控制。若 +142V 输出电压增加，则加至 IC803❶ 脚的电压增加，流过 IC803 内三极管电流增大，流过 D803 内发光二极管的电流增加，D803 内光电三极管的电流增加，Q801 发射极电流增加，使 IC802 内的 Q3 基极电流增加，Q2 的集电极、发射极间的内阻减小，使输出电压降低。反之，+142V 输出电压降低时，会使 Q3 的内阻增加，C812 放电较慢，开关管 Q1 的导通时间较长，使输出电压升高。

在 T801 的 B2 端电压为正时，脉冲电压经 R866 及 R815、C813、R809 到达 IC802 中的 VD3，流回 B1 对 C813 充电。因 Q801 的发射极经 R1 与 IC802 的 ❸ 脚相连，Q801 的集电极经 R811 与 C813 的负极相连，C813 的正极经 R815 与 IC802❷ 脚相连，故 C813 的上正下负电压就使 Q801、D803 等能够与 IC802 内电路形成直流通路。

R810 是开关管 Q1 的过流保护电阻。开关管 Q1 电流过大时，R810 上压降增加，此电压经 R5 加到 Q4 基极，使 Q4 导通，Q2 基极电位降低很多，Q2 饱和导通，使 Q1 得不到足够偏压而截止。

在待命状态，微处理器 IC1102 的 ㉙ 脚输出高电平，使 Q803 导通，IC803 的 ❷ 脚电压降低很多，光电耦合器 D803 和三极管 Q801 的电流增大很多，Q2 的内阻降低很多，C812 放电很快，开关管 Q1 导通时间更短，T801 存储能量更少，使输出电压降为原来的 1/4 以下。此时，VD808 负端电压由 50V 变为 10V。因 Q803 导通，使 Q802 导通，故 10V 电压经 Q802 加到 IC1106 的 ❶ 脚，使 IC1106 的 ❸ 脚仍有 5V 电压给微处理器等供电。

在正常工作时，IC1102 的 ㉙ 脚输出低电平，Q803 截止，Q802 截止，VD812 负端的 +16V 电压经 IC1106 稳压得到 +5V 电压给微处理器等供电。

（2）电源厚膜块 IC802 过流保护电路原理 如图 5-20 所示，当电源厚膜块 IC802 内开关管 Q1 导通时，发射极电流经 R810（0.22Ω）到地。当 Q1 发射极脉冲电流峰值达 2.7A 时，R810 上峰峰值压降为 0.6V，经 IC802 内电阻 R5 加到过流保护管 Q4 的基极，使 Q4 导通，而同时导致 Q2 导通，这使 Q1 正反馈基极电流分流，Q1 导通变窄，限制了 Q1 的过流。

2. 典型故障检修

【故障现象 1】通电开机后，整机没有任何反应。

这是典型的电源故障。打开机壳，首先直观检查，发现熔丝已熔断。代换后，断开 R805、T801 的 P1 端，通电检测 +300V 输出端电压，正常。再用万用表电阻挡检测 IC802 的 ❶ 脚与地之间的正反向电阻，实测为 0Ω，说明 IC802 内部开关管已击穿损坏。再检查其他元器件，没有发现异常。检修时代换 IC801 后，将原焊开的元器件重新焊好，试通电，整机工作正常。

【故障现象 2】开机后主机面板上的待命指示灯常亮，按键无效。

根据故障现象分析，待命灯亮，说明 +5V 待机电源已有输出，由前面的电路解析中可知，此机型的 +5V 电路和 +142V 等电压的电路共用一个开关振荡电路。靠开关管导通时间的长短来使机器工作于正常状态或待命状态。电器有红灯指示，说明有 +5V 输出；无光栅、无伴音，可能是 +142V 等电压还不正常。应先检查电源控制电路：通电检查，+142V 输出端只有 +30V，+16V 端为 +3V，+50V 端为 +8V，说明电器处于待命状态。检查微处理器 IC1102 的 ④ 脚电压为 1V，而正常工作时此电压应为 0.1V。断开电源控制管 Q803 基极，则有 +142V 输出。检查与微处理器有关的复位电路和存储电路的电压正常，可见是微处理器 IC1102 损坏，使其 ㉙ 脚输出电压不对。代换微处理器 IC1102 后，机器正常工作。

【故障现象 3】开机后待命指示灯发亮，但约 3s 后，自动熄灭。

根据故障特征判断，此机型的电源或 +B 负载有问题。拆开机壳，首先检查电源电路。经检查发现，此机型整流后的 +300V 电压正常，稳压电源输出的 +B 电压在开机瞬间升至 +30V 后又降回到 0V。初步判断是稳压电源能工作但负载有短路。当脱开负载，稳压电源各输出电压都正常，检查相关元器件都没有发现问题，代换负载元件后，工作正常。

【故障现象 4】插上电源按下电源开关后，无输出。

根据故障现象剖析此机型的电路结构特点，确定故障在电源电路。打开机壳，发现交流熔丝和熔丝电阻都已烧断，且稳压集成电路 IC802 的 ❶ 脚、❷ 脚间短路，说明 IC802 内部的 Q1 已击穿。上述元器件换新后，在路检查稳压电源和保护电路的其他晶体管、二极管正常，开机后仍然没有 +142V 电压输出。详细检查振荡电路元器件，发现 R815（电阻值为 1Ω）开路。换新后，+142V 等电压输出正常，工作正常。

【故障现象 5】在使用过程中，输出电压消失。

根据故障现象及维修经验，应首先检查电源电路。检修时打开机壳，检查发现熔丝完好，则通电使用动态电压法进行检查。通电，则开关稳压电源的各路输出端均无电压输出。而 +300V 脉动直流电压正常。为判定故障范围，试脱掉负载再开机，测得主输出电压为正常值 +142V 左右，说明电源基本正常。测对地电阻，没有见明显直流短路现象，试换负载元件后，机器工作正常。

八、STR-8656 构成的开关电源典型电路分析与检修

STR-8656/8653 共有 5 个引脚，其中 ❶ 脚为内部场效管漏极功率输出端，❷ 脚为内部场效管源极引出端，❸ 脚为内部电路参考接地端，❹ 脚为启动控制电压输入端，❺ 脚为电流反馈和稳压控制信号输入端。STR-8656 的引脚功能与测试数据如表 5-5 所示。

表 5-5　STR-8656 的引脚功能与测试数据

引脚	符号	功能	电流电压 /V		
			正常开机	待机	自由听
❶	D	漏极	310	315	312
❷	S	源极	0.05	0	0.05

续表

引脚	符号	功能	电流电压 /V		
			正常开机	待机	自由听
❸	GND	地	0	0	0
❹	VIN	电源输入	32	32	32
❺	OCP/FB	过流 / 反馈保护	2.4	0.35	0.35

开关电源电路如图 5-21 所示。STR-8656G 与 STR-5653G 脚位功能完全相同，但内置功率开关管的输出功率不同。STR-8656G 的输出功率可达 200W，STR-5653G 的输出功率约为 120W，在应急修理时可用 STR-8656G 替代 STR-5653G，但 STR-5653G 不能替代 STR-8656G。与 STR-8656G 和 STR-5653G 配套的外围电路参数也有差别。例如，STR-5600G/8600G 系列集成电路❹脚外接的启动电容 C961，可根据电源启动情况在 37 ～ 100μF 之间选择。当 C961 容量下降或漏电时，将导致开关稳压电源无法进入工作状态，造成无输出故障。

当接通外部 220V 交流电源时，交流电压经分立元件桥式整流，R901（NCT5）负温度热敏电阻限流，C910（330μF/400V）滤波后，得到约 +300V 的脉动直流电压，然后分成三路向开关稳压电源提供原动力。

第一路 +300V 电压经 R903（200kΩ/2W）接入 STR-8656 的❹脚作为启动电源，在❹脚外接电容 C961（33μF/50V）的作用下，❹脚输入电压 V_{IN} 缓慢上升，当 V_{IN} 达到 16V 时，启动电路动作，STR-8656 内部的振荡器开始工作，并通过驱动器使场效应管进入开关工作状态。开关电源启动后，开关变压器的⓯—⓭绕组产生的感应电压经 VD951 整流后，向 STR-8656 的❹脚提供正常工作电源。当❹脚 V_{IN} 降到 10V 以下时，低电压禁止电路动作，关闭场效应管的漏极输出，开关电源回到启动前的状态。

启动电路中的 R903 的阻值要保证在交流输入电压最低时能够向电源电路提供 500μA 以上的电流。R903 的阻值一般可取 180 ～ 220kΩ，R903 的阻值太大，限制 C961 的充电电流，使开关电源启动时间变长，甚至无法启动。同理，对 C961 的容量值也要有合适的取值范围。对一般电源而言，C961 可取 22 ～ 100μF，C961 的容量太大，会使启动时间变长；太小，则会使电压纹波增大。若 C961 漏电或 R903 开路将导致开关稳压电源无法进入启动程序，导致整机出现三无故障。

第二路 +300V 电压经电感 L909 接入开关变压器的⓭—❿绕组，其中开关变压器❿脚经电感 L904、L910 与 STR-8656 的❶脚 MOSFET（开关管）漏极相连，通过 MOSFET 的导通与截止，实现开关变压器各绕组间的能量交换。

第三路 +300V 电压由 R902 送到 STR-8656 的❺脚，并由 R902、R973、R972 分压，为❺脚提供初始基准电压。STR-8656 的❺脚既是振荡器控制信号输入端，又是过电流保护检出端。

基本原理是：振荡器利用 STR-8656 内 C1 的充放电，产生决定 MOSFET 开 / 断时间的信号。在 MOSFET 导通时 C1 被充电至 5 ～ 6V。另一方面，当漏极电流 I_d 过 R972 时，在 STR-8656 的❺脚上产生电压 V_{R972}，此电压是与 I_d 形状相同的锯齿波。当 V_{R972} 达到门限电

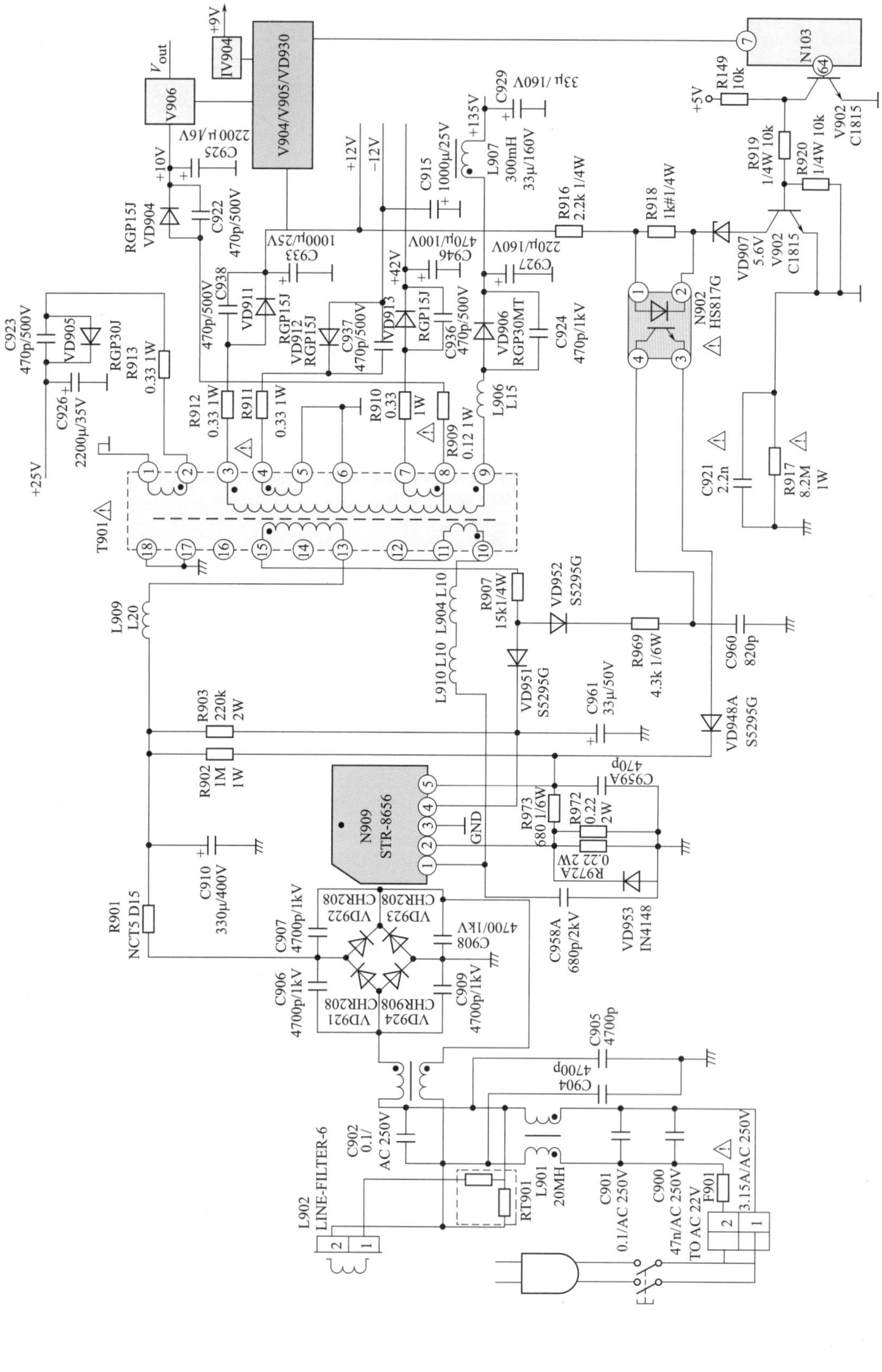

图 5-21 STR-8656 构成的开关电源电路

压时，比较器 1 翻转，关断 MOSFET。MOSFET 被关断后，C1 开始放电，当 C1 两端的电压下降到 1.2V 以下时，振荡器再次翻转，使 MOSFET 导通，这时 C1 又快速地充电到约 5.6V，这样反复循环振荡下去。由此可见，由 V_{R972} 的斜率决定 MOSFET 的导通时间，由内部 C1 和定电流电路决定 MOSFET 的关断时间。这个时间一般设定为 50Hz 以上，电源电路充放电电压波形如图 5-22 所示。

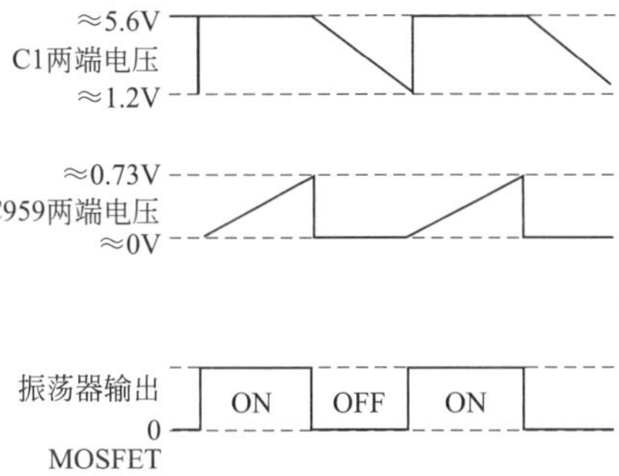

图 5-22 电源电路充放电电压波形

STR-8656 的输出电压控制是由流过误差放大器的反馈电流进行的，这一反馈电流由 R973、R972 的压降施加在 STR-8656 的 ⑤ 脚 OCP/FB 端子上，当反馈电流达到比较器 1 的翻转值时，MOSFET 关断，因此 STR-8656 属于电流控制方式。

MOSFET 导通时的浪涌电流产生的噪声可能使比较器 1 误动作，因此在 STR-8656 的 ⑤ 脚外部设有电容器 C959，以吸收 MOSFET 导通时的浪涌噪声，保证电源在轻载状态下稳定工作。

STR-8656 的内部设有锁定电路，它在过电压保护（OVP）电路、过热保护电路动作时，使振荡器输出保持低电平，停止电源电路输出。当厚膜基板温度超过 140℃时，锁定电路开始动作；当 ④ 脚 VIN 端子电压超过 37.5V（峰峰值）时，锁定电路开始动作，避免 VIN 端子的过电压。为了防止锁定电路因干扰而误动作，在控制电路内装有定时器，只有当电路动作持续时间约 8s 以上时，锁定电路才开始动作。锁定电路解除的条件是 VIN 端子的电压低于 6.5V，通过关断交流电源再启动可以解除锁定状态。

STR-5600G/8600G 系列开关稳压电源中 ① 脚外接的 C958（680pF/2kV）也是维持开关电源稳定输出的重要元件。对于轻负载可取 680pF，大负载可取 1000pF，C958 容量太小时难以抑制尖峰干扰信号，但 C958 容量太大时，功耗大，易造成器件损坏。

如图 5-21 所示，开关电源的次级有六路整流直流电压输出。

第一路由 VD905、C926 为主体构成的整流滤波电路输出 +25V 直流电压。

第二路由 VD911、C933 为主体构成的整流滤波电路输出 +12V 直流电压，又分成三条支路。第一条提供正供电，第二条为光电耦合器提供工作电流，第三条的输出受 V904 开关控制。

第三路由 VD912、C915 为主体构成的整流滤波电路输出 −12V 直流电压。

第四路由 VD913、C946 为主体构成的整流滤波电路输出 +42V 直流电压。

第五路由 VD904、C925 为主体构成的整流滤波电路输出 +10V 直流电压，经后级稳压后分别为主芯片及系统控制电路，I/O 接口供电、存储器、遥控接收、按键输入、复位、指示灯等电路，模拟电路，数字电路，高频调谐器提供工作电源。

第六路由 VD906、C927 为主体输出 +B 电压，为主负载电路提供电源。

九、STR-S6708A 构成的开关电源典型电路分析与检修

1. 220V 整流滤波及自动消磁电路

图 5-23 中 220V/50Hz 的交流电源电压经过电源开关 SW801、电源熔丝 F801 以及由 R801、C801、T801、C802 等构成的脉冲干扰抑制电路，进入桥式全整流电路。

RT801（热敏电阻）与消磁线圈并联在输入交流电源两端。每次开机时，热敏电阻的冷电阻很小（大约为几欧姆），则消磁线圈中流过很大的交流电流，由此形成的交变磁场对彩色显像管进行消磁处理，防止因阴罩或彩色显像管附近其他金属件磁化造成的色纯不良；当热敏电阻中流过很大的电流时，热敏电阻瞬间增大（大约可达几百千欧姆），消磁线圈接近开路，对电源电路的影响可以忽略不计。这种自动消磁电路能保证彩色显像管的色纯度稳定，不会出现混色引起色纯不良。

2. 开关振荡及输出整流器

由桥式整流器 DB801 输出的脉冲电压，经 R802 限流，C807、C806 平滑滤波，由开关变压器的 ⑨—⑦ 绕组，加到 IC801（S6708A）的 ❶ 脚，IC801 的 ❶ 脚接功率开关晶体管的集电极。与此同时，电源输入端电压经 DB801 整流，R803、R804 限流，对 C809 充电，开关电源电路通过 IC801 的 ⑨ 脚开始启动。当 ⑨ 脚电压达到 8V 时，完成了开关电源的启动。同时通过集成电路内部的预调整电路，使开关电源的振荡电路开始工作。脉冲振荡电压经过 IC801 内部的均衡驱动电路，由 ❹、❺ 脚输出开关脉冲，经过外电路 R806、C813、VD805、VD806，加到 IC801 的 ❸ 脚，IC801 的 ❸ 脚为功率开关晶体管的基极。在开关脉冲的作用下，开关管时而导通，时而截止，在开关变压器的初级绕组 ⑨—⑦ 上激起高频开关脉冲，并在开关变压器次级绕组上感应出脉冲电压，经过各自不同的直流稳压电源，供整机各部分使用，并维持各部分电路正常工作。其中：

❶ +135V 为高电压主电源，主要为行扫描输出电路和行激励电路供电。

❷ +12V 电源电压主要供 IC604、CPU 负位电路使用，经降压及稳压后还可以形成 5V、8V 直流电源。

❸ +18V 电源电压主要供伴音输出电路 IC602、IC603 供电。

另外行扫描输出电路还要产生场扫描及视放电路需要的 +14V、+45V 及 +200V 直流电压。

3. 稳压过程

+B↑⟶取样电压↑⟶Q824 电流↑⟶光电耦合器件初级电流↑、次级电流↑⟶IC801⑦脚电流↑⟶控制开关管导通变短⟶+B↓。

稳压作用在 IC801 的 ⑦ 脚进行，当 +135V 的主要电源电压过高时，流过误差取样三极管 Q824 中的电流增加。因 Q824 的发射极电压由稳压二极管 VD827 稳定，R827 为 VD827 的偏置电阻，它与 +12V 直流相连接，由 +12V 为 VD827 提供偏流。当 +135V 主电源电压上升时，通过 Q824 基极分压电阻 R822、VR821、R827，使 Q824 基极电压上升，流过 Q824 中的电流增加。因 Q824 与 IC802 的 ❷ 脚串联，Q824 中电流增加，也会使流过 IC802 的电流增加，IC802 为光电耦合二极管。当 IC802❷ 脚电流增加时，使 IC802❹、❸ 脚电流增加，IC802❸ 脚通过电流时间减少，促使开关脉冲占空比下降，+135V 直流电压下降，直到稳定为止。

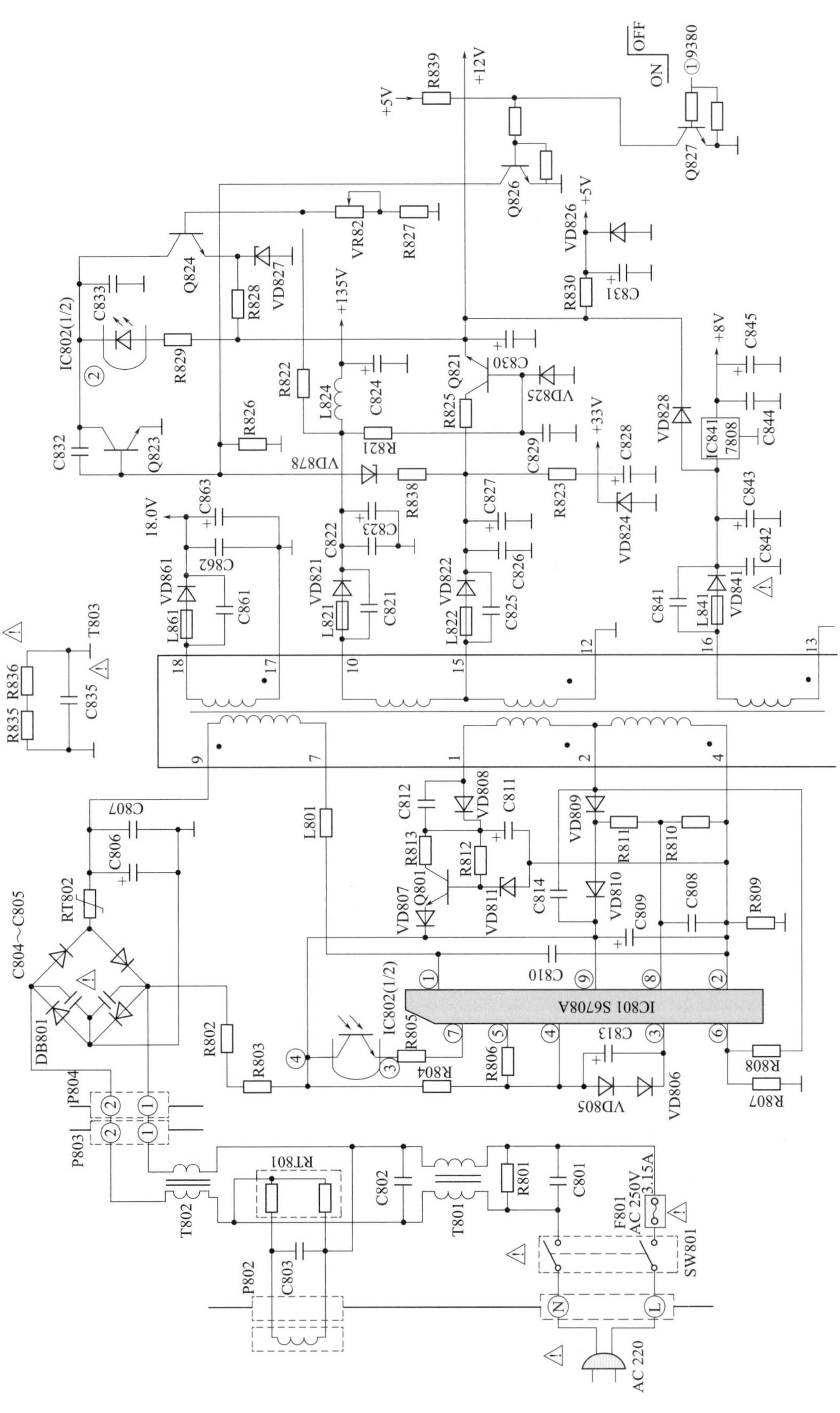

图 5-23 变频式开关电源电路

当 +135V 直流电压下降时，按照上述相似的分析方法，❼脚 $I_{F/B}$ 电流下降，开关管导通时间会增加，开关脉冲占空比上升，促使 +135V 直流电压上升，直到稳定为止。

只要 +135V 直流电压稳定，其他各路直流电压也会是稳定的。

4. 保护电路

IC802❶❻脚过流（过热）保护，过流开关变压器 $U_{②}$↑ ⟶ $U_{⑥}$↑，停振。

IC802❷❽❾脚过压保护：超压开关变压器 $U_{②}$↑ ⟶ $U_{⑧}$、$U_{⑨}$↑，停振。

过电流保护的输入端为 IC801 的❻脚。开关变压器 T803 的备用电源绕组❷与 IC801 的❻脚相连。当因负载短路或负载电流太大引起开关变压器中励磁电流太大时，T801 的❷脚电压上升，并使 IC801 的❻脚电压上升。IC801 的❻脚内接比较器 4。当❻脚电压上升到超过比较器的基准电压时，比较器的输出电压会使脉冲电压振荡器停止工作，完成过流保护功能。

IC801 内部电路中设有过热保护电路。当集成电路内部的温度超过 +150℃时，过热保护电路通过锁存电路能使均衡驱动器停止工作，开关脉冲无输出，开关电源会停止工作。

IC801 内部同样设有过压保护电路。当输入交流电压过高时，通过开关变压器 T803 中的电压上升，启动绕组❶脚和备用绕组❷脚中电压上升。从图 5-23 可以看出，启动绕组❶和备用绕组❷中电压上升，会引起 C809 两端电压上升，C809 接 IC801 的❾脚，当❾脚 V_{IN} 电压超过一定门限电压后，过压保护电路起作用。通过过压保护电路或门电路、锁存电路，同样能使用均衡驱动级停止工作，起到过压保护作用。

待机控制管为 Q827，其基极接超级单片机 TDA9380/83 的❶脚。当机器正常工作时，Q827 基极为低电平，则 Q827 截止，Q827 的集电极接 Q826 基极。当 Q827 截止时，Q826 导通，Q823 截止。当机器处于待机状态时，待机控制输出高电平，使 Q827 导通，Q826 截止，Q823 导通，则流过 IC802 的电流增加。因 $I_{F/B}$ 电流上升，开关导通时间减少，开关脉冲占空比下降，开关变压器感应电压下降，IC801❽脚 V_{INH} 下降，开关电源变为间歇振荡器，输出电压下降。

十、STRG5643D 构成的开关电源电路原理与检修

1. 电路原理

如图 5-24 所示为应用厚膜集成电路 STRG5643D 构成的开关电源电路，此电路是日本某公司生产的电源厚膜集成电路。它内含启动电路、逻辑电路、振荡器、高精度误差放大器、激励电路、大功率 MOS 场效应管，并具有过压、过流等保护功能，具有启动电流小、输出功率大、外接元件少、保护功能完善、工作可靠、功耗低等优点。

（1）启动与振荡过程 接通电源后，220V 交流市电通过由 C901、R901、L901、C902、C963 和 C964 构成的低通滤波电路处理后，分两路输出：一路送到受控消磁电路；另一路经负温度系数热敏电阻 NR901 限流、VD901 ～ VD904 桥式整流，在滤波电容 C907 两端产生 300V 左右直流电压。此电压经开关变压器 T901 初级绕组（❼—❺绕组），送到 IC901❶脚（内部功率场效应管的漏极）。同时，调整管 Q923 集电极输出的 72V 电压，经 R932、VD905、R913 降压限流后加至 IC901 的❹脚，并对电容 C916 进行充电。当充电到 16V 的启动电压后，内部振荡器开始工作。输出脉冲信号经内部驱动放大后，推动开关管导通截止，并向开关变压器注入脉冲电流，T901 自馈绕组的感应电压经 VD911 整流、C916 滤波，

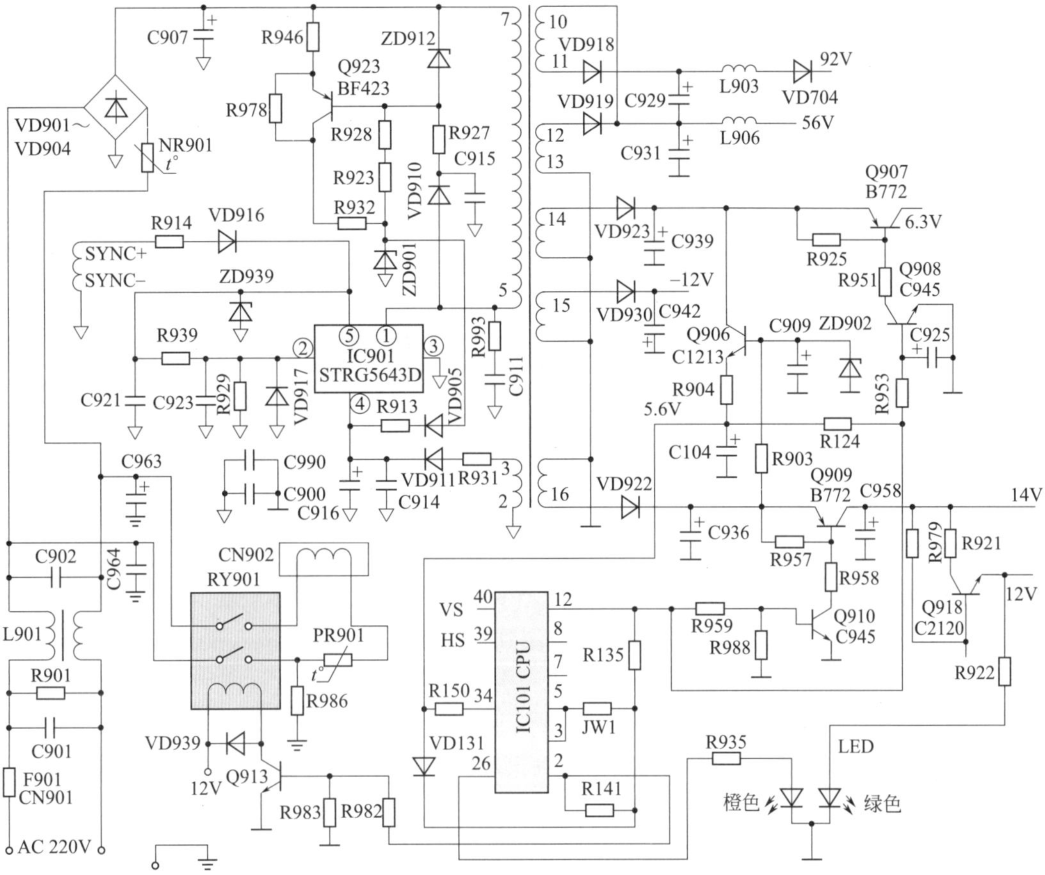

图 5-24　应用厚膜集成电路 STRG5643D 构成的开关电源电路

获得 32V 的直流电压，开机时由 Q923 集电极提供开启电压，使电源 IC901 正常工作。

（2）稳压原理　此开关电源使用初级取样方式进行稳压，输出电压的电压控制以 IC901❹ 脚得到的 32V 为取样电压。当某种原因使电源输出电压升高时，T901❸ 脚得到的感应电压也将随之升高。此电压使 IC901❹ 脚电位上升，IC901❹ 脚电位的变化经 IC901 内的控制电路处理后，使振荡器输出的开关脉冲占空比变小，从而使电源输出电压下降到正常值。反之亦然。

（3）锁频电路　行扫描电路未工作时，主开关电源的工作频率取决于 IC901 的 ❺ 脚外接元件参数的大小；行扫描电路工作后，行输出变压器 T402 锁频绕组产生的脉冲电压，经 R914 限流、VD916 限幅后，加至 IC901 的 ❺ 脚。这个脉冲电压使主电源的振荡频率由自由状态进入到与行频同步状态。这样就可避免主电源电路与行扫描电路因频率不同而互相干扰。

（4）保护电路

❶ 防浪涌保护　由于初级电源滤波电容 C907 的容量较大，为防止开机瞬间的浪涌电流烧坏桥式整流二极管，保护电源开关管在电源启动时免遭过流冲击。开关电源的输入回路中，串接了负温度系数热敏电阻 NR901。刚接通电源时，NR901 为冷态，阻值为 6Ω 左右，能使浪涌电流限制在上述元件允许的范围内，电源启动后阻值近似等于零，对电路没有影响。

❷ 尖峰脉冲吸收　R993、C911 构成的尖峰脉冲吸收回路，用来吸收 IC901 初级产生的

反峰高压，防止IC901内场效应开关管被击穿。

③ 过压保护电路　当市电电压超过270V时，经整流滤波的300V电压也将随之升高，经VD910、R927、R928、R923分压后的电压也将随之升高。此升高的电压将ZD901反向击穿后，与地构成回路，从而避免STRG5643D过压损坏。

④ 过流保护　过流保护电路由R939、R929构成。当某种原因造成IC901内开关管漏极电流过大时，在过流检测电阻R929两端产生的压降增大，此电压经R939反馈到⑤脚，若数值超过额定值，过流保护电路启动，场效应管截止，避免过流带来的危害。

（5）节能控制电路　此显示器在主机电源管理信号（VESA DPMS）的工作状态有两种。

① 正常工作状态　当计算机主机工作在正常状态时，由显卡输入的行、场同步信号送到CPU的⑨、⑩脚，被CPU检测识别后，输出高电平信号。一方面加到Q910的基极，使Q910、Q909相继导通，为行、场扫描及消磁等电路供电；另一方面加到Q908的基极，使Q908、Q907相继导通，为显像管灯丝提供6.3V的电压。这样，整机受控电源全部接通。此时，12V电压经R922限流后，加至LED内的绿色指示灯控制端，使绿色指示灯发光，表明显示器处于正常工作状态。

② 节能状态　当鼠标、键盘长时间不工作时，操作系统中的显示器电源管理功能就会停止向显示器输出行/场同步信号。CPU检测到这一变化后，输出的控制信号变为低电平，Q910、Q909、Q908、Q907相继截止，切断二次电源振荡芯片TDA9116以及显像管灯丝的供电，屏幕呈黑屏。此时，CPU输出的控制信号为高电平，经R935限流后加至LED内的橙色指示灯控制端，使橙色指示灯发光，表明此机型工作在节能状态。

2. 检修方法

（1）开关电源各次级无输出电压　可按下述步骤检查。

① 先测IC901①脚300V左右电压是否正常。若无300V电压，则说明220V交流输入端至IC901两脚间存在开路现象。此时主要查熔丝F901、负温度系数热敏电阻NR901是否开路；L901，开关变压器T901⑦、⑤引脚是否虚焊。

② 上述检查均正常，可再查IC901④脚有无16V启动电压。若没有，可查稳压二极管电容C916、C914是否击穿，限流电阻R913是否开路。若IC901④脚电压在11～15.5V间反复跳变，⑤脚电压在0.5V以下，则表明厚膜块IC901基本正常。应检查开关电源各输出端是否存在短路；若IC901④脚电压在11～15.5V间反复跳变，⑤脚电压远远高于正常值0.5V，则表明故障由过流保护电路引起，应重点检查过流检测电阻R929是否阻值变大或开路。

（2）开关电源各次级输出电压低，稳定不变或不停跳变　应首先检查过流保护电路各元件，如易损件R929是否阻值变大。若无异常，可判定IC901出现故障。

（3）开关电源始终处于节能状态　可通过电源指示灯发光状态进一步确定故障部位。若指示灯发光为橙色，说明同步信号输入电路不良；若指示灯发光为绿色，说明节能控制电路或微处理器电路异常。

3. 检修实例

（1）指示灯为绿色，无显示　根据故障现象，再结合开机有无高压启动声，进一步确定故障的部位。若开机瞬间显像管无高压启动声，说明行扫描电路没有工作；若开机瞬间显像管有高压启动声，说明亮度控制电路、显像管电路异常或过压、过流保护电路动作，加电后显像管灯丝发光正常，但显像管无高压启动声，说明行扫描电路没有工作。测行、场扫描集成块供电端㉙脚有11.5V电压，说明供电电路正常。接着，测行激励电压输出端没有激励电压输出，怀疑微处理器（CPU）与行、场扫描集成电路之间的总线不正常。用万用表检测控制集成电路总线电压，发现测量电压指针不微微抖动，说明CPU不良。代换后，工作正常。

（2）全无　出现此类故障，一般是主电源电路、微处理器电路或节能控制电路异常。检查F901正常，说明主电源电路没有过流现象。测主电源电路输出端电压为0V，说明开关电源没有启动，测IC901的❶脚电压为300V，说明整流滤波电路正常。测IC901的供电端❹脚没有电压，说明启动电路或IC901异常。断电后，测IC901的❹脚对地阻值正常，怀疑限流电阻R913开路，焊下检查，已开路。代换后，恢复正常。

十一、STR-M6831AF04构成的开关电源典型电路分析与检修

如图5-25所示为应用厚膜电路STR-M6831AF04构成的电源电路，其电路原理及故障检修方法如下。

1. 电路原理分析

（1）主开关电源电路原理　接通电源并开机后，首先副电源工作，微处理器CPU得电，其❷脚输出低电平，控制接口管Q805截止，Q802导通，继电器RL801线圈通电，控制电源接通，经整流桥堆LD803整流、电源滤波电容C814滤波得到约300V脉冲直流电压，再经开关变压器T802的初级绕组❶—❷端加至IC802的❶脚（内部为场效应管漏极），交流市电经VD807半波整流、R807及R810限流、C820滤波、稳压器VD812稳压后，加至IC802的❺脚（内接启动电路）和光电耦合器VD831中的光电管，使IC802内部振荡器启振，并输出开关信号，经放大后推动开关管工作，使得开关变压器次级的整流滤波电路输出各路直流电压供负载使用。其中+140V主电压反馈至取样比较集成电路IC804（SE140N）的❶脚，并经R844加至光电耦合器VD831的发光二极管正极，使电源输出电压恒定。

当某种原因使负载变轻（图像变暗、声音变小）可使电源输出电压上升时，则通过光电耦合器中发光二极管的电流上升，发光强度增大，使光电三极管的导通内阻变小，致使IC802的❻脚电压下降，振荡器的振荡频率变低，即振荡器输出的开关脉冲占空比变小，电源输出电压下降，反之亦然。

（2）自动保护电路原理

❶ 市电过压保护电路　当某种原因使市电输入电压过高时，会导致IC802的❺脚输入电压超过过压保护电路启动的阈值电压（27V），则❺脚内接的过压保护电路动作，发出关机信号，使振荡器停振，开关管因无激励信号而停振。

❷ 开关管输出过流保护电路　当机内负载短路或开关电源次级整流滤波电路发生短路时，会使IC802内的电源开关管输出电流超过极限值，则与开关管源极相串联的R826、R828上端电压上升，R831右端电压也上升，IC802的❹脚电压必大于过流保护的阈值，IC802内部过流保护电路启动，发出关机信号，使开关管停止工作。

❸ 开关管过热保护电路　当电器因某种原因使IC802温度过高而达到某一极限值时，IC802芯片内部的过热保护电路启动，发出关机信号，使振荡器停振，电源无输出。

❹ 失控保护电路　当开关电源的稳压环路发生开路故障而失去控制时，其电源输出电

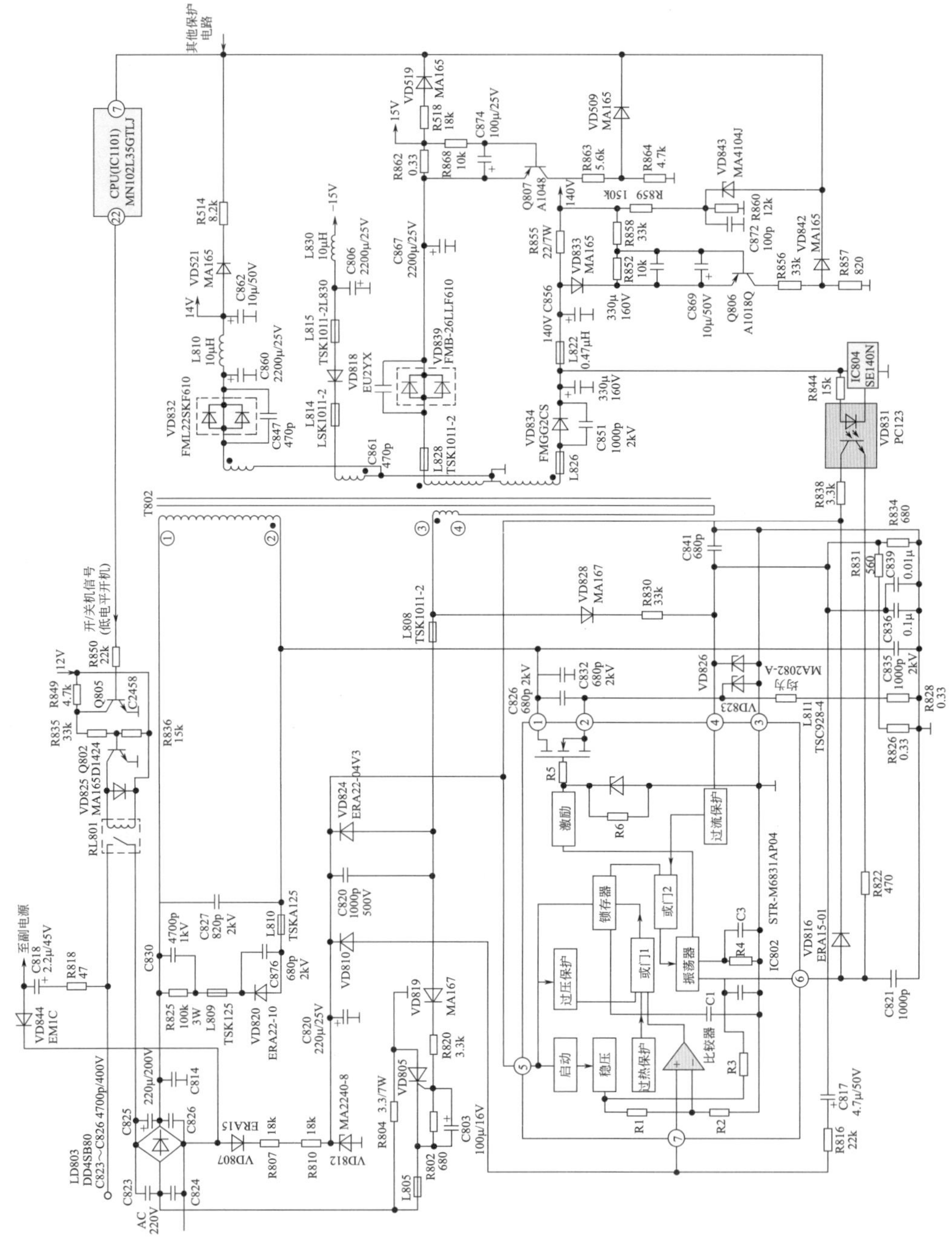

图 5-25　STR-M6831AF04 构成的电源电路

压会大幅度上升。同时，开关变压器❸—❹绕组的感应电压也会上升许多，致使经 VD824 整流、C820 滤波后的电压上升，导致 IC802 的❺脚电压大于过压保护电路动作电压，使开关电源停振。同时绕组❸端感应电压还可经 VD828 整流、R830 加至 IC802 的❹脚，使内部过流保护电路动作。这样，即使过压保护电路发生故障，也不会使故障扩大。实际上 IC802 的❼脚（初级取样电压输入）也是保护信号输入端。当机器输出过压或过流，而恰好为上述 IC802 内部过压、过流保护电路失效时，由上述分析得知，其 IC802 的❹脚电压会突然升高，则 C817 正极电位会相应升高，并通过 R816 加至 IC802 的❼脚，使内部的电压比较器有电压输出（即关机信号），振荡器停振，整机得以保护。

为了避免电源突然接通时产生的浪涌电流损坏整流桥堆 LD803，在整流桥堆的负极对地串入 R804。在电源工作时，开关变压器的 ❸—❹ 绕组产生的感应电压经 VD819 整流、C803 滤波、R820 电阻分压后加至晶闸管 VD805 的 G 极，并使其触发导通，从而使限流电阻 R804 被短路，以消除机器工作时电流通过 R804 产生的热损耗。为了避免开关管截止时产生的数倍于工作电压的尖峰脉冲击穿开关管，还设有由 C827、C835、L809、L810、C826、C830、C832、C876、VD820、R825 等元器件构成的尖峰脉冲吸收电路，以确保开关管安全。

❺ +140V 输出过压保护电路　当 +140V 输出过压时，稳压管 VD843 击穿，致使 CPU 的 ❼ 脚（保护关机信号输入端）输入电平升高，则其 ❷ 脚输出高电平，继电器 RLS01 失电，触点断开，切断交流输入，整机得以保护。

❻ +140V 输出过流保护电路　当 +140V 负载过重或短路而引起 +140V 输出过流时，取样电阻 R852 两端压降增大，使控制管 Q806 的 e-b 结压降（正偏电压）大于 0.7V，则 Q806 导通，约 +140V 电压经 R856、R857 分压后的高电平，经 VD842 加至 CPU 的 ❼ 脚，CPU 保护电路启动，使其 ❹ 脚输出高电平，整机得以保护。

❼ +15V 过流保护电路　+15V 负载短路，会引起 15V 输出过流，这将使取样电阻 R862 两端压降增大，致使 Q807 的 e-b 结偏压大于 0.7V，Q807 导通，则 15V 电压经 R863、R864 分压后的高电平经 VD509 加至 CPU 的 ❼ 脚，使保护电路动作，切断交流输入。

❽ +15V、+14V 输出过压保护电路　+15V 输出过压时，高电平会通过 R518、VD519 加至 CPU 的 ❼ 脚。同样，+14V 输出过压时，高电平会通过 VD521、R514 加至 CPU 的 ❼ 脚，致使保护电路启动，使交流输入被切断。

2. 故障检修

❶ 故障现象为不能二次开机。二次开机后红、绿指示灯不停闪烁，并听到继电器吸合与释放时发出的“嗒嗒”声。根据故障现象分析，此故障是由电源保护电路启动造成的，即电源输出过压、过流，第二阴极电压过高，保护元器件不良而引起 CPU 保护电路动作所致。检修时首先断开行输出管集电极连线，在 +140V 输出端对地并接一只 100W 灯泡后试机，灯泡点亮，且 +140V 电压正常，不再有“嗒嗒”声，则怀疑是因过流而引起保护。经察看，发现高压帽周围有很多灰尘污垢（此机在建筑工地工棚中使用，环境潮湿且灰尘大），因此怀疑是高压过流。经清洗显像管第二阳极、高压帽和烘干处理，再用 704 硅胶封固后试机，故障消失。

❷ 电源电路不启动，故障现象为无光、无图、无声，红色指示灯也不亮。

【检修方法 1】根据故障现象分析，故障是由开关电源没工作造成的。首先检查电源输入熔丝 F801 没有断，测量 IC802 的 ❶ 脚有 300V 电压，但 ❹ 脚、❼ 脚电压均为 0V。因此，说明故障不是 IC802 内保护电路动作造成的。再查 ❺ 脚电压也为 0V，显然故障点应在电源启动电路。顺藤摸瓜，发现启动电阻 R807 已断路。用 1W/18kΩ 电阻代换（原为 0.5W/18kΩ）后，工作正常。

【检修方法 2】据用户反映，此故障是雷击所致。经检查发现电源熔丝 F801 已烧黑，这说明电源存在严重短路。经检测，发现整流桥堆 LD803 有一臂击穿，代换后通电，熔丝再次熔断。显然，电源还存在短路故障。再测 IC802 的 ❶ 脚、❷ 脚电阻几乎为 0Ω。断开 ❶ 脚与外围电路连线，再测 ❶ 脚对地电阻仍为 0Ω。由此说明，IC802 内部场效应开关管已击穿。代换 IC802 后再试机，电源电路仍不能启动。进一步检测发现，启动电路稳压管 VD812 已击穿。代换后工作正常。

十二、STR-83145 构成的开关电源典型电路分析与检修

1. 电路原理分析

电源电路原理如图 5-26 所示。此机型的开关稳压电源电路使用并联他激式调频稳压电源，其工作范围为 85 ～ 276V，工作频率的变化取决于输入电压与负载的变化，正常的开关频率为 225kHz。

（1）交流输入电压检测及整流切换电路原理　此机型的交流输入电压检测及整流滤波电路是由 7110（STR-83145）来完成的。7110 检测外部输入电压的变化，从而控制其内部开关的导通与截止，来改变桥式整流及倍压整流的工作状态。当外部输入的交流电压低于 165V 时，整流电压为普通的桥式整流电路工作状态；若交流输入电压在 165V 以下，则处于倍压整流状态。

（2）开关稳压电源电路原理

❶ 开关振荡过程　当接通交流电源后，外部输入的交流 220V 电压，经电感元件 5100、5101 构成的抗干扰电路后，再经 6129、2128、2120 构成的整流滤波电路输出约为 300V 脉动直流电压，此电压经开关变压器 5130 的 ❶—❸ 绕组加至 MOS 场效应管 7130（STH12N6051）的 D 极。

当外部输入的交流电压另一路经电阻 3133 降压、电容 2146 滤波后，变为约 11.0V 的电压，即供给振荡集成电路 7140（TDA4605）的 ❻ 脚的电压为 11.0V 时，内部的振荡电路便开始工作。其振荡电路由 7140 的 ❷ 脚外接的电阻 3134、电容 2134 的充放电来完成。振荡波形经 7140 内部的逻辑电路、波形整形电路后，由 7140 的 ❺ 脚输出，经电阻 3132、电感 5133、电阻 3130 后，加至 MOS 场效应管 7130 的 G 极，以控制 7130 的导通与截止。

在 7130 导通时，因开关变压器 5130 的 ❶—❸ 绕组中有电流流过，在次级绕组 ❽—❾、❻—❼、⓮—⓯、⓭—⓯、⓫—❿、⓰—⓲ 产生感应电动势，但因感应电动势使整流二极管反偏，而无整流电压输出。当 7130 截止时，因开关变压器 5130 初级绕组 ❶—❸ 中无电流流过，在次级绕组 ❽—❾、❻—❼、⓮—⓯、⓬—⓯、⓭—⓯、⓫—❿、⓰—⓲ 中产生与原感应电动势相反的电动势，使整流二极管正向偏置而导通。❻—❼ 绕组中产生的感应电动势经整流二极管 6137 整流、电容 2146 滤波后输出约 11.0V 电压供集成电路 7140 的 ❻ 脚，作为其工作电压。⓮—⓯ 绕组中产生的感应电动势经整流二极管 6190 整流、电容 2192 滤波后输出约 −7.4V 电压。⓭—⓯ 绕组中产生的感应电动势经整流二极管 6300、6301 整流，电容 2301 滤波后输出约 17.7V 电压。⓬—⓯ 绕组中产生的感应电动势经整流二极管 6172、6173 整流，电容 2173 滤波后输出约 10.0V 电压。⓫—❿ 绕组中产生的感应电动势经整流二极管 6160、6161 整流，电容 2161 滤波后输出约 32.6V 电压。⓰—⓲ 绕组中产生的感应电动势经整流二极管 6150 整流、电容 2151 滤波后输出约 140V 的 +B 电压。

❷ 稳压控制电路原理　开关变压器 5130 的 ⓫—❿ 绕组中产生的感应电动势，经二极管 6160、6161 整流及电容 2161 滤波后输出 32.6V 电压。32.6V 电压分两路输出：一路直接供负载使用；另一路经三极管 7168、7171、7169、7170、7172 及稳压管 6170 构成的稳压电

路后，输出 28.0V 电压，此电压受控于三极管 7167 的导通与截止。

开关变压器 5130 的 ⑬—⑮ 绕组中产生的感应电动势，经二极管 6300、6301 整流及电容 2301 滤波后，由稳压集成电路 7302（LM317）稳压，输入 13.5V 电压，13.5V 的电压受控于三极管 7303 的导通与截止。

开关变压器 5130 的 ⑫—⑮ 绕组中产生的感应电动势，经二极管 6172、6173 整流及电容 2173 滤波后，输出 10.0V 的电压。这个电压分 3 路输出：一路作为直通电压，供负载使用；一路经三极管 7174、稳压二极管 6174 构成串联稳压电路，输出 5.0V 电压，供微处理器使用；一路经三极管 7321、7320，稳压二极管 6320 构成的串联稳压电路输出 5.0V 电压，此 5.0V 电压受控于三极管 7322 的导通与截止。

同时，−7.4V 电压经电阻 3192、稳压二极管 6192 后，输出 −5.0V 电压。

（3）待机控制电路原理　当整机处于待命工作时，微处理器输出低电平 0V，经外三极管倒相放大，使三极管 7167、7303、7322 相继导通，造成无 28.0V、13.0V、5.0V 输出电压，使整机处于待机状态。

（4）自动保护电路原理

❶ 外部输入交流保护　当外部输入交流电压过高时，经桥式整流器 6129 整流，电容 2128、2120 滤波后的电压升高，如电容 2128 与 2120 的分压电压超过 250V 时，三极管 7118、7122 相继导通，三极管 7126 导通，晶闸管 6127 控制极因有触发电压而导通，造成整流输出电压短路接地，使熔丝 1100 熔断。

❷ 过载保护　当负载过重，造成开关稳压电源电路的绝缘栅（MOS）场效应管产生过流时，开关变压器 5130 的 ⑦—⑥ 绕组产生的感应电动势将减小，整流输出电压下降，集成电路 7140 的 ⑥ 脚电压下降。若 ⑥ 脚电压下降为 1.2V 时，在 7140 内部的振荡器停止工作，绝缘栅场效应管 7130 截止。

❸ +B 电压过压保护　+B 电压升高时，因三极管 7151 的发射极接有稳压二极管 6151，其发射极电压升高量比基极大，三极管 7151 导通，三极管 7167、7303、7322 导通，使整机处于待机状态。

❹ 直流输出过压保护　当直流输出电压升高时，在开关变压器 ⑥—⑦ 绕组中的感应电动势升高，整流、滤波输出电压升高，如集成电路 7140 的 ⑥ 脚电压大于 16.0V 时，7140 内部振荡器停止工作，绝缘栅场效应管 7130 截止。

❺ 冲击波吸收电路　当 MOS 场效应管 7130 截止时，将产生过量的反峰脉冲。若没有设吸收电路，过量的反峰脉冲将损坏 MOS 场效应管 7130。冲击吸收电路由电阻 3131、电容 2131、2132 构成。当场效应管 7130 截止瞬间，在 D 极产生的尖峰电压通过电阻 3131、①—③ 绕组对电容 2131、2132 充电和放电，从而吸收此尖峰脉冲。

2. 故障检修

❶ 接通电源开机后，无输出。

【检修方法 1】检修时，首先打开机器后盖，观察发现熔丝 1100 熔断，高压保护元器件 3102 已损坏，观察熔丝的内壁，没有发现发黑现象，判断此故障是因外部电压输出过高所造成的。继续检查开关管 7130 及滤波电容 2124 均正常后，代换熔丝 1100 及 3102，接通电源，工作正常。

【检修方法 2】根据故障现象分析，因接通电源后，屏幕无反应，电源指示灯也不亮。确

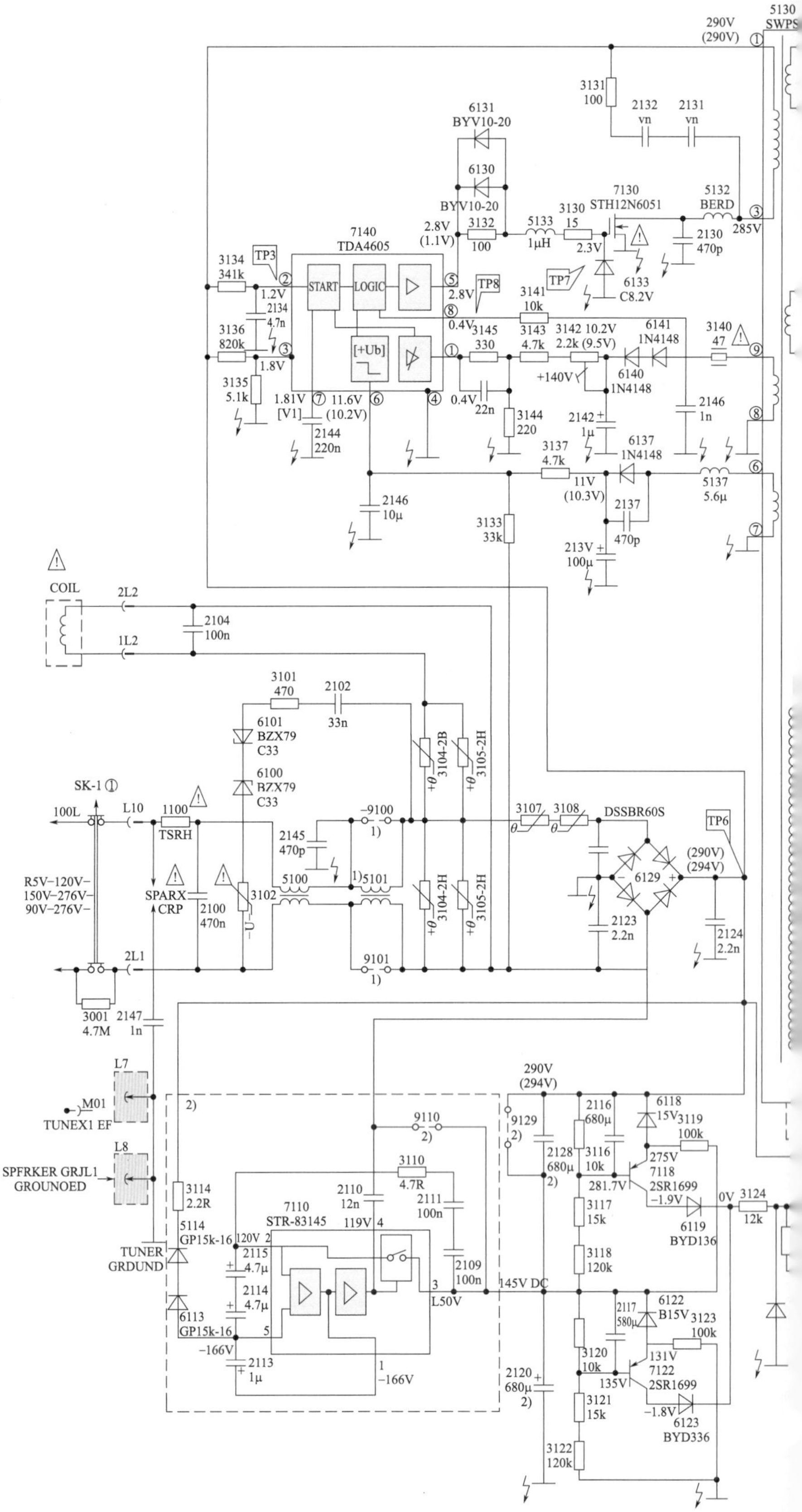

图 5-26　STR-83145

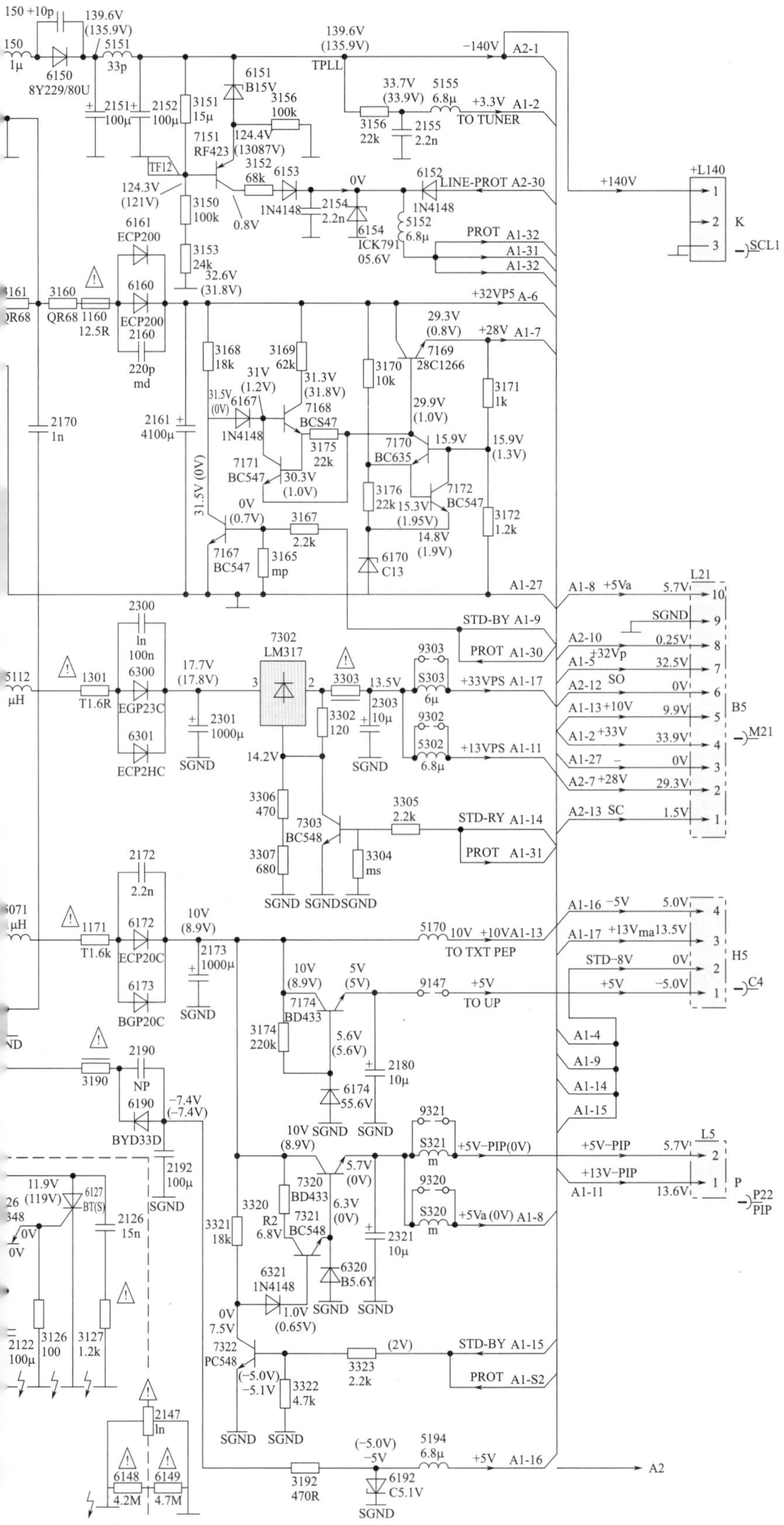
139.6V
(135.9V)
5151
33p
6150
8Y229/80U
2151
100μ
2152
100μ
3151
15μ
6151
B15V
3156
100k
7151
RF423
124.4V
(13087V)
TF12
3152
68k
6153
1N4148
124.3V
(121V)
3150
100k
0.8V
2154
2.2n
6154
ICK791
05.6V
6152
1N4148
5152
6.8μ
TPLL
−140V
A2-1
33.7V
(33.9V)
5155
6.8μ
+3.3V
A1-2
TO TUNER
3156
22k
2155
2.2n
0V
LINE-PROT A2-30
PROT A1-32
A1-31
A1-32
+140V
+L140
K
SCL1
6161
ECP200
6160
ECP200
2160
220p
md
3153
24k
32.6V
(31.8V)
3160
QR68
1160
12.5R
+32VP5 A-6
29.3V
(0.8V)
+28V A1-7
7169
28C1266
3168
18k
3169
62k
31V
(1.2V)
31.3V
(31.8V)
6167
1N4148
7168
BCS47
3175
22k
3170
10k
3171
1k
29.9V
(1.0V)
7170
BC635
15.9V
15.9V
(1.3V)
7171
BC547
30.3V
(1.0V)
3176
22k
15.3V
(1.95V)
7172
BC547
3172
1.2k
14.8V
(1.9V)
2170
1n
2161
4100μ
31.5V (0V)
0V
(0.7V)
3167
2.2k
7167
BC547
3165
mp
6170
C13
A1-27
A1-8
+5Va
5.7V
L21
SGND
0.25V
32.5V
0V
9.9V
33.9V
0V
29.3V
1.5V
B5
M21
2300
ln
100n
6300
EGP23C
6301
ECP2HC
1301
T1.6R
17.7V
(17.8V)
2301
1000μ
SGND
7302
LM317
3303
13.5V
2303
10μ
3302
120
9303
S303
6μ
9302
5302
6.8μ
STD-BY A1-9
PROT A1-30
+33VPS A1-17
+13VPS A1-11
A2-10
A1-5
+32Vp
A2-12
SO
A1-13
+10V
A1-2
+33V
A1-27
A2-7
+28V
A2-13
SC
14.2V
3306
470
3305
2.2k
7303
BC548
STD-RY A1-14
PROT A1-31
3307
680
3304
ms
SGND SGNDSGND
2172
2.2n
6172
ECP20C
6173
BGP20C
1171
T1.6k
10V
(8.9V)
2173
1000μ
5170
10V
+10VA1-13
TO TXT PEP
A1-16
−5V
5.0V
A1-17
+13Vma
13.5V
STD−8V
0V
+5V
−5.0V
H5
C4
10V
(8.9V)
5V
(5V)
9147
+5V
TO UP
7174
BD433
3174
220k
5.6V
(5.6V)
2180
10μ
6174
55.6V
A1-4
A1-9
A1-14
A1-15
3190
2190
NP
6190
BYD33D
−7.4V
(−7.4V)
2192
100μ
SGND
10V
(8.9V)
9321
S321
+5V−PIP(0V)
+5V−PIP
5.7V
L5
+13V−PIP
A1-11
13.6V
P
P22
PIP
7320
BD433
5.7V
(0V)
6.3V
(0V)
9320
S320
+5Va (0V) A1-8
3320
R2
6.8V
7321
BC548
2321
10μ
3321
18k
6321
1N4148
1.0V
(0.65V)
6320
B5.6Y
11.9V
(119V)
6127
BT(S)
2126
15n
3126
100
3127
1.2k
2122
100μ
0V
7.5V
7322
PC548
(−5.0V)
−5.1V
3322
4.7k
3323
2.2k
(2V)
STD-BY A1-15
PROT A1-S2
2147
ln
6148
4.2M
6149
4.7M
(−5.0V)
−5V
5194
6.8μ
+5V A1-16
A2
3192
470R
6192
C5.1V
SGND

构成的开关电源电路

定故障在电源系统，此时打开机壳，发现熔丝已熔断。代换1100后接通电源，继续检查开关管7130已击穿。代换7130及1100后接通电源，工作正常。

【检修方法3】检修时，首先打开机壳，检查熔丝1100及开关管7130，发现均已损坏。代换1100及7130后，接通电源，发现1100及7130再次损坏。再次代换1100，此时暂不装7130，接通电源，用示波器测量7140的❷脚、❺脚波形，发现❷脚有正常的振荡波形，而❺脚却无波形输出，判断7140已损坏。同时代换7140、7130后，工作正常。

【检修方法4】检修时，打开机壳，首先检查熔丝1100及开关管7130，发现均已损坏。代换熔丝1100后，用示波器测量7140的❷脚、❺脚的波形，发现❷脚没有振荡波形。检查电阻3134，发现其电阻值为无穷大。代换3134后，接通电源，再次测量7140❷脚、❺脚波形，恢复正常。关闭电源，装上7130元器件后，接通电源工作正常。

❷ 开机后，面板上红色指示灯亮，无输出。

【检修方法1】根据故障现象分析，因开机后红色指示灯亮，说明开关稳压电源电路工作基本正常。最先确定故障是在微处理器电路。经测量，微处理器工作正常。测量开关稳压电源电路次级整流输出电压，发现无+B电压输出。检查开关变压器5130的⑯—⑱绕组，发现⑱端有虚焊现象。重新焊接后，通电开机，工作正常。

【检修方法2】打开机壳后，首先检测+B输出电压即滤波电容2152两端的电压为140V，属正常；测量三极管7174的发射极的电压，发现也正常。怀疑故障是在微处理器电路7222上，但测量7222的⑩脚电压发现正常，且三极管7233集电极电压为0.3V，也正常，故确定故障是在保护电路上。测得7151的集电极电压为112V，正常时应为0V，测得7151的基极、发射极电压分别为124.3V及124.5V。检查7151时，发现其集电极与发射极已击穿。代换7151后，通电开机工作正常。

❸ 接通电源开机后，面板上的绿色指示灯亮，机器不工作。

根据故障现象分析，因绿色指示灯亮，说明开关电源电路工作基本正常。最初确定故障是在行输出电路上，但接通电源后，发现显像管灯丝亮，说明行振荡电路工作基本正常。按压“POWER”键不起作用，利用遥控器操作也不起作用，故怀疑故障是在微处理器上。测得其电压为0V，测得三极管7174的发射极电压为0V，其基极电压也为0V。检查6174稳压二极管，发现已击穿短路。代换6174后工作正常。

❹ 开机后，面板上的绿色指示灯亮，但整机不工作。

检修时即接通电源，测量三极管7174的发射极电压，为0V，测量7174的集电极电压，也为0V，检查熔丝1171，发现已开路，检查得知整流二极管6172完好，代换1171后工作正常。

十三、STR-Z4267构成的开关电源典型电路分析与检修

如图5-27所示为使用厚膜电路STR-Z4267构成的开关电源电路。

1. 电路原理分析

（1）厚膜电路Q801的结构　Q801是日本三肯公司的一种推挽式开关电源厚膜集成电路。其内部电路结构方框如图5-27所示。

从图中可以看出，Q801与普通开关电源厚膜块的最大不同之处是内部含有两只大功

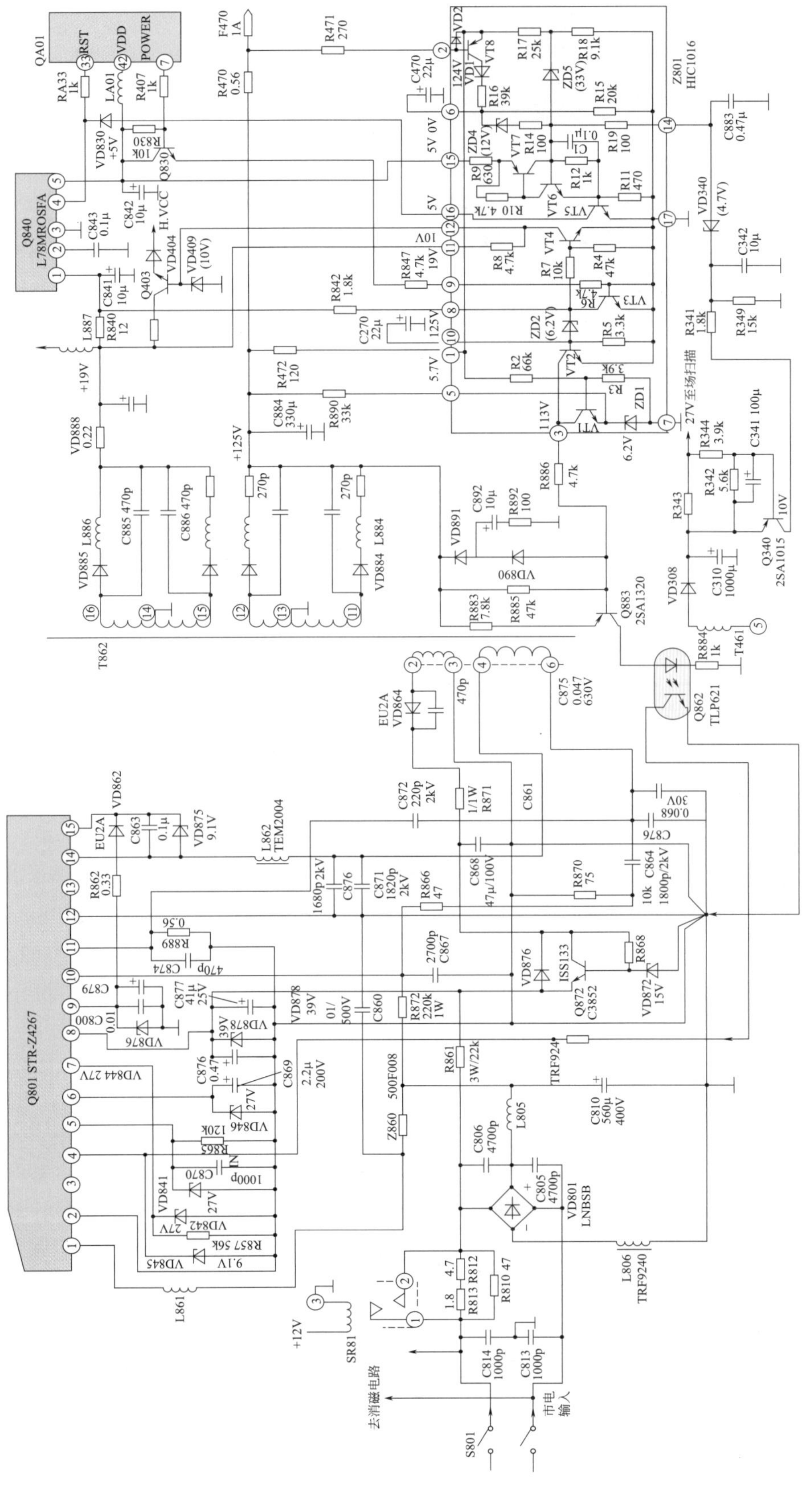

图 5-27 STR-Z4267 构成的开关电源电路

第一章
第二章
第三章
第四章
第五章
第六章
第七章

率绝缘栅场效应管，工作于推挽状态。故自身功耗小、效率高、输出功率大（理论值可达700W，而普通单只开关管式厚膜块最大功率一般不超过250W）。Q801内部还含有启动电路，逻辑电路，振荡控制电路，振荡器，激励电路和过压、过流、过热等保护电路。Q801各引脚功能如下：❶脚为高端开关管漏极；❷脚为控制电路接地端；❸脚空；❹脚为稳压/待机信号输入端；❺脚接振荡电路外接定时元器件；❻脚接软启动延迟元器件；❼脚为振荡器最低振荡频率设定端；❽脚为电源启动端；❾脚为激励电路电源端；❿脚为过压保护检测输入端；⓫脚为过流保护检测输入端；⓬脚为半桥接地端；⓭脚空；⓮脚为半桥驱动输出端；⓯脚为激励自举升压端。

（2）开关振荡电路原理 接通电源开关S801后，市电经R810、R812、R813等限流后加至VD801整流、C810滤波后获得约300V直流电压，然后经保护器Z860、电感L861加至Q801❶脚。同时经R861给电容C877充电，充电电流从VD801的一臂（左下臂）通过，这实际上是一个半波整流电路，在C877上形成约17V直流电压后被送至Q801的❽脚。Q801内部振荡器工作受❻脚外接延迟电容C869正端电压控制。因C869上电压的建立需要一定时间，故在通电瞬间开关电源并不立即启振，而是要等C869上电压达到一定数值后，振荡器才工作，以避免对开关管造成大电流冲击。振荡器工作后，其输出脉冲经整形、激励级放大后推动推挽式开关管轮流工作，并经⓮脚向开关变压器T862的❹脚输出电流。在电流为0A时，其❷—❸绕组的感应电压经VD864整流、C868滤波后获得约40V直流电压，经Q872、VD876等稳压成16.8V，给Q801的❽脚供电，以取代开机时由VD801、R861、C877等提供的约17V的启动电压。Q801的❼脚、❺脚外接元件R857、R865、C870为外接振荡器定时元件，提高振荡频率可提高开关电源输出电压。电源工作后，开关变压器次级输出各路直流电压供负载使用。

（3）稳压控制电路原理 稳压控制电路设在厚膜块Z801内部，如图5-27所示。其稳压控制电路主要由Z801内部的VT1、ZD1及光电耦合器Q862等构成。其原理是：+B电压（125V）经R472加到Z801的❶脚，经Z801内部的R2、R3分压后为VT1提供取样电压，同时125V电压又经R890加到Z801的❺脚，以给VT1发射极提供6.2V基准电压。若某种原因使+B电压变低，则误差放大器VT1的电流将减小，流过光电耦合器Q862的电流下降，其中光电三极管内阻增大，Q801❹脚流出的电流减小，Q801内部振荡器频率提高，输出电压回升至125V。反之相反。

（4）待机控制电路原理 此待机控制电路主要由微处理器QA01的❼脚、Q830及Z801内部的VT3、VT4、ZD2、VT2等元器件构成。在收看时，QA01的❼脚输出高电平（5V），Q830导通，Q830发射极电流从Z801的❾脚流入，使VT3饱和导通，而VT4、ZD2、VT2截止（VT2截止不会影响稳压控制），同时Q403导通，行振荡电路获得供电电压。

待机时，QA01❼脚输出低电平，Q830截止，Z801内接VT3截止，从Z801的❽脚输入的电压使VT4导通，Q403截止，切断行振荡电路供电，使机器处于无光栅、无声音状态。同时由Z801的❽脚输入的电压使ZD2击穿导通，VT2导通，光电耦合器Q862电流增大，Q801的❹脚流出的电流增大，内部振荡器变为低频振荡，各路输出电压降为原来的50%，这样可以使五端稳压器Q840的❶脚电压不至于降得过低，从而使其❹脚、❺脚仍有5V电压输出，以满足CPU的复位及供电电压要求。

（5）自动保护电路原理

❶ 电源输入过流保护电路　因主滤波电容C810（560μF/400V）容量较大，为防止在

接通电源瞬间，大电流损坏 VD801 和电源熔丝，故在电源输入回路串入了 L806、R810、R812、R813 等构成的限流电路。当电源工作后，继电器 SR81 得电，触点❶、❷闭合，将 R810、R812、R813 短路，以避免不必要的功率损耗。

❷ 过压保护电路原理　Q801 的⑩脚为过压保护检测输入端。当机器输入的市电电压过高时，VD801 整流后的 300V 电压将升高，则经 R872 加至 Q801 的⑩脚的电压将使内部的比较器有输出，可使振荡电路停振。另外，当开关电源稳压系统失控，使开关管导通时间延长、输出过压时，开关变压器各引脚上感应电压将升高，则开关变压器 T862 的❻脚上感应电压经 C864、R866 加至 Q801⑩脚，使内部保护电路动作。Q801❽脚也兼有过压保护功能，当❽脚启动电压大于 22V 时，内部过压保护将动作，使电源停止工作。

❸ 主电路过流保护电路原理　Q801 的⑩脚为过流保护检测输入端。当开关电源本身因短路或其他原因引起内部开关管输出过流时，取样电阻 R889 上的压降将增大，使 Q801 的⑪脚电压大于保护电路动作的阈值电压，致使过流保护电路动作，整机得以保护。

❹ 过热保护电路原理　当 Q801 内部温度超过 150℃时，热保护电路将发出关机信号，使振荡器停止工作。

❺ +B（125V）电压过压保护电路原理　+B 主电压经 R471 加到 Z801 的❷脚，再经 VD2、R17、R18 分压后加到 ZD5 负极。当 +B 电压过高时，ZD5 被击穿导通，并引起模拟晶闸管 VT6、VT7 导通，VT5 也导通，Q830 的基极为低电平，致使 Q830 截止，整机处于待机保护状态。

❻ +B 输出过流保护电路原理　R470 为过流检测电阻。+B 电压即 +125V 输出过流时，R470 两端压降就过大，此压降将使 Z801 内的 VT8 导通。VT8 集电极电流经 VD1、R16 向 Z801 的❻脚外接电容 C470 充电。当 C470 上电压升高到 12V 以上时，ZD4 击穿导通，引起模拟晶闸管 VT6、VT7 导通，VT5 也导通，致使 Q830 截止，整机处于待机保护状态。

2. 故障检修

❶ 故障现象为通电后无输出。

打开机壳，用万用表测量开关电源各路输出电压均为 0V，再测得电源滤波电容 C810 两端为 300V 电压，而 Q801❶脚却没有 300V 电压。经进一步的检查，发现保护器 Z860 已开路，同时稳压管 VD875（9.1V）也开路。因没有 Z860 的原型号器件，试用 0.27Ω/0.5W 熔丝电阻替换，并代换 VD875 后试机，工作正常。

❷ 通电后电源指示灯每隔 0.5s 闪烁一次。

根据故障现象分析，此故障是电源输出过压或过流而引起保护电路动作的特殊现象。因开机瞬间能听到防冲击继电器 SR81 吸合的声音，表明负载电路没有出现严重短路，同时取样、稳压、保护厚膜电路 Z801 也无问题，否则 SR81 还没来得及吸合，保护电路就已经动作。在开机瞬间检测 125V 电压正常，因此说明机器存在过流或误保护故障。试断开 Z801⑯脚后通电，机器能出现图像，显然这是保护电路误动作，而场保护电路最值得怀疑。经检查 Q340（2SA1015）各极电压几乎都为 27V，无疑为 Q340 击穿。代换 2SA1015 后，机器恢复正常。

❸ 开机后，只是待机指示灯亮，不能二次启动。

根据故障现象分析，此故障应出在电源系统，打开机壳，用万用表测量 +B 输出端电压，只有 60V 左右，但 CPU❼脚为高电平。分析应为保护电路动作所致。试断开 Z801⑯脚后开机，发现光栅正常，125V 电压恢复。插上信号，图像、声音良好，故障原因显然是保护电路误动作。检查 Z801 外围的 R471、R343、R342、Q340、VD340 等均没有发现异常，故判断 Z801 内部损坏。代换新的 HIC1016 电路后，机器恢复正常。

第三节 TDA 系列开关电源典型电路分析与检修

一、TDA16833 构成的开关电源典型电路分析与检修

如图 5-28 所示为使用厚膜集成电路 TDA16833 构成的开关电源电路原理图，此电路为他激式并联型开关电源电路，由集成电路 IC3（TDA16833）、开关变压器 T1（XD9102-K4BCK2801-39）、光电耦合器 IC1（SFH615A-3）、二端精密可调基准电源稳压器件 IC2（LM431）等构成。集成电路 TDA16833 内集成有振荡器、脉宽调制（PWM）比较器、逻辑电路，具有过载限流、欠压锁定、过热关断及自动重启等完善的保护功能。

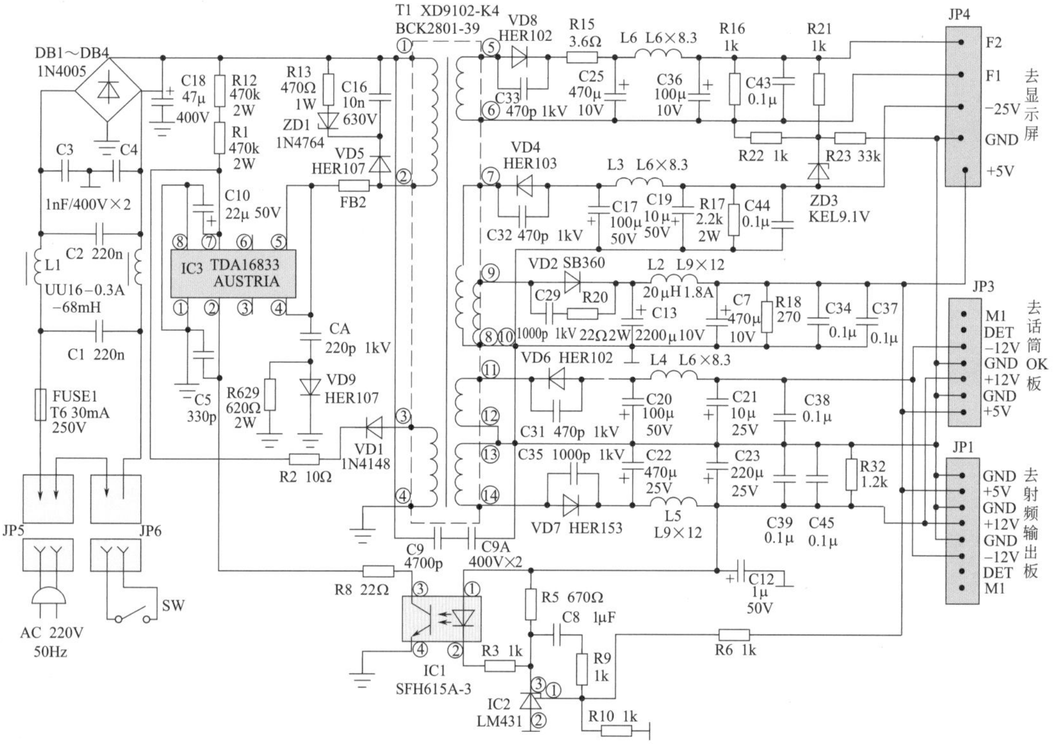

图 5-28 TDA16833 构成的开关电源电路

1. 电路原理

交流 220V 市电经接插件 JP5、JP6、电源开关 SW 控制，经熔丝 FUSE1（T6 30mA/250V）送入由 C1、L1、C2、C3、C4 构成的低通滤波抗干扰网络。此低通滤波网络能起到以下两方面作用。一是消除电网中高频干扰成分对开关电源的干扰，二是抑制开关电源产生的高频脉冲对电网的污染。经滤波后的市电再经 DB1 ～ DB4 4 只二极管整流、

C18 滤波后形成 300V 左右的直流电压，此直流电压被分成两路：一路经高频开关变压器 T1 的初级 ❶—❷ 绕组、过流熔丝电阻 FB2 后加到 IC3（TDA16833）的 ❹、❺ 两脚；另一路经启动电阻 R12、R1 降为 11V 左右的启动电压加到 IC3 的 ❼ 脚，使 IC3 内部控制电路启动，电源电路开始工作。开关变压器的 ❸—❹ 绕组感应的电压经过 VD1、R2、C10 半波整流滤波后，产生的直流电压被送入 IC3 的 ❼ 脚，为 IC3 提供稳定的工作电源，IC3 开始工作，使开关管处于高频开关状态，在开关变压器 T1 的初级绕组上产生周期性变化的电流，各次级绕组产生感应电压。其中开关变压器的次级 ❺—❻ 绕组感应电压为显示屏提供灯丝电压；❼—❽ 绕组感应电压经 VD4 整流，C17、L3、C19 构成的滤波器滤波，产生 −25V 电压，供显示屏工作；❾—❿ 绕组感应电压经 VD2 整流，C13、L2、C7 构成的 V 型滤波器滤波，产生 +5V 工作电压供给 L 板；⓫—⓬ 绕组感应电压经 VD6 整流，C20、L4、C21 构成的 V 型滤波器滤波后，产生 −12V 直流电压；⓭—⓮ 绕组感应电压经 VD7 整流，C22、L5、C23 滤波产生 +12V 直流电压。

此机型稳压过程如下：当 +5V 或输出电压升高时，通过取样电阻 R6、R10 分压后，加到 IC2 的 ❸ 脚的电压也相应升高，流过 IC2❸、❷ 脚的电流增大，光电耦合器 IC1❶、❸ 脚内所接的发光二极管亮度增加，❸、❹ 脚内光敏三极管内阻减小，电流增大，其 ❸ 脚电压降低，使 IC3❷ 脚电位降低，IC3 内振荡脉冲输出减少，通过脉宽调整，使得开关变压器 T1 次级电压降低，从而达到稳压的目的。反之，当输出电压降低时，其控制过程与上述相反。

开关变压器 T1 的初级 ❶—❷ 绕组上接有反峰脉冲抑制保护电路，由 C16、VD5、ZD1、R13 构成。作用是消除开关管从饱和状态转变为截止状态时，开关变压器初级绕组产生的瞬间反峰电压，从而防止集成块 IC3 内开关管过压击穿。过压保护电路由 CA、VD9、R629 构成。

2. 故障检修

（1）检修方法　因开关电源工作于高电压、大电流状态，故障率较高，检修时为防止电源电路故障扩大并波及其他电路，应将电源电路板与主板连接排线断开，若接通电源后各次级均无直流电压输出，就可确定故障在电源。开关电源常见故障及检修方法如下。

❶ 熔丝熔断且严重变黑。

若熔丝 FUSE1 烧断且管内发黑，表明开关电源的初级电路中有严重短路元件。应重点检查低通滤波网络中的电容是否漏电、击穿，滤波电容 C18 是否击穿短路，桥式整流二极管 DB1 ～ DB4 有无击穿短路，IC3 内部开关管有无击穿等，用电阻测量法很快查出故障部位及故障元件。当 IC3 内部开关管击穿时，还应着重检查反峰脉冲抑制电路及过压保护电路。损坏严重时有可能会连带损坏光电耦合器 IC1 及基准稳压电源 IC2。

❷ 熔丝完好，显示屏不亮，整机不工作。

若熔丝没有断，T1 次级各组均无直流电压输出，应通过测量 C18 电容两端有无 300V 直流电压来确定故障部位。若无 300V 电压，表明前级电路有开路性故障，应重点检查电源开关是否接触不良，抗干扰线圈 L1 是否断线或焊接不良，桥式整流电路是否有二极管断路或焊接不好，滤波电容 C18 是否已无容量，可用电压检查法逐级检查；若有 300V 电压，则关闭电源开关后，用万用表电阻 R×1k 挡检查 IC3、IC1、IC2 各引脚对地阻值，若正常，再用 R×1 挡检查 T1 次级各输出电路有无对地短路，将测试结果相对照，可以方便快捷地找到故障所在。当电源启动电路中的电阻 R12 刚开路时，电路会因失去启动电压而无法工作。

❸ 电源输出电压升高或降低。

遇此故障应重点检查稳压调整控制部件 IC2 和光电耦合器 IC1 以及 +5V、+12V 支路上的滤波电容、电阻等元件是否良好。

④ 显示屏不亮，但机器能工作。

应检查灯丝电压、阴极负电压和数据线端口电压等。

（2）故障检修实例

❶ 整机不通电，显示屏不亮。

测得滤波电容 C18 两端有 300V 直流电压，而集成块 IC3❼ 脚无 11V 左右的启动电压。关机后放掉 C18 上的电压，再用万用表电阻挡检测启动电阻 R12、R1，经过检查发现，故障为 R12 电阻开路所致，换上同规格电阻后，整机工作恢复正常。

❷ 熔丝熔断且严重发黑。

熔丝熔断说明开关变压器初级电路有严重短路性故障。分别检测桥式整流电路的 4 只二极管，发现 DB1 已击穿短路，用同规格整流二极管代换后，装上熔丝，开机工作正常。

❸ 熔丝熔断发黑。

查启动电阻 R12、R11 正常，测集成块 IC3❹、❺ 脚及 ❷、❼ 脚的电阻值与正常测试数据有较大差别，故判断集成块 IC3 已损坏。将其换新后，再测电阻值与正常测试数据无异。检查其他电路元件无异常，通电试机正常。另外当滤波电容 C18 容量下降时，有时也会引起 TDA16833 集成块屡损，在检修时应注意。

❹ 开关电源有“吱吱”尖叫声。

开关电源有“吱吱”尖叫声，通常说明开关电源有自激反馈，一般情况下，电容变质容易诱发此类故障。元件代换就是解决此类故障的最好方法。对开关电源初级振荡电路各可疑电容进行逐个代换，当代换到电容 C5 时，“吱吱”尖叫声消失。检修中发现，当过压保护电路电容 CA 软击穿时，开关电源会出现一种轻微的“啪啪”声。注意在检修时应区别对待。当出现故障时，测得开关电源次级各组输出电压有轻微波动现象。关机后重新开机，各组输出电压有时可能自动恢复正常。怀疑电源开关有拉弧现象，用万用表 R×1 挡测量电源开关两触点间的阻值，在十几欧至数十欧之间忽高忽低地变化，说明开关已损坏，经用同规格新开关代换后，整机工作恢复正常。

二、TDA4161 构成的开关电源典型电路分析与检修

如图 5-29 所示为应用厚膜电路 TDA4161 构成的开关电源电路，其电源系统主要由主开关电源电路、电源系统控制电路和自动保护电路等部分构成。

1. 电路原理分析

其主开关电源电路主要由集成块 IC901（TDA4161）构成，此电路是一种他激式变压器耦合并联型开关电源，稳压电路使用光电耦合器使底板不带电。此开关电源不但产生 +B（+115V）直流电压给行输出级供电，还产生 +5V 直流电压给微处理器控制电路供电。微处理器通过切断对振荡器的 +12V 供电来实现遥控关机功能。

❶ 开关电源的启动　如图 5-29 所示，当接通开关后，220V 交流电经 VD901 桥式整流，在滤波电容 C906 上产生 +300V 的直流电压，此电压经开关变压器 T901 的 P1—P2 绕组加到开关管 Q901 的集电极。与此同时，220V 交流电经 R920、R921、Q907、VD906 半波整

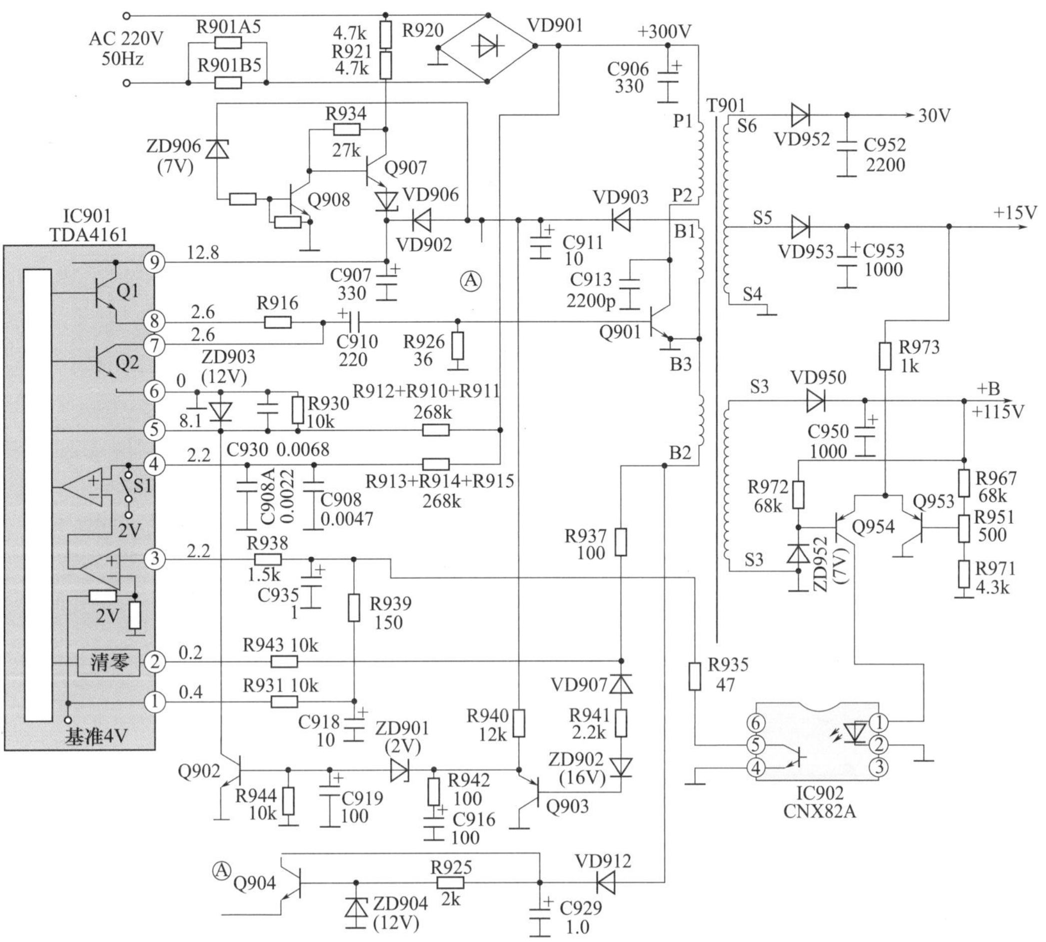

图 5-29　TDA4161 构成的开关电源电路

流及滤波，在滤波电容 C907 上产生直流电压。当 C907 上的电压达到 12.8V 时，IC901 内部产生 4V 基准电压。4V 电压从 IC901 的❶脚输出经 R931、C918 充电，再经 R939、R938 加到 IC901 的❸脚。当❸脚电压达到 2V 时（刚开机时要靠 IC901 的❸脚电压达到 2V 来驱动，后由❷脚信号触发），IC901 内部的逻辑电路被触发，IC901 从❽脚输出驱动脉冲，经 C910 耦合，使开关管 Q901 导通。

❷ 开关管 Q901 截止与饱和工作过程　当 Q1 被启动导通后，Q901 集电极电流流过 T901 的 P1—P2 绕组，产生 P1 为正、P2 为负的感应电动势，经耦合到正反馈绕组，产生 B2 端为正、B3 端为负的反馈电动势。正反馈电动势加到 IC901 的❷脚，一方面使❽脚输出更多的驱动电流使 Q901 饱和；另一方面，IC901 的❹脚内部的 2V 钳位开关 S1 断开，❹脚电压（由 R913、R914、R915、C908 的时间常数决定）上升。当❹脚电压从 2V 上升到 4V 时，使❽脚无输出，Q901 也截止，此时❹脚内部开关 S1 闭合，❹脚又被钳位在 2V。另外，❼脚内部 Q2 在❽脚无输出时导通，以便使 Q901 在饱和时积聚的载流子快速释放，以加快 Q901 截止速度而减小功耗。

当 Q901 截止后，反馈绕组 B2—B3 的感应电动势 B2 端相对 B3 端为负，B2 端负电压加到 IC901 的❷脚，使 IC901 的❽脚无输出，以维持 Q901 截止。此时 T901 的 P2—P1 绕组与 C913、C906 构成振荡回路，当半个周期过后 T901 的 P2—P1 绕组感应电动势是 P1 端为正、P2 端为负，耦合到 B2—B3 绕组，使 B2 端为正，反馈到 IC901❷脚，使其❽脚重新输出驱动脉冲，Q901 重新导通。

Q901 的工作频率为 16 ～ 76kHz，在 Q901 饱和导通时，T901 负载绕组 VD950、VD952、VD953 整流管均截止。在 Q901 截止时，T901 负载绕组中的 VD950、VD952、VD953 均导通，则建立 +B、+30V、+15V 直流电压输出。

❸ 稳压控制电路原理　稳压电路由 Q953、Q954、IC902（CNX82A）构成。Q953、Q954 构成误差取样放大电路，R972、ZD952 为 Q954 基极提供 7V 基准电压，R967、R951、R971 为取样电阻，IC902 为光电耦合器。

假如因负载电流变化或交流输入电压变化等使 +B 电压升高，则 Q953 基极电位升高，Q953 电流减小，Q954 电流增大，IC902 光电管电流增大，IC901❸脚的电位下降，IC901 的❹脚电位升到不足 4V 就能使其❽脚输出驱动电流停止，Q901 饱和期 T_{on} 缩短，T901 磁场能量减小，+B 电压自动降到标准值。

另外，当交流电压变化时，还能够经 IC901 的❹脚的 R913、R914、R915 直接稳压。如交流电压升高，则 +300V 经 R913、R914、R915 给 C908 充电加快，❹脚电压由 2V 上升到 4V 所需的时间缩短，Q901 饱和期 T_{on} 缩短，从而使 +B 电压降低而趋于稳定。因此，这个过程的响应时间较短。

❹ TDA4161 各引脚作用　如表 5-6 所示。

表 5-6　TDA4161 各引脚作用

引脚	功能
❶	集成电路内部 4V 基准电压输出端
❷	正反馈输入端，T901 反馈绕组 B2—B3 电动势的正负变化从其❷脚输入，继而通过❽脚驱动 Q901 工作
❸	稳压控制输入，❸脚电压升高时，输出端 +B 电压也升高
❹	在 Q901 截止时，❹脚内部 S1 开关连通，此脚电压被钳位在 2V 上。在 Q901 饱和时，+300V 经 R913、R914、R915 给 C908 充电，使❹脚呈三角波形状上升
❺	保护输入端。当❺脚电压低于 2.7V 时，保护电路动作，❽脚无输出。在正常情况下，+300V 经 R910、R911、R912、R930 分压后，使❺脚有 8.1V 电压，此时 T901 的 B2 端负电势值下降，C916 经 Q903 无法导通，C916 上充电电压使 ZD901、Q902 导通，IC901 的❺脚电压降到 2.7V 以下，保护电路动作
❻	接地脚
❼	在启动输出脉冲开始前，对耦合电容 C910 充电，作为 Q901 启动时的基极电流供应源。当 Q901 截止时，吸出 Q901 基极积聚的载流子，以便使 Q901 截止瞬间的功耗减小
❽	Q901 的驱动引脚
❾	集成电路 IC901 供电引脚。此引脚电压供应于 6.7V 时，Q901 的驱动停止。启动时的电压由 R920、R921、Q907、VD906 提供。启动后，由 T901 的 B1—B3 绕组的脉冲经 VD903、C911 整流滤波后的电压，经 VD902 给❾脚供电，C911 上的电压使 ZD906、Q908 导通，Q907 被截止。当交流输入为 8V 以下时，VD903 的供电也显得不够，此时由 VD912、C929 对 T901 的 B2 端进行整流滤波，再经 ZD904 稳压及 Q904 缓冲后，作为❾脚供电电压

2. 故障检修

❶ 接通电源开机，整机无输出，电源指示灯不亮。

根据故障现象分析，此类故障应着重检查其电源或负载电路。先检查其电源，打开机壳，发现熔丝完好。通电测开关管 Q901 的集电极有 290V 电压，但接插件间的电压为 0V，则拔去接插件，再测得其两端间的电压仍为 0V，测 C952、C953 两端电压，结果也为 0V，因此判断电源的振荡启动电路没有启振。测得 IC901 的 ⑨ 脚电压为 0.8V（正常时应为 7 ～ 12.8V），断电后测启动电路电阻 R920、R921、R934、R914 等，发现均正常，将 IC901 的 ⑨ 脚焊开，通电测得 C907 两端电压有 11.8V，由此分析故障为 IC901 不良。选一块新的 TDA4161 代换 IC901 后，工作正常。

❷ 在使用过程中，突然无输出，打开机壳查看，熔丝 F901 已熔断，代换同规格（T4.0A）熔丝后，开机即熔断。

根据故障现象分析，此类故障应着重检查此机型的主开关电源电路，从前面的电路解析中可知，开机即烧熔丝，通常是主开关电源中的开关管 Q901 击穿，或整流桥堆 VD901 中有二极管击穿。若是开关管 Q901 击穿，则应查明 Q901 击穿的原因，一般由饱和期过长引起。如 IC901❹ 脚的电容 C908 和充电电阻 R915、R913 开路，IC901❸ 脚的电压偏高将引起开关管饱和期过长。若保护电路 Q906 晶闸管来不及保护，则开关管 Q901 击穿。经检查，发现故障是由 Q901 的 c-e 结击穿所致，选用一只新的 2SD1959 三极管代换 Q901 后，工作正常。

❸ 接通电源后，整机无任何反应。

【检修方法 1】先检查其电源电路，通电测电源滤波电容 C906 两端，300V 正常，测量 IC901 的 ⑨ 脚也有 12V 电压，但其 ⑤ 脚电压为 0V，焊下 Q902 的集电极，再测得 IC901 的 ⑤ 脚仍为 0V。由于 IC901 第 ⑤ 脚的电压在开机后是通过整流输出的直流高压（C906 两端的电压）经 R911、R910 与 R930 分压获得的，其电压为 0V，说明 R911、R910 其中之一开路。在路检查，发现 R911 已开路，选用一只 0.5W/120kΩ 电阻代换 R911 后，工作正常。

【检修方法 2】打开机壳，发现熔丝（T4.0A）已烧断，说明开关电源电路有明显短路现象。检查开关管 Q901。发现其 b-e 结和 b-c 结已击穿，其他各元器件无明显异常。代换 Q901 后，工作正常。

【检修方法 3】打开机壳，熔丝完好，测得整流、滤波电路输出的脉动直流电压为 +300V，正常，说明故障在开关电源的启动电路中。通电使用电压法，测量 IC901 的 ⑨ 脚电压为 0V，正常时为 11.8V。测量 IC901 的 ⑨ 脚对地电阻无明显短路现象。检查电阻 R920、R921、R934、R913、R915，发现 R920 电阻开路。代换 R920 后，工作正常。

【检修方法 4】打开机壳，熔丝熔断，且 IC901 明显炸裂，测量 Q901，发现已明显击穿，检查启动电路的相关元器件，发现无异常。代换 IC901、Q901 和熔丝后，工作正常。

❹ 接通电源开机，面板上的电源指示灯亮一下随即自动熄灭，无输出。

根据故障现象分析，开机后，其面板上的待机指示灯亮，说明开关电源的振荡电路已启振，故障可能在其负载电路中。因此临时拔下插件 PB，测量 +B 电压，一开始为 196V，但立即变为 0V，说明故障在开关电源的稳压控制电路。检查 IC902、Q954、Q953 及 ZD952 等，发现 Q954 损坏。代换 Q954 后，工作正常。

❺ 接通电源开机，面板上的待机指示灯发亮，但随即熄灭，接着又发亮，周而复始，整机不能正常工作。

根据故障现象分析，判断此故障应在电源电路。检修时，临时拔下 PB 插件，测得 +B 电压在 37 ～ 110V 波动。用万用表测量 Q902 的基极电压，发现其在 0 ～ 0.6V 波动，检查开关电源电路中的保护元器件 Q902、ZD901 及 Q903，发现 ZD901 漏电。选用一只稳压二极管代换 ZD901 后，工作正常。

三、TDA16846 构成的开关电源典型电路分析与检修

如图 5-30 所示为使用厚膜集成电路 TDA16846 构成的开关电源电路，此电路与场效应开关管构成的电源电路，具有结构简单、输出功率大、负载能力强、稳压范围宽、安全性能好等特点。

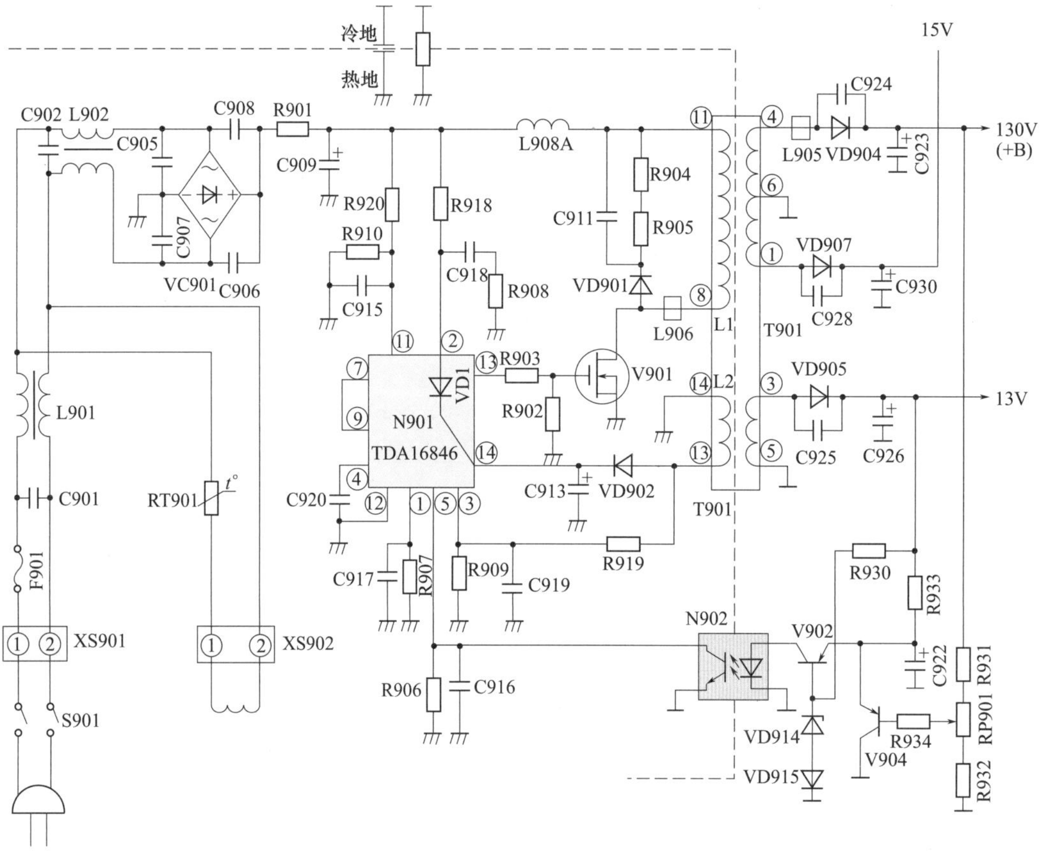

图 5-30 使用厚膜集成电路 TDA16846 构成的开关电源电路

1. 电路原理

（1）各引脚及外接电路说明

❶ 脚：此引脚与地之间接有一个并联 RC 网络，能决定振荡抑制时间（开关管截止时间）和待机频率。

❷ 脚：启动端，兼初级电流检测。❷ 脚与开关变压器初级绕组之间接电阻，与地之间接电容（或 RC 串联网络）。在 ⓭ 脚输出低电平时，❷ 脚内部开关接通，其外部电容放电至 1.5V；在 ⓭ 脚输出高电平时，❷ 脚内部开关断开，其外部电容被充电，电压上升，当 ❷ 脚电压上升至控制值时，⓭ 脚电压立即跳变为低电平，使开关管截止。

❸ 脚：此脚为误差放大器的输入端，同时还兼过零检测输入。当 ❸ 脚脉冲电压超过 5V 时，内部误差放大器会输出负脉冲，并使 ❹ 脚电压下降，开关电源输出电压也自动下降。当 ❸ 脚脉冲电压低于 5V 时，内部误差放大器输出正脉冲，使 ❹ 脚电压上升，开关电源输出电压也上升。❸ 脚脉冲还送至过零检测器 ED1，当 ❸ 脚电压低于 25mV 时，说明有

过零现象出现，过零检测器输出高电平，开关管重新导通。

❹ 脚：用于软启动，内接控制电压缓冲器（BCV），外接软启动电容。开机后的瞬间，内部5V电源经R2对❹脚外部电容充电，❹脚电压缓慢升高，BCV的输出电压也缓慢升高。BCV输出电压提供给接通时间比较器（ONTC），控制开关脉冲的宽度，使场效应开关管的饱和时间逐渐增加至稳定值，从而使各路输出电压也缓慢上升至稳定值，实现软启动。软启动不但有利于保护电源电路中的元器件，也有利于保护负载。

❺ 脚：光电耦合输入端，通过对输出电压进行取样，将输出电压的变化信息送入❺脚，可以完成稳压控制。因❸脚已经具备稳压功能，若再使用❺脚，电路的稳压特性会更好。

❻ 脚和❿脚：误差比较器的输入端，常用于故障检测。当❻脚电压大于1.2V时，内部误差比较器2会输出高电平，⓭脚会停止脉冲输出。当❿脚电压大于1V时，内部误差比较器1会输出高电平，⓭脚会停止脉冲输出。

❼ 脚：若在❼脚与地之间接一个并联RC网络，则电路工作于固定频率模式，❼脚外部RC时间常数决定频率的高低。若从❼脚输入同步脉冲，则电路工作于同步模式。若❼脚接参考电压（即接❾脚），则电路工作于频率自动调整模式。

❽ 脚：空脚。

❾ 脚：此引脚输出5V参考电压，若在此引脚与地之间接一个电阻（51kΩ），则❻脚内部误差比较器2能有效工作。

⓫ 脚：此引脚用于初级电压检测，以实现过压和欠压保护。当⓫脚电压小于1V时，内部电路输出高电平，进而使开关管截止，实现欠压保护。若⓫脚电压高于1.5V，内部PVC电路输出低电平，可使开关管饱和时间缩短，各路输出电压下降，从而达到过压保护的目的。

⓬ 脚：地。

⓭ 脚：此引脚输出驱动脉冲，此引脚经过一个串联电阻与电源开关管相连。

⓮ 脚：此引脚用于启动供电，启动后，将由开关变压器的一个绕组向⓮脚提供供电电压。⓮脚所需的启动电流很小，仅为100μA。当⓮脚电压达到15V时，内部电路启动。启动后，只要⓮脚不低于8V，则电路均能正常工作。若⓮脚电压低于8V，则内部SVC电路（供电电压比较器）输出低电平，这可使⓭脚输出低电平，开关管截止，电路进入保护状态。若⓮脚电压高于16V，内部OVER电路（过压比较器）输出高电平，进而使⓭脚输出低电平，开关管截止，电路进入保护状态。

（2）电源电路分析

❶ 交流输入及整流滤波　220V交流市电经电源开关及互感滤波器L901后，一方面送至消磁电路，使得每次开机后的瞬间，对显像管进行一次消磁操作；另一方面经互感滤波器L902送至桥式整流器VC901，经VC901整流后，再由R901、C909进行RC滤波，在C909上形成300V左右的电压。

❷ 振荡过程　C909上的300V电压经R918送至❷脚，再经❷脚内部二极管VD1对⓮脚外部的C913充电，C913上的电压开始上升，约1.5s后，C913上的电压上升至15V，内部电路启动，并产生开关脉冲从⓭脚输出，送至场效应开关管V901，使V901开始工作。V901工作后，开关变压器初级绕组上会不断产生脉冲电压，从而使各次级绕组上也不断产生脉冲电压。各次级绕组上的脉冲电压分别经各自的整流、滤波电路处理后，输出130V(+B电压)、15V和13V直流电压，给相应的负载供电。❹脚上接有软启动电容，电路启动后，因❹脚外部电容（C920）的充电效应，使得⓭脚输出脉冲的宽度逐渐展宽，最后稳定在设

计值，各路输出电压也逐步上升至稳定值。因此，就会大大减小开机瞬间浪涌电流对开关管及负载的冲击，可提高电源的可靠性。电路启动后，⑭ 脚所需的电流会大大增加（远大于启动电流），② 脚电压会下降至 1.5 ～ 5V，从而无法继续满足 ⑭ 脚的供电要求。此时，由开关变压器 L2 绕组上的脉冲电压经 VD902 整流、C913 滤波后，得到 12V 左右的直流电压来给 ⑭ 脚供电，以继续满足 ⑭ 脚的需要。❶ 脚外部 RC 电路决定开关管的截止时间，在开关管饱和期内，内部电路对 C917 充电，C917 被充电至 3.5V；在开关管截止时，C917 经 R907 放电，在 C917 放电至阈值电压之前（阈值电压的最小值为 2V），开关管总保持截止。

③ 稳压过程　TDA16846 外部设有两条稳压电路，第一稳压电路设在 ③ 脚外部，第二稳压电路设在 ⑤ 脚外部。

第一稳压电路的工作过程如下。当某种原因引起输出电压上升时，开关变压器 L2 绕组上的脉冲电压也上升，经 R919 和 R909 分压后，使 ③ 脚脉冲电压高于 5V，经内部电路处理后，使 ④ 脚电压下降，从而可使 ⑬ 脚输出脉冲的宽度变窄，V901 饱和时间缩短，各路输出电压下降。若某种原因引起各路输出电压下降时，③ 脚的脉冲电压会小于 5V，此时，⑬ 脚输出的脉冲宽度会变宽，V901 饱和时间增长，各路输出电压上升。通过调节 R919 和 R909 的比值，就可调节输出电压的高低。③ 脚还兼过零检测输入，当 ③ 脚脉冲由高电平跳变为低电平（低于 25mV）时，说明有过零现象出现，⑬ 脚输出脉冲就从低电平跳变为高电平，使开关管重新导通。

第二稳压电路的工作过程如下。当某种原因引起 130V 输出电压上升时，V904 基极电压也上升，从而使 V902 的发射极电压升高，而 V902 基极电压又要维持不变，结果使 V902 导通增强，N902 内发光二极管的发光强度增大，光电三极管的导通程度也增强，⑤ 脚电压下降，经内部电路处理后，自动调整 ⑬ 脚输出脉冲的宽度，使脉冲宽度变窄，V901 饱和时间缩短，各路输出电压下降。若某种原因引起 130V 电压下降，则稳压过程与上述相反。调节 RP901 就可调节 130V 输出电压的高低。

值得一提的是，这两条稳压电路不是同时起作用的，内部电路总是接通稳压值较低的那一条稳压电路，由它完成稳压控制，而稳压值较高的那一条稳压电路被阻断。例如，③ 脚外围的稳压电路能将 +B 电压稳定在 135V，而 ⑤ 脚外围的稳压电路能将 +B 电压稳定在 130V，此时，内部电路就使用 ⑤ 脚外部的稳压电路，由它完成稳压控制，并将输出电压稳定在 130V。

④ 保护过程　⑪ 脚用于初级过压和欠压保护，C909 上的 300V 电压经 R920 和 R910 分压后，加至 ⑪ 脚。当电网电压过低时，C909 上的 300V 电压也过低，从而使 ⑪ 脚电压小于 1V，此时，内部的 300V 电压也升高，并使 ⑪ 脚电压高于 1.5V，经内部电路处理后，会使 ⑪ 脚输出脉宽变窄，进而使 V901 饱和时间缩短，输出电压下降，实现过压保护。

⑭ 脚具有次级过压、过流保护功能。当某种原因引起各次级绕组脉冲电压过高时，⑭ 脚电压必大于 16V，经内部电路处理后，停止 ⑬ 脚的脉冲输出，V901 截止，从而实现次级过压保护。当负载出现短路时，⑭ 脚电压会小于 8V，经内部电路处理后，停止 ⑬ 脚的脉冲输出，V901 截止，从而实现次级过流保护。

⑥ 脚和 ⑩ 脚是两个保护端口，可用于故障检测，但该机没有用这两个引脚。另外，② 脚外部 RC 网络时间常数变小时，会使 C918 充电加快，V901 的饱和时间缩短，各路输出电压下降，严重时，还会使 ⑭ 脚电压小于 8V，并导致保护启动。

2. 故障检修

（1）开机三无，熔丝没有烧，C909 两端无 300V 电压　这种故障发生在 300V 滤波以前的电路中，一般是因交流输入电路中有断路现象或限流电阻 R901 断路。

（2）开机三无，C909 两端有 300V 电压，但各路输出为 0V　这种故障一般是因电源没有启动或负载短路引起的，应先测量 ⑭ 脚电压，再按如下情况进行处理。

❶ 若 ⑭ 脚电压为 0V，应检查 ❷ 脚外部启动电阻 R918 是否断路，⑭ 脚外部滤波电容 C913 是否击穿，⑭ 脚外部整流二极管 VD902 是否击穿，N901 内部 VD1 是否断路等。

❷ 若 ⑭ 脚电压低于 15V，说明启动电压太低，导致电路不能启动。应检查 R918 阻值是否增大太多，C913 是否漏电，C918 是否击穿，VD902 是否反向漏电等。

❸ 若 ⑭ 脚电压在 15V 以上，说明启动电压已满足启振要求，❷ 脚和 ⑭ 脚外部电路应无问题。此时，应重点检查 ❹ 脚外部软启动电容 C920 是否击穿，若 ❹ 脚外部软启动电容击穿，开关管会总处于截止状态。若 ❹ 脚外部电容正常，应检查 N901 本身。

❹ 若 ⑭ 脚电压在 8 ～ 15V 之间摆动（摆动一次约 1.5s），说明电路已启振，故障一般发生在 +B 电压形成电路或负载上。应对 +B 电压整流滤波电路进行检查（检查 VD904、C924、C923 等元件），若无问题，则检查行输出电路。

（3）开机三无，熔丝烧断　这种故障现象在实际检修中屡见不鲜，并且检修难度较大。因故障体现为烧熔丝，说明电路中有严重短路现象。应对交流输入电路中的高频滤波电容、桥式整流电路以及并联在其上的电容、300V 滤波电容 C909、开关管 V901 等元件进行检查，检查这些元件中有无击穿现象。当出现反复击穿开关管 V901 时，应重点对 R918、C918、R908 及 C920 等元件进行检查。R918 虽为启动电阻，但它还有另一个重要作用，即当电路启动后，它与 C918、R908 所构成的电路将决定开关管的饱和时间。当 R918 或 R908 阻值变大或 C918 漏电时，C918 电压上升速度会变慢，即 ❷ 脚电压上升速度变慢，开关管饱和时间会延长。因开关管饱和时，其集电极电流线性上升，这样，当开关管饱和时间延长后，流过开关管的电流会过大，从而导致开关管烧坏。

C920 为软启动电容，当它失效后，就会失去软启动功能，开机后，开关管 V901 的饱和时间会立即达到设计值，从而导致开机的瞬间，开关管所受的冲击增大，被击穿的可能性也增大。

当出现击穿开关管的故障时，不要急于代换开关管。应先将开关管拆下，再通电测量 ⑭ 脚电压。若 ⑭ 脚电压在 8 ～ 15V 之间摆动，并且摆动一次约 1.5s，则说明 TDA16846 工作基本正常；若摆动一次所需时间过长，则说明 ❷ 脚外部电路有问题，等排除 ❷ 脚外部元件故障后，再装上新的开关管。

（4）输出电压过低　输出电压过低说明开关管饱和时间缩短，引起的原因有如下 3 种。

· ❷ 脚外部电容容量下降，导致充电变快，使开关管饱和时间缩短，输出电压下降。

· ❶ 脚外部 RC 网络决定开关管的截止时间，当其外部电阻 R907 变大时，RC 时间常数会增大，C917 放电时间变长，从而使开关管截止时间变长，输出电压下降。

· ⑪ 脚下偏置电阻 R910 阻值变大时，会使 ⑪ 脚电压高于 1.5V，经内部电路作用后，开关管饱和时间会缩短，输出电压会下降。

（5）输出电压过高　输出电压过高，说明开关管饱和时间增长，引起的原因是稳压电路不良。该电源是靠第二稳压电路来稳定 +B（+130V）电压的，当第二稳压电路失效后，第一稳压电路会接着起稳压作用。因第一稳压电路稳压值高于第二稳压电路，从而会使输出电压升高。因此，当出现输出电压过高故障时，只需检查第二稳压电路（N902、V902、V904 及其周边元件）。

需要注意的是：在第二稳压电路失效后，若第一稳压电路也失效，则❸脚会检测不到过零点，从而使开关管饱和时间延长，输出电压大幅度上升，结果既损坏开关管，也损坏负载。

（6）检修时应注意的问题

· 若出现开关管 V901 击穿时，则检查 VD904、C923 等元件。在检修中，经常出现这些元件连带击穿的现象。

· ⓫脚静态电压往往设在 1.5V 以下，但当电路工作后，⓫脚电压会受内部电路的影响，从而使静态电压上叠加有脉冲电压，故用万用表测量⓫脚电压时，测得的电压值会高于 1.5V。检修时，不要以此作为判断电路是否产生过压保护的依据。

· 检修电源时，不必带假负载，以免引起误判。

· 开关管为场效应管，不能用三极管替代。当开关管损坏后，可选用 2SK1794、2SK727、BUZ91A、2SK3298、2SK2645、2SK2488 等型号的管子替换。

第四节　TEA 系列开关电源典型电路分析与检修

一、TEA2280 构成的开关电源典型电路分析与检修

1. 电路分析

如图 5-31 所示为使用厚膜电路 TEA2280 构成的开关电源电路原理。

（1）电源电路特点

❶ 接上电源后，其开关电源电路即进入等待状态，3 个输出端（+B 即 +130V、+24V、+12V）就有电压输出。

❷ 遥控微处理器的电源取自开关电源的 +12V 输出端，因此待命时主开关电源始终处于工作状态，开关机只是控制行振荡电路给电源供电。

❸ 因无电源开关，其消磁电路由行输出工作后的 +30V 电压降为 +12V 后，通过 QR001、RL001 控制。

❹ 因使用了开关电源专用集成电路 IC801 和开关电源取样电路 IC802，此电源具有较宽的输入电压适应范围、稳定的电压输出、完善的过压及过流保护。

（2）主开关电源电路原理　接通电源开关，220V 市电经抗干扰电路 C801、L801、C802 后，分两路：一路经主整流电路 VD802 整流及 C806、C807 滤波后，变为 300V 直流，通过开关变压器 T801 的❿—⓭绕组加到电源开关管 Q801 的集电极；另一路经 VD821 整流，R800、R806 降压，经过 R812、R810 加到开关集成电路 IC801 的⓰脚、⓯脚，为 IC801 提供启动工作电压。

IC801 内部具有开关振荡和完善的电压调整、电流调整等逻辑处理电路。IC801 得到启动电压后，内部振荡电路启动，从⓮脚输出脉冲电压，经 VD850 ～ VD853 及 C817 加到开关管 Q801 的基极，使开关管进入开关工作状态，Q801 的脉冲电流在 T801 中产生感应电动势，在其⓱—⓲绕组产生感应电压，由⓱端的电压分 3 路输出：一路经 R813 送入 IC801 的❷脚，作为正反馈电压，对 IC801 内的振荡频率和波形进行校正；一路经 R809、VD809

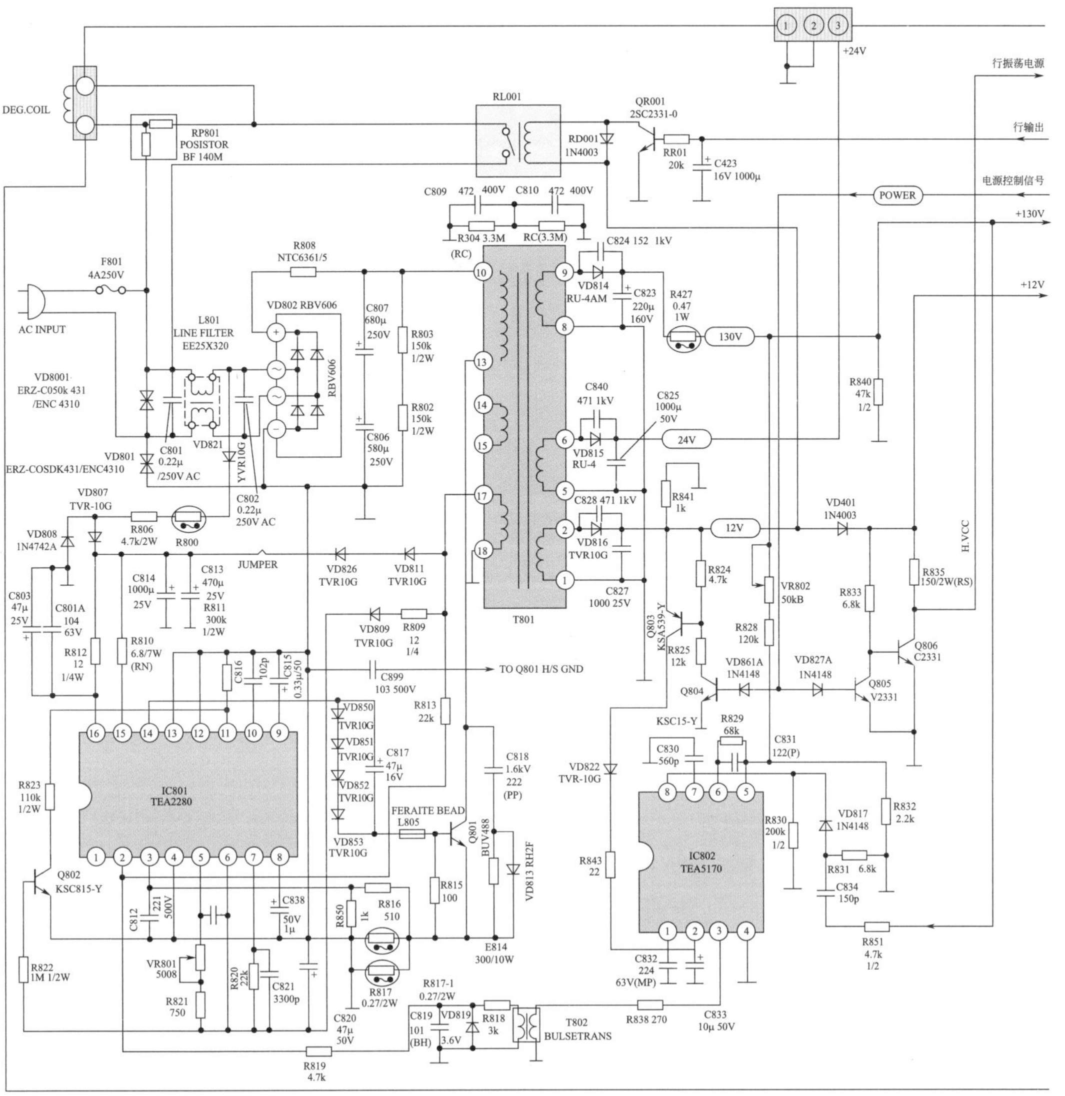

图 5-31　TEA2280 构成的开关电源电路

向 C820 充电，经 R819、R821、VR801 分压后，送入 IC801 的 ❻ 脚，为其内部误差放大器提供取样电压，调节 VR801 可调整输入到 ❻ 脚的取样电压，达到调整输出电压的目的；一路经 VD811、VD826 整流及 C813、C814 滤波后，向 IC801 的 ⓯ 脚、⓰ 脚提供工作电压。此时，启动电路中的热敏电阻 R800 因受热而阻值增大，使 VD807 的正极电压下降到低于负极电压而截止，启动电路关闭。

电源启动后，处于待命状态，IC801 使 Q801 导通时间很短，处于小功率输出状态，T801 的 3 个输出端的电压都较低。此时，+12V 输出端输出 +8.5V 左右电压，经稳压后，为微处理器提供 +5V 工作电压。此时微处理器的电源控制端输出低电位，分两路：一路经 VD827A 使 Q805 截止、Q806 饱和导通，其集电极电位下降到 0.7V，行振荡电路无工作电压而停振，整机不工作；另一路经 VD861A 使 Q804 和 Q803 截止，使取样电路 IC802 无工作电压而停止工作，整机处于待机状态。

（3）待机控制电路原理　当按下开机按钮后，微处理器的电源控制端输出高电平：一路通过VD827A使Q805导通、Q806截止，其集电极电压上升为+11.5V，通过R260加到行振荡电路，使其得到工作电压而启振，行扫描电路工作，行输出级为其他电路提供高、中、低电压，使整机进入工作状态；另一路经VD861A使Q804、Q803导通，+12V电压经Q803、VD822、R843加到取样电路IC802的❷脚，使IC802进入工作状态。这时，T801输出的+130V电压经VR802、R828、R832分压后送入IC802的❺脚，行扫描脉冲经R851、C834、VD817进入IC802的❽脚，这两个电压经IC802比较、误差放大，逻辑控制后从❸脚输出脉宽控制电压，经T801输出的脉冲宽度，与行扫描同步，使Q801的导通时间延长，进入大功率输出状态，T801 3个输出电压上升到额定值，并保持稳定，以满足各电路需求。调节VR802可调整开机后的直流电压。此电源的电压，适应范围较宽，当市电在110～240V变化时，实测熔断器处的整机电流在0.9～0.4A之间变化，而T801的输出电压基本不变。

（4）过流、过压保护电路原理

❶ 过压保护　此电源电路设有两路过压保护电路。

a. 在IC801的⓰脚内部设有过压检测保护电路，开关电源启动后，T801的⓱端感应电压经VD811、VD826、R812向IC801的⓰脚提供工作电压，此电压间接反映了输出电压的高低，当⓰脚电压高于16V时，其内部保护电路启动，使开关电源停止工作。

b. 由Q802可完成过压保护任务，即当某种原因使输出电压过高时，T801的⓱端感应电压经R809、VD809向IC801的❻脚提供的取样电压也升高，此电压通过R822使Q802导通，IC801内部振荡电路中的⓫脚对地短路，使IC801停振，将电源关闭。

❷ 过流保护　电流调整保护电路设在IC801的❸脚及外围电路。整机电流的大小直接反映在Q801开关管的电流上，Q801的电流在发射极电阻R817上形成电压，此电压经R816、R850分压后输入IC801的❸脚，经❸脚内部电流限制电路检测放大后，控制Q801的工作状态，达到电流调整和过流保护的目的。

2. 故障检修

【故障现象1】通电源开机后，无输出。

【检修方法1】根据故障现象，当出现上述故障时，应首先检查熔丝F801是否熔断，若已熔断，说明此开关电源电路中有严重的短路现象。常见的有Q801、C806、C807击穿或C801、C802短路。如熔丝完好，可通电试机并按如下程序检查。

先检查待机是否正常。若不正常，可能是电源本身的故障，也可能是负载短路造成电源电路停振。检修时，可先检查三个输出端对地电阻，排除负载对地短路的可能。如负载正常，接着检查整流滤波后的300V电压，若此电压不正常，应检查整流滤波电路的故障。若300V正常，应检查启动电路、正反馈电路、脉宽调整电路。

若待机正常，但按开机键不能开机，应检查系统控制电路的+5V电压电路及待机引脚是否有高电平输出，如有高电平，应检查Q805、Q806及行振荡电源控制电路的故障。

【检修方法2】根据故障现象判断，此故障应在电源电路，检修时可开机检查，发现电源熔丝烧断且内部发黑，经检查系Q801击穿。此管输出功率大，要求高，P_{cm}=150W，I_{cm}=15A，V_{cbo}=1000～1500V。如无BUV488，可用2SC4111代替，也可用性能完全相同的两只2SC1403并联后代替。但要注意散热和绝缘。代换后，为了避免故障扩大，用调压器降压供电。在电压从110V升到220V时，机器仍不启动。检查启动和正反馈电路没有见异常。当电压升到210V时，只听“啪”的一声，熔丝熔断。停电测量，新换上的开关管再次击穿。仔细检查IC801对地参数，发现IC801的⑮脚、⑭脚对地电阻值偏低，正向测为6kΩ，反向测为5kΩ，且这两脚对地电阻值相等。断定⑮脚、⑭脚之间电路击穿，失去脉宽放大作用，使启动电压从⑮脚直通⑭脚加到Q801的基极，正向偏压过大，集电极电流剧增而将其烧坏。换IC801和Q801后，工作正常。

【故障现象2】接通电源开机后，面板上的待命指示灯发亮，但无论是遥控还是面板键控制均不能开启主机。

这类故障应检查电源开/关机控制电路。测得微处理器的+5V电压正常。按开机键，其电源控制端有高电位输出，查得Q805也已导通，但Q806的集电极电压为0V。检查发现R825已断、Q806击穿。分别代换R825和Q806后，正常工作。

【故障现象3】开机后，无输出。

拆开机壳检查，发现熔丝没有断，开关电源输出端的3个输出端对地电阻正常，整流后+300V也加到了Q801的集电极。检查启动电路，发现VD808两端电压仅3.5V。检查发现R800、R806阻值正常，怀疑VD808稳压值下降，使IC801不能启动。代换后，正常工作。

另外，此机型R801是热敏电阻，通电后，阻值剧增，切断启动电压，若断电后马上再通电，因R800阻值较大，往往不能启动，应等几分钟后，再通电开机。

【故障现象4】通电开机后，电压输出不稳。

根据故障现象判断应是开关电源的3个直流输出电压不稳所致。检查IC802及外围元器件没有见异常。当检查和调整VR802时，输出电压变化不稳，怀疑VR802阻值不稳、接触不良。代换后正常工作。

二、TEA1522P构成的开关电源典型电路分析与检修

如图5-32所示为使用TEA1522P构成的开关电源电路，其内部集成了振荡电路，偏置电路，逻辑电路，限流电路和过压、过流、欠压、过热保护电路，并集成了启动电路和一个高压功率MOSFET开关管，使用8脚双列直插式封装结构。由它构成的开关电源具有适应市电电压变化范围宽、效率高、功耗低、辐射小等优点，且电路简洁。

1. 电路原理分析

此机型电源电路由输入电路、整流电路、单片开关电源集成电路TEA1522P、取样与耦合电路、脉冲变压器及输出电路等构成。

（1）输入与整流及滤波电路的工作原理　220V交流市电通过熔丝F01后，进入由C7、L4构成的抗干扰电路，一方面滤除交流电网中的高频干扰成分，另一方面抑制开关电源本身产生的高频噪波干扰外部用电设备。

（2）电源启动与振荡电路的工作原理　在滤波电容C8两端形成的约+300V直流电压，经开关变压器T01的❶—❷绕组加至U1的❽脚（即内部场效应开关管的漏极和启动电路），内部各功能电路开始工作。U1启动工作后，内部振荡器产生的振荡脉冲信号经激励放大后送至内部场效应开关管的栅极，使场效应开关管工作于交替导通与截止的高频开关状态。U1的振荡频率主要由❸脚外接的振荡定时元件C3、R4决定。

当U1内场效应开关管导通后，开关变压器T01的反馈绕组❸—❹的感应电压经二极

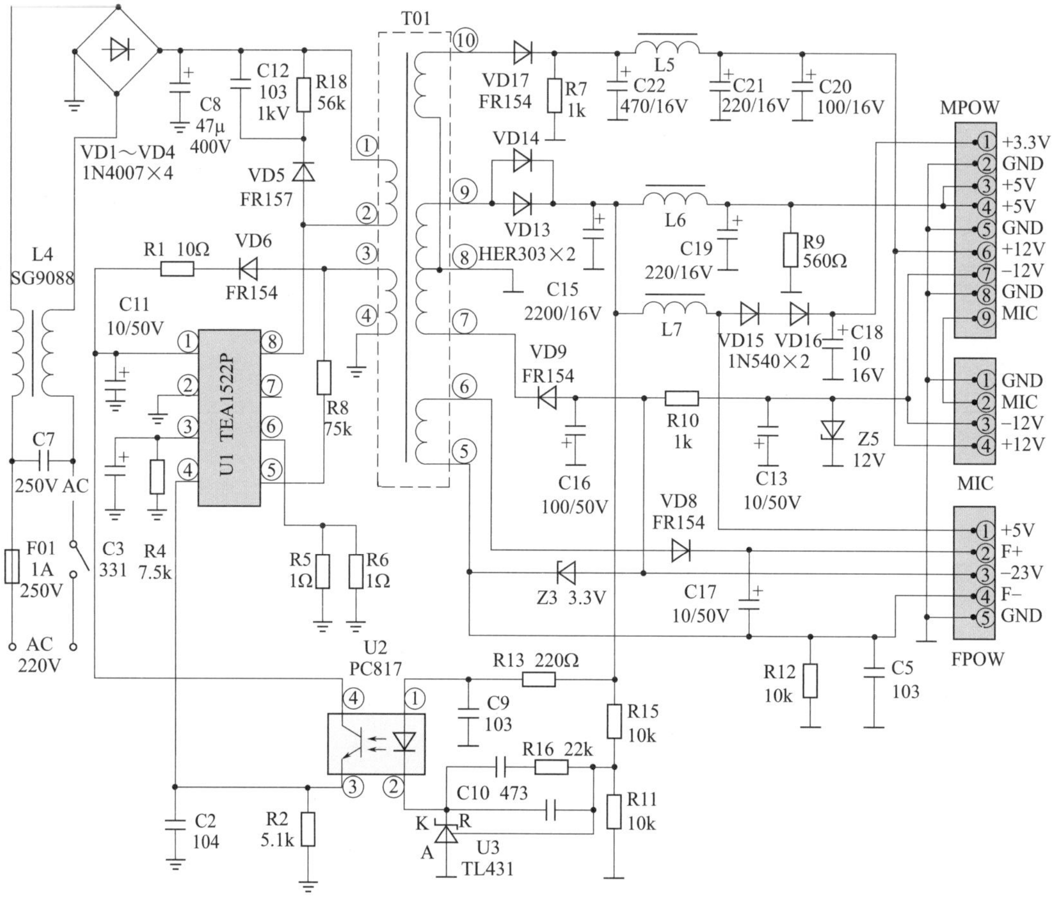

图 5-32 TEA1522P 构成的开关电源电路

管 VD6 整流、C11 滤波后形成约 14V 的直流电压，一路加至 U1 的 ❶ 脚为其提供工作电压，另一路加至光电耦合器 U2（PC817）的 ❹ 脚，提供光电耦合器工作电压。

（3）稳压控制电路的工作原理　此机型稳压控制电路主要由开关集成电路 U1、光电耦合器 U2、精密稳压器件 U3（TL431）及取样电阻 R15、R11 等构成。

当 TL431 的 R 端（参考极）的电压升高（或降低）时，将导致 K 端（阴极）电位下降（或升高），稳压过程如下。

当某种原因使开关变压器次级各绕组输出电压升高时，经 R15、R11 分压后加至 U3 的 R 端电位也升高，使得 U3 的 K 端电位下降，U2 的 ❶ 脚、❷ 脚内接发光二极管导通能力增强，其受控端 ❹ 脚、❸ 脚（集电极、发射极）导通量增加，使 U1 的 ❹ 脚电压随 ❷ 脚升高，U1 内场效应开关管导通时间缩短，这可使 +5V 和其他各组输出电压下降至正常值。若开关电源各组输出电压下降，则调节作用与此相反。

（4）保护电路的工作原理

❶ 尖峰电压吸收回路　C12、R18、VD5 构成开关管保护电路，用来吸收 T01 初级产生的尖峰高压，防止 U1 内场效应开关管被击穿。因 U1 内场效应开关管在截止瞬间，开关变压器 T01 的 ❶－❷ 绕组上会产生尖峰脉冲高压，此尖峰脉冲很容易使 U1 内的开关管击穿。

❷ 过流保护　U1 的 ❻ 脚内接场效应开关管源极和内部保护电路，❻ 脚外接的 R5 和 R6 为源极上的取样电阻。当外因致使流经 U1 内场效应开关管漏极、源极的电流增大时，流

过取样电阻 R5、R6 的电流也相应增大，其两端压降增加，即 ⑥ 脚电位升高。当 ⑥ 脚电位上升至约 0.7V 时，U1 内部保护电路动作，集成电路内部振荡电路停振，各输出电压消失，达到过流保护的目的。

❸ 过压保护　当交流输入电压过高或稳压电路失控造成输出电压偏高时，开关变压器 T01 反馈绕组 ③—④ 上感应电压必然也升高，由 VD6 整流、C11 滤波后加到 U1 的 ① 脚的电压升高，当超过 20V 启控电压后，U1 内部振荡电路停振，使整个电源无输出，实现过压保护。

❹ 欠压保护　若交流输入电压过低，开关变压器 T01 反馈绕组 ③—④ 上感应电动势随之下降，由 VD6 整流、C11 滤波后加至 U1 的 ① 脚的电压也下降，当低于 10V 时，U1 内部振荡电路停振，实现欠压保护。

（5）输出电路的工作原理　开关变压器 T01 次级绕组 ⑧—⑨ 产生的感应电压经 VD13、VD14 整流和 C15 滤波后得到 +5V 直流电压，此电压分为 4 路。第 1 路经 L6、C19 滤波后从接插件 MPOW 的 ③ 脚、④ 脚输出至一体化板，为驱动电路 BA5954FP、视频编码电路 AV3169、音频 DAC 电路 DA1196 以及 RF 放大电路 MT1336 提供工作电压。第 2 路经 L7 后再经 VD15、VD16 两只二极管降压产生 +3.3V 直流电压，从接插件 MPOW 第 ① 脚输出至一体化板，为 MT1369（一体化板）提供工作电压。此 3.3V 电压在一体化板上再次分为两路：一路直接送 MT1369 的 +3.3V 供电端；另一路经一只二极管降压，产生 +2.5V 电压，加至 MT1369 的 +2.5V 供电端。第 3 路从接插件 FPOW 的 ① 脚输出，送至前面板，为操作显示电路 PT6319LQ 提供工作电压和为电源指示灯提供工作电压。第 4 路 +5V 电压经 R13 降压后给光电耦合器 U2 中发光二极管提供工作电压，同时还经 R15、R11 分压后供给 U3 的 R 极作参考电压。

T01 的 ⑧—⑩ 绕组上产生的感应电压经 VD15 整流及 C22、L5、C21、C20 滤波后得到 +12V 左右直流电压，此电压分为两路：一路从接插件 MPOW 的 ⑥ 脚输出，送至一体化板为 5.1 声道模拟音频放大电路（三块双运放 C4558）提供工作电压；另一路从接插件 MIC 的 ④ 脚输出至话筒板，为卡拉 OK 前置放大电路供电。

T01 的 ⑦—⑧ 绕组上产生的感应电压经 VD9 整流、C16 滤波后得到 −23V 左右电压，此电压分为两路：一路从接插件 FPOW 的 ③ 脚输出，供给操作显示电路 PT6319LQ；另一路经 R10 降压、Z5 稳压后得到 −12V 电压，经接插件 MPOW 的 ⑦ 脚和插排 MIC 的 ③ 脚输出至一体化板，为 5.1 声道模拟音频放大电路（三块双运放 C4558）提供工作负电压。

T01 的 ⑤—⑥ 绕组上产生的感应电压经 VD8 整流、C17 滤波后得到 2V 左右直流电压，此电压经 FPOW 的 ② 脚（F+）、④ 脚（F−）送至面板显示电路，作荧光屏显示的灯丝电压（F+、F−）。

2. 故障检修

❶ 市电稍低就不工作。

根据故障现象，分析为开关电源稳压性能下降所致。当故障出现时，检测开关电源各路输出电压，发现 +5V 输出端为 +4.5V，+3.3V 输出端为 +2.9V，其他几路输出电压也有所下降。

先检测开关电源集成电路 U1 的 ⑧ 脚电压，为正常的 300V，说明整流滤波电路无问题，开关电源输出电压偏低，故障一般在稳压控制电路，应重点检查 TL431，光电耦合器

PC817，取样分压电路中的 R15、R11 以及 U1 的 ④ 脚（反馈信号引出端）外接元件，经仔细检查，最后查出 R2（5.1kΩ）的阻值已变大为 13kΩ 左右。用 5.1kΩ 电阻代换后，在市电为 180V 左右时仍可正常读盘并播放，此时测 +5V、3.3V 输出端电压，分别为 +4.8V、+3.2V，其他各路电压也恢复正常。

② 接通电源后电源指示灯亮（但亮度较弱），整机不工作。

通电后测开关电源各路输出电压，5V 输出端为 +2.2V，+3.3V 输出端为 +1V，+12V 输出端为 +5.8V，其他几路输出电压也为正常电压的一半左右。测 U1 的 ⑧ 脚电压约为 300V，正常。怀疑是电源负载过重造成输出电压严重下降，但测量开关电源各路电压输出端对地阻值又基本正常，分析故障不在负载电路，应在开关变压器 T01 初级绕组一侧，测 U1 各引脚电压，发现 ① 脚电压为 9V（正常应为 14V），④ 脚电压为 0V（正常应为 3V），检查替换 ① 脚、④ 脚外接元件 VD6、R1、C11、C2、R2，均无效，后又替换 PC817、TL431，仍未排除故障。最后当用 330pF 瓷片电容替换 C3（标称值 331pF）后，各路输出电压恢复正常。后用数字万用表测量取下的 C3，已无电容量。C3 与 R4 为 U1 的 ③ 脚外接的振荡电路定时元件，C3 失效后，将导致 U1 内部振荡电路产生的振荡频率严重偏离正常值，最终使各路输出电压降低，导致机器无法工作。

三、TEA2262 构成的开关电源电路分析与维修

如图 5-33 所示为应用厚膜集成电路 TEA2262 构成的开关电源电路，此电路主要是以 PWM 控制芯片 TEA2262 为核心构成的变压器耦合并联型他激式开关电源。

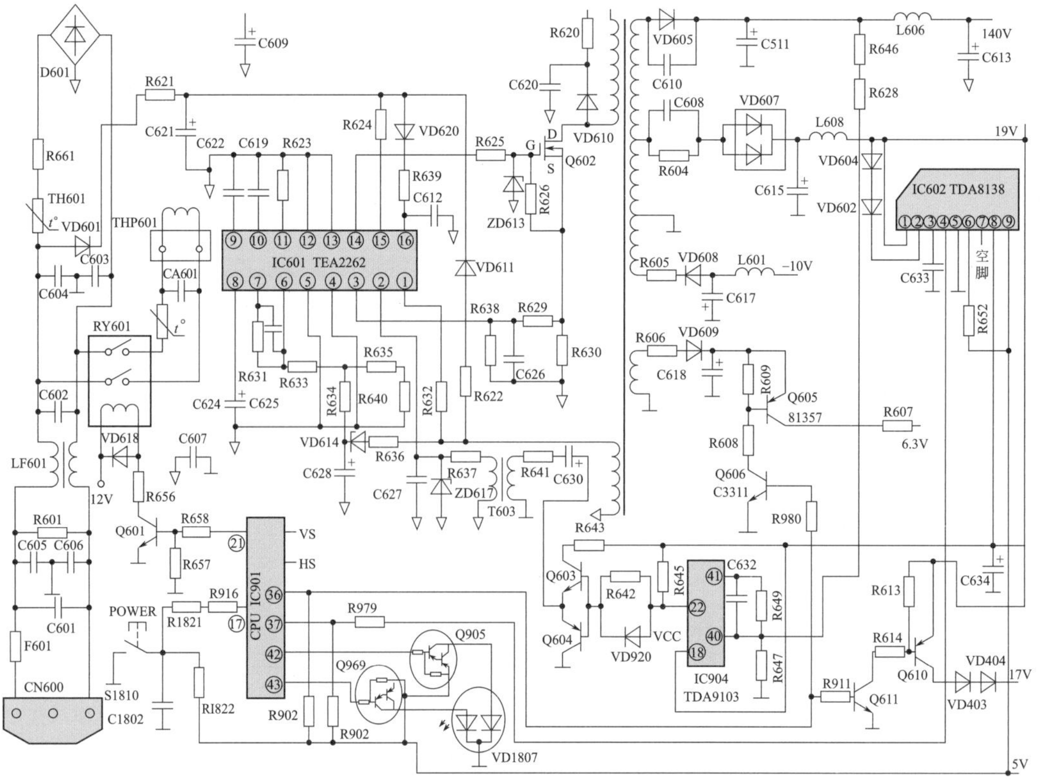

图 5-33　应用厚膜集成电路 TEA2262 构成的开关电源电路

1. 工作原理

（1）干扰抑制与整流滤波电路　220V 交流电压经 R601、LF601、C601 ～ C606 滤除交流电压中的高频干扰信号后输出：一路送入受控消磁电路；另一路经限流电阻 R621、VD601 全桥整流，在 C621 两端建立启动电压。

（2）消磁电路　消磁电路受微处理器 IC901 的控制，由三极管 Q601、继电器 RY601 及其外围元器件构成。主电源开始工作后，开关变压器次级绕组输出的 19V 电压，经 IC602 稳压后为 12V 电压，加在继电器的两端。在开机瞬间，微处理器 IC901 消磁控制端㉑脚输出 3s 高电平控制信号，经 R658 使 Q601 导通，12V 电压使继电器 RY601 吸合，消磁电路工作 3s，完成消磁。

（3）脉宽调制电路　300V 的直流电压经开关变压器 T601 的初级绕组，送开关管 Q602 的 D 极。同时，市电电压经 R621 限流，对电源控制芯片 IC601（TEA2262）供电端滤波电容 C621 充电。当 IC601 的⑮和⑯脚充电电压达到 103V 左右时，IC601 启动。IC601 启动后，其⑭脚开始输出驱动脉冲，Q602 开始为 T601 提供脉冲电流，其反馈绕组产生感应电压，经 VD611 整流、C621 滤波，向 IC601 的⑥和⑯脚供电，以取代开机时由 R621 提供的开启电压，T601 次级绕组向各级负载供电。

（4）稳压控制电路　电源稳压电路由 IC904（TDA9103）、Q603、Q604、T603 加入 IC601（TEA2262）②脚内部比较器共同完成：当市电电压升高或负载变轻，引起 T601 输出端电压升高时，经取样电阻 R646、R628、R647 分压后，加到 IC904㊵脚的电压升高。通过内部电路，控制 IC904㉒脚输出脉冲的占空比下降→推挽输出管 Q603、Q604 发射极的脉冲占空比下降→ IC601 的②脚电压下降→ IC601③脚输出电压的占空比下降→ Q602 的导通时间缩短→ T601 的存储能量下降，最终使输出端电压下降到规定值。反之亦然，若 IC601②脚无脉冲输入，开关电源处于弱振荡状态，此时，主电压输出由 140V 变为 100V 左右。

（5）保护电路

❶ 防浪涌保护电路　由于 C609 的容量较大，为防止开机瞬间的浪涌电流烧坏整流桥堆 VD601，同时保护开关管，在电源的输入回路上串入了负温度热敏电阻 TH601。在刚接通电源时，TH601 为冷态，其阻值为 10Ω，能使浪涌电流控制在允许的范围内。启动后，其阻值近似等于零，对电路没有影响。

❷ 尖峰脉冲吸收回路　由 R620、C620、VD610 构成的尖峰吸收回路，可以避免开关管 Q602 在截止时因 D 极的尖峰电压过高而损坏。

❸ 过流保护电路　当负载过流引起 Q602 的 S 极电流增大时，在 R630 两端产生的压降增大。当 C626 两端的电压超过 0.6V 时，与 IC601③脚内的 0.6V 基准电压比较后，使保护电路输出保护信号，可是没有驱动电压输出，Q602 截止，电源停止工作，实现过流保护。

❹ 过压保护电路　IC601⑯脚内设有 15.7V 过压保护装置，当输入电压瞬间超过 15.7V 时，内部保护电路启动，使其⑨脚无脉冲输出，Q602 截止，从而实现过压保护。

❺ 过激励保护电路　R625、ZD613、R626 构成过激励保护电路。当 IC601⑭脚输出的驱动电压过高时，经 R625、R626 分压限流后被 ZD613 稳压，避免了 Q602 因启动瞬间稳压调节电路未进入工作状态而引起开关管过激励损坏。

❻ 软启动电路　IC601⑨脚为软启动控制端，C622 为启动电容。

（6）节能控制电路　此显示在 VESA DPMS 信号的控制下有 3 种工作模式，不同的模式通过面板指示灯的颜色显示。

❶ 正常工作模式　正常模式时，IC901 收到行场同步信号后，㊱、㊲ 脚均输出高电平开机信号。其中，㊱ 脚输出的高电平信号分成两路输出。一路使 Q606、Q605 相继导通，从 Q605 集电极输出的电压经 R607 限流，为显像管灯丝提供 6.3V 电压。另一路使 Q611、Q610 相继导通。从 Q610 集电极输出的电压经 VD403、VD404 降压，为场输出电路提供 17V 电压。㊲ 脚输出的高电平信号加到稳压控制集成电路 IC602❹ 脚，控制 IC602 从 ❽ 脚输出 12V 电压为负载供电，而从 IC602❾ 脚输出的 5V 电压不受 ❹ 脚控制，保证微处理器电路在节能时正常工作。这样，整机受控电源全部接通，电源指示灯呈绿色。

❷ 待机 / 挂起模式　待机 / 挂起模式时，因 IC901 没有行或场同步信号输入，则它的节能控制为高电平，㊲ 脚为低电平。㊱ 脚为高电平时，显像管灯丝依然点亮；㊲ 脚为低电平时，IC602❽ 脚无 12V 电压输出，致使行 / 场扫描等电路因失去供电而停止工作。此时，电源指示灯为橙色。

❸ 关闭模式　主机关机后，无行 / 场同步信号输出，微处理器检测到这一变化后，㊱、㊲ 脚输出的控制信号变为低电平。㊲ 脚为低电平后，受控的 12V 电压消失，小信号处理电路因失去 12V 电压而停止工作。而 ㊱ 脚为低电平时，Q606、Q605、Q611、Q610 相继截止，切断显像管灯丝及场输出电路的供电，显示器进入关闭模式。此时，电源指示灯为橙色并处于闪烁状态。

2. 故障检修

❶ 开机全无。

对这类故障应重点检查其电源电路。检查熔丝 F601 完好无损，测主电源电路输出端电压为 0V，测 C609 两端电压为 300V，测 IC601⓯、⓰ 脚无电压（正常时 ⓯ 脚为 15V 左右，⓰ 脚为 14V 左右）。断电后 , 测 IC601⓯、⓰ 脚对地电阻正常，怀疑是启动电阻 R621 开路。将其焊下检查，确已开路，代换后工作正常。

❷ 开机有时正常，但有时烧熔丝。

烧熔丝，说明交流输入电路可能有短路现象，烧熔丝没有规律性，说明电源输入回路有不稳定的元器件。查找不稳定的元件，可使用分段切割检测法。具体检修步骤如下：取下桥堆 VD601，给显示器加电仍烧熔丝，再断开消磁电路，通电试机，不烧熔丝，代换消磁电阻后工作正常。

❸ 指示灯为绿色，无显示。

通电后显像管灯丝发光正常，但显像管没有高压启动声，说明显像管灯丝及其供电正常，是节能控制、行扫描电路或行输出电源电路异常。测 IC904 供电端 ⓲ 脚电压时，发现电压为 0V，说明供电电路异常。测 IC602（TDA8138）的控制端 ❹ 脚为高电平，其 ❷ 脚有 13V 输入，说明 IC602 或其负载异常。断开 IC602 的输出端 ❽ 脚后，测 IC602❽ 脚电压仍为 0V，怀疑 IC602 内部异常。处理方法是：把 TDA8138❷、❹ 和 ❽ 脚剪断悬空，外接一只三端稳压器，选用 KA78R12，代用四端稳压器的输入端接 ❷ 脚，输出端接 ❽ 脚，受控端接 ❹ 脚，接地端接 ❸ 脚，然后固定在原散热片上。

❹ 开机瞬间有高压启动声，但随即消失，指示灯为绿色。

为确定故障是在开关电源还是在负载电路，用万用表监测 C611 两端电压。加电开机，结果发现 C611 两端的电压由 160V 左右瞬间变为 102V，说明开关电源电路存在问题。经分析，当电压输出过高时，会导致 IC904 内部 X 射线保护电路动作。关闭 ❽ 脚脉冲输出，使 IC601❷ 脚无脉冲输入，进而使开关电源处于弱振荡状态，从而达到高压保护的目的。因此，应重点检查稳压调节电路。经检查发现，取样电阻 R646 阻值由 56kΩ 变为 70kΩ。代换后工作正常。

集成电路 IC601 引脚功能、电压及电阻值见表 5-7。

表 5-7　集成电路 IC601 引脚功能、电压及电阻值

引脚	功能	电压 /V	对地电阻 /kΩ	
			正测	反测
❶	开关变压器初级侧检测端	0.28	12	13.4
❷	开关稳压脉冲输入	−0.045	1	1
❸	开关管过流检测端	0.02	0.5	0.5
❹	地	0	0	0
❺	地	0	0	0
❻	误差取样电压输入端	2.9	10.5	11
❼	误差取样放大器输出端	1.1	13.6	16
❽	过载检测积分电容器	0	12	18
❾	软启动时间控制	0.8	12	15
❿	振荡器定时电容	2.2	13	14
⓫	振荡器定时电阻	2.4	13.4	13.9
⓬	地	0	0	0
⓭	地	0	0	0
⓮	输出 PWM 驱动脉冲	1.8	8.9	10.4
⓯	输出级电源	15.2	8.1	140
⓰	控制电路的供电端	14.0	10.4	68

第五节　BIT 系列升压型开关电源典型电路分析与检修

一、BIT3101 DC-DC 升压型开关电源典型电路分析与检修

由 BIT3101 构成的高压电路板电路如图 5-34 所示。

从图中可以看出，这是一个典型的“PWM 控制芯片 +Royer 结构驱动电路”高压电路板电路。图中的 BIT3101 是 PWM 控制 IC，其引脚功能见表 5-8。

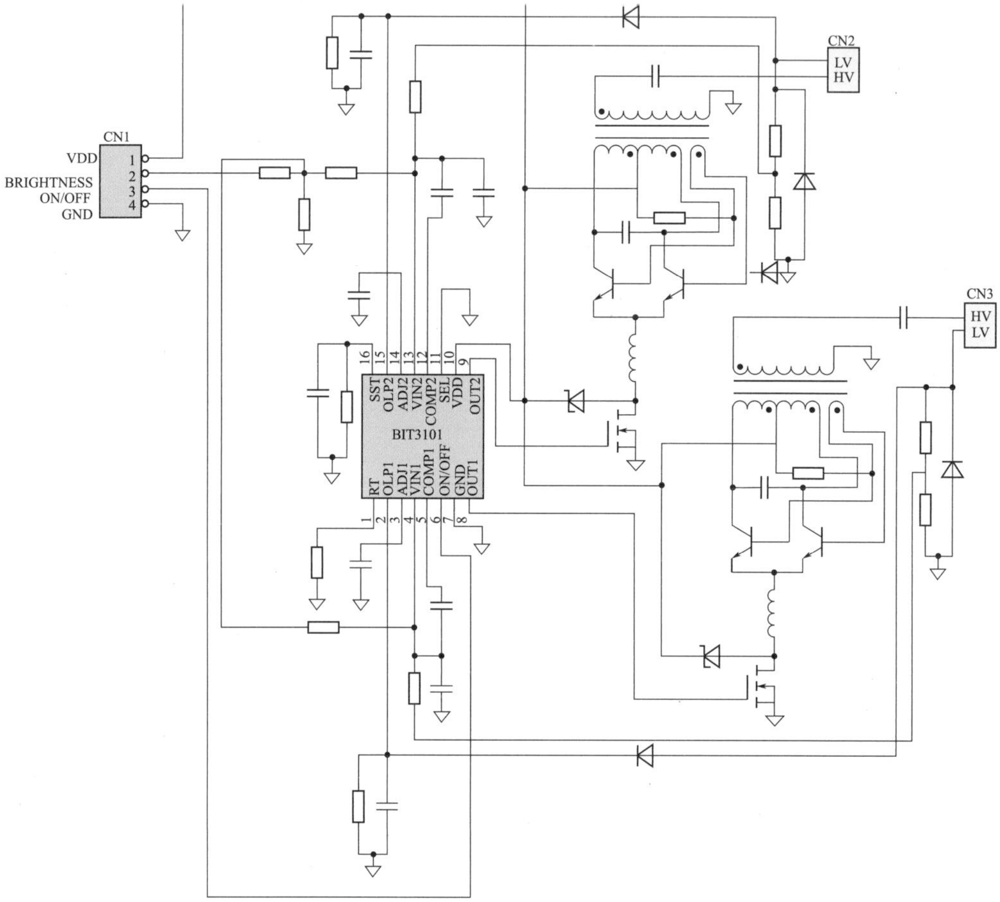

图 5-34　BIT3101 构成的高压电路板电路

表 5-8　BIT3101 引脚功能

引脚号	符号	功能
❶	RT	外接定时电阻
❷	OLP1	电压检测输入，若此引脚电压小于 0.325V，将关闭 OUT1 输出
❸	ADJ1	误差放大器 1 的参考电压调整引脚
❹	VIN1	误差放大器 1 反相输入
❺	COMP1	误差放大器 1 输出
❻	ON/OFF	开启 / 关断控制
❼	GND	地
❽	OUT1	PWM1 输出
❾	OUT2	PWM2 输出
❿	VDD	供电电压
⓫	SEL	软启动选择，一般接地
⓬	COMP2	误差放大器 2 输出
⓭	VIN2	误差放大器 2 反相输入
⓮	ADJ2	误差放大器 2 的参考电压调整引脚
⓯	OLP2	电压检测输入，若此引脚电压小于 0.325V，将关闭 OUT2 输出
⓰	SST	软启动和灯管开路保护

二、BIT3102 DC-DC 升压型开关电源典型电路分析与检修

BIT3102 与 BIT3101 工作原理类似，主要区别是，BIT3101 为互相独立的两个通道，而 BIT3102 则为单通道，由 BIT3102 构成的高压电路板电路如图 5-35 所示，这也是一个“PWM 控制芯片 +Royer 结构驱动电路”高压电路板电路。

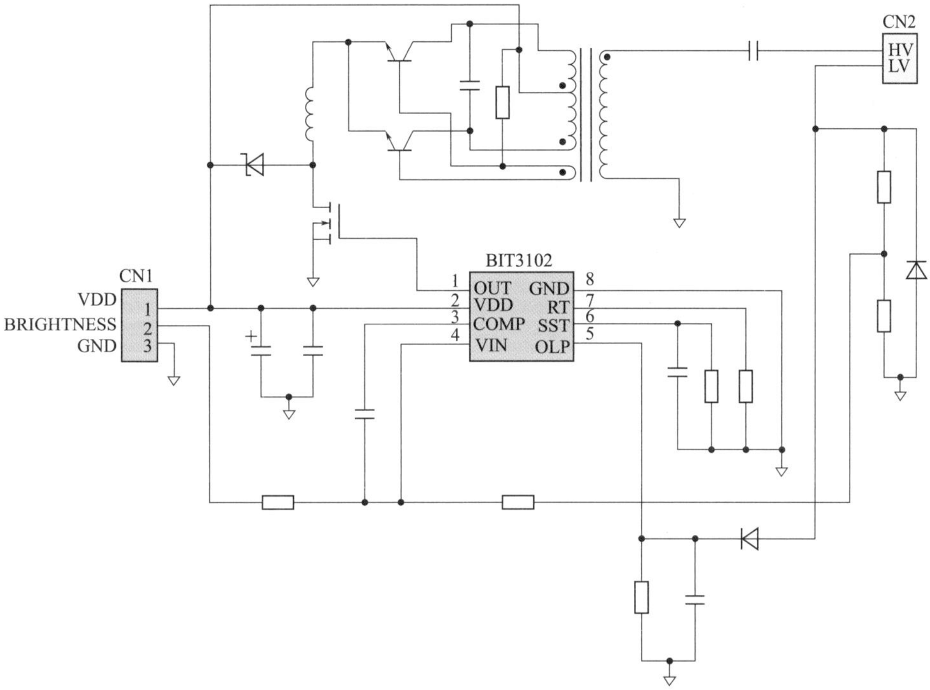

图 5-35　由 BIT3102 构成的高压电路板电路

图 5-35 中，PWM 控制 IC BIT3102 的引脚功能见表 5-9。

表 5-9　BIT3102 引脚功能

引脚号	符号	功能
❶	OUT	PWM 输出
❷	VDD	供电电压
❸	COMP	误差放大器输出
❹	VIN	误差放大器反相输入
❺	OLP	电压检测输入，若此引脚电压小于 0.325V，将关闭 OUT 输出
❻	SST	软启动和灯管开路保护
❼	RT	外接定时电阻
❽	GND	地

三、BIT3105 DC-DC 升压型开关电源典型电路分析与检修

由 BIT3105 构成的高压电路板电路如图 5-36 所示。从图 5-36 中可以看出，这是一个典型的“PWM 控制芯片 + 全桥结构驱动电路”高压电路板。BIT3105 是 PWM 控制 IC，其引脚功能见表 5-10。

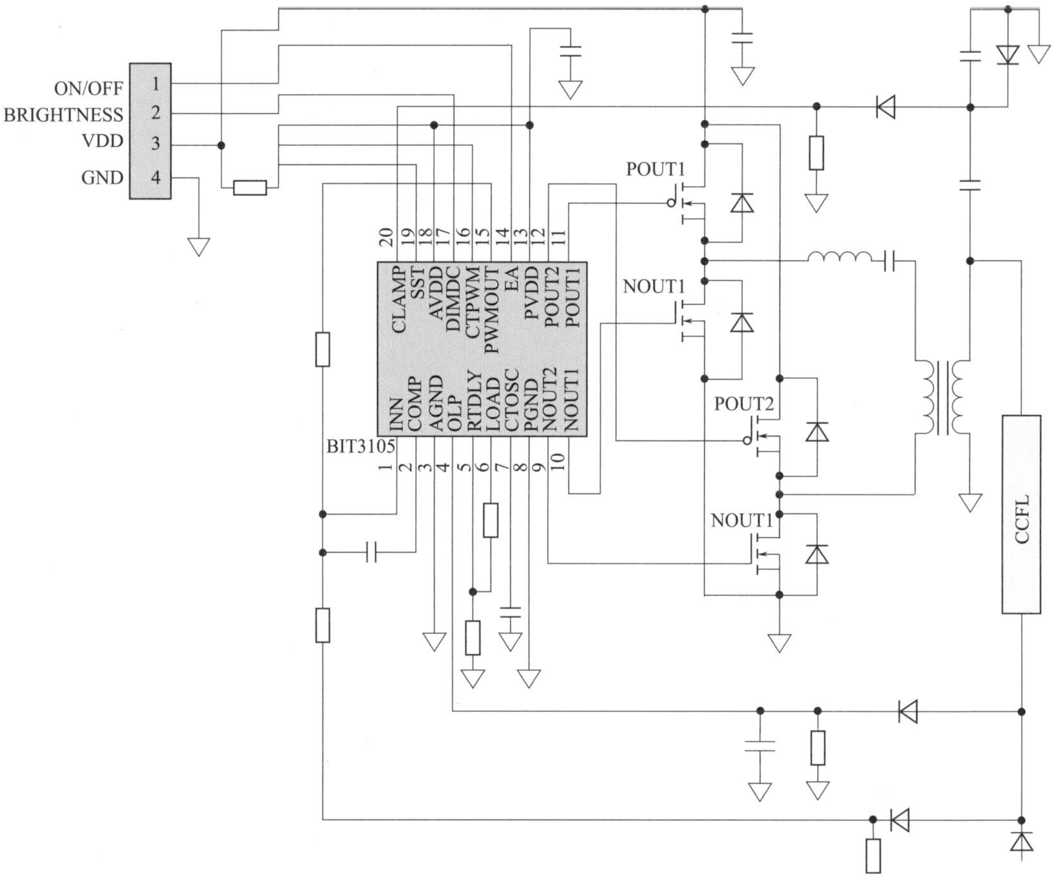

图 5-36　BIT3105 构成的高压电路板电路

表 5-10　BIT3105 引脚功能

引脚号	符号	功能
❶	INN	误差放大器反相输入
❷	COMP	误差放大器输出
❸	AGND	模拟地
❹	OLP	灯管电流检测引脚
❺	RTDLY	外接电阻，用于确定输出脉冲的延迟时间
❻	LOAD	若 OLP 引脚检测到灯管电流，此引脚变为悬浮状态
❼	CTOSC	外接电容，用于设有灯管工作频率
❽	PGND	驱动电路地
❾	NOUT2	N 沟道场效应管输出 2
❿	NOUT1	N 沟道场效应管输出 1
⓫	POUT1	P 沟道场效应管输出 1

续表

引脚号	符号	功能
⑫	POUT2	P 沟道场效应管输出 2
⑬	PVDD	驱动电路电源
⑭	EA	开启 / 关断控制
⑮	PWMOUT	PWM 输出
⑯	CTPWM	灯管开路保护
⑰	DIMDC	亮度控制
⑱	AVDD	模拟电源
⑲	SST	软启动
⑳	CLAMP	过电压钳位

第六节 其他系列开关电源典型电路分析与检修

一、TOP212YAI 构成的开关电源典型电路分析与检修

如图 5-37 所示为使用厚膜电路 TOP212YAI 构成的开关电源电路。

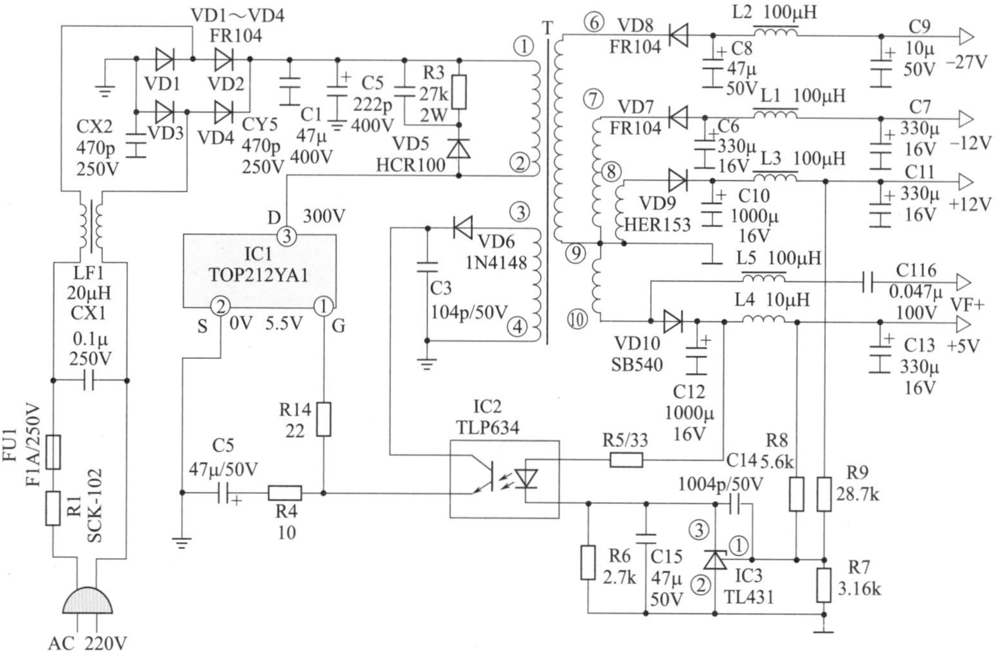

图 5-37 TOP212YAI 构成的开关电源电路

1. 电路原理分析

（1）电源输入及抗干扰电路的工作原理　交流 220V 市电经熔丝 FU1 送入由 CX1、LF1 构成的抗干扰滤波网络，一是消除电网中高频脉冲对开关电源的干扰，二是抑制开关电源产生的高频脉冲对电网的污染。

（2）整流滤波电路的工作原理　市电经 VD1 ～ VD4 和 C1 构成的桥式整流和滤波电路后，形成约 300V 的直流电压，再经开关变压器 T 的初级 ❶—❷ 绕组送到开关集成电路 IC1 的 ❸ 脚（D 极）。

（3）开关振荡电路的工作原理　进入 IC1 的 ❸ 脚内的电压，由连接在 D 极和 G 极之间的内部电流源为集电极提供电流，并对控制极 ❶ 脚外接电容 C5 进行充电。当电压上升到 5.7V 时，内部电源关断，振荡器、脉冲宽度调制器、驱动电路开始工作，使开关管处于开关状态，在开关变压器 T 的初级绕组产生周期性变化的电流，各次级绕组产生感应电压。

（4）稳压电路的工作原理　此电路由光电耦合器 IC2、三端精密可调基准电源 IC3 及外围元件构成。开关变压器 T 的 ❸—❹ 绕组是控制绕组，产生的感应电压经 VD6 整流、C3 滤波后作为光电耦合器 IC2 的电源。

当 +5V 或 +12V 输出电压升高时，通过取样电阻 R8、R9、R7 分压后加到 IC3 的 ❶ 脚的电压也相应升高，流过 IC3 的 ❸ 脚、❷ 脚间的电流增大，光电耦合器 IC2 内发光二极管亮度增加，光电三极管内阻减小、电流增大，IC1 的 ❶ 脚的控制电流增大，而其 ❸ 脚输出的脉宽变窄，输出电压下降，达到稳压的目的；反之，当输出电压降低时，控制过程与上述过程正好相反。

（5）保护电路的工作原理

❶ 过流保护　当电源发生过流时，IC1 的 ❸ 脚（D 端）电流也会增大，使电流限制比较器的输出电压经 RS 触发器加到控制门驱动器，直到下一个时钟开始。

❷ 过热保护　当 IC1 的结温超过 135℃时，过热保护电路开始工作，关闭开关管的输出，达到过热保护的目的。

❸ 尖峰电压保护电路　在开关变压器 T 的初级 ❶—❷ 绕组接有尖峰电压保护电路，由 C2、R3、VD5 构成，目的是消除开关管从饱和状态转为截止状态时，在绕组下端产生的瞬间尖峰电压，避免尖峰电压叠加在原直流电压上，将 IC1 内的开关管击穿。

2. 故障检修

❶ 根据熔丝通 / 断故障的判断。

a. 熔丝 FU1 烧断且管内发黑。该故障表明电源电路中有严重短路元件存在，问题多为 IC1 内部的开关管击穿、滤波电容 C1 击穿短路、桥式整流二极管 VD1 ～ VD4 有击穿短路等。可用电阻测量法来查找故障部位。若发现 IC1 内部的开关管击穿短路，还应重点检查尖峰电压保护电路中的各元件。有时还会连带损坏光电耦合器 IC2 和基准电源 IC3，应注意检查。当熔丝烧黑时，R1 也有烧断的可能。

b. 熔丝 FU1 没有断，但无输出电压。首先测 IC1 的 ❸ 脚有无 300V 左右的电压，若无此电压，表明前级电路有开路性故障，用电压检测法逐级检查。

若测得 IC1 的 ❸ 脚电压正常，则关闭电源，用万用表电阻 R×10 挡检查变压器 T 次级绕组有无对地短路，然后测 IC3、IC2、IC1 各在路电阻，就可查出故障原因。

❷ 机器连续开机超过 1h 就烧主轴电机驱动管。

根据故障现象分析，这类故障一般属于电源电路有故障。对于该机，首先打开机盖，然后试机，用手触摸电源板各元器件，发现整流桥堆 VD1 温升过高。代换整流桥堆 VD1 后试机，工作正常。

二、TOP223 构成的开关电源典型电路分析与检修

如图 5-38 所示为使用厚膜电路 TOP223 构成的开关电源电路，此电源电路主要由 N301（TOP223）、V301（KA431）、V304（HS817）、N303（7812）、N302（LM324）构成。

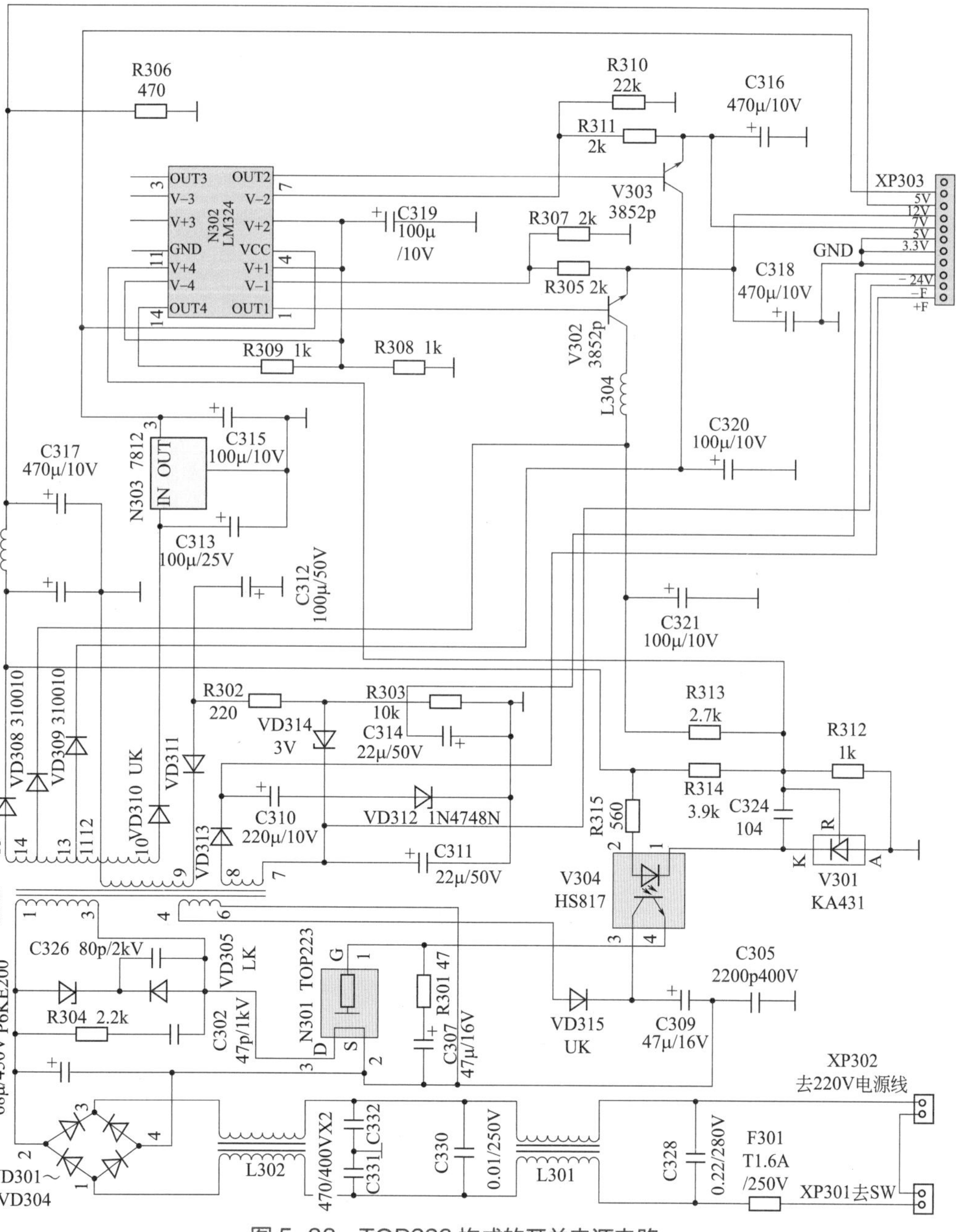

图 5-38　TOP223 构成的开关电源电路

1. 电路原理

（1）电源输入及抗干扰电路的工作原理　220V 交流市电经电源开关 XP301、交流熔丝 F301（T1.6A/250V）后进入由 C328、L301、L302、C332、C331、C330 等构成的抗干扰电路，此电路的作用有两个：一是滤除交流市电中的干扰噪波成分；二是抑制开关电源本身产生的高频尖峰脉冲电压进入市电网，以免干扰其他电器正常工作。

（2）启动电路的工作原理　经滤波及抗干扰处理后的 220V 交流市电经 VD301 ～ VD304 整流，再经 C301 滤波后在其正端得到 +300V 左右的直流电压。电路中由 VD306（瞬变电压抑制二极管）、VD305（阻尼二极管）、R304、C302、C326 等构成尖峰脉冲电压抑制电路，主要用于抑制开关变压器 T301 自耦产生的尖峰脉冲电压，从而保护 N301 内开关管不被击穿损坏。整流滤波后的 +300V 电压经开关变压器 T301 的❶—❸绕组后加至开关电源集成电路 N301 的 D 极（即❸脚），由其内部电路完成开关电源的启动过程。当开关电源正常启动后，T301 的❹—❻绕组感应脉冲电压经 VD315 整流、C309 滤波并经 V304 后加至开关电源集成块 N301 的 G 极（即❶脚），为内部芯片提供正常工作所需的偏流。

（3）稳压控制电路的工作原理　电路中 N302 为四运算放大器，它的❶脚、❷脚、❸脚控制外接电源调整管 V302，若改变❷脚外接电阻 R307 的阻值，可调整 V302 的输出电压。N302 的❺脚、❻脚、❼脚控制外接电源调整管 V303，若改变❻脚外接电阻 R310 阻值，可使 V303 的输出电压发生变化。

当外因致使 T301 次级各绕组输出电压上升时，经 R314、R313 取样的电压升高，精密取样集成电路 V301 的 R 极电压升高，经其内部电路处理后自动调低 K 极电位，光电耦合器 V304 的发光管负极电位降低，其电流增大、亮度增强，导致 V304 内部光电接收三极管集电极、发射极内阻减小，加至开关管的电压升高，经其内部电路处理后自动降低开关管的导通量，T301 各绕组感应电动势下降，最终达到使输出电压趋于稳定的目的。当 T301 次级输出电压过低时，其稳压过程则与上述相反。

（4）二次稳压输出电路的工作原理　由开关变压器次级❿—⓯绕组感应的交流脉冲电压经 VD307、C322、L303 整流滤波后得到 +7.3V 电压，此电压分为两路：一路经限流电阻 R315（560Ω）加至 V304，为其内部发光管提供工作电源；另一路经接插件 XP303 后加至解码板给驱动电路提供工作电压。

由开关变压器次级❿—⓮绕组感应的交流脉冲电压经 VD308、C321 整流滤波后得到 5.6V 左右的直流电压，其也分为两路：一路经取样电阻 R313、R312 后加至精密取样集成电路 V301 的 R 极，为其提供取样电压；另一路经 L304 后加至 V302 的集电极，经其稳压后从发射极输出 +5V 电压，此电压经接插件 XP303 后加至解码板，给各芯片提供工作电压。

由开关变压器次级❿—⓭绕组感应的脉冲电压，经 VD309、C320 整流滤波后得到 +4.3V 左右的直流电压，此电压直接加至 V303 的集电极，经其稳压后从发射极输出 +3.3V 电压并经接插件 XP303 后加至解码板，给解码芯片提供工作电压。

由开关变压器次级❿—⓬绕组感应的交流脉冲电压经 VD310、C313 整流滤波后得到 +14V 左右的直流电压，此电压经三端稳压块 N303 稳压后从其❸脚输出 +12V 直流电压，此电压分为两路：一路直接加至电源调整集成块 N302 的❹脚，供其作工作电压；另一路经接插件 XP303 加至解码板，并经其转接后给音频放大及卡拉 OK 电路提供工作电压。

由开关变压器次级 ⑨—⑪ 绕组感应的交流脉冲电压经 VD311 反向整流，R302 限流，C312 滤波和 VD314、VD312 稳压后得到 −24V 左右的直流电压，经接插件 XP303 的 ⑩ 脚送至解码板，经其转接后加至键控板给荧光显示屏提供阴极电压。

由开关变压器次级 ⑧—⑦ 单独绕组感应的交流脉冲电压经 VD313、C310 整流滤波后，在接插件 XP303 的 ⑫—⑪ 脚间得到 13.5V 左右的直流电压，此电压加至解码板并经其转接后给显示屏提供灯丝电压。

2. 故障检修

❶ 通电开机，机器不能工作。

根据故障现象分析，此故障在电源电路。检修时首先检查熔丝 F301，如没有熔断，可用万用表检测 +5V 电压，若表针摆动，说明电源高压及振荡电路基本正常；若没有摆动，则判断 N301 保护电路启动，检查 VD306 是否损坏。用 47kΩ 电阻与 0.22μF/1.6kV 电容并联后代换，若无效，说明是过流保护电路启动，故障在 T301 次级电路，依次断开 VD308、VD309、VD310，观察 +5V 电压是否恢复，当断开哪级时 +5V 电压恢复，则说明哪级电压输出电路中有元件损坏，致使 N301 过流电路启动。

❷ 整机工作正常，但 VFD 屏无显示。

检修时用万用表测量电源板 XP303 接插件相关端子的电压，发现无 −24V 电压。查 −24V 电压回路中的 VD311、C312、R302、C314、VD314 等元器件，发现 R302 已开路。用一个 220Ω 电阻代换后，VFD 屏恢复正常显示。

❸ VFD 屏无显示，整机也不工作。

根据现象分析，判断此故障应在电源电路。首先测开关电源各路输出电压，均为 0V，说明开关电源没有启振。仔细检查，发现熔丝 F301 已烧断，再测量 N301 的 D 极（❸ 脚）、S 极（❷ 脚）间正、反向电阻，发现已呈短路状态，说明 N301 已击穿损坏。再检查尖峰电压抑制电路、光电耦合器 V304 及负载输出端等，均没有见异常。在确认电路中无隐患元件后，换上一只新的 TOP223 及 T1.6A/250V 熔丝后，恢复正常。在维修时，TOP223 可用性能更高的 TOP 系列 224Y、225Y、226Y、227Y 来代替。

❹ 通电即烧 F301 熔丝。

通电即烧熔丝，说明电路中存在严重短路。首先检查 VD301 ～ VD304，发现 VD301、VD304 两个二极管均已短路。检查确认电路中无其他元件短路，代换两个二极管及 F301 后试机，工作正常。

❺ 整机不工作，熔丝完好，机内有“叽叽”响声。

检修时，用观察法看到 C320 有漏液现象，经检查发现 C320 漏电严重，用一个 100μF/10V 电解电容代换后试机，工作正常。

❻ 熔丝完好，但无电压输出，整机不工作。

打开机壳，用万用表直接检查，发现光电耦合器 V304 损坏，V304 的型号为 HS817，换上一个新的光电耦合器后试机，工作正常。

❼ 各组输出电压均偏低。

根据故障现象分析，判断此故障在电源电路，首先测量接插件 XP303 的 7V 电压，偏低；再测 12V、5V、3.3V 等各组电压，发现无 3.3V 电压；经检查发现 C316 有漏电现象，拆除并用一个新的 470μF/16V 电解电容焊上后，工作正常。

三、μPC1094G 构成的开关电源典型电路分析与检修

如图 5-39 所示为使用厚膜电路 μPC1094G 构成的开关电源电路，此厚膜电路构成为单端正激型开关电源结构。此电源电路主要应用于 DUPRINTER-3060 型自动制版印制机中。其输入电压为 AC 170 ～ 252V、50/60Hz；输出电压为 +22V，输出电流为 8A；输出功率约为 180W。

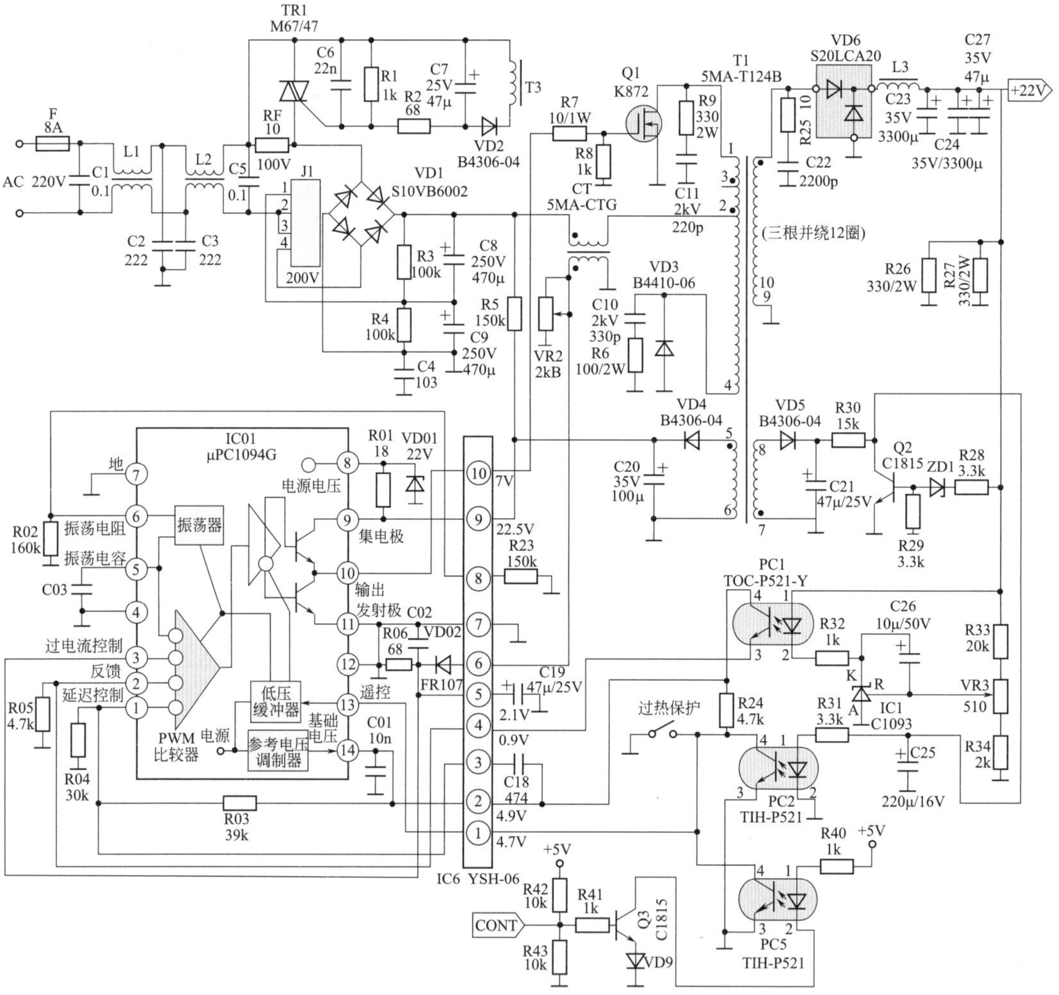

图 5-39　μPC1094G 构成的开关电源电路

1. 电路原理分析

（1）电路工作原理　脉宽调制器 μPC1094G（IC01）及其外围元件封装于厚膜组件 IC6（YSH-06）内。市电经整流、滤波后的约 280V 的不稳定直流高压，通过 R5 对电解电容 C20 充电，其充电电压（约 5.2V）送到 IC6⑨，经 IC6 内的 R01 加至 IC01⑧，作为 IC01 的待命工作电源。当 CPU 发出 POWERON 指令时，CONT 端由高电平跃变为低电平，Q3 截止，光电耦合器 PC5 内的光敏三极管呈高阻状态，IC01⑬（遥控）电位由 0.1V 上升至 4.7V，其内部振荡器启振，由 IC01⑩ 输出脉宽调制（PWM）脉冲，经 IC6⑩、限流电阻 R7，加至 Q1（MOSFET）栅极，用于驱动其通断。市电经整流、滤波后的约 280V 的不稳定直流高压还通过取样变压器 CT 一次绕组，开关变压器 T1 一次绕组 ❷—❸—❶，Q1 漏、源极到地，产

生线性变化的电流及自感电动势。T1⑤—⑥绕组所感应的互感电动势经VD4整流、C20滤波，向IC01⑨馈送一个幅值约22.5V的直流电压，作为IC01正常工作时的电源。在Q1导通时，T1二次绕组⑨－⑩感应的电动势经VD6内的整流二极管整流、L3滤波，向电解电容C23、C24和C27充电，并向负载提供电能。

在Q1截止时，L3自感电动势反向，通过VD6内的续流二极管继续向C23、C24和C27充电，并向负载提供能量。为了防止开关电源启动时其输出电压对负载的冲击，此电路设有由C18、R03、R04构成的延迟控制电路，使IC01⑩输出的PWM脉冲逐渐上升至稳态，实现电源的软启动。正常工作时PWM脉冲周期约20μs、幅值约7V。

为防止T1因占空比超过0.5而出现磁芯饱和，T1中增设了退磁绕组④—②，其作用是：在Q1导通时，④—②绕组中的感应电动势使高压快恢复二极管VD3处于反偏状态，不影响开关电源工作；当Q1截止时，④—②绕组感应电动势反向，T1漏感使其感应电动势幅值超过直流输入电压，VD3导通，将蓄积于T1一次绕组中的能量回送到一次侧。使用上述方法可将Q1漏极上的最高反向电压限制在两倍直流输入电压内，同时使T1磁芯在下一个开关周期前充分退磁。

（2）稳压过程　此开关电源的稳压过程如下：当某种原因使输出电压升高时，通过取样电路R33、VR3、R34的取样，精密稳压器IC1的R端电位上升，K-A间电流增大，K端电位下降，光电耦合器PC1内的发光二极管发光增强，光敏三极管电阻值变小。IC01⑭输出的4.9V基准电压经PC1光敏三极管与R05的分压，使IC01②（反馈）电位上升，⑩输出的PWM脉冲脉宽变窄，Q1导通程度变小，输出电压下降，达到稳压的目的。

（3）保护电路

❶ 电流保护电路　取样变压器CT二次绕组产生的互感电动势经VD02整流、C19和C02滤波，反馈至IC01③（过电流控制）。当某种原因（如负载过重）引起Q1电流过大，使IC01③电位升高到约2.5V时，IC01⑩无PWM脉冲输出，Q1截止，实现过电流保护。过电流保护动作工作点由VR2设定。

❷ 欠电压保护电路　T1⑦—⑧绕组感应电动势经VD5整流、C21滤波，在输出电压正常时，稳压管ZD1使Q2 b为高电平而饱和导通，Q2 c为低电平，使光电耦合器PC2内的光敏三极管呈高阻状态，不影响电源的工作。当T1⑦—⑧绕组输出电压下降到一定值时，ZD1拉低Q2 b的电位，使Q2截止，Q2 c转为高电平，使PC2内的光敏三极管将IC01⑬（遥控）电位拉低为0.1V左右，使IC01停振，实现欠电压保护。

❸ 过热保护电路　固定在场效应功率管Q1散热片附近的温度传感器，并接在IC01⑬（遥控）与地之间。当Q1温升过高时，温度传感器内的双金属片接触，IC01⑬电位降为0V，使IC01停振。

❹ 浪涌电压吸收电路　R9与C11、R6与C10、R25与C22等构成的吸收电路用于吸收Q1、VD3、VD6在通断工作时因寄生电感、寄生电容的存在产生的浪涌电压。

2. 故障检修

其故障现象为：受控电源电压无输出，其他非受控电源电压（如+5V、+12V、−12V）输出正常。

根据故障现象分析，检修时首先检测CONT端子电平变化是否正常。操作设备制版按钮，CONT端子由8V跃变为3V，说明CPU已发出POWERON指令，但输出电压为0V，说明故障在电源组件。在脱机状态下检修电源组件，须采取如下措施：断开R40，使光电耦合器 PC5 内的光敏三极管呈高阻状态，IC01⑬脚处于高电平；在电源输出端并联接入 8 组约 22Ω/1A 的合金电阻丝作为假负载。

检测主开关电路及各保护电路相关元器件，没有见异常。实测 IC6⑨电压为 5.2V（正常值约 22.5V），②约 0.2V（正常值约 4.9V），⑩为 0V（正常值约 7V），显然，故障在 IC6。代换新的 IC6 后，工作正常。

四、L6565 构成的开关电源电路分析与检修

如图 5-40 所示为应用厚膜集成电路 L6565 构成的开关电源电路。

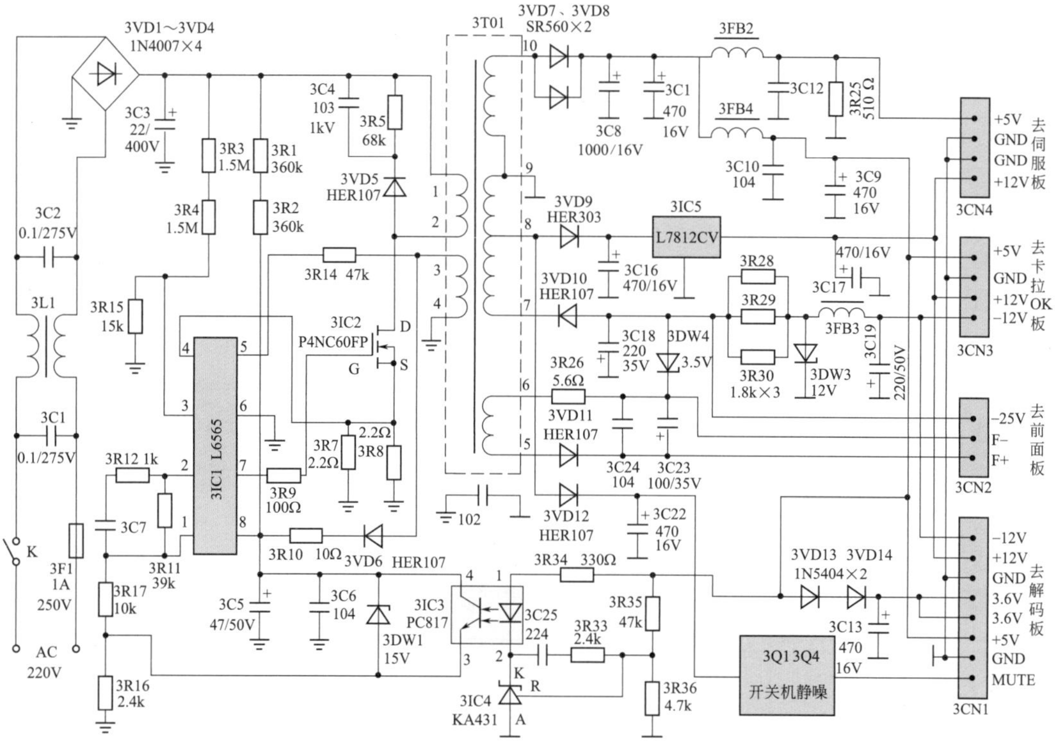

图 5-40　应用厚膜集成电路 L6565 构成的开关电源电路

1. 工作原理

（1）输入电路、启动与振荡电路　接通电源开关，220V 交流电压经电源开关 K、熔丝 3F1 后进入由 3C1、3L1、3C2 构成的滤波器，滤除交流电压中的高频干扰后，再经 3VD1 ～ 3VD4 整流、3C3 滤波，在 3C3 两端产生 280V 左右的直流电压。整流滤波电路产生的约 280V 直流电压分三路输入开关电源电路：第一路经开关变压器 3T01 初级①—②绕组加到开关管 3IC2 的漏极 D；第二路经启动电阻 3R1、3R2 降压、限流，对电源控制芯片 3IC1（L6565）⑧脚启动端滤波电容 3C5 充电；第三路经 3R3、3R4、3R15，分压后加到 3IC1 的③脚。当 3C5 两端电压达到 14V 时，为 3IC1⑧脚提供启动工作电压，3IC1 内部各功能电路开始工作，内部振荡器形成振荡，使⑦脚输出开关管激励脉冲。此激励脉冲经 3R9 送到开关管 3IC2 的栅极 G，开关电源电路完成启动过程。开关电源启动后，开关变压器反馈绕组③—④感应的脉冲电压经 3VD6 整流、3R10 限流、3C5 滤波、3DW1 稳压后得到 16V 左右的直流电压。此电压

一路直接加至 3IC1⑧ 脚，取代启动电路为 3IC1 提供工作电压；另一路加至光电耦合器 3IC3（PC817）的 ④ 脚，并与后级电路共同构成输出电压的自动稳压调节电路。

（2）稳压控制电路　稳压控制电路主要由 3IC1、光电耦合器 3IC3、精密可调基准三端稳压器件 3IC4（KA431）以及取样电阻 3R35 和 3R36 等构成。当由某种原因引起输出电压升高时，+5V 电压也会随之升高，取样电阻 3R35、3R36 分压处的电压值也会随之升高，即 KA431 控制端 R 点电压升高，使得流过 KA431 K-A 端的电流增加，光电耦合器 3IC3 内部的发光二极管因电流增大而发光增强，致使 3IC3 内的光敏三极管因光照加强而导通加强，其发射极间的内阻变小，导致 3IC1❶ 脚的电压升高，3IC1 内部电路控制 ❼ 脚输出脉冲的占空比减小，使开关管 3IC2 导通时间缩短，此时开关变压器储能下降，最终使输出电压降到规定值。若开关电源的输出电压降低，其稳压过程与上述相反。

（3）输出电路　开关变压器 3T01 次级 ⑩—⑨ 绕组产生的感应电压经 3VD7、3VD8 整流，3C8、3FB2、3FB4 滤波后得到 5V 直流电压，此电压分为五路：第一路经排插 3CN4 送至伺服板，为 RF 放大电路 MT1366F、伺服与数字信号处理电路提供工作电压；第二路经排插 3CN3 送卡拉 OK 电路板，为延时混响电路提供工作电压；第三路经排插 3CN1 送至解码板；第四路送开关电源稳压控制电路，为光电耦合器 3IC3、精密稳压器件 3IC4 提供工作电压和取样电压；第五路经 3VD13、3VD14 降压，3C13 滤波后得到直流 3.6V 电压，经 3CN1 送至解码板，为解码芯片 ES4318F 提供主工作电压。

由 3T01 次级 ⑧—⑨ 绕组感应的脉冲电压分为两路。一路经 3VD12 整流、3C22 滤波形成约 16V 直流电压，并加到由 3Q1、3Q4 构成的静噪电路产生静音控制（MUTE）信号，此信号经排插 3CN1 送至解码板，用于控制音频输出电路，以实现开 / 关机时静音；另一路经 3VD9 整流、3C16 滤波后得到约 16V 的直流电压，此电压经三端稳压器 3IC5（L7812CV）稳压得到 12V 电压，12V 电压又分为三路：一路经排插 3CN4 送至伺服板（为驱动电路提供工作电压），一路经排插 3CN3 送至卡拉 OK 电路板（为话筒前置放大电路 KIA4558P 提供正工作电压），一路经排插 3CN1 送至解码板（为音频放大集成块提供正工作电压）。

由 3T01 次级 ⑦—⑨ 绕组感应的脉冲电压经 3VD10 整流、3C18 滤波后得到 −25V 电压，此负电压一路经排插 3CN2 送至前面板为显示屏提供阴极电压；另一路经降压，并经 3DW3 稳压、3FB3 和 3C19 滤波得到 −12V 电压后，再分为两路：一路经排插 3CN3 送至卡拉 OK 电路板为话筒信号前置放大电路提供负工作电压，另一路经排插 3CN1 送至解码板为音频放大集成块提供负工作电压。

由 3T01 次级 ⑤—⑥ 绕组感应的交流脉冲电压经 3VD11 整流后得到约 3V 的脉动直流电压，此脉动直流电压再叠加上 −25V 电压后（经 3DW4 送来的负电压），形成 F+、F− 电压，由排插 3CN2 送至前面板，为显示屏提供灯丝电压。

（4）保护电路

❶ 尖峰吸收电路　为防止开关管 3IC2 在截止时，D 极感应脉冲电压的尖峰将 3IC2 D-S 极击穿，设有由 3VD5、3R5、3C4 构成的尖峰吸收电路。

❷ 欠压保护　当 3IC1⑧ 脚的启动电压低于 14V 时，3IC1 不能启动，其 ❼ 脚无驱动脉冲输出，开关电源不能工作。当 3IC1 已启动，但负载过重（过流）时，其反馈绕组输出的工作电压低于 12V 时，3IC1⑧ 脚内部的欠压保护电路动作，3IC1 停止工作，❼ 脚无脉冲电压输出，避免了 3IC2 因激励不足而损坏。

❸ 过流保护　开关管源极（S）的电阻 3R7、3R8 为过电流取样电阻。若因某种原因

（如负载短路）引起3IC2源极电流增大，会使过流取样电阻3R7、3R8上的电压降增大，使3IC1④脚电流检测电压升高，当此引脚电压上升到1V时，⑦脚无脉冲电压输出，3IC2截止，电源停止工作，实现过电流保护。

2. 检修方法

（1）熔丝3F1熔断　若熔丝3F1熔断，且玻璃管内壁变黑或发黄，则说明电源电路存在短路，应检查市电输入电路中3C1、3L1、3C2以及整流滤波电路中3VD1～3VD4、3C3是否短路，或开关管3IC2的D-S极有无击穿。若开关管3IC2击穿，还要检查3R7、3R8和尖峰脉冲吸收电路中的3VD5、3R5、3C4是否开路、损坏。

（2）3F1正常，但各输出电压为0V　若3F1正常，但各组输出电压为0V，说明开关电源没有启动工作，应检查3IC2的D极是否有280V左右的电压。若3IC2的D极无电压，则检查电源开关K、3L1、3VD1～3VD4等器件有无虚焊、开路。若3IC2的D极电压正常，则进一步测量电源控制集成块L6565⑧脚在开机瞬间是否有16V启动电压。若无启动电压，则应检查启动电阻3R1、3R2是否开路，3C3是否击穿或L6565⑧脚对地是否击穿。

（3）输出电压偏高或偏低　若开关电源各输出电压偏高或偏低，则是自动稳压电路有故障，一般是取样电压反馈网络出现故障，应重点检查3IC3、3IC4及其外围元件是否正常，最好同时代换3IC3、3IC4，因两元件同时损坏的概率较大。另外，对输出电压过低故障，还需检查3VD6、3R10是否开路损坏，以及L6565本身是否性能变差。

3. 故障检修

❶ VFD屏不亮，也无开机画面。

观察熔丝3F1已熔断且发黑，判断开关电源有严重短路。测量发现场效应开关管3IC2 D-S极间正反向阻值为0Ω，说明已击穿，电流取样电阻3R7、3R8也烧煳开路。当开关管被击穿时，不能简单代换后就盲目通电，而应对尖峰吸收电路中的3VD5、3C4、3R5及电源控制集成块L6565、光电耦合器PC817、稳压器KA431等进行全面检查。先测量各关键点电阻值基本正常，后又分别焊下3VD5、3C4、3R5、PC817、KA431检查，没有发现明显问题，但为了稳妥，还是将3C4、PC817、KA431全部代换。试机，VFD屏点亮并正常显示字符，接上电视后也有了开机画面，且读盘、播放正常。

❷ 故障现象同❶。

开盖检查，熔丝3F1完好无损，加电后先测电源各组输出电压，+5V输出端电压在0.5～1V间波动，+3.6V输出端电压也在0.5～1V间波动，+12V输出端电压在7～10V间波动，−12V输出端电压在−9～7V间波动。各路输出电压过低且波动大，说明开关电源重复工作在启动、停止状态，故障原因主要有两点：一是电源的负载太重或短路引起开关电源保护，二是自馈电路异常。断电后测各路负载对地阻值均正常，可排除负载过重或短路的可能，应重点对电源的初级侧电路进行检查。通电后测开关管3IC2漏极D电压为283V，正常，但栅极G电压在0～0.2V间波动。进一步测量3IC1⑦脚电压在0～0.2V间波动（正常应为2.6V），⑧脚电压为12V且表针抖动（正常为15.4V），❶、❷、❸、❺脚电压也异常。因3IC1多个引脚的电压不正常，故怀疑此集成块损坏，但在断电后测各引脚对地阻值又没有发现明显的问题，决定还是先检查外围元件。最后查出反馈电路中的3R10阻值变大，为几万欧。用10Ω电阻代换3R10后试机，机器恢复正常工作。

③ 故障现象同❶。

开盖检查，熔丝没有熔断，加电后测电源各路输出电压均为0V。断电后测各路负载对地阻值正常，无短路现象，判断开关电源没有启振工作。在通电状态检测开关管D极电压为正常值285V；而G极电压为0.3V，异常。测量L6365各引脚电压异常，其中❼脚为0.3V，❽脚为1.1V（正常为15.4V）。❻脚是VCC电源端，此引脚电压过低时，内部各功能电路不能工作。检查与此引脚有关联的元件，查启动电阻3R1、3R2和滤波电容3C5、3C6均正常，自反馈电路中的3T01❸—❹绕组、3VD6、3R10也正常，再分别焊开3DW1、3IC3检测，发现3DW1正反向电阻均为0Ω，用15V稳压二极管代换3DW1后试机，工作正常。

五、MC44603P构成的开关电源典型电路分析与检修

如图5-41所示为应用厚膜电路MC44603P构成的开关电源电路，采用此电路的主要机型有飞利浦29PT4423/29PT4428/29PT4528/29PT446A/29PT448A等，下面分析其工作原理及故障检修思路。

（1）主开关稳压电源电路原理　此开关电源主要由振荡电路IC7520及其外围元器件构成。场效应管V7518的开关控制脉冲取决于控制集成电路IC7520内部产生并从❸脚输出的脉冲。而IC7520又是受触发启动才进入正常工作的。IC7520的内部结构功能如图5-42所示。

在正常情况下，IC7520的❿脚产生40kHz的锯齿波电压，此频率取决于其❿脚外接的C2531及⓰脚外接的基准电阻R3537。具体振荡过程如下：交流220V电压经R3510、VD6510限幅，R3530、C2542、VD6504构成的半波整流电路整流，使C2542上形成启动性直流电压，该直流电压经R3529加到IC7520的❶脚。一旦其❶脚直流电压达到14.5V，则IC7520开始振荡工作，并从其❸脚输出开关脉冲，使开关管V7518正常工作。

当V7518受到IC7520的❸脚输出的驱动脉冲而进入导通状态后，开关变压器T5545初级❹—❸绕组产生线性增长的电流，并将300V电源提供的能量储存在T5545中。当IC7520的❸脚输出的驱动脉冲由高电平变为低电平后，V7518截止，储存在T5545中的能量通过次级绕组，经VD6550、VD6560、VD6570等整流，C2551、C2561、C2571滤波后，向负载提供相应平滑的直流电压。该电源输出端主要可分5路输出：a. 正常工作时，+VBATT端的输出电压，对29in（1in＝2.54cm）机而言是140V，在待机状态相应提高10～20V，+VBATT端主要是向行输出级及调谐系统供电；b. +15V-SOUND输出端向伴音功放级供电；c. +13V输出端为伴音处理电路供电；d. +8V输出端向小信号处理电路供电，在待机状态时，+8V端电压下跌为1.9V左右；e. +5V-STDBY输出端向控制电路供电。具体工作过程如下。

❶ 开关电源的触发启动　控制集成电路IC7520的电源是由❶脚引入的。当电器接通电源后，220V市电电源的一路通过触发电阻R3510、R3530、R3529连至IC7520的❶脚，触发IC7520。在触发期间，当IC7520的❸脚输出高电平脉冲后，V7518导通，随之T5545绕组❶—❷两端也感生电压。当VD6540整流后的电压达到约12V时，VD6541导通，同时V7510饱和导通，此后IC7520的❶脚将不再由触发回路供电，改由VD6541这一路供电。

在启动过程中，IC7520内部振荡频率逐步增加至正常频率40kHz，其内部振荡频率受❿脚外接电容C2531及⓰脚R3537控制。IC7520内部的脉冲占空比取决于❿脚外接的电容C2530，电源启动过程中C2530被充电，故脉冲占空比开始是最低值，随后缓慢增大。该电源的启动过程是慢启动，亦称软启动。

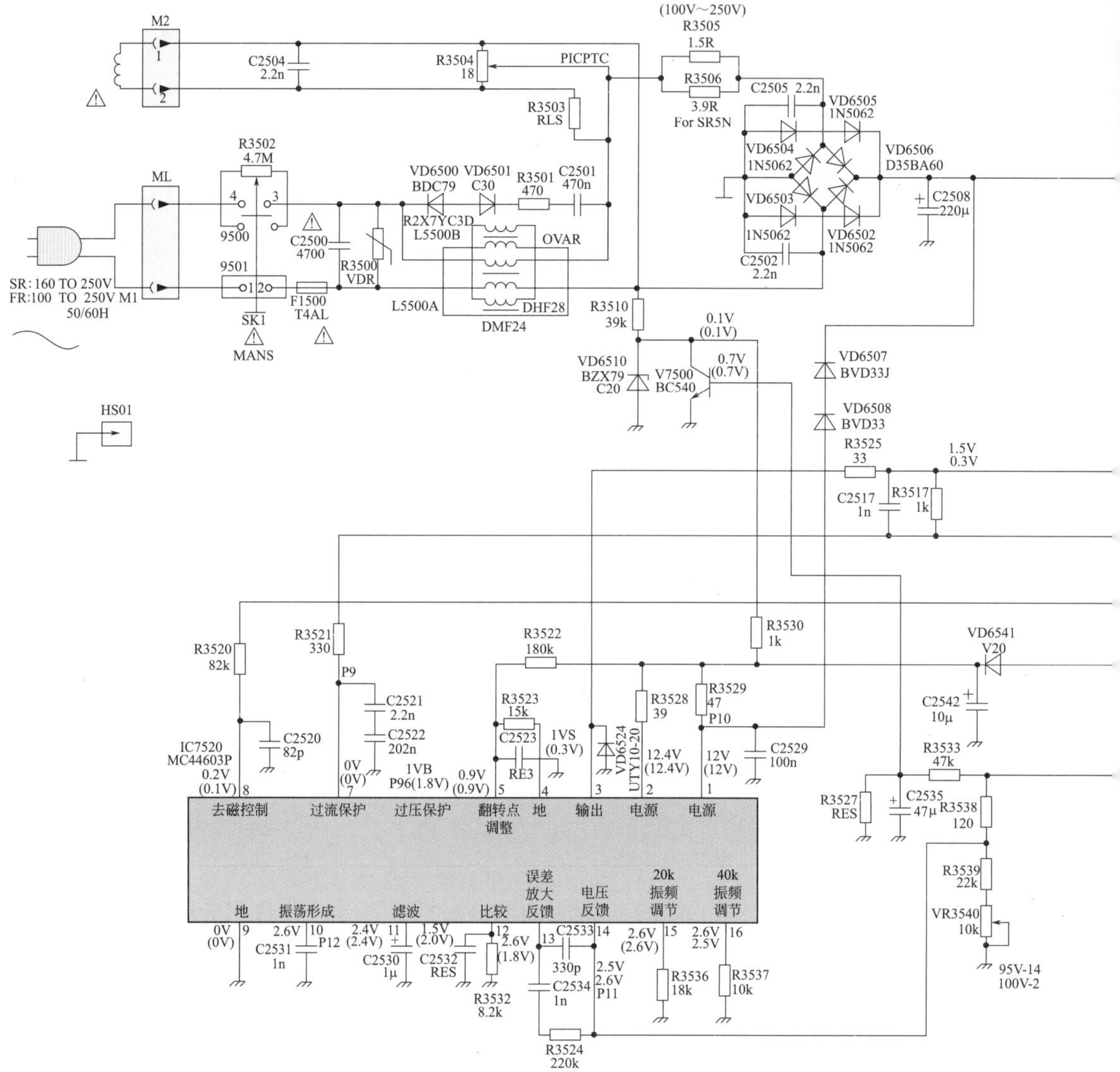

图 5-41　应用厚膜电路

❷ 控制电路原理　在此电源机型中，IC7520 控制 V7518 导通时期的全部工作，它主要通过 3 种模式进行检测控制。

a. 稳压控制过程。开关变压器 T5545 的 ❶—❷ 绕组与次级绕组极性相同，在 V7518 截止时段，VD6537 导通向 C2537 充电，其两端的直流电压也就反映了次级输出电压的高低，通过 R3538、R3539 和可调电阻 VR3540 分压后送到 IC7520 的 ❿ 脚的内部误差电压放大器的输入端，经内部电路的转换使 ❸ 脚输出的脉冲占空比得到控制。❿ 脚电压也随之下降，导致 IC7520 的 ❿ 脚内部误差电压增大，使内部比较器输出的高电平增大，❸ 脚输出的高电平时间也将延长，V7518 的导通时间随之延长，因此输出电压升高，此时内部电路被校正。这使得 ❿ 脚的反馈电压与内部 2.5V 基准电压产生新的平衡，结果形成新的脉冲占空比。反之亦然。

b. 检测初级电流以控制次级输出电压和最大初级电流。IC7520 的 ❼ 脚用于检测流过开关管 V7518 的最大电流。❼ 脚电流检测电压取自 R3518 的两端，此电压的大小与流过

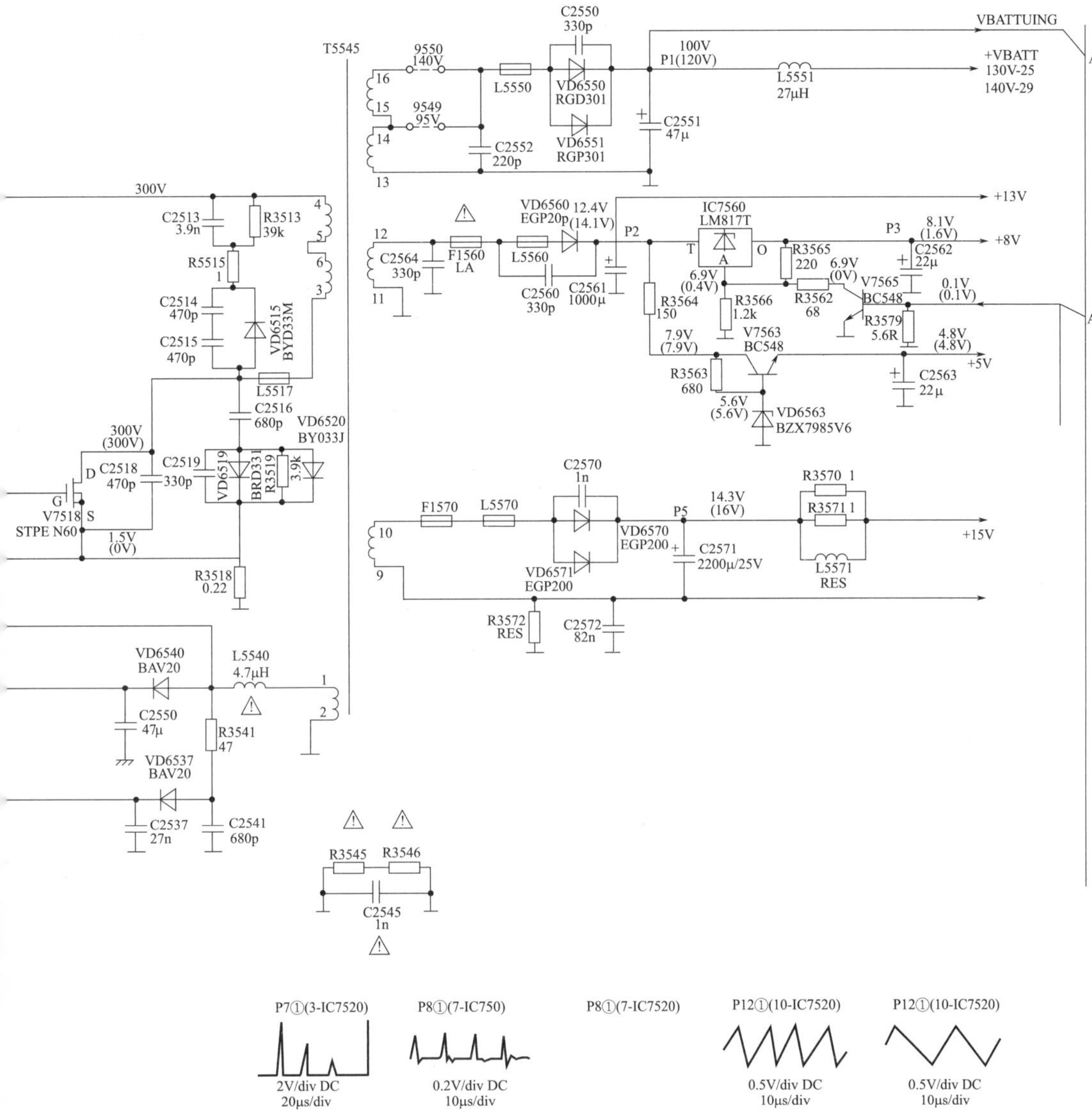

MC44603P 构成的开关电源电路

V7518 的电流成正比。❼ 脚内部为 1V（直流）时，开关电源的初级电流的最大值受到限制。另外在负载超过规定最大功率的情况下，此时的初级电流将超过最大值，这时开关电源进入过载保护状态。

c. 去磁控制避免开关变压器磁饱和。IC7520 的 ❽ 脚内部去磁模块用来对开关变压器去磁，它是在开关脉冲的间歇时期产生振荡电压，由 ❽ 脚送到开关变压器中实现去磁功能。❽ 脚的去磁功能是在能量封存于开关变压器期间，中断 IC7520 的 ❸ 脚输出，将 V7518 的开通时刻延迟至去磁操作完全结束。由此可见 V7518 的导通瞬间，其电流、电压均可受到调控。

（2）开关电源的待机控制电路原理 此机型电源电路的待机控制由微处理器和控制器外接的 V7565、IC7560 等元器件组成。在收看状态，控制器输出低电平，使 V7565 截止，IC7560 有 8V 电压输出；在待机状态，控制器输出高电平，V7565 导通，IC7560 输出电压由 8V 降至 2V，包括行振荡电路在内的所有小信号处理电路均停止工作，整机无光栅、无伴音。具体控制过程如下。

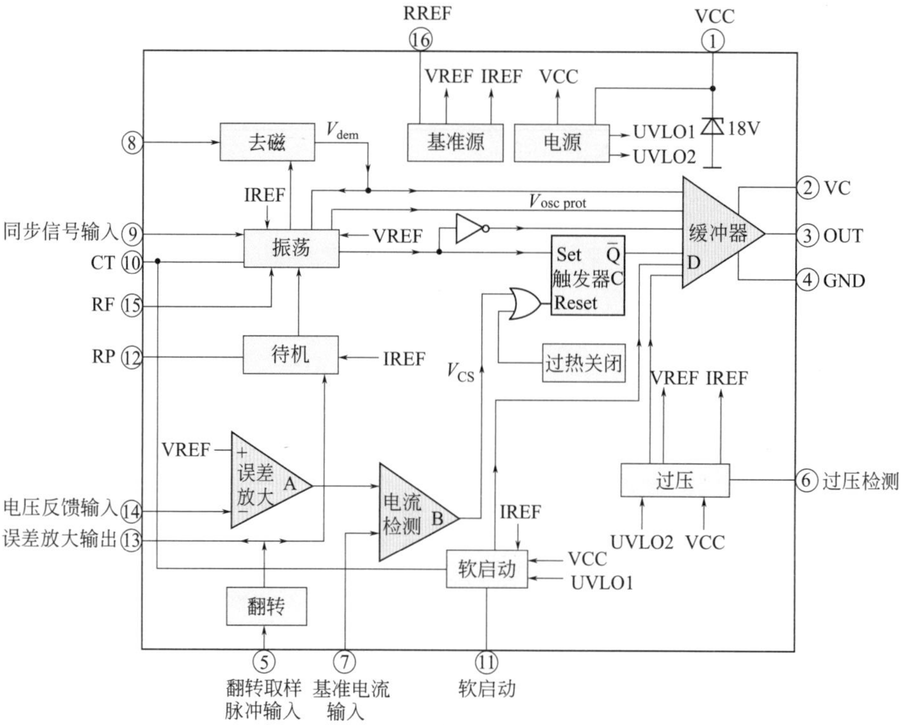

图 5-42 厚膜电路 IC7520 内部组成结构框图

微处理器发出的待机命令 STANDBY 是一个高电平，三极管 V7565 由截止变为导通，此时 +8V 输出端电压下降为 2V 左右，电器的小信号处理电路不再获得供电，行扫描电路停止工作，导致开关电源负载急剧减轻。此时 IC7520 通过次级输出电压的反馈，检测到负载减轻到确定的阈值，使开关电源由正常 40kHz 的工作频率进入 20kHz 的降频工作模式，即待机工作模式。此时 +VBATT 输出端电压对于 29in 彩电由正常 140V 上升为约 150V。+13V 输出也有上升，但经 V7563 等组成的串联稳压电路后，输出 +5V 不变，为微处理器提供正常的工作电压。

（3）自动保护电路原理 此电源系统具有过压、欠压、空载、过载及其他保护功能。具体工作过程如下。

❶ 次级电压的过压保护　开关电源启动后，IC7520 的❶脚电压的供电由 T5545 的❶—❷绕组提供，且❶脚的电压又是次级电压的测量点，该电压通过内电路分压成为❻脚可测电压。一旦❻脚电压高于 2.5V，❻脚内部逻辑电路将切断❸脚输出的高电平，实现过压保护。如果过压故障未排除，通电后开关电源将进入过压保护→慢启动→过压保护→慢启动→……的循环工作过程，此时可听到开关电源部分有连续的“打嗝”声。

❷ 次级电压的欠压保护　当 IC7520 的❶脚的供电电压低到约为 9V，❸脚的脉冲输出将停止，一旦❶脚电压低于 7.5V，IC7520 内电路将全部停止工作。如果欠压状态延续下去。开关电源将进入欠压保护和慢启动的循环过程，此时可听到连续的“打嗝”声。

❸ 次级空载保护　空载情况可由 IC7520 通过初级电流和次级输出电压的反馈来发现。在负载小信号处理电路关闭的情况下，开关电源将进入 20kHz 的降频工作模式，如同待机状态。电器是空载保护还是待机指令，可由遥控器作开机判定。若是待机状态，电器将会重

新启动，若为空载，电器不会再重新启动。

❹ 过载保护　如果负载因故障加重，电源开关管 V7518 中的电流也将增大，此电流由 IC7520 的 ❼ 脚检测。当 ❼ 脚电压超过 1V 时，因其内部钳位电路的作用，使初级电流受到限制，次级输出电压必然下降，因此 IC7520 的 ❶ 脚供电电压也将下降；当 ❶ 脚电压低于 9V 时，❸ 脚输出脉冲停止。以上两种控制原理的结果，在过载的情况下，次级电压将迅速下降，亦称之为翻转原理。翻转点可通过 IC7520 的 ❺ 脚外接元器件调节。若过载故障未排除，通电后将进入翻转和慢启动的循环工作，可听到机器发出连续的“打嗝”声。

❺ 其他保护电路　由于电源开关管 V7518 栅极有杂散电感的存在，在 IC7520 的 ❸ 脚输出脉冲变化的过程中，会产生一个负极性尖峰脉冲进入 ❸ 脚内部电路，容易损坏 IC7520。为此在 ❸ 脚外接一只二极管 VD6524，将产生的负尖峰脉冲短路，起到保护 IC7520 的作用。IC7520 的 ❸ 脚处接的 R3525、R3517、C2517 的作用是限制 V7518 的栅极、源极间控制电压的最高电平，保护 V7518。另外 T5545 初级 ❹—❸ 绕组外接的有关电容、电阻、电感、二极管起阻尼作用，防止 V7518 由导通转为截止的瞬间，T5545 初级绕组感应尖峰脉冲电压击穿 V7518。V7518 漏极、源极外接的电容、电阻和二极管，也起同样的作用。

（4）脉冲整流滤波电路原理　此机型电源共有 5 组电压输出：主输出电压即 +B 电压为 +140V，它是由 T5545 的 ⓰—⓭ 绕组输出的脉冲经 VD6550、D6551、C2551 整流滤波后获得，主要给行输出级及调谐系统供电；T5545 的 ⓬—⓫ 绕组输出的脉冲经 VD6560、C2561 整流后得到约 +13V 的直流电压，给伴音处理电路供电；+13V 再经 IC7560 稳压成 8V，给行振荡等小信号处理电路供电；+13V 又经后级稳压电路稳压成 +8V 给微处理器控制电路供电；T5545 的 ❿—❾ 绕组输出的脉冲经 VD6570、VD6571、C2571 整流滤波后，得到 +15V 直流电压给伴音电路供电。

（5）故障检修

❶ 接通电源后，整机呈“三无”状态。

根据现象分析，这是典型的电源故障。打开机壳，直观检查，发现保险管 F1500（T4AL）熔断，T5545 次级的各路输出均为 0V。采用电阻法，检测其关键点的对地电阻，发现 P6 端的对地正反向电阻均为 0Ω，顺路检查，发现 VD6506 击穿。更换后，故障排除。

❷ 开机后，面板上的电源指示灯发亮，但既无光栅，也无伴音。

打开机壳，检测 +B 电压为 0V（正常时应为 140V 左右），P2 端电压为 11.4V（正常为 13V），P4 端电压为 4.6V（正常值为 5V）。由于 +B 电压明显异常，因此从 +B 电压形成电路查起。遂断开电感 L5551，再检测 P1 端仍为 0V，说明 +B 电压的负载无问题，故障在开关电源本身。经反复检查，发现故障是 L5550 开路所致。用一只 1.5A 保险管临时代换 L5550 后，并焊好 L5551，试通电，+B 恢复正常，故障排除。

六、TA1319AP 构成的开关电源典型电路分析与检修

如图 5-43 所示为使用厚膜电路 TA1319AP 构成电源电路。

1. 电路原理分析

此电源电路开关电源分别输出 3.3V、5V、6V、8V、±9V、12V、−31V 电压，其中 5V 电压分成两组。向数字电路供电的 VDD 5V，内设二次串联稳压电路，使输出电压更稳定。

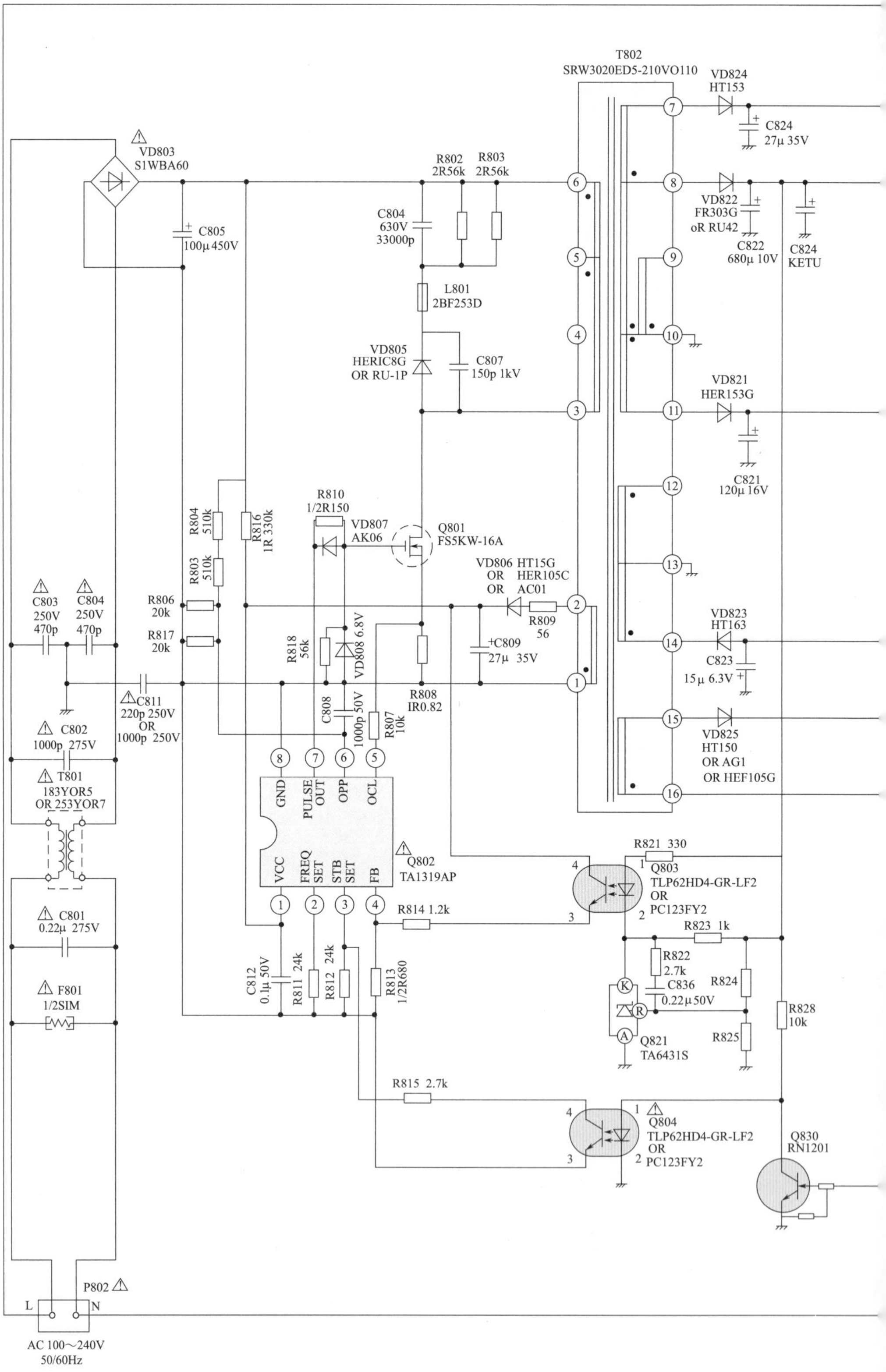

图5-43 TA1319AP

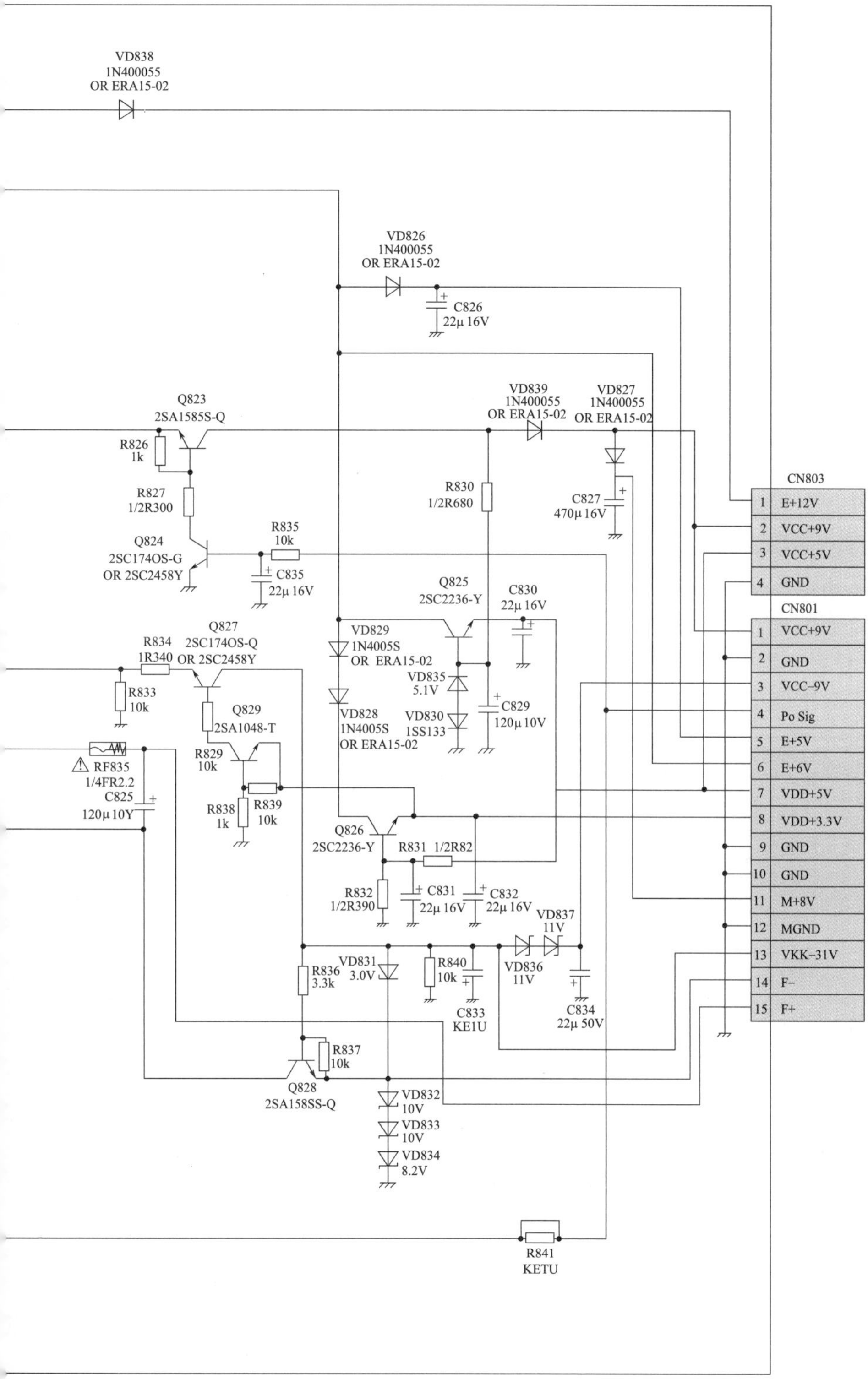
VD838
1N400055
OR ERA15-02
VD826
1N400055
OR ERA15-02
C826
22μ 16V
Q823
2SA1585S-Q
VD839
1N400055
OR ERA15-02
VD827
1N400055
OR ERA15-02
R826
1k
R827
1/2R300
R830
1/2R680
C827
470μ 16V
CN803
1 E+12V
2 VCC+9V
3 VCC+5V
4 GND
Q824
2SC174OS-G
OR 2SC2458Y
R835
10k
C835
22μ 16V
Q825
2SC2236-Y
C830
22μ 16V
CN801
1 VCC+9V
2 GND
3 VCC–9V
4 Po Sig
5 E+5V
6 E+6V
7 VDD+5V
8 VDD+3.3V
9 GND
10 GND
11 M+8V
12 MGND
13 VKK–31V
14 F–
15 F+
Q827
2SC174OS-Q
OR 2SC2458Y
R834
1R340
R833
10k
VD829
1N4005S
OR ERA15-02
VD835
5.1V
VD828
1N4005S
OR ERA15-02
VD830
1SS133
C829
120μ 10V
Q829
2SA1048-T
R829
10k
RF835
1/4FR2.2
C825
120μ 10Y
R838
1k
R839
10k
Q826
2SC2236-Y
R831 1/2R82
R832
1/2R390
C831
22μ 16V
C832
22μ 16V
VD837
11V
VD836
11V
VD831
3.0V
R836
3.3k
R840
10k
C833
KE1U
C834
22μ 50V
R837
10k
Q828
2SA158SS-Q
VD832
10V
VD833
10V
VD834
8.2V
R841
KETU

构成的开关电源电路

同时开关电源还向显示屏提供6.8V的灯丝电压。因此电源由主机CPU发出高电平开机指令控制，则电源进线不设立电源开关，此种关机方式不仅控制开关电源次级9V、VDD 5V，而且还控制开关电源初级驱动控制系统改变其工作状态，使关机状态下CPU处于待命状态，开关电源功耗自动减小。此电源电路主要由他激式驱动控制集成电路Q802（TA1319AP）、开关管Q801、脉冲变压器T802、三端取样集成电路Q821、光电耦合器Q803及Q804构成，具体电路如图5-43所示。

（1）开关工作原理　此开关电源使用集成电路TA1319AP，它使用他激式驱动控制结构，其内部有独立的振荡器、PWM比较器、触发器、调宽驱动控制器等。脉宽控制器由内部分压电阻引入基准电压，取样系统设计使用分流电阻控制方式，即光电耦合器隔离的取样控制电路。受触发器控制的输出缓冲级使用两管构成对称的输出级，其中一只输出管输出正极性驱动脉冲，另一管在脉冲截止期导通，因此可直接驱动MOSFET（开关管）。若用于驱动双极型开关管，则要外设截止加速电路。Q802内部还设有小电流启动电路，启动电流小于1mA，可以使用2W电阻取自市电整流器。TA1319AP内部通过触发器和电压比较器还可以实现输入欠压、过压保护及开关管过流保护。输入欠压通过内设可控稳压电路对启动电压进行检测，当启动电流为1mA，启动电压小于12V时，内部驱动脉冲将被关闭。过压、过流保护由外电路对输入市电整流电压进行100∶1的分压，送入过压保护引脚。过流保护则是开关管源极电阻取样通过PWM系统限制开关管的。

（2）TA1319AP各引脚主要功能　如表5-11所示。

表5-11　TA1319AP各引脚主要功能

引脚	引脚功能
❶	电压输入端，为12～18V
❷	FREQSET为内部振荡器频率设定端，外接电阻可设定振荡频率
❸	STBSET为内部驱动脉冲控制端，使用外接分流电阻控制，当此引脚外接分流电阻小于3kΩ时，❸脚电压低于1V，使内部驱动电路处于窄脉冲振荡状态，电源输出功率大幅度降低，仅向CPU提供3.3V电压
❹	FB为反馈控制端，内部基准电压受外接分压电阻控制，实现对驱动脉冲的控制，分压后❹脚电压降低、脉宽增大
❺	OCL为开关管过流限制端。对开关电流取样，此引脚电压升高、脉宽减小，极端状态下可停止脉冲输出
❻	OPP为过压保护输入端，正常取样电压为3V，若超过4.5V则关断输出脉冲，一般从市电整流输出端分压取样，对市电升高进行检测
❼	PULSE OUT为驱动脉冲输出端，内置驱动输出缓冲器和灌流通路
❽	公共接地端

（3）启动及振荡电路的工作原理　交流市电经整流滤波后的电压可分成两路：一路经T802初级❻—❸绕组加到开关管Q801漏极；另一路经限流电阻R816（1W/330kΩ）向Q802的❶脚提供1mA左右启动电流，同时向稳压控制光电耦合器Q803的❹脚提供正电压。C812为旁路电容，电源接通后Q802启动，随❶脚电压升高到12V时，内部驱动振荡器送出正极性脉冲使开关管Q801导通，在T802上存储磁能。此驱动脉冲正程后Q801截止，T802释放磁能，在其❶——❷绕组产生感应脉冲，由VD806整流、C809滤波得到15.9～16.1V直流电压，形成Q802❶脚的工作电压，Q802进入稳定工作状态。此时

因 R816 降压后启动电压低于工作电压，R816 中无启动电流。Q802 的 ❷ 脚外接定时电阻 R811 设定振荡频率，❸ 脚外接待机控制电路。此机型接入市电后可分为 3 种状态。接入市电后没有操作任何按键时，称为 OFF 状态，但开关电源初级已工作于窄脉冲振荡状态，可以认为相当于电器待机（待操作）状态，而且次级 E12V、E5V、E6V 在接近空载的条件下建立了额定输出电压，使光电耦合器 Q803、Q804 发光二极管接通控制电压。

当操作开机键时，进入 ON 开机状态，Q803 导通，光电耦合器 Q804 初级被短路，次级呈高阻值，使 Q802 的 ❸ 脚电压升高，Q802 控制系统进入脉宽调制稳压状态，各次级绕组在负载下输出额定电压。Q830 导通的同时，CN801 的 ❹ 脚的开机高电平还使 Q824、Q823 相继导通，向机内提供 VCC 9V 工作电压和 +8V 电压。+9V 电压经电阻 R830 使稳压管 VD835 反向击穿，VD830 导通，在 Q825 基极产生稳定的 5.7V 电压，其发射极输出 VDD 5V 电压向机内数字电路供电。VDD 5V 还经电阻 R831、R832 分压在 Q826 基极建立 4.1V 电压，Q826 导通。E6V（VD822 整流电压）经 VD829、VD828 正向压降降低为 4.8V 送至 Q826 集电极，由其发射极输出 VDD 3.3V，向机内数字电路供电。稳压后的 3.3V 又向 Q829 发射极提供正电压，Q829、Q827 相继导通，使 VD823 整流输出的 −40V 电压由 Q827 集电极输出，经稳压管 VD831 ～ VD834 稳压为 −31V，向荧光显示屏供电，−31V 电压经 VD836、VD837 电平移位还输出 VCC −9V 电压，以构成 ±9V 的对称供电电压。与此同时 −31V 电压还使 Q828 导通，以接通荧光数码管的灯丝供电。

（4）稳压电路的工作原理　稳压控制电路对 VD822 整流的 E6V 取样，分压电阻 R824、R825 的取样电压为 2.5V，送入 Q821（TA6431S）的控制极。当 E6V 电压升高时，Q821 的 A-K 极电流增大，Q803 内发光管亮度增强，次级内阻减小，Q802 的 ❹ 脚电位升高，驱动脉冲占空比减少，使输出电压降低。

2. 故障检修

❶ VFD 显示屏不亮，所有键功能均失效。

根据故障现象分析，这种故障一般是因开关电源一次回路没有工作引起的。此时，可先检查 F801（1.6A）熔丝是否熔断。如熔断，且观察到熔丝内有发黑的烧痕，则说明电源进线电路有短路元件存在，应检查 C801、C802、C803、C804 是否击穿短路，T801 电感线圈是否有短路现象，VD803 整流桥中 4 个二极管中是否有击穿现象，C805 电容是否严重漏电或击穿短路。

如检查 F801 熔丝完好，应进一步确定故障原因，可检测以下两个关键点的电压。

关键点一：Q802 的 ❶ 脚上的 16V 左右直流电压。此电压的高低反映了整流滤波电路的工作状态。如测得电压为 0V，应检查 T802 变压器 ❻—❸ 绕组是否虚、脱焊，线圈是否开路；如电压偏低较多，应检查 C805 电容是否开路或失效。

关键点二：Q802 的 ❹ 脚上的 2.4V 电压。此电压的高低反映了控制电路的工作状态。若此电压不正常，应检查 R813、R814、R815 以及 Q803、Q804 内的光电三极管是否损坏。

❷ VFD 显示屏可以亮，但不能播放。

因 VFD 显示屏所需的供电取自开关电源，VFD 可点亮，说明开关电源已进入正常工作状态，问题多出在与播放有关的电路及其供电电路上，主要应检查接插件 CN803 的 ❶ 脚至 ❸ 脚上的 +12V、+9V、+5V 供电是否正常。

❸ 开机，电源指示灯及显示屏均不亮，整机不工作。

根据故障现象分析，估计电源电路有故障。引起电源电路故障的原因有：一是构成开关电源电路的元器件损坏；二是开关电源输出部分有短路。

打开机壳，检查电源电路，熔丝 F801 完好，测主滤波电容 C805，有直流电压，证实开关电源整流滤波电路无故障。进一步检查，发现开关管 Q801 损坏，代换后，恢复电路，通电试机，开关电源仍不能启振。对此部分电路进行细查，没有异常，怀疑开关电源输出部分有短路，导致开关电源停振。对开关变压器 T802 次级电路及其负载进行检查，发现 VD821 正、反向电阻均为 2.4Ω，怀疑它已击穿短路。将它从电路上焊下，测量其已短路损坏。代换后，通电试机，电源指示灯及显示屏均能点亮，工作正常。

七、TL494 构成的开关电源典型电路分析与检修

1. 工作原理

（1）主变换电路原理　TL494 ATX 电源在电路结构上属于他激式脉宽调制型开关电源（图 5-44），220V 市电经 BD1 ～ BD4 整流和 C5、C6 滤波后产生 +300V 直流电压，同时

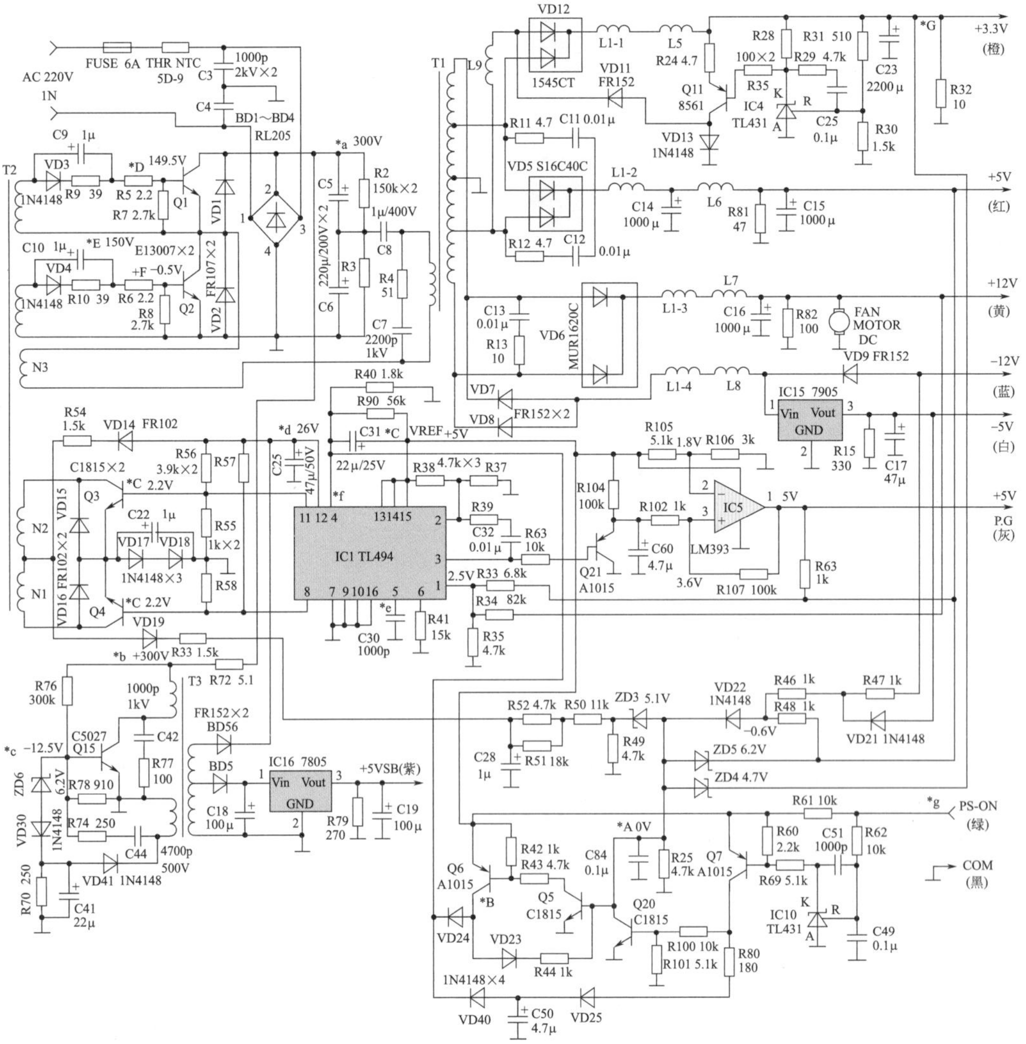

图 5-44　TL494（银河 2503B）ATX 电源电路

C5、C6 还与 Q1、Q2、C8 及 T1 原边绕组等构成所谓"半桥式"主变换电路。当给 Q1、Q2 基极分别馈送相位相差 180° 的脉宽调制驱动脉冲时，Q1 和 Q2 将轮流导通，T1 副边各绕组将感应出脉冲电压，分别经整流滤波后，向微机提供 +3.3V、+5V、+12V、−5V 直流稳压电源。THR 为热敏电阻，冷阻大，热阻小，用于在电路刚启动时限制过大的冲击电流；VD1、VD2 是 Q1、Q2 的反向击穿保护二极管，C9、C10 为加速电容，VD3、VD4、R9、R10 为 C9、C10 提供能量泄放回路，为 Q1、Q2 下一个周期饱和导通做好准备。主变换电路输出的各组电源，在主机没有开启前均无输出。

（2）辅助电源　整流滤波后产生的 +300V 直流电压还通过 R72 向由 Q15、T3 及有关元件构成的自激式直流辅助电源供电，R76 和 R78 用来向 Q15 提供启振所需（+）初始偏流，R74 和 C44 为正反馈通路。此辅助电源输出两路直流电源：一路经 IC16 稳压后送 +5VSB 电源，作为微机主板电源监控部件的供电电源；另一路经 BD56、C25 整流滤波后向 IC1 及 Q3、Q4 等构成的脉宽调制及推动组件供电。正常情况下，只要接通 220V 市电，此辅助电源就能启动工作，产生上述两路直流电压。

（3）脉宽调制及推动电路　脉宽调制由 IC1 芯片选用开关电源专用的脉宽调制集成电路 TL494，当 IC1 的 VCC 端 ⑫ 脚得电后，内部基准电源即从其输出端 ⑭ 脚向外提供 +5V 参考基准电压。首先，此参考电压分两路为 IC1 组件的各控制端建立起它们各自的参考基准电平：一路经由 R38、R37 构成的分压器，为内部采样放大器的反相输入端 ② 脚建立 +2.5V 的基准电平，另一路经由电阻 R90、R40 构成的分压器，为"死区"电平控制输入端 ④ 脚建立约 +0.15V 的低电平；其次，VERF 还向 PS-ON 软开 / 关机电路及自动保护电路供电。在 IC1⑫ 脚得电，④ 脚为低电平的情况下，其 ⑧ 脚和 ⑪ 脚分别输出频率为 50kHz（由定时元件 C30、R41 确定）、相位相差 180° 的脉宽调制信号，经 Q3、Q4 放大，T2 耦合，驱动 Q1 和 Q2 轮流导通工作，电源输出端可得到微机所需的各组直流稳压电源。若使 ④ 脚为高电平，则进入 IC1 的"死区"，IC1 停止输出脉冲信号，Q1、Q2 截止，各组输出端无电压输出。微机正是利用此"死区控制"特性来实现软开 / 关机和电源自动保护的。VD17、VD18 及 C22 用于抬高推动管 Q3、Q4 发射极电平，使得当基极有脉冲低电平时 Q3、Q4 能可靠截止。

（4）自动稳压电路　因 IC1② 脚（内部采样放大器反相端）已固定接入 +2.5V 参考电压，同相端 ❶ 脚所需的取样电压来自对电源输出 +5V 和 +12V 的分压。与 ② 脚比较，+5V 或 +12V 电压升高，使得 ❶ 脚电压升高，根据 TL494 工作原理，⑧、⑪ 脚输出脉宽变窄，Q1、Q2 导通时间缩短，将导致直流输出电压降低，达到稳定输出电压的目的。当输出端电压降低时，电路稳压过程与上述相反。因 +3.3V 直流电源的交流输入与 +5V 直流电源共用同一绕组，这里使用两个措施来获得稳定的 +3.3V 直流输出电压。

❶ 在整流二极管 VD12 前串入电感 L9，可有效降低输入的高频脉冲电压幅值。

❷ 在 +3.3V 输出端接入并联型稳压器，可使其输出稳定在 +3.3V。此并联型稳压器由 IC4（TL431）和 Q11 等构成。TL431 是一种可编程精密稳压集成电路，内含参考基准电压部件，参考电压值为 2.5V，接成稳压电源时，其稳压值可由 R31 和 R30 的比值预先设定，这里实际输出电压为 35V（空载），Q11 的加入是为了扩大稳定电流，VD11 的加入是为了提高 Q11 的集电极、发射极间工作电压，扩大动态工作范围。

（5）自检启动（P.G）信号产生电路　一般微机对 P.G 信号的要求是：在各组直流稳压电源输出稳定后，再延迟 100 ～ 500ms 产生 +5V 高电平，作为微机控制器的自检启动控制信号，该机 P.G 信号产生电路由 Q21、IC5 及其外围元件构成。当 IC1 得电工作后，❸脚输出高电平，使 Q21 截止，在 VREF 经过 R104 对 C60 充电延时后，发射极电压可稳定在 3.6V，此电压加到比较器 IC5 同相端，高于反相端参考电压（由 VREF 在 R105 和 R106 上的分压决定，为 1.85V），因此比较器输出高电平 +5V，通知微机自检启动成功，电源已准备好。

（6）软开 / 关机（PS-ON）电路　微机通过改变 PS-ON 端的输入电平来启动和关闭整个电源。当 PS-ON 端悬空或微机向其送高电平（待机状态）时，电源关闭、无输出；送低电平时，电源启动，各输出端正常输出直流稳压电源，PS-ON 电路由 IC10、Q7、Q20 等元件构成。当 PS-ON 端开路或软关机接通（微机向 PS-ON 端送入 +5V 高电平）时，接成比较器使用的 IC10（TL431），因内部基准稳压源的作用，输入端 R 电压为 2.5V，输出端 K 端电压为低电平，Q7 饱和，集电极为高电平，通过 R80、VD25、VD40 将 IC1❹脚上拉到高电平，IC1 无脉冲输出。与此同时，因 Q7 饱和，Q20 通电饱和，使得 Q5 基极（保护电路控制输入端）对地短路，禁止保护信号输入，保护电路不工作。当将 PS-ON 端对地短路或软开机（微机向 PS-ON 端送低电平）时，IC10 的 R 极电压低于 2.5V，K 端输出高电平，Q7 截止，VD25、VD40 不起作用，IC1❹脚电压由 R90 和 R40 的分压决定，为 0.15V，IC1 开始输出调宽脉冲，电源启动。此时 Q20 处于截止状态，将 Q5 基极释放，允许任何保护信号进入保护控制电路。

（7）自动保护电路　此电源设有较完善的 T1 一次绕组过流、短路保护电路，二次绕组 +3.3V、+5V 输出过压保护电路，−5V、−12V 输出欠压保护电路，所有保护信号都从 Q5 基极接入，电源正常。工作时，此点电位为 0V，保护控制管 Q5、Q6 均截止。若有任何原因使此点电位上升，因 VD23、R44 的正反馈作用，将使 Q5、Q6 很快饱和导通，通过 VD24 将 IC1❹脚上拉到高电平，使 IC1 无脉冲输出，电源停止工作，从而保护各器件免遭损坏。

2. 检修方法

在没有开盖前可进行如下检查：首先，接通 220V 市电，检查 +5V 电压，若有 +5V，可确认 +300V 整流滤波电路及辅助电源工作正常；其次，将 PS-ON（绿）端对 COM（黑）端短路，检查各直流稳压输出端电压，只要有一组电压正常或风扇正常运转，可确认电源主体部分工作正常，故障仅在无输出的整流滤波电路。此时若测得 P.G（灰）端为 +5V，也可确认 P.G 电路正常。上述检查若有不正常的地方，需作进一步检查。下面按照电源各部分工作顺序，给出一些主要测试点电压值。检查时可对照原理图按表 5-12、表 5-13 顺序测试，若发现某一处不正常，可暂停往下检查，对不正常之处稍加分析，即可判断问题所在，待问题解决后方可继续往下检查。检查位置中的 a、b、c……各点，均在电路中标明，请对照查找。

表 5-12　PS-ON 开路时的检查顺序

项目	检查位置						
	*a	*b	*c	*d	*e	*f	*g
电压值 /V	300	300	−12.5	15 ~ 26	5	> 3	> 3
主要可疑元件	BD1 ~ BD4	R72	T3、Q15、R74、C44	R76、BD56	IC1	VD25、VD40、Q7、IC10	R61、R62

表 5-13　PS-ON 对地短路后的检查顺序

项目	检查位置						
	*a	*b	*c	*d	*e	*f	*g
电压值 /V	< 0.2	0.15	2.2	149.5	150	−0.5	3.3
主要可疑元件	Q5 及保护取样	Q6	IC1、C30、R41	Q1、Q2、R2、R3	Q1、Q2、R2、R3	Q1、Q2、R2、R3	IC4、Q11、R30、R31

3. ATX 电源辅助电路

ATX 开关电源中，辅助电源电路是维系微机、ATX 电源正常工作的关键。其一，辅助电源向微机主板电源监控电路输出 +5VSB 待机电压；其二，向 ATX 电源内部脉宽调制芯片和推动变压器一次绕组提供 +22V 左右直流工作电压。只要 ATX 开关电源接入市电，无论是否启动微机，其他电路可以有待机休闲和受控启动两种控制方式的轮换，而辅助电源电路即处在高频、高压的自激振荡或受控振荡的工作状态，部分电路自身缺乏完善的稳压调控和过流保护，使其成为 ATX 电源中故障率最高的部分。

（1）银河银星 -280B ATX 电源辅助电路（图 5-45）　整流后的 300V 直流电压，经限流电阻 R72、启动电阻 R76、T3 推动变压器一次绕组 L1 分别加至 Q15 振荡管基极、集电极，Q15 导通。反馈绕组产生感应电动势，经正反馈回路 C44、R74 加至 Q15 基极，加速 Q15 导通。T3 二次绕组感应电动势上负下正，整流管 BD5、BD6 截止。随着 C44 充电电压的上升，注入 Q15 的基极电流越来越少，Q15 退出饱和而进入放大状态，L1 绕组的振荡电流减小，因电感线圈中的电流不能跃变，L1 绕组感应电动势反相，L2 绕组的反相感应电动势经 R70、C41、VD41 回路对 C41 充电，C41 正极接地，负极负电位，使 ZD3、VD30 导通，Q15 基极被很快拉至负电位，Q15 截止。T3 二次绕组 L3、L4 感应电动势上正下负，BD5、BD6 整流二极管输出直流电源，其中 +5VSB 是主机唤醒 ATX 电源量控启动的工作电压，若此电压异常，当使用键盘、鼠标、网络远程方式开机或按机箱板启动按钮时，ATX 电源受控启动输出多路直流稳压电源。截止时，C44 电压经 R74、L2 绕组放电，随着 C44 放电电压的下降，Q15 基极电位回升，一旦大于 0.7V，Q15 再次导通。导通时，C41 经 R70 放电，若 C41 放电回路时间常数远大于 Q15 的振荡周期时，最终在 Q15 基极形成正向导通 0.7V，反向截止负偏压的电路，减小 Q15 关断损耗，VD30、ZD3 构成基极负偏压截止电路。R77、C42 为阻容吸收回路，抑制吸收 Q15 截止时集电极产生的尖峰谐振脉冲。此辅助电源无任何受控调整稳压保护电路，常见故障是 R72、R76 阻值变大或开路，Q15、ZD3、VD30、VD41 击穿短路，并伴随交流输入整流滤波电路中的整流管击穿，交流熔丝炸裂现象。隐蔽

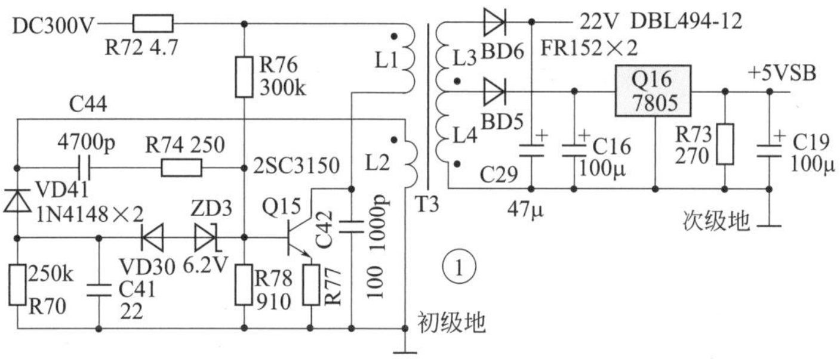

图 5-45　银河银星 -280B ATX 电源辅助电路

故障是C41因靠近Q1散热片，受热烘烤而容量下降，导致二次绕组BD6整流输出电压在ATX电源接入市电瞬间急剧上升，高达80V，通电瞬间常烧坏DBL494-12脉宽调制芯片。这种故障相当隐蔽，业余检修一般不易察觉，导致相当一部分送修的银河ATX开关电源没有找到故障根源，从而又烧坏新换的元件。

（2）森达Power98 ATX电源辅助电路（图5-46） 自激振荡工作原理与银河ATX开关电源相同。在T3推动变压器一次绕组振荡电路中增加了过流调整管Q2。Q1自激振荡受Q2调控，当T3一次绕组整流输入电压升高或二次绕组负载过重，流经L1绕组和Q1发射极的振荡电流增加时，R06过流检测电阻压降上升，由R03、R04传递给Q2基极，Q2基极电位大于0.7V，Q2导通，将Q1基极电位拉低，Q1饱和导通时间缩短，一次绕组由电能转化为磁能的能量储存减少，二次绕组整流输出电压下降。而Q1振荡开关管自激振荡正常时，Q2调整管截止。此电路一定程度上改善了辅助电源工作的可靠性，但当市电上升，整流输入电压升高，或T3二次绕组负载过重，Q2调整作用滞后时，仍会烧R01、R02、Q1、R06元件，有时会损坏ZD1、VD01等元件。

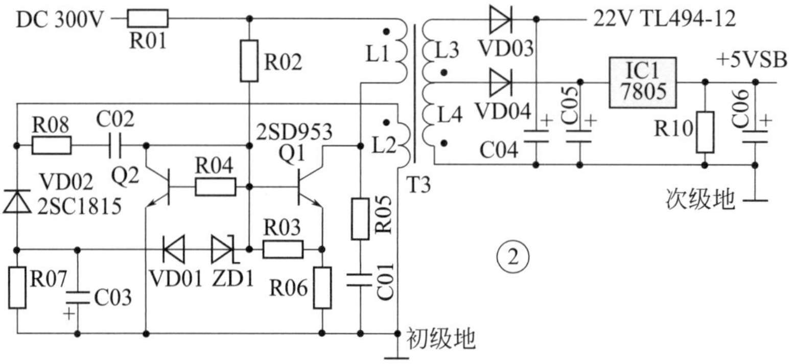

图5-46 森达Power98 ATX电源辅助电路

（3）技展200XA ATX电源辅助电路（图5-47） 其一次绕组边同上述两种电路；一次绕组边增加了过压保护回路。工作原理如下：若T3二次绕组输出电压上升，由R51、R58分压，精密稳压调节器Q12参考端U_r电位上升，控制端U_k电位下降，IC1发光二极管导通，光敏三极管发射极输出电流流入调整管Q17基极，Q17导通使振荡开关管Q16截止，从而起到过压保护作用，VD27、R9、C13构成Q16尖峰谐振脉冲吸收回路，C29、L10、C32构成滤波回路，消除+5VSB的纹波电压。

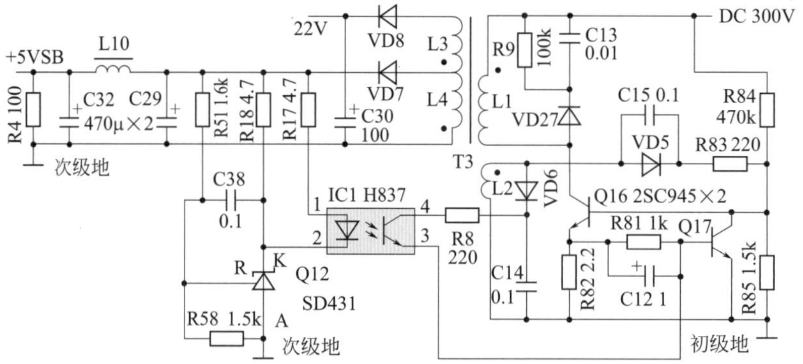

图5-47 技展200XA ATX电源辅助电路

（4）ATX 电源检修实例（以长城 GREAT WAMJ 飓风 599 品牌电脑电源电路为例） 如图 5-48 所示为长城 GREAT WAMJ 飓风 599 品牌电脑电源电路，故障现象为开机后电源指示灯不亮，电源散热风扇也不转，估计机箱内 ATX 电源损坏。长城 ATX 电源盒体积小巧，飓风 599 电脑使用的 ATX 电源盒的型号为 ATX-150SE-PSD，最大输出功率为 150W，其内部是由大小两块电路板构成，大块的为主电源板（ATX-PS3A），小块的为辅助电源板（PS3-1）。为了便于检修和防止损坏电脑主板，把 ATX 电源盒从机箱上拆卸下来，单独对其检修。

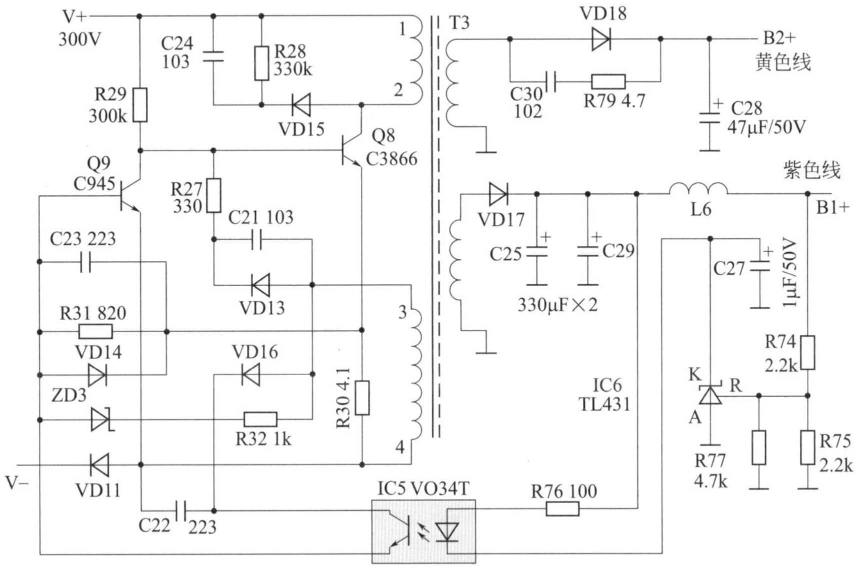

图 5-48　长城 GREAT WAMJ 飓风 599 品牌电脑电源电路

ATX 电源的主电源板工作与否受 PS-ON 信号的控制：当 PS-ON 信号为低电平时，主电源板工作输出各种电压；当它为高电平时，各功率管均处于截止状态无电压输出。故当单独对 ATX 电源检修时，应使 PS-ON 信号处于低电平，即用一个 100Ω 电阻人工短路绿色线（G-ON）与黑色线（GND），+5V 输出端（红色线）与地之间接一个 10Ω/10W 电阻作假负载。打开电源盒，发现主电源板上的熔丝发黑开路，其原因不外乎是桥式整流器损坏和主滤波电容击穿，再就是主变换电路中功率开关管击穿损坏。测量整流桥堆 BD（KBP206）AC 输入端短路，测量其他主功率开关三极管、输出二极管等易损件均正常，换上熔丝 F1 和整流桥堆 BD 后通电，仍无电源输出，但不再烧熔丝。在 C3（330μF/220V）的负极（V−）和 C4 的正极（V+）两点测有 300V 直流电压，散热风扇还是不转，说明 ATX 电源的确损坏。

测待命电源（紫色线 +5VSB）电压为零，说明辅助电源不正常，而辅助电源是主电源能否正常工作的前提条件，它提供待命电源 STAND BY+5V，同时还为脉宽调制型开关电源集成电路 TL494 等提供工作电源，只要没有切断交流输入，即使电脑处于休眠状态，辅助电源仍然一直工作。辅助电源输出 5V 电压为零，就会导致 ATX 电源不工作。

此电源是一种自激式开关电源，主要由开关管 Q8 和控制管 Q9 及开关变压器 T3、光电耦合器 IC5、精密电压基准集成电路 IC6 等构成。

300V 左右的直流电压经 T3 初级的❶—❷绕组加到 Q8 的集电极，同时又经启动电阻 R29 进入 Q8 的基极，这时 Q8 导通，电流通过 T3 初级❶—❷绕组时，反馈绕组❸—❹感应电动势经VD13、C21、R27反馈到Q8的基极，使Q8进一步导通，Q8很快进入饱和状态。当Q8饱和导通后，其集电极电流不再增加，❸—❹绕组产生相反的感应电动势并电反馈到Q8的基极，Q8退出饱和状态重新回到放大状态，可使集电极电流很快下降，最终使Q8退出放大状态进入截止状态。如此周而复始，电源进入了自由振荡状态，同时在T3的次级的两绕组感应到的电动势，经VD17和VD18整流后输出两组电源B1+（+5VSB）和B2+（+12V）。其稳压工作过程如下。

当B1+电压因某种原因升高时，经电阻R74和R75分压后，使IC6的R端电压升高，其K端的电压下降，IC5内部的光电二极管发光增强，脉宽调制管Q9的基极电位升高、集电极电位下降，Q8基极电位下降，从而使Q8的导通时间缩短。T2次级各绕组下降到标准值。反之若因某种原因使B1+电压下降，上述变化过程恰好相反，从而使B1+电压输出稳定。经检测，此故障电源的VD11、Q8击穿且R30开路，代换后，辅助电源两组电源已有电压输出，同时主电源板也有电压输出。

八、TL431构成的开关电源电路原理与检修

1. 电路原理

充电器电路如图5-49所示。该充电器由开关场效应管VT1、开关变压器T1、IC1、IC2（LM358）、IC3（78L05）和三端误差放大器IC4等组成，它属于自激振荡式开关电源电路。

该充电器主要由整流滤波电路、自激振荡开关电路、稳压电路、充电控制电路和+5V供电电路等组成。

（1）整流滤波电路　市电220V电压经FU1、RT送到C1、L1组成的线路滤波电路滤除电网中的高频杂波后，由VD1～VD4桥式整流、C2滤波得到+300V左右的电压。RT为负温度系数热敏电阻，防止开机瞬间的冲击电流过大而对元器件损坏。

（2）自激振荡开关电路　300V电压一路经开关变压器T1的L1绕组加到开关管VT1的D极（漏极）；另一路由启动电阻R3、R4限流，加到VT1的G极（栅极），使VT1开始导通。300V通过T1的L1绕组，VT1的D、S极，R9、R10到地，形成闭合回路。回路电流在L1绕组上产生上正下负的电动势，在T1的L2绕组上同样产生一个上正下负的电动势。该电动势通过C6和R2到VT1的G极，形成正反馈回路，使VT1饱和导通。当VT1的G极电压升高到VD19的击穿电压后，VD19击穿，VT1截止。VT6导通后将L2绕组的剩余电荷释放，然后VD19恢复原始状态，而VT1再次导通，形成自激振荡。其中VT6、VD19用来调整振荡脉冲脉宽。

（3）稳压电路和+5V供电电路　这时，开关变压器的次级绕组产生各自的电压，L4绕组通过VD12整流，C11滤波后，由三端稳压器IC3稳压输出+5V电压向IC2的❽脚供电。同时由R13、R15分压，通过R14到IC2的❷脚，给IC2提供一个基准参考电压。

同时，L3绕组产生的脉冲信号经VD6整流，C9、C10滤波，得到44V左右电压，该电压通过R11限流向LED1红色电源指示灯供电，使其发光。同时脉冲信号经VD8～VD10输出到充电器端口，又经VS11为IC1供电。R17、R18、R19为IC4提供取样电压。L2绕组上产生的脉冲信号经VD16整流、R6限流后给IC1感光管供电。当输出电压升高时，不仅IC1发光管两端电压升高，而且经R17、R18、R19调整后的电压也升

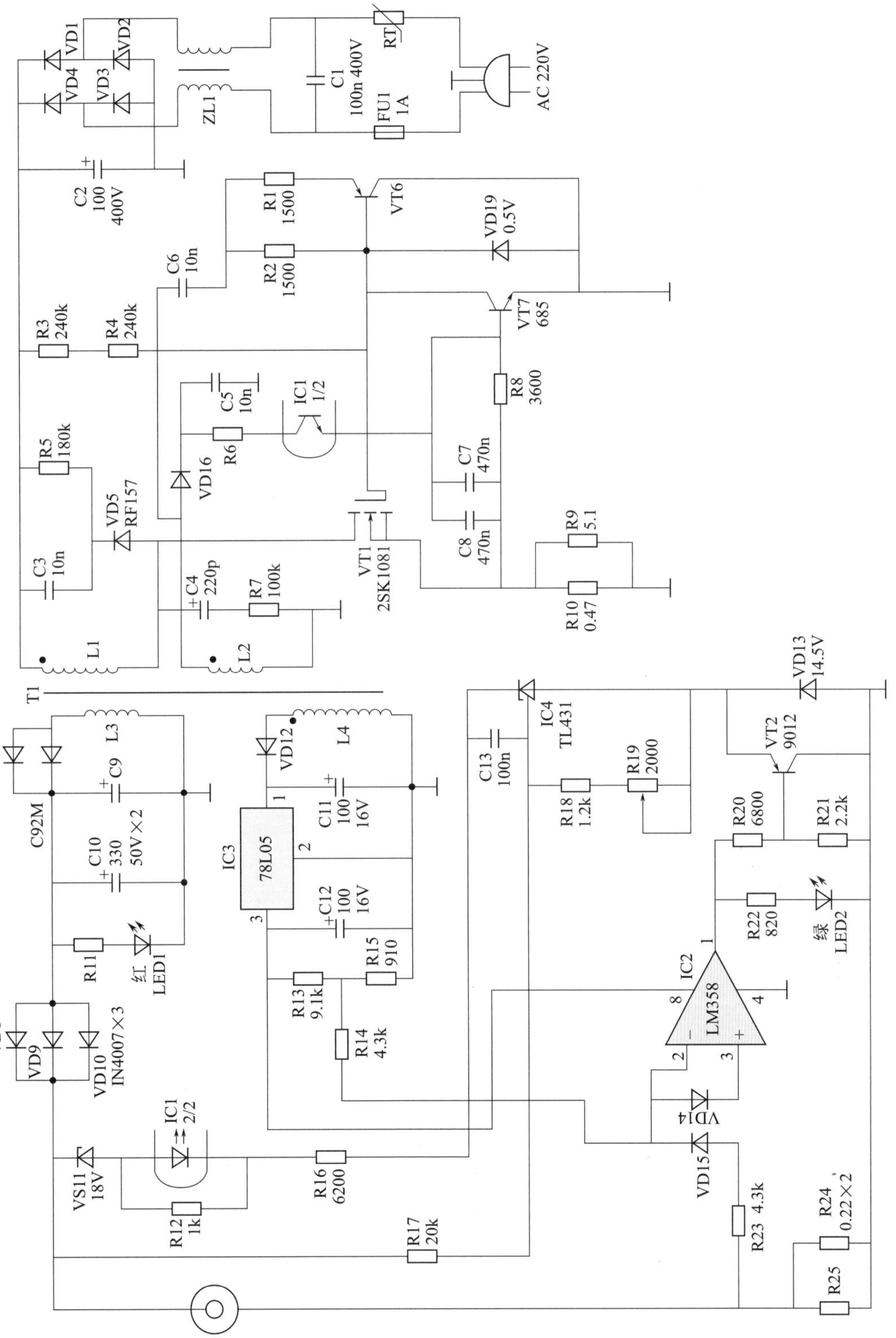

图 5-49 场效应管 TL431 充电器电路

高，同时向IC4提供的电压也升高，经IC4放大后，流过IC1的电流增大，使IC1发光程度增强，感光管导通程度上升，VT7的导通时间延长，使VT1的导通时间缩短，从而降低输出电压。

当输出电压降低时，调整过程正好相反。通过调整R19的阻值可改变取样电压的大小，进而调整充电器的输出电压。

（4）充电控制电路　充电控制电路主要由IC2（LM358）、稳压控制充电电流取样电阻R25及R24等元件组成。

当充电器向蓄电池充电时，取样电阻R24、R25产生一个上负下正的电压，该电压经R23接到IC2的同相输入❸脚。初期因蓄电池电压较低，开关电源需要对蓄电池进行大电流充电，开关管的导通时间较长，在R24、R25两端产生的压降较大，这时IC2的❸脚为低电平，❶脚为高电平，VT2因反偏而截止。IC4通过VD13对地导通，导通电流较小而IC1发光管的发光程度也较弱。

随着充电时间的增长，蓄电池两端的电压不断升高，通过稳压电路的控制，充电器进入恒压充电状态。当蓄电池经过长时间恒压充电后，蓄电池两端电压逐渐上升到44V左右，此时充电的电流减小到转折电流，R24、R25两端的压降降低到不足以使IC2的❸脚电位高于❷脚的比较电压，于是IC2的❶脚输出低电平，充电指示灯LED2熄灭，VT2导通。此时，IC1内发光管通过IC4、VT2的c-e结对地导通，发光管发光程度大幅提高，感光管对VT7提供较大导通电流，使VT7导通时间延长。最后，开关管VT1的导通时间缩短，输出电压降低，充电器进入涓流充电。

当负载过大或市电电压过高时，VT1的源极串接电阻R9、R10两端产生的压降超过0.6V，VT7导通，迫使VT1截止，避免VT1过流损坏。

2. 充电器常见故障检修技巧

（1）充电器无输出电压

【故障原因】

❶ 市电整流滤波电路异常，导致无+300V左右的电压输出。

❷ 自激振荡开关电路未工作，开关管VT1一直处于截止状态。

❸ 主电压整流滤波电路故障。

【故障检修方法】

❶ 先检查交流电源有无220V电压，接着检查熔断器FU1是否烧毁。

❷ 若熔断器烧毁发黑，则表明后级有短路现象，应重点检查电容C1、电感L1、二极管VD1～VD4、电容C2和开关管VT1有无短路现象。

❸ 若熔断器FU1完好，应检查电容C2两端有无+300V左右的直流电压，若C2两端无300V左右电压，则检查负温度系数热敏电阻RT是否烧毁、电感L1是否开路。二极管VD1～VD4同时开路的可能性不大，最后观察电路板有无断裂或开焊现象。

❹ 电容C2两端若有+300V左右电压，在开机瞬间测量开关管VT1的G极是否有启动电压，若没有启动电压，应检查启动电阻R3、R2、R4、VT7、VD19。

❺ 若VT1的G极在开机瞬间有启动电压，应测量VT1的D极是否有+300V左右电压，否则，应检查电容C2正端到开关变压器T1的L1绕组之间的线路和L1绕组本身是否损坏。接着测量L1绕组到开关管VT1的D极之间是否有开路现象。

⑥ 若 VT1 的 D 极电压正常，应检查电阻 R9、R10 是否开路（VT1 击穿会导致 R9、R10 电阻烧毁，更换 VT1 后会出现电源不启振的现象）。同时检查开关变压器的绕组上所接的二极管是否异常，接着检查 C6、IC1。若以上检查正常，更换 VT1 即可排除故障。

（2）充电器输出电压过高

【故障原因】

❶ 输出电压取样电路故障。

❷ 脉宽控制电路异常。

❸ 光电耦合器 IC1、三端误差放大器 IC4（TL431）等反馈电路元件异常。

【故障检修方法】

❶ 首先检查取样电路中的上取样电阻 R17 是否正常，若 R17 开路，会直接造成充电器输出电压升高，然后检查光电耦合器 ICl 发光管回路中的 VS11、R16、VD13 是否异常。若无异常，应对 IC4（TL431）采取代换法，即可作出判断。

❷ 如以上元件都正常，应考虑脉宽调整部分电路，首先将光电耦合器 IC1 更换掉（在输出电压过高的故障案例中，光电耦合器损坏占有一定比例），然后检查 VD16、R6、C5 等光电耦合器热电端的供电元件，最后检查 VT7 是否损坏。若 VT7 击穿，会造成电源不启振，但 VT7 断路不导通，会导致充电器输出电压升高。

（3）充电器输出电压过低

【故障原因】充电器输出电压过低和输出电压过高的故障现象相反，输出电压过高和过低的故障修理是一个逆向的修理过程，出现故障的部位大致相同，具体如下。

❶ 输出电压取样电路异常。

❷ 脉宽控制电路异常。

❸ 光电耦合器 IC1、三端误差放大器 IC4 等元件异常。

❹ 充电控制电路和副电源 +5V 供电电路异常，导致充电器一直工作在涓流工作状态。

【故障检修方法】

❶ 首先观察绿色充电指示灯 LED2 是否发光。若不发光，则表明 IC2 的 ❶ 脚为低电平，VT2 导通，充电器工作在涓流充电状态，同时排除因蓄电池故障引起该现象后进行下一步操作。

❷ 测量 IC2 的 ❽ 脚是否有 5V 供电。若 ❽ 脚没有 5V 电压。应检查 IC3（78L05）的 ❶ 脚和 ❸ 脚电压（❶ 脚应为 12V 左右，❸ 脚为 5V）。若 IC3 的 ❶ 脚无 12V 电压输入，应检查 VD12、C11 和开关变压器 T1 的 L4 绕组是否正常。若 L4 绕组断路，可从主电源滤波电容 C9 正端接一个 2kΩ 左右的电阻到 C11 正极，并对地接 12V 稳压二极管。若有 12V 电压输入而无 5V 电压输出，应排除 C12 漏电和负载短路的可能后，更换 IC3（78L05）。

❸ 若 IC2 的 ❽ 脚 5V 电压正常，应检查 R15、R23、VD14、VD15。若 IC2 的 ❽ 脚无 5V 电压，应更换 IC2 试验。

❹ 若绿色充电指示灯亮，应测量二极管 VD13 的正端电压是否正常，该正端电压若没有 14.5V，则检查 VD13、VT2 是否击穿或 R20 是否开路引起 VT2 一直导通。

❺ 检查取样电路下取样电阻 R18、R19 有无开路或阻值增大。

❻ 测量 VS11、IC4（TL431）是否击穿。

❼ 检查光电耦合器感光管是否击穿，R9、R10 阻值是否变大。

❽ 检查 VT6 是否击穿，VT7、VD19 是否漏电。

第六章
PFC 功率因数补偿型开关电源典型电路分析与检修

一、L6561+L5991 构成的开关电源典型电路分析与检修

1. 电路原理

由 L6561+L5991 组合芯片构成的开关电源方案中，L6561 构成前级有源功率因数校正电路，L5991 构成开关电源控制电路，相关电路如图 6-1 所示。

（1）L6561 简介　L6561 内部电路框图如图 6-2 所示，引脚功能如表 6-1 所示。

（2）整流滤波电路　220V 交流电压经 L1、R1、CX1、LF1、CX2、LF2、CY2、CY4 构成的限流滤波器滤波、限流，滤除 AC 中的杂波和干扰，再经 BD1、C3 整流滤波后，形成直流电压。因滤波电路电容 C3 储能较小，则在负载较轻时，经整流滤波后的电压为 300V 左右；在负载较重时，经整流滤波后的电压为 230V 左右。电路中，ZV201 为压敏电阻，即在电源电压高于 250V 时，压敏电阻 ZV201 击穿短路，熔丝 F1 熔断，这样可避免电网电压波动造成的开关电源损坏，从而保护后级电路。

表 6-1　L6561 集成电路引脚功能

引脚位	引脚名	功能	引脚位	引脚名	功能
❶	INV	误差放大器反相端输入	❺	ZCD	零电流侦测
❷	COMP	误差放大器输出	❻	GND	接地
❸	MULT	乘法器输入	❼	GD	驱动脉冲输出
❹	CS	利用电流侦测电阻，将电流转成电压输入	❽	VCC	工作电源

（3）功率因数校正（PFC）电路　PFC 电路以 IC1（L6561）为核心构成，具体工作过程如下。

输入电压的变化经 R2、R3、R4 分压后加到 L6561 的 ❸ 脚，送到内部乘法器。输出电压的变化经 R11、R59、R12、R14 分压后由 L6561 的 ❶ 脚输入，经内部比较放大后，也送到内部乘法器。L6561 乘法器根据输入的这些参数进行对比与运算，确定输出端 ❼ 脚的脉冲占空比，维持输出电压的稳定。在一定的输出功率下，当输入电压降低时，L6561 的 ❼ 脚输出的脉冲占空比变大；当输入电压升高时，L6561 的 ❼ 脚输出的脉冲占空比变小。

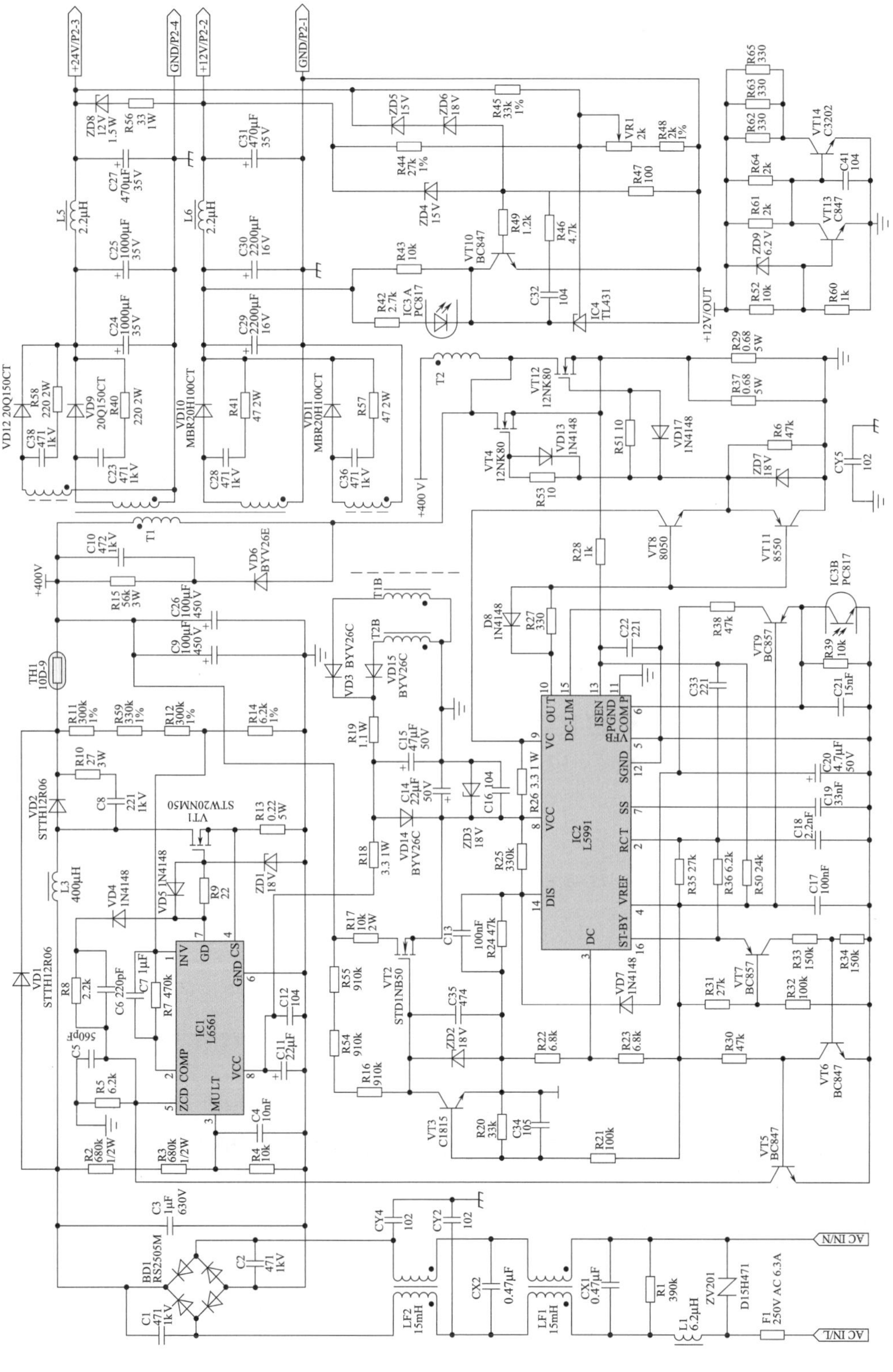

图 6-1 由 L6561+L5991 构成的开关电源电路

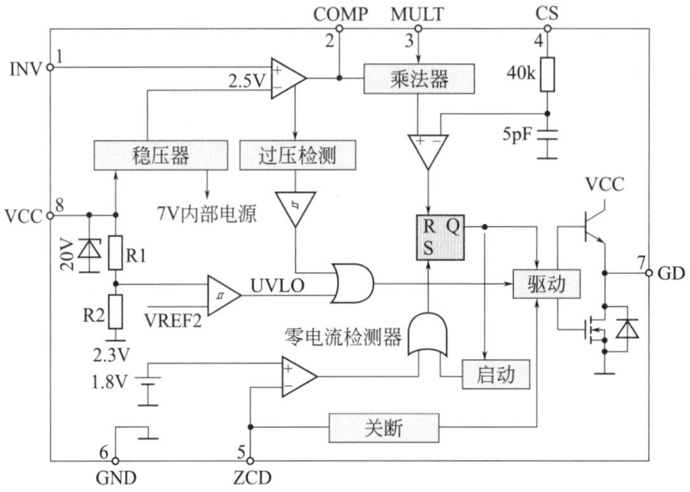

图 6-2　L6561 内部电路框图

驱动管 VT1 在 L6561 的 ⑦ 脚驱动脉冲的控制下工作在开关状态。当 VT1 导通时，由 BD1 整流后的电压经电感 L3，VT1 的 D、S 极到地，形成回路；当 VT1 截止时，由 BD1 整流输出的电压经电感 L3、VD2、TH1、C9、C26 到地，对 C9、C26 充电。同时，流过 L3 的电流呈减小趋势，电感两端必然产生左负右正的感应电压，这一感应电压与 BD1 整流后的直流分量叠加，在滤波电容 C9、C26 正端形成 400V 左右的直流电压，这样不但能提高电源利用电网的效率，而且使得流过 L3 的电流波形和输入电压的波形趋于一致，从而达到提高功率因数的目的。

（4）启动与振荡电路　C9、C26 两端的 400V 左右的直流电压经 R17 加到 VT2 的漏极，同时经 R55、R54、R16 加到 VT2 的栅极。因稳压管 ZD2 的稳压值高于 L5991 的启动电压，因此，开机后 VT2 导通，通过 ⑧ 脚为 L5991 提供启动电压。开关电源工作后，开关变压器 T1 自馈绕组感应的脉冲电压经 VD15 整流、R19 限流、C15 滤波，再经 VD14、C14 整流滤波，加到 L5991 的 ⑧ 脚，取代启动电路，为 L5991 提供启动后的工作电压，并使 ⑧ 脚与 C14 两端电压维持在 13V 左右，同时 L5991④ 脚基准电压由开机时的 0V 变为正常值 5V，使 VT3 导通，VT2 截止，启动电路停止工作，L5991 的供电完全由辅助电源（开关变压器 T1 的自馈绕组）取代。启动电路停止工作后，整个启动电路只有稳压管 ZD2 和限流电阻 R55、R54、R16 支路消耗电能，从而启动电路本身的耗电非常小。

L5991 启动后，内部振荡电路开始工作，振荡频率由与 ② 脚相连的 R35、C18 决定，振荡频率约为 14kHz，由内部驱动电路驱动后，从 L5991 的 ⑩ 脚输出的电压经 VT8、VT11 推挽放大后，驱动开关管 VT4、VT12 工作在开关状态。

（5）稳压控制　稳压电路由取样电路 R45、VR1、R48，误差取样放大器 IC4（TL431），光电耦合器 IC3 等元器件构成。具体稳压过程是：若开关电源输出的 24V 电压升高，经 R45、VR1、R48 分压后的电压升高，即误差取样放大器 IC4 的 R 极电压升高，IC4 的 K 端电压下降，使得流过光电耦合器 IC3 内部发光半导体二极管的电流加大，IC3 中的发光半导体二极管发光增强，IC3 中的光敏半导体三极管导通增强，这样 L5991⑤ 脚误差信号输入端电压升高，⑩ 脚输出驱动脉冲使开关管 VT4、VT12 导通时间减小，从而输出电压下降。

（6）保护电路

❶ 过压保护电路　过压保护电路由 VT10、ZD4、ZD5、ZD6 等配合稳压控制电路构成，

具体控制过程是：当 24V 输出电压超过 ZD5、ZD6 的稳压值或 12V 输出电压超过 ZD4 的稳压值时，ZD5、ZD6 或 ZD4 导通，半导体三极管 VT10 导通，其集电极为低电平，使光电耦合器 IC3 内的发光半导体二极管两端电压增大较多，导致电源控制电路 L5991⑤脚误差信号输入端电压升高较大，控制 L5991 的⑩脚停止输出，开关管 VT4、VT12 截止，从而达到过压保护的目的。

❷ 过流保护电路　开关电源控制电路 L5991 的⑬脚为开关管电流检测端。正常时开关管电流取样电阻 R37、R29 两端取样电压大约为 1V（最大脉冲电压），当此电压超过 1.2V 时（如开关电源次级负载短路时），L5991 内部的保护电路启动，⑫脚停止输出，控制开关管 VT4、VT12 截止，并同时使⑦脚软启动电容 C19 放电，C19 被放电后，L5991 内电路重新对 C19 进行充电，直至 C19 两端电压被充电到 5V 时，L5991 才重新使开关管 VT4、VT12 导通。若过载状态只持续很短时间，保护电路启动后，开关电源会重新进入正常工作状态，不影响显示器的正常工作。若开关管 VT4、VT12 重新导通后，过载状态仍然存在（开关管电流仍然过大），L5991 将再次控制开关管截止。

2. 电路检修

电路故障检修如图 6-3 所示。

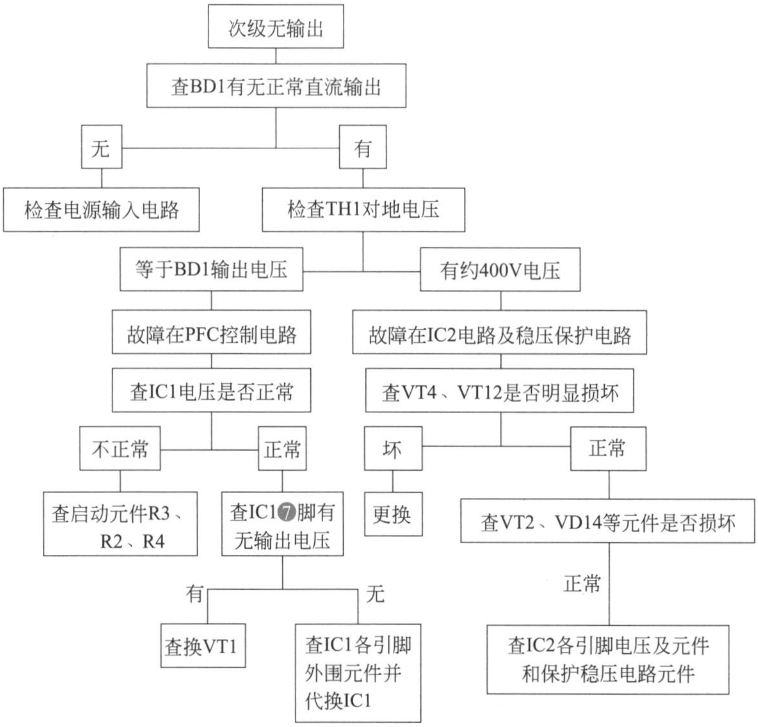

图 6-3　L6561+L5991 构成的开关电源故障检修

二、TDA16888+UC3843 构成的开关电源典型电路分析与检修

1. 电路原理

由 TDA16888+UC3843 构成的开关电源电路如图 6-4 所示。

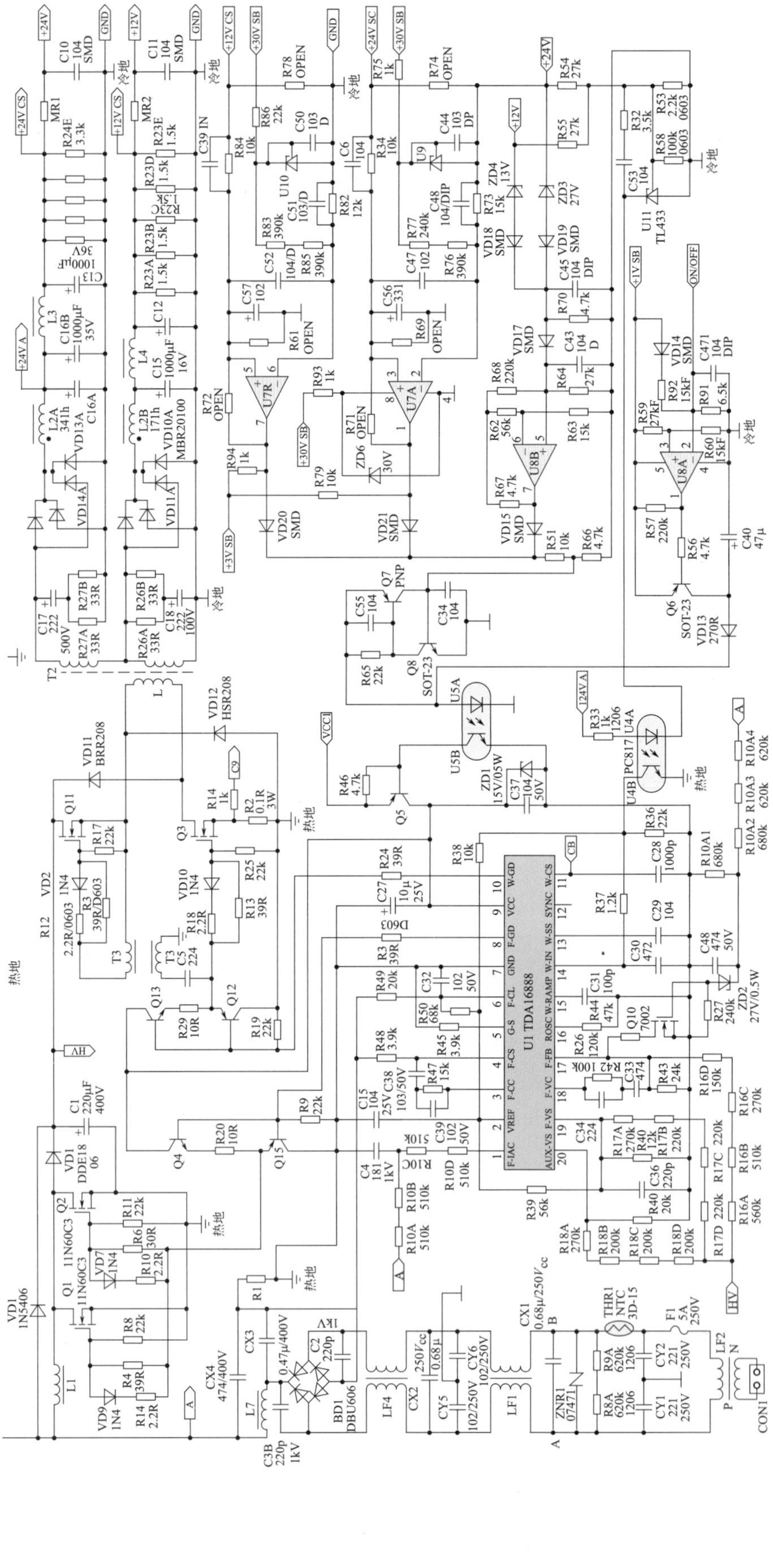

图6-4 由TDA16888+UC3843构成的开关电源电路

（1）主开关电源电路　主开关电源电路以 U1（TDA16888）为核心构成，主要用来产生 24V 和 12V 电压。TDA16888 是英飞凌公司推出的具有 PFC 功能的电源控制芯片，其内置的 PFC 控制器和 PWM 控制器可以同步工作。PFC 和 PWM 集成在同一个芯片内，因此具有电路简单、成本低、损耗小和工作可靠性高等优点，这也是 TDA16888 应用最普遍的原因。TDA16888 内部的 PFC 部分主要有电压误差放大器、模拟乘法器、电流放大器、3 组电压比较器、3 组运算放大器、RS 触发器及驱动级。PWM 部分主要有精密基准电压源、DSC 振荡器、电压比较器、RS 触发器及驱动级。此外，TDA16888 内部还设有过压、欠压、峰值电流限制、过流、断线掉电等完善的保护功能。如图 6-5 所示为 TDA16888 内部电路框图，其引脚功能如表 6-2 所示。

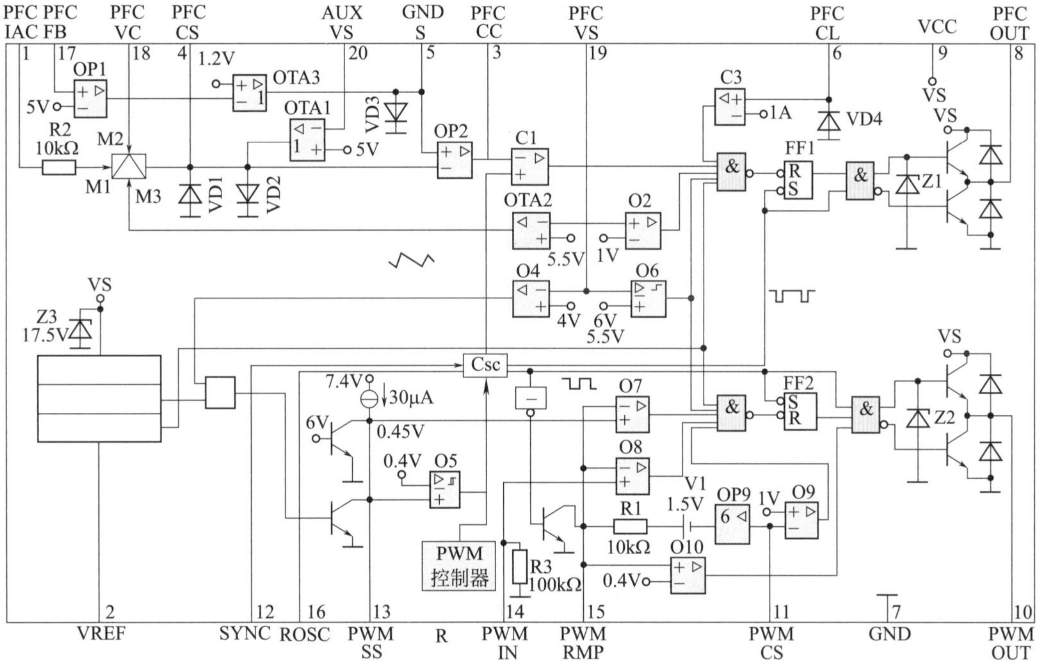

图 6-5　TDA16888 内部电路框图

表 6-2　TDA16888 引脚功能

引脚位	引脚名	功能	引脚位	引脚名	功能
❶	PFC IAC（F-IAC）	AC 输入电压检测	⓫	PWM CS（W-CS）	PWM 电流检测
❷	VREF	7.5V 参考电压	⓬	SYNC	同步输入
❸	PFC CC（F-CC）	PFC 电流补偿	⓭	PWM SS（W-SS）	PWM 软启动
❹	PFC CS（F-CS）	PFC 电流检测	⓮	PWM IN（W-IN）	PWM 输入电压检测
❺	GND S（G-S）	Ground 检测输入	⓯	PWM RMP（W-RAMP）	PWM 电压斜线上升
❻	PFC CL（F-CL）	PFC 电流限制检测输入	⓰	ROSC	晶振频率设有
❼	GND	地	⓱	PFC FB（F-FB）	PFC 电压环路反馈
❽	PFC OUT（F-GD）	PFC 驱动输出	⓲	PFC VC（F-VC）	PFC 电压环补偿
❾	VCC（ W-GD）	电源	⓳	PFC VS（F-VS）	PFC 输出电压检测
❿	PWM OUT(W-GD)	PWM 驱动输出	⓴	AUX VS（AUX-VS）	自备供电检测

❶ 整流滤波电路 220V 左右的交流电压先经延迟熔丝 F1，然后进入由 CY1、CY2、THR1、R8A、R9A、ZNR1、CX1、LF1、CX2、LF4 构成的交流抗干扰电路，滤除市电中的高频干扰信号，同时保证开关电源产生的高频信号不窜入电网。电路中，THR1 是热敏电阻器，主要是防止浪涌电流对电路的冲击；ZNR1 为压敏电阻，即在电源电压高于 250V 时，压敏电阻 ZNR1 击穿短路，熔丝 F1 熔断，这样可避免电网电压波动造成开关电源损坏，从而保护后级电路。

经交流抗干扰电路滤波后的交流电压送到由 BD1、CX3、L7、CX4 构成的整流滤波电路，经 BD1 整流滤波后，形成直流电压。因滤波电路电容 CX3 储能较小，则在负载较小时，经整流滤波后的电压为 310V 左右；在负载较大时，经整流滤波后的电压为 230V 左右。

❷ PFC 电路 输入电压的变化经 R10A、R10B、R10C、R10D 加到 TDA16888 的 ❶ 脚，输出电压的变化经 R17D、R17C、R17B、R17A 加到 TDA16888 的 ❿ 脚，TDA16888 内部根据这些参数进行对比与运算，确定输出端 ❽ 脚的脉冲占空比，维持输出电压的稳定。在一定的输出功率下，当输入电压降低时，TDA16888 的 ❽ 脚输出的脉冲占空比变大；当输入电压升高时，TDA16888 的 ❽ 脚输出的脉冲占空比变小。在一定的输入电压下，当输出功率变小时，TDA16888 的 ❽ 脚输出的脉冲占空比变小；反之亦然。

TDA16888 的 ❽ 脚的 PFC 驱动脉冲信号经过 Q4、Q15 推挽放大后，驱动开关管 Q1、Q2 处于开关状态。当 Q1、Q2 饱和导通时，由 BD1、CX3 整流后的电压经电感 L1、Q1 和 Q2 的 D、S 极到地，形成回路；当 Q1、Q2 截止时，由 BD1、CX3 整流滤波后的电压经电感 L1、VD1、C1 到地，对 C1 充电，同时，流过电感 L1 的电流呈减小趋势，电感两端必然产生左负右正的感应电压，这一感应电压与 BD1、CX3 整流滤波后的直流分量叠加，在滤波电容 C1 正端形成 400V 左右的直流电压，不但能提高电源利用电网的效率，而且使得流过 L1（PFC 电感）的电流波形和输入电压的波形趋于一致，从而达到提高功率因数的目的。

❸ 启动与振荡电路 当接通电源时，从副开关电源电路产生的 VCC1 电压经 Q5、R46 稳压后，加到 TDA16888 的 ❾ 脚，TDA16888 得到启动电压后，内部电路开始工作，并从 ❿ 脚输出 PWM 驱动信号，经过 Q12、Q13 推挽放大后，分成两路，分别驱动 Q3 和 Q11 处于开关状态。

当 TDA16888 的 ❿ 脚输出的 PWM 驱动信号为高电平时，Q13 导通，Q12 截止，Q12、Q13 发射极输出高电平信号，控制开关管 Q3 导通，同时，信号的另一支路经 C5、T3，控制 Q11 导通，此时，开关变压器 T2 存储能量。

当 TDA16888 的 ❿ 脚输出的 PWM 驱动信号为低电平时，Q13 截止，Q12 导通，Q12、Q13 发射极输出低电平信号，控制开关管 Q3 截止，同时，信号的另一支路经 C5、T3，控制 Q11 也截止，此时，开关变压器 T2 通过次级绕组释放能量，从而使次级绕组输出工作电压。

❹ 稳压控制电路 当次级 24V 电压输出端输出电压升高时，经 R54、R53 分压后，误差放大器 U11（TL431）的控制极电压升高，U11 的 K 极（上端）电压下降，流过光电耦合器 U4 中发光二极管的电流增大，其发光强度增强，则光敏三极管导通加强，使 TDA16888 的 ❸ 脚电压下降，经 TDA16888 内部电路检测后，控制开关管 Q3、Q11 提前截止，使开关电源的输出电压下降到正常值；反之，当输出电压降低时，经上述稳压电路的负反馈作用，开关管 Q3、Q11 导通时间变长，使输出电压上升到正常值。

❺ 保护电路

a. 过流保护电路：TDA16888 的 ❸ 脚为过流检测端，流经开关管 Q3 源极电阻 R2 两端的取样电压增大，使加到 TDA16888 的 ❸ 脚的电压增大，当 ❸ 脚电压增大到阈值电压时，TDA16888 关断 ❿ 脚输出。

b. 过压保护电路：当 24V 或 12V 输出电压超过一定值时，稳压管 ZD3 或 ZD4 导通，通过 VD19 或 VD18 加在 U8 的 ❺ 脚电位升高，U8 的 ❼ 脚输出高电平，控制 Q8、Q7 导通，使光电耦合器 U5 内发光二极管的正极被钳位在低电平而不发光，光敏三极管不能导通，进而控制 Q5 截止，这样，由副开关电源产生的 VCC1 电压不能加到 TDA16888 的 ❾ 脚，TDA16888 停止工作。

（2）副开关电源电路 副开关电源电路以电源控制芯片 U2（UC3843）为核心构成，用来产生 30V、5V 电压，并为主开关电源的电源控制芯片 U1（TDA16888）提供 VCC1 启动电压。

副开关电源电路如图 6-6 所示，UC3843 控制芯片与外围振荡定时元件、开关管、开关变压器可构成功能完善的他激式开关电源。UC3843 引脚功能见表 6-3。

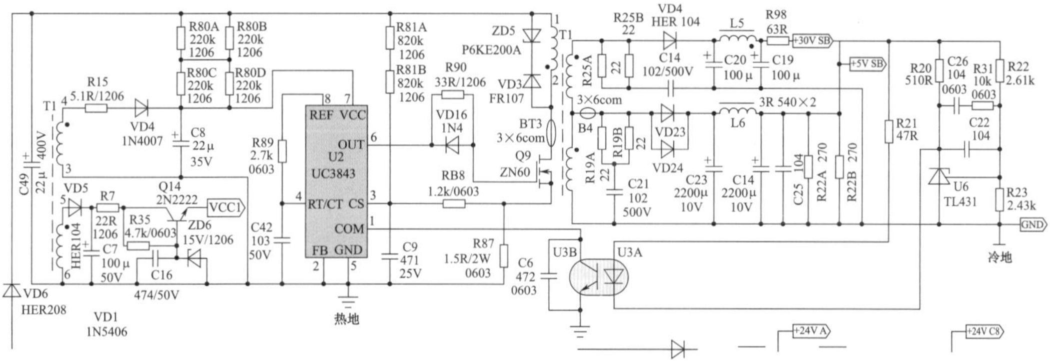

图 6-6 副开关电源电路

表 6-3 UC3843 引脚功能

引脚位	引脚名	功能	引脚位	引脚名	功能
❶	COM	误差输出	❺	GND	地
❷	FB	误差反相输入	❻	OUT	驱动脉冲输出
❸	CS	电流检测，用于过流保护	❼	VCC	电源输入
❹	RT/CT	外接定时元件	❽	REF	5V 基准电压

❶ 启动与振荡电路 由 VD6 整流、C49 滤波后产生的 300V 左右的直流电压一路经开关变压器 T1 的 ❶—❷ 绕组送到场效应开关管 Q9 的漏极（D 极），另一路经 R80A、R80B、R80C、R80D 对 C8 充电。当 C8 两端电压达到 8.5V 时，UC3843 的 ❼ 脚内的基准电压发生器产生 5V 基准电压，从 ❽ 脚输出，经 R89、C42 形成回路，对 C42 充电。当 C42 充电到一定值时，C42 就通过 UC3843 很快放电，在 UC3843 的 ❹ 脚上产生锯齿波电压，送到内部振荡器，从 UC3843 的 ❻ 脚输出脉宽可控的矩形脉冲，控制开关管 Q9 工作在开关状态。Q9 工作后，在 T1 的 ❹—❸ 反馈绕组上感应的脉冲电压经 R15 限流，VD4、C8 整流滤波后，产生 12V 左右直流电压，将取代启动电路，为 UC3843 的 ❼ 脚供电。

❷ 稳压调节电路 当电网电压升高或负载变轻，引起 T1 输出端 +5V 电压升高时，经 R22、R23 分压取样后，加到误差放大器 U6（TL431）的 R 端电压升高，导致 K 端电压下降，

光电耦合器U3内发光二极管电流增大，发光加强，导致U3内光敏三极管电流增大，相当于光敏三极管c-e结电阻减小，使UC3843的❶脚电压下降，控制UC3843的❻脚输出脉冲的高电平时间减小，开关管Q9导通时间缩短，其次级绕组感应电压降低，5V电压输出端电压降低，达到稳压的目的。若5V电压输出端电压下降，则稳压过程相反。

❸ 保护电路

a. 欠电压保护电路。当UC3843的启动电压低于8.5V时，UC3843不能启动，其❽脚无5V基准电压输出，开关电源电路不能工作。当UC3843已启动，但负载有过电流使T1的感抗下降，其反馈绕组输出的工作电压低于7.6V时，UC3843的❼脚内部的施密特触发器动作，控制❾脚无5V输出，UC3843停止工作，避免Q9因激励不足而损坏。

b. 过电流保护电路。开关管Q9源极（S）的电阻R87不但用于稳压和调压控制，而且还可作为过电流取样电阻。当因某种原因（如负载短路）引起Q9源极的电流增大时，R87上的电压降增大，UC3843的❸脚电压升高，当❸脚电压上升到1V时，UC3843的❻脚无脉冲电压输出，Q9截止，电源停止工作，实现过电流保护。

（3）待机控制电路　开机时，MCU输出的ON/OFF信号为高电平，使加到误差放大器U8的❷脚电压为高电平，U8的❶脚输出低电平，三极管Q6导通，光电耦合器U5的发光二极管发光，光敏三极管导通，进而控制Q5导通，这样，由副开关电源产生的VCC1电压可以加到TDA16888的❾脚。待机时，ON/OFF信号为低电平，使加到误差放大器U8的❷脚电压为低电平，U8的❶脚输出高电平，三极管Q6截止，光电耦合器U5的发光二极管不能发光，光敏三极管不导通，进而控制Q5截止，这样，由副开关电源产生的VCC1电压不能加到TDA16888的❾脚，TDA16888停止工作。

2. 常见故障检修

副电源UC3843电路故障检修在前面章节已讲过，本节主要讲解PFC电源TDA16888电路检修，如图6-7所示。

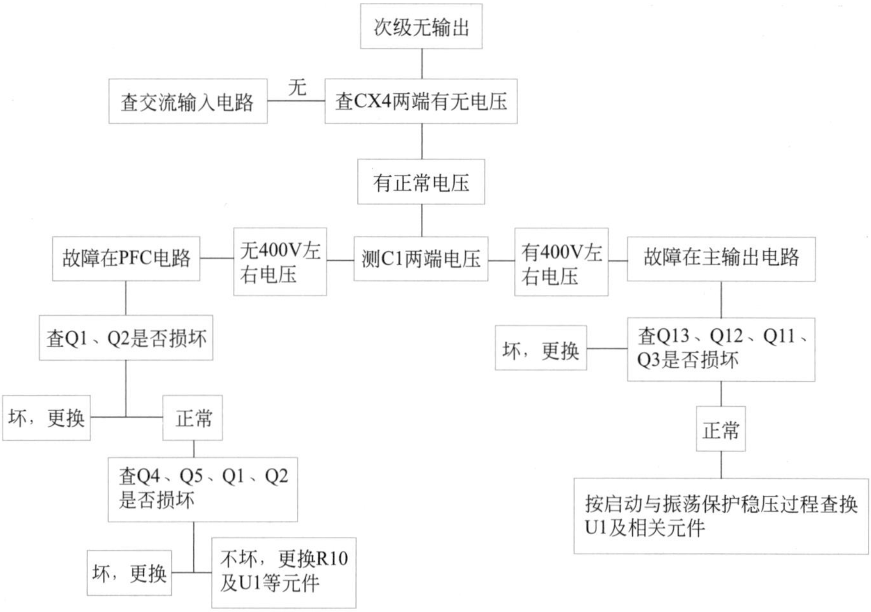

图6-7　PFC电源TDA16888电路检修图

三、ICE1PCS01+NCP1207 构成的开关电源典型电路分析与检修

1. 电路原理

ICE1PCS01+NCP1207 组合芯片方案中，ICE1PCS01 构成前级有源功率因数校正电路，两个 NCP1207 分别构成 +12V 和 +24V 开关电源，这两组电源都引入了同步整流技术。下面以使用 ICE1PCS01+NCP1207 组合芯片的 TCLLCD3026H/SS 液晶彩电为例讲解，相关电路如图 6-8 所示。

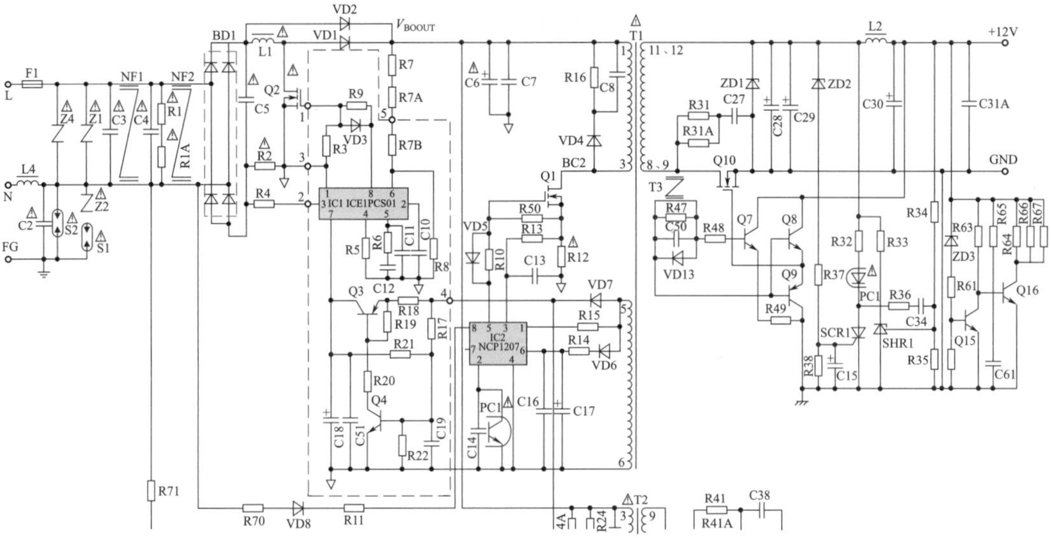

图 6-8　由 ICE1PCS01+NCP1207 构成的开关电源电路

（1）整流滤波电路　220V 左右的交流电压先经延迟熔丝，然后进入由 Z1、Z2、Z4、C2、C3、C4、R1、R1A、L4、NF1、NF2 等构成的交流抗干扰电路，滤除市电中的高频干扰信号，同时保证开关电源产生的高频信号不窜入电网。经交流抗干扰电路滤波后的交流电压送到由 BD1、C5 构成的整流滤波电路。220V 市电先经 BD1 桥式整流后，再经 C5 滤波，形成直流电压，送往功率因数校正电路。

（2）功率因数校正（PFC）电路　PFC 电路以 IC1（ICE1PCS01）为核心构成。ICE1PCS01 内含基准电压源、可变频率振荡器（50 ～ 250kHz）、锯齿波发生器、PWM 比较器、RS 锁存器、非线性增益控制、电流控制环、电压控制环、驱动级、电源软启动、输入交流电压欠压、输出电压欠压和过压、峰值电流限制及欠压锁定等电路，如图 6-9 所示为 ICE1PCS01 内部电路框图及其应用电路，ICE1PCS01 的引脚功能如表 6-4 所示。

表 6-4　ICE1PCS01 引脚功能

引脚位	引脚名	功能	引脚位	引脚名	功能
❶	GND	地	❺	VCOMP	电压控制环频率补偿端
❷	ICOMP	电流控制环频率补偿端	❻	VSENSE	电压取样输入
❸	ISENSE	电流检测输入	❼	VCC	电源
❹	FREQ	频率设置端	❽	GATE	驱动脉冲输出端，内部为图腾柱（推挽）结构

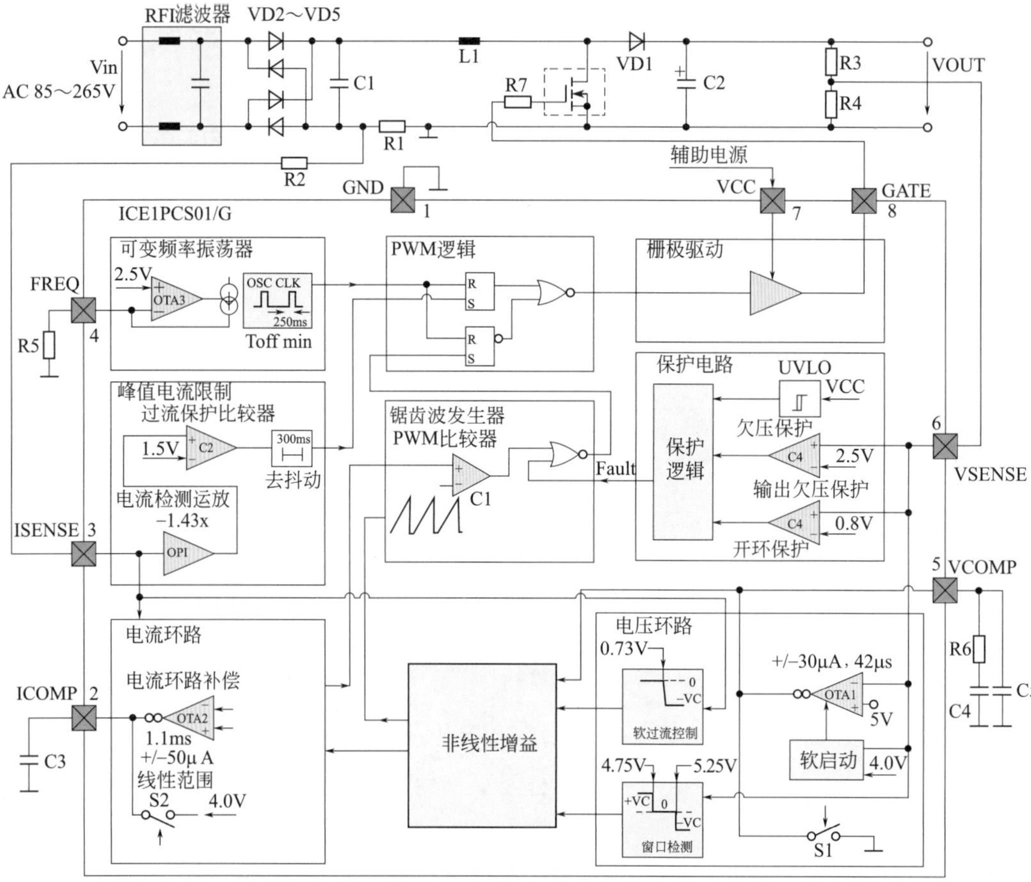

图 6-9　ICE1PCS01 内部电路框图及其应用电路

❶ PFC 电路的工作过程　由整流滤波电路产生的 300V 左右的直流电压经 L1 分为两路：一路加到 MOSFET（开关管），一路加到 PFC 电路。PFC 电路进入正常工作状态，从 ❽ 脚输出 PWM 脉冲，驱动 Q2 工作在开关状态（开关频率在几十千赫兹到一百千赫兹）。当 Q2 饱和导通时，由 BD1 整流后的电压经电感 L1，Q2 的 D、S 极到地，形成回路。当 Q2 截止时，由 BD1 整流输出的电压经电感 L1、VD1、VD2、C6 到地，对 C6 充电，同时，流过 L1 的电流呈减小趋势，电感两端必然产生左负右正的感应电压，这一感应电压与 BD1 整流后的直流分量叠加，在滤波电容 C6 正端形成 400V 左右的直流电压，不但能提高电源利用电网的效率，而且使得流过 L1 的电流波形和输入电压的波形趋于一致，从而达到提高功率因数的目的。

❷ PFC 电路的稳压过程　PFC 输出电压稳压控制调整过程如下：C6 正端的直流电压由 R7、R7A、R7B 和 R8 分压后，加到 ICE1PCS01 的 ❻ 脚内部误差放大器，产生误差电压通过 ❺ 脚外接 RC 网络进行频率补偿和增益控制，并输出信号控制锯齿波发生器对内置电容充电，调整 ICE1PCS01 的 ❽ 脚驱动脉冲占空比。当因某种原因使 V_{BOOST} 电压下降时，❻ 脚反馈电压就会减小，经内部控制后，使 ICE1PCS01 的 ❽ 脚输出驱动方波占空比增大，升压电感 L1 中存储能量增加，V_{BOOST} 电压上升至 400V 不变。

❸ PFC 保护电路

a. 输入交流电压欠压保护电路。ICE1PCS01 的 ❸ 脚为输入交流电压欠压检测端，当 ❸ 脚电压小于阈值电压时，❽ 脚输出驱动脉冲占空比很快减小，控制 ICE1PCS01 内电路转换到待机模式。

b. 输出直流电压欠压和过压保护电路。ICE1PCS01 的 ❻ 脚为输出电压检测端，当输出电压 V_{BOOST} 下降到额定值的一半（即 190V）时，经 R7、R7A、R7B 和 R8 分压后，加到 ICE1PCS01 的 ❻ 脚的反馈电压小于 2.5V，ICE1PCS01 内部自动转换到待机模式。另外，当输出电压 V_{BOOST} 电压超出额定值 400V 的 5% 时，将导致反馈到 ICE1PCS01 的 ❻ 脚电压会超出门限值 5.25V，ICE1PCS01 内部自动转换到待机模式。

c. 欠压锁定与待机电路。ICE1PCS01 的 ❼ 脚内部设计有 UVLO 电路，若加到 ❼ 脚 VCC 的电压下降到 10.5V 以下，UVLO 电路就被激活，关断基准电压源，直到此引脚电压上升至 11.2V，电源才能重新启动。利用 UVLO 锁定功能，借助 ❼ 脚外接 Q3、Q4 构成的控制电路，在待机时将 ICE1PCS01 的 ❼ 脚 VCC 电压下拉成 10.5V 以下，就可以关断有源功率校正电路，降低待机功耗。

（3）12V 开关电源电路 12V 开关电源电路以 IC2（NCP1207）为核心构成。NCP1207 是安森美公司生产的电流模式单端 PWM 控制器，它以 QRC 准谐振和频率软折弯为主要特点。QRC 准谐振可以使 MOSFET（开关管）在漏极电压最小时导通，在电路输出功率减小时，可以在不变的峰值电流上降低其工作频率。通过 QRC 准谐振和频率软折弯特性配合，NCP1207 可以实现电源最低开关损耗。

NCP1207 内含 7mA 电流源、基准电压源、可变频率时钟电路，电流检测比较器、RS 锁存器、驱动级、过压保护、过流保护和过载保护等电路，其电路如图 6-10 所示，引脚功能如表 6-5 所示。

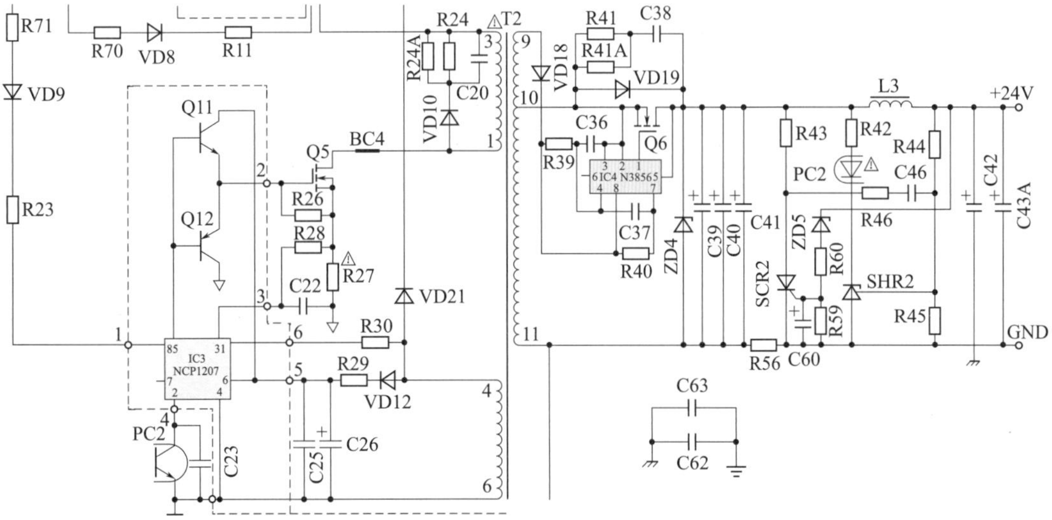

图 6-10 NCP1207 电路图

表 6-5 NCP1207 引脚功能

引脚位	引脚名	功能	引脚位	引脚名	功能
❶	DEMAG	初级零电流检测和过压保护输入	❺	DRIVE	驱动脉冲输出
❷	FB	电压反馈输入	❻	VCC	电源
❸	CS	电流检测输入	❼	NC	空
❹	GND	地	❽	HA	高压启动端，内设 7mA 高压电流源

❶ 启动与振荡电路　C6 两端的 400V 左右电压通过开关变压器 T1 的 ❶—❸ 绕组加到 MOSFET（开关管）Q1 漏极；同时，220V 交流电源由 R70 限流和 VD8 整流后，加到 IC2（NCP1207）❽ 脚，IC2 的 ❽ 脚内部高压电流源产生的 7mA 电流通过内部给 IC2 的 ❻ 脚外接电容 C16 充电，当充电电压上升到 12V 时，基准电压源启动，为控制电路提供偏置电压，时钟电路触发 RS 锁存器输出 PWM 脉冲，从 IC2 的 ❺ 脚输出，控制 Q1 工作在开关状态。

❷ 稳压控制电路　稳压电路控制过程如下。当 12V 电源因某种原因使此输出端电压升高时，经取样电阻 R34、R35 分压后加到三端误差取样集成电路 SHR1 的 R 端的电压升高，K 端电压下降，光电耦合器 PC1 内发光二极管亮度加强，其光敏三极管电流增大，c-e 结内阻减小，IC2 的 ❷ 脚电位下降，IC2 的 ❺ 脚输出的脉冲宽度变窄，开关管 Q1 导通时间缩短，其次级绕组感应电压降低，12V 输出端电压降低，达到稳压的目的。若 12V 输出端电压下降，则稳压过程相反。

❸ 同步整流电路　现代电子设备常常要求低电压大电流（例如 12V，数十安）供电，这就要求开关电源中整流器件的正向导通电阻与压降必须极小（mΩ、mV 数量级），以提高电源效率，减少发热。

早先开关电源使用快恢复开关二极管作输出整流器件，其正向压降为 0.4 ～ 1V，动态功耗大、发热高，不适宜低电压大电流输出电路。20 世纪 80 年代，国际电源界研究出同步整流技术及同步整流器件 SR，它的优点是正向压降小，阻断电压高，反向电流小，开关速度快。

SR 在整流电路中必须反接，它的源极 S 相当于二极管的阳极 A，漏极 D 相当于二极管的阴极 K，驱动信号加在栅极与源极（G、S）间，因此，SR 也是一种可控的开关器件，只有提供适当的驱动控制，才能实现单向导电，用于整流。

对于该机，同步整流电路由 Q7、Q8、Q9、Q10 等构成，其中，Q10 是整流器件 SR。开关变压器 T1 的 ⓫—❽ 绕组通过 T3 的初级绕组与 Q10 串联，有电流流过时，产生驱动电压，经 T3 耦合后，产生感应电压，经 Q7 缓冲和 Q8、Q9 推挽放大后，送到 Q10 的 G 极，驱动 SR 器件 Q10 与电源同步进入开关工作状态。正常工作时，开关变压器 T1 的 ⓫—❽ 绕组中感应的脉冲信号与 Q10 漏极输出的脉冲信号叠加后，经 L2 给负载提供直流电流。因 Q10 为专用同步整流开关器件，其导通电阻小，损耗甚微，因此，工作时不需要加散热器。

❹ 保护电路　开关管 Q1 截止时，突变的 D 极电流在 T1 的 ❶—❸ 绕组激发一个下正上负的反向电动势，与 PFC 电路输出直流电压叠加后，其幅值达交流电压峰值的数倍。为了防止 Q1 在截止时，其 D 极的感应脉冲电压的尖峰击穿 Q1，此机型开关电源电路设有由 VD4、C8、R16 构成的尖峰吸收电路。当开关管 Q1 截止时，Q1 的 D 极尖峰脉冲使 VD4 正向导通，给 C8 快速充电，并通过 R16 放电，从而将浪涌尖峰吸收。

当 12V 电压升高，超出设定阈值时，稳压管 ZD2 雪崩击穿，晶闸管 SCR1 导通，光电耦合器 PC1 中发光二极管流过的电流很快增大，其内部光敏三极管饱和导通，IC2 的 ❷ 脚电位下拉成低电平，IC2 关断驱动级，其 ❺ 脚停止输出驱动脉冲，从而达到过压保护的目的。

输入电压过电压保护电路：开关变压器 T1 的 ❺—❻ 反馈绕组感应脉冲经 R15 加到 IC2 的 ❶ 脚，由内置电阻分压采样后，加到 IC2 内部电压比较器同相输入端，反相端加有 5.0V 门限（阈值）电压。当输入电压过高时，则加到比较器的采样电压达到 5V 阈值以上，比较器翻转，经保护电路处理后，关闭 IC2 内部供电电路，开关电源停止工作。

过流保护电路：开关管 Q1 源极（S）的电阻 R12 为过电流取样电阻。因某种原因引起 R12 源极的电流增大时，过流取样电阻上的电压降增大，经 R13 加到 IC2 的 ❸ 脚，使 IC2 的 ❸ 脚电压升高，当 ❽ 脚电压大于阈值电压 1.0V 时，IC2 的 ❺ 脚停止输出脉冲，开关管

Q1 截止，从而达到过流保护的目的。

需要说明的是，IC2 的 ⑧ 脚内部设有延时 380ns 的前沿消隐（LEB）电路，加到 IC2 的 ⑧ 脚峰值在 1.0V 以上的电压必须持续 380ns 以上，保护功能才会生效，这样可以杜绝幅值大、周期小的干扰脉冲造成误触发。

（4）24V 开关电源电路　24V 开关电源以 IC3（NCP1207）为核心构成，产生的 24V 直流电压专为电器的逆变器供电。24V 开关电源也使用 PWM 控制器 NCP1207，除在开关管 Q5 栅极的前级增加了 Q11、Q12 构成的互补推挽放大电路之外，其稳压控制环电路与 +12V 电源电路结构相同。

24V 开关电源次级回路中的同步整流电路以 IC4（N3856）为核心构成，N3856 是典型的 PWM 控制器，具有功耗低、成本低、外围电路简洁等优点。N3856 芯片内部集成有基准电压源、OSC 振荡器、PWM 比较器、电流检测比较器、缓冲放大电路以及驱动电路等。N3856 引脚功能如表 6-6 所示。

表 6-6　N3856 引脚功能

引脚位	引脚名	功能	引脚位	引脚名	功能
❶	GATE	PWM 驱动信号输出端	❺	DRAIN	电流检测输入
❷	P GND	驱动电路地	❻	A OUT	内部电流检测放大器输出端
❸	GND	控制电路地	❼	RT/CT	外接定时电阻和定时电容
❹	BIAS	偏置电压输入	❽	VCC	电源

开关电源工作后，开关变压器 T2 的 ⑨—⑪ 绕组感应脉冲由 VD18 整流，加到 IC4 的 ⑧ 脚和 ④ 脚，内部 OSC 振荡电路启振，产生振荡脉冲，经缓冲和驱动放大后，从 IC4 的 ❶ 脚输出，驱动 SR 整流器件 Q6 进入开关状态。因 IC4 的 ⑦ 脚设有工作频率与一次回路振荡频率一致，因此，在电源开关管 Q5 导通时，T2 的 ③—❶ 绕组储能，同步整流器件 Q6 截止；在电源开关管 Q5 截止时，IC4 的 ❶ 脚输出高电平，驱动整流开关管 Q6 导通。T2 的 ⑩—⑪ 绕组感应脉冲由 Q6 同步整流和 C39 ～ C41、L3、C42 滤波后，产生 24V 电压为逆变器供电。

2. 电路故障检修

电路故障检修如图 6-11 所示。

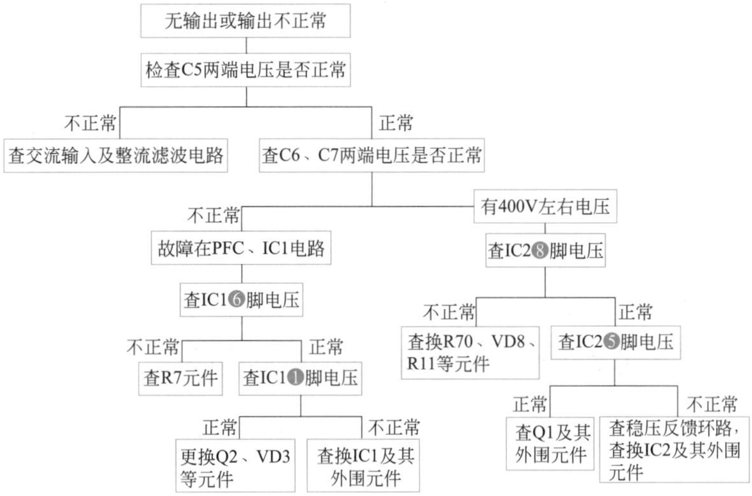

图 6-11　电路故障检修图

四、由 TNY279PN 构成的带填谷式无源 PFC 的驱动电路

由 3 个二极管和 2 个电解电容（有时加 1 个电阻）组成的填谷式电路，有时也称为部分滤波电路，这种无源 PFC 电路的最大优点是成本很低，可以轻松实现 0.9 以上的线路功率因数，并可能将 AC 输入总电流谐波失真（THD）由普通整流滤波电路的 120% 左右降至 40% 以下。但是，这种无源 PFC 电路的 AC 效果并不是很理想，但在低功率 LED 普通照明应用中仍然是目前可以选择的一种低成本解决方案。无论 LED 照明用电源采用何种拓扑结构，都可以使用填谷式电路。

采用 TNY279PN 并带填谷式无源 PFC 的 18W 反激式 LED 照明用电源电路如图 6-12 所示。电源电路的 AC 输入为 185 ～ 265V，DC 输出是 10V、1.8A。连接在 VD1 ～ VD4 输出端上的 VD5、VD6、VD7 和 C15、C16、R15 构成填谷式电路。R11 为输出电流感测电阻，利用运算放大器 U1 驱动光电耦合器 U3 和 U2 提供反馈，U2 通过关断或跳跃内部 MOSFET 的开关周期来进行稳压。当负载电流达到设置门限时，U1 驱动 U3 使其导通，U2 从引脚 EN/UV 拉出电流，使 U2 跳过开关周期。一旦输出电流低于设置电平，U3 截止，开关周期重新使能，U4（TL431）给 U1 提供一个基准电压，以与 R11 两端的电压降进行比较。

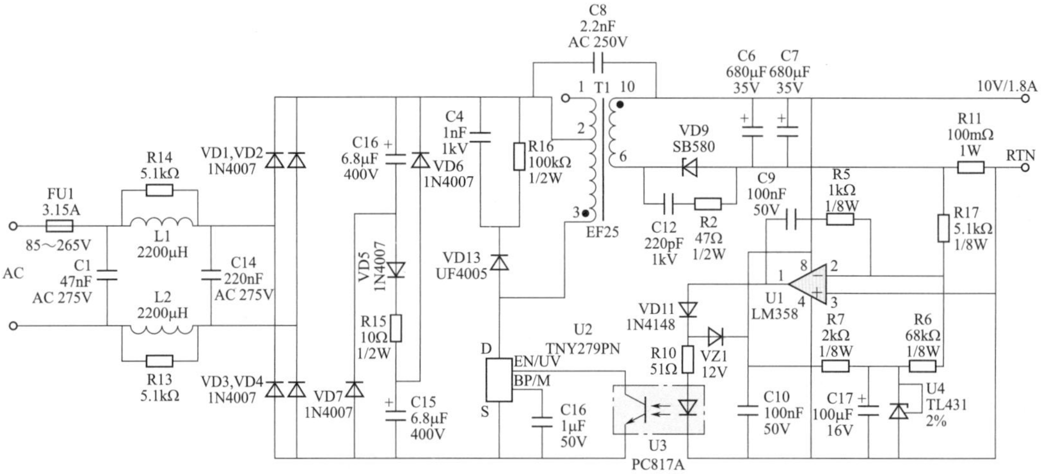

图 6-12　基于 TNY279PN 并带填谷式无源 PFC 的 18W 反激式 LED 照明用电源电路

当 LED 灯串接入到电路输出端时，由于输出电压略低于 LED 灯串上的正向电压降，电路在恒流模式操作。如果 LED 灯串未接入到电路中，稳压二极管 VZ1 提供反馈，将输出 DC 电压调节在约 13.5V 的电平上。

输出整流二极管 VD9 连接在 T1 二次绕组的下部引脚❻处，有助于降低 EMI。T1 内部配置的屏蔽绕组及 Y 电容 C8 可以降低传导 EMI。因此，利用由 L1、L2、C13、C14 组成的 π 形输入滤波电路，就可以满足 EN55022B 标准规定要求。

五、由 TOP250YN 构成的单级 PFC 驱动电路

采用离线式电源开关调整器 TOP250YN 并带单级 PFC 的 75W 恒压 / 恒流输出反激式 LED 驱动电源电路如图 6-13 所示。该 LED 驱动电源的 AC 输入电压为 208 ～ 277V，DC 输出是 24V 和 3.125A。

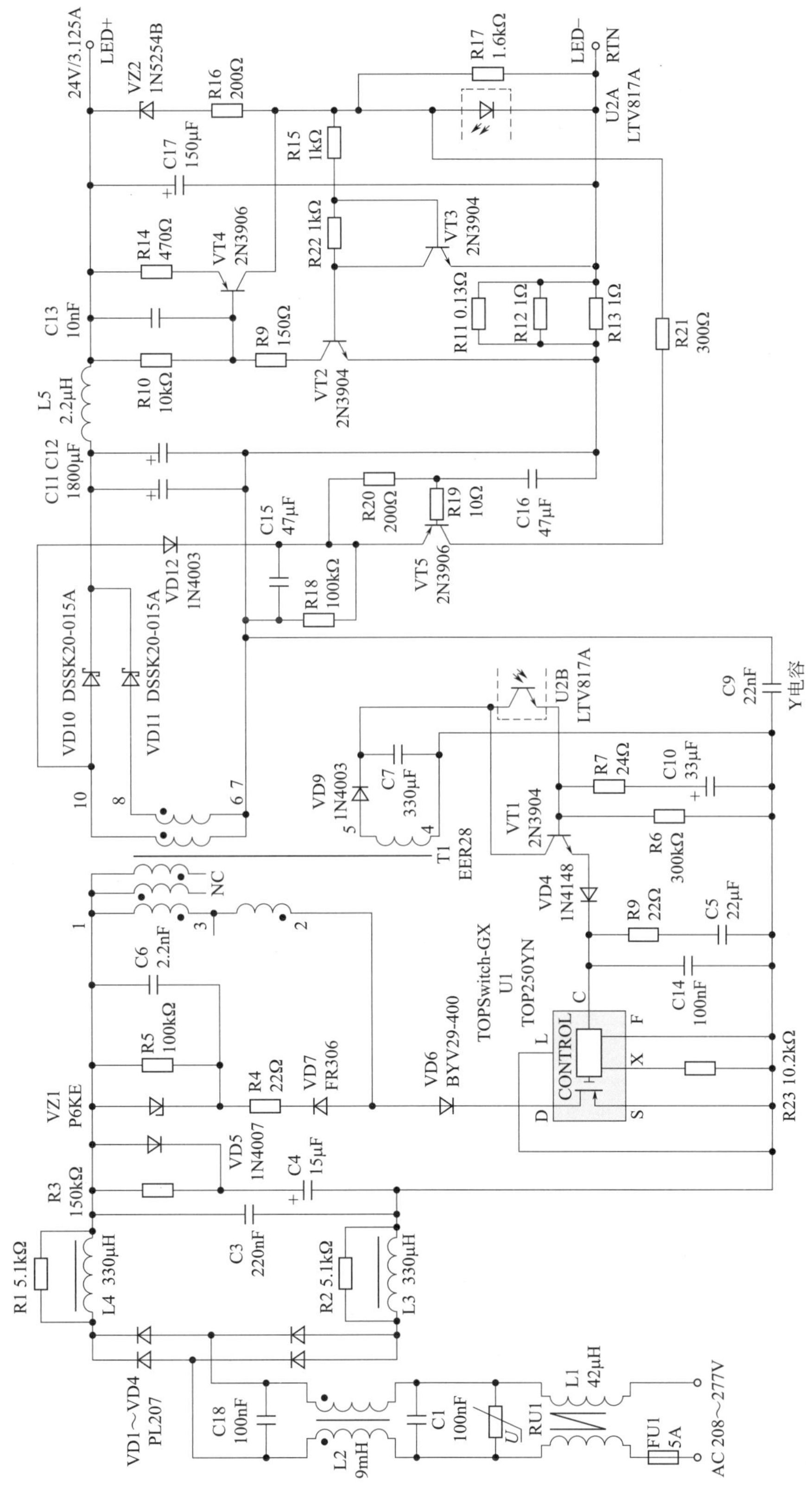

图 6-13 基于 TOP250YN 并带单级 PFC 的 75W 恒压 / 恒流输出反激式 LED 驱动电源电路

1. 电路基本结构

如图 6-13 所示电路的核心器件是 TOP250YN。TOP250YN 是 PI 公司生产的 TOPSwitch-GX 系列中的一种器件，采用 TO-220-TC 封装，内置 PWM 控制电路、保护电路和一个 700V 并带低导通态电阻 RDS（on）的 N 沟道功率 MOSFET，适用于全球通用 AC 线路输入。

在桥式整流器（VD1 ～ VD4）输入电路中的共模电感 L2 和 X 电容（C1/C2）组成标准型 EMI 滤波器。共模滤波由 L1、L2 和连接在一次侧地与二次侧地之间的 Y 电容 C9 提供。连接在 VD1 ～ VD4 输出端上的 L3 和 L4 提供附加的差模滤波，并能提高抗浪涌能力，并联在 L3 和 L4 两端的 R1 和 R2 有助于减小传导和辐射 EMI。

VD5、R3 和 C4 组成 DC 总线电压钳位电路。R3 在掉电时为 C4 放电提供通路，VD5 在电路进入稳态工作时对电容起退耦作用，这样就可以不影响线路功率因数。

U1（TOP250YN）、变压器 T1、VD10 和 VD11、C11 和 C12 以及光电耦合器 U2 和 VT1 等组成反激式变换器。连接在 T1 一次绕组上的 R5、C6 和 VD7 等组成钳位电路，稳压二极管 VZ1 仅在电路启动和负载瞬变时才会导通，并设定上限钳位电压。250ns 的快恢复二极管 VD7 用于恢复一些泄漏能量。R4 用于衰减高频振荡以改善 EMI 性能。VD6 用于防止 U1 反向偏置。

T1 二次侧整流二极管 VD10 和 VD11 连接在两个分开的绕组上，可以减小其功率耗散，提高整流效率，并改善 VD10 和 VD11 之间的电流分配。C11 和 C12 为滤波电容。L5 和 C17 为后置滤波器，用作减小开关频率纹波，并提高抗干扰能力和恒流设定点的稳定性与可靠性，27V 的稳压二极管 VZ2、R16 和 U2、VT1 等组成二次侧到一次侧的反馈电路。

2. 电路工作原理

（1）单级 PFC 的实现　U1（TOP250YN）本身并不含有 PFC 控制功能，单级 PFC 的实现，基于在一个 AC 线路周期内 U1 中功率 MOSFET 的开关占空比保持不变。由于开关占空比随 U1 控制引脚 C 上的电流变化而改变，为使流入 U1 引脚 C 上的电流恒定，则要求电容 C5 的电容量足够大。但是，如果 C5 的电容量过大，会延长启动时间，而且会产生一个较大的启动过冲。为了解决这个问题，增加了由光电耦合器光电晶体管 U2B 驱动的发射极跟随器 VT1，并在 VT1 基极上经 R7 连接一个 33μF 的电容 C10。从 VT1 的发射极看，C10 的容量则增加了 HFE（即电流增益），它与 C5 一起，以保持 U1 引脚 C 上流入的电流不变，使开关占空比恒定。

C10 和 R6 电路的主极点设置在 0.02Hz，R7 提供环路补偿，并在 200Hz 的频率上产生一个零点。增益交叉频率设置在 30 ～ 40Hz，远低于 100Hz 的全波整流电压频率。C5 和 VD8 共同确定 U1 引脚 C 上的启动时间。

（2）恒压（CV）与恒流（CC）操作

❶ 恒压（CV）操作。一旦输出电压超过由 VZ2（27V）、R16 和 U2A（LED）的正向电压所确定的值，反馈环路就使能。随 AC 线路和负载的变化，通过反馈增加或减小 PWM 占空比，来对输出电压进行调节，从而使 DC 输出电压保持稳定。VZ2 和 R16 将无载时的输出电压限制在约 28V 的最大值上。

❷ 恒流（CC）操作。电流感测电阻 R11 ～ R13 和晶体管 VT2、VT3、VT4 与 U2A 等构成恒流电路，并将输出电流设定在 3.1A（±10%）上。VT3 和 U2A 中 LED 的正向电压降为 VT2 产生一个基极偏置电压。在 R11、R12、R13 上产生的电压降对 VT2 也是需要的。一旦 VT2 导通，VT4 也会导通，VT4 的集电极电流流入 U2A，从而提供反馈。R10 限制 VT4 的基极电流，R14 设置恒流环路的增益。在 VT2 导通之前，R10 保持 VT4 截止。C13 提供环路补偿。

（3）软启动　连接在 T1 二次绕组（引脚⑩）上的 VD12 和 C15 组成一个独立的整流滤波电源。在输出达到稳定之前，C15 上的电压增加速率比主输出电路中滤波电容 C11 和 C12 上的电压上升快得多，致使 VT5 迅速导通。VT5 的集电极电流经 R21 流入 U2A，使 U2B 导通，并对电容 C10 充电，从而可以防止在启动期间的输出过冲。一旦输出电压达到稳定值，VT5 则被关断。

六、由 NCL30000 构成的单级 PFC 反激式驱动电路

1. 单级有源 PFC 控制

采用单级有源 PFC 控制器 IC 的 LED 照明用电源，一般都采用反激式变换器电路拓扑。按一次侧电感电流流动方式，主要分临界导电模式（CRM）和连续导电模式（CCM）两种类型。CRM 单级 PFC 反激式电源适合 10 ～ 60W 的低功率应用；CCM 单级 PFC 反激式电源输出功率通常为 75 ～ 150W，甚至可达 250W。

目前有源单级 PFC 控制器 IC 有很多，例如安森美半导体公司的 NCP1651、NCP1652、NCL30000 和 BCD 半导体公司的 AP1661 等。

2. NCL30000 工作原理

NCL30000 是安森美半导体公司生产的一种适用于低中功率 LED 照明用电源的可调光单级 PFC 控制器。NCL30000 采用 8 引脚 SOIC 封装，引脚排列如图 6-14 所示。

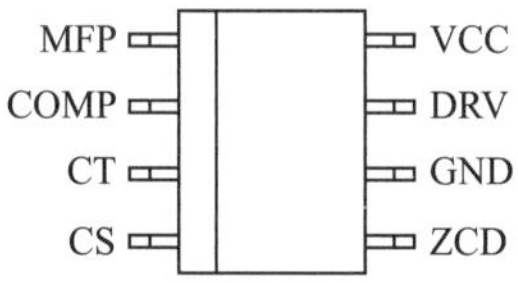

图 6-14　NCL30000 引脚排列

表 6-7 列出了 NCL30000 各个引脚的名称及功能。

表 6-7　NCL30000 引脚名称及功能

引脚号	名称	功能
❶	MFP	多功能引脚，连接内部误差放大器反相输入端。当该引脚上的电压低于 V_{UVP}=0.31V 时，IC 将被禁止。该引脚还连接内部过电压比较器的同相输入端，当该引脚上的电压一旦超过 V_{REF}(2.5V) 的 108%(即 2.7V)，过电压保护 (OVP) 功能即被激活
❷	COMP	误差放大器的输出端。在该引脚与地之间连接一个补偿网络设置环路带宽 (*BW*)。为实现高功率因数和低 *THD*，通常设置 *BW* = 10 ～ 20Hz
❸	CT	该引脚流出一个 275μA 的电流时，外部的定时电容充电，通过对定时电容上的电压与内部来自 $V_{CONTRAL}$ 的电压进行比较，PWM 电路控制开关的导通时间。在导通时间结束时，定时电容放电
❹	CS	外部功率 MOSFET 的瞬时开关电流感测输入端。电流感测信号被内部一个 195ns 的前沿消隐(LEB) 电路滤波
❺	ZCD	零电流检测 (ZCD) 绕组电压传感输入端。一旦 ZCD 控制电路检测到 ZCD 绕组已经退磁 , 外部 MOSFET 则导通
❻	GND	IC 地
❼	DRV	大电流推拉式 MOSFET 栅极驱动器输出端
❽	VCC	IC 正电源电压输入端。该引脚的导通门限为 12V，欠电压关闭门限是 10.2V，启动之后的工作电压范围为 10.2 ～ 20V

如图 6-15 所示为由 NCL30000 组成的单级 PFC 隔离反激式 LED 驱动电源电路。在图中，U1 履行单级反激式变换器驱动和 PFC 控制，二次侧上的 U2（NCS1002）是恒压 / 恒流控制器，U2 用作感测 LED 平均电流和输出电压，并且通过光电耦合器接口为一次侧提供一个反馈信号。

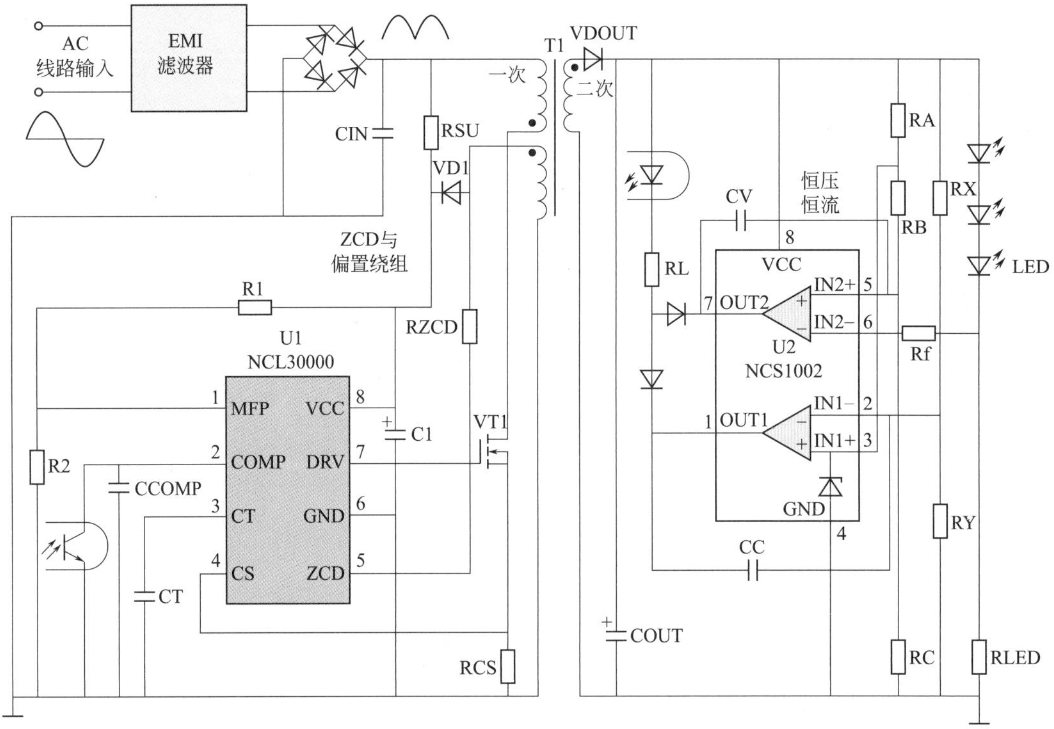

图 6-15　基于 NCL30000 的单级 PFC 隔离反激式 LED 照明用电源电路

3. 实际电路分析

采用 NCL30000 的 1.75W 单级 CrM-PFC 反激式 LED 照明用电源电路如图 6-16 所示。

（1）EMI 滤波器　EMI 滤波器用作衰减开关电流，将高频谐波降低到传导发射限制之内。通过线与线之间的 X 电容引入一个电流相位，可以不降低功率因数。由 27mH 的共模电感 L1 和两个 2.2mH 的差模电感 L2 和 L3 及 47nF 的电容 C1 和 C2 等组成的多级 EMI 滤波器，为通过 B 类传导发射要求提供充分衰减。

差模电感 L2 和 L3 显示自谐振特性，电阻 R2 和 R3 用作阻尼谐振，提供平滑的滤波性能。在谐振点上的频率 f_{res} 约为 500kHz，在该频率上 L2 的阻抗均为

$$X_L=2\pi f_{res}L=2\times3.14\times500\times10^3\text{Hz}\times2.2\times10^{-3}\text{H}=6.908\text{k}\Omega$$

R2 和 R3 的电阻值应稍低于 X_L，可以选择 R2=R3=5.6kΩ。

连接在变压器一次侧与二次侧之间的 Y 电容 C10 用作旁路共模电流。

由于反激式变换器输入电容 C4 仅为 100nF，因此输入端不必使用浪涌电流限制元器件。

FU1 为熔断器，RV1 用作线路过电压保护。

（2）启动与一次侧偏置电路　连接在整流输出高压总线上的 Rstart（R13A+R13B）是启动电阻，U1 引脚❽上的 C8 为 VCC 电容。系统加电后，流经 Rstart 的电流通过 VT2 的 b-e 结对 C8 充电。当 C8 上的充电电压达到 12V 时，引脚 VCC 导通，U1 内部参考和逻辑电路

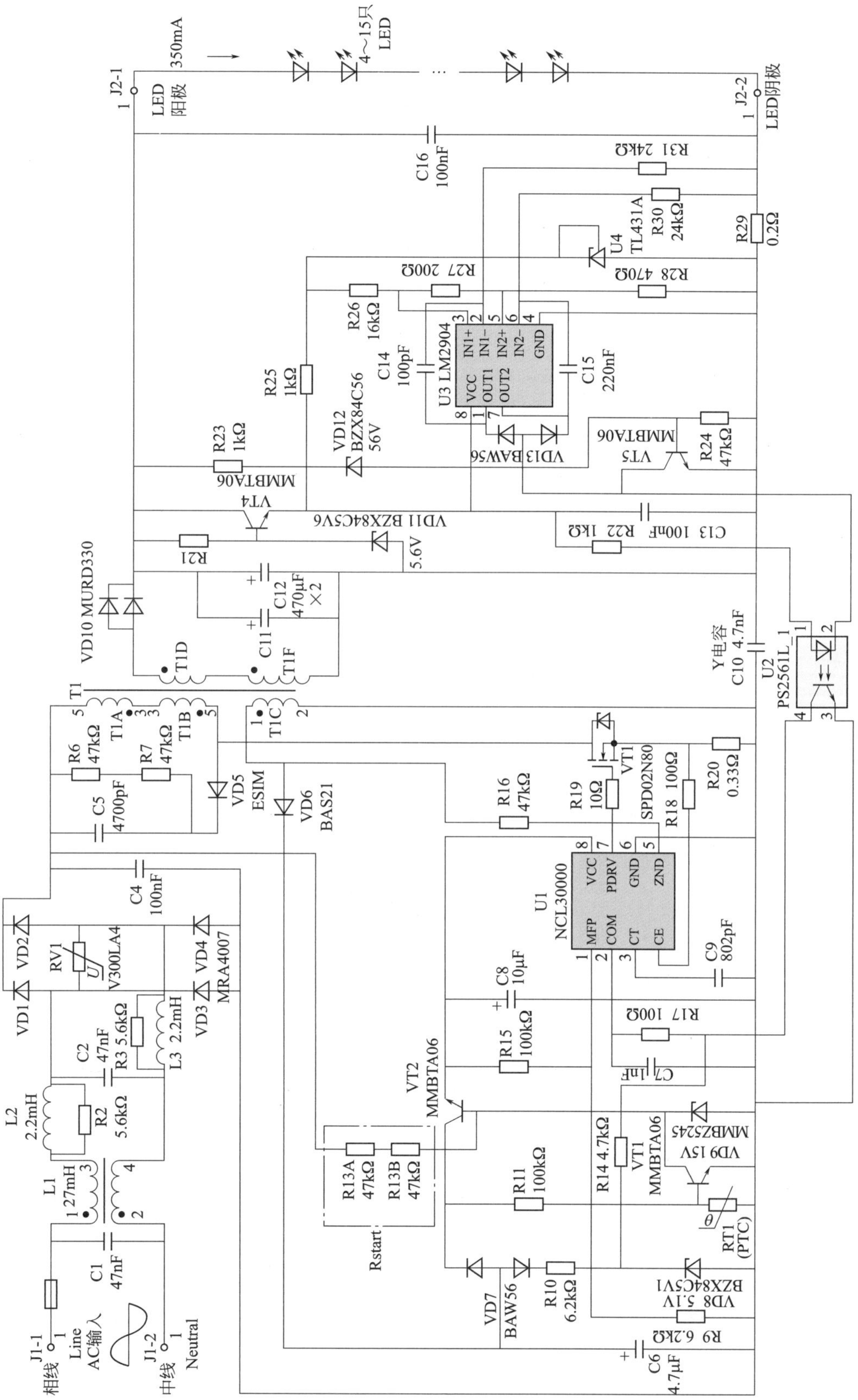

图 6-16 基于 NCL30000 的 1.75W 单级 CrM-PFC 反激式 LED 照明用电源电路

被激活，器件开始操作。VCC 电压有一个 2.5V 的滞后（即 V_{hyst}=2.5V），以有足够的时间使 C8 接收来自偏置绕组的电流。

T1 辅助绕组 T1C、VD6、C6、隔离二极管 VD7、15V 的稳压二极管 VD9、晶体管 VT2 和 C8 等组成 U1 的偏置电源电路。其中，VD9 和 VT2 等组成线性稳压器。VCC 电压将低于其最大额定值（20V），并被限制在 18V 以下。

（3）热关闭电路　R11、正温度系数（PTC）热敏电阻 RT1 和晶体管 VT1 等组成热关闭电路。RT1 紧靠功率 MOSFET（VT3），当温度过高时，RT1 电阻急剧增加，使 VT1 导通，从而关断 VT2，于是 U1 停止开关，一旦 RT1 冷却，电路将恢复到正常操作模式。

（4）零电流检测（ZCD）　T1 一次侧偏置绕组 T1C 同时为 U1 引脚⑤提供 ZCD 信号，限流电阻 R16 选择 47kΩ，将 U1 引脚⑤上的电流限制在 ±10mA，并且提供所需要的电压门限电平。

（5）二次侧整流滤波电路与反馈　VD10 和 C11、C12 为二次侧整流滤波电路。U3 是恒压 / 恒流控制器，稳压二极管 VD11 和晶体管 VT4 提供约为 5V 的偏置电压。56V 的稳压二极管 VD12 和晶体管 VT5 提供输出开路保护。

R29 为输出电流感测电阻，在 R29 上的电压降为 350mA×0.2Ω=70mV。U4 提出一个 2.5V 的电压参考，R26、R27 和 R28 组成的电阻分压器为 U3 提供正输入（IN1+ 和 IN2+），R29 和 R30、R31 分别为 U3 提供负输入（IN1− 和 IN2−）。U3 的输出经光电耦合器 U2 反馈至 U1，以进行 PWM 控制。

七、由 iW2202 构成的数字单级 PFC 驱动电路

iW2202 是艾尔瓦特（iWatt）公司生产的数字开关电源单级 PFC 控制器。由其组成的 150W 带有 PFC 的开关电源，符合“蓝天使”（Blue-angel）等节能标准。

1. iW2202 简介

iW2202 采用 8 引脚 SO 封装，引脚排列如图 6-17（a）所示，iW2202 芯片集成了波形分

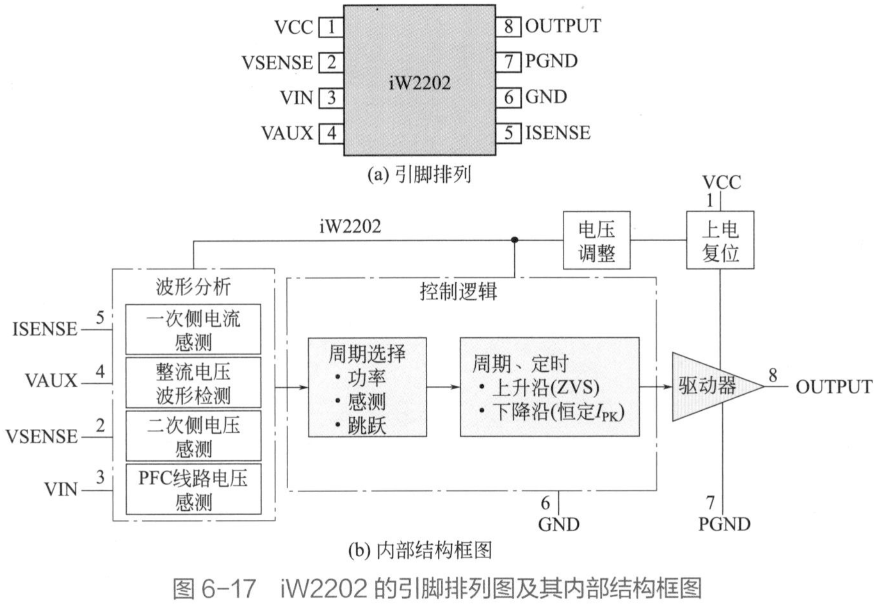

图 6-17　iW2202 的引脚排列图及其内部结构框图

析、控制逻辑和驱动器等电路，其组成框图如图 6-17（b）所示。

iW2202 的引脚功能见表 6-8。

表 6-8　iW2202 的引脚功能

引脚号	名称	类型	功能
❶	VCC	电源输入	电源端
❷	VSENSE	模拟输入	二次侧电压感测端，通常与引脚❹连接在一起
❸	VIN	模拟输入	线路电压感测端，用作监视整流线路电压
❹	VAUX	模拟输入	辅助绕组反馈电压输入端，用作监测输出电压波形
❺	ISENSE	模拟输入	一次侧电流感测端，用于逐周峰值电流控制
❻	GND	信号地	模拟与数字电路接地端
❼	PGND	功率地	输出驱动器接地端
❽	OUTPUT	数字输出	外部 MOSFET 开关栅极驱动器输出端

2. iW2202 工作原理

iW2202 被用作组成 PFC 的升压与回扫整流器 / 能量储存 DC/DC（Boost Integrated with Flyback Rectifier/Energy storageDC/DC，BIFRED）拓扑，如图 6-18 所示。这种 BIFRED 电路是一种升压与隔离回扫变换器相结合的单级单开关拓扑。

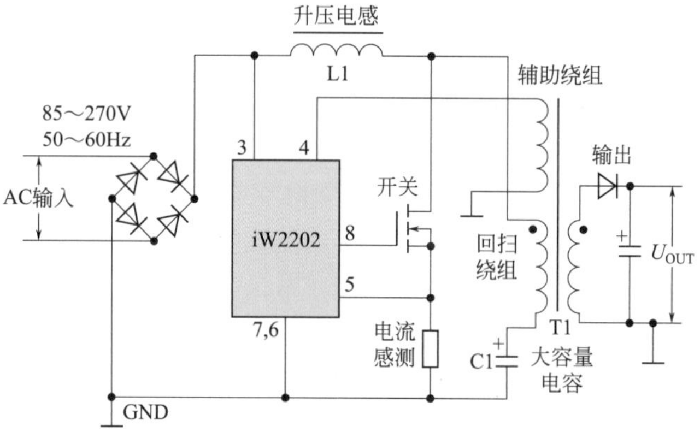

图 6-18　基于 iW2202 的 BIFRED 电路拓扑

在基于 iW2202 的 BIFRED 拓扑中，升压电感器、MOSFET 和大容量电容（C1）等组成单级 PFC 电路。单级 PFC 升压变压器工作在不连续导电模式，电容 C1 驱动回扫变换器。电路在开关接通时，来自 AC 线路的能量被储存在升压电感器中，与此同时，电容 C1 中的能量交付给变压器一次绕组并被储存。在开关断开时，一次绕组中的能量被传送到输出端。同时，升压电感器中的能量交付给 C1，并对 C1 充电。

在 AC 线路输入的半周期内，如果两个电感器中储存的平均能量相同，在 C1 上的电压将保持不变。采用 iW2202 作控制器，在 C1 上的电压低于 400V。若采用 PWM 或 PFM 传统控制器，在同样线路电压和负载条件下，C1 上的电压将会变得非常高，势必增加对 C1 和功率开关的应力。

3. 实际电路分析

基于控制器 iW2202 带单级单开关 PFC 的开关电源电路如图 6-19 所示。图中，VT1 为 MOSFET 开关管，它与 VD6、L1 和 C1 等组成 BIFRED 升压 / 回扫系统的升压变换器电路。T1 的回扫绕组（WP）为负载提供功率，反射在辅助绕组（WAUX）上的电压被 IC 的实时波形分析电路利用，WAUX 同时还为 IC 提供电源。VD1、C4 和启动元件等组成芯片供电电源电路。R7 和 R8 组成分压器，用作感测线路电压。R4、R5 和 R6 组成电流感测电路，作用为设置峰值电流。VD3、VD4 和 C3 组成缓冲电路。

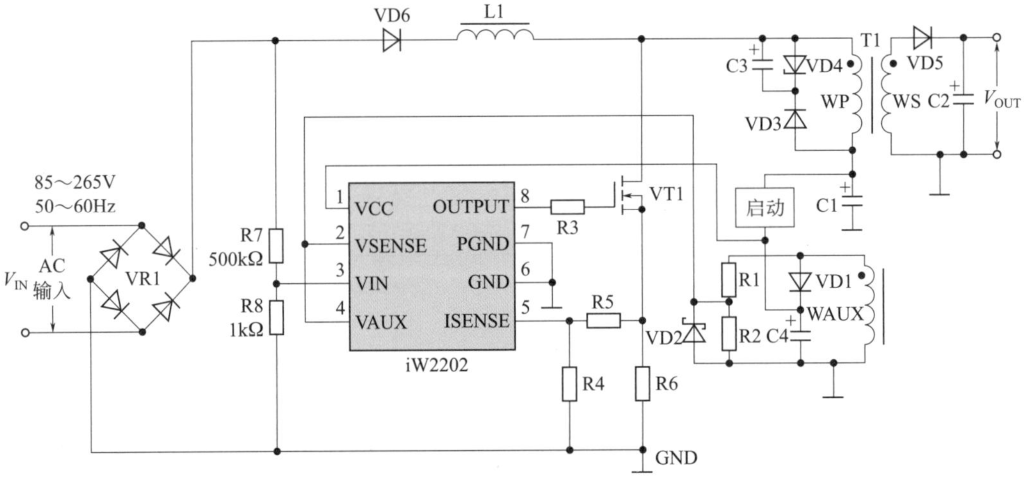

图 6-19 基于 iW2202 带单级单开关 PFC 的开关电源电路

八、由 SPI-9150 构成的带有源 PFC 的两级 LED 驱动电源

三垦电气（上海）有限公司推出一种 PFC/PWM 组合控制器 SPI-9150 单片 IC，适合用作设计 80 ～ 200W 的有源 PFC 与反激式变换器两级架构的隔离或非隔离 LED 照明用电源，并能够实现 0.99 以上的功率因数和 90% 以上的高效率。

SPI-9150 采用 16 引脚 DIP 封装，芯片高度集成了 PFC 和 PWM 控制电路以及各种保护电路。SPI-9150 的保护功能包含芯片过热关闭保护（TSD）、PFC 和反激式变换器 DC 输出过电压保护（OVP）、PFC 与反激式变换器过电流保护（OCP）以及过载保护（OLP）等。在出现过电压、过载和过热时，电路进入保护锁定状态，当拔下 AC 电源插座且故障解除时，系统即可恢复到正常状态。

基于 PFC/PWM 控制器 SPI-9150 的 120W 隔离式 LED 照明用电源电路如图 6-20 所示。

❶ 输入 EMI 滤波器与桥式整流器。在图 6-20 所示的电路中，L2、C33、C32、C17 和 R32 等组成输入 EMI 滤波器，反激式变压器 T1(DC) 一次侧与二次侧之间的 C35 为 Y 电容。FU2 为熔断器，VZE2 为浪涌电压吸收元件。BD2 为全桥式整流器。

❷ 有源 PFC 升压变换器。U1（SPI-9150）中的有源 PFC 控制器及其外部的 T1（PFC）、PFC 开关 VT1（500V/0.5Ω）和升压二极管 VD11 等构成有源 PFC 升压变换器。CE1 和 C21 分别为 PFC 级电路的输入和输出电容。R22、R23、R41 和 R24 组成的电阻分压器，用作感测输入电压，并将在 R24 上的检测信号经 U1❼ 输入到内部电路。二极管 VD6 是启动时的

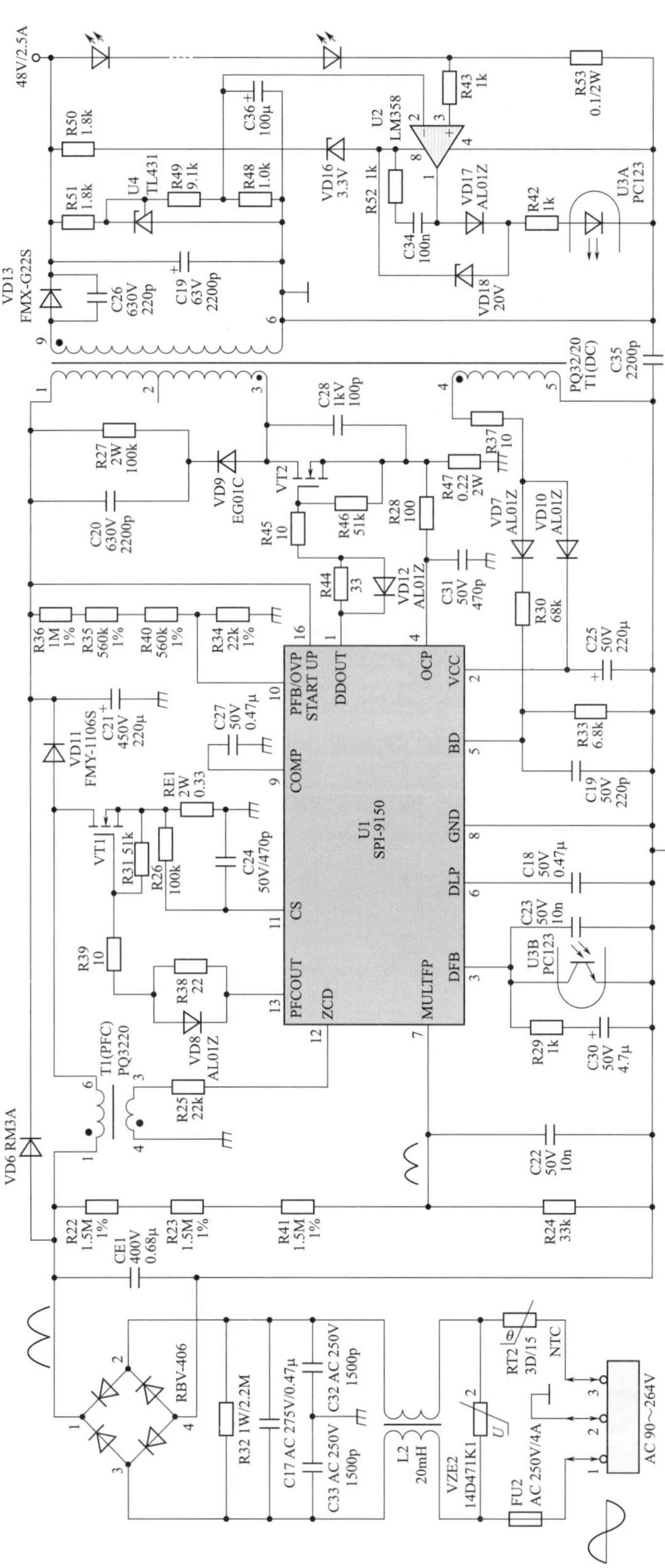

图 6-20 基于 PFC/PWM 控制器 SPI-9150 的 120W 隔离式 LED 照明用电源电路

通路器件。在系统加电后，电流经过 VD6 直接对 PFC 输出电容 C21 充电，这样就可以保证 PFC 电路启动时在升压电感［T1（PFC）一次绕组］中没有能量存储。T1（PFC）的二次侧为零电流检测（ZCD）绕组，为 U1 引脚 ⑫ 提供 ZCD 信号。RE1 为 PFC 级电流感测电阻，R36、R34、R40 和 R34 组成的电阻分压器，用来感测 PFC 输出 DC 电压，在 R34 上的检测信号馈送到 U1 引脚 ⑩，以进行 PFC 输出电压调整及过电压保护（OVP）。PFC 升压变换器输出稳定的 DC 高压（通常为 400V），作为下游级联的反激式变换器的输入。DC 高压加至 U1 引脚 ⑯，直接启动 U1。

③ 反激式变换器。U1 中的反激 PWM 控制器、功率开关 VT2、变压器 T1（DC）、二次侧整流二极管 VD13 和平滑电容 C19 等组成反激式变换器。R53 是 LED 电流感测电阻。运算放大器 U2（LM358）和光电耦合器 U3 提供恒流（CC）控制和反馈。U4（TL431）为 U2 提供 2.5V 的参考电压，R50、VD16 和 VD18 等对负载开路提供输出电压钳位。T1（DC）一次绕组上连接的 VD9、R27 和 C20 组成 RCD 型钳位电路。R47 为反激式变换器一次侧电流感测电阻，在 R47 上的电流检测信号输入到 U1 的引脚 ④，进行过电流保护（OCP）。T1（DC）的辅助绕组（④ 脚与 ⑤ 脚之间）、R37、VD10 和 C25 为 U1 引脚 ② 提供 VCC 偏置。

九、由 UCC28810/28811 构成的带有源 PFC 的驱动电源

（1）UCC28810/28811 的结构　UCC28810 和 UCC28811 是德州仪器（TL）公司生产的一种 LED 照明电源控制器。这两种 IC 都采用 8 引脚 SO 封装，引脚排列如图 6-21 所示。

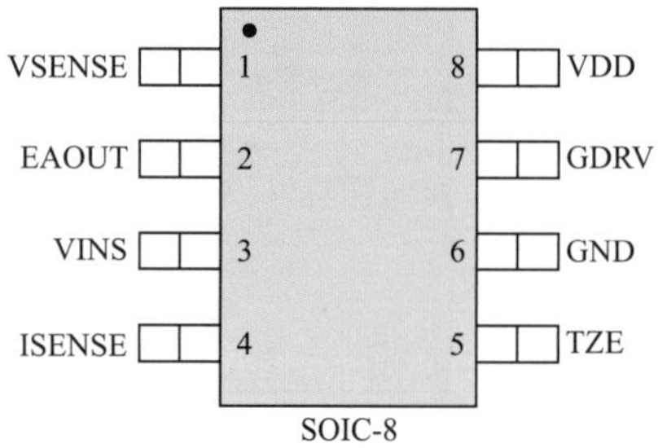

图 6-21　UCC28810/28811 引脚排列

UCC28810/28811 在芯片上集成了电源电路、电压跨导误差放大器、过电压保护（OVP）电路、电流参考产生器、变压器零能量检测电路、电流感测比较器、控制逻辑和 MOS 栅极驱动器等。

UCC28810/28811 各个引脚的功能见表 6-9。了解 IC 的引脚功能，有助于理解其应用电路的工作原理。

表 6-9　UCC28810/28811 的引脚功能

引脚号	名称	功能
❶	VSENSE	跨导误差放大器反相输入端，带 2.5V 的参考。该引脚同时又是过电压保护 (OVP) 比较器输入端
❷	EAOUT	跨导误差放大器输出端，同时又是电流参考产生器的一个输入端。当该引脚上的电压低于 2.3V 时，零能量检测比较器被激活
❸	VINS	该引脚通过外部电阻分压器感测经整流的线路电压，作为电流参考产生器的一个输入

续表

引脚号	名称	功能
❹	ISENSE	外部 MOSFET 开关电流感测输入，内部加入一个 75mV 的失调限制零交叉失真。该引脚上的门限电压为 $V_{ISENSE}=0.67\times(V_{EAOUT}-2.5V)\times(V_{VINS}+75mV)$
❺	TZE	变压器零能量检测比较器输入，利用偏置绕组可以感测变压器零能量。当电感电流降为零时，转换信号被检测
❻	GND	IC 参考地
❼	GDRV	栅极驱动输出，用作驱动反激、降压或升压开关
❽	VDD	IC 电源正电压输入，该引脚导通门限电平为 15.8V(UCC28810) 或 12.5V(UCC28811)

（2）由 UCC28810/28811 构成的两级驱动电源　采用控制器 UCC28810 和 UCC28811 的 PFC/ 降压式 LED 照明电源电路如图 6-22 所示。图中，U1（UCC28810）、R1、R2、C1、C2、T1、VD5、VT1、R3、R4、R5 等组成有源 PFC 变换器。T1 的二次绕组为 U1 引脚 TZE 提供变压器零能量检测信号，T1 二次绕组还与 VD6、C4 及 C7 为 U1 和 U2（UCC28811）提供偏置电源。当在 VT3 基极施加一个驱动信号使 VT3 导通时，U1 引脚 ❶ 上的电压只要低于 0.67V，U1 将关断 PFC 开关 VT1。系统前置 PFC 级电路可以保证满足相关标准对谐波电流或功率因数的要求。

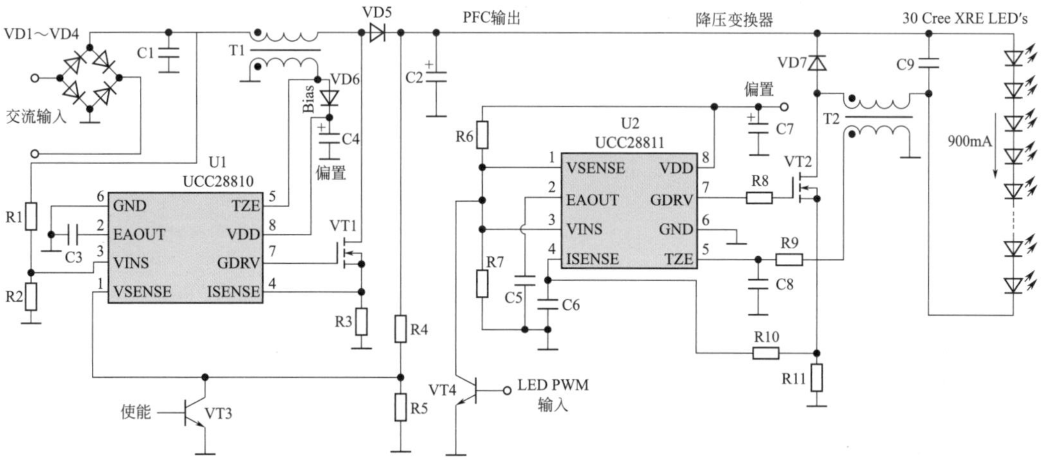

图 6-22　基于 UCC28810 和 UCC28811 的 PFC/ 降压式 LED 照明电源电路

PFC 变换器输出连接由 U2、VT2、VD7 和 T2 等组成的 DC/DC 降压式变换器。第二级电路将 PFC 输出电压变换成一个固定的电流驱动 LED 负载。在 VT4 基极施加一个 PWM 信号，可以调节 LED 电流，从而实现调光。

（3）由 UCC28810/28811 构成的三级驱动电源　如图 6-23 所示为一种三级架构的 110W LED 照明用电源电路。图中，以 UCC28810 为核心组成 PFC 升压跟随电路。这种类型的 PFC 升压电路的 DC 输出电压不是固定的，而是随 90 ～ 265V 的 AC 电压输入，提供 305 ～ 400V 的 DC 电压输出。第二级是以 UCC28811 为中心组成的低侧（Low-side）降压变换器，用来提供控制电流源。驱动器 UCL63000、变压器 T1、VT1/VT2 及 T2、T3 等组成半桥式变换器，半桥输出驱动两个串联在一起的变压器 T2 和 T3。T2 和 T3 的输出经整流滤波，

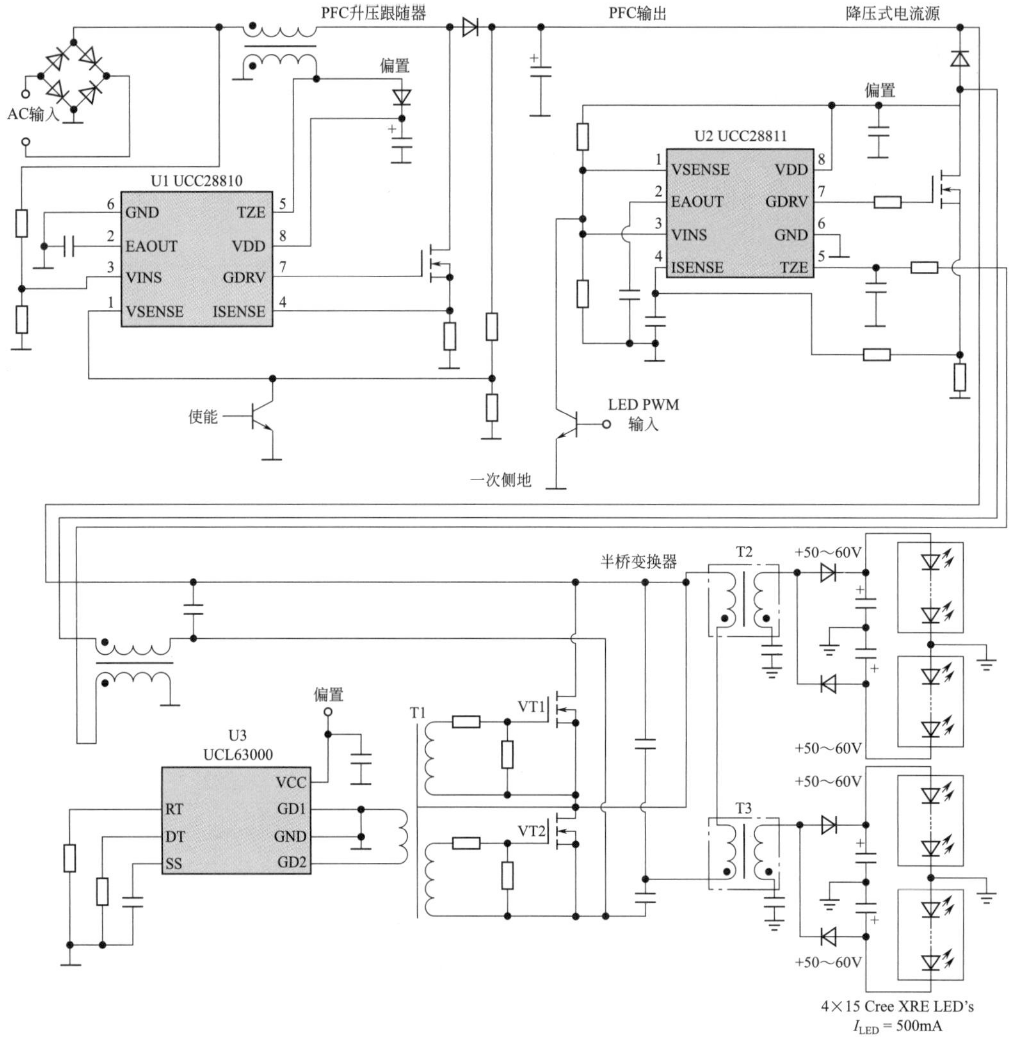

图 6-23　三级架构的 110W LED 照明用电源电路

驱动 4×15 Cree XRE LED，在 500mA 的输出电流时的输出功率为 110W。系统转换效率可达 91%，输入 AC 谐波电流和功率因数都能够满足相关标准规定的要求。

第七章 多种电气设备中开关电源的原理与维修技术

第一节 电动车充电器原理分析与故障检修

一、通用型电动车充电器的结构原理与检修

1. 工作原理

电动车充电器实际就是一个开关电源加上一个检测电路，目前很多电动车的48V充电器都是采用KA3842和比较器LM358来完成充电工作，原理图如图7-1所示。

220V交流电经LF1双向滤波、VD1～VD4整流为脉动直流电压，再经C3滤波后形成约300V的直流电压。300V直流电压经过启动电阻R4为脉宽调制集成电路IC1的❼脚提供启动电压，IC1的❼脚得到启动电压后（❼脚电压高于14V时，集成电路开始工作），❻脚输出PWM脉冲，驱动电源开关管（场效应管）VT1工作在开关状态，电流通过VT1的S极⟶D极⟶R7⟶接地端，此时开关变压器T1的❽—❾绕组产生感应电压，经VD6、R2为IC1的❼脚提供稳定的工作电压，IC1的❹脚外接振荡电阻R10和振荡电容C7决定IC1的振荡频率，IC2（TL431）为精密基准电压源，IC4（光电耦合器4N35）配合用来稳定充电电压，调整RP（510Ω可调电位器）可以细调充电器的电压，LED1是电源指示灯，接通电源后该指示灯就会发出红色的光。VT1开始工作后，变压器的次级❻—❺绕组输出的电压经快恢复二极管VD60整流、C18滤波得到稳定的电压（约53V）。此电压一路经二极管VD70（该二极管起防止电池的电流倒灌给充电器的作用）给电池充电，另一路经限流电阻R38、稳压二极管VZD1、滤波电容C60，为比较器IC3（LM358）提供12V工作电源，VD12为IC3提供的基准电压经R25、R26、R27分压后送到IC3的❷脚和❺脚。

正常充电时，R33上端有0.18～0.2V的电压，此电压经R10加到IC3的❸脚，从❶脚输出高电平，❶脚输出的高电平分三路输出：第一路驱动VT2导通，散热风扇得电开始工作；第二路经过电阻R34点亮双色二极管LED2中的红色发光二极管；第三路输入到IC3的❻脚，此时❼脚输出低电平，双色发光二极管LED2中的绿色发光二极管熄灭，充电器

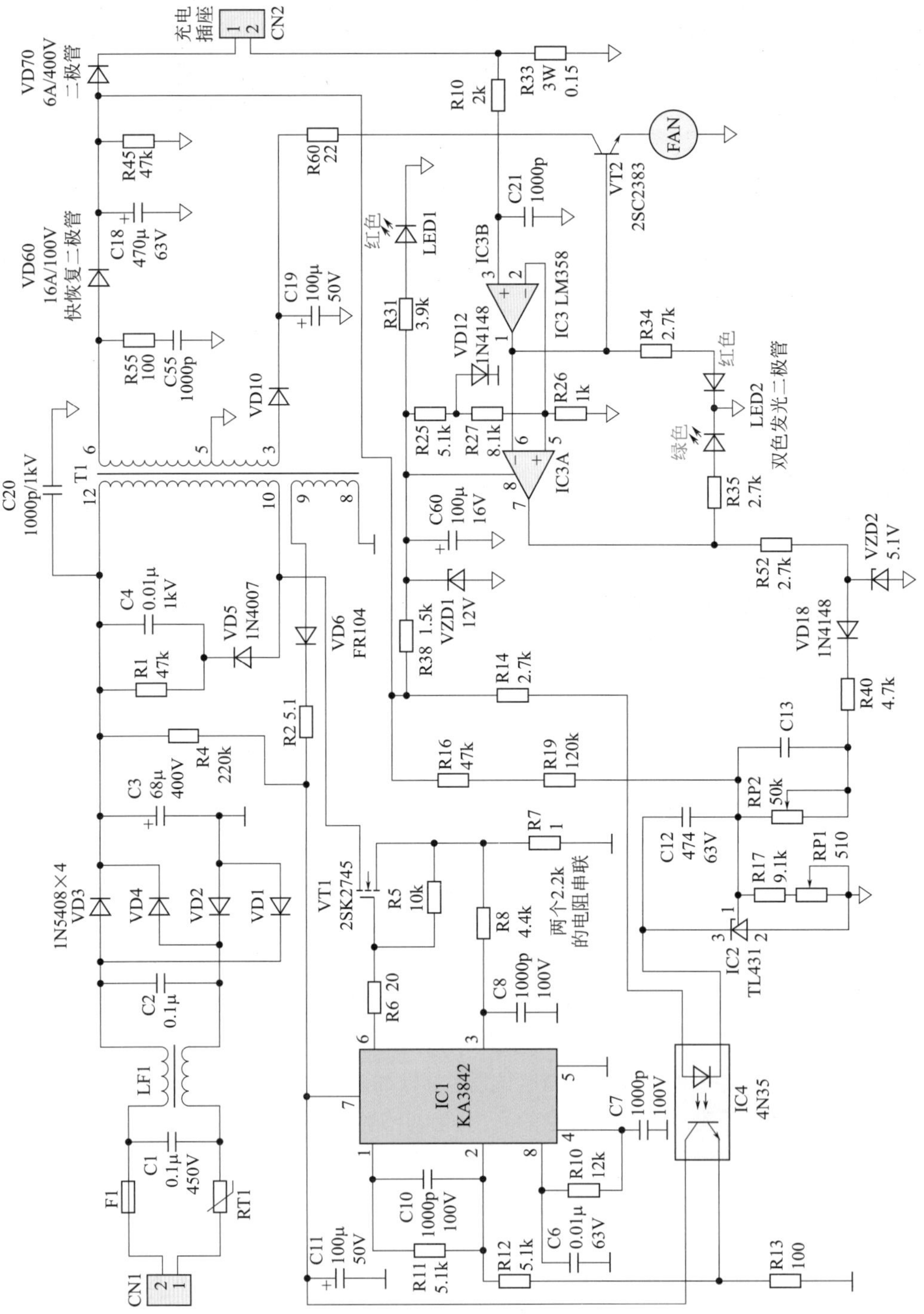

图 7-1 通用型电动车充电原理图

进入恒流充电阶段。当电池电压升到 44.2V 左右时，充电器进入恒压充电阶段，电流逐渐减小。当充电电流减小到 300 ～ 500mA 时，R33 上端电压下降，IC3 的 ❸ 脚电压低于 ❷ 脚，❶ 脚输出低电平，双色发光二极管 LED2 中的红色发光二极管熄灭，三极管 VT2 截止，风扇停止运转。同时 IC3 的 ❼ 脚输出高电平，此高电平一路经过电阻 R35 点亮双色发光二极管 LED2 中的绿色发光二极管（指示电已经充满，此时并没有真正充满，实际上还得一两小时才能真正充满），另一路经 R52、VD18、R40、RP2 到达 IC2 的 ❶ 脚，使输出电压降低，充电器进入 300 ～ 500mA 的涓流充电阶段（浮充），改变 RP2 的电阻值可以调整充电器由恒流充电状态转到涓流充电状态的转折流（200 ～ 300mA）。

2. 常见故障检修

（1）高压电路故障　该部分电路出现问题的主要现象是指示灯不亮。通常还伴有保险丝烧断，此时应检查整流二极管 VD1 ～ VD4 是否击穿，电容 C3 是否炸裂或者鼓包，VT2 是否击穿，R7、R4 是否开路，此时更换损坏的元件即可排除故障。若经常烧 VT1，且 VT1 不烫手，则应重点检查 R1、C4、VD5 等元器件；若 VT1 烫手，则重点检查开关变压器次级电路中的元器件有无短路或者漏电。若红色指示灯闪烁，则故障多数是由 R2 或者 VD6 开路、变压器 T1 引脚虚焊引起的。

（2）低压电路故障　低压电路中最常见的故障就是电流检测电阻 R33 烧断，此时的故障现象是红灯一直亮，绿灯不亮，输出电压低，始终充不进电。另外，若 RP2 接触不良或者因振动导致阻值变化（充电器注明不可随车携带就是怕 RP2 因振动导致阻值变化），就会使输出电压变化。若输出电压偏高，电瓶会过充，严重时会失水，最终导致充爆；若输出电压偏低，会导致电瓶欠充，缩短其寿命。

二、TL494 与 LM324 构成的三段式充电器原理与检修

1. 电路工作原理

恒流、恒压和浮充是三段式充电的三个必要阶段，对 48V 蓄电池而言，可以这样来描述其充电过程：在充电开始时保持一个充电电流 1.8 ～ 2.5A，此时充电电压逐渐上升，即恒流充电阶段；当充电电压上升到 58.5 ～ 59.5V 时，立即保持这个充电电压不变，此时充电电流逐渐下降，即恒压充电阶段；当充电电流下降到 400 ～ 500mA 的转换电流时，充电器立即转 55.5 ～ 56.5V 的小电流充电，即浮充阶段。

三段式充电是一个自动充电的过程，要实现对充电电流和电压的自动控制，在电路的输入和输出之间必须有一个闭环的反馈回路，通过对输出电流和电压的反馈取样，再经过控制电路对信号的处理输出，控制信号去调整输入端的工作状态，从而达到自动控制的目的。下面以 TL494 为中心组成的一款充电器为例来解说三段式充电的控制和转换过程（见图 7-2）。

220V 交流电经 VD1 ～ VD4 整流、C5 滤波得到 300V 左右直流电，此电压给 C4 充电，经 T1 高压绕组、T2 主绕线、V2 等形成启动电流，T2 反馈绕组产生感应电压，使 V1、V2 轮流导通，因此在 T1 低压供电绕组产生电压，经 VD9、VD10 整流，C8 滤波，给 TL494、LM324、V3、V4 等供电。此时输出电压较低，TL494 启动后其 ❽ 脚、⓫ 脚轮流输出脉冲，推动 V3、V4，经 T2 反馈绕线激励 V1、V2，使 V1、V2 由自激状态转入受控状态。T2 输出绕组电压上升，此电压经 R29、R27 分压后反馈给 TL494 的 ❶ 脚（电压反馈），使输出

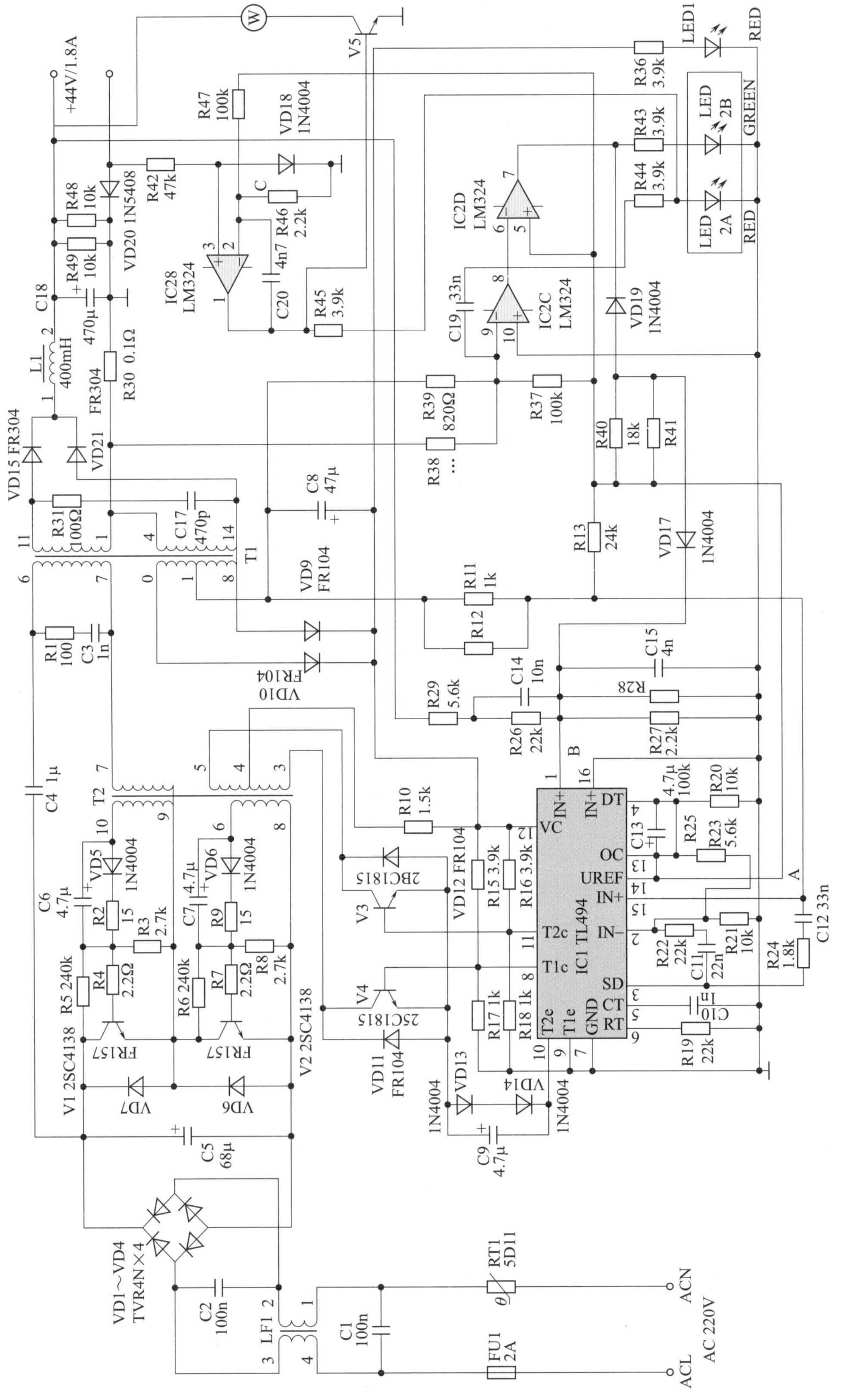

图 7-2　新型三段式充电器电路原理图

电压稳定在 41.2V。R30 是电流取样电阻，充电时 R30 产生压降，此电压经 R11、R12 反馈给 TL494 的 ⑮ 脚（电流反馈），使充电电流恒定在 1.8A 左右。另外充电电流在 VD20 上产生压降，经 R42 到达 LM324 的 ❸ 脚，使 ❷ 脚输出高电压，点亮充电灯。同时 ❼ 脚输出低电压，浮充灯熄灭，充电器进入恒流充电阶段。而且 ❼ 脚低电压拉低 VD19 阳极的电压，使 TL494 的 ❶ 脚电压降低，这将导致充电器最高输出电压达到 44.8V，当电流电压上升至 44.8V 时，进入恒压阶段。

当充电电流降低到 0.3 ～ 0.4A 时 LM324 的 ❸ 脚电压降低，❶ 脚输出低电压，充电灯熄灭。同时 ❼ 脚输出高电压，浮充灯点亮。而且 ❼ 脚高电压抬高 VD19 阳极的电压，使 TL494 的 ❶ 脚电压上升，这将导致充电器输出电压降低到 41.2V，充电器进入浮充。

图 7-2 中的电流检测电路分别通过 R27、R28 等接至电源地上，利用充电电流流过 R30 产生的压降，为 IC1 内 AMP2 电流误差放大器和 IC2 内比较器 1 提供充电电流检测的取样电压，因整机地接输出负极，所以从电源地（即 C8 负端）取得的电压为负电压，充电电流越大，在 R29 上产生的压降越大，由电源地取得的负电压就越大。图中 IC1 的 AMP2 电流比较器的 ⑯ 脚接地，⑮ 脚电压由 R11 引入的电流检测负电压和 R13 接 +5V 引入的正电压叠加而成。当 ⑮ 脚叠加电压为正时，AMP2 输出低电平，对输出脉宽无控制作用；为负时 AMP2 输出高电平，使输出脉宽受控减小直至为 0。在 IC2 的比较器 1 中，其 ❸ 脚接地，❷ 脚电压由 R21 引入的电流检测负电压和 R23 接 +5V 引入的正电压叠加而成。当 IC2 的 ❷ 脚电压为正时，比较器 1 输出低电平，LED2 充电灯（橙色）灭，充满灯（黄色）亮，散热风扇停转；为负时，比较器 1 输出高电平，LED2 充电灯亮，充满灯灭，散热风扇转动。在设计时由于 R47（100kΩ）比 R13(24kΩ) 大很多，只有当充电电流下降到 400 ～ 500mA 时才能使 IC2 的 ❷ 脚叠加电压为正，这时 IC2 的比较器 1 输出低电平，使充满灯亮，散热风扇停转，预示充电即将完成。

图 7-2 中的电压检测 B 点通过 R29、C14、R26 直接接于输出正极上，输出端的电压变化通过这 3 个元件反馈到 IC1 的 ❶ 脚，AMP1 电压误差放大器的 ❷ 脚外接固定电压 3.25V，❶ 脚电压由电压检测 B 点引入的输出端取样电压和 VD17 提供的电压叠加而成，当 ❶ 脚电压大于 ❷ 脚的 3.25V 时，AMP1 电压误差放大器输出高电平，使输出脉宽减小直至为 0，反之对输出脉宽无限制作用。

（1）充电器空载 当充电器不接蓄电池处于空载时，输出电压因空载而升高，输出电流为 0A，R29 上的压降为 0V；电流检测 A 点的引入电压和由 R13 引入的正电压使 IC1⑮ 脚的叠加电压为正，AMP2 输出低电平，对输出脉宽无限制作用；电流检测 C 点引入电压和由 R47 引入的正电压叠加使 IC2❷ 脚电压为正，IC2 比较器 1 输出低电平，使 LED2 充电灯（橙色）灭，U5 截止，散热风扇停转，使 IC2❻ 脚电压降低，比较器 2 输出高电平，使 LED2 的充满灯（黄色）亮，同时 VD19 因 IC2❼ 脚电压升高而截止，VD17 导通向 IC1❶ 脚提供一个正电压。另外，电压检测 B 点电压因输出空载而升高，这两路电压的叠加使 IC1❶ 脚电压大于 ❷ 脚，于是 AMP1 输出高电平使输出脉宽减小，振荡减弱，输出电压降低。之后，又通过电压检测 B 点引入电压使 IC1❶ 脚电压降低，当 ❶ 脚电压低于 ❷ 脚 3.25V 时，AMP1 又输出低电平，对输出脉宽无限制作用，振荡加强，又使输出电压升高。如此反复，使空载电压保持在 55.5 ～ 56.5V（与设计有关）上。

（2）恒流充电 当充电器接上蓄电池时，输出电压因接上负载而下降，充电电流经充电器正极流向蓄电池并回到充电器负极，再经过 R30 流向电源地，会在 R30 上产生一个压降，因而会在C8的负极上（电源地）产生一个负电压。由于在充电前期充电电流远大于400～500mA，而R47（100kΩ）阻值很大，所以电流检测C点引入负电压和由R47引入的正电压不足以使IC2❷脚电压为正，因而在恒流充电阶段，IC2的比较器1始终输出高电平，这个高电平使LED2的充电灯（橙色）亮，U5导通，散热风扇转动，使IC2❻脚电压为高电平，IC2比较器2输出低电平，使LED2充满灯（黄色）灭，同时VD19因IC2❼脚电压降低而导通，VD17截止，停止向IC1❶脚提供一个正电压。另外，电压检测B点的引入电压因输出电压下降而降低，这两组电压的下降使IC1❶脚电压在恒流充电阶段始终低于❷脚，因而在恒流充电阶段AMP1始终输出低电平，对输出脉宽无控制作用。

电流检测A点引入的负电压随着充电电流的增加而越来越大，和在IC1⓯脚R13引入的正电压叠加，当叠加的结果使IC1⓯脚电压变为负时，因IC1⓰脚接地，AMP2输出高电平，使输出脉宽减小，振荡减弱，充电电流减小。之后，电流检测A点的引入负压也减小，当减小到使IC1⓯脚电压为正时，AMP2又输出低电平，对输出脉宽无控制作用，振荡加强，充电电流又增大。如此反复，使充电电流保持在1.8～2.5A（与设计有关），可以看出恒流充电实际上是一个动态恒流的过程。

（3）恒压充电　随着恒流充电的进行，充电电压逐渐上升，当到时间T_1，即充电电压上升至58.5～59.5V（与设计有关）时，由于电压检测B点的引入电压上升，最终使IC1❶脚电压大于❷脚的3.25V，AMP1输出高电平，使输出脉宽减小，振荡减弱，输出电压降低。之后，电压检测B点的引入电压也降低，当IC1❶脚电压低于❷脚后，AMP1又输出低电平，对输出脉宽无控制作用，振荡加强，输出电压上升。如此反复，使输出电压稳定在58.5～59.5V（与设计有关）上，这实际上也是一个动态恒压的过程。

此过程中因充电电流仍高于400～500mA，所以IC2❷脚叠加电压仍维持负电压，IC2内比较器1输出高电平，LED2的充电灯维持点亮，U5导通而散热风扇维持转动，IC2内比较器2输出低电平，维持LED2的充满灯灭的状态，VD19导通，VD17截止，降低IC1❶脚的电压，使输出脉宽的受控时间变短，输出电压维持在58.5～59.5V的较高水平上。

在恒压充电阶段，充电电流下降得比较快，电流检测A点的引入负电压因充电电流下降而减小；它与R13的引入正电压在IC1⓯脚上的叠加电压始终为正，因而在恒压充电阶段AMP2始终输出低电平，失去对输出脉冲的控制作用。

（4）浮充电　随着恒压充电接近尾声，充电电流逐渐减小，R30上的压降也逐渐减小，到400～500mA（与设计有关）即时间T_2时，电流检测C点的引入负电压和由R47引入的正电压在IC2❷脚的叠加电压已经不能维持负电压，从而使IC2❷脚电压大于❸脚，IC2内比较器1输出低电平，LED2的充电灯（橙色）灭，U5截止，散热风扇停转；同时使IC2❻脚电压下降，IC2❺脚电压大于❻脚，IC2内比较器2输出高电平，使LED2的充满灯（黄色）亮；VD19因IC2❼脚电压升高而截止，VD17导通，从而抬高IC1❶脚电压，使电压检测点B的引入电压在较短的时间内就可以使IC1❶脚电压大于❷脚，也就是使输出脉宽受控的时间变长，此时输出电压略低于59.5V而稳定在55.5～56.5V上（与设计有关）。

在浮充电阶段，因充电电流小于400～500mA，R29上的压降已经变得很小了，因而电流检测A点的引入负电压和由R14引入的正电压在IC1⓯脚上的叠加电压始终为正，所以在浮充电阶段，IC1内的AMP2始终输出低电平，失去对输出脉宽的控制作用。

浮充电阶段和空载时的工作状态是基本相同的，不同的是，浮充电阶段它不仅要向蓄电池提供一个浮充电压，还提供一个 400 ～ 500mA 的浮充电流。

表 7-1 列举了一些厂家设计的电动车充电器参数。

表 7-1 一些厂家设计的电动车充电器参数

参数	24V 12A · h	36V 12A · h	48V 12A · h	48V 20A · h	48V 24A · h
恒流电流值 /A	1.8	1.8	1.8	2.25	2.5
恒压电压值 /V	29.5	44.4	58.5	59.5	59.5
转换电流值 /mA	300	400	400	450	500
浮充电压值 /V	27.5	41.4	55.5	55.5	56.5

2. 电路检修

首先要排除短路故障，特别是主振荡电路的短路故障，遇到电流和电压检测电路上的电阻损坏时，一定要用阻值和误差精度相同的电阻替换，否则可能改变恒流、恒压转换电流或浮充参数，使蓄电池充不满电或黄色灯不亮进不了浮充电阶段。

❶ 外接12V电压检查充电器电压、电流检测及控制电路的好坏。不接220V和蓄电池，先用一支高亮度LED跨接在C7、C6的两个正端上，用外接12V直流电压加在C8两端，如果控制电路IC1、IC2C、IC2D及磁芯变压器T1工作正常，可以看见此时LED发出明亮的光。然后检查IC1内AMP1电压误差放大器的好坏，用镊子端接IC1❶和⓮脚，人为使IC1❶脚电压高于❷脚，这时AMP1输出高电平，使输出脉宽减小直至为0，此时可以看见LED熄灭，说明IC1内的电压误差放大器AMP1正常。再来检查IC1内AMP2电流误差放大器的好坏，因IC1⓰脚接地，要使AMP2输出高电平，必须在IC1⓯脚上加上负电压；用一个很简单的方法，即用机械表的100Ω挡，黑表笔接地，或数字表的二极管测试挡，红表笔接地，再用机械表的红表笔或数字表的黑表笔去碰IC1⓯脚，因接上表笔时⓯脚为负电压，AMP2输出高电平，使输出脉宽减小，直至为0，此时可以看见LED由亮变灭，说明IC1内电流误差放大器AMP2正常。

❷ 接上220V输入而不接蓄电池去解除充电器空载状态。所测得的不接蓄电池充电器空载时的输出电压实际上就是充电器的浮充电压，此值一般为56.5V，说明浮充电压正常。怎样不接蓄电池而解除充电器的空载状态呢，还是用如前所述的万用表方法。当用机械表的红表笔或用数字表的黑表笔去碰IC2❷脚时，就相当于在IC2❷脚上加了一个负电压，此时IC2内的比较器1输出高电平，使LED2的充电灯（橙色）亮，U5导通，散热风扇转动，使IC2❻脚电压升高，IC2内的比较器2输出低电平使LED2的充满灯（黄色）灭；同时VD19因IC2❼脚电压下降而导通，VD17截止，降低了IC1❶脚电压，此过程实际上就是人为进入了恒压充电状态，正常的话，此时输出电压应由空载时的55.5～56.5V上升到58.5～59.5V。

❸ 接220V测试IC1内电流误差放大器AMP2的好坏。用前面的方法人为使IC1⓯脚电压为负电压，此时AMP2输出高电平，使输出脉宽减小，直至为0，这时的输出电压由55.5～56.5V变为53.5V。经过上面的简单测试，可以证明电路的电流、电压检测和控制电路基本正常。

三、TL494、HA17358和CD4011构成的电动车充电器电路原理与检修

1. 电路原理

电路如图7-3所示，充电器属于自激启动、他激工作的脉冲型开关电源，所用的集成电路有TL494、HA17358和CD4011。该充电器的工作过程说明如下。

（1）整流滤波电路　市电220V电压经过熔断器FU1（2A），由C1～C4和T1滤除市电中的高频杂波后，再经过VD1～VD4桥式整流、C5滤波，最后在电容C5两端得到300V左右的直流电压。

（2）自激启动电路　300V电压通过电容C6，变压器T2的❶—❷绕组、T4的❷—❹绕组，加到VT4的集电极，并由启动电阻R9、限流电阻R10向VT4提供导通电压，使VT4导通，与地构成闭合回路。电流在T4的❷—❹绕组形成❷脚负、❹脚正的电压，在T4的❺—❸绕组形成❺脚正、❸脚负的电压。这时❺脚电压经过VD11整流，R8、R11分压后通过限流电阻R10使VT4进一步导通，形成一个雪崩过程，直到VT4进入饱和导通状态。通电时T4的❶—❷绕组形成一个❶脚负、❷脚正的电压，使VT3得不到正向偏压而截止。这时VT4的激励电流开始向C12充电，C12两端充电电压不断上升，使流过VT4的b-e结的电流逐渐减小，使VT4退出饱和状态，VT4的c-e结的电流减小，由于电感中的电流不能突变，所以在T4和T2的各个绕组上产生反相电压，T4的❸—❺绕组形成的反向电压使VT4迅速截止，T4的❶—❷绕组产生❶脚正、❷脚负的电压，通过VD9、R5、R41使VT3导通。300V电压通过VT3的c-e结、T4的❷—❹绕组、T2的❶—❷绕组对C6充电并形成闭合回路，VT3截止，VT4再次导通，重复以上过程，形成自激振荡。这时T2的次级绕组通过VD13、VD14全波整流，C7滤波产生+18.8V左右的电压。

（3）他激工作电路　C7两端的+18.8V电压加到TL494的⓬脚供电端，通过TL494的内部基准电路形成+5V基准电压，该电压为TL494内部的振荡器、比较器、触发器、误差放大器等提供工作电压，并由⓮脚输出，振荡器由内部电路和外围定时元件R18、C19组成。它工作后产生锯齿波脉冲电压，该电压作为触发信号，控制PWM比较电路并产生矩形激励脉冲，再由RS触发器产生两个极性相反的对称激励信号。该信号放大后由IC1的❽脚、⓫脚输出。❽脚和⓫脚输出的激励脉冲信号通过VT1、VT2放大后再由T4耦合，驱动开关管VT3、VT4交替导通，从而使开关管进入他激式工作状态。开关电路进入稳定工作状态后，T2的次级绕组产生的脉冲电压，经过VD13、VD14、VD15全波整流，在C7和C10的两端分别产生稳定的+18.8V和41.6V的电压。

其中，41.6V通过隔离二极管VD16不仅给蓄电池充电，·同时通过R39、R40分压为TL494的误差放大器提供一个比较取样电压（该电压可通过调整R40大小来调节）。VD6、VD5、VD10、VD12和VT1～VT4的c-e结两端并联阻尼二极管，以保护VT1～VT4不被过高的反峰电压击穿。VD7、VD8组成温度补偿电路，避免因温度过高而影响VT1、VT2的工作状态。T2的初级绕组上并联有C8和R1共同形成阻尼电路，避免T2进入多谐振荡状态。VD9、R5、VD11和R8为钳位电路，分别为C11、C12在开关管截止期间提供快速放电回路。

（4）脉冲放电电路　为消除蓄电池的硫化现象，延长蓄电池的使用寿命，该充电器设计了脉冲放电电路，对硫化的蓄电池具有脉冲修复作用。该电路由IC3（CD4011）、VT5（负

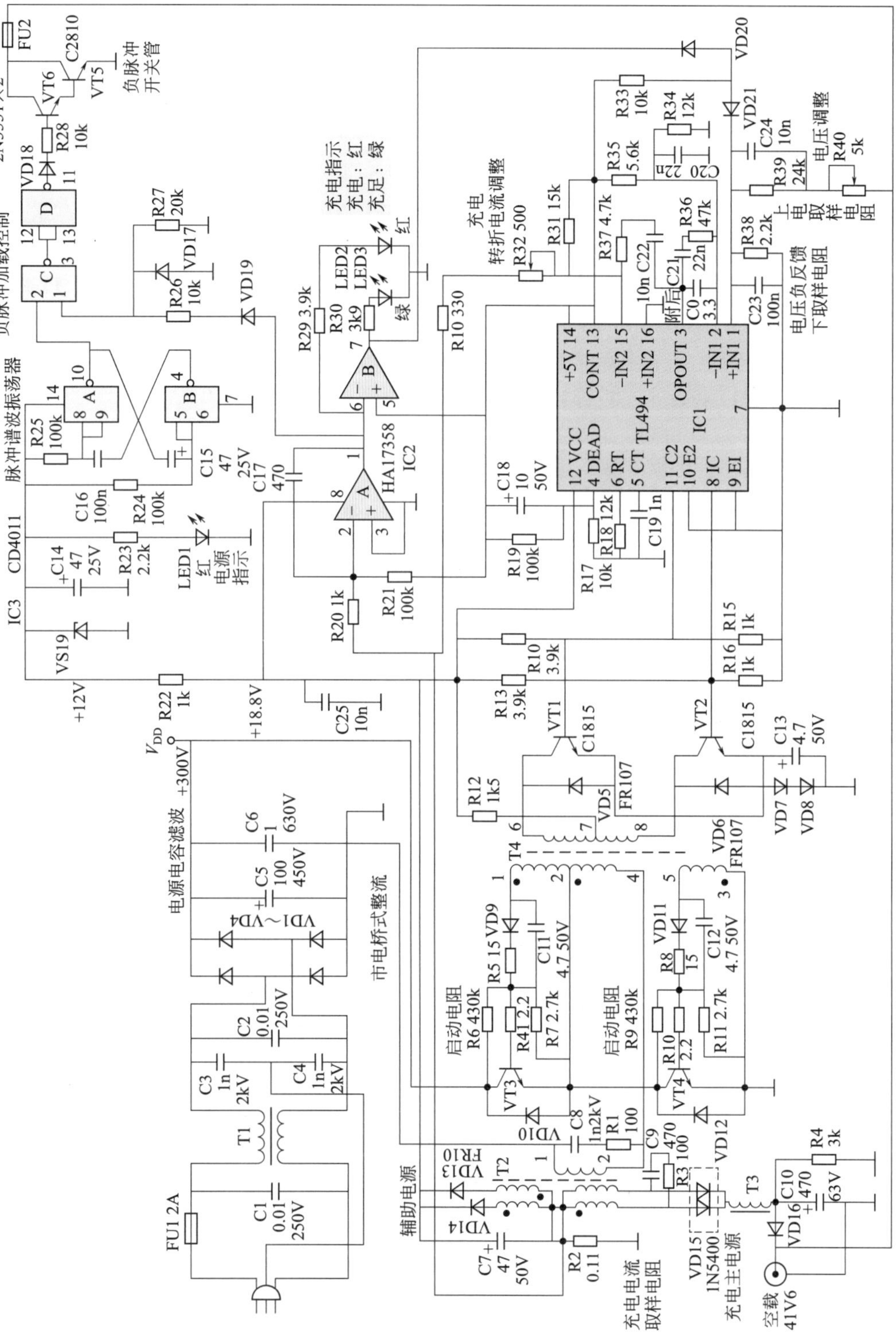

图 7-3 TL494、HA17358和CD4011构成的电动车充电器电路

脉冲开关管）和其他元件组成。

IC3 的非门 A、B 和 C15、C16、R24、R25 组成多谐振荡电路，输出高电平为 3ms、低电平为 1250ms 的振荡脉冲。该振荡脉冲输入 IC3 的 ❷ 脚对反相器 C 进行控制，IC3 的 ❶ 脚受控于 IC2 的 ❶ 脚。在充电状态时，IC3 的 ❶ 脚为高电平，反相器 C 输出放电控制脉冲，经非门处理后，驱动 VT5 和 VT6 组成的达林顿功率管放大，实现脉冲放电。

（5）稳压控制电路　当市电电压降低或负载过重引起输出电压降低时，C10 两端的电压经 R40、R39 取样后输入到 TL494 的 ❶ 脚，与 IC1❷ 脚输入的参考电压比较后，使 TL494 内部的误差放大电路输出低电平控制信号，通过 PWM 比较器和 RS 触发器处理，并倒相放大后，使 TL494 的 ❽、⓫ 脚输出的激励脉冲信号占空比增大，VT3、VT4 的导通时间延长，开关电源的输出电压升高到标准电压。同样，当输出电压升高时，控制过程则相反。TL494 的 ❷ 脚的参考电压由 ⓮ 脚基准 5V 电压通过 R35 提供。

（6）充电控制电路　充电控制电路由 IC1（TL494）内部的误差放大器、IC2（HA17358）、取样电阻 R2（0.11Ω）和发光二极管 LED2、LED3 等元件组成。

其中 R2 为充电取样电阻，它串联在 T2 的次级绕组与接地端间，在充电过程中，流经 R2 的充电电流在 R2 的两端形成上负、下正的取样电压。该电压一路通过 R20 加到 IC2 的 ❷ 脚的反相输入端，另一路由 R10、R32 加到 TL494 的 ⓯ 脚，同时 ⓮ 脚输出的 +5V 电压通过 R31 加到 IC1 的 ⓯ 脚。

充电初期，由于蓄电池电压较低，充电电流大，在稳压控制电路的作用下，开关管导通时间加长，在 R2 两端形成的电压较高。R2 两端的电压一方面使 TL494 的 ⓯ 脚输入负压，使 TL494 内部的误差放大器输出低电压，确保 TL494 的 ❽、⓫ 脚输出的激励信号占空比较大，开关管导通时间长，实现大电流充电。另一方面，因 IC2 的 ❸ 脚接地，电压为 0V，当 IC2 的 ❷ 脚输入负压时，`IC2 的 ❶ 脚输出高电平，经 R29 限流后驱动充电红色指示灯发光。同时 IC2 的 ❻ 脚为高电平、❶ 脚输出低电平，绿色指示灯不发光。

充电过程中蓄电池两端电压逐渐升高，当蓄电池电压上升到 41.6V 时，被 R40、R39 取样后，使 TL494 的 ❶ 脚输入的电压高于 ❷ 脚的参考电压，误差放大器输出高电平控制电压，经 PWM 比较输出后，使 TL494 的 ❽、⓫ 脚的激励信号变为低电平，C10 两端电压维持在 41.6V 左右，对蓄电池进行恒压充电。这时仍有一定的充电电流，R2 的两端仍存在一定的电压，电路仍处于充电状态。

当蓄电池所充电压不断升高，充电电流也进一步减小，当充电电流降低到转折电流时，R2 两端的负压降低，TL494 的 ⓮ 脚输出的 5V 电压，通过 R31 使 TL494 的 ⓯ 脚电压高于 ⓰ 脚的参考电压，TL494 内误差放大器输出高电平控制电压，经 PWM 比较输出后，最终使 TL494 的 ❽、⓫ 脚输出低电平激励脉冲，同时 IC2 的 ❷ 脚也为高电平，❶ 脚输出变为低电平，红色指示灯熄灭，而 ❼ 脚输出高电平，绿色指示灯点亮，充电器进入涓流充电状态。

（7）保护控制电路

❶ 欠电压保护。欠电压保护电路由IC1（TL494）内部集成电路，通过供电引脚⓬脚的电压高低判定是否启控。若⓬脚电压低于4.9V，内部的欠电压保护电路启动，IC1停止工作，实现欠电压保护。

❷ 软启动保护控制。IC1的❹脚与+5V输出⓮脚之间的电容C18，在开机瞬间两端电压为0V。+5V通过R17对其充电，充电过程中，R17的右侧即IC1的❹脚电压有一个从高到低的变化过程，通过内部的比较器处理后，控制IC1输出的脉冲激励信号，该信号占空比从

小到大，经VT1、VT2驱动放大，T4耦合来控制开关管VT3、VT4的导通时间，避免开关管VT3、VT4在开机瞬间因过激励而损坏，从而实现软启动保护。

2. 常见故障检修

（1）充电器无输出电压，指示灯不亮

【故障原因】

❶ 元器件损坏。

❷ 操作不当，导致充电器无输出电压，如电源插头未插好，交流电源无电等。

❸ 充电器的电源线断裂或充电器内部有元器件开焊或虚焊。

【故障检修方法】

❶ 首先排除操作不当引起的故障。

❷ 检查充电器外接引线和线路板是否有断裂或开焊现象。

❸ 检查FU1熔断器是否完好，若烧断，可检查线路滤波电路（C1、C3、C4、T1），整流二极管VD1～VD4，滤波电容C5、C6及开关管VT3、VT4等是否击穿短路。

❹ 若熔断器完好，可测量C5两端是否有300V左右电压。若没有300V电压，则检查整流滤波电路是否有元件损坏。若300V电压正常，可在开机瞬间测量开关管VT3的基极有无启动电压。若无启动电压，应检查R6和VT3；若有启动电压，应按下一步骤操作。

❺ 检查开关变压器T2、T4所接的二极管是否损坏。若二极管正常，应检查VD9、C11、R5、R41是否完好。若这些元件都未损坏，应排查R8、VD11、C12、R10、VT4找到故障所在。

（2）电源指示灯显示正常，接上蓄电池后电源指示灯熄灭而不能正常充电

【故障原因】上述现象表明该故障电源能启动，但不能进入他激式工作状态，说明开关电路正常，估计 TL494 未工作或激励脉冲放大电路异常。

【故障检修方法】

❶ 首先检查激励信号放大管VT1、VT2的基极是否有激励脉冲信号。若有激励脉冲信号，应检查R12、VT1、VT2；若没有信号，则检查TL494及外围电路。

❷ 检查TL494的⑫脚供电电压，电源指示灯能点亮，说明辅助电源电路基本正常，若⑫脚无电压，应重点检查供电线路到TL494的⑫脚是否有断线或虚焊现象。若⑫脚电压偏低，可脱开TL494的⑫脚再进行测量。若⑫脚电压升高，则表明TL494损坏；若电压仍较低，则检查C7、VD14、VD13。若TL494的⑫脚供电电压正常，应检查TL494的⑭脚是否有+5V输出电压。若⑭脚没有+5V电压输出，则表明TL494损坏；若⑭脚有+5V电压，应检查电容C18、R18、C19。若上述元件正常，应更换TL494。

（3）充电器显示充电，但蓄电池充不进电

【故障原因】

❶ 蓄电池损坏，不能进行正常充、放电。

❷ 充电器输出电压偏低，不能向蓄电池提供正常的充电电流，表明稳压控制电路异常。

【故障检修方法】

❶ 首先排除蓄电池故障，若蓄电池完好，应按❷、❸检查。

❷ 检查二极管VD15、VD14、VD13是否正常，若不正常应更换新品。若以上二极管正常，应检查电流取样电阻R2的阻值是否变大，若不正常，可用同型号新电阻代换试验。

❸ 若检查以上元件都正常，可测量充电器空载电压是否正常。若电压恢复正常，应检查电容C10；若空载电压仍偏低，应检查C19、C6。若电容C19、C6正常，则表明TL494损坏。

（4）负脉冲充电电路不工作

【故障原因】负脉冲充电电路是为消除蓄电池的硫化现象而设计的。引起该电路不工作的主要原因有熔断器FU2熔断，负脉冲开关管VT5、VT6损坏（VT5、VT6为达林顿功率管，一般情况下不会同时损坏），IC3及其外围电路元件损坏，不能输出放电控制脉冲电压。

【故障检修方法】

❶ 检查熔断器FU2是否熔断。若FU2熔断，应测量VT5、VT6是否正常击穿，一般FU2熔断是因VT5、VT6击穿引起的。

❷ 若FU2熔断器完好，应测量IC3（CD4011）的❸脚是否有放电控制脉冲电压。若IC3的❸脚有控制脉冲电压，应检查IC3的⓫脚有无脉冲信号。若IC3的❸脚无放电控制脉冲，应更换IC3；若有放电控制脉冲电压，应检查VD18、R28、VT6、VT5。

❸ 若IC3的❸脚没有放电控制脉冲电压，先测量IC3的⓮脚有无12V供电电压，再检查IC3的❶脚电平高低。若是低电平，应检查VD19、R26、VD17；若是高电平，应检查R24、R25、C15、C16。若以上检查无故障，最后更换IC3即可使电路恢复正常。

四、SG3524半桥式整流他激式开关电源充电器电路原理与检修

1. 电路原理

KGC充电器属于半桥式整流蓄电池启动和他激式开关电源。其电路如图7-4所示。该电路主要由市电整流滤波电路，开关变压器T1、T2、T3，开关管VT1、VT2，PWM脉宽调整IC2（SG3524），充电控制器IC1（LM324）等部分组成。

（1）市电整流滤波电路　市电交流220V经FU（熔断器）⟶ R1（压敏电阻）⟶ VD1～VD4桥式整流⟶ R2限流保护⟶ C1、C2滤波⟶ R3两端产生+300V电压。其中R1为市电过压保护电阻，当市电电压过高时击穿而熔断器熔断，保护后级电路。R2为负温度系数热敏电阻，常温下为9Ω左右，通电后阻值可下降到0Ω左右，它串联在供电线路中，可有效限制开机瞬间C1、C2充电时产生大电流冲击。

（2）主电源电路　该充电器与其他充电器电路的最大区别是启动方式不同。即充电端口接蓄电池，充电器充电后无法启动，必须依靠电池的残余电压经过L1、VD11、R36接到辅助电源整流输出端，给IC2（SG3524）的供电端⓯脚供电，电源才能启动。

IC2得到供电后，基准电源产生+5V基准电压给内部振荡器、比较器、误差放大器、触发器等供电，并由⓰脚输出。IC2的❻、❼脚外接的定时元件R21、C7与IC2内部振荡器开始工作，产生锯齿波脉冲电压。该电压控制PWM比较电路产生矩形激励脉冲，再由RS触发器产生两个极性相反并对称的激励信号，经内部两个驱动管VTA、VTB放大后，从⓬、⓭脚输出。然后经过T1耦合，T1次级绕组产生的电压分别由C9、R23、C10、R26输送到VT1、VT2的基极，驱动开关管VT1、VT2轮流导通。在VT2截止、VT1导通期间，+300V经过VT1的c-e结，开关变压器T3、T2的初级绕组到滤波电容C2对地形成闭合回路。回路电流在T2初级绕组产生上负下正的电动势，在T3的初级绕组上产生左负右正的电动势，在VT1截止、VT2导通期间，C2两端的电压经T2、T3的初级绕组，VT2的c-e结对地放电。放电电流在T2初级绕组上产生上正下负的电动势，在T3初级绕组上产生左正右

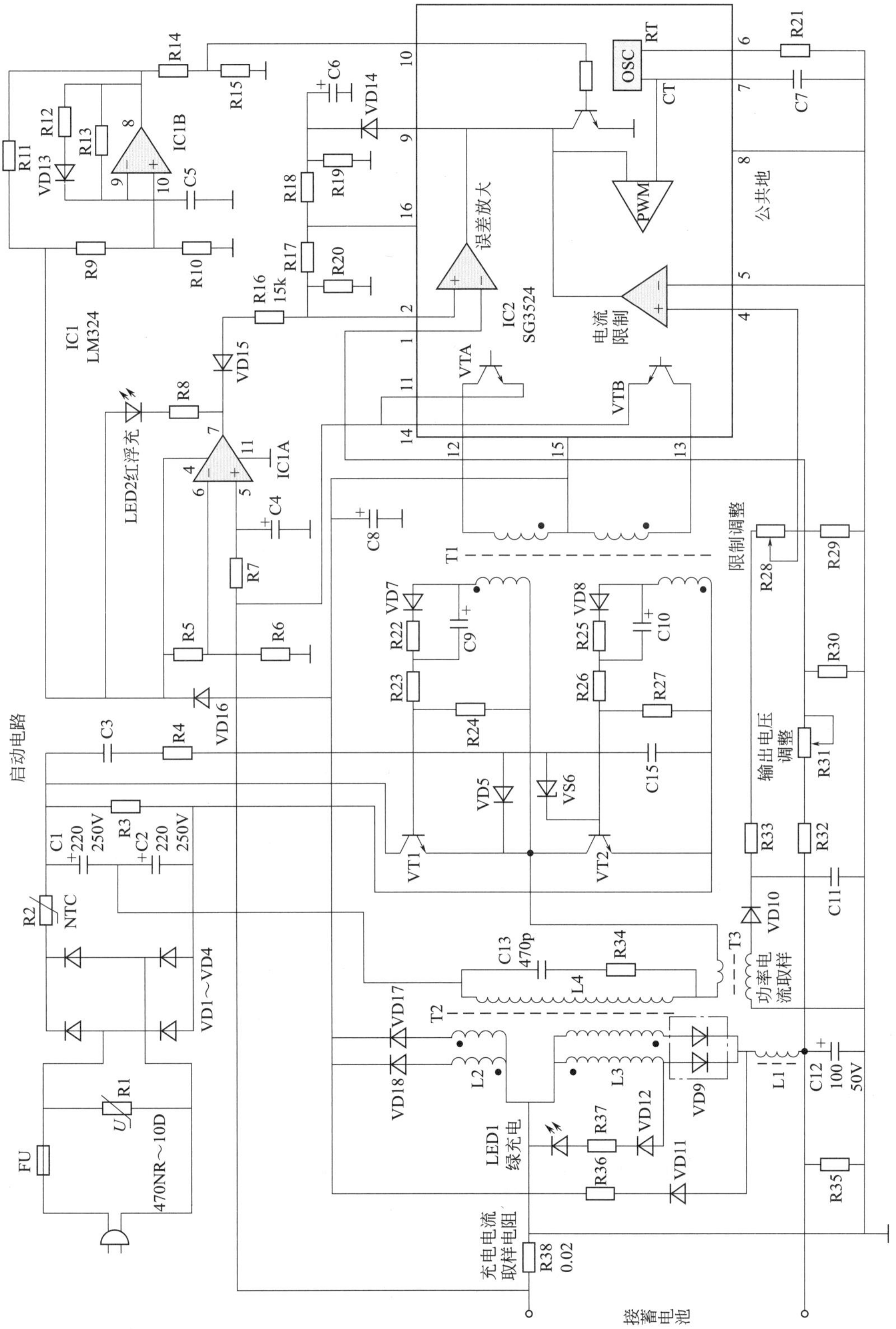

图 7-4　KGC 充电器电路

负的电动势。通过 VT1、VT2 交替地导通、截止，T2、T3 的次级绕组产生相应的脉冲电压，经过整流滤波后向各自的负载供电。

T2 的次级绕组 L2 上感应的脉冲电压，经 VD18、VD17 整流，C8 滤波，产生 +18V 左右的电压，代替蓄电池向 IC2、IC1 等电路供电。T2 的次级绕组 L3 上产生的脉冲电压一路经 VD12 半波整流、R37 限流使充电指示灯 LED1 点亮；另一路由 VD9 全波整流，L1、C12 滤波产生主电源电压，给蓄电池充电。

T3 的次级绕组产生的脉冲电压，经过 VD10、C11 整流滤波产生功率电流取样电压，再通过 R33、R28、R29 分压输送到 IC2 的 ④ 脚，进行充电电流控制。

（3）稳压控制电路　当市电电压升高或其他原因造成主电源滤波电容 C12 两端电压升高时，C12 两端的电压经 R32、R31、R30 取样后输送到 IC2 的 ① 脚，与 ② 脚的基准电压进行比较放大，输出误差电压。因电容 C12 两端电压升高，IC2 的 ① 脚电压高于 ② 脚。误差放大器输出低电平控制信号，经过 PWM 脉宽控制电路使激励脉冲的占空比减小，通过驱动电路放大，由开关变压器耦合到次级，然后经 C9、R23、C10 和 R26 输送到开关管 VT1、VT2 的基极，使 VT1、VT2 的导通时间缩短，从而降低输出电压。

输出电压降低，则是一个反向控制过程。

（4）充电控制电路　充电器开始充电时，因蓄电池初始电压较低，充电电流较大。在充电电流取样电阻 R38 左侧产生较高的压降，后经 R7 加到 IC1 的 ⑤ 脚使其为高电平，IC1 的 ⑦ 脚输出高控制电压，红色灯 LED2 截止不发光。VD15 也因反偏而不导通，使 IC2 的 ② 脚电压不受影响，同时因充电电流较大，开关变压器 T3 的初级绕组流过的电流也加大。T3 的次级绕组产生的脉冲电压升高，经过 VD10、C11 整流滤波，R33、R28、R29 取样后的电压也升高。这时 IC2 的 ④ 脚变为高电平，经 IC2 内部的电流限制电路输出高电平控制信号，通过 PWM 电路处理，使激励脉冲占空比增大，再由驱动电路放大、T1 耦合，使开关管 VT1、VT2 的导通时间延长，以保证大电流恒流充电。

当充电进行到一定程度后，蓄电池端电压逐渐升高到额定电压。该电压经 R32、R30、R31 取样后，使 IC2 的 ① 脚电压高于 ② 脚参考电压，由误差放大器输出低电平控制信号，通过 PWM 电路处理，使激励脉冲占空比减小，进而使开关管 VT1、VT2 导通时间缩短，充电器输出设定的电压，对蓄电池进行恒压充电。

随着恒压充电的进行，蓄电池的电压进一步升高，充电电流则逐渐减小。当充电电流减小到转折电流时，在 R38 两端产生的压降减小，经 R7 加到 IC1 的 ⑤ 脚。此时 ⑤ 脚电压低于 ⑥ 脚的参考电压，使 ⑦ 脚输出低电平，红色浮充电流指示灯 LED2 点亮。VD15 导通后，IC2 的 ② 脚基准电压经 R16、VD15 被拉低，使误差放大器输出低电平控制信号，激励脉冲的占空比减小，开关管 VD1、VD2 的导通时间缩短，输出电压下降，充电器进入涓流充电状态。

（5）保护电路

① 欠电压保护。若蓄电池电压过低，供电电路向 IC2 的 ⑮ 脚输出的电压低于 8V，此时 IC2 内部的欠电压保护电路启动，IC2 被迫停止工作，避免其工作异常，从而实现欠电压保护。

② 过电压保护电路。为预防充电器因稳压控制电路或充电控制电路异常时，开关管 VT1、VT2 导通时间过长，导致输出各组的电压大幅升高，造成开关管或蓄电池损坏，而设置过电压保护电路。

当各绕组的输出电压过高时，辅助电源滤波电容 C8 两端的电压超过预定电压。此电压通过 VD16 向 IC1 供电，再经 R9、R10 分压取样加到 IC1 的 ⑩ 脚，此时 ⑩ 脚电压高于 ⑨ 脚，于是⑧脚输出高电平，经 R14、R15 分压后加到 IC2 ⑩脚，使 IC2 内部的过电压电路启动，停止激励脉冲输出，开关管 VT1、VT2 停止工作，从而实现过电压保护。

③ 软启动保护。为防止开机瞬间开关管VT1、VT2因过激励而损坏，故设置了由IC2的⑨脚内外围元件构成的软启动保护电路。

开机瞬间，IC2 的⑨脚通过 VD14 对电容 C6 充电。此时⑨脚电压随着 C6 两端的电压同步上升，因⑨脚是误差放大器的输出端，⑨脚电压从低到高增加，必然导致 IC2 输出的激励脉冲信号脉宽从 0 逐渐到正常，从而使开关管 VT1、VT2 的导通时间由短到长，避免开机瞬间过激励损坏。以上过程就是软启动保护过程。

2. KGC 充电器常见故障检修技巧

（1）充电器无电压输出，绿色充电指示灯也不亮

【故障原因】

① 无市电220V电压输入。

② 未接入蓄电池或蓄电池供电电路有故障。

③ 充电器内部元器件损坏。

【故障检修方法】

① 接入蓄电池在充电器不接220V市电时，观察LED2红色浮充指示灯是否点亮。若红灯不亮，则表明蓄电池未向充电器提供启动电压，应检查蓄电池电压是否偏低，充电端口是否与蓄电池连接良好。接着检查C12两端是否有电压（即等同于蓄电池两端电压），同时检查L1、VD11、R36有无开路，电容C8是否短路。

② 若红色指示灯显示正常，应检查熔断器FU是否完好。若熔断器熔断，接着检查压敏电阻R1是否击穿（市电电压过高时，R1击穿后使熔断器熔断对后级电路进行保护）。若压敏电阻R1完好，应排查整流管VD1～VD4，滤波电容C1、C2，开关管VT1、VT2是否短路。

③ 若熔断器完好，应测量电阻R3两端是否有+300V电压。若R3两端无+300V电压，应检查R2是否开路。检查R1两端是否有220V交流电压。若无交流220V电压，则表明充电器未正确接入市电或电源插头到熔断器之间有断线。

④ 若R3两端的+330V电压正常，应测量IC2的①、⑬脚是否有激励脉冲输出，若无激励脉冲输出，应测量IC2的⑩脚电压是否为高电平。若IC2的⑩脚为高电平，则表明充电器过压保护，应对充电器进行串联灯泡限流供电，然后脱开IC2的⑩脚，强制关闭过压保护，再次测量C12两端电压。若C12两端电压过高，应检查稳压电路的取样电阻R31、R32阻值是否变大。若R31和R32正常，应检查IC2（SG3524）。若C12两端电压正常，应检查R10、R11、R12、R13、R15、VD13、C5、IC1。

⑤ 若IC2的⑩脚为低电平，应检查IC2的⑨脚外接软启动电容C6和⑥、⑦脚外接振荡器定时元件R21、C7。若C6、C7、R21都正常，应检查IC2（SG3524）是否损坏。

⑥ 若IC2的⑫、⑬脚有激励脉冲信号，应检查开关变压器T1、T2、T3是否正常，最后检查R23、C9、R26、C10和VT1、VT2。

（2）充电时红色指示灯亮，充电器一直处于浮充状态

【故障原因】充电器红色浮充指示灯亮，表明电路工作在浮充状态。

① 蓄电池已充满电，该充电器启动时需要蓄电池供电，故不存在充电器与蓄电池连接异常的原因。有可能因蓄电池损坏而使其内阻过大，导致充电电流增大，但在蓄电池两端能

检测到电压。

❷ 充电器输出电压偏低。

❸ 充电控制电路异常。

【故障检修方法】

❶ 测量蓄电池的端电压。若电压较高，应对蓄电池进行放电处理，观察放电时间以判断蓄电池是否损坏。放电电流的大小一般以蓄电池标注为准。如C2 10AH放电电流为5A，也可根据骑行时间和路程来判断。

❷ 若蓄电池正常，可断开二极管VD15一端，使充电器强制退出涓流充电，然后测量C12两端电压。若C12两端电压正常，则表明故障点在充电控制电路，应检查LM324，电阻R7、R6和电容C4。

❸ 若电容C2两端电压较低，则检查整流电路中的VD9、VD17、VD18、C8、C12是否正常。若正常，应检查输出电压下取样电阻R30阻值是否变大。

❹ 若R30阻值正常，应测量IC2的❹脚电压是否过低，若❹脚电压过低，应检查VD10、R33、R28、C11；若IC2的❹脚电压正常，应检查其❾脚电压，若❾脚电压偏低，应检查C6、IC2。

❺ 若IC2的❾脚电压正常，应检查VT1、VT2和其外围元件。

❻ 最后，更换IC2（SG3524）试验。

（3）充电十几个小时后，充电器红色指示灯不亮，不能切换到浮充状态

【故障原因】

❶ 蓄电池已充满电，但充电控制电路异常，不能切换到涓流充电。

❷ 蓄电池损坏，不能正常充放电。

❸ 充电器输出电压偏高，但未达到保护电压，充电电流不能下降到转折电流值。

【故障检修方法】

❶ 首先测试蓄电池的充放电是否正常，排除因蓄电池损坏引起的故障。

❷ 测量充电器的输出电压是否偏高，若输出电压高出正常值，应检查稳压IC2的❷脚参考电压是否偏低。若参考电压正常，应检查IC2（SG3524）；若参考电压偏低，应测量R17阻值是否正常，若正常，应检查IC2。

❸ 若充电器输出电压正常，应首先检查充电电流取样电阻R38阻值是否增大而引起取样电压升高，并造成蓄电池充不满电。若R38阻值正常，应检查IC1的❻脚电压，若❻脚电压偏低，应检查电阻R5是否开路。若R5正常，应替换IC1（LM324）。

五、LM393、TL431、TL3842 构成的充电器电路原理与检修

1. 电路原理

充电器电路如图 7-5 所示。它主要由开关场效应管 VT1、开关变压器 T2、电源控制 IC1（TL3842）、充电转折电流鉴别比较 IC2（LM393）、三端误差放大器 IC3（TL431）和光电耦合器 IC4 等元件构成，其电路工作原理如下。

（1）整流滤波电路　充电器接通电源后，市电 220V 电压经过 FU 熔断器，由 C1、C2、T1 组成线路滤波器滤除市电电网中的高频干扰信号，经 VD1 ～ VD4 组成的桥式电路整流，C2 滤波后即在 C12 的两端产生 +300V 左右的直流电压。

（2）开关电源电路　+300V 电压一路经开关变压器 T2 的 L1 绕组到达开关管 VT1 的 D

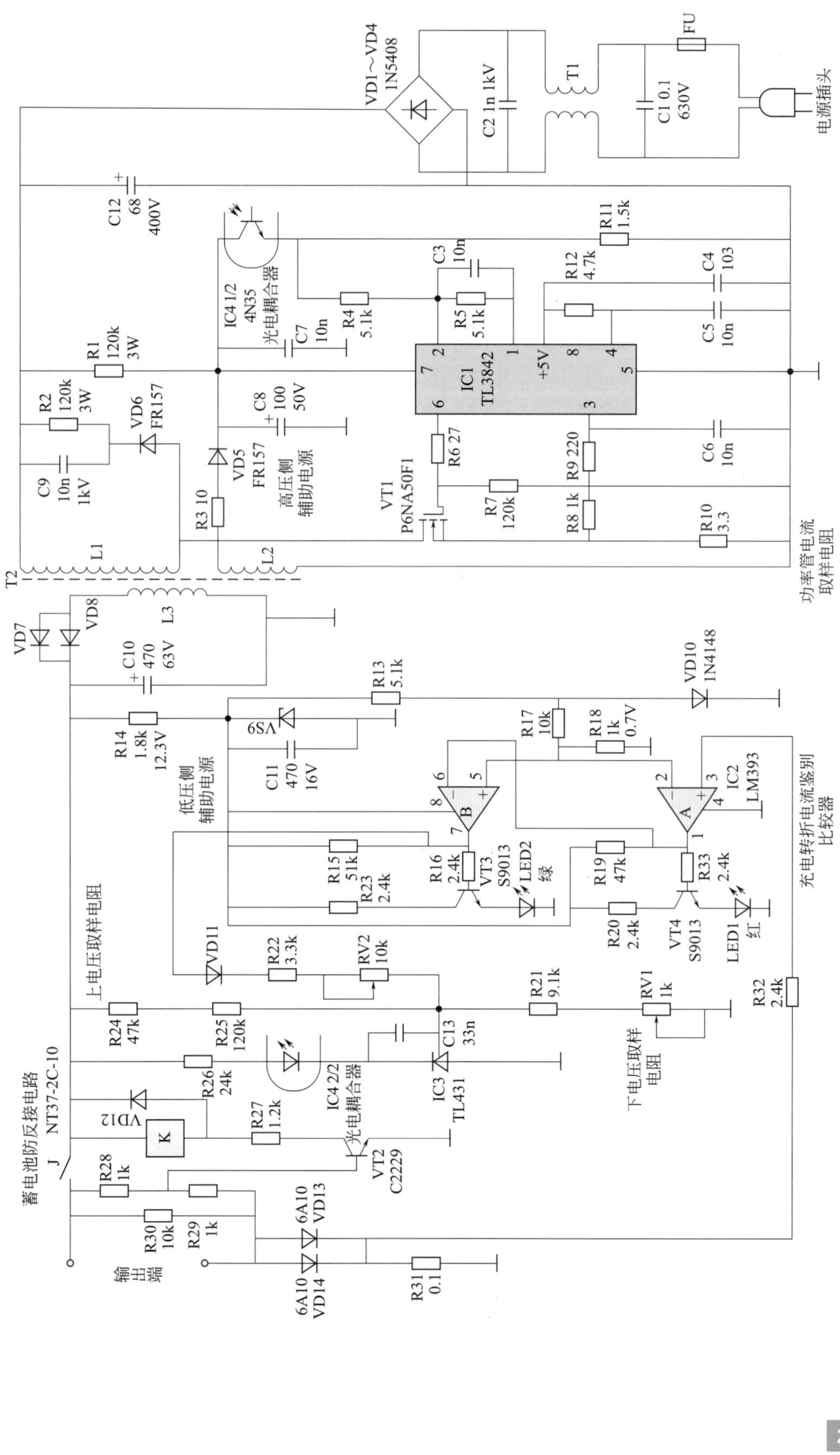

图 7-5　LM393、TL431、TL3842 构成的充电器电路

极，另一路经启动电阻R1到电源控制IC1的⑦脚（供电引脚），提供18V左右的工作电压。IC1内部的+5V基准电压发生器向振荡器、误差放大器等供电并由⑧脚输出。IC1的④脚外接R12、C5与内部振荡器开始工作，在C5两端产生锯齿波脉冲信号。该信号经由IC1内部的PWM调制器产生矩形脉冲激励信号，放大后从IC1的⑥脚输出，由R6限流后，接到开关管VT1的G极，控制开关管VT1工作在开关状态，开关变压器T2的其他绕组开始输出交流电压。

T2的L2绕组输出的交流电压经R3限流，VD5、C8整流滤波后得到20V左右的高压侧辅助电源，一路向IC1的⑦脚供电，另一路向光电耦合器IC4 1/2供电。

T2的L3绕组输出的主电压，经VD7、VD8、C10整流滤波后得到+44V左右的充电电压。一路经继电器J接到充电插座；一路由R14降压，并经稳压管VS9将电压以12.3V左右，形成低压侧的辅助电源；一路向由R24、R25、R21、RV1和R26、IC4 2/2（发光端）、IC3三端误差放大器组成的稳压控制电路供电。

（3）稳压控制　当负载过大或市电电网电压较低时，C10两端电压降低，光电耦合器IC4发光管两端电压降低，R24、R25、R21、RV1分压后的取样电压降低，经IC3放大后使IC4发光管负极电位升高，发光程度降低，感光管导通程度降低，IC1的②脚的电位也降低，使IC1输出的激励脉冲宽度加大，VT1的导通时间延长，从而提高开关电源的输出电压。

若充电器输出电压过高，则是一个相反的控制过程。

VT1导通时，R10两端形成一定的电压，由R8、R9、C6去除干扰脉冲后加到IC1的③脚。当VT1导通电流过大时，IC1的③脚电压超过1V，⑥脚输出低电平而使VT1截止，防止VT1因过流而损坏。

（4）充电控制电路　充电器开始充电时，由于蓄电池电压较低，充电电流较大，充电电流取样电阻R31上端形成较高压降，经R32加到IC2的③脚，使IC2的❶脚输出高电平，VT4导通，LED1红色发光二极管点亮。当IC2的⑥脚比⑤脚电压较高时，⑦脚输出低电平，VT3截止，绿色发光二极管不发光。同时，因为电源负载较重，输出电压较低，通过稳压控制电路使开关管导通时间延长，充电器工作在大电流的恒流充电状态。

经过一段时间的恒流充电，蓄电池两端电压上升到44V左右时，开始进入恒压充电。这时，仍有较大的充电电流，故IC2的③脚依旧是高电平，红色充电指示灯发光。

随着恒压充电的进行，蓄电池两端电压不断升高，充电电流进一步减小到转折电流时，R31两端的电压不足以使IC2的③脚维持高电平，❶脚输出低电平，VT4截止，LED1红灯熄灭。同时因IC2的⑥脚为低电平，⑦脚输出高电平，一路使VT3导通，LED2绿灯点亮；另一路通过VD11、R22、RV2到三端误差放大器，使IC4发光管负极电位降低，发光程度增强，开关管导通时间缩短，开关电源输出电压降低，为蓄电池提供较低的涓流充电。

（5）防蓄电池反接电路　由于蓄电池插座极性连接不同，为防止蓄电池接入充电器时极性接反而烧毁充电器，该充电器设有防蓄电池反接电路，由继电器J、VT2等元件构成。

继电器触点处于常开状态，当充电器向蓄电池充电时，若极性正确，蓄电池上的极柱通过R28、R29分压向VT2基极提供偏置电压，使VT2导通，+44V电压通过继电器线圈、限流电阻R27、VT2的c-e结接地形成闭合回路。这时，继电器触点吸合，充电器开始对蓄电池充电。若蓄电池极性接反，则VT2基极得不到导通电压，继电器不工作，充电器停止对蓄电池充电。VD12为续流二极管，避免VT2损坏。

VD13、VD14串接在蓄电池负极与接地端之间，用来防止充满电后因蓄电池电压较高，对充电器进行反向充电。

2. 常见故障检修技巧

（1）充电器无输出电压

【故障原因】

❶ 元器件损坏。

❷ 操作不当，如电源插头未插好，市电插座无220V交流电。

❸ 充电器的电源线断裂或内部线路板断裂、开焊。

【故障检修方法】

❶ 首先排除因操作不当引起的故障。

❷ 目测充电器外接线路和线路板是否有断裂或开焊现象。

❸ 察看FU熔断器是否完好，若熔断器熔断并发黑，则表明后级有短路现象，可检查线路滤波电路C1、T1、C2，整流二极管VD1～VD4，滤波电容C12和开关管VT1是否击穿短路。

❹ 若FU熔断器完好，应测量滤波电容C12两端有无+300V电压。若C12两端没有+300V电压，应检查整流二极管和线路滤波电感线圈是否开路，印制线路板铜箔是否有断裂现象。

❺ 若电容C12两端+300V电压正常，应测量开关管VT1的G极是否有脉冲激励信号。若VT1的G极有激励脉冲，应检查VT1的D极是否有300V电压。若有300V电压而且R10、VD6完好，应更换VT1；若VT1的D极没有300V电压，应测量C12正端经开关变压器L1绕组到VT1的D极之间的线路是否开路，一般L1绕组不易断路，焊盘脱焊可能性较大。

❻ 若VT1的G极无激励脉冲信号而限流电阻R6完好，应测量IC1（TL3842）的❼、❽脚电压。若IC1的❼脚无20V左右的电压供电，应检查启动电阻R1、滤波电容C7和C8。若以上检查都正常，应脱开IC1的❼脚再测；若电压上升到64V左右，应更换IC1。

❼ 若IC1的❼脚有18V电压，而❽脚无+5V电压输出，则表明IC1损坏，应更换TL3842。

❽ 若ICl的❽脚有+5V电压，应检查其❹脚外接电阻R12、电容C5是否正常。若正常，应检查光电耦合器IC4是否击穿。若IC4正常，应更换IC1。

（2）充电器输出电压过高

【故障原因】充电器输出电压过高，表明稳压控制电路出现异常，应主要检查以下两项。

❶ 输出电压取样电路。

❷ PWM脉宽调整电路。

【故障检修方法】在光电耦合器发光管负极对地端接30V稳压管，观察电压是否降低。若电压降低，应检查输出电压上取样电阻R24、R25。若R25、R24阻值正常，应更换IC3（TL431）。若经上述检查电压仍然过高，可短接IC4光敏三极管的正、负极，再次观察电压是否降低。若电压降低，应检查R26和光电耦合器。若上述检查后电压仍较高，应检查R4、R8、R9、C6是否正常。若都正常，应更换IC1（TL3842）。

特别提醒：在维修充电器时，应取下熔断器，在熔断器座上串联40～100W的白炽灯（功率大小可视充电器正常输出电压高低而定，输出电压高则选用的灯泡功率要大一些）。其作用是：可通过灯泡限流降压来保护开关电源，也可通过观察灯泡的亮度判断充电器工作是否正常。

开机瞬间灯泡亮一下随后进入微亮或熄灭状态，表明开关电源基本正常（若电源未启振，也会出现该现象，可通过观察指示灯或测量输出电压来判断）。若灯泡亮度极高和灯泡直接接220V无较大差别，则表明开关电源有严重短路现象。若灯泡始终发光较强，表明开关电源的稳压控制电路异常或开关电源有过电流现象。根据不同的灯泡亮度，可迅速找到故障根源。

（3）充电器输出电压较低

【故障原因】

❶ 稳压控制电路异常。

❷ +44V电源整流管特性不良，电流取样电阻R31阻值增大，造成电源内阻增大，带负载能力差。

❸ 蓄电池过放电导致蓄电池两端电压过低，充电电流过大引起输出电压降低。

❹ 充电控制电路异常使充电器工作在涓流充电状态，故输出电压较低。

【故障检修方法】

❶ 先断开VD11，观察输出电压是否恢复正常，若输出电压恢复正常，表明充电控制电路异常。应测量IC2（LM393）的❶脚电压，若为高电平应更换IC2；若IC2的❶脚为低电平，应测量R19、R32是否开路。若R19、R32正常，更换IC2。也可根据充电指示灯判断，若红灯亮、绿灯灭，表明充电控制电路基本正常；若红、绿灯同时亮，表明IC2损坏；若是红灯灭、绿灯亮，表明进入涓流充电状态，应检查R32和IC2；若红、绿灯都不亮，则表明低压侧辅助电源+12V电压异常，但不会引起主电源电压降低。

❷ 断开VD11后，若输出电压仍较低，应检查下电压取样电阻R21、RV1的阻值是否增大。用新的TL431代换IC3，观察电压能否恢复正常。

❸ 测量开关变压器各绕组外接二极管，防反充电二极管VD13、VD14，滤波电容C10、C8是否正常，同时测量充电电流取样电阻R31阻值是否变大，开关管S极所接电阻R10阻值是否异常。

❹ 断开R4一端，测量输出电压是否变高（通电时间要短，因为输出电压可能较高），若输出电压升高，则表明R11开路或光电耦合器损坏。

❺ 若断开R4后电压不变，应更换IC1（TL3824）。

（4）充电器指示灯亮，但接上蓄电池时不充电

【故障原因】

❶ 蓄电池与充电器未正确连接。

❷ 防蓄电池反接电路异常。

❸ 充电控制电路异常。

【故障检修方法】

❶ 检查蓄电池与充电器间的连线是否良好。接上蓄电池后，充电器不接电源，测量R30两端是否有上正下负的电压，若有电压，表明连接良好。若R30两端有上负下正的电压，表明蓄电池极性接反。若没有电压，则检查连接线和插头。

❷ 充电器通电后，应听到继电器吸合声，若没有声音，表明防蓄电池反接电路异常。

❸ 检查蓄电池电压上取样电阻R28、继电器控制管VT2、限流电阻R27和继电器K。

若通电后有继电器的吸合声，则表明充电器已对蓄电池充电。若充电器红灯不亮，而绿灯亮，表明充电器处于涓流充电状态。若蓄电池处于满电状态，应检查R32、R19和充电控制器IC2（LM393）。

第二节 LCD 液晶显示器中开关电源电路分析与检修实例

一、电路构成与电源输入、滤波、整流部分电路分析

LCD 液晶显示器电源包括两部分，一部分为低压电源电路，另一部分为高压电源电路，本节以海信 2264 电源板为例，讲述电源电路原理与检修。海信 2264 电源板正面图如图 7-6 所示，背面图如图 7-7 所示，电源整体框图如图 7-8 所示。

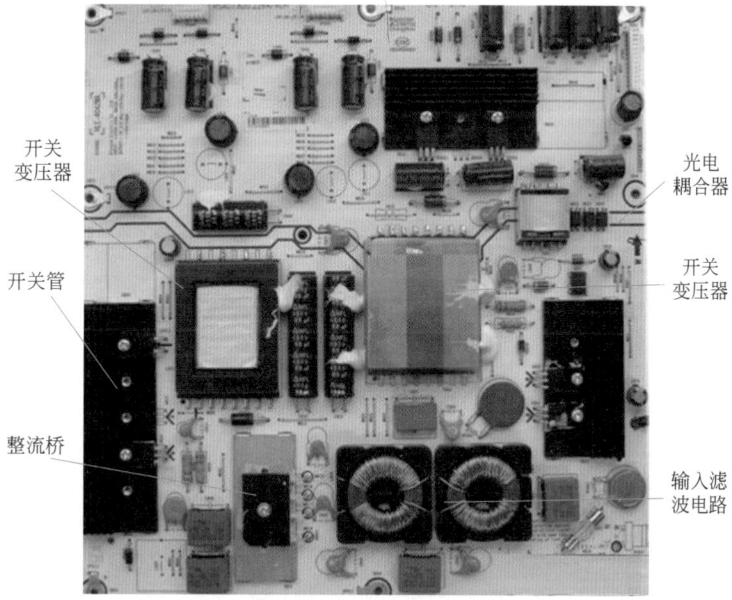

图 7-6　电源板正面图

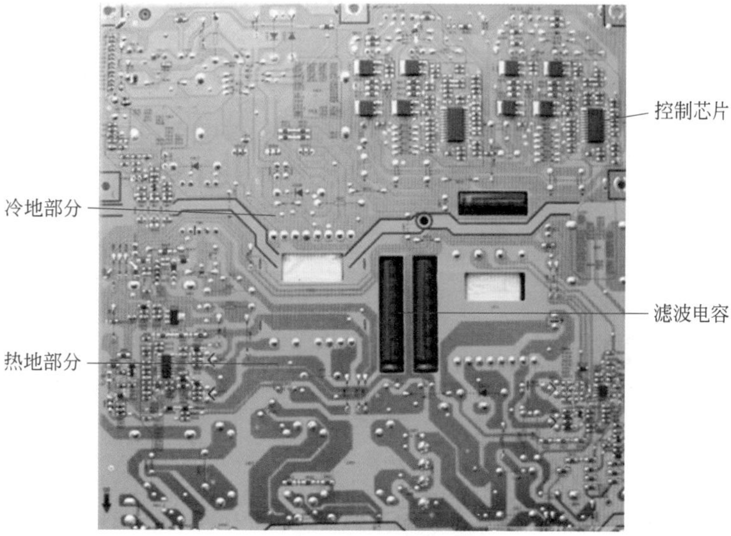

图 7-7　电源板背面图

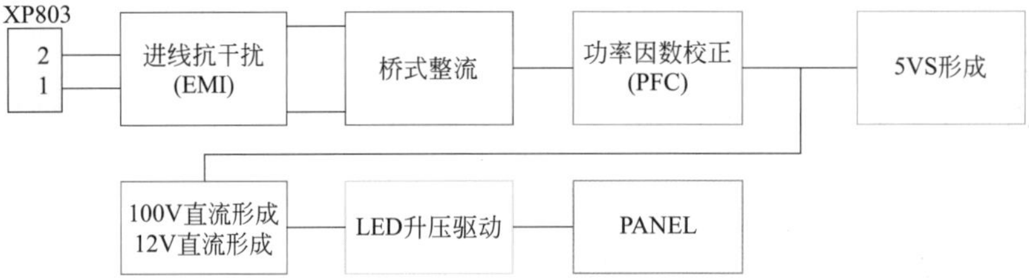

图 7-8　电源整体框图

220V 电压经过保险管 F802、压敏电阻 RV801 过压保护，进入由 L803、C802、C803、C804、L804 等组成的进线抗干扰电路，滤除高频干扰信号后的交流电压，通过 VB801、C807、C808 整流滤波后，得到一个 300V 左右的脉动直流电压。进线抗干扰、整流滤波部分如图 7-9 所示。

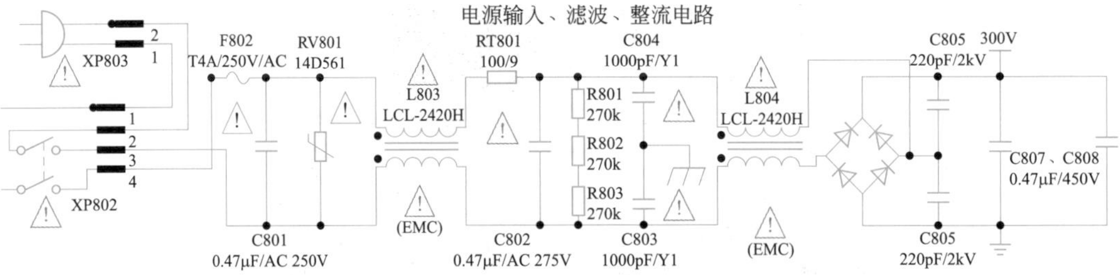

图 7-9　进线抗干扰、整流滤波部分

二、待机 5V 电路

1. 待机 5V 电路的形成原理

该机 5V 待机电路由 N831（引脚功能见表 7-2）和外围元器件组成，电路原理图如图 7-10 所示，PFC 端电压通过开关变压器 T901 的初级绕组 ❶—❸ 端加到 N831 的 ❼ 脚和 ❽ 脚（MOS 管的 D 极，启动电流输入端），N831 开始工作。T901 各个绕组产生感应电压，❹ 端和 ❺ 端绕组感应电压经过 R837 限流、VD832 整流、C835 滤波后，为 N831❺ 脚提供 20V 直流工作电压。20V 电压另外经过待机控制信号 PS-ON、三极管 V832、光电耦合器和 V916 控制后为 PFC 电路 N810 的 ❽ 脚供电。

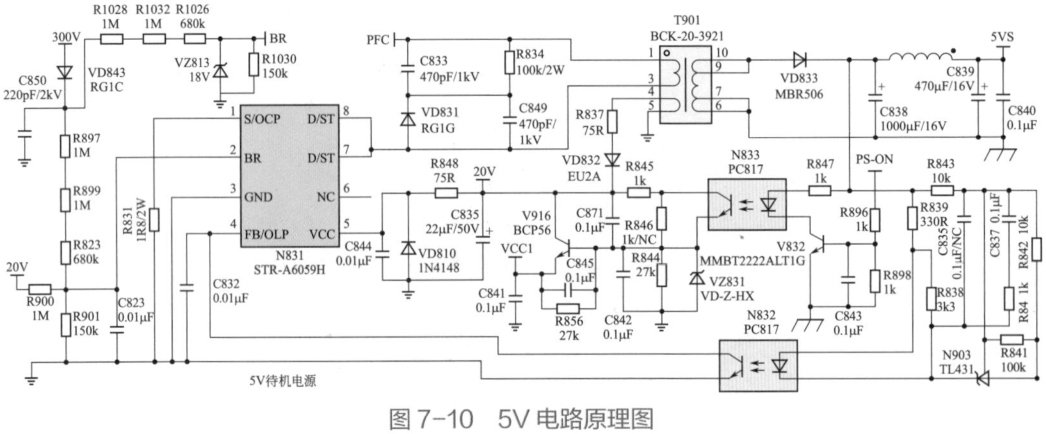

图 7-10　5V 电路原理图

表 7-2 N831 引脚功能

引脚位	引脚功能	实测电压 /V
❶	内部 MOS 管源极端	0
❷	欠压检测输入	6.3
❸	地	0
❹	取样反馈输入端	1.1
❺	供电	18
❻	空	—
❼	内部 MOS 管漏极端	380
❽	内部 MOS 管漏极端	380

2. 5V 的稳压电路

T901 次级绕组经过 VD833 整流，C838、L831、C839 组成的 T 型滤波器滤波后，形成 5VS 电压。5V 稳压电路由取样电阻 R843、R842、R841 及 N903、光电耦合器 N832 组成。当 5V 电压升高时，分压后的电压加到 N903 的 R 端，经内部放大后使 K 端电压降低，光电耦合器 N832 导通增强，N831 的 ❹ 脚反馈控制端电压降低，经内部电路处理后，控制内部 MOS 管激励脉冲变窄，使 5VS 降到正常值。

3. 5V 的欠压和过流保护电路

N831 的 ❶ 脚是内电路 MOS 管源极通过外接电阻 R831 接地，也是内电路的过流检测端，电流大时起到保护作用。N831 的 ❷ 脚是欠电压检测输入端，电阻 R897、R899、R823、R901 组成市电电压检测电路，电阻 R900 和 R901 组成 20V 电压掉电检测，当负载加重或者其他原因引起 20V 电压下降时，电阻 R900 和 R901 的分压也随之下降，当降到电路设计的阈值时，电路被保护，停止工作。

三、待机控制、功率因数校正（PFC）电路

图 7-11 为功率因数校正（PFC）部分的电路，表 7-3 为 NCP33262 引脚功能。

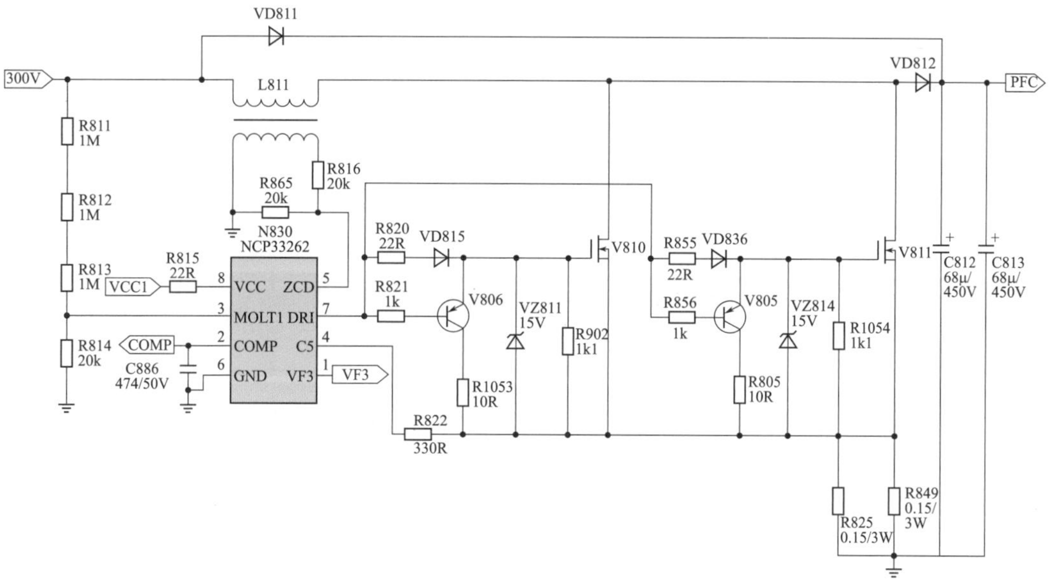

图 7-11 功率因数校正（PFC）部分的电路

表 7-3　NCP33262 引脚功能

引脚位	引脚功能	实测电压 /V
❶	反馈检测输入端	2.5
❷	软启动	2.1
❸	波形采样	1.4
❹	电流检测	0
❺	过零检测	3.6
❻	地	0
❼	脉宽波形输出	4.4
❽	供电	17

1. PFC 电路的形成

该机的 PFC 电路由储能电感 L811、PFC 整流管 VD812、N810（NCP33262）及其外围元件组成。当主机发出开机信号后，VCC 经过 R815 限流，VZ812 稳压，C814、C816 滤除杂波加到 N801 的 ❽ 脚，经内部电路给软启动脚（❷ 脚）外接电容充电，电平升高后 PFC 电路进入工作状态，将整流后的 300V 电压变换为整机所需的 380V PFC 电压。

2. PFC 电路详细工作过程

PFC 电路原理图见图 7-12。各分级电路如图 7-13 ～图 7-15 所示。

N810 的第 ❼ 脚输出斩波激励脉冲，经过灌流电路加到斩波管 V811、V810 的 G 极。在激励信号的正半周激励脉冲分别经过 R895、VD816、R820、VD815 加到两只 MOS 管的 G 极，使 V811、V810 导通。在激励信号的负半周，脉冲经过 R836 和 R821 加到 V805、V806

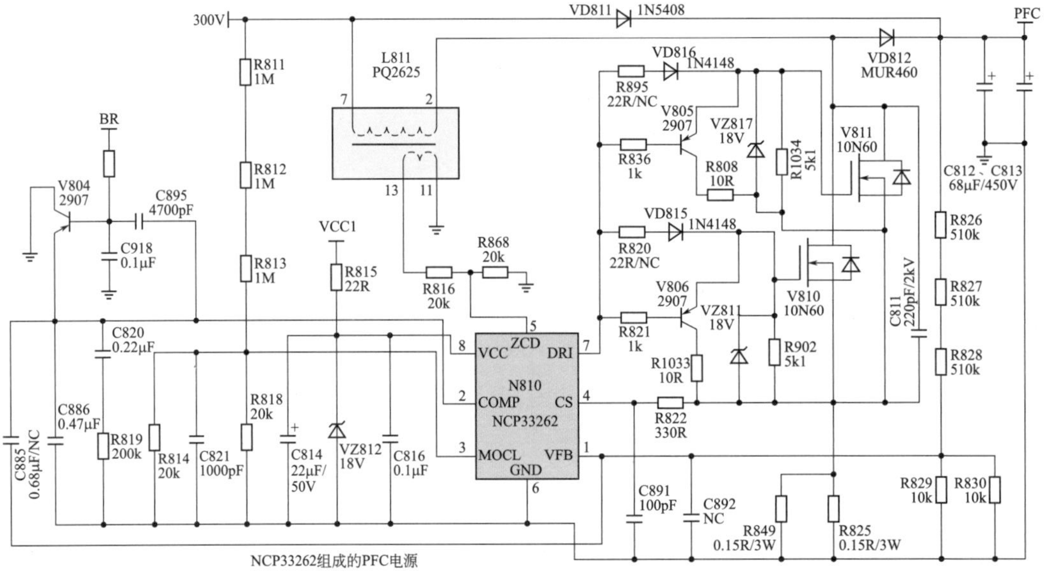

图 7-12　NCP33262 电路原理图

的基极，V805、V806 导通，MOS 管的 G 极电压快速释放，斩波管截止。VZ817 和 VZ811 是斩波管 G 极过压保护二极管。R1034、R902 两只电阻的作用是在关机时泄放掉 MOS 管 G-S 间的电压。经过电阻 R811、R812、R813、R814 分压得到正弦波取样电压，进入到 N810③脚，用于校正⑦脚输出脉冲波形。由于此电源工作在 DCM 状态，储能电感 L811 次级绕组⑪—⑬端感应的电压经 R816 和 R868 分压后，为 N810⑤脚提供过零检测信号，控制 PFC 电路内部斩波信号的开启和关断。

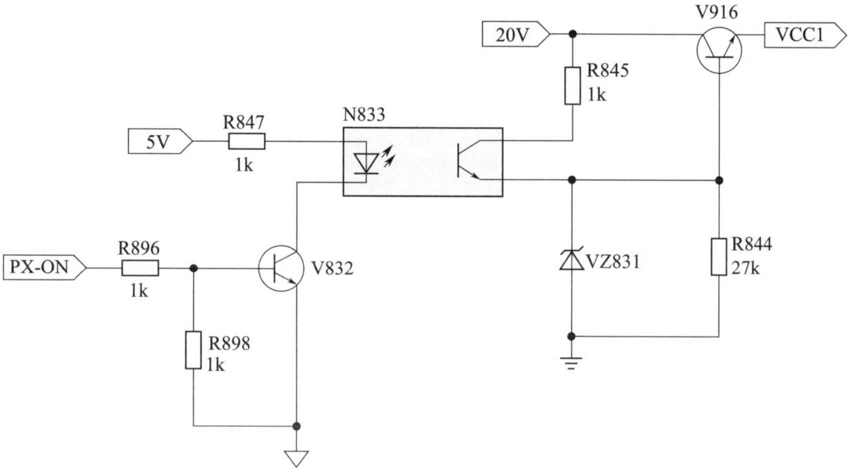

图 7-13 待机控制电路部分图示

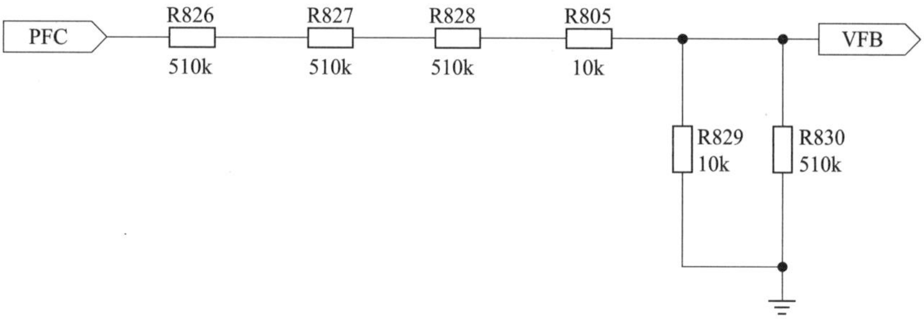

图 7-14 PFC 取样反馈电路部分图示

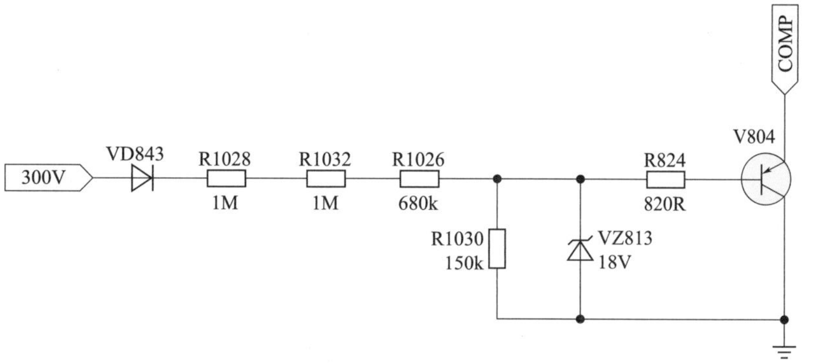

图 7-15 市电输入检测部分图示

3. PFC 电路的稳压

电阻 R826、R827、R828、R805、R829、R830 组成 PFC 电压取样反馈电路，分压后的取样电压送到 N810 的❶脚，经内部误差放大电路比较后，调整❼脚激励脉冲的输出占空比，控制斩波管的导通时间，以达到稳定 PFC 电压的目的。

4. PFC 电路的过流保护

电阻 R849、R825 为 PFC 电路过流检测电阻，如果出现电源负载异常过重时，MOS 管过大的电流流经 R825、R849，其上的压降就会升高，升高的电压经过 R822 加到 N810 的❹脚，N810 停止工作，起到保护作用。

5. PFC 电路市电欠压保护

N810 的❷脚是软启动脚，该脚外接三极管 V804，接市电欠压保护电路，当市电电压过低时，由 R1028、R1032、R1026、R1030 组成的市电电压分压取样电压（ER 电压）为低电平，V804 导通，❹脚电平为低电平，芯片停止工作。

四、100V 直流形成电路

220V 交流电经过整流滤波，进行功率因数校正后得到 400V 左右的直流电压送入由 N802（NCP1396）组成的 DC-DC 变换电路，如图 7-16 所示，分解电路如图 7-17 ～图 7-19 所示。

PFC 电压经过 R874、R875、R876、R877 分压后送入 N802❺脚进行欠压检测，经运算放大后输出电流，开机同时⓬脚得到 VCC1 供电，软启动电路工作，内部控制器对频率、驱动定时等设置进行检测，正常后输出振荡频率。❹脚外接定时电阻 R880；❷脚外接频率钳位电阻 R878，电阻大小可以改变频率范围；❼脚为“死区”时间控制，可以从 150ns 到 1μs 改变；❶脚外接软启动电容 C855；❻脚为稳压反馈取样输入；❽脚和❾脚分别为故障检测脚。当 N802 的⓬脚得到供电，❺脚的欠压检测信号也正常时，N802 开始正常工作，VCC1 加在 N802⓬脚的同时，经过 VD839、R885 供给倍压脚（⓰脚），C864 为倍压电容，经过倍压后的电压为 195V 左右。

从⓫脚输出的低端驱动脉冲通过电阻 R860 送入 V840 的 G 极，VD837、R859 为灌电流电路。⓯脚输出的高端驱动脉冲通过拉电流电阻 R857 送入 V839 的 G 极，VD836、R856 为灌电流电路。当 V839 导通时，400V 的 VB 电压流过 V839 的 D-S 极及 T902 绕组、C865 形成回路，在 T902 绕组形成下正上负的电动势，次级绕组得到的感应电压，经过 VD853、C848 整流滤波后得到 100V 直流电压，为 LED 驱动电路提供工作电压。次级另一路绕组经过 R835、VD838、VD854、C854、C860 整流滤波后得到 12V 电压。还有一路绕组经过 VD852、C851、C852、C853 整流滤波后也得到 12V 电压，如图 7-18 所示。

同理，当 V840 导通、V839 截止时，在 T902 初级绕组形成上正下负的感应电动势耦合给次级，由 R863、R864、R865、R832、R869、N842 组成的取样反馈电路、通过光电耦合器 N840 控制 N802 的❻脚，使其次级输出的各路电压得到稳定，由 C866、R867 组成取样补偿电路。

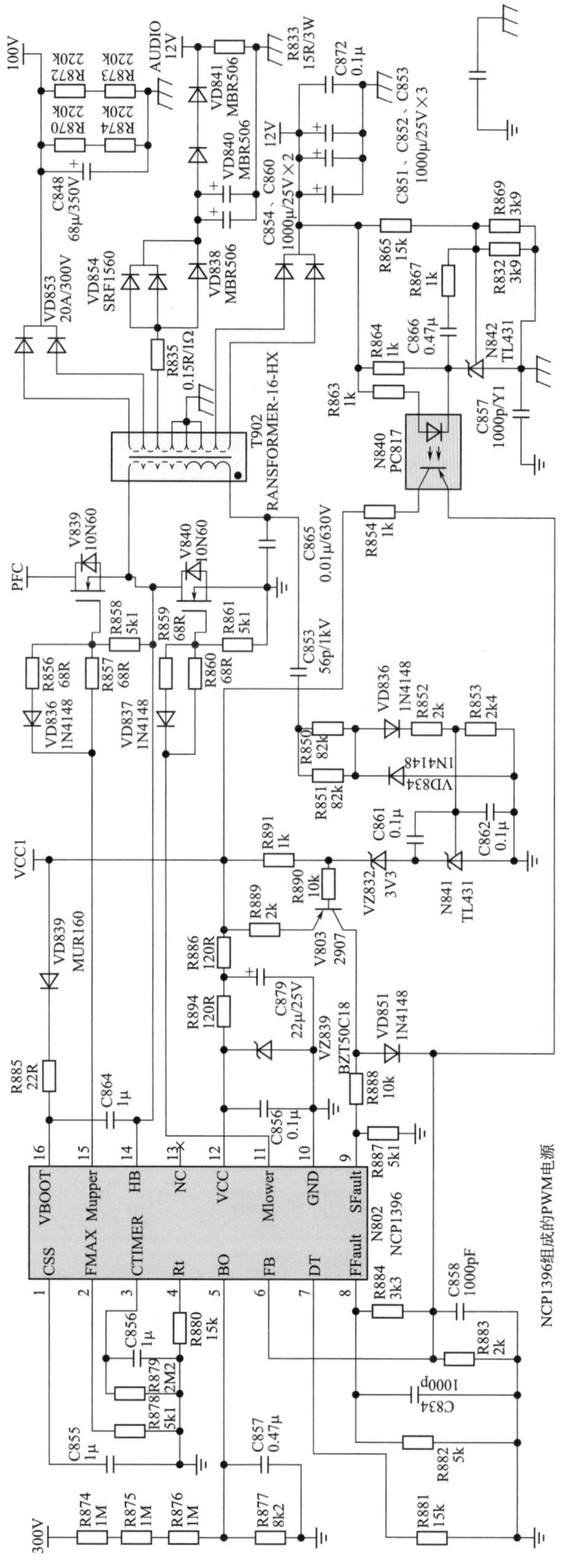

图 7-16 NCP1396 组成的 DC-DC 变换电路

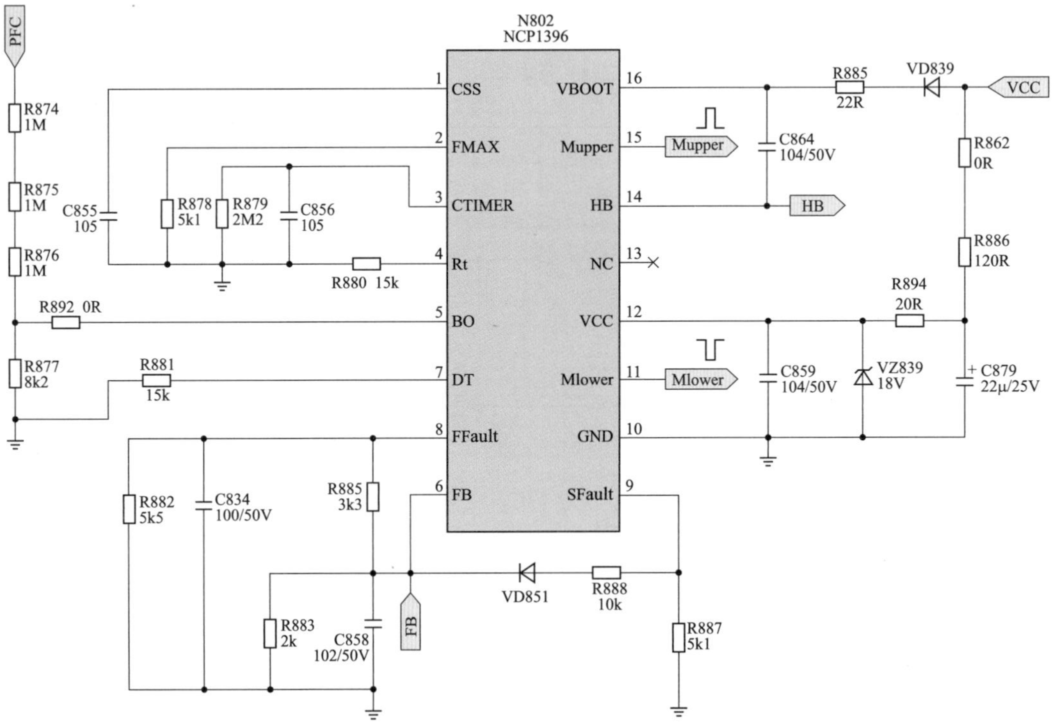

图 7-17　NCP1396 组成的 DC-DC 变换电路部分图示

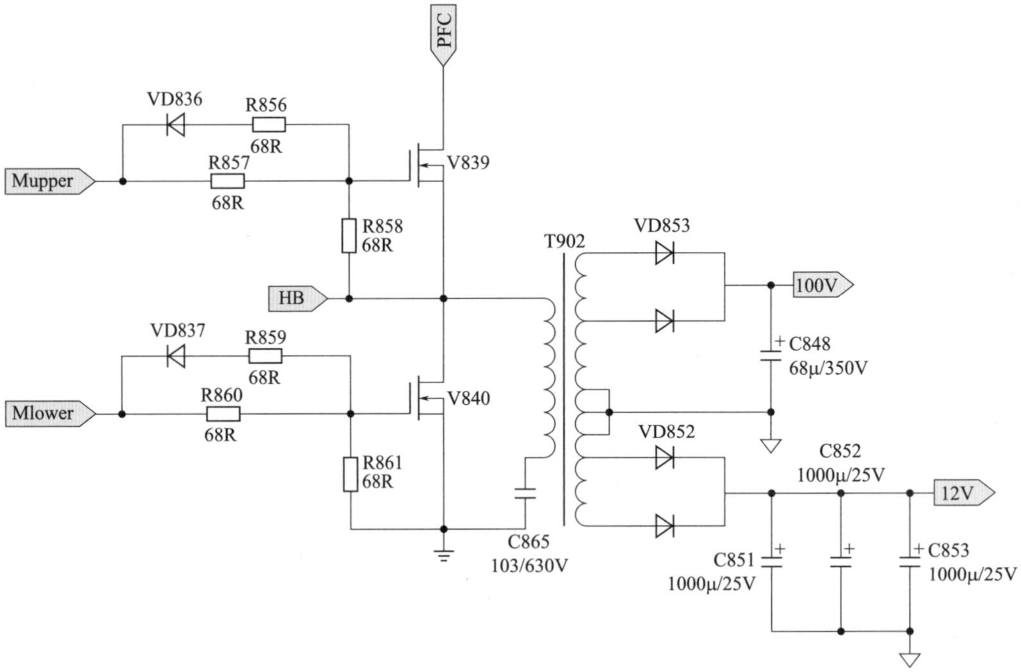

图 7-18　100V、12V 直流电压形成部分图示

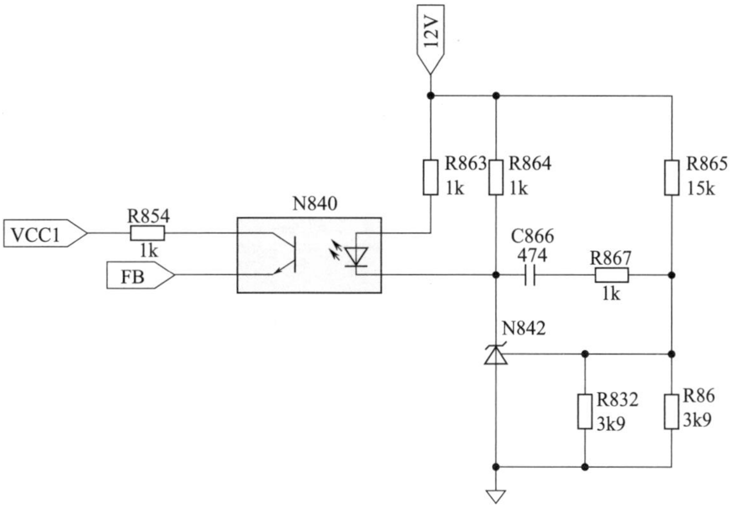

图 7-19 取样反馈电路

五、LED 背光驱动电路

LED 背光驱动部分采用 O_2Micro 公司的 OZ9902 方案。OZ9902 为双路驱动芯片，该电路采用 2 片 OZ9902，也就是采用了 4 路驱动。单路驱动简易图如图 7-20 所示，电路原理图如图 7-21 所示；OZ9902 引脚功能见表 7-4。

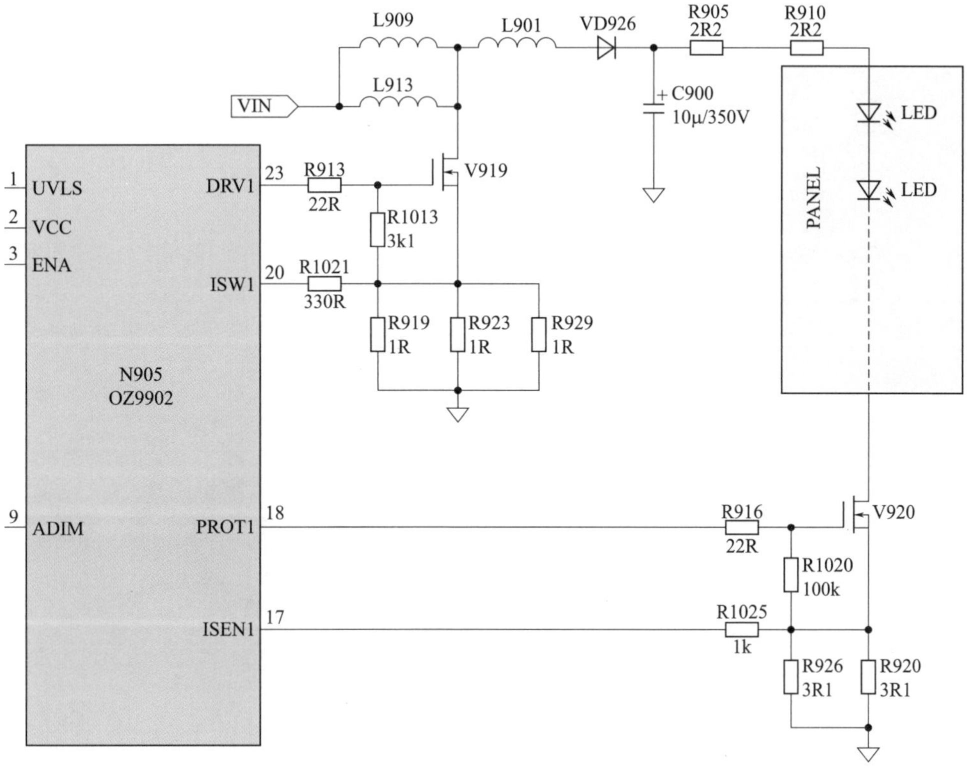

图 7-20 LED 背光驱动电路单路驱动简易图

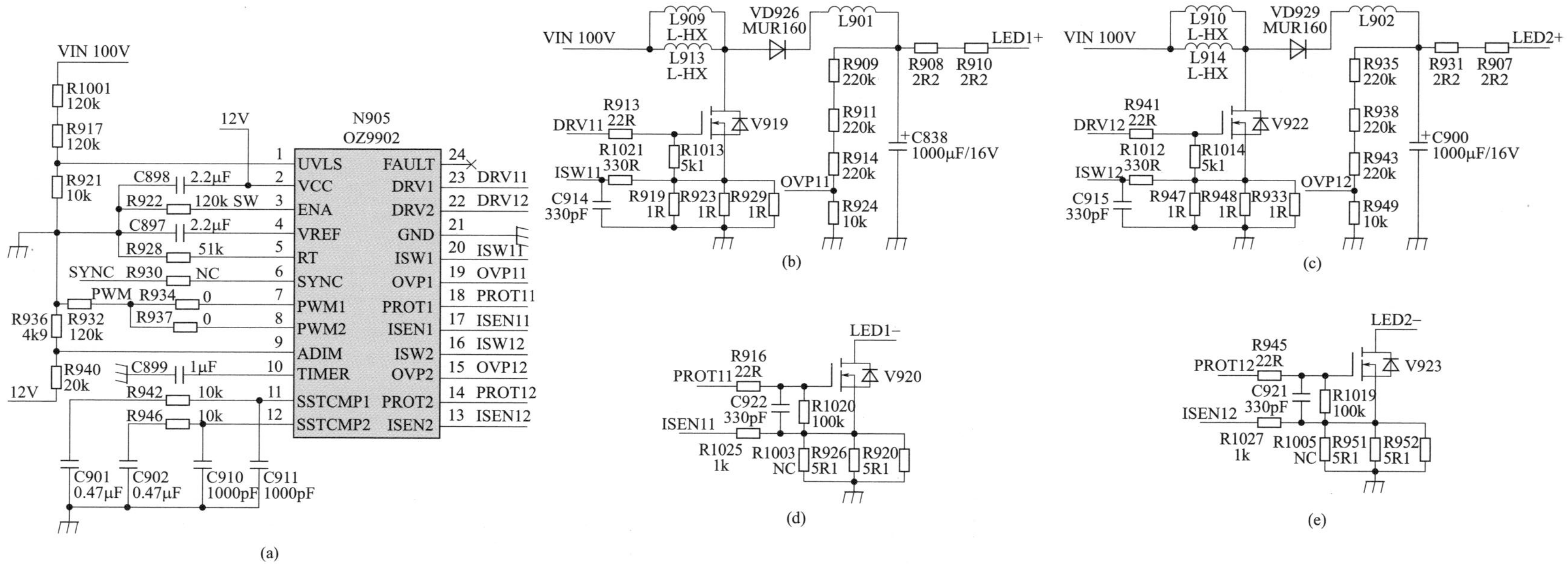

图 7-21　LED 背光驱动电路原理图

表 7-4 N906 OZ9902 引脚功能

引脚位	引脚功能	实测电压 /V
❶	LED 输入电压欠压保护检测	5.1
❷	OZ9902 的工作电压输入	12
❸	芯片的 ON/OFF 端	5.2
❹	基准电压输出	5
❺	芯片工作频率设定和主辅模式设定	1
❻	同步信号输入 / 输出，不用可以悬空	0
❼	第一通道的 PWM 调光信号输入	3.5
❽	第二通道的 PWM 调光信号输入	3.5
❾	模拟调光信号输入，不用可以设定为 3V 以上	2.6
❿	保护延时设定端	0
⓫	第一通道软启动和补偿设定	1.8
⓬	第二通道软启动和补偿设定	1.8
⓭	第二通道 LED 电流取样	0.3
⓮	第二通道 PWM 调光驱动 MOS 管端	12
⓯	第二通道过压保护检测	2.1
⓰	第二通道 OCP 检测	0
⓱	第一通道 LED 电流取样	0.3
⓲	第一通道 PWM 调光驱动 MOS 管端	12
⓳	第一通道过压保护检测	2.1
⓴	第一通道 OCP 检测	0
㉑	地电位	0
㉒	第二通道升压 MOS 管驱动	3.4
㉓	第一通道升压 MOS 管驱动	3.5
㉔	异常情况下信号输出	0

1. 驱动电路升压过程

驱动芯片 OZ9902❷ 脚得到 12V 工作电压，❸ 脚得到高电平开启电平，❾ 脚得到调光高电平，❶ 脚欠压检测到 4V 以上的高电平时，OZ9902 开始启动工作，从 OZ9902 的 ㉓ 脚输出驱动脉冲，驱动 V919 工作在开关状态。

❶ 电路开始工作时，负载LED上的电压约等于输入的VIN电压。

❷ 正半周时，V919导通，储能电感L909、L913上的电流逐渐增大，开始储能，在电感的两端形成左正右负的感应电动势。

❸ 负半周时，V919截止，电感两端的感应电动势变为左负右正，由于电感上的电流不

能突变，与VIN电压叠加后通过续流二极管VD926给输出电容C900进行充电，二极管负极的电压上升到大于VIN电压。

❹ 正半周再次来临时，V919再次导通，储能电感L909、L913重新储能，由于二极管不能反向导通，这时负载上的电压仍然高于VIN上的电压。

正常工作以后，电路重复❸、❹步骤完成升压过程。

R919、R923、R929组成电流检测网络，检测到的信号送入芯片的⑳脚ISW11，在芯片内部进行比较，来控制V919的导通时间。

R909、R911、R914和R924是升压电路的过压检测电阻，连接至N905⑲脚的内部基准电压比较器。当升压的驱动电压升高时，其内部电路也会切断PWM信号的输出，使升压电路停止工作。

在N905内部还有一个延时保护电路，即由N905⑩脚的内部电路和外接的电容C899组成。当各路保护电路送来启控信号时，保护电路不会立即动作，而是先给C899充电。当充电电压达到保护电路的设定阈值时，才输出保护信号，从而避免出现误保护现象，也就是说只有出现持续的保护信号时，保护电路才会动作。

2. PWM调光控制电路

调光控制电路由V920等元器件组成，V920受控于❼脚的PWM调光控制，当❼脚为低电平时，⑱脚的PROT1也为低电平，V920不工作。当❼脚为高电平时，⑱脚的PROT1信号不一定为高电平，因为假如输出端有过压或短路情形发生，内部电路会将PROT1信号拉为低电平，使LED与升压电路断开。

R920、R926、R1025组成电流检测网络，检测到的信号送入芯片的⑰脚ISEN1，⑰脚为内部运算放大器的输入端，检测到的ISEN1信号在芯片内部进行比较，来控制V920的工作状态。

⑪脚外接补偿网络，也是传导运算放大器的输出端，此端也受PWM信号控制。当PWM调光信号为高电平时，放大器的输出端连接补偿网络。当PWM调光信号为低电平时，放大器的输出端与补偿网络被切断，因此补偿网络内的电容电压一直被维持，直到PWM调光信号再次为高电平时，补偿网络才又连接放大器的输出端。这可确保电路工作正常，以及获得非常良好的PWM调光反应。

其他三路电路工作过程同上，这里不再阐述。

六、故障检修实例

【故障现象1】不定时出现三无现象。

【分析检修】因该机不定时出现三无现象，大部分时间可以正常工作，无规律可循，有时几天出现一次。当故障出现时，测得无5VS电压，确定故障在5VS电压产生电路。检测5V电路，N831（STR-A6059H）检测数据如下：❶脚，0V；❷脚，6.2V；❸脚，0V；❹脚，开机瞬间有摆动，随后为0V；❺脚，8～10V摆动；❼、❽脚，300V。

从检测结果可知N831启动后，因❹脚电压降低进入保护状态锁定，电路无输出。能引起❹脚电压降低进入保护状态的原因只有5VS稳压控制电路和❹脚外围元件。对稳压控制电路相关元件在路检测正常，因为机器大部分时间能正常工作，故从故障形成机理和统计的角度看，这类故障多与元件性能参数不良或自身特性变差有关，怀疑是❹脚外接电容C832不稳定漏电所致，试更换C832，若长时间试机未见异常，则故障排除。故障点实物图如图7-22所示。

【故障现象2】开机一分钟后屏幕二分之一处发黑。

【分析检修】由于故障现象是半面屏幕发黑，因此判断是一组背光驱动电路异常所致。开机检查，测得LED4+、LED4−输出端子电压为195V，而LED3+、LED3−输出端子只有108V。从电路图中可以看出，V925和V926这组输出未能正常升压形成LED所需的电压要求。什么原因会造成此故障呢？

❶ 没有正常的驱动信号送至V925，使V925处于截止状态而形成不了升压。

❷ 开机瞬间已有驱动信号驱动了V925，并形成升压过程，但由于LED负载异样使反馈信号异常，迫使驱动块保护而停止输出驱动信号，而使V925截止输出，升压停止。

为了验证这个问题，再次监测LED3+、LED3−电压时，发现其开机电压瞬间会达到300V。从欧姆定律不难看出，当负载减轻时，电流则会减小，电源此时处于空载状态，电压自然会上升，由此判断此故障是由于LED灯组断路而使输出电压过高引起的保护。更换屏后故障排除。实物检测点如图7-23所示。

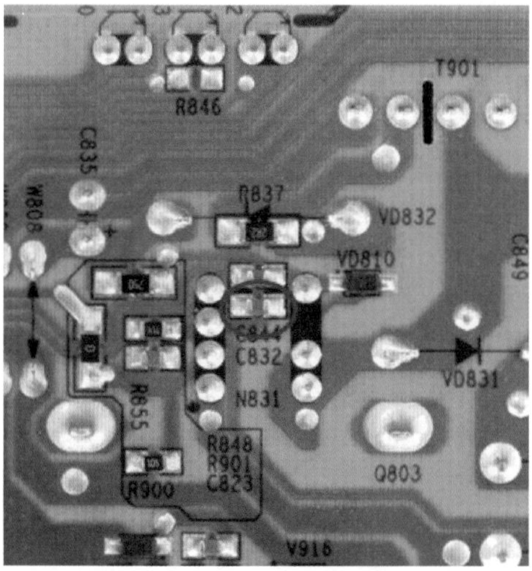

图7-22 故障实测点

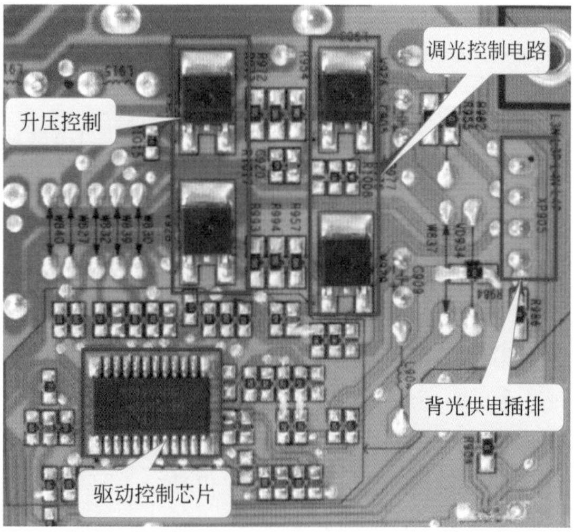

图7-23 调光电路故障实测点

第三节 LED照明灯类恒流型开关电源

一、由FAN7554构成的30W LED路灯驱动电源

30W LED路灯的主要适用场合是地区性道路、花园路、庭院路、居住小区等。因输出功率较低，整灯的售价较低。尽管LED驱动器在整个路灯成本结构中占的比例较低，但受整灯售价的限制，所以我们在设计电路拓扑时应充分考虑电路成本的因素。在电路结构上若

采用单片式 MOSFET 和 PWM 控制器集成在同一芯片的单片开关电源集成电路时，外围元器件较少，制作生产简便。与选用控制 IC 与 MOSFET 分立式电路在成本上相比，还是相差 3 ～ 5 元人民币，省下的这些元器件成本对 LED 驱动器企业来讲就是纯利润。30W LED 路灯被大量使用，综合考虑电路结构与成本因素，该 30W LED 路灯驱动器方案我们采用仙童半导体公司的 FAN7554，外加功率 MOSFET 组成单级反激式 PFC+DC/DC 变换电路。

1. FAN7554 简介

FAN7554 主要特点为：电流控制模式、逐周期电流限制、外部元器件少、欠电压锁定（UVLO）电压为 9V/15V、待机电流 100μA、节省功率电流模式电流为典型 200μA、工作电流 7mA、软启动、开 / 关控制、过载保护（OLP）、过电压保护（OVP）、过电流保护（OCP）、过电流限制（OCL）、工作频率超过 500kHz、1A “图腾柱”输出电流。

2. FAN7554 引脚功能

图 7-24 是 FAN7554 的引脚排列图，各引脚的功能如下。

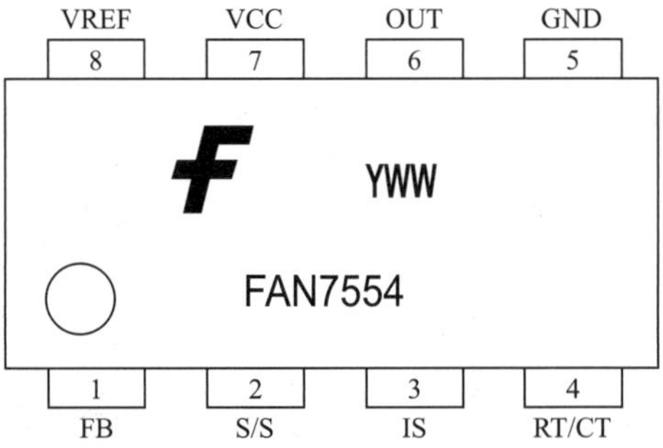

图 7-24　FAN7554 的引脚排列

❶ 脚：FB，PWM 比较器反相输入端，还具有 ON/OFF 控制与过载（OLP）侦测功能。

❷ 脚：S/S，软启动。

❸ 脚：IS，PWM 比较器同相输入端，过电流侦测端。

❹ 脚：RT/CT，振荡频率设置端。

❺ 脚：GND，IC 内部逻辑地。

❻ 脚：OUT，驱动电压输出端。

❼ 脚：VCC，IC 工作电源供电端。

❽ 脚：VREF，输出 5V 基准电压。

3. 实际电路分析

图 7-25 是单级反激式 PFC 30W LED 驱动器原理图，下面分析其工作原理。控制电路主要由 U1（FAN7554 电流型开关电源控制 IC）、U2（PC817C 型光电耦合器）、TL1（TL431A 型可调式精密并联稳压器）、U3（LM358 电流放大器）等组成。

（1）输入保护与 EMI 滤波电路　为了抑制高频电磁干扰特别加入共模电感 L1，L1 的磁芯材质的磁导率高（通常为绿环）。因 L1 直接放置在输入交流回路中，所以在绕制 L1 时为保证 L、N 线间的安全，L 线可用三层绝缘线，N 线可用 2U 规格的漆包线绕制。C1、L2、C2 构成 EMI 滤波电路，既防止电源产生的干扰信号污染供电系统，又防止来自电网的干扰

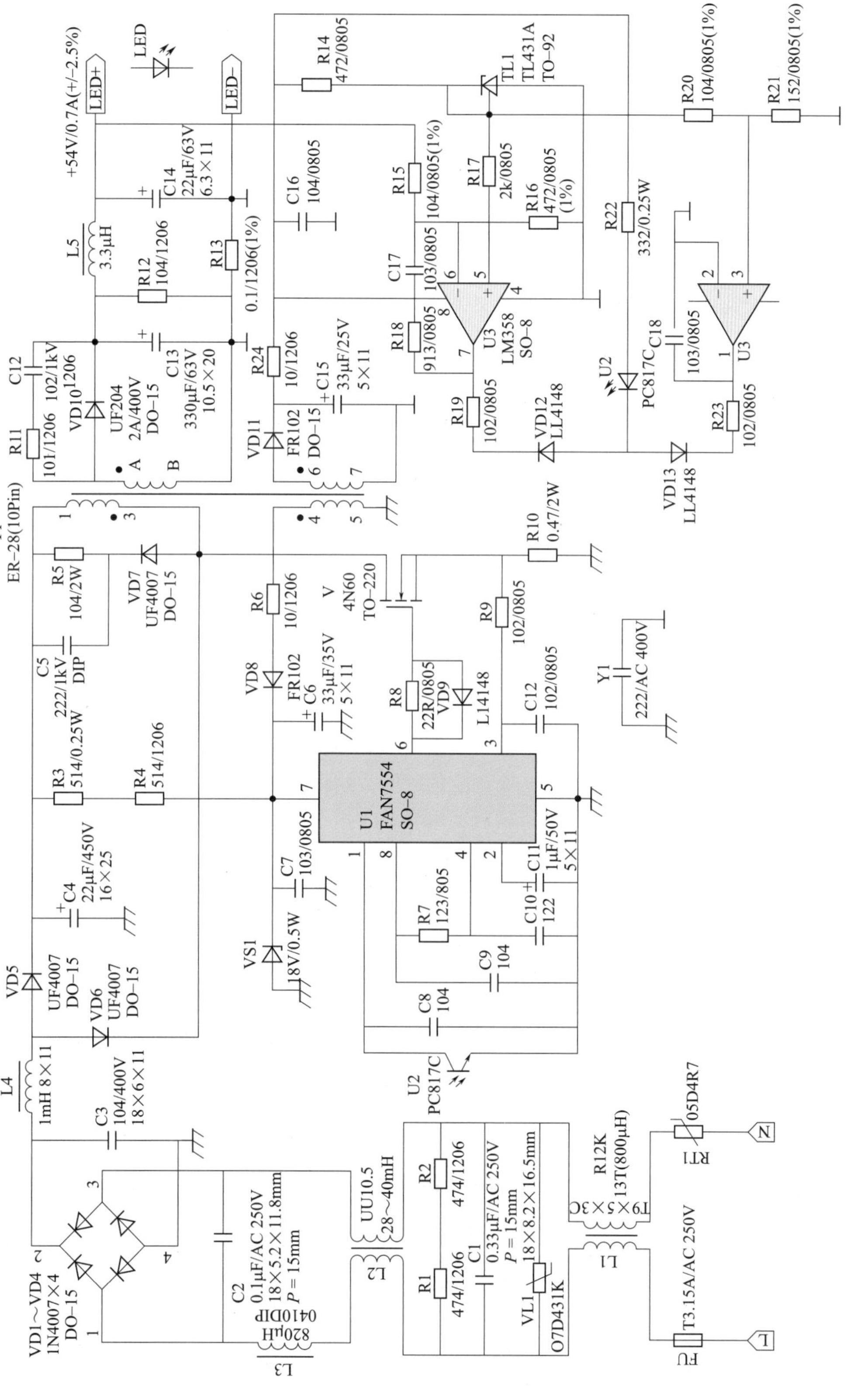

图 7-25 单级反激式 PFC 30W LED 驱动器原理图

信号影响转换器的正常工作；L3 是差模电感，可起到补充 C1 电容量的作用；C3 是高频旁路电容，在此电路中该电容的容量不宜太大，过大的电容会影响功率因数；Y1 是安规电容。

（2）PFC 电路　L1、C4、VD5、VD6、V 组成单级反激式 PFC 校正电路。从图 7-25 可以看到，典型的单级 PFC 变换器是由 Boost 变换器与基本的功率变换器合成的，两部分电路共用一个开关管，其中 VD5 电路是充电电路，VD6 是放电电路（同时可防止开关管关断时电流倒流）。由于控制电路只是完成输出电压整定的任务，因此要求变换电路本身具有自然的 PFC 功能。而 Boost 变换器恰恰具有这种内在的功率因数校正能力，在实际调试时要注意控制好 L1 的电感量，因为 L1 的电感量、升压电压值与 PF 值关系密切。若电感量小，则升压电压值与 PF 值均低，反之相反。虽然升压电压值高且 PF 值也高，但 C1 要选用更高耐压值的电容，这样在体积与成本上会带来不利因素，同时太高的电压值也会加大开关功率管 V 的电压应力，给可靠性带来隐患，因此要综合考虑，合理设计升压电压值。

（3）启动供电与辅助供电电路　R3、R4、C8 组成启动供电电路。FAN7554 的启动工作电压是 15V，关闭电压是 9V，它们之间的延迟电压是 6V。最小启动工作的电流是 100μA，因此启动降压电阻网络的电阻值可设计得较大，以降低在启动电阻上产生的功耗，变压器❹—❺绕组、VD8、C6、R6 组成辅助供电电路。因主电路采用单级反激式 PFC 拓扑，而输入直流电压有较大程度的变化，防止辅助电压随输入电压变化而超出 IC 的耐压值，加入了 VS1 稳压二极管，确保 IC 的工作电压小于 18V。

（4）软启动　开关电源的输出负载通常包括电容性负载。在启动的初期，因为这些元件使输出电压的上升有一个固定的时间。若没有反馈环路来控制输出电压，没有软启动电路，则在启动的初期反馈环路将出现开环的状态。因此在启动初期，反馈电压加到 PWM 比较器反相输入端的电压由零延伸到最大为 1V。

在启动期间，漏极峰值电流将达到最大值，二次侧负载也将使输出功率达到最大值。在启动初期，二次侧输出最大功率有一个固定的时间，这将给整个电路造成很大的应力，用软启动方式消除这种应力。在启动时，软启动电容 C11 由 100μA 的电流源充电到 1mA。

（5）振荡器　R7、C10 是振荡器的定时电阻和定时电容。电容 C10 通过电阻 R7 由 5V 参考电压（❽脚）组电容充电，充电电压大约到 2.8V，通过内部电流源放电，放电电压大约是 1.2V。振荡器产生的时钟信号由 C10 的放电时间决定，当时钟为低电平时，驱动器有输出脉冲。R7 和 C10 决定振荡器振荡频率和最大占空比。

（6）输出整流滤波电路　VD10 是输出整流二极管，因输出电压较高，为 54V，而输出电流较低，为 0.7A，因此如用肖特基二极管作整流管将很不合理。首先是耐压问题，一般肖特基管的耐压为 150V 左右，更高耐压的肖特基管价格很贵并且货源不稳定；其次电流容量太小，用肖特基管价格偏贵。因此该方案用 UF204 超快恢复二极管，电流是 2A，反向耐压是 400V。C13、C14 是输出滤波电容，使用该电容要注意两个问题：a. 耐压一定要高于输出电压值；b. 耐纹波电流的能力要能满足输出电流的容量要求。对 LED 驱动电源来讲，要提高 LED 的使用寿命，很多人认为只要是恒流供电就可以，却不知恒流源中包含大量纹波电流，对 LED 的使用寿命有很大影响。LED 是电流器件，高的纹波电流会使 LED 产生较大的阻性功耗，使 LED 容易发热而降低使用寿命。L5、C14 组成第二级滤波电路，进一步减小输出电流的高频纹波。

（7）二次辅助供电电路　图 7-25 中，变压器 T1 的❻—❼绕组、VD11、C15、R24 组成二次辅助供电电路。该电路的工作原理与一次侧的 VCC 供电电路基本相同，加入该电路的目的主要是考虑U3（LM358）的最高工作电压为40V，按该方案输出电压大范围的变化来看，此组电压如果不加稳压手段，则经VD11、C16整流滤波后的电压将非常高，U3的耐压不允许，此为其一；其二，若光电耦合器的LED直接从输出端取样，因输出电压变动范围大，所以光电耦合器工作电流不能合理地确定；其三，当输出端短路时，输出电压为零，因此使U3无VCC电压而使短路保护功能失效。

（8）输出电压、电流反馈取样电路　输出电压取样反馈电路工作原理如下。U3、TL1、U2、R13～R23组成反馈电压取样电路。TL1的K与R直接短路，构成精密的2.5V基准电压源，通过R17送到U3的同相输入端❺脚；而R15与R16直接从输出端取样组成分压电路，最高输出电压是54V，因此按54V输出电压来设定U3端❻脚的电压也为2.5V，因此在恒压模式时输出电压就是54V。C17、R18是放大器反相输入端与输出端的频率补偿网络元件，调整其阻、容比例关系能调整放大的增益。稳压工作过程为：如输出电压因负载下降或输入电压上升而上升，则U3的❷脚电压上升，引起流过光电耦合器U2 LED中的电流也上升，光敏三极管的导通程度增加，使U1占空比下降，开关管导通时间缩短，导致输出电压下降，达到稳定输出电压的目的，反之则正好相反。

输出恒流取样反馈电路工作原理如下。U3、TL1、U2、R20、R21、R13、VD13组成恒流控制电路。由TL1产生的2.5V基准电压通过R20、R21再次分压，该分压电压送到U3的同相输入端❸脚，而反相输入端❷脚则直接连接到输出地。因R13是直接串联在输出地回路中，所以在R13上产生的电压降就是输出电流与该电阻的乘积，即V_{R12}=R13I_o；输出电流在R13上产生右正左负的电压降，该电压与同相端电压作比较，如同相端电压大于反相端，则❶脚输出高电平，对光电耦合器U2中的电流走向没影响，反之，光电耦合器的电流改走U3回路，达到恒定输出电流的作用。其实U3与U2在此电路中组成了一个或门电路，光电耦合器的电流走哪一个通路，完全取决于这两个放大器❶脚与❼脚输出端的电压值。

（9）栅极驱动电路　R8、VD9组成功率MOSFET驱动电路。为了提高FAN7554的驱动能力，因输出功率较低，所以V的驱动电路很简单，V导通时直接由R8提供电压，V截止则是由VD9放电。调节R8的电阻值能控制V的充放电速度。较大的电阻值对减小EMI比较有利，但对转换效率存在不利因素。

二、由NCP1652构成的90W LED路灯驱动电源

目前，在LED路灯的实际使用中，由于90W LED路灯有较高的性价比，因此使用量较大，本节我们介绍基于NCP1652组成的高效单级功率因数校正和降压式LED驱动器。

1. NCP1652简介

NCP1652是一个集成度非常高的控制器，适合于实现功率因数校正（PFC）和隔离、降压式单级DC/DC转换器，这是一种低成本和减少零件数的解决方案。这个控制器比较适合于笔记本适配器、电池充电器和离线式应用，理想的功率范围在75～150W之间，单级式是基于反激式转换器和工作在连续模式（CCM）或断续模式（DCM）。

NCP1652是一个高效的系统整合，集成的第二个驱动器可调节延时时间，可用于二次侧的同步整流驱动、一次侧的有源钳位或其他应用。此外，控制器还拥有专利的“软跳跃TM”特点，用以减少在轻载时的音频噪声，NCP1652的其他特点还包括有高压启动电路、电压

前馈、掉电检测、内置过载定时器、闭锁输入和高精度乘法器。

2. NCP1652 各引脚功能

NCP1652 的引脚图如图 7-26 所示，其引脚功能见表 7-5。

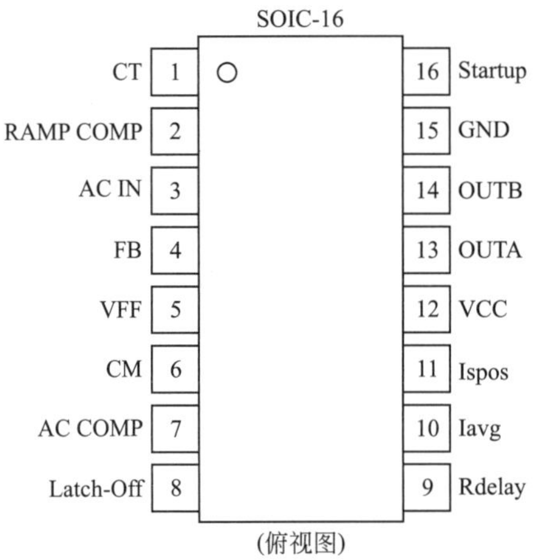

图 7-26　NCP1652 引脚图

表 7-5　NCP1652 引脚功能

引脚	符号	描述
❶	CT	外部定时电容(CT)设置振荡器频率。振荡器频率和乘法器增益设置在 0.2 ~ 4V 之间的锯齿波
❷	RAMP COMP	在该引脚与地之间的电阻(R_{RC})用于调节斜坡补偿的总量，且增加电流信号。斜坡补偿时必须要防止产生谐波振荡。该引脚不允许开路
❸	AC IN	依靠分压电阻将全波整流后带锯齿状的输入波形连接到该引脚，给乘法器提供输入电压信息
❹	FB	通过光电耦合器或其他隔离电路，从外部误差放大器电路得到的误差信号反馈到该引脚。FB 引脚的电压与转换器负载成比例关系。为了降低音频噪声，如果 FB 引脚的电压跌落到低于 1.3V(典型值)，控制器进入软跳跃模式
❺	VFF	前馈输入端：采用电阻分压和电容平滑的方法，将输入整流滤波后带有锯齿波的电压引导到该引脚。该信息给基准信号发生器或调节控制器使用
❻	CM	乘法器输出：在该引脚与地之间连接一个电容器。过滤乘法器输出调制信号
❼	AC COMP	设置 AC 基准放大器的极点：基准放大器与带低频成分的输入 AC 电流基准信号进行比较。大多数滤波输出响应必须足够慢，以满足高频电流信号的要求，因为它要注入电流检测放大器，如果非常快，将使线路频率信号失真最小。该引脚不允许开路
❽	Latch-Off	闭锁关闭输入端：将该引脚的电压拉低到 1.0V(典型值)或拉高到 7.0V(典型值)，控制器闭锁。这种输入信号能够实现过电压检测、过温升检测或其他检测
❾	Rdelay	一个电阻连接到该引脚与地之间，设置 OUTA 与 OUTB 之间的非交叠延迟时间。这种延迟可以调节，以防止一次侧 MOSFET 与同步整流 MOSFET 之间产生共导，或使有源钳位级的谐振过渡最优化
❿	Iavg	一个外部电阻器和电容器连接到该引脚与地之间，在驱动 AC 误差放大器时，用于设置或稳定电流检测放大器的增益
⓫	Ispos	正电流检测输入端：连接到电流检测电阻的正端

续表

引脚	符号	描述
⑫	VCC	正电源端：该引脚外部需连接一个储能电容器，由内部电流源给 VCC 引脚提供启动电流。一旦 VCC 电压上升到大约 15.3V，电流源关闭，输出被激活；当 VCC 电压下降到大约 10.3V 时，驱动器失能；如果 VCC 跌落到低于 0.85V（典型值），迫使启动电流小于 500μA
⑬	OUTA	驱动器输出：适合于反激式主功率 MOSFET 或 IGBT。输出源阻抗为 13Ω（典型值），拉阻抗为 8Ω（典型值）
⑭	OUTB	PWM 控制器第二输出：它能用作驱动同步整流或其他。OUTB 的源阻抗与拉阻抗分别是 22Ω(典型值)和 11Ω(典型值)
⑮	GND	电路参考地
⑯	Startup	该引脚直接连接到整流输入线路电压，给内部启动调节器。恒流源给该引脚供电，VCC 引脚连接电容器，这样无需启动电阻。典型充电电流是 5.5mA，最大输入电压是 500V

3. 实际电路分析

图 7-27 是一个基于 NCP1652 的 90W 单级转换器的原理图，这种拓扑本质上属于升压 - 降压、单级反激式转换器，工作在连续模式（CCM）。功率级输出应用是一个在输入为全电压条件下输出 48V/2A 的实例，其主要可用作常规电源、通信电源的前端和恒压 LED 驱动器，可作为区域照明、分布式照明，甚至包括全部照明系统的供电。在满载的条件下，可达到大约 90% 的效率和 0.95 的功率因数。整个电源包括过电流保护、过电压保护、掉电检测和 EMI 输入滤波器。NCP1652 转换器电路是一个多功能的、设计简单的电路，同样也可以改作恒压 / 恒流（CV/CC）形式，在 DC 15V 条件下输出功率在 25 ～ 150W。

（1）电路技术信息

❶ NCP1652元件选择　NCP1652集合了许多逻辑电路元件，如图7-27所示的原理图能满足多数设计性能要求。需要不同的输出电压只要改变TL431的电压检测电阻分压值（R29、R30），稳压管VS4和电阻R31将使输出电压超过DC 32V。R30将检测并限制MOSFET的峰值电流和连续的最大输出电流。R12用来设置工作在CCM时的斜坡补偿和依靠一次电感调节变压器的磁化斜坡电流。C9将开关频率设置在大约70kHz，这种频率能适合于大多数应用。R5、R16、R17、VD9、VS2和C14组成一个简单的变压器T1辅助绕组的VCC OVP电路（可选择）。因为这个电压与输出电压存在对应关系，因此在一次侧就能组成简单的检测电路。R2、VD5和C4构成一个DC启动电路，适合于NCP1652，这属于半正弦输入峰值的检测例子。这种电路连同可选择的TVS VS，同样兼顾了在瞬态响应甚至长期短路时，线路存在瞬时过高的冲击电压，而输入电容C3将不能抑制的情况。

❷ 输入EMI滤波器　EMI滤波器由两级共模电感(L1和L2)，采用环形磁芯绕制。共模电感具有很大的漏电感，因此单一电感既能用作共模电感，又能用作差模电感滤波器。LC低通差分滤波器和X电容器在两线之间存在着漏感。第一级滤波器由L1和C1组成，第二级滤波器由L2和C2组成。L1的漏感是15μH，L2的漏感是22μH。

在 AC 滤波器输入侧的熔丝 FU 是为了安全而设置的。熔丝要能承受 2.5A 的连续电流，90W 输出功率的平均输入电流为 1.16A。

（2）电路分析　下面来分析其工作原理。控制电路主要由 U1（NCP1652 电流型开关电源控制 IC）、U2（PC817C 型光电耦合器）、U3（TL431A 型可调式精密并联稳压器）等组成。

❶ 输入保护与EMI滤波电路　为了抑制高频电磁干扰，特别加入共模电感L1，L1的磁

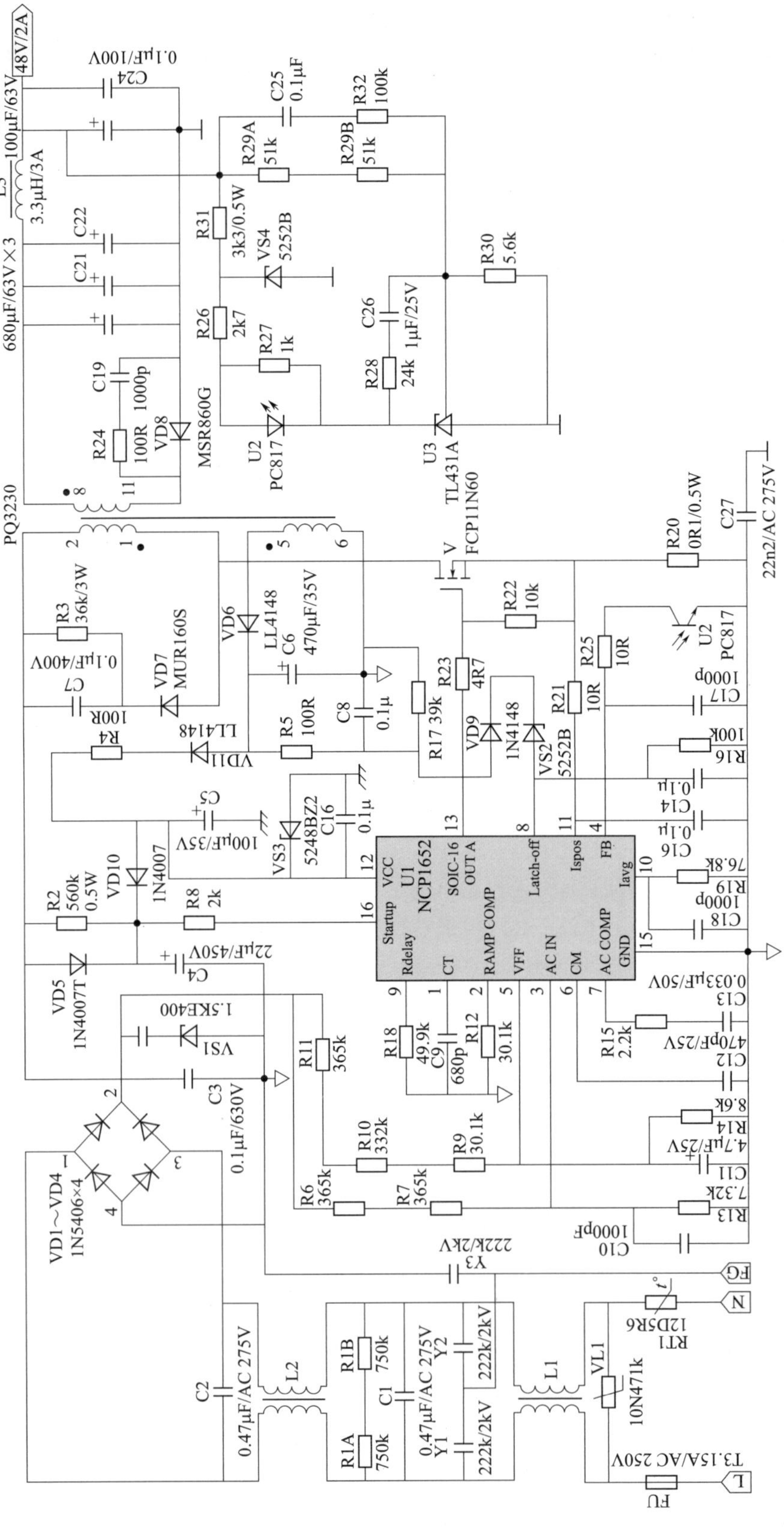

图 7-27　基于 NCP1652 的 90W 单级转换器的原理图

芯材质的磁导率高（通常为绿环）。因L1直接放置在输入交流回路中，因此在绕制L1时为保证L、N线间的安全，L线可用三层绝缘线，N线可用2U规格的漆包线绕制。C1、L2、C2构成EMI滤波电路，既防止电源产生的干扰信号污染供电系统，又防止来自电网的干扰信号影响转换器的正常工作；L2是差模电感，可起到补充C1电容量的作用；C3是高频旁路电容，在此电路中该电容的容量不宜太大，过大的电容会影响功率因数；Y1、Y2是安规电容。

② 启动供电与辅助供电电路　R6、R7、R13组成启动供电电路。启动工作电压是15V，关闭电压是9V，它们之间的延迟电压是6V。最小启动工作的电流是100μA，因此启动降压电阻网络的电阻值可设计得较大，以降低在启动电阻上产生的功耗。变压器❺—❻绕组、VD6、C5、R4组成辅助供电电路。

③ 振荡器　R13、C9是振荡器的定时电阻和定时电容。振荡器产生的时钟信号由C9的放电时间决定，当时钟为低电平时，驱动器有输出脉冲。R13和C9决定振荡器的振荡频率和最大占空比。

④ 输出整流滤波电路　VD8是输出整流二极管，因输出电压较高，为48V，而输出电流较低，为0.7A。L3、C23等组成滤波电路，进一步减小输出电流的高频纹波。

⑤ 输出电压、电流反馈取样电路　输出电压取样反馈电路工作原理为：U2、U3（TL431）组成反馈电压取样电路。稳压工作过程为：如输出电压因负载下降或输入电压上升而上升，则U2的电压上升，引起流过光电耦合器U2 LED中的电流也上升，光敏三极管的导通程度增加，使U1占空比下降，开关管导通时间缩短，导致输出电压下降，达到稳定输出电压的目的，反之则正好相反。

⑥ 栅极驱动电路　R23组成功率MOSFET驱动电路。为了提高驱动能力，因输出功率较低，所以V的驱动电路很简单，V导通时直接由R23提供电压。调节R23的电阻值能控制V的充放电速度。较大的电阻值对减小EMI比较有利，但对转换效率存在不利因素。

三、由 PLC810PG 构成的 150W LED 路灯驱动电源

美国英格索兰（IR）公司推出的 PLC810PG 单片 IC 是一种集成了光桥驱动器的 PFC 与 LLC 组合控制器。该控制器支持 PFC 和电感 - 电感 - 电容（LLC）谐振变换器电路拓扑，适用于 150 ～ 600W 的 LED 路灯、32 ～ 60 英寸的 LED TV 电源及 PC 主电源和工作站电源。

1. LLC 谐振变换器工作原理

当电源输出功率大于 150W 时，半桥 LLC 串 / 并联谐振变换器电路比单开关反激式变换器拓扑具有许多优势。如图 7-28 所示为半桥 LLC 谐振变换器基本电路结构。

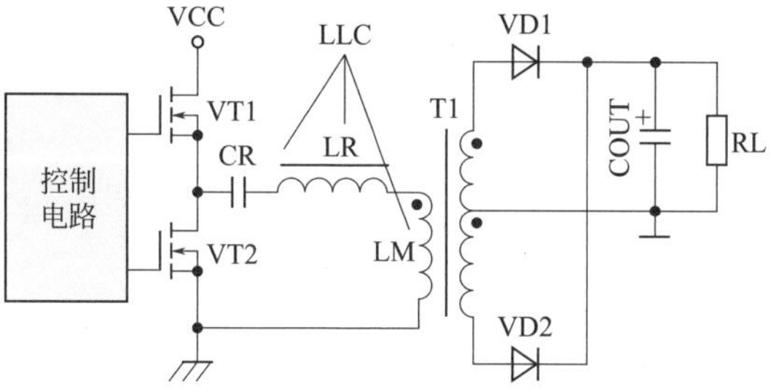

图 7-28　半桥 LLC 谐振变换器基本电路结构

2. PLC810PG 简介

（1）引脚功能　PLC810PG 采用 24 引脚窄体无铅塑料封装，引脚排列如图 7-29 所示。

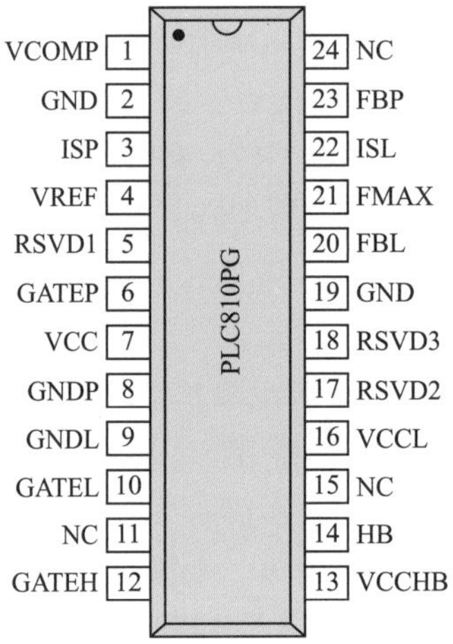

图 7-29　PLC810PG 引脚排列

表 7-6 列出了 PLC810PG 各个引脚的功能。

表 7-6　PLC810PG 引脚功能

引脚			引脚功能
类别	名称	序号	
VCC 引脚	VCC	⑦	IC 内部小信号模拟电路正电源电压输入端
	VCCL	⑯	半桥 LLC 低端 MOSFET 驱动器电源电压输入端
	VCCHB	⑬	半桥 LLC 高端悬浮电源电压施加端
GND 引脚	GND	②、⑲	所有模拟小信号回复节点
	GNDP	⑧	PFC(MOSFET)栅极驱动信号地，在 PCB 上必须直接到 GND 端
	GNDL	⑨	半桥 LLC 低端 MOSFET 驱动器回复端，必须连接到低端 MOSFET 源极
其他引脚	HB	⑭	半桥中间点，同时又是半桥 LLC 高端驱动器回复端
	ISP	③	PFC 电流感测输入端，用于 PFC 控制算法和电流限制
	ISL	㉒	半桥 LLC 级电流感测输入，执行快速 / 慢速两电平过载电流保护
	GATEP	⑥	PFC(MOSFET) 栅极驱动信号输出端
	GATEL	⑩	半桥 LLC 低端 MOSFET 栅极驱动信号输出端
	GATEH	⑫	半桥 LLC 高端 MOSFET 栅极驱动信号输出端
	VREF	④	半桥 LLC 反馈电路 3.3V 的电压参考端
	FBP	㉓	PFC 升压变换器输出电压反馈输入，进行 PFC 输出电压调节和过电压、电压过低及开环保护
	VCOMP	①	PFC 反馈频率补偿元件连接端，内部连接跨导放大器输出，该引脚上 0.5 ~ 2.5V 的线性电压输入到内部乘法器
	FBL	⑳	半桥 LLC 级反馈输入端，进入该引脚的电流决定 LLC 开关频率
	FMAX	㉑	从该引脚到 VREF 连接一个电阻，设定半桥 LLC 最高频率
	RSVD1	⑤	该引脚必须连接到 VREF 引脚
	RSVD2	⑰	这两个引脚必须连接到 GND 引脚
	RSVD3	⑱	
	NC	⑪、⑮、㉔	不连接端

（2）芯片电路组成　PLC810PG芯片集成了连续电流模式（CCM）PFC控制器和PFC开关管（MOSFET）驱动器，半桥LLC谐振控制器及半桥高、低端MOSFET驱动器，如图7-30所示。

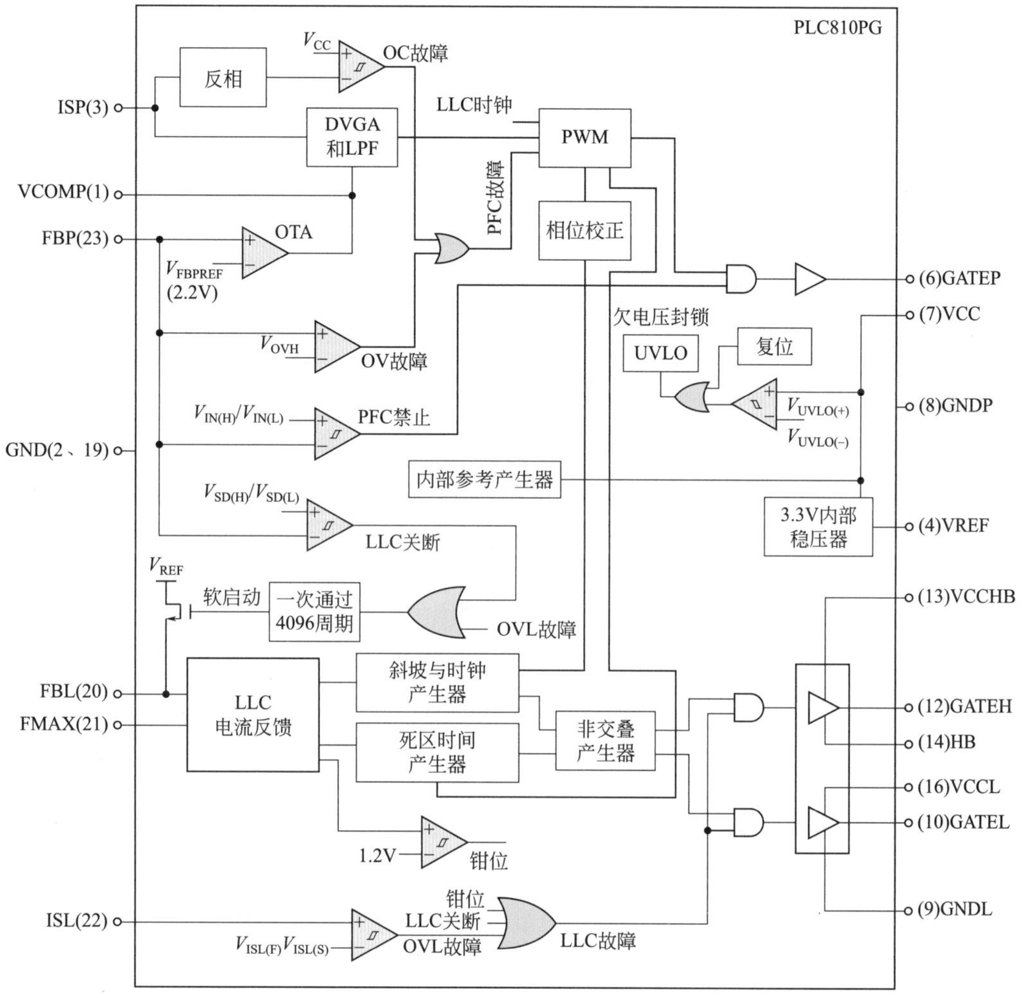

图7-30　PLC810PG功能框图

❶ PFC控制器。PLC810PG的CCM PFC控制器只有4个引脚（除接地端外），是目前引脚最少的CCM PFC控制器。这种PFC控制器主要是由跨导运算放大器（OTA）、分立电压可编程放大器（DVGA）和低通滤波器（LPF）、PWM电路、PFC电路、MOSFET驱动器（在引脚GATEP上输出）及保护电路组成的。PFC控制器有两个输入引脚，即引脚ISP（引脚③）和FBP（引脚㉓）。

FBP引脚是PFC升压变换器输出DC升压电压的反馈端，连接OTA的同相输入端。OTA输出可视为PFC控制器等效乘法器的一个输入。OTA在引脚VCOMP上的输出，连接频率补偿元件。反馈环路的作用是执行PFC输出DC电压调节和过电压及电压过低保护。IC引脚FBP的内部参考电压V_{FBPREF}=2.2V。如果引脚FBP上的电压$V_{FBP} > V_{OVH}$=1.05×2.2V=2.31V，IC则提供过电压保护，在引脚GATEP上的输出阻断；如果电压不足，使$V_{FBP} < V_{INL}$=0.23×2.2V=0.506V，PFC电路则被禁止；如果$V_{FBP} < V_{SDL}$=0.64×2.2V=1.408V，LLC级将关闭。

PLC810PG 的 ISP 引脚是 PFC 电流感测输入端，用作 PFC 算法控制并提供过电流保护。PFC 的 ISP 引脚上的过电流保护电平是 −480mV。

② LLC控制器。半桥LLC谐振控制器的FBL引脚是反馈电压输入端。流入引脚FBL的电流越大，LLC变换器的开关频率则越高。LLC级最高开关频率由连接在引脚FMAX与引脚VREF（3.3V）之间的电阻设定，可达正常工作频率（100kHz）的2～3倍。引脚FBL还提供过电压保护。引脚ISL（引脚㉒）为LLC电流感测输入端，提供快速和慢速（8个时钟周期）两电平电流保护。“死区”时间电路保护外部两个MOSFET不会同时导通，并实现零电压开关（ZVS）。

PFC 和 LLC 频率和相位同步化，从而减小了噪声和 EMI。PFC 电路不需要 AC 输入电压感测作为控制参考，这是区别于其他同类控制器的标志之一。

PLC810PG 的引脚 VCC（引脚 ⑦）导通门限为 9.1V，欠电压关闭门限是 8.1V。VCC 电压可选择 12 ～ 15V。

3. 实际电路分析

采用 PLC810PG 控制器的 150W LED 路灯驱动电源电路如图 7-31 所示。该电路的 AC 输入电压范围是 140 ～ 265V，DC 输出是 48V/3.125A，线路功率因数 PF ≥ 0.97，在满载时的系统总效率大于 92%，PFC 级和 LLC 级的效率均大于 95%。

① 输入滤波器、PFC主电路和偏置电源。LED路灯离线式驱动电源的输入电路、PFC升压变换器功率级和PLC810PG（U1）的偏置电源电路如图7-31（a）所示。其中，C1、C5、C3、C4、C2、C6和共模电感L1、L2组成输入EMI滤波器电路。电容C1和C5用于控制30MHz以上频率的共模噪声，同时对接地端（E）起保护作用。共模电感L1和L2控制低频和中频（<10MHz）EMI，C2和C6控制中频段中的谐振峰值，C3和C4提供差模EMI滤波。当输入电源关断时，R1、R2和R3为输入电路中的电容放电提供通路。

PFC 升压电感元件 L4 有一个接地屏蔽铜带，能够阻止静电和磁噪声耦合到 EMI 滤波元件上。PFC 开关 VT2 的散热片经电容 C80 连接到一次侧地，消除散热片作用传导噪声源进入到机壳板和保护地端的可能性。

FU1 为熔断器。RV1 是过电压保护元件。RT1 是 NTC 热敏电阻，用作限制电路开启时的浪涌电流。当电路进入正常工作状态时，继电器 RL1 得电吸合，将 RT1 短路，使 RT1 没有功率消耗，能够使系统效率提高 1% ～ 1.5%。

电感 L4、PFC 开关管 MOSFET（VT2）、升压二极管 VD2、输入和输出电容 C7 及 C9、C11 等构成 PFC 升压变换器主电路，其输出 DC 电压（VB+）是 385V。晶体管 VT1 和 VT3 等组成缓冲驱动级。VT2 栅极串接的铁氧体磁珠（Φ3.5mm×3.25mm，20Ω）有助于改善 EMI 并提高效率。R6 和 R8 是 PFC 级电流感测电阻，在浪涌期间，二极管 VD3 和 VD4 上的正向电压降（约 0.7V×2）将 R6 和 R8 钳位，对 PLC810PG 的电流感测输入提供保护。在电路启动期间，经二极管 VD1 对 C9 充电，浪涌电流不会通过 L4 引起其饱和。AC 输入经 BR1 全波整流和 C7 滤波。在 VT2 导通期间，C7 提供大的瞬时电流通过 L4。电容 C7 应当选择低损耗聚丙烯型。C11 用于滤除围绕在 VT2、VD2 和 C9 上的高频成分，以减小 EMI。

L4 偏置绕组上的高频信号经 VD22、VD23、R119 和 C75、C76 倍压整流和滤波，作为偏置稳压器的输入。稳压二极管 VZ9 ～ VZ11，晶体管 VT25、VT27 和 MOSFET（VT24），二极管 VD24，电阻 R103、R112、R117、R113、R114 和电容 C70 等组成偏置稳压器和启动

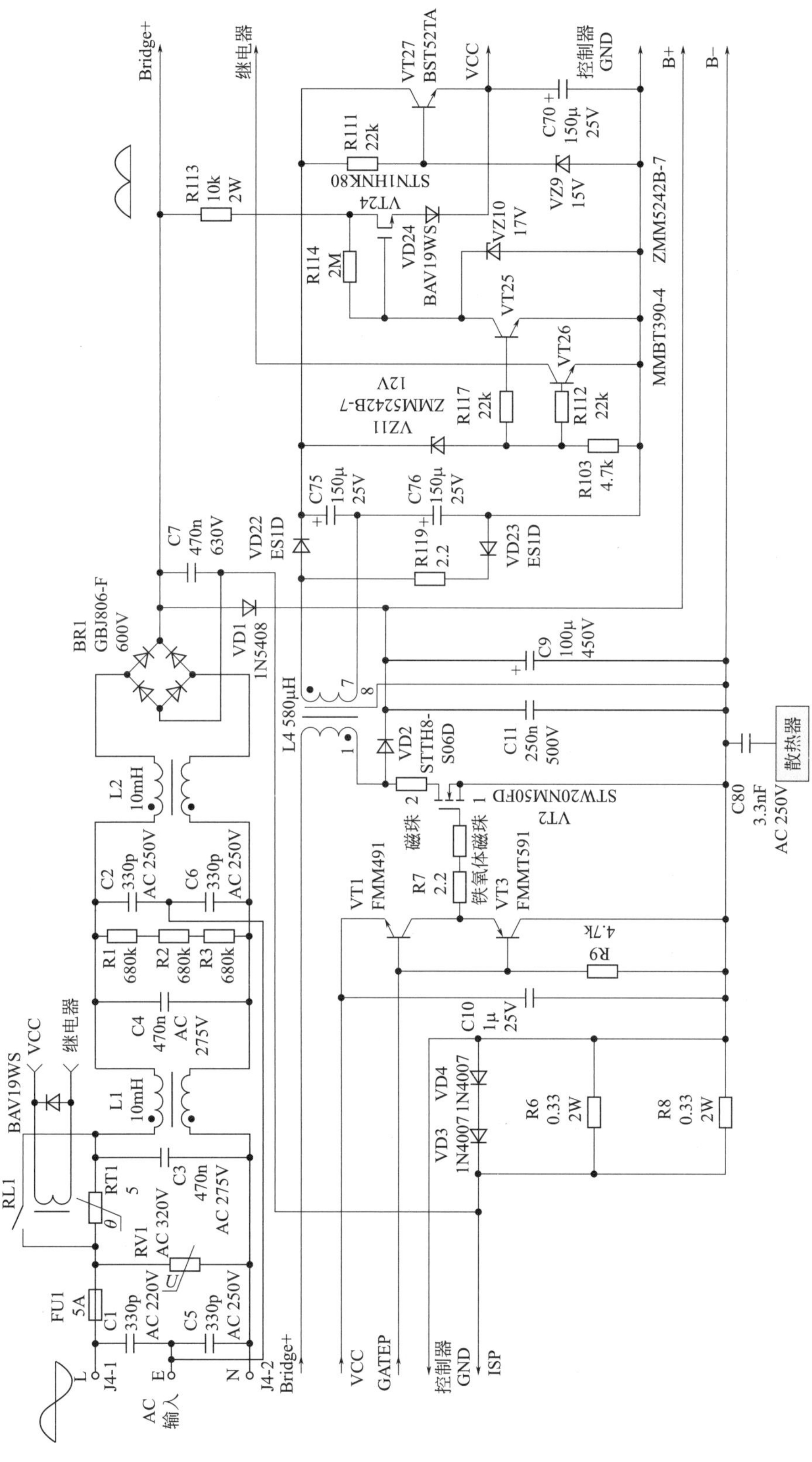

(a) 输入滤波器、PFC主电路和偏置电源

图 7-31

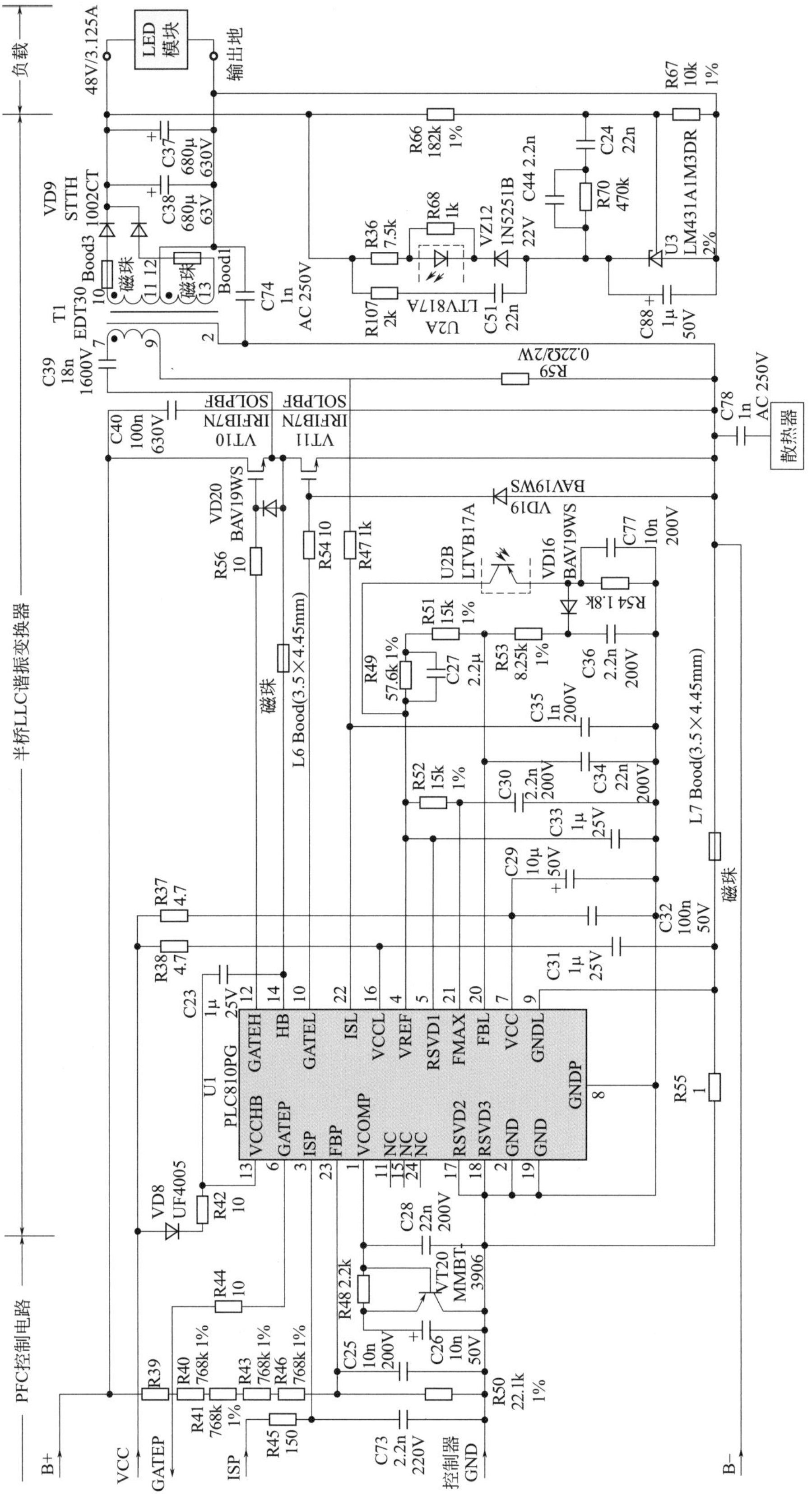

(b) PFC电路控制输入与LLC谐振变换器

图 7-31 基于PLC810PG控制器的150W LED路灯驱动电源电路

电路。电流通过 R113、VT24、VD24 对 C70 充电，为控制 U1 提供启动偏置，VT25 输出电压被 VZ10 钳位。当偏置电源达到稳定值时，VT25 关断启动电路，VT26 接通继电器 RL1，将热敏电阻 RT1 旁路。

② PFC 电路控制输入和 LLC 级。PFC 电路控制输入和 LLC 谐振变换器电路如图 7-31(b) 所示。电压 VCC 分别经 R37 和 R38 加到 U1 的 VCC 和 VCCL 引脚，将 U1 模拟和数字电源分开。U1 中的半桥高端驱动器供电由自举二极管 VD8、电容 C23 和电阻 R42 供给。电阻 R55 和铁氧体磁珠 L7 为 PFC 和 LLC 地系统提供隔离。铁氧体磁珠 L6 在半桥高端 MOSFET（VT10）源极与控制 IC 之间提供高频隔离。

U1 引脚 GATEP 上的 PWM 输出经 R44 驱动 PFC 开关 VT2。在 R6 和 R8 上的电流感测信号经 R45、C73 滤波，输入到 U1 的 ISP 引脚，以进行 PFC 算法控制和过电流保护。PFC 升压变换器输出电压 VB+（385V）经 R39 ～ R41、R43、R46 和 R50 分压并经过 C25 滤除噪声，反馈到 U1 的 FBP 引脚，以执行输出电压（VB+）调节和输出过电压及电压过低（低于 246V）保护。U1 引脚 VCOMP 外部 R48、C26 和 C28 是 PFC 控制环路的频率补偿元件。当引脚 VCOMP 上出现大幅值信号时，晶体管 VT20 导通，将 C26 旁路，相当于一个大的负载增加，允许 PFC 控制环路快速响应和转换。

U1 引脚 GATEH 和引脚 GATEL 上的输出 PWM 信号分别驱动半桥上 / 下功率 MOSFET（VT10 和 VT11）。电容 C39 是 LLC 谐振电路中的谐振电容，谐振电容已经并入到变压器 T1 的一次激励电感之中，T1 二次侧串联的磁珠 1 和 3（Φ3.5mm×3.25mm）用作抑制 EMI。Y2 二次侧输出经 VD9 和 C37、C38 整流滤波，为驱动 LED 路灯提供 48V 的输出。

在 T1 一次绕组下端连接的 R59 为电流感测电阻。在 R59 上的电流检测信号经 R47 和 C35 进行滤波，输入到 U1 的 ISL 引脚，以提供过电流保护。

48V 的 DC 输出通过 R67 和 R66 检测，经 U3 和光电耦合器 U2 以及 R54、C77、VD16、C36、R53 反馈到 U1 的引脚 FBL，以执行输出电压调节和过电压保护。连接在 U3 阴极与控制极之间的 R70、C44、C24 和 R107、C51 提供频率补偿。流入 U1 反馈引脚 FBL 上的电流越大，LLC 电路的开关频率也就越高。LLC 级的正常开关频率设置在 100kHz，实际工作频率可以在 50 ～ 300kHz 范围变化。连接在 U1 引脚 FMAX 与 VREF 之间的电阻 R52 设定频率上限（可以为 200 ～ 300kHz），电阻 R49、R53 和 R51 用来设定下限频率，适当选择 R52 和 R53 的电阻值，可以强制 LLC 级电路在轻载和无载时进入到突发模式操作，并对输出过电压进行保护。在无载时，允许 LLC 级工作在较高的频率上，并给出半桥上 / 下两个驱动信号足够的非交叠（即“死区”）时间，以确保半桥功率 MOSFET 在零电压开关（ZVS）操作。

U1 引脚 VREF 外部连接的 C27 为 LLC 级的软启动电容，软启动时间由 C27、R49 和 R51 共同设定，其数值为 C27(R49−R51)/(R49+R51)。

四、由 FAN6961 和 FSFR2100 构成的 6 通道 LED 驱动电源

1. FAN6961 简介

FAN6961 是 8 引脚、临界模式 PFC 控制器，适合于 PFC 预调整器。FAN6961 提供一个固定的导通时间来调节 DC 输出电压和功率因数校正，可设定外部开关管最大导通时间，可确保在 AC 掉电期间工作安全。创新的多向量误差放大器是建立在快速瞬态响应和输出电压钳位基

础上的，如果输出反馈环路开通，内建的电路使控制器停止工作。启动电流低于 20μA，工作电流同样能减少到小于 6mA。工作电压要达到 25V，使应用时具有最佳的适应性。

FAN6961 的主要特点为：临界模式 PFC 控制器、低输入电流 THD、PWM 固定导通时间控制、零电流检测、逐周期限流、前沿消隐代替 RC 滤波器、低启动电流为 10μA（典型）、低工作电流为 4.5mA（典型）、环路开环保护、可编程最大导通时间（MOT）、输出过电压钳位保护、栅极输出电压钳位在 16.5V。

图 7-32 是 FAN6961 的引脚图，其各引脚功能见表 7-7。因 FAN6961 的功能与其他临界模式控制器基本相同，因此不作详细介绍。

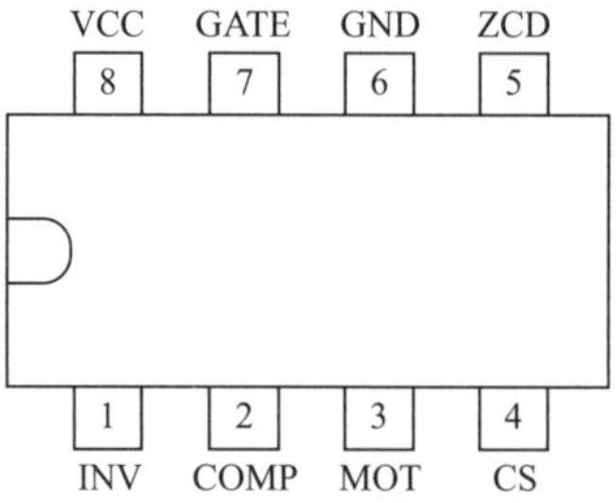

图 7-32 FAN6961 引脚排列

表 7-7 FAN6961 引脚定义

引脚	名称	功能描述
❶	INV	误差放大器反向输入端：INV 连接到由分压电阻设定的转换器输出端。该引脚同时还具有过电压钳位和环路开环反馈保护
❷	COMP	误差放大器输出端：为了创造一个精确的钳位保护，建议在该引脚与地之间设置一个补偿网络
❸	MOT	最大导通时间：在该引脚与地之间，利用一个电阻来检测外部功率 MOSFET 的最大导通时间，最大导通时间的功率就是转换器的最大输出功率
❹	CS	电流检测：输入过电流保护比较器。当检测到通过检测电阻的电压上升到内部的动作电压(0.8V) 时，转换器关闭输出，立刻进入逐周期限流
❺	ZCD	零电流检测：该引脚由一个电阻连接到辅助绕组，用来检测开关电流过零点。当检测到电流过零点时，就启动一个新的开关周期。如果将其连接到地，则装置停止工作
❻	GND	地：功率地和信号地。推荐在 VCC 和 GND 之间放置一个 0.1μF 的高频瓷片电容器
❼	GATE	驱动器输出端："图腾柱" 输出驱动外部功率 MOSFET。栅极驱动电压钳位在 16.5V
❽	VCC	电源：驱动器和控制电路供电

2. FSFR2100 简介

FSFR2100 各引脚功能见表 7-8。

表 7-8 FSFR2100 引脚功能

引脚	名称	功能描述
❶	VDL	这是高边 MOSFET 的漏极，通常连接到输入 DC 电压上
❷	CON	该引脚用于使能 / 失能和保护。当在该引脚上的电压大于 0.6V 时，IC 工作在使能状态；当该引脚电压跌落到低于 0.4V 时，栅极驱动器使任何 MOSFET 失能；当该引脚电压上升到大于 5V 时，触发保护
❸	RT	该引脚可设定开关频率。通常光电耦合器的集电极连接到此来控制开关频率和调节输出电压

续表

引脚	名称	功能描述
④	CS	该引脚检测流过低边 MOSFET 的电流。通常该引脚使用负电压检测
⑤	SG	这引脚是控制器地
⑥	PG	这引脚是功率地。该引脚连接到低边 MOSFET 的源极
⑦	LVCC	这引脚是控制 IC 的电源端
⑧	NC	空脚
⑨	HVCC	这是 IC 高边栅极驱动器电源端
⑩	VCTR	这是低边 MOSFET 的漏极，通常连接到变压器上

3. 实际电路分析

基于飞兆（Fairchild）半导体 PFC 控制器 FAN6961 和 LLC 谐振变换器控制器 FSFR2100 的 200W LED 路灯驱动电源电路如图 7-33 所示。该离线式 LED 路灯驱动电源的 AC 输入电压范围为 90 ～ 265V，有 6 路输出，每路输出可达 0.7A/48V。

如图 7-33 所示的电源基本架构为二级，即 PFC 加谐振半桥 LLC 变换器，两级架构与单级 PFC 电源相比，能够支持大得多的功率。

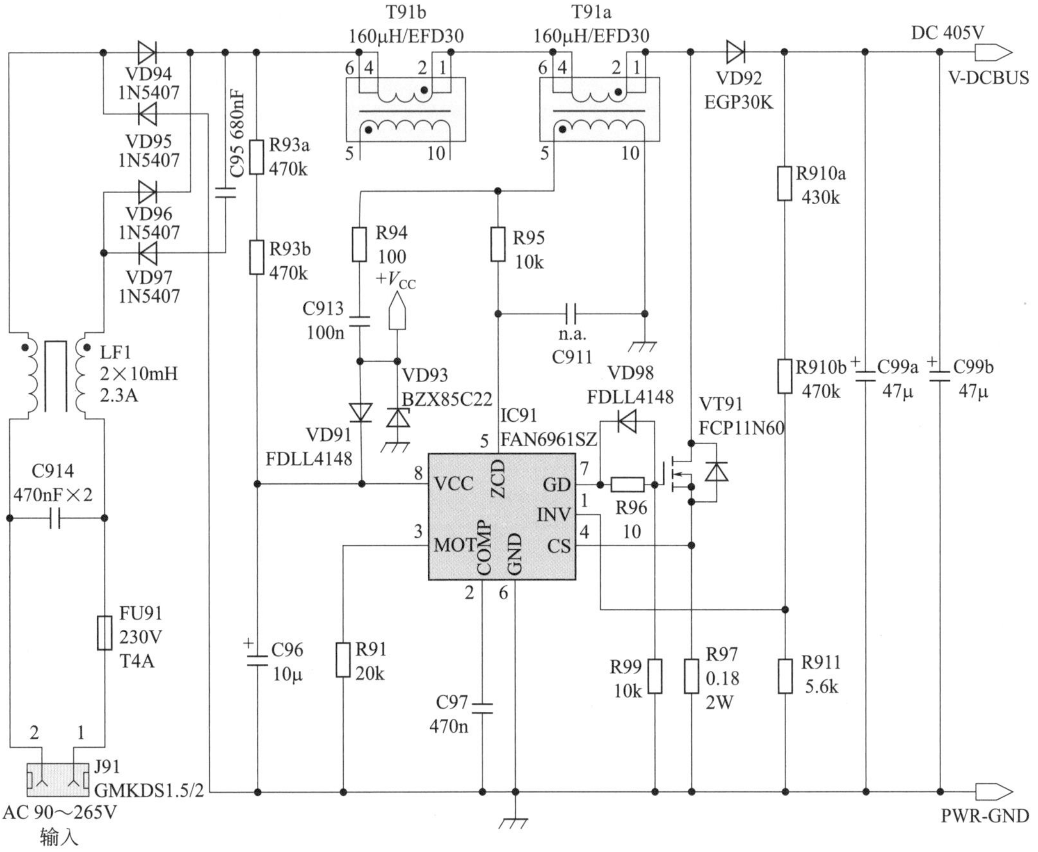

(a) 基于FAN6961(IC91)的PFC升压变换器

图 7-33

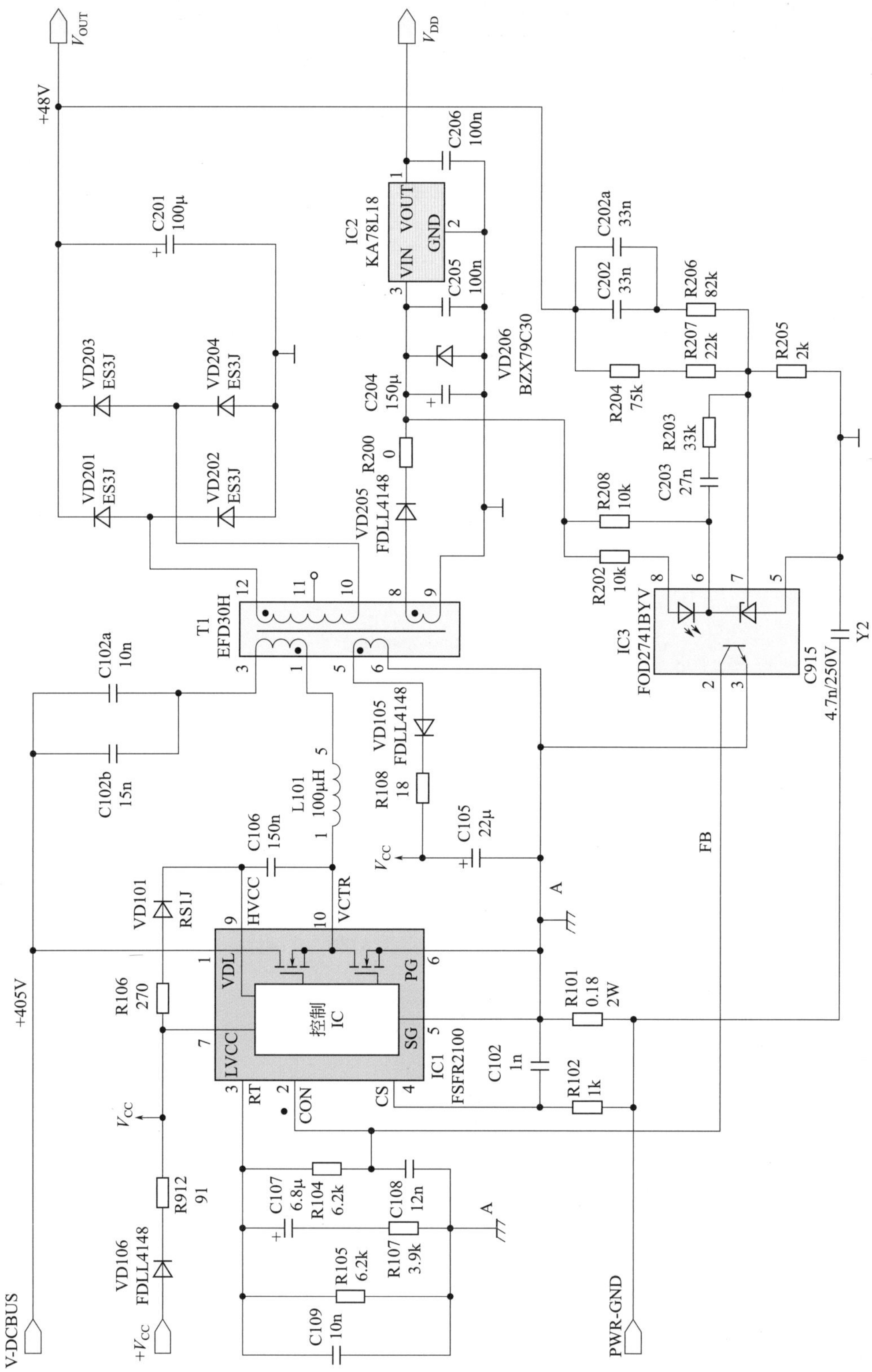

(b) 基于FSFR2100的DC/DC变换器

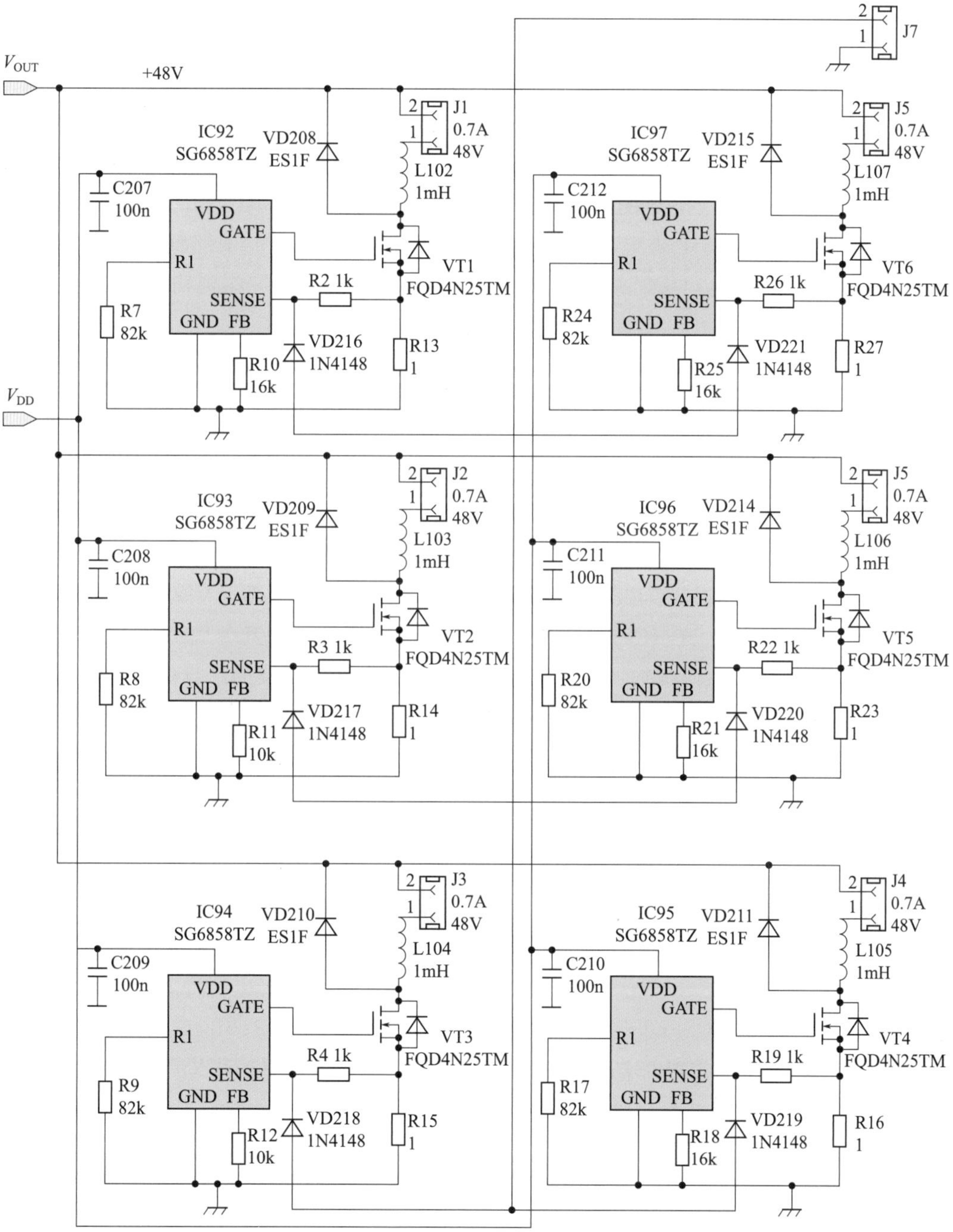

(c) 基于SG6858的LED恒流驱动器

图 7-33　通用 AC 输入 6 路恒流输出 200W LED 路灯驱动电源电路

（1）输入级电路　在图7-33（a）中，VD94～VD97为桥式整流器，LF1和电容C914、C95以及LLC变换器一次侧地与二次侧地之间连接的Y2电容C915［见图7-33（b）］组成EMI滤波器。

（2）基于FAN6961（IC91）的PFC升压变换器　FAN6961（IC91）、T91a/T91b、VD92和C99a/C99b等组成PFC预调节器，如图7-33（a）所示。

在IC1（FSFR2100）启动后，开始带一个由R107确定的频率，而后由于C107充电下降至正常的工作频率。频率降低的斜度由C107电容值设定。IC1的半桥输出，驱动由L101、T1和C102b与C102a组成的LLC网络。在T1二次侧上的电压经VD201～VD204和C201整流滤波，产生48V的DC输出 V_{OUT}，第二个输出DC电压 V_{DD} 为LED驱动电路中的PWM控制器SG6858供电。在三端线性稳压器IC2的输入端上的整流滤波电压，通过R202等施加到IC3（FOD2741）。R204、R207、R205和IC3等组成输出电压 V_{OUT} 的反馈电路。

IC3由光电耦合器和可编程并联参考元件KA431组成，其中光电耦合器的电流传输比（CTR）为100%～200%。IC3采用8引脚封装，是一种典型的隔离式误差放大器。IC3中的光耦晶体管与R104形成一个可变电阻器，与R105相并联，设定最低工作频率，并且根据运行情况对操作频率进行调节。

在启动时，电容C96通过R93a和R93b充电。只要C96上的充电电压达到IC91引脚VCC上的启动门限，IC91则开始工作，PFC开关VT91进入开关状态。T91a辅助绕组上的电压经R94、C913和VD91为IC91引脚VCC施加电流。稳压二极管VD93将VCC电压钳位在一个适合的电平上。在IC91引脚⑦上，产生一个电压信号驱动VT91。在AC输入电压的半周期内，VT91的导通时间总是固定的，但关断时间是可变的，具体由T91a/T91b的退磁确定。T91a的二次绕组还为IC91引脚⑤提供过零检测信号。405V的输出电压经电阻分压器R910a、R910b和R97分压，被反馈到IC91的INV引脚。C97决定交越频率。为得到高的功率因数，交越频率必须低于线路频率（50Hz/60Hz）的二分之一。

（3）基于FSFR2100的LLC谐振DC/DC变换器　基于飞兆电源开关（Fairchild Power Switch，FPS™）FSFR2100的DC/DC变换器如图7-33（b）所示。

在正常工作期间，IC1的工作电流由T1偏置绕组、VD105、R108和C105组成的辅助电源电路提供，IC1中的高端驱动器电源电压由R106、VD101和C106组成的自举电路产生。

通过IC1中下面MOSFET的电流，依靠R101进行测量。在R101上的电流感测信号经R102和C102滤波，馈送到IC1的CS引脚（引脚④）。IC1引脚CS接受一个相对于芯片地的负信号。如果该引脚上的电压为−0.9V，IC1将被关闭，只有在芯片上的VCC电压降至5V以下时才会复位。

（4）基于PWM控制器SG6858的LED恒流驱动器　基于SG6858的LED恒流驱动器如图7-33（c）所示。6个LED驱动器的输出均可达0.7A/48V，总输出功率约为200W。

SG6858是一种电压模式PWM控制器，采用6引脚SOT-26或8引脚DIP脚封装，启动电流是9μA，工作电流为3mA，在90～264V的通用AC输入范围内提供恒定输出功率限制、逐周电流限制和短路保护。为了保护外部功率MOSFET，SG6858的输出驱动器被钳位在17V。

在基于SG6858（IC92～IC97）的降压式LED恒流驱动器中，通过电感（L102～L107）

的电流利用电阻（R13 ～ R16、R23 和 R27）来检测，并将电流感测信号馈送到 SG6858 的引脚 SENSE。SG6858 可以使峰值电感电流不变，因此变换器的输出电流保持恒定。电阻 R7 ～ R9 和 R17、R20、R24 设置 LED 驱动器的工作频率，电阻 R10 ～ R12、R18、R21 和 R25 设置电流感测电平。欲将输出电流从 700mA 降为 350mA，电流感测电阻的电阻值应增加 1 倍。

从 J7 施加一个约为 200Hz 的低频 PWM 信号，可以对 LED 进行调光。

五、由 PT4107 构成的 18W T8 管 LED 驱动器电路原理分析

由 PT4107 构成的 18W T8 管 LED 驱动器电路如图 7-34 所示。交流供电端接有 1A 的熔丝 FU 和抗浪涌负温度系数热敏电阻 NTC1。之后是 EMI 滤波器，由 L1、L2 和 CX1 组成。BD1 是整流全桥，内部由 4 个高压硅二极管组成。C1、C2、R1、VD1 ～ VD3 组成无源功率因数校正电路。PWM 控制芯片 U1 和功率 MOSFET V1、镇流电感 L3、续流二极管 VD5 组成降压式变换器，U1 采集传感电阻 R8 ～ R11 上的峰值电流，由内部逻辑控制栅极信号的脉冲占空比进行恒流控制。芯片由 R2 ～ R4、VD4、C4、VS 与 L3 的辅助绕组组成的降压整流滤波电路供电，采用 L3 辅助绕组供电的目的是降低在启动电阻上的功耗，以提高整个电路的转换效率，VS 将 VDD 电压钳位在 21V，确保芯片在全电压范围内稳定工作。R5 是芯片振荡电路的一部分，改变它会调节振荡频率。电位器 RT 在该电路中不是用来调光，而是用来微调恒流源的电流，使电路达到设计功率。该电路的参数为 15 个 LED 串联，2 个 LED 并联，驱动 30 个 0.5W 的白光 LED，每串的电流是 180mA。

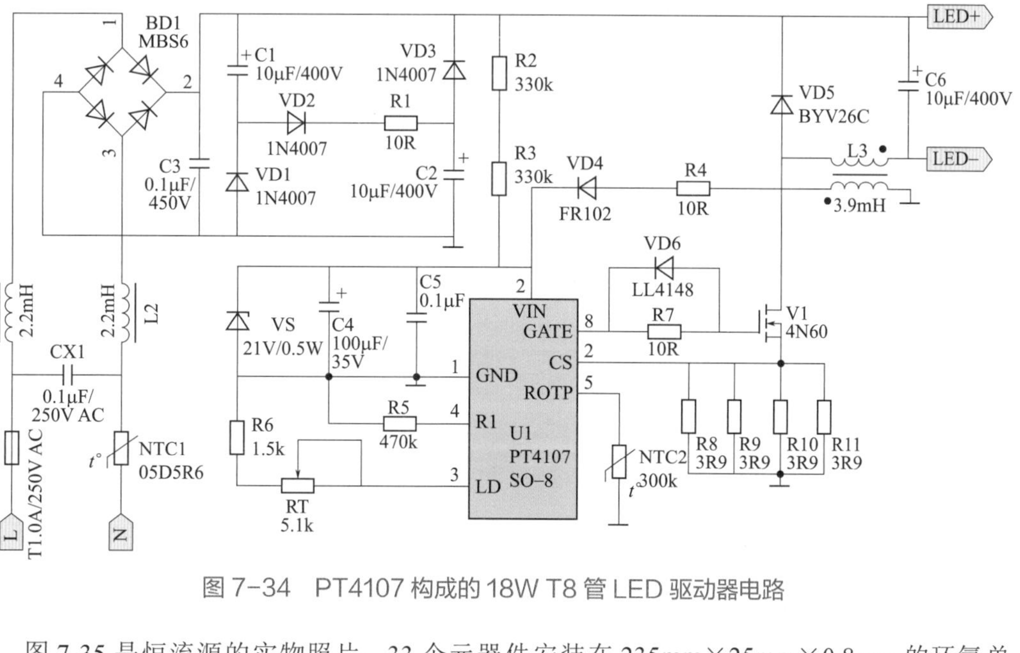

图 7-34　PT4107 构成的 18W T8 管 LED 驱动器电路

图 7-35 是恒流源的实物照片，33 个元器件安装在 235mm×25mm×0.8mm 的环氧单面印制板上，PCB 走线是按电力电子规范要求设计的，可以直接安装在 28mm 的灯管之中。

图 7-35　18W LED 荧光灯恒流源实物照片

六、由 PT4207 构成的 LED 荧光灯驱动

1. PT4207 简介

PT4207 是一款高压降压式 LED 驱动控制芯片，能适应从 18V 到 450V 的输入电压范围。PT4207 采用革新的架构，可实现在 AC 85 ～ 265V 通用交流输入范围稳定可靠地工作，并保证系统的高效能。内置输入电压补偿功能极大地改善了不同输入电压下 LED 电流的稳定性。

PT4207 采用 SOP-8 封装，如图 7-36 所示。各个引脚功能见表 7-9，PT4207 的内部结构如图 7-37 所示。

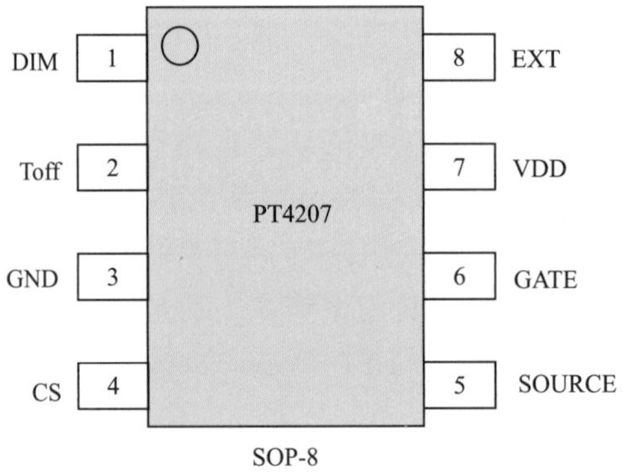

图 7-36　PT4207 引脚图

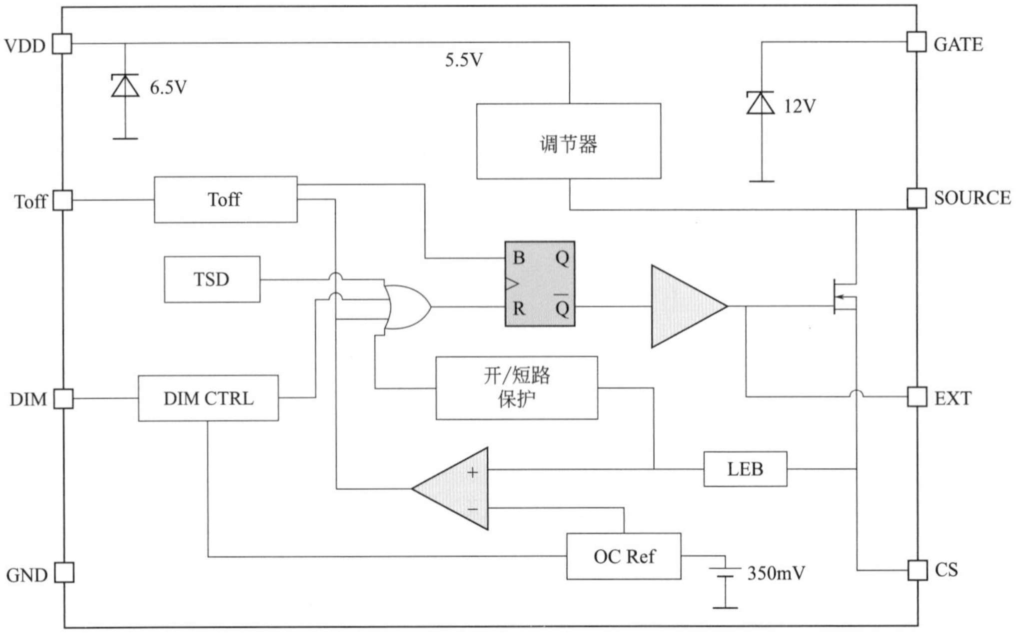

图 7-37　PT4207 内部功能结构图

表 7-9　PT4207 引脚功能

引脚号	引脚名	描述
❶	DIM	多功能调光输入端，可通过该引脚进行线性调光和 PWM 调光
❷	Toff	关断时间设定端，外接电阻设定关断时间
❸	GND	芯片地
❹	CS	MOS 端电流采样输入
❺	SOURCE	外接 MOS 管源极。当需要外部 MOS 管扩流时，接外部扩流 MOS 管漏极
❻	GATE	外部 MOS 管栅极偏置端
❼	VDD	内部 LDO 输出端，必须在该引脚与 GND 之间接一个电容
❽	EXT	外接 MOS 开关管栅极驱动输出，当需要外部 MOS 管扩流时，接外部扩流 MOS 管的栅极，不需要外接 MOS 管时悬空

2. PT4207 典型应用

PT4207 典型应用电路的设计方案如下。

❶ 使用内部开关，适用于小于 350mA 的方案，如图 7-38 所示。

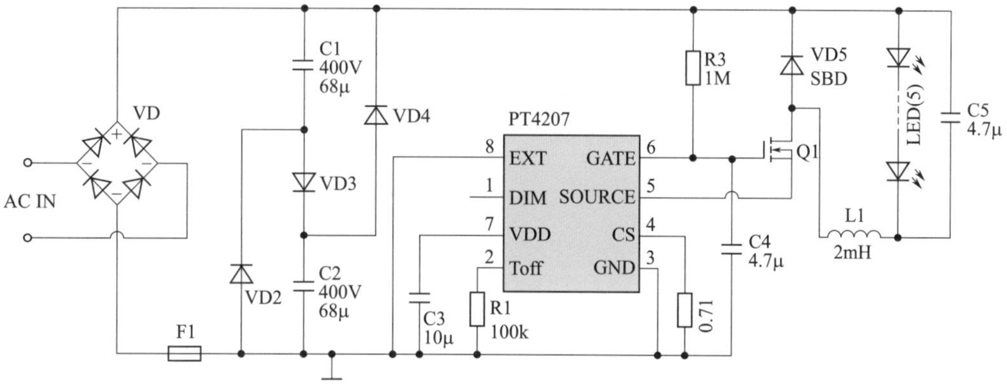

图 7-38　PT4207 典型应用图（1）

❷ 使用外部开关，适用于大于350mA的方案，如图7-39所示。

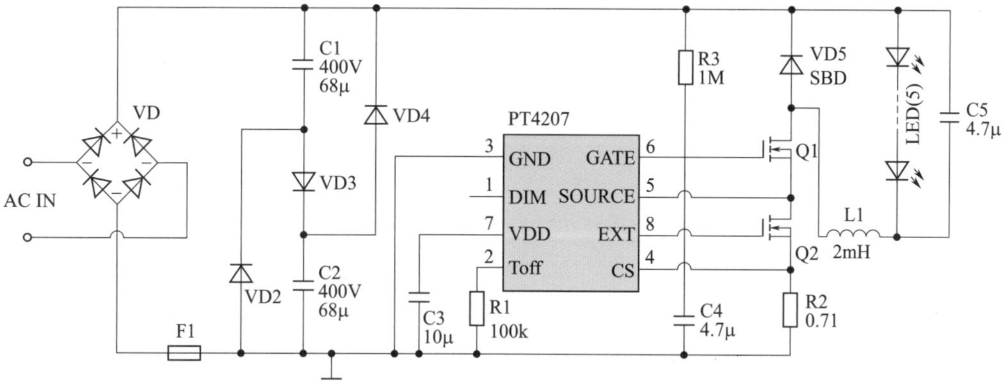

图 7-39　PT4207 典型应用图（2）

3. 案例分析

这里介绍基于 PT4207 的 6W 和 25W LED 灯的驱动方案，并在最后给出其他不同应用的参数选择。

该方案中，交流市电输入采用非隔离高频开关降压恒流模式，填谷式无源功率因数校正恒流精度为 ±2%，效率可达 94%，可轻松装入 T8、T10 灯管。通过 EN55015B 和 EN61000-3-3 标准。具有开路保护、短路保护和输出反接保护功能的电路，如图 7-40 所示，交流市电输入接口有熔断器 F1、抗浪涌的负温度系数热敏电阻 NTCR1 及抗雷击的压敏电阻 VR1 作为电路的输入保护。之后是由安规电容 CX1 和 CX2、差模电感 L2 和 L3 及共模滤波器 L1 组成的滤波电路，使系统轻松通过 EN55015B 的传导 EMI 测试，U1 是全桥整流，内部有 4 个高压硅二极管。

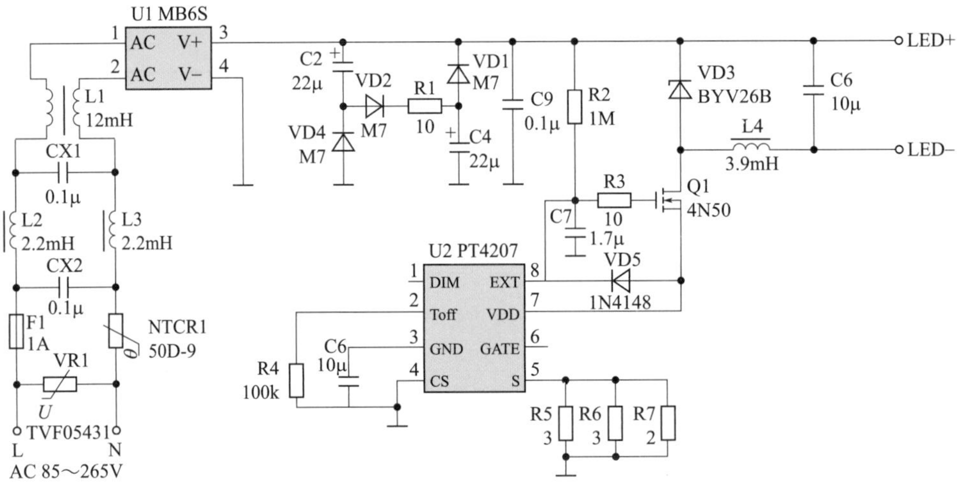

图 7-40 基于 PT4207 的 LED 灯应用图

C2、C4、VD1、VD2、VD4、R1 组成填谷式功率因数校正电路，可有效改善谐波失真和功率因数。C9 是聚丙烯电容，起过滤高频毛刺的作用。R2 是启动电阻，经过芯片内部齐纳管的钳位后给芯片供电。R4 是关断时间设定电阻（详细信息可查看芯片规格书）。芯片 PT4207 的内部 MOS 管、高压 MOS 管 Q1、快恢复二极管 VD3、功率电感 L4 及采样电阻 R5 ～ R7，组成自举式（悬浮式）BUCK 电路，给负载供电。R5 ～ R7 同时也是电流采样电阻，采样通过芯片内部 MOS 管的峰值电流，反馈给芯片进行 PWM 控制，从而达到恒流效果。

注意事项： ① 全电压范围工作下，若需要 PFC 电路，建议 LED 灯串不超过 12 个；若不需 PFC，最多 24 个。

② 在 AC 175 ~ 265V 范围内，若需要 PFC 电路，建议 LED 灯串不超过 32 个；若不需 PFC，最多 48 个。

③ 一般情况下，建议客户先接负载再上电。如果需要热插拔负载，为避免浪涌电流对负载的损伤，有两个解决方案：

• 输出并联适当电阻，加速放电。

• 负载端串联抗浪涌器件，如 PolySwitch 的 LVR040K，一般批量测试时可采取该办法。

七、由 FT880 构成的 LED 荧光灯驱动

1. FT880 简介

FT880 是一款 PWM 控制型的高效恒流型 LED 驱动 IC，能在 15 ～ 500V 的输入电压下正常工作，频率可调，可工作于固定频率或固定关断时间模式，最大能驱动 1A 的输出电流，恒流精度达到 ±5%，并且支持 PWM 调光功能。

2. FT880 在 18W LED 荧光灯应用中的电路

该方案采用了高效率的低边 BUCK 拓扑结构，使用了专利技术的“全电压恒流技术”“零电流供电技术”，采用了被动 PFC 电路提高方案的功率因数，驱动 LED 的功率范围为 6 ～ 30W。该方案（如图 7-41 所示）还具有以下主要特点。

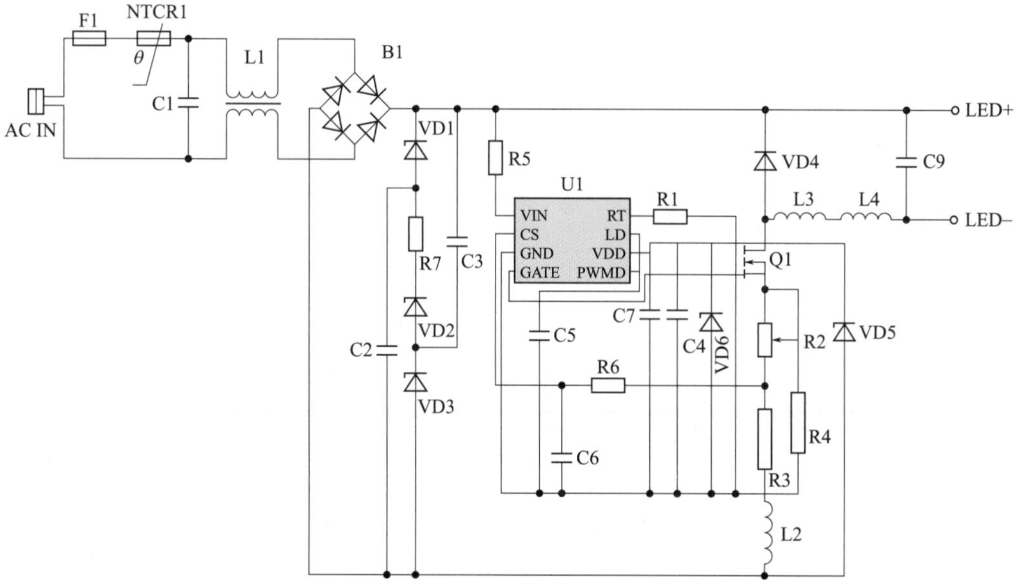

图 7-41　FT880 在 18W LED 荧光灯驱动电路中的应用

当开关管导通时，主电流回路为 AC IN ⟶ F1 ⟶ B1 ⟶ LED ⟶ L1 ⟶ Q1 ⟶ R4 ⟶ L2 ⟶ B1 ⟶ AC IN，此时 AC 给 LED 供电，并使电感 L1 存储能量；当开关管关断时，主电流回路为 L1 ⟶ VD4 ⟶ LED ⟶ L1，此时电感 L1 释放能量，保持 LED 的输出。由于开关管导通时，流过 LED 的电流同时也流过 R4，所以通过检测 R4 上的电压来检测流过 LED 的电流，从而达到恒流的目的。

电路中，C2、C3、VD1、VD2、VD3 构成 PFC 电路，主要是提高输入的功率因数，

L2、VD5、C7 构成辅助供电回路，从而关断 VIN 引脚的供电，减小损耗，提高效率。R1 用于设定系统工作频率。

八、由 BP2808 构成的 LED 荧光灯驱动

1. BP2808 的功能

BP2808 是专门驱动 LED 光源的恒流控制芯片，工作在连续电流模式的降压系统中，芯片通过控制 LED 光源的峰值电流和纹波电流，从而实现 LED 光源平均电流的恒定。芯片使用非常少的外部元器件就实现了恒流控制、模拟调光和 PWM 调光等功能。系统应用电压范围从直流 12V 到 600V，占空比最大可达 100%；适用于交流 85 ～ 265V 宽电压输入，主要应用于非隔离的 LED 灯具电源驱动系统。BP2808 采用专利技术的源极驱动和恒流补偿，使得驱动 LED 光源的电流恒定，在交流 85 ～ 265V 范围内变化小于 ±3%。结合 BP2808 专利技术的驱动系统应用电路，使得 18W 的 LED 灯实用方案，在交流 85 ～ 265V 范围内系统效率高于 90%。在交流 85 ～ 265V 范围内，BP2808 可以驱动 3 ～ 36W 的 LED 光源阵列，因此广泛用于 E14、E27、PAR30、PAR38、GU10 等灯杯和 LED 灯。

BP2808 具有多重 LED 保护功能，包括 LED 开路保护、LED 短路保护、过温保护。一旦系统故障出现的时候，电源系统自动进入保护状态，直到故障解除，系统再自动重新进入正常工作模式，复用 DIM 引脚可进行 LED 模拟调光、PWM 调光和灯具系统动态温度保护。BP2808 采用 SOP-8 封装，如图 7-42 所示，各个引脚的功能如表 7-10 所列。

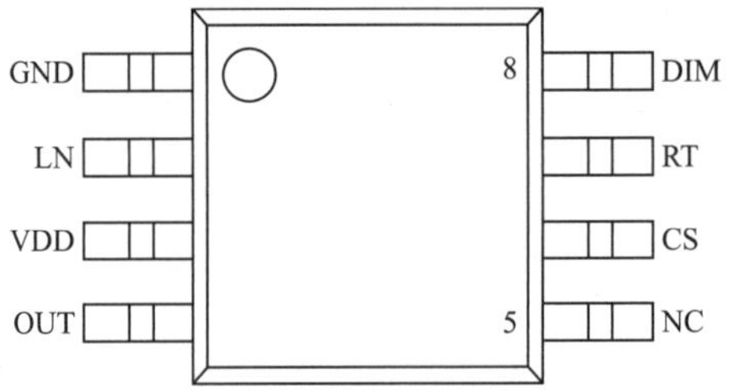

图 7-42　BP2808 引脚图

表 7-10　BP2808 的引脚功能

引脚号	引脚名	描述
❶	GND	信号和功率地
❷	LN	峰值和阈值的线电压补偿，采样 LN 和 VDD 之间的电压
❸	VDD	电源输入端，必须就近接旁路电容
❹	OUT	内部功率开关的漏端，外部功率开关的源端
❺	NC	悬空
❻	CS	电流采样端，采样电阻接在 CS 和 GND 端之间
❼	RT	设定芯片工作关断时间
❽	DIM	开关使能，模拟和 PWM 调光端

2. BP2808 在 LED 灯驱动中的典型应用案例

LED 灯的光源灯条电源驱动方案有很多种，目前非隔离方案因其效率高、体积小、成本低而占主流，而用 PWM LED 驱动控制器来作 LED 灯驱动电源的又占绝大多数，事实上传统的荧光灯都是采用非隔离方案。

以 AC 176 ～ 264V 全电压输入为例，采用 BP2808 为主芯片来设计负载为多只小功率 LED 光源多串、多并的 LED 灯。全电路由抗浪涌 / 雷击保护、EMI 滤波、全桥整流、无源功率因数校正（PFC）、启动电压（包括前馈补偿、开机后的馈流供电、驱动变软）、恒流补偿、PWM 控制、源极驱动、LED 光源阵列，以及采样电阻、T_{OFF} 设定、储能电感、续流二极管等各部分组成。LED 光源阵列设计为 0.06W 白光 LED（SMT 或草帽灯）24 只串联、12 只并联，驱动 288 只小功率 LED，总功率 18W。全电压 18W LED 灯开关恒流源的设计电路如图 7-43 所示。其各部分的功能如图中汉字标注所示。图中抗雷击和 EMI 滤波组成 EMC 电路，馈流供电是利用芯片内部的整流二极管来实现的。

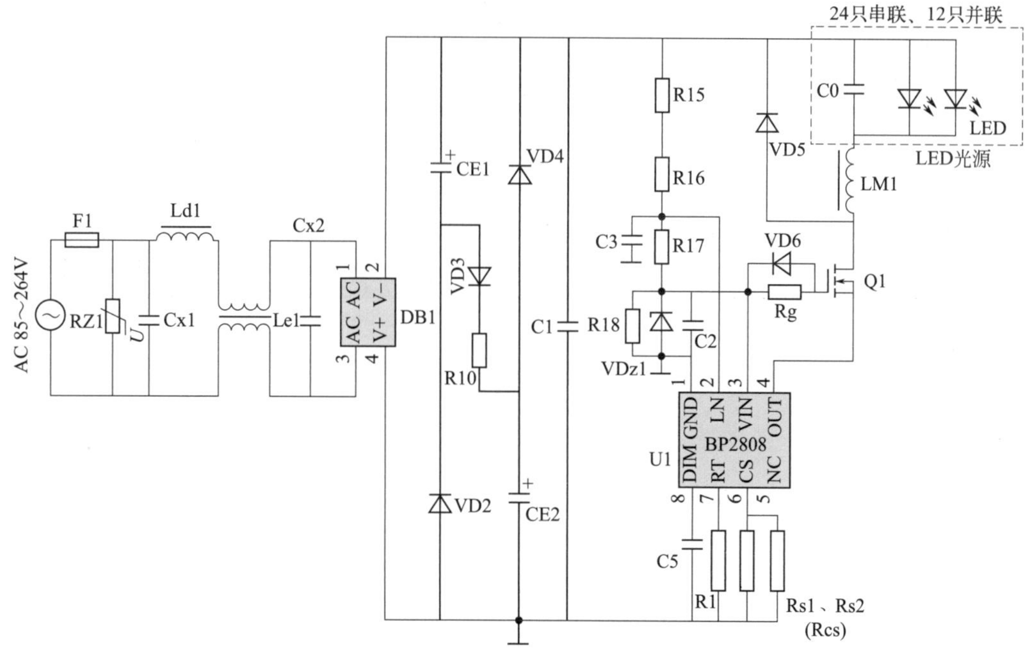

图 7-43　18W LED 灯系统方案设计电路图

从 AC 220V 看进去，交流市电入口接有 1A 熔断器 F1 和抗浪涌、雷击的压敏电阻 Rg1；之后是 EMI 滤波器，由 Ld1、Le1 和 Cx1、Cx2 组成；DB1 是全桥整流器，内部是 4 个高压硅二极管；CE1、CE2、R10、VD2 ～ VD4 组成无源功率因数校正电路；BP2808 芯片由 R15、R16 启动电阻降压，经 R17、C3 前馈补偿，并由 VDz1、C2、R18 与 BP2808 内部电路组成恒流补偿电路稳压后，给 BP2808 控制电路供电，系统启动后由于控制电路本身静态电流小，以及芯片内部存在从 OUT 到 VCC 的馈流二极管，可向 BP2808 提供工作电源，此时电阻 R15 ～ R17 上能通过的电流将大大降低，因而总的系统功耗也大大降低，系统效率得到明显提高。

源极驱动电路由 MOS 管 Q1、VD6、Rg、R1、Rcs 与 BP2808 内部电路组成，其显著特点是有效降低功耗，提高恒流精度。源极驱动方式的驱动电路使系统消耗电流减少，尤其是减少了传统的高压差供电通路中类似 R15 ～ R17 上的电流，从而降低了功耗，提高了效率。VD6、Rg 可使开关开通时驱动变软，关断时驱动保持较强，既改善 EMI，又尽量不牺牲效率。与 LED 光源并联的输出滤波电容 C0，用以减少 LED 光源上的电流纹波。

BP2808 的 CS 端采集电流采样电阻 Rs1、Rs2 上的峰值电流，由内部逻辑在单周期内控制 OUT 脚信号的脉冲占空比进行恒流控制，输出恒流与 VD5、LM1 的续流电路合并，向 LED 光源恒流供电。LED 光源阵列组合改变时，电阻 Rs1、Rs2 的阻值也要随之改变，使整个电路的输出电流满足 LED 光源阵列组合的要求。

PCB 板的排列是做好产品的关键，因此 PCB 板的走线要按电力电子安全规范要求来设计。该电路通用于 T10、Tg 灯管，因两管空间大小不同，两块 PCB 的宽度将不同，要降低所有器件的高度，以便放入 T10、Tg 灯管。

如果设计 AC 85 ～ 264V 全电压输入，又要考虑 PFC，可将 LED 光源阵列设计为 0.06W 白光 LED 12 只串联、24 只并联。用 BP2808 做 LED 灯驱动电源设计时，建议输出直流电压小于 100V，电流小于 600mA。

目前，可使用的 LED 灯驱动 IC 有好几种，其性能参数都有差异，现列表 7-11 供设计选型参考。从中可见，BP2808 的固定 T_{OFF} 工作模式、100% 占空比、芯片工作电流仅 0.2mA、效率达 92%、恒流补偿和使用独特的源极驱动模式等特点，使其具有适用于 LED 照明灯具的明显优势。

表 7-11 LED 灯驱动 IC 产品性能参数比较表

产品名称	工作模式	最大占空比	输出电感量	驱动模式	芯片电压 /mA	驱动电压 /V	典型效率 /%	恒流补偿	短路保护	EMC	MOS 管温升	功率电阻
XX9910	固定 F_{SW}	0 ~ 50	大	栅极驱动	1 ~ 2	7.5	90	无	无	很难	高	无
XX4107	固定 F_{SW}	0 ~ 50	大	栅极驱动	1 ~ 2	12	85	无	无	很难	高	有
XX802	固定 F_{SW}	0 ~ 50	大	栅极驱动	1 ~ 2	7.5	90	无	无	很难	高	无
XX870	固定 F_{SW}	0 ~ 50	大	栅极驱动	1 ~ 2	9.6	90	无	无	很难	高	无
XX306	固定 F_{SW}	0 ~ 50	大	栅极驱动	1 ~ 2	7.5	85	无	有	较难	高	无
XX9910B	固定 T_{OFF}	0 ~ 100	中	栅极驱动	1 ~ 2	7.5	90	无	无	较难	较高	无
XX3445	固定 T_{OFF}	0 ~ 100	中	栅极驱动	1 ~ 2	12	85	无	无	较难	较高	有
XX3910	固定 T_{OFF}	0 ~ 100	中	栅极驱动	1 ~ 2	7.1	85	无	无	较难	高	有
BP2808	固定 T_{OFF}	0 ~ 100	小	源极驱动	0.2	12	92	有	有	较易	低	无

>50% 次谐波振荡

3. BP2808 关键技术

恒流补偿与源极驱动两个专利应用电路使 BP2808 应用更加方便和更具特色。从图 7-44 可见，BP2808 GND 与 LN 的内部电路与 R3、C3、R4、VDz1、C2 组成恒流补偿的专利应

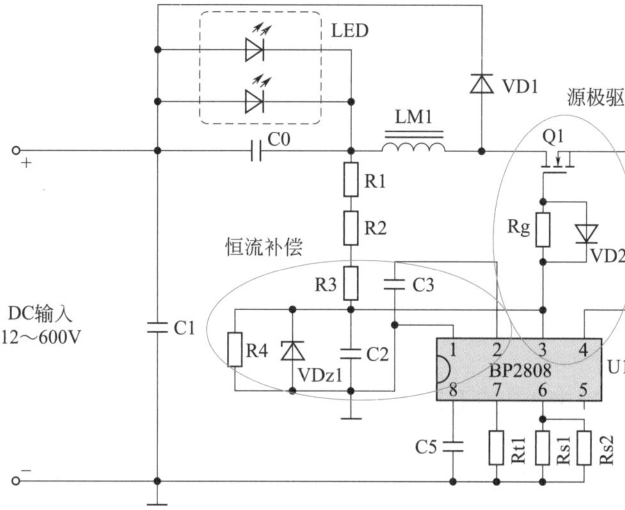

图 7-44　恒流补偿与源极驱动两个专利应用电路

用电路；BP2808 VCC、CS 和 OUT 的内部电路与 Q1、VD2、Rg、Rt1、Rcs（Rs1、Rs2）组成源极驱动的专利应用电路。

图 7-45 是源极驱动控制电路原理，从中可见 BP2808 内部的低压开关 MOS 管（700mA）漏极连接到外部功率开关 MOS 管 Q1 的源极，而其源极连接到采样电阻 Rcs 的一端以及第一比较器的输入端，其栅极连接到 RS 触发器的输出端。外部功率开关 MOS 管 Q1 的漏极输出电流经储能电感直接驱动 LED 光源。芯片内的 VD0 是馈流二极管，在 BP2808 启动工作后，从 OUT 到 VCC 的馈流经 VD0 整流，向 BP2808 提供工作电源。

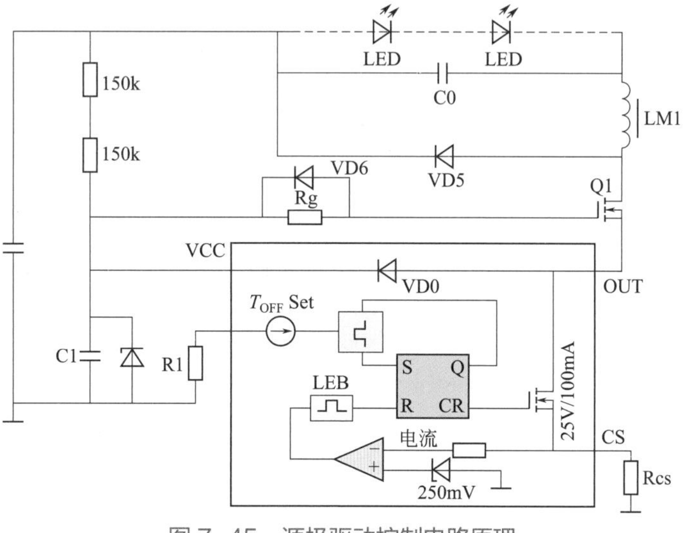

图 7-45　源极驱动控制电路原理

采用源极驱动，可以有效减少驱动电路电流消耗，降低功耗，提高效率。传统的高压差供电通路中为了将整流后的直流高压降至 PWM 芯片所需要的低压工作电压，采用低阻大功率电阻降压，器件发烫，自耗功率很大。

BP2808 还可应用于设计隔离与非隔离的球泡灯、PAR 灯、筒灯、嵌灯、庭院灯、防爆灯、洗墙灯、台灯、工作灯、晶闸管调光灯等 LED 光源灯具的驱动电源，非隔离的灯具其设计原理可沿用前述 LED 灯应用典型方案设计思路，改变 LED 光源阵列的排列，可以变换成形式多样的 LED 灯具，针对各种 LED 灯具对驱动电源的不同要求，可以改变电源的输出特性设计来满足各不相同的需求。如晶闸管调光控制就可在应用电路上动脑筋，增加在切相电源中提取导通角信息线路，并根据该信号来控制 LED 光源的驱动电流，以得到调光的效果。

BP2808 除继承和吸收国内外同类产品的优点之外，还采用了创新的拓扑结构，芯片设计上有重大的改进，性能更趋完善，特别是恒流补偿与源极驱动两个专利应用电路使 BP2808 应用更便捷和有效节能。

九、由 NU501 构成的 LED 集中式荧光灯驱动

NU501 系列是简单的恒流组件 IC，非常容易应用在各种 LED 照明产品中，具有绝佳的负载与电源调变率和极小的输出电流误差，NU501 系列芯片能使 LED 的电流非常稳定，甚至在大面积的光源上，电源及负载波动范围大时都能让 LED 亮度均匀一致，并增长 LED 的使用寿命。品种为 15 ～ 60mA，每 5mA 分为一挡，具有应用简单、用途宽广、精度高等特点。

如图 7-46（a）所示为 NU501 引脚图，VDD 是电源正引脚，VP 是电流流入引脚，VN 是电流流出引脚。NU501 内部结构图如图 7-46（b）所示，可见 NU501 实际就是一个恒流源。如图 7-46（c）所示为 NU501 的伏安特性曲线。

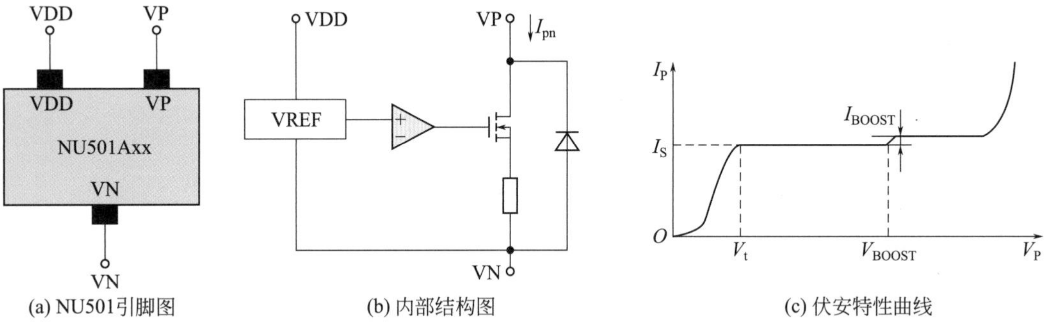

图 7-46　NU501 内部结构图和伏安特性曲线

除了支持宽广电源范围外，NU501 的 VDD 引脚可以充当输出使能（OE）使用，配合数字 PWM 控制线路，可达到更精准的灰阶电流控制应用。

当 VDD 与 VP 引脚短接在一起时，NU501 的极小工作电压特性使其可当作一个二极管来使用，这个功能使 NU501 在应用上非常容易。当这个二极管应用在一串 LED 灯上时，能使电流恒定。

在高压电源和低 LED 负载电压的应用场合，多个 NU501 能够串接使用，来分摊多余的电压。这种独特过高电压的分摊技术，非常适合在更宽广的电源电压范围应用，而此特性是其他厂家的芯片所没有的。

NU501 5V、24V PWM 照明调光应用和 12V LED 驱动器电路如图 7-47 所示。

NU501 为线性恒流组件，在应用时需考虑功耗与散热的问题，选用组件电流越高，越应降低 NU501 的输出端压降，以避免 NU501 发出高热。降低输出端的方法如下。

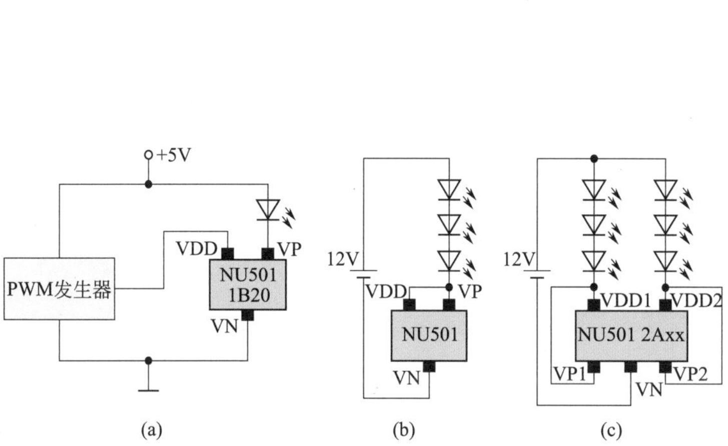

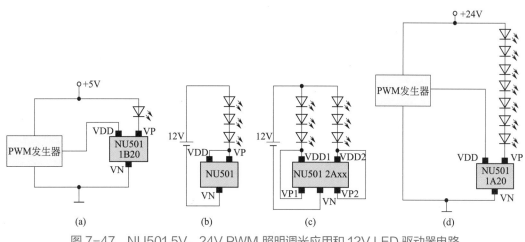

图 7-47　NU501 5V、24V PWM 照明调光应用和 12V LED 驱动器电路

❶ 在能维持恒流的情况下，尽量降低电源电压。

❷ 在能维持恒流的情况下，尽量增加恒流串联回路中 LED 的数量。

❸ 在能维持恒流的情况下，于恒流串联回路中，加上降压电阻，以减少 NU501 的输出端电压。

❹ 在系统电源为 24V 以上的工作环境中，建议在 VDD 与 VN 引脚间并联一个 0.1 ～ 10μF 的电容，以增加电流的稳定性与可靠度。

由于输出驱动电压选择了外置式集中供电电源，电源模块采用外置 48V 或 36V 稳压供电，若以 20W 市电驱动时，输出电压为 48V 左右比较合适；大于 20W 市电驱动时，输出电压为 36V 左右最合适，另外，在每并联灯串上串联一个 NU501 芯片，实现每路 LED 灯串电源恒流（也就是路路恒流的概念）。基于串并联安全考虑输出负载合适的驱动电压值，应尽量统一，降低电源设计规格成本。

当输出电压在 48V 左右时，低压差线性恒流器件恒流效率高达 99%，恒流精度在 ±3% 以内，不受任何外围器件影响，当输出电压在 36V 左右时，低压差线性恒流器件恒流效率高达 98.6%，恒流精度在 ±3% 以内，不受任何外围器件影响；即使在离线式照明部分，较低的电压 12V 和 24V，效率也分别有 96% 和 98%。如图 7-48 所示为 36V 直流稳压供电，NU501 实现路路恒流电路图。

该电路是最高效的驱动恒流架构，使用最高精度的恒流方式，受外围器件影响最小，且简洁、方便、实用。

十、LED 灯杯（射灯）设计

1. LED 灯杯简介

LED 灯杯的取名源于其形状像杯子，灯杯连着灯头，护着灯芯（见图 7-49）。灯杯采用抛物线曲面设计，主要用于聚光，能更有效地降低光损耗。

小功率 LED 灯杯又称为射灯，其接口有 MR16、E27、GU10、JDRE27、JDRE14 和 MR11 等；LED 数量有 12、15、18、21 和 38 等，光源直径有 5mm、3mm，发光颜色有白、红、蓝、绿、黄等。

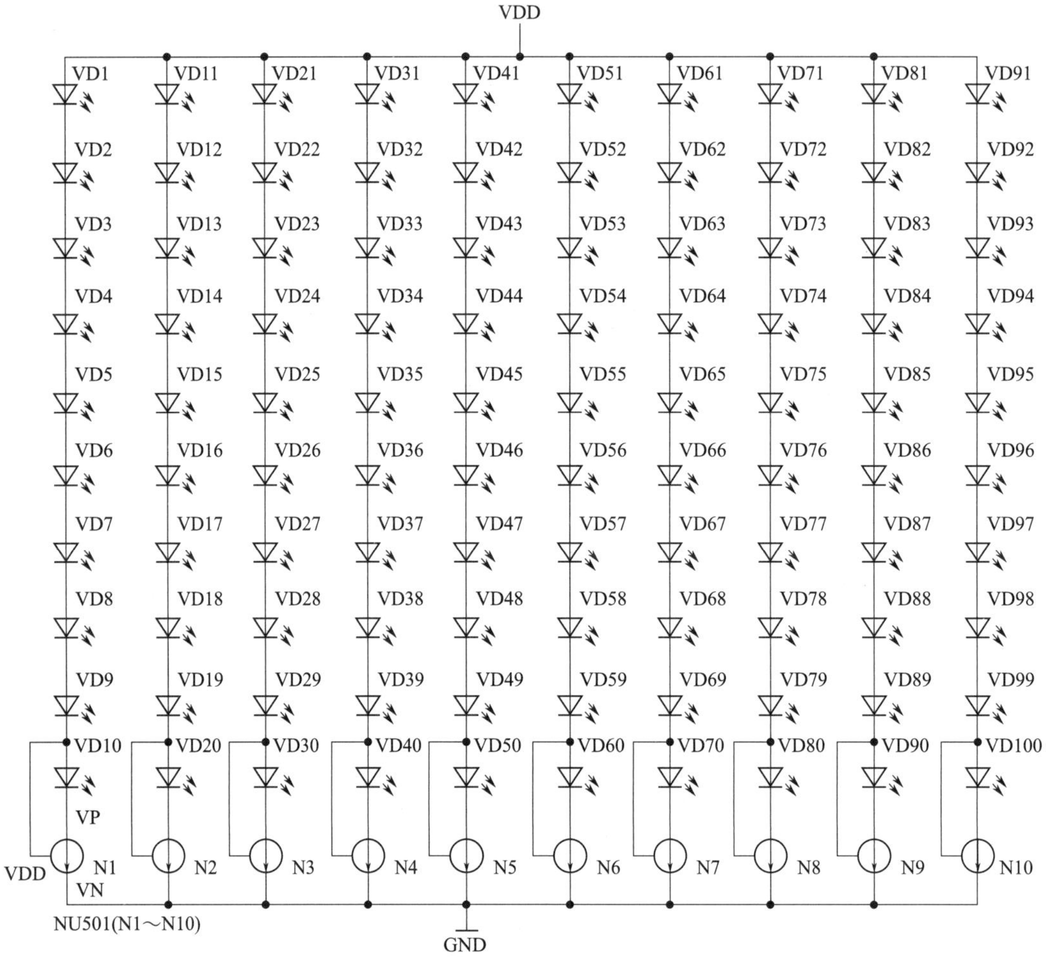

图 7-48　36V 直流稳压供电，NU501 实现路路恒流电路图

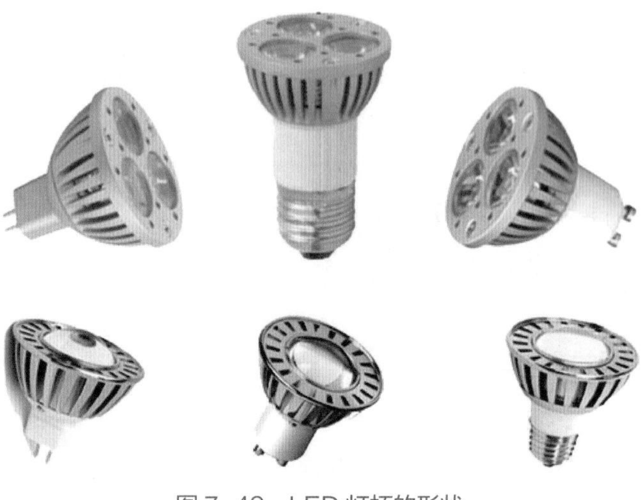

图 7-49　LED 灯杯的形状

2. 基于 ACT111 组成的 5W MR16 LED 驱动器

图 7-50 是基于 ACT111 组成的 5W MR16 LED 驱动器，该驱动器的 PCB 板材为 FR-4，板厚 1.0mm，钢箔厚度为 1OZ。它由肖特基二极管整流桥 VD1 ～ VD4、330μF/25V 滤波电容 C1、1μF/25V 瓷片电容 C2 和降压型转换器电路组成，其中降压型转换器电路包含了 LED 驱动器 ACT111、电感（L1）、续流二极管（VD5）和检流电阻（R1）。

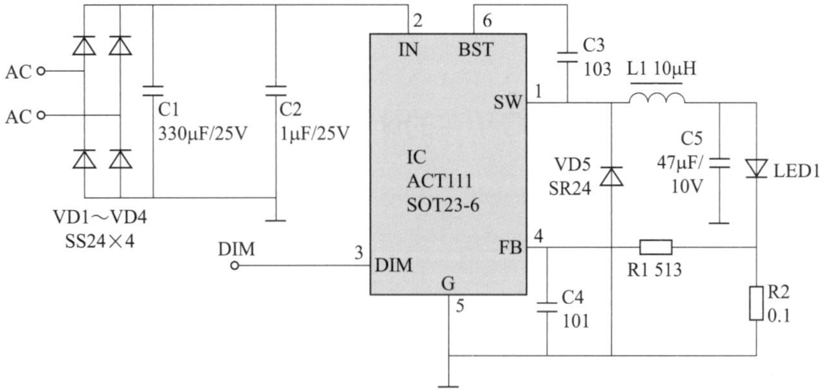

图 7-50　基于 ACT111 组成的 5W MR16 LED 驱动器

3. ACT111 应用在降压 - 升压电路模式

在 MR16 射灯中有一种应用场合是我们比较难处理的，即输入电压在 6 ～ 12V 之间变化，而输出需带三个或三个以上的 LED 灯。当然三个灯有串联与并联的方式。对于串联，若按每个 LED 的 U_F=3.5V，则总的 U_F=3×3.5=10.5V，若此时输入电压正好处于 6V，而 ACT111 原有的电路拓扑为降压式，那么显然是不能带动三个串联的 LED 工作；若三个 LED 采用并联的工作模式，我们知道每个 LED 之间存在着 U_F 的差异，为了兼顾三个 LED 之间工作电流的平衡性与发光强度的一致性，在三个 LED 之间需要加入电流平衡电路，对于 MR16 LED 射灯，从空间和成本的角度考虑显然是不能接受的，因此我们所采用的电路拓扑最好具有降压、升压的功能。图 7-51 是将 ACT111 应用在降压 - 升压的电路模式。

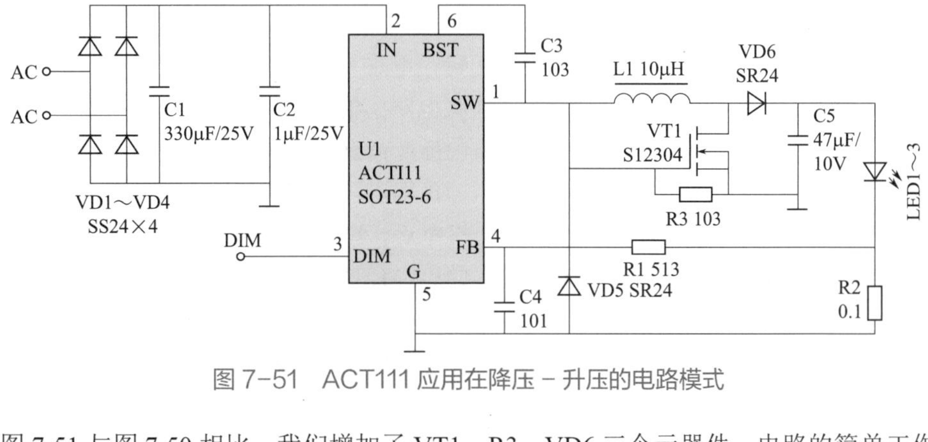

图 7-51　ACT111 应用在降压 - 升压的电路模式

图 7-51 与图 7-50 相比，我们增加了 VT1、R3、VD6 三个元器件，电路的简单工作原理为：ACT111 的 SW 端与内部开关管组成降压电路，VT1、L1、VD6 组成升压电路；当输入电压小于输出电压时，电路进入升压工作模式以满足输出电压的要求；当输入电压大于输出

电压时，电路自动进入降压工作模式，同样能满足输出电压的需求；恒流电流仍由 R2、R1 及 IC 的 FB 端执行。采用降压 - 升压工作模式后，唯一的缺点是整体转换效率比原有的降压电路稍低，而且因增加了三个元件，在 PCB 排版时要合理地布局。

第四节 通用计算机 ATX 开关电源原理与维修

一、TL494 与 MJC30205 组合的计算机 ATX 开关电源工作原理与检修

本节以 PDL-250 型计算机（俗称电脑）ATX 开关电源为例，介绍其工作原理和多种故障的维修思路以及维修技巧。电路如图 7-52 所示。

1. 原理分析

（1）待机原理　待机电源又称辅助电源，自激振荡部分由 Q03、T3、C14、VD04、2R21、2R22、2R4 等元件组成；稳压部分由 IC5（电压基准源）、IC1（光电耦合器）、Q4（PWM）等元件组成；保护和尖峰吸收部分由 Q4、2R23、2R10、C02 及 2R5、C05A、VD06 等元件组成。可见待机电源的构成与部分电器开关电源（带光电耦合器件的）基本一致，详细工作过程也大致相同。

T3 次级，一路由 VD01A 和 C09 整流滤波输出 +22V，为驱动电路 T2 初级和 IC2（TL494CN）⑫ 脚提供工作电压；一路由 VD01、C03、L4、C05 整流滤波输出 +5VSB（Stand By），由一根紫色导线经 ATX 插头送到主板上“电源监控部件”电路，为该电路提供待机电压。别看待机电源结构简单，在待机系统中却占有重要地位：一方面它给主控 PWM 电路和提供多种信号处理的四比较器供电，保障 ATX 开关电源自行运转；另一方面，它又像永不熄灭的“火种”，向主机提供待机电压。

（2）主开关电源

❶ 主控PWM型集成电路TL494CN。TL494CN内部由振荡器、“死区”比较器、PWM比较器、两个误差放大器1和2、触发器、逻辑门、三极管Q1和Q2、基准电压调节器以及由两个滞回比较器（施密特触发器）组成的欠压封锁电路等部分组成，其中❺脚、❻脚外接定时电容和定时电阻；触发器和逻辑门构成的逻辑电路由⓭脚控制，在电脑ATX开关电源中⓭脚接5V基准电压，使内部三极管Q1、Q2工作在推挽输出方式；基准电压调节器将待机电源经⓬脚提供的22V工作电压转换为5V基准电压，由⓮脚输出。

❷ 脉宽调制及驱动电路。得到主机启动指令后，IC2（TL494CN）立刻由待机状态转入工作状态。❽脚、⓫脚输出相位差为180°的PWM信号，使T2次级L3、L4绕组耦合，驱动Q01、Q02轮流导通或截止，共处于“双管推挽”工作方式。电路通过VD02、VD03钳位，吸收反向尖峰电压，保护Q1、Q2不被击穿；C08、VD12、VD13用以抬高Q1、Q2的e极电平，保证Q1、Q2的b极当“有效低电平脉冲”出现时可靠截止；由R10、VD14、R54、R55、C36及R51、R56、R57、R58等组成“电流取样”支路。将Q1、Q2工作电流从T2初级绕组抽头引出，经以上元件限流、整流、滤波、分压，完成“电流误差”信号的取样，送到IC的⓰脚，即误差放大器2的同相输入端。

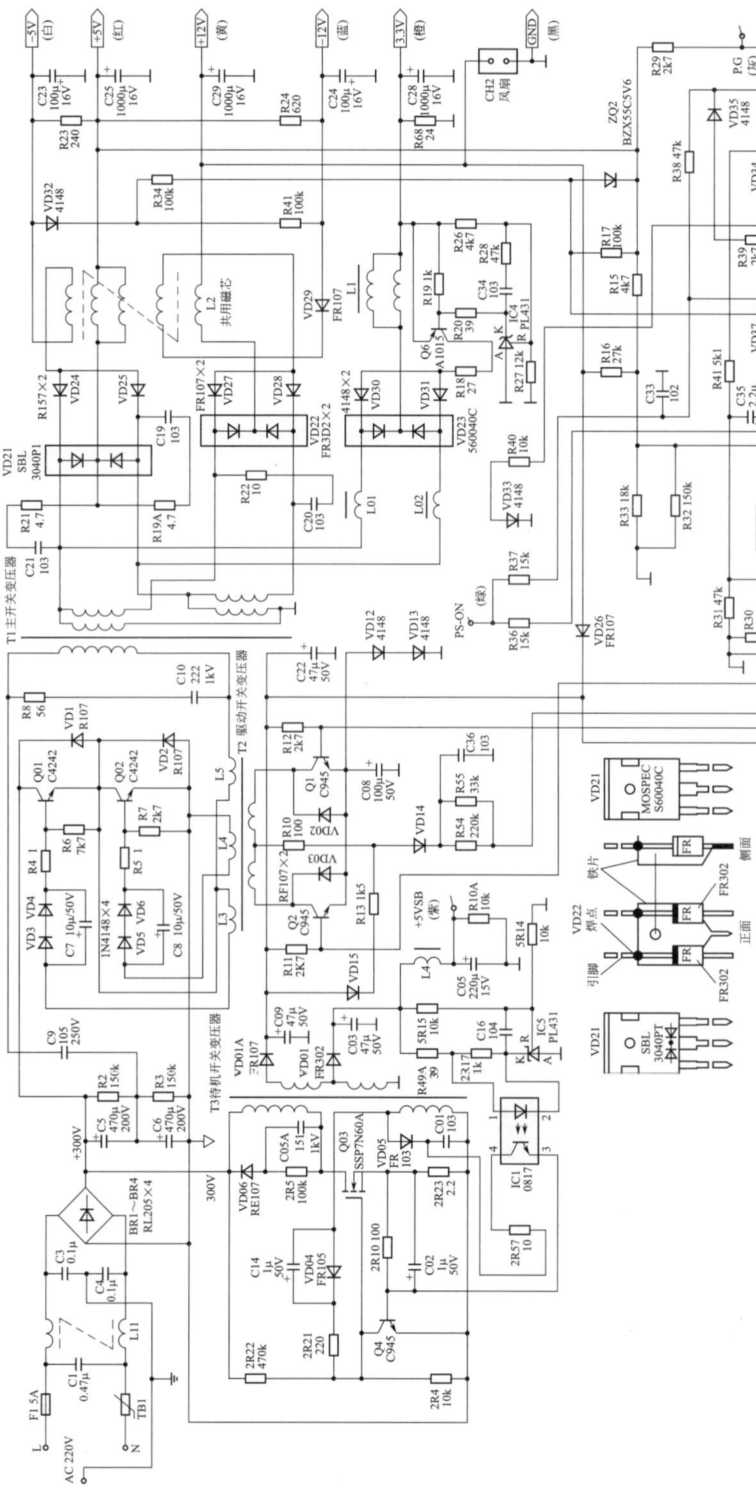

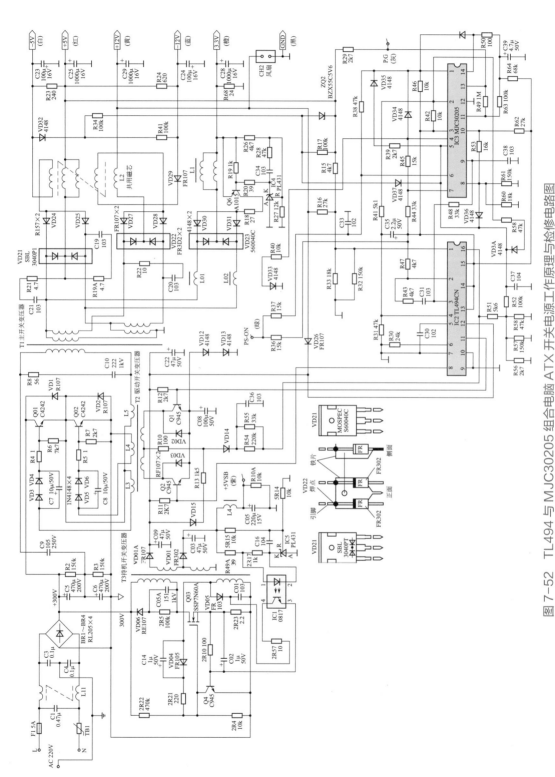

图 7-52 TL494 与 MJC30205 组合电脑 ATX 开关电源工作原理与检修电路图

IC2 ❶ 脚外围 4 个电阻组成“电压取样”支路，分别经 R15、R16 对 +5V、+12V 输出电压进行取样、叠加，再与 R33、R32（并联）分压，完成“电压误差”信号的取样，送到 IC2 ❶ 脚，即误差放大器 1 的同相端。以上两个误差信号，经 IC2 内部误差放大器 1 和 2 放大、叠加，再经 PWM 比较器进行脉宽调制，改变 Q1、Q2 和 Q01、Q02 导通 / 截止时间比，从而达到自动稳压的目的。另外 IC2 ❷、❸ 脚之间 C31、R43 组成误差放大器 1 的校正电路。

❸ 他激式双管推挽半功率变换器。他激式双管推挽半桥功率变换器简称半桥变换。“半桥”是因对功率开关变压器的推动只用了1组双管推挽电路而得名。采用半桥变换，有利于转换效率的提高和电源功率的增大，有利于增加稳压宽度和提高负载能力，并且可缩小体积、减轻重量。

❹ 当Q01导通、Q02截止时，+300V电压和C5放电电流经Q01的c、e极 ⟶ T2绕组L5 ⟶ T1初级绕组 ⟶ C9 ⟶ C6，构成对C6的充电回路，将电能存储在C6中；当Q01截止、Q02导通时，存储在C6上的电能及+300V对C5的充电电流，由C6 ⟶ C9 ⟶ T1初级绕组 ⟶ T2绕组L5 ⟶ Q02的c、e极 ⟶ 热地，构成对C6的放电回路。从以上这个振荡周期中可以看出：无论是Q01导通还是Q02导通，流经T1初级绕组的工作电流大小相等、方向相反。

电路中其他元件功能：

a. VD1、VD2 功能同 VD01、VD02。

b. C7、C8 加速电容，利用充 / 放电加速开关管导通或截止。

c. VD3、VD4、R4、R6 和 VD5、VD6、R5、R7 为加速电容提供充 / 放电回路，并为开关管 b 极建立负偏压。

d. C10、R8 吸收开关管电流换向时所产生的谐振尖峰脉冲。

e. C9“隔直”，隔断流经 T1 初级绕组电流中的直流成分，防止 T1 产生偏磁。

（3）±5V、±12V、3.3V 整流滤波输出电路

❶ 由于流经 T1 初级绕组的工作电流是大小相等、方向相反，上下级在次级绕组两端所感应的脉冲电压也是大小相等、方向相反，这样就可以方便地利用“共阴极”二极管或“共阳极”二极管进行全波整流，用“共阴极”整流得正极性直流电压，用“共阳极”整流得负极性直流电压。VD21、VD22、VD23 外形参看图 7-52，VD21 和 VD23 外形像大功率三极管，内部是共阴极肖特基二极管，VD22 是用两个分离的快恢复二极管，将阴极焊在一个铁片上构成“共阴极”。它们分别是 +5V、+12V、+3.3V 的全波整流管。另用 VD24、VD25 和 VD27、VD28 在电路中按“共阳极”接法，分别担任 −5V 和 −12V 全波整流，也采用快恢复二极管。

❷ 各路输出采用LC滤波，在这里要注意L2的接法。L2有5个线圈（其中2、3并联）担任±5V、±12V滤波，为了利用这种正负关系，使L2发挥“共模”扼流的效应，线圈采用共用磁芯，并将两路负电压进行反接。

❸ 因IC2内部PWM未对3.3V取样，该电压另设由IC4、Q6、VD30、VD31等组成的“反向电流反馈”自动稳压电路。IC4及其外围元件对3.3V电压取样，经Q6放大并转换成电流误差输出。假设输出电压上升，将引起IC4的K极电平下降，使Q6电流上升，经VD30、VD31分别向L01、L02注入的电流减小，则可使整流输出电压上升，从而达到自动稳压目的。

（4）过压、欠压和过流自动保护控制电路　该电路主要由 IC3 ❺ 脚内部“保护”比较器和 IC2 ❹ 脚内部“死区”比较器组成。正常情况下，IC3 同相输入端 ❺ 脚电平低于反相输入端 ❹ 脚，输出端脚输出低电平，不影响电源工作。一旦 ❺ 脚电平高于 ❹ 脚，则跳变为

高电平加到 IC2 ❹ 脚，通过内部“死区”比较器，中止 ATX 开关电源工作。当 +5V 过压时，经 ZQ2 和 R17 取样会使 ❺ 脚升高；当 −5V、−12V 欠压时，经 VD32、R41、R34 取样会使 ❺ 脚电平升高；当负载电流加重（如输出端严重短路）时，也会使 ❺ 脚电压升高。以上三路取样信号，只要有一路超限，就会引起自动保护控制电路发生跳变，使 ATX 开关电源进入“死区”保护。

（5）PS-ON 信号处理电路 该电路由 IC3 内部“启闭”比较器担任。PS-ON 信号是通过一根绿色细导线经 ATX 插头、插座，与主板启 / 闭控制电路进行通信，当启 / 闭控制电路的电子开关处于断开状态时，IC2 ⓮ 脚 5V 基准电压经 R36，作为高电平通过绿色导线加到主板启 / 闭控制电路上，同时 5V 基准电压又经 R37 加到 IC3“启 / 闭”比较器反相输入端 ❻ 脚，输出端 ❶ 脚输出低电平，经 VD34 将“保护”比较器同相输入端电平拉低，使其输出端 ❷ 脚输出高电平加到 IC2 ❹ 脚，通过内部“死区”比较器使 ❽ 脚、⓫ 脚无 PWM 信号输出，也即对主开关电源进行封锁。当主板启 / 闭控制电路的电子开关接地时，PS-ON 信号变为低电平，经 R37 加到“启 / 闭”比较器反相输入端 ❻ 脚，❶ 脚输出高电平，VD34 截止，使 ❹ 脚恢复正常时的高电平，❷ 脚则输出低电平加到 IC2 ❹ 脚，解除“死区”封锁，使 ATX 开关电源得以启动。

（6）PG 信号处理电路 PG 信号处理由 IC3 ⓫ 脚内部 PG 比较器担任。PG（或 PW-OK）信号是 ATX 开关电源向主机系统报告可以正常工作的信号，PG 为 Power Good 的缩写。只有微机系统检测到正常的 PG 信号，才能启动 ATX 开关电源，如果检测不到 PG 信号或 PG 信号延时不符合要求，系统则禁止对 ATX 开关电源的启动。IC2 ⓮ 脚输出 5V 基准电压经 R62 与 R53、R60、R61 加到 IC3 ❿ 脚，同时又经 R64 对 C39 充电（时间常数为 320ms），再经 R63 将充电电压加到 ⓫ 脚。因同相输入端 ⓫ 脚电压上升较慢而低于反相端 ❿ 脚，使输出端 ⓭ 脚输出低电平。当 ⓫ 脚电平上升并高于 ❿ 脚时，⓭ 脚就变为高电平，输出经过延时的 5V PG 信号。延时要求为 100 ～ 500ms，实际延时与电路选择的 RC 时间常数有关。

（7）断电应急处理电路 由 IC3 ❾ 脚内部“断电”比较器担任。电脑运行过程中难免发生意外断电，如跳闸、电业拉闸、线被刮断、被雷击等，为此 ATX 开关电压设置了断电应急处理电路。意外断电，会使 IC2 内电流、电压误差取样放大器 1 和 2 输出突然下降，IC2 ❸ 脚电平突然变低，经 R48 加到 IC3 断电比较器同相输入端 ❾ 脚，使其输出端 ⓮ 脚输出低电平，经 R50、R63 将 ⓫ 脚电平拉低，⓭ 脚跳变为低电平，以此“PG 信号突然消失”的方式，将断电“噩耗”传送主机，让主机停止正常运行，做好关机处理。

2. ATX 开关电源的维修技巧

❶ ATX开关电源电路板的特点是元件高度密集，而且“立体”分布，最低的元件只有2mm高，最高的可达50mm高，中间可把各种元件高低分成4～5层，尤其是两个大散热片的遮挡，使许多元件根本看不到，不要说进行检查和测试，有些大元件虽能看到，但表笔却无法插到它的引脚上。若从背面直接测试焊点，又因为大部分元件连正面位置都无法确定，怎么与背面焊点进行对应？因此，维修时最好先拆除两个大散热片，这样电路上各种元件会更容易被看到，维修起来也更方便和安全。

❷ 待机电源的损坏往往都很严重，而且维修时经常出现反复，但ATX开关电源印刷电路一般都很窄，焊盘也很小，经不起多次焊接，容易脱落，导致故障越修越糟。解决方法

是，从有可能需要多次代换元件的焊点上，引出一根短线，先将元件焊在短线上接地试验，以减少对焊点的焊接次数。

③ ATX开关电源保险管一般为4A、5A或6A，在额定输出功率条件下有一定的保护作用，但在维修时，因输出功率小，保险管就起不了保护作用，如果盲目通电，电路仍存在隐患，就会出现旧故障尚未排除又添新故障的现象。为防患未然，首次通电应串联1A保险管，如果1A保险管烧断，说明待机电源存在短路，应先修待机电源。如果1A保险管未烧断，将1A保险管换成2A保险管后继续通电。如果2A保险管烧断，说明主开关电源存在短路，即将主开关电源修好。如果2A保险管未烧断，说明整机虽有故障，但不属于短路性故障，排查顺序仍按先待机电源后主开关电源，而且仍用2A保险管作维修过程的意外保护。

④ 空载能使+12V电压有0.6V上升，而对于采用“反向电流反馈”自动稳压的3.3V电压，不但不上升反而下降到1.86V，这种情况容易产生误判，盲目维修，可能没“病”倒要修出“病”来。

为避免空载使输出电压发生变化，最好用光驱作负载。接上光驱后各路电压趋向正常，不但有光，红色工作指示灯可作电源输出显示，而且还可利用耳机发出的乐曲进行监听。因为光驱功率适中（5V/1A，12V/1.5A），既满足维修需要，又不会使开关管、整流管发热，可以放心将它们的大散热片拆除，且又正好适合用 2A 保险管作意外保护，真可谓一举多得。

3. 故障检修实例

【实例 1】电脑出现无规律频繁启动。

打开机箱左侧盖，在 ATX 插头上检测各路直流电压，有不稳现象。再打开 ATX 开关电源，发现 470μF/200V 的 C5 和 C6 顶部凸起，说明两个大电容失效，造成输出电压纹波增大，导致电脑频繁启动。

> **提示：** 如果只有一个大电容损坏（漏液），多为与其并联的均压电阻开路，需要一起更换。

与此相关的故障还有待机电源 T3 次级两个滤波电容 C03 和 C09，因紧靠整流二极管，使其失效率增高，出现类似故障应注意对它们的检查。

【实例 2】主板红色 LED 指示灯不亮。

测 ATX 插头 +5VSB 电压为 0V，检查待机电源，发现 Q03 击穿、2R23 开路、Q4 炸裂，待机电源损坏严重，因而造成无 +5VSB 电压输出。

> **提示：** 该例中 Q03 为 SSP 型场效应管，其他机型有采用三极管的，在路检查应首先看清开关管的类型，以区别它们的极性，否则很容易产生误判。

与此相关的故障还有启动电阻变质（阻值增大）或开路，尖峰高压脉冲吸收元件 VD06、C05 击穿，稳压部分 IC1、IC5 损坏等。以上元件的损坏或击穿原因，都是元件长期工作（大多数用户长年不拔电脑电源插头），饱受高温老化，损坏率增高，特别是在雨季，还可能遭雷击危害。

【实例 3】电脑无法启动。

观察主板红色 LED 指示灯亮，测 +5VSB 电压正常，但各路输出电压为 0V。打开 ATX 开关电源，在路检查发现 VD23 击穿。显然是由此引起过流保护，因而造成 ATX 开关电源无输出。

提示：在 3.3V 输出端有一个 1W 的低阻值电阻 R68，即使 VD23 未击穿，在路测试也呈短路状态，因此检查 VD23 时，应将该电阻断开，以免产生误判。

与此故障相关的还有驱动开关管 Q1、Q2，半桥变换开关管 Q01、Q02，整流输出电路的全波整流管 VD21、VD22。在它们之中，只要有 1 个元件被击穿，都会导致该故障发生。

提示：所有整流二极管必须都是快恢复整流管（100kHz），不能用普通整流二极管代换。

【实例 4】故障现象同实例 3。

先在路检查未发现有击穿现象，决定进一步通电检查（需将 PS-ON 绿色导线接地），测试 IC3 ⑤ 脚电压由正常 1.01V 变为 2.47V，高于 ④ 脚 0.26V，② 脚输出高电平 3.99V，IC2 ④ 脚由低电平 0.04V 变为高电平 3.61V，使 ATX 开关电源进入“死区”保护。用一根导线将 IC2 ④ 脚对地短路，迫使 ATX 开关电源退出“死区”保护，结果各路输出电压正常，不存在过压、欠压和过流，极有可能是取样支路有问题。

IC3 有三路取样支路，决定先检查由 VD37、R34、R41、VD32 组成的 −5V 和 −12V 欠压保护取样支路，结果很快发现 R34 开路。由于 R34 开路，引起取样电压升高，导致 ATX 开关电源误入“死区”保护，因而造成各路无输出。

【实例 5】开机瞬间测 +12V 有输出，但很快降至 0V。

故障时测 IC2 ⑭ 脚输出电压仅为 1.30V，但测 ⑧ 脚、⑪ 脚电压保持 2.38V（待机电压）没有改变。这种情况不能轻易确定 TL494 损坏，需要通过检测各引脚对地阻值和检测各引脚外围元件进行排查。经过检查未见异常，又检查 IC3（MJ C30205）③ 脚外围元件，仍未发现问题，决定取下 IC3。在 IC3 空缺情况下，测 IC2 ⑭ 脚输出电压恢复正常（实测 4.98V）。用一块 LM339N 代换 MJC30205 后故障排除。事后用 LM339N 和这块 MJC30205 进行对比测试（各引脚对 ⑫ 脚），发现其他各引脚都一样，只有 ③ 脚有些差异，MJC30205 为 5.5kΩ，LM339N 为 6.6kΩ，仅此 1kΩ 之差，结果却是天壤之别。所以在没有集成电路引脚阻值时，应尽可能代换实验，否则会走弯路，甚至无法修复。

【实例 6】ATX 开关电源无输出。

测待机电源输出正常，但主电源不工作，查各开关管和整流管未见异常，但 IC2 ⑭ 脚输出电压仅为 1.32V，正常应输出稳定的 +5V 基准电压，测 ⑧ 脚、⑪ 脚电压由正常值 2V 左右（待机电压）上升至 22V，说明芯片内部有短路，由于 TL494 和 KA7500 引脚功能完全一致，因此可直接互换。将其换新后故障排除。

二、KA7500B 与 LM339N 组合的计算机 ATX 开关电源电路原理与检修

计算机开关电源典型电路主要有 TL494 与 LM339N 组合、KA7500B 与 LM339N 组合、TL494 与 MJC30205 组合，电路大同小异，集成电路可互换使用。

本节以常见的 LWT2005 型开关电源供应器为例，详细讲解 ATX 开关电源的工作原理和检修方法。

计算机电源的主要功能是向计算机系统提供所需的直流电源。一般计算机电源所采用的都是双管半桥式无工频变压器的脉宽调制变换型稳压电源。它将市电整流成直流后，通过变换型振荡器变成频率较高的矩形或近似正弦波电压，再经过高频整流滤波变成低压直流电压。电源功率一般为 250 ～ 300W，通过高频滤波电路共输出六组直流电压：+5V（25A）、−5V（0.5A）、+12V（10A）、−12V（1A）、+3.3V（14A）、+5VSB（0.8A）。为防止负载过流或过压损坏电源，在交流市电输入端设有保险丝，在直流输出端设有过载保护电路。电路原理图如图 7-53 所示。

1. 工作原理

ATX 开关电源电路按其组成功能分为：输入整流滤波电路、高压尖峰吸收电路、辅助电源电路、脉宽调制控制电路、PS 信号和 PG 信号产生电路、主电源电路及多路直流稳压输出电路、自动稳压稳流与保护控制电路。

（1）输入整流滤波电路　只要有交流电 AC 220V 输入，ATX 开关电源无论是否开启，其辅助电源就一直在工作，直接为开关电源控制电路提供工作电压。图 7-53 中，交流电 AC 220V 经过保险管 FUSE、电源互感滤波器 L0，经 BD1 ～ BD4 整流、C5 和 C6 滤波，输出 300V 左右直流脉动电压。C1 为尖峰吸收电容，防止交流电突变瞬间对电路造成不良影响。TH1 为负温度系数热敏电阻，起过流保护和防雷击的作用。L0、R1 和 C2 组成 π 型滤波器，滤除市电电网中的高频干扰。C3 和 C4 为高频辐射吸收电容，防止交流电窜入后级直流电路造成高频辐射干扰。

（2）高压尖峰吸收电路　VD18、R004 和 C01 组成高压尖峰吸收电路。当开关管 Q03 截止后，T3 将产生一个很大的反极性尖峰电压，其峰值幅度超过 Q03 的 c 极电压很多倍，此尖峰电压的功率经 VD18 储存于 C01 中，然后在电阻 R004 上消耗掉，从而降低 Q03 的 c 极尖峰电压，使 Q03 免遭损坏。

（3）辅助电源电路　整流器输出的 300V 左右直流脉动电压，一路经 T3 开关变压器的初级 ❶—❷ 绕组送往辅助电源开关管 Q03 的 c 极，另一路经启动电阻 R002 给 Q03 的 b 极提供正向偏置电压和启动电流，使 Q03 开始导通。I_c 流经 T3 初级 ❶—❷ 绕组，使 T3❸—❹ 反馈绕组产生感应电动势（上正下负），通过正反馈支路 C02、VD8、R06 送往 Q03 的 b 极，使 Q03 迅速饱和导通，Q03 上的 I_c 电流增至最大，即电流变化率为零，此时 VD7 导通，通过电阻 R05 送出一个比较电压至 IC3（光电耦合器 Q817）的 ❸ 脚，同时 T3 次级绕组产生的感应电动势经 VD50 整流滤波后，一路经 R01 限流后送至 IC3 的 ❶ 脚，另一路经 R02 送至 IC4（精密稳压电路 TL431）。由于 Q03 饱和导通时，次级绕组产生的感应电动势比较平滑、稳定，经 IC4 的 K 端输出至 IC3 的 ❷ 脚电压变化率几乎为零，使 IC3 内发光二极管流过的电流几乎为零，此时光敏三极管截止，从而导致 Q1 截止。反馈电流通过 R06，

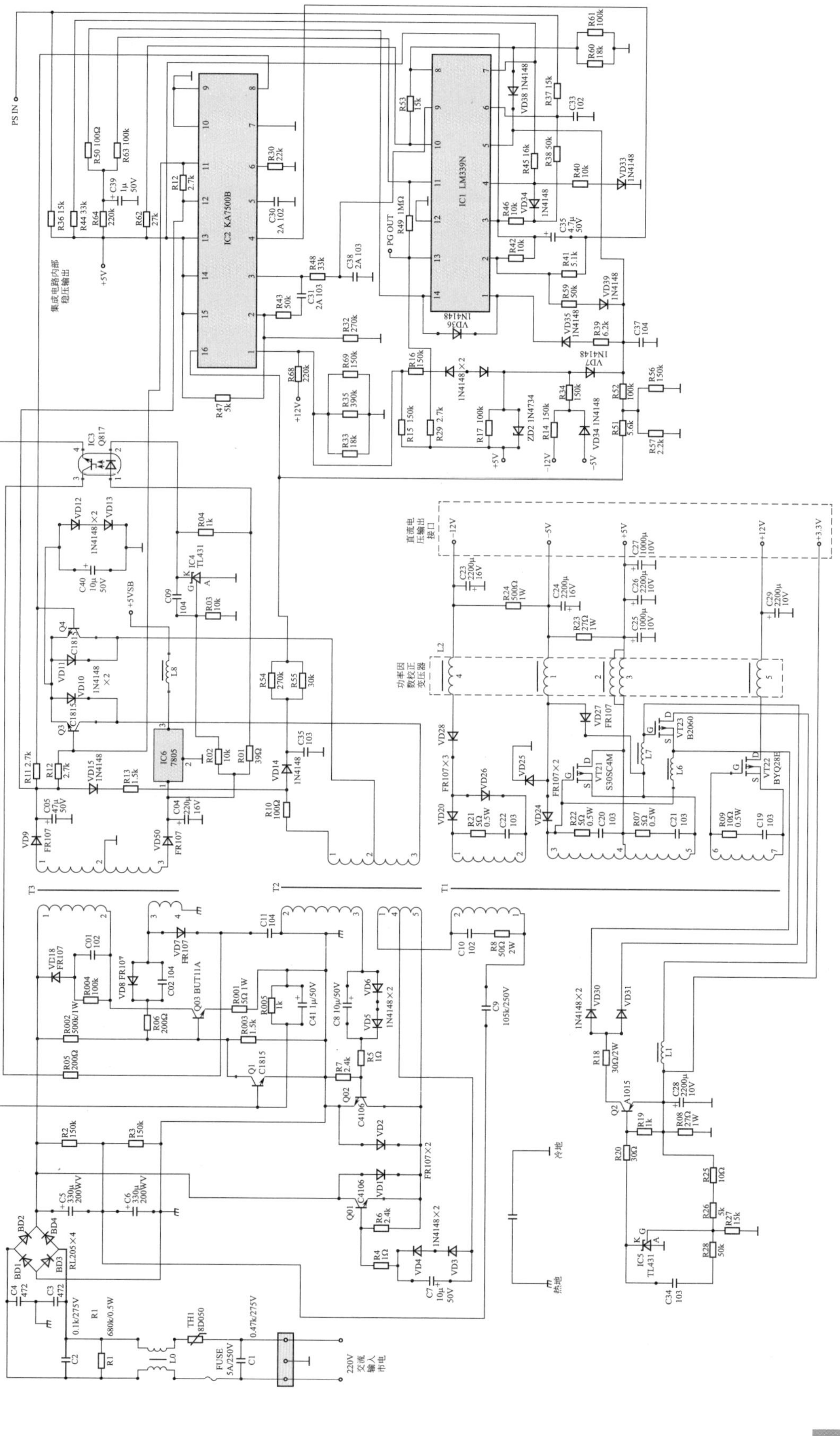

图 7-53 KA7500B 与 LM339N 组合的计算机 ATX 开关电源电路（LWT2005 型）原理图

R003，Q03 的 b、e 极等效电阻对电容 C02 充电，随着 C02 充电电压增加，流经 Q03 的 b 极电流逐渐减小，使 ❸—❹ 反馈绕组上的感应电动势开始下降，最终使 T3❸—❹ 反馈绕组感应电动势反相（上负下正），并与 C02 电压叠加后送往 Q03 的 b 极，使 b 极电位变负，开关管 Q03 迅速截止。

开关管 Q03 截止时，T3❸—❹ 反馈绕组、VD7、R01、R02、R03、R04、R05、C09、IC3、IC4 组成再启振支路。当 Q03 导通后，T3 初级绕组将磁能转化为电能，为电路中各元器件提供电压，同时 T3 反馈绕组的 ❹ 端感应出负电压，VD7 导通、Q1 截止；当 Q03 截止后，T3 反馈绕组的 ❹ 端感应出正电压，VD7 截止，T3 次级绕组两个输出端的感应电动势为正，T3 储存的磁能转化为电能，经 VD50、C04 整流滤波后，为 IC4 提供一个变化的电压，使 IC3 的 ❶、❷ 脚导通，IC3 内发光二极管流过的电流增大，使光敏三极管发光，从而使 Q1 导通，给开关管 Q03 的 b 极提供启动电流，使开关管 Q03 由截止转为导通。同时正反馈支路 C02 的充电电压经 T3 反馈绕组、R003、Q03 的 b 极和 e 极等效电阻、R06 形成放电回路。随着 C41 充电电流逐渐减小，开关管 Q03 的 U_b 电位上升，当 U_b 电位增加到 Q03 的 b、e 极的开启电压时，Q03 再次导通，又进入下一个周期的振荡。如此循环往复，构成一个自激多谐振荡器。

Q03 饱和期间，T3 次级绕组输出端的感应电动势为负，整流二极管 VD9 和 VD50 截止，流经初级绕组的导通电流以磁能的形式储存在 T3 辅助电源变压器中。当 Q03 由饱和转向截止时，次级绕组两个输出端的感应电动势为正，T3 储存的磁能转化为电能，经 VD9、VD50 整流输出。其中 VD50 整流输出电压经三端稳压器 7805 稳压，再经电感 L8 滤波后输出 +5VSB。若该电压丢失，主板就不会自动唤醒 ATX 电源工作。VD9 整流输出电压供给 IC2（脉宽调制集成电路 KA7500B）的 ⓬ 脚（电源输入端），该芯片 ⓮ 脚输出稳压 +5V，提供 ATX 开关电源控制电路中相关元器件的工作电压。

T2 为主电源激励变压器，当副电源开关管 Q03 导通时，I_c 流经 T3 初级 ❶—❷ 绕组，使 T3❸—❹ 反馈绕组产生感应电动势（上正下负），并作用于 T2 初级 ❷—❸ 绕组，产生感应电动势（上负下正），经 VD5、VD6、C8、R5 给 Q02 的 b 极提供启动电流，使主电源开关管 Q02 导通，在回路中产生电流，能保证整个电路的正常工作；同时，在 T2 初级 ❶—❹ 反馈绕组产生感应电动势（上正下负），VD3、VD4 截止，主电源开关管 Q01 处于截止状态。在电源开关管 Q03 截止期间，工作原理与上述过程相反，即 Q02 截止，Q01 工作。其中，VD1、VD2 为续流二极管，在开关管 Q01 和 Q02 处于截止和导通期间能提供持续的电流。这样就形成了主开关电源他激式多谐振荡电路，保证 T2 初级绕组电路部分得以正常工作，从而在 T2 次级绕组上产生感应电动势送至推动三极管 Q3、Q4 的 c 极，保证整个激励电路能持续稳定地工作；同时，又通过 T2 初级绕组反作用于 T1 主开关电源变压器，使主电源电路开始工作，为负载提供 +3.3V、±5V、±12V 工作电压。

（4）PS 信号和 PG 信号产生电路以及脉宽调制控制电路　微机通电后，由主板送来的 PS 信号控制 IC2 的 ❹ 脚（脉宽调制控制端）电压，待机时，主板启动控制电路的电子开关断开，PS 信号输出高电平 3.6V，经 R37 到达 IC1（电压比较放大器 LM339N）的 ❻ 脚（启动端），由内部经 IC1 的 ❸ 脚，对 C35 进行充电，同时 IC1 的 ❷ 脚经 R41 送出一个比较电压给 IC2 的 ❹ 脚，IC2 的 ❹ 脚电压由零电位开始逐渐上升，当上升的电压超过 3V 时，封锁 IC2❽、⓫ 脚的调制脉宽电压输出，使 T2 推动变压器、T1 主电源开关变压器停振，从而停止提供 +3.3V、±5V、±12V 等各路输出电压，电源处于待机状态。受控启动后，PS 信号由主板启动控制电路的电子开关接地，IC1 的 ❻ 脚为低电平（0V），IC2 的 ❹ 脚变为低电平（0V），此时允许 ❽、⓫ 脚输出脉宽调制信号。IC2 的 ⓭ 脚（输出方式控制端）接稳压 +5V（由 IC2 内部稳压输出 +5V 电压），脉宽调制器为并联推挽式输出，❽、⓫ 脚输出相位差为 180° 的脉宽调制信号，输出频率为 IC2 的 ❺、❻ 脚外接定时阻容元件 R30、C30 振荡频率的一半，控制推动三极管 Q3、Q4 的 c 极连接的 T2 次级绕组的激励振荡。T2 初级他激振荡产生的感应电动势作用于 T1 主电源开关变压器的初级绕组，从 T1 次级绕组的感应电动势整流输出 +3.3V、±5V、±12V 等各路输出电压。

VD12、VD13 以及 C40 用于抬高推动管 Q3、Q4 的 e 极电平，使 Q3、Q4 的 b 极有低电平脉冲时能可靠截止。C35 用于通电瞬间封锁 IC2 的 ❽、⓫ 脚输出脉宽调制信号脉冲。ATX 电源通电瞬间，由于 C35 两端电压不能突变，IC2 的 ❹ 脚输出高电平，❽、⓫ 脚无驱动脉冲信号输出。随着 C35 的充电，IC2 的启动由 PS 信号电平高低来加以控制，PS 信号电平为高电平时 IC2 关闭，为低电平时 IC2 启动并开始工作。

PG 产生电路由 IC1（电压比较放大器 LM339N）、R48、C38 及其周围元件构成。待机时 IC2 的 ❸ 脚（反馈控制端）为零电平，经 R48 使 IC1 的 ❾ 脚正端输入低电位，小于 ⓫ 脚负端输入的固定分压比，⓭ 脚（PG 信号输出端）输出低电位，PG 向主机输出零电平的电源自检信号，主机停止工作处于待机状态。受控启动后 IC2 的 ❸ 脚电位上升，IC1 的 ❾ 脚控制电平也逐渐上升，一旦 IC1 的 ❾ 脚电位大于 ⓫ 脚的固定分压比，经正反馈的迟滞比较放大器，⓭ 脚输出的 PG 信号在开关电源输出电压稳定后，再延迟几百毫秒由零电平起跳到 +5V，主机检测到 PG 电源完好的信号后启动系统。在主机运行过程中若遇市电停电或用户执行关机操作时，ATX 开关电源 +5V 输出电压必然下跌，这种幅值变小的反馈信号被送到 IC2 的 ❶ 脚（电压取样放大器同相输入端），使 IC2 的 ❸ 脚电位下降，经 R48 使 IC1 的 ❾ 脚电位迅速下降，当 ❾ 脚电位小于 ⓫ 脚的固定分压电平时，IC1 的 ⓭ 脚将立即从 +5V 下跳到零电平，关机时 PG 输出信号比 ATX 开关电源 +5V 输出电压提前几百毫秒消失，通知主机触发系统在电源断电前自动关闭，防止突然掉电时硬盘的磁头来不及归位而划伤硬盘。

（5）主电源电路及多路直流稳压输出电路 微机受控启动后，PS 信号由主板启动控制电路的电子开关接地，允许 IC2 的 ❽、⓫ 脚输出脉宽调制信号，去控制与推动三极管 Q3、Q4 的 c 极相连接的 T2 推动变压器次级绕组产生的激励振荡脉冲。T2 的初级绕组由他激振荡产生的感应电动势作用于 T1 主电源开关变压器的初级绕组，从 T1 次级 ❶—❷ 绕组产生的感应电动势经 VD20、VD28 整流，L2（功率因数校正变压器，以它为主来构成功率因数校正电路，简称 PFC 电路，起自动调节负载功率大小的作用。当负载要求功率很大时，则 PFC 电路就经过 L2 来校正功率大小，为负载输送较大的功率；当负载处于节能状态时，要求的功率很小，PFC 电路通过 L2 校正后为负载送出较小的功率，从而达到节能的作用）❹ 绕组以及 C23 滤波后输出 −12V 电压；从 T1 次级 ❸—❹—❺ 绕组产生的感应电动势经 VD24、VD27 整流，L2❶ 绕组及 C24 滤波后输出 −5V 电压；从 T1 次级 ❸—❹—❺ 绕组产生的感应电动势经 VT21（场效应管），L2❷、❸ 绕组以及 C25，C26，C27 滤波后输出 +5V 电压；从 T1 次级 ❸—❺ 绕组产生的感应电动势经 L6、L7、VT23（场效应管）、L1 以及 C28 滤波后输出 +3.3V 电压；从 T1 次级 ❻—❼ 绕组产生的感应电动势经 VT22（场效应管）、L2❺ 绕组以及 C29 滤波后输出 +12V 电压。其中，每两个绕组之间的 R（5Ω/0.5W）、C 组成尖峰消除网络，以降低绕组之间的尖峰电压，保证电路能够持续稳定地工作。

（6）自动稳压稳流与保护控制电路

❶ +3.3V自动稳压电路　IC5（精密稳压电路TL431）、Q2、R25、R26、R27、R28、R18、R19、R20、VD30、VD31、VT23（场效应管）、R08、C28、C34等组成+3.3V自动稳压电路。

当输出电压（+3.3V）升高时，由R25、R26、R27取得升高的采样电压送到IC5的G端，使U_G电位上升，U_K电位下降，从而使Q2导通，升高的+3.3V电压通过Q2的e、c极，R18，VD30，VD31送至VT23的S极和G极，使VT23提前导通，控制VT23的D极输出电压下降，经L1使输出电压稳定在标准值（+3.3V）左右。反之，稳压控制过程相反。

❷ +5V、+12V自动稳压电路　IC2的❶、❷脚电压取样放大器正、负输入端，取样电阻R15、R16、R33、R35、R69、R47、R32构成+5V、+12V自动稳压电路。

当输出电压升高时（+5V或+12V），由R33、R35、R69并联后的总电阻取得采样电压送到IC2的❶脚，和❷脚基准电压比较，输出误差电压与芯片内锯齿波产生电路的振荡脉冲在PWM比较放大器中进行比较放大，使❽、⓫脚输出脉冲宽度降低，输出电压回落至标准值的范围内，反之稳压控制过程相反，从而使开关电源输出电压保持稳定。

❸ +3.3V、+5V、+12V自动稳压电路　IC4（精密稳压电路TL431）、Q1、R01、R02、R03、R04、R05、R005、VD7、C09、C41等组成+3.3V、+5V、+12V自动稳压电路。

当输出电压升高时，T3次级绕组产生的感应电动势经VD50、C04整流滤波后一路经R01限流送至IC3的❶脚，另一路经R02、R03获得增大的取样电压送至IC4的G端，使U_G电位上升，U_K电位下降，从而使IC4内发光二极管流过的电流增加，使光敏三极管导通，从而使Q1导通，同时经负反馈支路R005、C41使开关三极管Q03的e极电位上升，使得Q03的b极分流增加，导致Q03的脉冲宽度变窄，导通时间缩短，最终使输出电压下降，稳定在规定范围之内。反之，当输出电压下降时，则稳压控制过程相反。

IC2的⓯、⓰脚电流取样放大器正、负输入端，取样电阻R51、R56、R57构成负载自动稳流电路。负端输入⓯脚接稳压+5V，正端输入⓰脚外接的R51、R56、R57与地之间形成回路，当负载电流偏高时，由R51、R56、R57支路取得采样电流送到IC2的⓯脚和⓰脚基准电流比较，输出误差电流与芯片内锯齿波产生电路的振荡脉冲在PWM比较放大器中进行比较放大，使❽、⓫脚输出脉冲宽度降低，输出电流回落至标准值的范围之内，反之稳流控制过程相反，从而使开关电源输出电流保持稳定。

2. 检修的基本方法与技巧

（1）检修方法

❶ 在断电情况下，“望、闻、问、切”　由于检修电源要接触到220V高压电，人体一旦接触36V以上的电压就有生命危险。因此，在有可能的条件下，尽量先检查一下在断电状态下有无明显的短路、元器件损坏故障。首先，打开电源的外壳，检查保险丝是否熔断，再观察电源的内部情况，如果发现电源的PCB板上元件破裂，则应重点检查此元件，一般来讲这是出现故障的主要原因；闻一下电源内部是否有煳味，检查是否有烧焦的元器件；问一下电源损坏的经过，是否对电源进行违规的操作，这一点对于维修任何设备都是必需的。在初步检查以后，还要对电源进行更深入的检测。

用万用表测量AC电源线两端的正反向电阻及电容器充电情况，如果电阻值过低，说明电源内部存在短路，正常时其阻值应能达到100kΩ以上；电容器应能够充放电，如果损坏，则表现为AC电源线两端阻值低，呈短路状态，否则可能是开关三极管VT1、VT2击穿。

然后检查直流输出部分。脱开负载，分别测量各组输出端的对地电阻，正常时，表针应有电容器充放电摆动，最后指示的应为该路的泄放电阻的阻值；否则多数是整流二极管反向击穿所致。

❷ 加电检测　检修ATX开关电源，应从PS-ON和PW-OK、+5VSB信号入手。脱机带电检测ATX电源待机状态时，+5VSB、PS-ON信号为高电平，PW-OK为低电平，其他电压无输出。ATX电源由待机状态转为启动受控状态的方法是：用一根导线把ATX插头⓮脚（绿色线）PS-ON信号，与任一地端❸、❺、❼、⓭、⓯、⓰、⓱（黑色线）中的一脚短接，此时PS-ON信号为零电平，PW-OK、+5VSB信号为高电平，开关电源风扇旋转，ATX插头+3.3V、+5V、+12V有输出。

在通过上述检查后，就可通电测试。这时候才是关键所在，需要有一定的经验、电子基础及维修技巧。一般来讲应重点检查一下电源的输入端、开关三极管、电源保护电路以及电源的输出电压电流等。如果电源启动一下就停止，则该电源处于保护状态下，可直接测量KA7500的❹脚电压，正常值应为0.4V以下，若测得电压值为+4V以上，则说明电源处于保护状态下，应重点检查产生保护的原因。由于接触到高电压，建议没有电子基础的人员要小心操作。

（2）常见故障

❶ 保险丝熔断　一般情况下，保险丝熔断说明电源的内部线路有问题。由于电源工作在高电压、大电流的状态下，电网电压的波动、浪涌都会引起电源内电流瞬间增大而使保险丝熔断。重点应检查电源输入端的整流二极管、高压滤波电解电容、逆变功率开关管等有无击穿、开路、损坏等。如果确实是保险丝熔断，应该首先查看电路板上的各个元件，看这些元件的外表有没有被烧煳、有没有电解液溢出。如果没有发现上述情况，则用万用表进行测量，如果测量出来两个大功率开关管e、c极间的阻值小于100kΩ，说明开关管损坏。其次测量输入端的电阻值，若小于200kΩ，说明后端有局部短路现象。

❷ 无直流电压输出或电压输出不稳定　如果保险丝是完好的，可是在有负载情况下，各级直流电压无输出。这种情况主要是以下原因造成的：电源中出现开路、短路现象，过压、过流保护电路出现故障，振荡电路没有工作，电源负载过重，高频整流滤波电路中整流二极管被击穿，滤波电容漏电等。这时，首先用万用表测量系统板+5V电源的对地电阻，若大于0.8Ω，则说明电路板无短路现象；然后将电脑中不必要的硬件暂时拆除，如硬盘、光盘驱动器等，只留下主板、电源、蜂鸣器，再测量各输出端的直流电压，如果这时输出为零，则可以肯定是电源的控制电路出了故障。

❸ 电源负载能力差　电源负载能力差是一个常见的故障，一般都是出现在老式或是工作时间长的电源中，主要原因是各元器件老化，开关三极管的工作不稳定，没有及时进行散热等。应重点检查稳压二极管是否发热漏电，整流二极管是否损坏，高压滤波电容是否损坏，晶体管工作点是否未选择好等。

❹ 通电无电压输出，电源内发出“吱吱”声　这是电源过载或无负载的典型特征。先仔细检查各个元件，重点检查整流二极管、开关管等。经过仔细检查，发现一个整流二极管1N4001的表面已烧黑，而且电路板也烧黑了。找同型号的二极管换下，用万用表测量果然是击穿的。接上电源，可风扇不转，依然有“吱吱”声。用万用表量+12V输出只有+0.2V，+5V只有0.1V。这说明元件被击穿时电源启动自保护。测量初级和次级开关管，发现初级开关管中有一个已损坏，用相同型号的开关管换上，故障排除，一切正常。

❺ 没有“吱吱”声，上一个保险丝就烧一个保险丝　由于保险丝不断地熔断，搜索范

围就缩小了。可能性只有3个：整流桥击穿，大电解电容击穿，初级开关管击穿。

电源的整流桥一般是分立的4个整流二极管，或是将4个二极管固化在一起。将整流桥拆下测量是正常的。大电解电容拆下测试后也正常，注意焊回时要注意正负极。最后的可能就只剩开关管了。这个电源的初级只有一个大功率的开关管。拆下测量果然击穿，找同型号开关管换上，问题解决。

3. 故障检修实例

【故障现象】一台LWT2005型开关电源供应器，开机出现“三无”：主机电源指示灯不亮，开关电源风扇不转，显示器不亮。

【故障分析与维修】参见图7-53。先采用替换法（用一个好的ATX开关电源替换原主机箱内的ATX电源）确认LWT2005型开关电源已坏。然后拆开故障电源外壳，直观检查发现机板上辅助电源电路部分的R001、R003、R05呈开路性损坏，Q1（C1815）、开关管Q03（BUT11A）呈短路性损坏；且R003烧焦，Q1的c、e极炸断，保险管FUSE（5A/250V）发黑熔断。更换上述损坏元器件后，用一根导线将ATX插头⑭脚与⑮脚（两引脚相邻，便于连接）连接，并在+12V端接一个电源风扇。检查无误后通电，发现两个电源风扇（开关电源自带一个+12V散热风扇）转速过快，且发出很强的转动声音，迅速测得+12V上升为+14V，且辅助电源电路部分发出一股逐渐加强的焦味，立即关电。分析认为，输出电压升高，一般是稳压电路有问题。细查为IC4、IC3构成的稳压电路部分的IC3（光电耦合器Q817）不良。由于IC3不良，当输出电压升高时，IC3内部的光敏三极管不能及时导通，从而就没有反馈电流进入开关管Q03的e极，不能及时缩短Q03的导通时间，导致Q03导通时间过长，输出电压升高。如不及时关电（从发出的焦味判断，Q03很可能因导通时间过长，功耗过重而损坏），又将大面积地烧坏元器件。

将IC3更换后，重新检查、测量刚才更换过的元器件，确认完好后通电。检测各路输出电压一切正常，风扇转速正常（几乎听不到转动声），通电观察半小时无异常现象。再接入主机内的主板上，通电试机2h一直正常。至此，检修过程结束。后又维修大量同型号或不同型号（其电路大多数相同或类似）的开关电源，其损坏的电路及元器件大多雷同。

4. 开关电源主要元件技术数据

ATX开关电源电压比较放大器LM339N和脉宽调制集成电路KA7500B各引脚功能及实测数据见表7-12～表7-14，表中电压数据以伏特（V）为单位，用南京产MF47型万用表10V、50V、250V直流电压挡，在ATX电源脱机检修好后，连接主机内各部件正常工作状态下测得；在路电阻数据以千欧（kΩ）为单位，用R×1k挡测得，正向电阻用红表笔测量，反向电阻用黑表笔测量，另一表笔接地。

表7-12　ATX开关电源电压比较放大器LM339N引脚功能及实测数据

引脚号	引脚功能	工作电压/V	在路电阻值/kΩ	
			正向	反向
❶	电压取样比较器正端	4	8.5	139
❷	反馈信号反相输入端	0	8.5	13.8
❸	电源输入端	5	4	4
❹	反馈信号同相输入端	1.2	11	13

续表

引脚号	引脚功能	工作电压 /V	在路电阻值 /kΩ	
			正向	反向
⑤	电流取样输入端	0.8	10.5	26.4
⑥	电子开关启动端	1	10.5	24.4
⑦	电流取样输出端	1.2	11	20
⑧	电压取样输出端	1.2	9.5	11
⑨	PG 信号同相控制端	1.2	11	∞
⑩	电压取样输入端	1.4	10	15.5
⑪	PG 信号反相控制端	1.6	11.5	120
⑫	地	0	0	0
⑬	PG 信号输出端	4	3.6	8
⑭	电压取样比较器负端	1.8	9.5	25

注：当用表笔测量 LM339N 的 ⑪ 脚电压时，将引起电脑重新启动，属于正常现象。

表 7-13　脉宽调制集成电路 KA7500B 各引脚功能及实测数据

引脚号	引脚功能	工作电压 /V	在路电阻值 /kΩ	
			正向	反向
❶	电压取样放大器同相输入端	4.8	4.5	7
❷	电压取样放大器反相输入端	4.6	8	8.8
❸	反馈控制端	2.2	9.2	∞
❹	脉宽调制输出控制端（“死区”控制端）	0	9.5	19
❺	振荡 1	0.6	9	12.6
❻	振荡 2	0	9	21
❼	地	0	0	0
❽	脉宽调制输出 1	2	7.5	21
❾	地	0	0	0
❿	地	0	0	0
⓫	脉宽调制输出 2	2	7.5	21
⓬	电源输入端	19	6.2	17
⓭	输出方式控制端	5	4	4
⓮	电压取样比较放大器负端	5	4	4
⓯	电流取样放大器反相输入端	5	4	4
⓰	电流取样放大器同相输入端	2	7.5	8

表 7-14　开关电源电路主要三极管实测电压值

电路符号	元器件型号	电压值 /V		
		b	c	e
Q2	A1015	2.6	−2.5	3.3
Q3	C1815	1.8	4.4	1.4
Q4	C1815	1.8	4.4	1.4
Q01	C4106	−1.5	280	140
Q02	C4106	0	140	0
Q03	BUT11A	−2.2	280	0
		G	S	D
VT21	S30SC4M	0	0	5
VT22	BYQ28E	5	5	12
VT23	B2060	0	0	3.3
		K	A	G
IC4	TL431	3.8	0	2.4
IC5	TL431	2.6	0	2.4

第五节　变频器、PLC 用开关电源

一、变频器开关电源电路分析与检修

1. 变频器用自激式开关电源实际电路分析

如图 7-54 所示是一种典型的变频器采用的自激式开关电源。

自激式开关电源主要由启动电路、自激振荡电路和稳压电路组成，有的还设有保护电路。

(1) 启动电路　R33、R30、R29、R28、R27、R26 为启动电路。主电路 530V 的直流电压经插件 19CN 送入开关电源，分作两路：一路经开关变压器 TC2 的 L1 绕组送到开关管 Q2 的 c 极，另一路经启动电阻 R33、R30、R29、R28、R27、R26 降压后为 Q2 b 极提供电压，Q2 开始导通，有 I_b、I_c 电流产生，启动完成。

(2) 自激振荡电路　由反馈元件 R32、VD8、C23 和反馈线圈 L2 组成正反馈电路，它们与开关管 Q2 及开关变压器 L1 绕组一起组成自激振荡电路。

自激振荡过程如下：启动过程让开关管 Q2 由开机前的截止状态进入放大状态。Q2 有 I_c 电流流过，该 I_c 电流在流经开关变压器 TC2 的 L1 绕组时，L1 会产生上正下负的电动势 E_1 阻碍电流，该电动势感应到反馈绕组 L2，L2 上电动势为 E_2，其极性为上正下负，L2 的上正电压通过 R32、VD8、C23 反馈到开关管 Q2 的 b 极，U_{b2} 升高，I_{b2} 增大，I_{c2} 也增大，L1

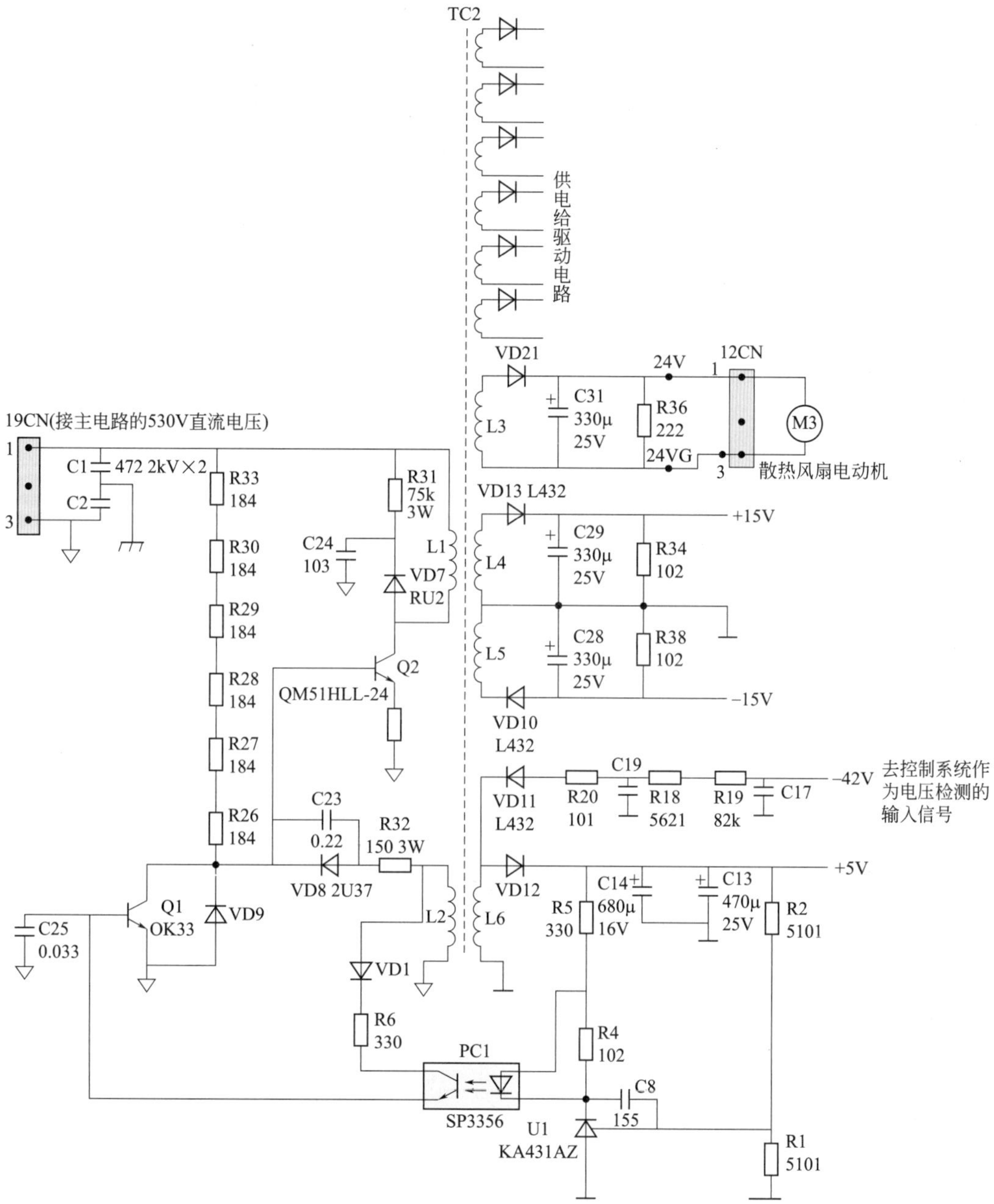

图 7-54　一种典型的自激式开关电源

上的电动势 E_1 增大，L2 上感应电动势 E_2 增大，L2 上正电压更高，从而形成强烈的正反馈，正反馈过程如下：

$$U_{b2}\uparrow \rightarrow I_{b2}\uparrow \rightarrow I_{c2}\uparrow \rightarrow E_1\uparrow \rightarrow E_2\uparrow \rightarrow \text{L2上正电压}\uparrow$$

正反馈使开关管 Q2 由放大状态迅速进入饱和状态。

Q2 饱和后，I_{c2} 不再增大，E_1、E_2 也不再增大，L2 上的电动势产生电流流向 Q2 发射结，让 Q2 维持饱和，E_2 输出电流的途径为 L2 上正→R32→VD8→Q2 发射结→电源地→L2下负，电流的流动使E_2越来越小，输出电流也越来越小，流经Q2发射结的I_{b2}也越来越小，当I_{b2}减小，I_{c2}也减小时，即I_{b2}恢复对I_{c2}的控制，Q2则由饱和退出进入放大，I_c减小，流过L1绕组的电流也减小，L1马上产生上负下正的电动势E'_1，L2则感应出上负下正的电动势E'_2，L2的上负电压通过R32、VD8、C23反馈到Q2的b极，U_{b2}下降，I_{b2}减小，I_{c2}也减小，L1上的电动势E'_1增大，L2上感应电动势E'_2增大，L2上负电压更低，从而形成强烈的正反馈，正反馈过程如下：

$$U_{b2}\downarrow \rightarrow I_{b2}\downarrow \rightarrow I_{c2}\downarrow \rightarrow E'_1\uparrow \rightarrow E'_2\uparrow \rightarrow \text{L2上负电压}\downarrow$$

Q2截止后，E'_1、E'_2也不再增大，L2上的E'_2产生电流经VD9对电容C23充电，电流途径为L2下正→电源地→VD9→C23→R32→L2上负，在C23上充得左正右负的电压，同时，+530V电压也通过启动电阻R33、R30、R29、R28、R27、R26对C23充电，两者充电使C23左正电压逐渐升高，当U_{b2}升高到Q2发射结导通电压时，Q2由截止转为导通，进入放大状态，又有I_c电流流过开关变压器的L1绕组，L1产生电动势E，从而开始下一个周期的振荡。

在电路中，开关管Q2在反馈线圈送来的激励脉冲控制下工作在开关状态，而开关管又参与激励脉冲的产生，这种开关管参与产生激励脉冲而又受激励脉冲控制的开关电源称为自激式开关电源。

在电路工作时，开关变压器TC2的L1绕组会产生上正下负电动势（Q2导通时）和上负下正电动势（Q2截止时），这些电动势会感应到二次绕组L3～L6上，这些绕组上的电动势经本路整流二极管对本路电容充电后，在电容上可得到上正下负的正电压或上负下正的负电压，再供给变频器有关电路。

（3）稳压电路　输出取样电阻R1、R2，三端基准稳压器KA431AZ，光电耦合器PC1，绕组L2，整流二极管VD1，电容C23，脉宽调整管Q2等元器件构成稳压电路。

在开关电源工作时，开关变压器TC2的L6绕组上的上正下负感应电动势经二极管VD12对电容C14充电，在C14充得+5V电压，该电压经R2、R1分压后为KA431AZ的R极提供电压，KA431AZ的K、A极之间导通，PC1内的发光二极管导通发光，PC1内的光敏晶体管也导通，L2绕组上的上正下负电动势经VD1、R6、光敏晶体管对C25充电，在C25上得到上正下负电压，该电压送到Q1基极来控制Q1的导通程度，进而控制Q2基极的分流量，最终调节输出电压。

下面以开关电源输出电压偏高来说明稳压工作原理。

如果开关电源输入电压升高，在稳压调整前，各输出电压也会升高，其中C14两端+5V电压也会上升，KA431AZ的R极电压上升，K、A极之间导通变深，流过PC1内部发光二极管的电流增大，PC1内部的光敏晶体管导通加深，L2上的电动势经VD1、PC1内部光敏晶体管对C25充电的电阻变小，C25上充得的电压更高；Q1因基极电压上升而导通更深，对Q2基极分流更大，在Q2饱和时由L2流向Q2基极维持Q2饱和的I_b电流减小很快（L2输出电流一路会经Q1构成回路），Q2饱和时间缩短，L1绕组流过电流时间短而储能减小，在Q2截止时L1产生的电动势低，L6等各二次绕组上感应电动势下降，各输出电压下降，回到正常值。

（4）其他元器件及电路说明　R31、VD7、C24构成阻尼吸收电路，在Q2由导通转为截止瞬间，L1 会产生很高的上负下正的反峰电压，该电压易击穿 Q2，采用阻尼吸收电路后，反峰电压经 VD7 对 C24 充电和经 R11 构成回路而迅速降低。VD11、C19、C17 等元器件构成电压检测取样电路，L6 绕组的上负下正电动势经二极管 VD11 对 C17 充得上负下正约 −42V 电压，送到控制系统作为电压检测取样信号，当主电路的直流电压上升时，开关输入电压上升，在开关管 Q2 导通时 L1 绕线产生的上正下负电动势就更高，L6 感应到的上负下正电动势更高，C17 上充得的负压（上负下正电压）更低，控制系统通过检测该取样电压就能知道主电路的直流电压升高，该电压检测取样电路与开关电源其他二次整流电路非常相似，但它有一个明显的特点，就是采用容量很小的无极性电容作为滤波电容（普通的整流电路采用大容量的有极性电容作滤波电容），这样取样的电压可更快响应主电路直流电压的变化，很多变频器采用这种间接方式来检测主电路的直流电压变化情况。

2. 变频器 PLC 用他激式开关电源实际电路分析

如图 7-55 所示是一种变频器采用的典型他激式开关电源。

他激式开关电源主要由启动电路、振荡电路、稳压电路和保护电路组成。

（1）启动电路　R248、R249、R250 和 R266 为启动电阻。

主电路 530V 的直流电压送入开关电源，分作两路：一路经开关变压器 TL1 的 L1 绕组送到开关管 TR1 的 D 极，另一路经启动电阻 R248、R249、R250 和 R266 对电容 C236 充电，C236 两端电压加到集成电路 UC3844 的 ⑦ 脚，当 C236 两端电压上升到 16V 时，UC3844 内部振荡电路开始工作，启动完成。

（2）振荡电路　UC3844 及外围元器件构成振荡电路。当 UC3844 的 ⑦ 脚电压达到 16V 时，内部的振荡电路开始工作，从 ⑥ 脚输出激励脉冲，经 R240 送到开关管 TR1（增强型 N 沟道 MOSFET）的 G 极，在激励脉冲的控制下，TR1 工作在开关状态。TR1 处于开状态（D、S 极之间导通）时，有电流流过开关变压器 L1 绕组，绕组会产生上正下负的电动势；当 TR1 处于关状态（D、S 极之间断开）时，L1 绕组会产生上负下正的电动势，L1 上的电动势感应到 L2 ～ L6 等绕组上，经各路二极管整流后可得到各种直流电压。

UC3844 芯片内部有独立振荡电路，获得正常供电后就能产生激励脉冲，开关管不是振荡电路的一部分，不参与振荡，这种激励脉冲由独立振荡电路产生的开关电源称为他激式开关电源。

（3）稳压电路　输出取样电阻 R233、R234，三端基准稳压器 L431，光电耦合器 PC9，R235，R236 及 UC3844 的 ② 脚内部有关电路共同组成稳压电路。

开关变压器 L6 绕组上的电动势经 VD205 整流和 C238、C239 滤波后得到 +5V 电压，该电压经 R233、R234 分压后送到 L431 的 R 极，L431 的 A、K 极之间导通，有电流流过光电耦合器 PC9 的发光二极管，发光二极管导通，光敏晶体管也随之导通，UC3844 的 ⑧ 脚输出的 +5V 电压经 PC9 的光敏晶体管和 R235、R236 分压后，给 UC3844 的 ② 脚送入一个电压反馈信号，控制内部振荡器产生的激励脉冲的宽度。

如果主电路 +530V 电压上升或开源的负载减轻，均会使开关电源输出电压上升，L6 路的 +5V 电压上升，经 R233、R234 分压后送到 L431　R 极的电压上升，L431 的 A、K 极之间导通变深，流过 PC9 的发光二极管电流增大，发光二极管发出光线强，光敏晶体管导通变深，UC3844 的 ⑧ 脚输出的 +5V 电压经 PC9 的光敏晶体管和 R235、R236 分压给 UC3844

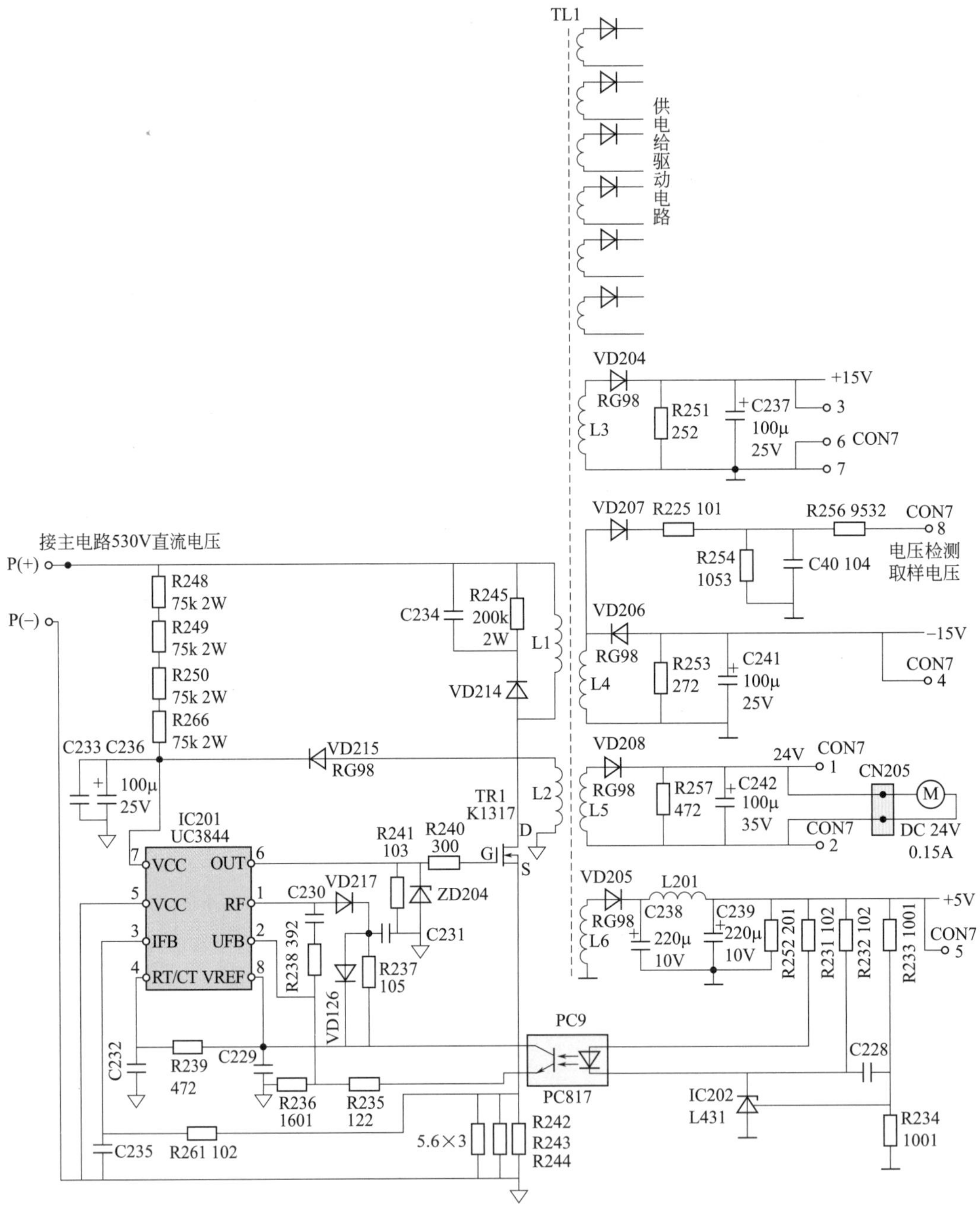

图 7-55　典型变频器 PLC 的他激式开关电源电路

的❷脚的电压更高，该电压使 UC3844 内部振荡器产生的激励脉冲的宽度变窄，开关管 TR1 导通时间变短，开关变压器 TL1 的 L1 绕组储能减少，其产生的电动势下降，开关变压器各二次绕组上的感应电动势也下降（相对稳压前的上升而言），经整流滤波后得到的电压下降，降回到正常值。

（4）保护电路　该电源具有欠电压保护、过电流保护功能。

UC3844 内部有欠电压锁定电路，当 UC3844 的❼脚输入电压大于 16V 时，欠电压锁定电路开启，❼脚电压允许提供给内部电路，若❼脚电压低于 10V，欠电压锁定电路断开，切断❼脚电压的输入途径，UC3844内部振荡器不工作，❻脚无激励脉冲输出，开关管TR1截止，开关变压器绕组上无电动势产生，开关电源无输出电压，达到输入欠电压保护功能。

开关管TR1的S极所接的电流取样电阻R242、R243、R244及滤波电路R261、C235构成过电流检测电路。在开关管导通时，有电流流过取样电阻R242、R243、R244，其两端有电压，该电压经R261对C235充电，在C235上充得一定的电压。开关管截止后，C235通过R261、R242、R243、R244放电。当开关管导通时间长、截止时间短时，C235充电时间长、放电时间短，C235两端的电压高；反之，C235两端的电压低，C235两端的电压送到UC3844的❸脚，作为电流检测取样输入。如果开关电源负载出现短路，开关电源的输出电压会下降，稳压电路为了提高输出电压，会降低UC3844的❷脚电压，使内部振荡器产生的激励脉冲变宽，开关管TR1导通时间变长、截止时间变短，C235两端的电压升高，UC3844的❸脚电压也升高；如果该电压达到一定值，UC3844内部的振荡器停止工作，❻脚无激励脉冲输出，开关管TR1截止，开关电源停止输出电压，不但可以防止开关管长时间通过大电流而被烧坏，还可在负载出现短路时停止输出电压，避免负载电容故障范围进一步扩大。

（5）其他元器件及电路说明　R245、VD214、C234构成阻尼吸收电路，吸收开关管TR1由导通转为截止时L1产生的很高的上负下正的反峰电压，防止反峰电压击穿开关管。L2、VD215、C233、C236为二次供电电路，在开关电源工作后，L2上的电动势经VD215、C233、C236整流滤波后为UC3844的❼脚提供电压，减轻启动电阻供电负担。R239、C232为UC3844内部振荡电路的定时元件，改变R239、C232的值可以改变振荡电路产生的激励脉冲的频率。R238、C230为阻容反馈电路，UC3844的❷脚输出信号通过R238、C230反馈到❶脚，改善内部放大器的性能。VD217、VD126、R237用于限制UC3844的❶脚输出信号的幅值，输出信号幅值不超过6.4V（5V+0.7V+0.7V）。ZD204用于消除开关管G极的正向大幅值干扰信号，在脉冲高电平送到开关管G极时，高电平会对G、S极之间的结电容充得一定电荷，高电平过后，结电容上的电荷可通过R241快速释放，这样可使开关管快速由导通转为截止。

VD207、R225、C40等元器件构成主电路电压取样电路，当主电路的直流电压上升时，开关电源输入电压上升，开关变压器L1绕组产生的电动势更高，L4上的感应电动势更高，它经VD207对C40充电，在C40上得到的电压更高，控制系统通过检测该取样电压就能知道主电路的直流电压升高，以做出相应的控制。

二、PLC开关电源电路分析与维修

PLC开关电源电路多为简单的他励电源或自激开关电源，图7-56为由UC3844构成的开关电源电路。

1. 电路原理分析

（1）振荡回路　开关变压器的主绕组N1、Q1的漏-源极、R4为电源工作电流的通路，R1提供启动电流，自供电绕组N2、VD1、C1形成振荡芯片的供电电压。这三个环节的正常运行，是电源能够振荡起来的先决条件。

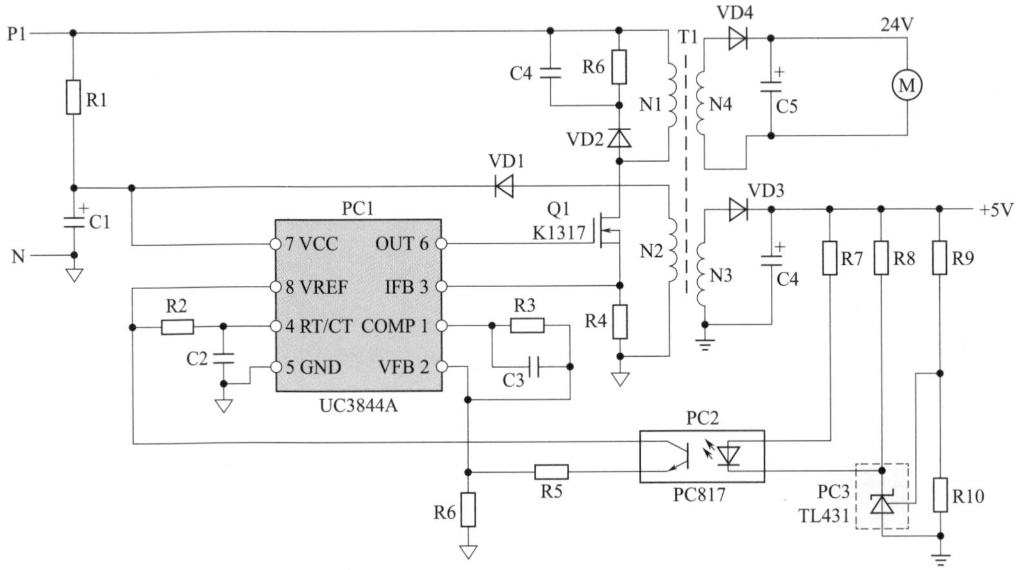

图 7-56　UC3844 构成的开关电源电路

当然，PC1 的 ❹ 脚外接定时元件 R2、C2 和 PC1 芯片本身，也构成了振荡回路的一部分。

（2）稳压回路　N3、VD3、C4 等的 +5V 电源，R7 ～ R10、PC3、R5、R6 等元件构成了稳压控制回路。当然，PC1 芯片和 ❶、❷ 脚外围元件 R3、C3，也是稳压回路的一部分。

（3）保护回路　PC1 芯片本身和 ❸ 脚外围元件 R4 构成过流保护回路；N1 绕组上并联的 VD2、R6、C4 元件构成了 IGBT 的保护电路；实质上稳压回路的电压反馈信号——稳压信号，也可看作是一路电压保护信号。但保护电路的内容并不仅是局限于保护电路本身，保护电路的启控往往由负载电路的异常所引起。

（4）负载回路　N3、N4 次级绕组及后续电路，均为负载回路。负载回路的异常，会牵涉到保护回路和稳压回路，使两个回路做出相应的保护和调整动作。

2. 故障检修

振荡芯片本身参与构成了前三个回路，芯片损坏，三个回路都会一齐罢工。对三个或四个回路的检修，是在芯片本身正常的前提下进行的。另外，要像下象棋一样，用全局观念和系统思路来进行故障判断，透过现象看本质。如停振故障，也许并非由振荡回路元件损坏所引起，有可能是稳压回路故障或负载回路异常，导致了芯片内部保护电路启控，而停止了 PWM 脉冲的输出。并不能将芯片内部保护电路和各个回路完全孤立起来进行检修，某一故障元件的出现很可能表现出“牵一发而全身动”的效果。

开关电源电路常表现为以下三种典型故障现象（结合图 7-56 分析）。

❶ 次级负载供电电压都为0V。变频器上电后无反应，操作显示面板无指示，测量控制端子的24V和10V电压为0V。检查主电路充电电阻或预充电回路完好，可判断为开关电源故障。

【检修步骤】

a. 先用电阻测量法测量开关管 Q1 有无击穿短路现象，电流取样电阻 R4 有无开路。电路易损坏元件为开关管，当其损坏后，R4 因受冲击而阻值变大或断路，Q1 的 G 极串联电阻、振荡芯片 PC1 往往受强电冲击而损坏，须同时更换；检查负载回路有无短路现象，排除。

b. 更换损坏件，或未检测到有短路元件，可进行上电检查，进一步判断故障是出在振荡回路还是稳压回路。

【检查方法】

a. 先检查启动电阻 R1 有无断路。正常后，用 18V 直流电源直接送入 UC3844 的 ❼、❺ 脚，为振荡电路单独上电。测量 ❽ 脚应有 5V 电压输出，❻ 脚应有 1V 左右的电压输出，说明振荡回路基本正常，故障在稳压回路；若测量 ❽ 脚有 5V 电压输出，但 ❻ 脚电压为 0V，查 ❽、❹ 脚外接 R、C 定时元件，❻ 脚外围电路；若测量 ❽ 脚、❻ 脚电压都为 0V，则 UC3844 振荡芯片损坏，更换。

b. 对 UC3844 单独上电，短接 PC2 输入侧，若电路启振，说明故障在 PC2 输入侧外围电路；电路仍不启振，查 PC2 输出侧电路。

❷ 开关电源出现间歇振荡，能听到“打嗝”声或“吱吱”声，或听不到“打嗝”声，但操作显示面板时亮时熄。这是因负载电路异常，电源过载，引发过流保护电路动作的典型故障特征。负载电流的异常上升，引起初级绕组励磁电流的大幅度上升，在电流采样电阻 R4 形成 1V 以上的电压信号，使 UC3844 内部电流检测电路启控，电路停振；R4 上过流信号消失，电路又重新启振，如此循环往复，电源出现间歇振荡。

【检查方法】

a. 测量供电电路 C4、C5 两端电阻值，如有短路直通现象，可能为整流二极管 VD3、VD4 有短路；观察 C4、C5 外观有无鼓顶、喷液等现象，必要时拆下检测；供电电路无异常，可能为负载电路有短路故障元件。

b. 检查供电电路无异常，上电，用排除法，对各路供电进行逐一排除。如拔下风扇供电端子，开关电源工作正常，操作显示面板正常显示，则为 24V 散热风扇已经损坏；拔下 +5V 供电端子或切断供电铜箔，开关电源正常工作，则为 +5V 负载电路有损坏元件。

❸ 负载电路的供电电压过高或过低。开关电源的振荡回路正常，问题出在稳压回路。输出电压过高，稳压回路的元件损坏或低效，使反馈电压幅值偏低。

【检查方法】

a. 在 PC2 输出端并接 10kΩ 电阻，输出电压回落。说明 PC2 输出侧稳压电路正常，故障在 PC2 本身及输入侧电路。

b. 在 R7 上并联 500Ω 电阻，输出电压有显著回落。说明光电耦合器 PC2 良好，故障为 PC3 低效或 PC3 外接电阻元件变值。反之，为 PC2 不良。

负载供电电压过低，有三个故障可能：负载过重，使输出电压下降；稳压回路元件不良，导致电压反馈信号过大；开关管低效，使电路（开关变压器）换能不足。

【检查与修复方法】

a. 将供电支路的负载电路逐一解除（注意：不要以开路该路供电整流管的方法来脱开负载电路，尤其是接有稳压反馈信号的 +5V 供电电路；反馈电压信号的消失，会导致各路输出电压异常升高，而将负载电路大片烧毁），判断是否由负载过重引起电压回落。如切断某路供电后，电路回升到正常值，说明开关电源本身正常，检查负载电路；输出电压低，检查稳压回路。

b. 检查稳压回路的电阻元件 R5 ～ R10，无变值现象；逐一代换 PC2、PC3，若正常，说明代换元件低效，导通内阻变大。

c. 代换 PC2、PC3 若无效，故障可能为开关管低效，或开关和激励电路有问题，也不排除 UC3844 内部输出电路低效。更换优质开关管、UC3844。

对于一般性故障，上述故障排查法是有效的，但不一定是百分之百有效。若检查振荡回路、稳压回路、负载回路都无异常，电路还是输出电压低，或间歇振荡，或干脆毫无反应，这些情况都有可能出现。先不要犯愁，让我们深入分析一下电路故障的原因，以帮助尽快查出故障元件。电路的间歇振荡或停振的原因不在启振回路和稳压回路时，还有哪些原因可导致电路不启振呢？

❶ 主绕组N1两端并联的R、VD、C电路，为尖峰电压吸收网络，提供开关管截止期间，储存在变压器中磁场能量的泄放通路（开关管的反向电流通道），能保护开关管不被过压击穿。当VD2或C4严重漏电或击穿短路时，电源相当于加上了一个很重的负载，使输出电压严重回落，UC3844供电不足，内部欠电压保护电路启控，而导致电路进入间歇振荡。因元件并联在N1绕组上，短路后不易测出，往往被忽略。

❷ 有的开关电源有输入供电电压的（电压过高）保护电路，一旦电路本身故障，使电路出现误过压保护动作，电路停振。

❸ 电流采样电阻不良，如引脚氧化、碳化或阻值变大，导致压降上升，出现误过流保护，使电路进入间歇振荡状态。

❹ 自供电绕组的整流二极管VD1低效，正向导通内阻变大，电路不能启振，更换试验。

❺ 开关变压器因绕组发霉、受潮等，品质因数降低，用原型号变压器代换试验。

❻ R1启振电路参数变异，但测量不出异常，或开关管低效，此时遍查电路无异常，但就是不启振。

【修理方法】

变动一下电路既有参数和状态，让故障暴露出来。试减小R1的电阻值（不宜低于200kΩ以下），电路能启振。此法也可作为应急修理手段之一。若无效，更换开关管、UC3844、开关变压器试验。

输出电压总是偏高或偏低一点，达不到正常值。检查不出电路和元件的异常，几乎换掉了电路中所有元件，电路的输出电压值还是在“勉强与凑合”状态，有时好像能“正常工作”了，但让人心里不踏实，不知什么时候会来个“反常表现”。不要放弃，调整一下电路参数，使输出电路达到正常值，达到其工作状态，即让我们放心的地步。电路参数的变异，有以下几种原因。

❶ 晶体管低效，如三极管放大倍数降低，或导通内阻变大，二极管正向电阻变大，反向电阻变小等。

❷ 用万用表不能测出的电容的相关介质损耗、频率损耗等。

❸ 晶体管、芯片器件的老化和参数漂移，如光电耦合器的光传递效率变低等。

❹ 电感元件，如开关变压器的Q值降低等。

❺ 电阻元件的阻值变异，但不显著。

❻ 上述5种原因有数种参与其中，形成综合作用。

由各种原因形成的电路的“现在的”这种状态，是一种“病态”，也许我们得换一下检修思路，中医中“辨证施治”的理论，我们也要用一下，下一个方子，不是针对哪一个元件，而是将整个电路“调理”一下，使之由“病态”趋于“常态”。

【修理方法（元件数值的轻微调整）】

❶ 输出电压偏低：

a. 增大R5或减小R6电阻值。

b. 减小 R7、R8 电阻值或加大 R9 电阻值。

② 输出电压偏高：

a. 减小 R5 或增大 R6 电阻值。

b. 增大 R7、R8 电阻值或减小 R9 电阻值。

上述调整是在对电路进行彻底检查，换掉低效元件后进行的，目的是调整稳压反馈电路的相关增益，使振荡芯片输出的脉冲占空比、开关变压器的储能变化，次级绕组的输出电压达到正常值，电路进入一个新的正常的平衡状态。

好多看似不可修复的疑难故障，就这样经过一两只电阻值的调整，波澜不惊地修复了。

检修中须注意的问题：在开关电源检查和修复过程中，应切断三相输出电路 IGBT 模块的供电，以防止驱动供电异常，造成 IGBT 模块的损坏；在修理输出电压过高的故障时，更要切断 +5V 对 CPU 主板的供电，以免异常或高电压损坏 CPU，造成 CPU 主板报废；不可使稳压回路中断，否则将导致输出电压异常升高；开关电源电路的二极管，用于整流和保护的，都为高速二极管或肖特基二极管，不可用普通 1N4000 系列整流二极管代用；开关管损坏后，最好换用原型号的。

第六节 超大功率工业电器开关电源工作原理与维修技巧

一、主电路原理与故障检修

工控电路的开关电源一般情况下用 TL494 或者是 UC3875/3879 系列的集成电路控制芯片。关于 TL494 工控电源电路的维修，在前一节已经进行详细介绍，同时讲解了很多个故障实例，那么在本节中主要以由 UC3875 构成的大功率工控电源电路为例进行讲解，UC3875 的结构及引脚功能可扫二维码学习，电路如图 7-57 所示。

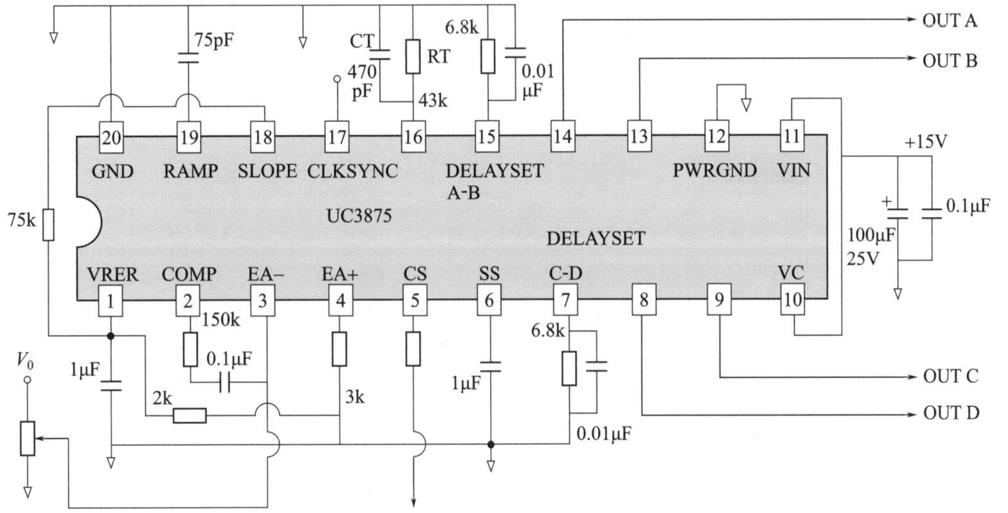

图 7-57　UC3875 构成的大功率工控电源电路

❶ 无输出电压的故障。当没有输出的时候，可先区分是UC3875及周围元件的故障还是功率输出级的故障。主要检测UC3875的⓭、⓮、❽、❾这4个输出脚的波形是否正确，其标准输出波形参见图7-58。如果用示波器检测输出脚，没有这个波形输出，则说明故障在UC3875及其外围电路。

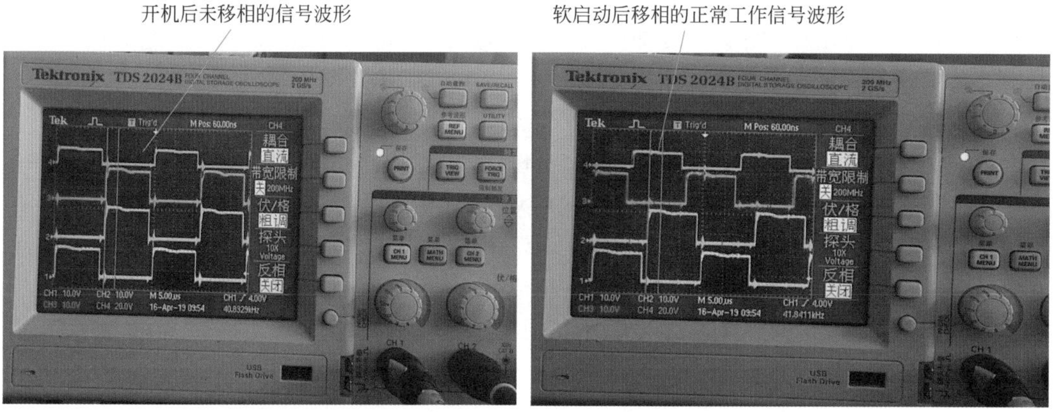

图 7-58 UC3875 输出脚的正常波形

当确认故障在 UC3875 时，首先应检测 UC3875 的供电脚也就是 ❿、⓫ 脚电压值是否正确。如果供电不正常，则应检测电源供电电路。如供电电压正确，则要检测 ❶ 脚输出的 5V 电压是否正确。当 ❶ 脚输出电压不正确时，检查 ❻ 脚启动电压是否正常，如果不正常查外围电路元件是否损坏。当 ❶ 脚电压正常时，再检测 ❷、❸、❹ 这 3 个运放脚的电压值是否正确。如果不正确，查 ⓯、⓰、⓲、⓳ 脚电压，并测量 ⓳ 脚波形，其应为锯齿波，如图 7-59 所示。

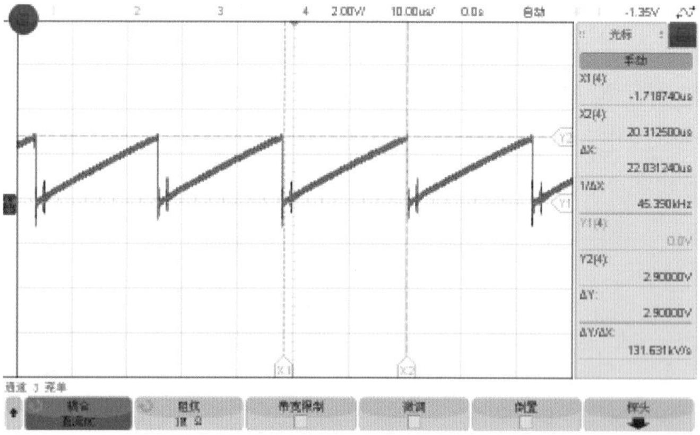

图 7-59 ⓳ 脚锯齿波波形图

在调整过程中，如果以上引脚电压和波形正常，则 ⓭、⓮、❽、❾ 这 4 个输出脚的波形应有输出，若是有波形输出但是不能移相到设定值，则应对 ❻、❷、❸、❹、⓲、⓳ 脚外围元件进行调整，直到有移相为止。

❷ 有输出，但是变压器有“吱吱”叫声。用示波器测试❷、❸、⓮、❽、❾脚波形，在波形上有毛刺，如图7-60所示，“吱吱”声随着毛刺的变化而变化，说明电路中存在杂波干扰，杂波干扰的现象主要是由电容滤波不良引起的，主要检查❻、⓳、⓱脚和其他有电容引脚的电容，用代换法试验，并增大、减小电容试验，直到毛刺减小或消除为止。

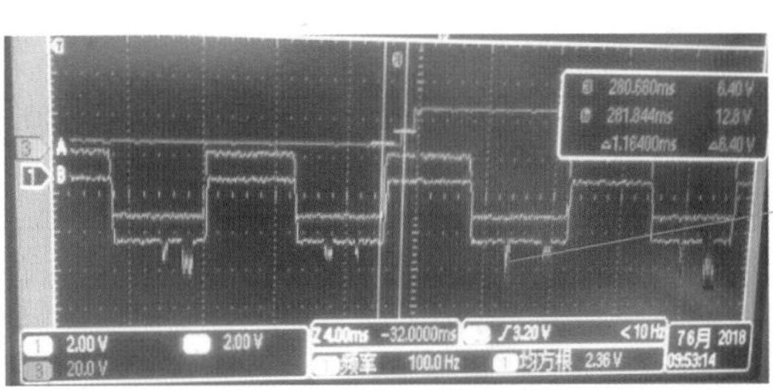

图 7-60　带有毛刺的波形图

二、激励及功率输出电路检修

一般大功率开关电源均使用全桥式功率输出级，在检修中，可直接应用电阻在路测量法进行在路测量功率管，如发现有击穿短路元件，应及时更换，换用元器件时应尽可能使用原型号代用。测量过程如图 7-61 所示，两次测量阻值应以相差较大为好。

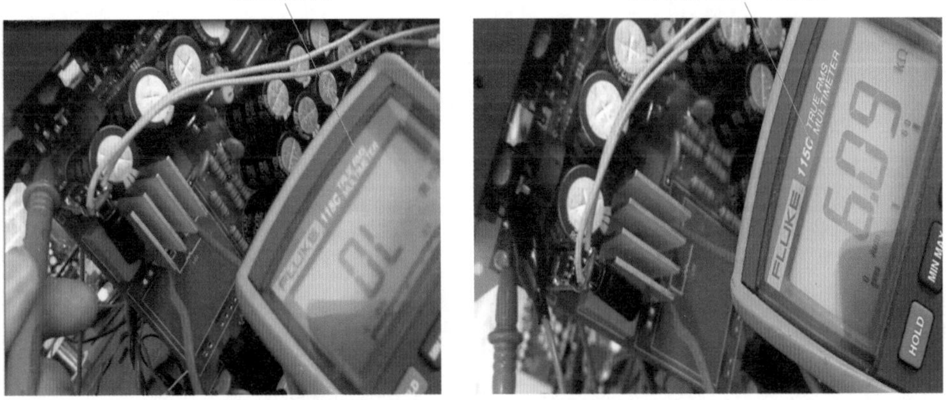

图 7-61　测量大功率管正反向导通电阻值以判断其是否损坏

注意： 由于这类工控电源功率大，对元件要求质量也较高，因此在代换原件时，不但要考虑用原型号代换，还要考虑是哪个公司产品，因为不同生产公司的产品型号相同，参数有所不同，代换后可能不能正常工作，给维修带来麻烦，以致走弯路。

三、保护电路检修

保护电路有很多种，其取样方式也很多，电路结构根据设计者的思路不同也是不同的，图 7-62 所示为一种利用单稳态电路进行保护的电路，如图可知，电路输入端经取样，一旦有过压或过流信号电压送入（此电路取得交流信号，因此要整流电路整流，如取直流则无需整流电路，直接送运放即可），则由整流电路整流输出直流电压后送运放，经比较放大后控制由 NE555 构成的单稳态电路，使其输出电压控制保护电路脚（UC3875 可以送入 ⑥ 脚进

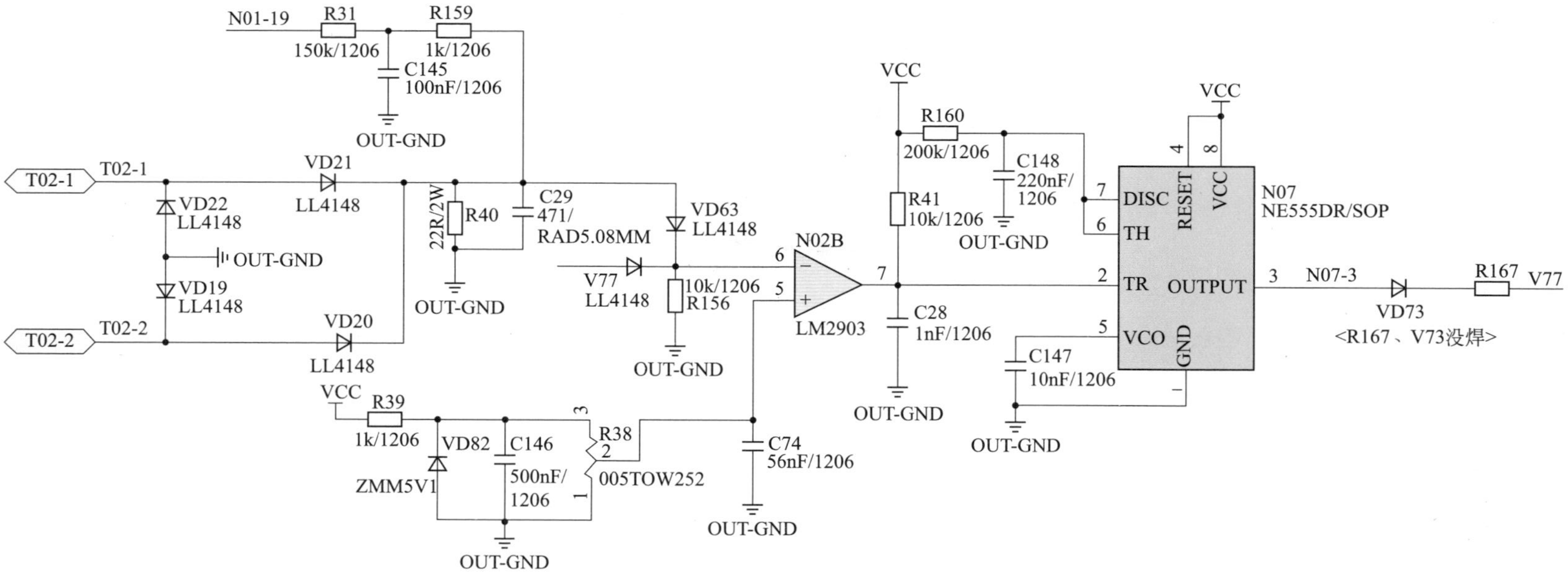

图 7-62　一种利用单稳态电路进行保护的电路

行控制）进行保护，此种电路优点是一旦有过流过压现象，电路进入保护后，则不能自动恢复，需要排除故障再通电才能解除保护，避免损害更多元件。

保护电路在检修时，应首先区分是取样电路故障还是后级电路故障，可采用断路法先摘除保护电路，如果电路可以工作，说明故障在保护电路。然后可以用在路测量法进行元件测量，当发现损坏的元件后应进行更换，如果没发现损坏元件，则可以在输入端输入相应的信号（如用直流电压源输入所需的直流电压），由前到后按照信号通路逐步测量电压，到哪级信号无变化，则故障就在哪级。

四、辅助电路 PFC 的故障检修

图 7-63 为 NC1654 构成的 PFC 电路，PFC 由于工作在高电压大电流状态，在检修时应

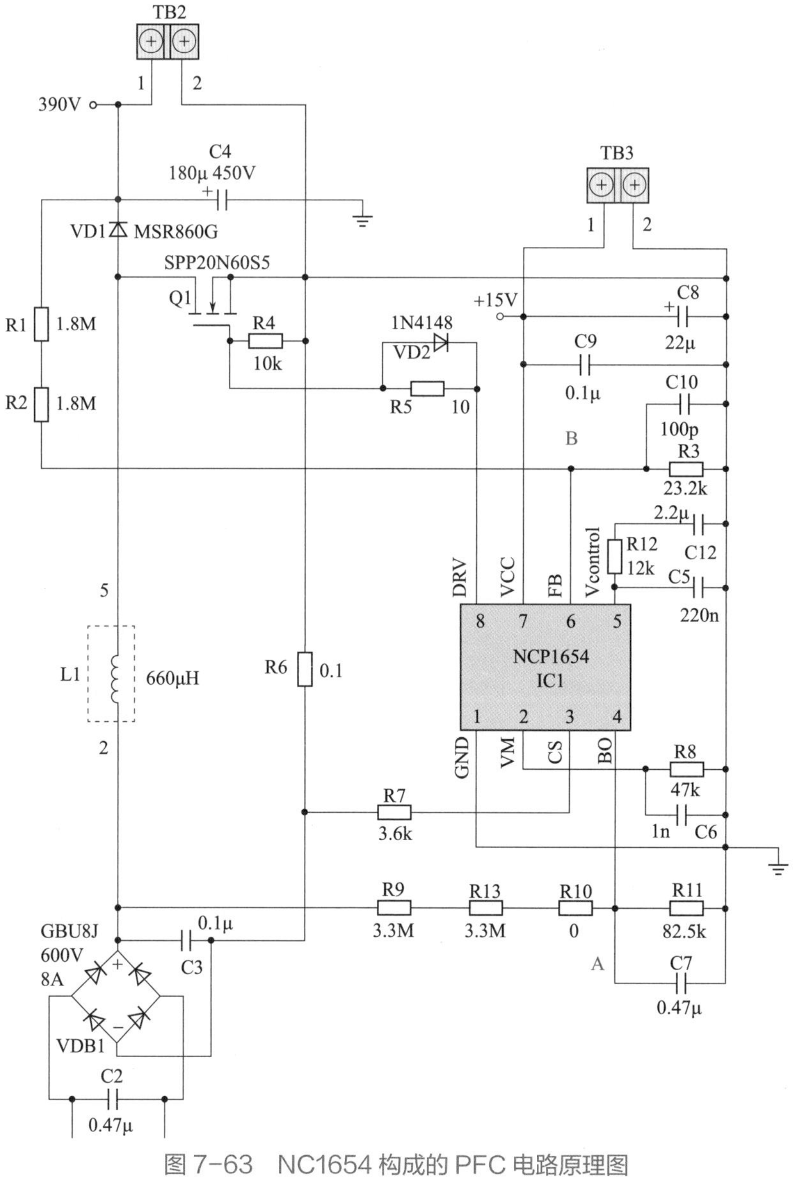

图 7-63　NC1654 构成的 PFC 电路原理图

首先注意安全。在检修时，为了防止烧 PFC 控制板，应先断开功率开关管，然后用可调电源在图 7-63 处给 A、B 点加合适的工作电压（7V 左右），再测量输出脚波形是否正常（正常的波形图如图 7-64 所示）。

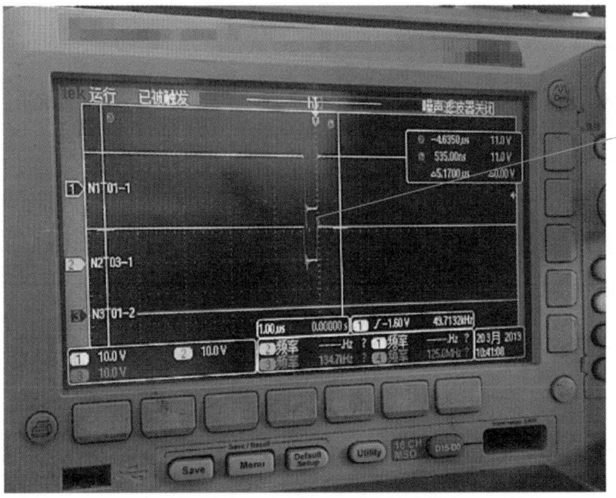

图 7-64　接通电源电路启振后的波形图

各引脚功能如下：

① Pin1 为接地。

② Pin2 为工作模式设置，正常外接 47kΩ 电阻，并联 1nF 电容，设置为 CCM。

③ Pin3 为 CS 引脚。此引脚除参与 PWM 调制外，同时通过检测 I_L 电流跟 Pin4 脚 V_{BO} 相乘值大于 200μVA 时，电源关闭，参与 OCP 和 OLP。依据 $I_{cs}=R_{sense}\times I_L/R_{cs}$，因为参考线路提供方案为 300W，而现有产品电源为 200W，所以通过修改 Rcs 来调整。分别将此电阻设为 3.6kΩ、5.6kΩ、12kΩ 三个值进行对比测试，发现 AC 输入大于 130V 时能正常工作，有一定的改善，但 AC 130V 以下问题依旧。

④ Pin4 为 BO 脚，此引脚有两个作用：作为欠电压保护，更好地保护相关功率器件的应力；另外此信号参与 OLP，如 Pin3 所描述。

⑤ Pin5 为 OTA 带宽补偿。分别设置补偿器件 CP=220nF、RZ=12kΩ、CZ=2.2μF，计算所得带宽小于 20Hz。

⑥ Pin6 为 Feedback 信号引脚，此引脚有多个功能：参与 PWM 调制信号；105%V_{REF} 时，为 OVP 动作信号，8%V_{REF} 时，为 OUVP 动作信号，95%V_{REF} 时，快速响应信号内部，立即打开 200μA 电流源，来快速改善 V_{out} 的下降；此引脚外围电阻分压。

⑦ Pin7 为 VCC 输入。

⑧ Pin8 为 MOSFET 驱动。

当有正常输出波形后，接好功率输出管，用调压器从低电压向高电压调整，观察 PFC 输出电压情况，正常时随着调压器电压上升到 40V 左右，PFC 就可以开始输出，50 ～ 70V 达到标准值，如图 7-65 所示。然后继续调整调压器，直到正常 220V 供电，输出电压应稳定在设定电压值（380 ～ 420V 中的某值）。若不能按照此规律变化并稳压，应调整稳压反馈回路 R1、R2 等元件。

当用调压器调整好后，可以直接加 220V 电压启动，正常启动波形变化过程如图 7-66（a）所示。如不能启动或总是烧开关管，应查一下软启动电路，一般 PFC 都设有软启动电路，

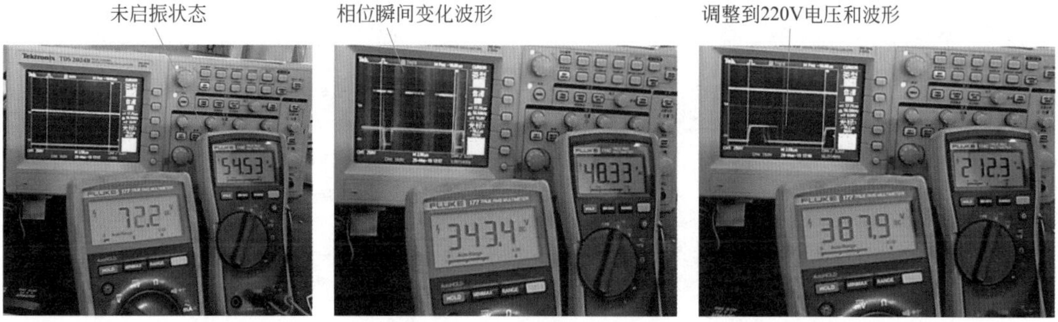

图 7-65　用调压器调压时 PFC 电压在不同电压输出的过程

因此在调试时应反复调整 C5、C12、R12 的参数，直到使启动波形为阶梯式波形［如图 7-66（b）所示］后，才可以接通 PFC 开关管，这样可以避免烧毁开关管。

在调试时应将 R2 换成可调电阻，每当改变 C5、C12、R12 任意参数后，调整可变电阻，观察分段上升电压总时间，一般 PFC 软启动从加电开始到满压（满压为 385 ～ 420V，为了能找到合适的元器件，一般电压在 390V，这样开关管耐压和滤波电容耐压均好找到，成本较低）时间在 3 ～ 5s 之间较好，低于 3s 容易被浪涌烧掉开关管。直到输出如图 7-66（c）所示的波形即为正常工作状态。

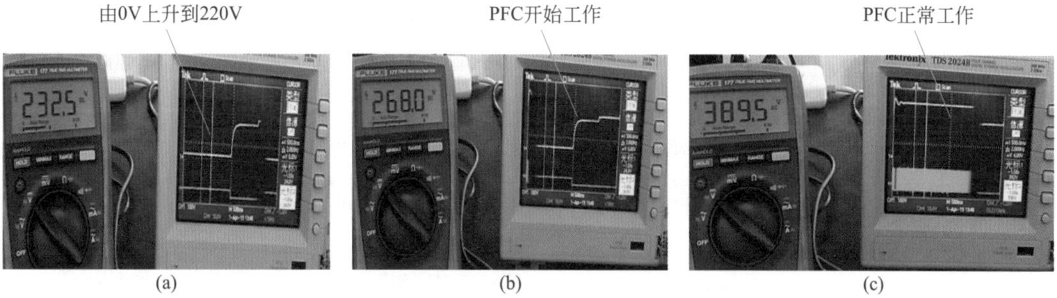

图 7-66　正常软启动开关管 PFC 输出电压阶梯式图形

注意：在测试高压时，为防止示波器地线接地而造成故障或电击危险，最好使用隔离探头，如图 7-67 所示。

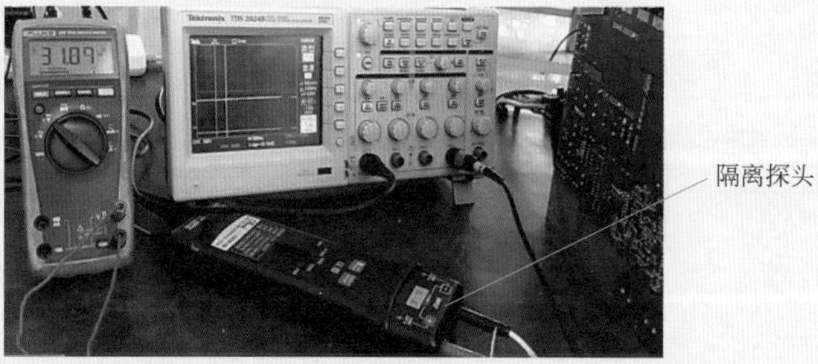

图 7-67　用隔离探头测试 PFC 高压

参考文献

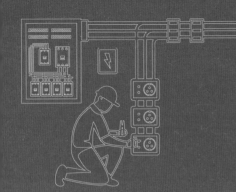

[1]马洪涛，沙占友，周芬萍．开关电源制作与调试[M]．2版．北京：中国电力出版社，2014.

[2]马尼克塔拉．精通开关电源设计[M]．王健强，译．2版．北京：人民邮电出版社，2015.

[3]陈永真，陈之勃．反激式开关电源设计、制作、调试[M]．北京：机械工业出版社，2014.

[4]比林期，莫斯．开关电源手册[M]．张占松，译．3版．北京：人民邮电出版社，2012.

[5]刘凤君．开关电源设计与应用[M]．北京：电子工业出版社，2014.

[6]宁武，曹洪奎，孟丽囡．反激式开关电源原理与设计[M]．北京：电子工业出版社，2014.